U0802504

普通高等学校化工类专业系列教材

石油化工工艺学

山红红　张孔远　主编

科学出版社
北　京

内 容 简 介

本书为满足高等学校石油化工类人才培养需求，为适应石油化工企业“炼油-化工一体化”发展要求而编写。本书共 7 章，其中：石油炼制部分，选取常减压蒸馏、催化裂化、加氢裂化、延迟焦化和催化重整五个主要工艺过程；基本有机化工部分，选取烃类热裂解、丙烷脱氢、异丁烷脱氢、丁烯氧化脱氢、芳烃生产、芳烃间转化、芳烃分离等工艺过程；中间原料生产部分，选取环氧乙烷、氯乙烯、丙烯腈、丁/辛醇、环氧丙烷、苯乙烯、对苯二甲酸、邻苯二甲酸酐、苯酚/丙酮等的生产技术；考虑到近年来炼厂气高附加值利用已成为石油化工企业增加经济效益的一种手段，选取催化干气生产乙苯、炼厂干气制氢、C_4烷基化生产高辛烷值汽油、混合C_4醚化生产甲基叔丁基醚和正丁烯水合脱氢生产甲乙酮等生产技术进行介绍。通过上述石油化工过程案例的介绍，提高学生工程素养和解决复杂石油化工问题的能力。

本书可作为高等学校化学工程与工艺专业的本科生教材，也可供从事石油化工生产、装置设计等工作的技术人员参考。

图书在版编目（CIP）数据

石油化工工艺学/山红红，张孔远主编. —北京：科学出版社，2019.6
普通高等学校化工类专业系列教材
ISBN 978-7-03-060459-0

Ⅰ. ①石… Ⅱ. ①山… ②张… Ⅲ. ①石油化工-工艺学-高等学校-教材 Ⅳ. ①TE65

中国版本图书馆 CIP 数据核字(2019)第 014099 号

责任编辑：陈雅娴 李丽娇 / 责任校对：杨 赛
责任印制：张 伟 / 封面设计：黄华斌

科学出版社出版
北京东黄城根北街 16 号
邮政编码：100717
http://www.sciencep.com
北京虎彩文化传播有限公司 印刷
科学出版社发行 各地新华书店经销
*
2019 年 6 月第 一 版 开本：787 × 1092 1/16
2023 年11月第四次印刷 印张：23
字数：569 000

定价：79.00 元

《普通高等学校化工类专业系列教材》编写委员会

《石油化工工艺学》编写委员会

主　编　山红红　张孔远

编　委　(按姓名汉语拼音排序)

冯　翔　侯影飞　李　传　刘欣梅　钮根林

山红红　涂永善　张孔远

总　序

近十几年是国内外工程教育研究与实践的一个快速发展期，尤其是国内工程教育改革，从教育部立项重大专项对工程教育进行专门研究与探索，到开展工程教育认证，再到 2016 年 6 月我国成为《华盛顿协议》正式成员，我国的工程教育正向国际化、多元化、产学研一体化推进。在工程教育改革的浪潮中，我国的化工高等教育取得了一系列显著的成果，从各级教学成果奖中化工类专业的获奖项目占比可见一斑。尽管如此，在当前国家推动创新驱动发展等一系列重大战略背景下，工程学科及相应行业对人才培养又提出更高要求，新一轮的“新工科”研究与实践活动已经启动，在此深化工程教育改革的良好契机下，每位化工人都应积极思考，我们的高等化工工程教育如何顺势推进专业改革，进一步提升人才培养质量。

专业教育改革成果很重要的一部分是要落实到课程教学中，而教材是课程教学的重要载体，因此，建设适应新形势的优秀教材也是教学改革的重要组成部分。为此，科学出版社联合教育部高等学校化工类专业教学指导委员会以及国内部分院校，组建了《普通高等学校化工类专业系列教材》编写委员会(以下简称“编委会”)，共同研讨新形势下专业教材建设改革。编委会成员均参与了所在院校近年来化工类专业的教学改革，对改革动向及发展趋势有很好的把握，同时经过多次编委会会议讨论，大家集各院校改革成果之所长，对建设突出工程案例特色的系列教材达成了共识。在教材中引入工程案例，目的是阐述学科的方法论，训练工程思维，搭建连接理论与实践的桥梁，这与工程教育改革要培养工程师的思想是一致的。

工程素养的培养是一项系统工程，需要学科内外基础知识和专业知识的系统搭建。为此，编委会对国内外高等学校化工类专业的教学体系进行了细致研究，确定了系列教材建设计划，统筹考虑化工类专业基础课程和核心专业课程的覆盖度。对专业基础课教材的确定，基本参照国内多数院校的课程设置，符合当前的教学实际，同时对各教材之间内容衔接的科学性、合理性和可行性进行了整体设计。对核心专业课教材的确定，在立足当前各院校教学实际的基础上，充分考虑了学科发展和国家战略及产业发展对专业人才培养的新需求，以发挥教材内容更新对新时期人才培养质量提升的支撑作用。

将工程案例引入课程和教材，是本系列教材的创新探索。这也是一项系统工程，因为实际工程复杂多变，而教学需要从复杂问题中抽离出其规律及本质，做到举一反三。如何让改编的案例既体现工程复杂性和系统性，又符合认知和教学规律，需要编写者解放思想、改变观念，既要突破已有教材设计思路和模式的束缚，又能谨慎下笔。对此，系列教材的编写者进行了有益的尝试。在不同分册中，读者将看到不同的案例编写模式。学科不断发展，工程案例也不断推陈出新。本系列教材在给任课教师提供课程教学素材的同时，更希望能给任课教师以启发，希望任课教师在组织课程教学过程中，积极尝试新的教学模式，不断积累案例教学经验，把提高化工类专业学生工程素养作为一项长期的使命。

教学改革需要一代代教师坚持不懈地努力，需要不断探索、总结和反思，希望本系列教材能够给各院校教师以借鉴和启迪，切实推动化工高等教育质量不断迈上新台阶。在针对化工类专业构建一套体系、内容和形式较为新颖的教材目标指引下，我们组建了一支强大的编委会队伍，为推进这项工作，大家群策群力，积极分享教育教学改革成功经验和前瞻性思考，在此我代表编委会对各位委员及参与各分册编写的所有教师致以衷心的感谢。同时，也希望以本系列教材建设为契机，以编委会为平台，加强化工类高等学校本科人才培养、师资培训、课程建设、教材及教学资源建设等交流与合作，携手共创化工的美好明天。

王静康
中国工程院院士
2017年7月

前　言

石油化工工艺学是以石油或天然气为原料，经过化工过程制取各种石油和化工产品的一门学科，它包含了石油炼制、基本有机化工原料、中间原料和聚合物产品等的生产过程。随着石油化工工业的发展和石油化工企业“炼油-化工一体化”的建设，以及企业为了获得更高的效益，以生产燃料油为主的石油炼制企业和以生产化工原料为主的石油化工企业已高度融合。无论是高等学校的教学，还是生产企业从业技术人员的深造，都迫切需要一本贯穿石油化工过程上下游的教材，便于系统学习。

为了满足石油化工行业人才培养的需要，编者编写了本书，内容涵盖了石油炼制的主要工艺、基本有机化工原料中“三烯”和“三苯”的生产技术、中间原料生产中典型烯烃和芳烃衍生物的生产技术以及炼厂气高附加值利用的主要工艺过程。考虑作为教材篇幅限制，以及聚合物生产工艺有别于其他石油化工过程和在石油化工工业中的相对独立性，本书未选取聚合物生产的相关内容。在本书编写过程中，注重贯彻推进各类资源节约集约利用，精心选择工艺过程，每个工艺过程注重理论与实际的结合，强调反应部分的工艺原理、影响因素、工艺参数确定依据、工艺流程组织和主要设备结构等，并介绍了近年来的新工艺、新技术和今后发展的趋势。

本书由中国石油大学(华东)化学工程学院组织编写，山红红、张孔远担任主编。全书共 7 章，其中第 1 章由山红红和张孔远编写；第 2 章由涂永善和钮根林编写；第 3 章由张孔远编写；第 4 章和第 6 章由冯翔编写；第 5 章由李传编写；第 7 章由刘欣梅和侯影飞编写。

在本书编写过程中参考了国内外相关专著、期刊等，列在每章后参考文献部分，并致谢意。

由于编者水平有限，书中难免存在不妥之处，恳请读者批评指正。

编　者

2023 年 5 月修改

目 录

第1章 绪 论

1.1 引 言

石油化学工业简称石油化工，是以石油或天然气为原料，经过化工过程制取各种石油和化工产品的工业。石油化工发展历史悠久，早在第一次世界大战期间就有萌芽，但发展速度缓慢，直到第二次世界大战期间，石油化工才有了飞速发展。目前，石油化工已是化学工业中的基干工业，成为国计民生中不可缺少的重要行业。

广义而言，石油化工包括生产基本原料如乙烯、丙烯、碳四烯烃、苯、甲苯、二甲苯以及中间原料如乙二醇(EG)、氯乙烯单体(VCM)、丙烯腈(AN)、苯乙烯单体(SM)、己内酰胺(CPL)、对苯二甲酸(PTA)等单体产品，进而生产如聚乙烯(PE)、聚丙烯(PP)、聚氯乙烯(PVC)、聚苯乙烯(PS)、对苯二甲酸乙二酯(PET)、聚碳酸酯(PC)、丙烯腈-丁二烯-苯乙烯共聚物(ABS)等聚合体产品，以及经加工后制成终产品。

我国的石油化工是 20 世纪 60 年代新兴的行业，主要由石油炼制、化肥、化纤、合成橡胶和塑料等几个行业组成，其主要原料来源于石油和天然气。

1.1.1 石油化工原料

1. 石油

1) 石油的宏观性质

石油又称原油(石油大多数情况是指原油)，是一种呈流动或半流动状态的黏稠液体，通常为黑色、暗绿色或暗褐色，少数显赤色和浅黄色。石油的密度一般小于 1.00g/cm^3，绝大多数介于 0.80～0.98g/cm^3，个别高于 1.00g/cm^3(如委内瑞拉的奥里原油密度 1.012g/cm^3)或低于 0.80g/cm^3(如也门的马力布原油密度 0.7878g/cm^3，印度尼西亚的巴达原油密度 0.7972g/cm^3)。石油中含有一定量的硫化物，因此具有不同程度的臭味。

2) 石油的元素组成

石油主要由碳、氢、氧、硫和氮五种元素组成，其中碳的质量分数一般为 83.0%～87.0%，氢为 11.0%～14.0%，硫为 0.05%～8.00%，氮为 0.02%～2.00%，氧为 0.05%～2.00%。此外，石油中还含某些微量的金属和非金属元素，其含量一般为百万分之一，其中微量金属元素主要有铁、镍、铜、钒、铅、锌、钠、钙、钾和镁等，非金属元素主要有氯、硅、磷和砷等。表 1-1 和表 1-2 分别给出了某些石油中的主要元素和微量元素组成。

表 1-1 某些石油中的主要元素组成

石油产地	元素组成(质量分数)/%					氢碳原子比 $n(H)/n(C)$	20℃密度/(g/cm^3)
	C	H	S	N	O		
中国大庆油田	85.74	13.31	0.11	0.15	0.69	1.86	0.8559
中国胜利油田	86.26	12.20	0.80	0.41	未测定	1.68	0.9005
伊朗	85.40	12.80	1.46	0.18	0.74	1.80	0.8530
沙特(混合原油)	85.14	12.22	2.55	0.09	未测定	1.72	0.8716
阿曼	84.17	12.50	1.12	0.12	未测定	1.78	0.8392
俄罗斯	85.57	12.28	0.61	0.15	未测定	1.72	0.8325
苏丹(Dar Blend)	86.28	12.76	0.10	0.23	未测定	1.77	0.8542
委内瑞拉(马瑞)	85.38	11.26	2.60	0.38	未测定	1.58	0.9560

表 1-2 某些石油中的微量元素组成

石油产地	微量元素组成/(μg/g)						
	Fe	Ni	Cu	V	Na	Ca	As
中国大庆油田	0.70	3.10	0.20	<0.10	3.70	1.76	0.90
中国胜利油田	8.00	26.00	0.05	2.07	2.12	75.25	未测定
伊朗	4.00	8.70	0.07	88.80	2.70	1.40	未测定
沙特(混合原油)	1.40	11.20	0.08	37.10	0.80	0.40	未测定
阿曼	6.06	5.38	0.97	7.56	4.69	1.15	未测定
俄罗斯	6.25	3.98	2.28	5.10	9.48	14.43	未测定
苏丹(Dar Blend)	3.80	59.80	未测定	0.90	11.4	12.3	未测定
委内瑞拉(马瑞)	9.10	63.2	0.20	295.00	70.40	3.00	未测定

3) 石油的馏分组成

石油是一种多组分的复杂混合物，其沸点范围很宽，从常温到500℃以上。在炼油厂或石化企业进行石油加工的第一步就是进行馏分的切割——常减压蒸馏，即按照石油中各组分沸点的差别，用常压和减压蒸馏的方法将石油进行初步分离。石油经常减压蒸馏一般可以得到沸点<200℃(或 180℃)的馏分，通常称为汽油馏分(或轻馏分、石脑油馏分)，200(或 180)～350℃为煤柴油馏分(或中间馏分)，350～500℃为减压馏分或润滑油馏分，>500℃为减压渣油馏分。需要说明的是原油经过常减压蒸馏得到的汽油、煤油、柴油馏分，并不是最终的汽油、煤油、柴油产品，石油最终产品还需要满足一定的质量标准要求，需要将各馏分进一步加工才能获得。表 1-3 给出了某些石油的馏分组成。

表 1-3 某些石油的馏分组成

石油产地	馏分组成(质量分数)/%			
	<200℃	200～350℃	350～500℃	>500℃
中国大庆油田	11.49	19.72	25.96	42.40
中国胜利油田	10.80	23.70	23.50	41.80
青海冷湖	45.13	33.46	6.03	15.38
伊朗*	20.74	24.50	23.15	31.63
沙特(混合原油)	24.05	31.30	23.30	21.35
阿曼	21.0	24.14	21.42	33.44
俄罗斯	29.5	32.11	22.87	15.52
苏丹(Dar Blend)**	3.82	16.24	30.87	48.71

* 沸点<190℃，190～350℃，350～506℃，>506℃

** 沸点<180℃，180～350℃，350～540℃，>540℃

4) 石油的烃类组成

石油中的烃类化合物主要由烷烃、环烷烃和芳香烃以及在分子中兼有这三类烃结构的混合烃组成，一般不含烯烃，只有在二次加工产品中才会含有烯烃。石油中的烷烃为直链或支链烷烃，不同石油中的烷烃含量差别较大，高的达 50%～70%，低至小于 15%；石油中环烷烃主要有五元环和六元环的环烷烃及其同系物，其中六元环多于五元环，较重馏分中含有双环和多环环烷烃；石油中的芳香烃有单环、双环、多环和稠环芳香烃，多环和稠环芳香烃主要集中在重质馏分油和减压渣油中。

5) 石油的非烃类组成

在石油中含有相当数量的非烃类化合物，主要包括含硫、含氮、含氧化合物和胶状、沥青状物质。非烃类化合物含量占原油的 20%以上，主要集中在重馏分和渣油中。

石油中含硫化合物主要有元素硫、硫化氢和硫醇等活性硫化物和硫醚、二硫化物、噻吩及其同系物等非活性硫化物两类。原油中硫含量随着沸点升高而增加，其中约 70%的硫集中在占原油 40%～60%的减压渣油中。石油中的硫主要影响产品质量，在石油加工和石油产品使用过程中腐蚀设备并污染环境。

石油中的含氮化合物主要有吡啶、喹啉、氮杂蒽、氮杂菲等碱性氮化物和吡咯、吲哚、咔唑、卟啉类非碱性氮化物。较轻馏分中的氮主要是碱性氮，非碱性氮化物主要集中在胶质和沥青质中。石油产品中的氮主要影响产品的安定性，如含氮量高是造成柴油安定性差的主要原因。另外，在石油加工和石油产品使用过程中造成催化剂中毒和污染环境。

石油中的氧含量一般较低，约为千分之几，个别可高达 2%～3%。原油中氧含量随着沸点升高而增加，大部分集中在胶状和沥青状物质中。石油中的氧均以有机化合物的形式存在，可分为酸性和中性氧化物两类。酸性氧化物主要有环烷酸、脂肪酸、羟基酸和酚类等，统称石油酸；中性氧化物主要有醛、酮、酯和醚等。石油中的含氧化合物氧化后会生成胶质，影响油品的使用性能。

石油中的胶状和沥青状物质大部分存在于减压渣油中，占石油馏分的百分之十几到百分之四十几。它集中了石油中绝大多数的硫、氮、氧和微量金属元素，是一种结构复杂、相对分子质量较大的物质。胶质的平均相对分子质量为 1000～3000，一般为褐色至暗褐色黏稠状液体；沥青质平均相对分子质量为 3000～10000，是一种黑色无定形脆性固体物质。

6) 石油的分类

目前国内外广泛采用的原油分类方法主要有商品分类法(又称工业分类法)和化学分类法。

商品分类法是根据原油的相对密度、硫含量、酸含量、氮含量、蜡含量和胶质含量等进行分类的方法，目前使用较多的是相对密度分类法和原油硫含量分类法。表 1-4 和表 1-5 分别给出了第十二届世界石油大会规定的原油相对密度分类标准和硫含量分类标准。

表 1-4 原油相对密度分类标准

原油类别	°API	相对密度 d_4^{20}
轻质原油	>34	<0.8520
中质原油	34～20	0.8520～0.9300
重质原油	20～10	0.9300～0.9980
超重原油	<10	>0.9980

注：°API 是比重指数，$°API=141.5/d_{15.6}^{15.6}-131.5$

表 1-5 原油硫含量分类标准

原油类别	硫含量(质量分数)/%
低硫原油	<0.5
含硫原油	0.5～2.0
高硫原油	>2.0

化学分类法是以原油的化学组成为基础，通常用与原油化学组成直接有关的参数作为分类依据，如特性因数分类、美国矿务局关键馏分特性分类、相关指数分类、石油指数和结构族组成分类等。目前采用较多的是特性因数分类法和关键馏分特性分类法。特性因数分类法是根据特性因数 K 值大小将原油分为石蜡基(K 值大于 12.1)、中间基(K 值为 11.5～12.1)和环烷基(K 值小于 11.5)三类。

关键馏分特性分类法是将原油在特定的简易蒸馏设备中，按照规定的条件进行蒸馏，切出 250～275℃和 395～425℃两个馏分分别作为第一关键馏分和第二关键馏分，通过测定其密度和 K 值确定原油类别。表 1-6 给出了关键馏分的分类指标，表 1-7 给出了原油按关键馏分的分类标准。

表 1-6 关键馏分的分类指标

关键馏分	石蜡基	中间基	环烷基
第一关键馏分	$d_4^{20}<0.8210$ °API>40 (K>11.9)	$d_4^{20}=0.8210\sim0.8562$ °API=33～40 (K=11.5～11.9)	$d_4^{20}>0.8562$ °API<33 (K<11.5)
第二关键馏分	$d_4^{20}<0.8723$ °API>30 (K>12.2)	$d_4^{20}=0.8723\sim0.9302$ °API=20～30 (K=11.5～12.2)	$d_4^{20}>0.9302$ °API<20 (K<11.5)

注：$K=\dfrac{1.216T^{1/3}}{d_{15.6}^{15.6}}$

表 1-7 原油按关键馏分的分类标准

序号	第一关键馏分属性	第二关键馏分属性	原油类别
1	石蜡基	石蜡基	石蜡基(P)
2	石蜡基	中间基	石蜡-中间基(P-I)
3	中间基	石蜡基	中间-石蜡基(I-P)
4	中间基	中间基	中间基(I)
5	中间基	环烷基	中间-环烷基(I-N)
6	环烷基	中间基	环烷-中间基(N-I)
7	环烷基	环烷基	环烷基(N)

为了更全面地反映原油性质，我国将商品分类法中的硫含量分类作为关键馏分特性分类的补充。表 1-8 给出了我国主要原油的分类。

表 1-8 我国主要原油的分类

原油名称	硫含量(质量分数)/%	第一关键馏分 d_4^{20}	第二关键馏分 d_4^{20}	原油的关键馏分特性分类	建议原油分类命名
大庆混合	0.11	0.814(*K*=12.0)	0.850(*K*=12.5)	石蜡基	低硫石蜡基
克拉玛依	0.04	0.828(*K*=11.9)	0.895(*K*=11.5)	中间基	低硫中间基
胜利混合	0.88	0.832(*K*=11.8)	0.881(*K*=12.0)	中间基	含硫中间基
大港混合	0.14	0.860(*K*=11.4)	0.887(*K*=12.0)	环烷-中间基	低硫环烷-中间基
孤岛	2.06	0.891(*K*=10.7)	0.936(*K*=11.4)	环烷基	含硫环烷基

2. 天然气

从广义的定义来说，天然气是指自然界中天然存在的一切气体，包括大气圈、水圈、生物圈和岩石圈中各种自然过程形成的气体。而人们长期以来通用的“天然气”定义是从能量角度出发的狭义定义，特指天然蕴藏于地层中的烃类和非烃类气体的混合物。天然气主要存在于油田气、气田气、煤层气、泥火山气和生物生成气中。油气田生产的天然气又可分为伴生气和非伴生气两种。伴随原油共生，与原油同时被采出的油田气称为伴生气；非伴生气包括纯气田的天然气和凝析气田的天然气，在地层中都以气态存在。凝析气田的天然气从地层流出井口后，随着压力下降和温度升高，分离为气、液两相，气相是凝析气田天然气，液相是凝析液，称为凝析油。

1) 天然气分类

工业上常按天然气的烃类组成将其分为干气和湿气。干气中的主要成分为甲烷，含量高于 90%，并含有不同量的乙烷、丙烷、丁烷和少量的戊烷以上的重组分，以及硫化氢、二氧化碳、氮气、氢气等杂质，稍加压缩不会有液体产生。湿气除甲烷和乙烷等低碳烷烃外，还有 15%以上的 C_3～C_4烷烃及少量轻汽油，稍加压缩就会有液体产生。

2) 天然气组成

天然气的主要成分是烷烃，其中甲烷占绝大多数，另有少量的乙烷、丙烷和丁烷，此外一般有硫化氢、二氧化碳、氮气、水汽、少量一氧化碳及微量的稀有气体，如氦气和氩气等。天然气组成随产地的不同差异很大，甚至同一油气藏的不同生产矿井采出的天然气组成也有较大差别。表 1-9 列出了国内外一些气田的天然气组成，表 1-10 是国内外一些凝析气田(油田伴生气)的天然气组成。

表 1-9 国内外一些气田的天然气组成(体积分数/%)

国名	产地	甲烷	乙烷	丙烷	丁烷	戊烷	C_{6+}	CO_2	N_2	H_2S
中国	长庆	93.89	0.62	0.08	0.02	0.003	—	5.14	0.16	0.048
中国	塔里木	98.02	0.51	0.04	0.02	0.00	0.04	0.58	0.70	—
美国	Louisiana	92.18	3.33	1.48	0.79	0.25	0.05	0.90	1.02	—
俄罗斯	Саратовское	94.7	1.80	0.20	0.10	—	0.18	0.20	—	—
俄罗斯	Оренбургское	84.86	3.86	1.52	0.68	0.40	0.13	0.58	6.30	1.65
哈萨克斯坦	Карачаганакское	82.3	5.24	2.07	0.74	0.31	—	5.30	0.85	3.07

表 1-10 国内外一些凝析气田(油田伴生气)的天然气组成(体积分数/%)

国名	产地	甲烷	乙烷	丙烷	丁烷	戊烷	C_{6+}	CO_2	N_2	H_2S
中国	中原油田	85.14	5.62	3.41	2.10	1.13	0.67	0.84	—	—
中国	华北苏桥	78.58	8.26	3.13	1.43	0.55	5.84	1.41	0.80	—
科威特	—	78.20	12.60	5.10	0.60	0.60	0.20	1.60	—	0.10
沙特	—	51.00	18.50	11.50	4.40	1.20	0.90	9.70	0.50	2.20
阿联酋	—	55.66	16.63	11.65	5.41	2.81	1.00	5.50	0.55	0.79
卡塔尔	—	55.49	13.29	9.69	5.63	3.82	1.00	7.02	11.2	2.93

3) 固体可燃冰

固体可燃冰即天然气水合物(natural gas hydrate，简称 gas hydrate)，是 20 世纪科学考察中发现的一种新的矿产资源，它是水和天然气在高压和低温条件下混合时形成的一种固态物质，外貌极像冰雪或固体酒精，点火即可燃烧。它可用 $m\mathrm{CH_4}\cdot n\mathrm{H_2O}$ 表示，m 代表水合物中的气体分子，n 为水合指数(水分子数)。组成天然气的成分如 CH_4、C_2H_6、C_3H_8、C_4H_{10} 等同系物以及 CO_2、N_2、H_2S 等，可形成单种或多种天然气水合物。形成天然气水合物的主要气体为甲烷，甲烷分子含量超过 99%的天然气水合物通常称为甲烷水合物(methane hydrate)。在标准状况下，1 单位体积的天然气水合物分解最多可产生 164 单位体积的甲烷气体。全球天然气水合物的储量是现有天然气和石油储量总和的 2 倍，主要储存于海底或寒冷地区的永久冻土带，是一种重要的潜在的未来资源。

1.1.2 石油加工

1. 石油加工方案

石油加工方案根据目的产物的不同，传统上分为燃料型、燃料-润滑油型和燃料-化工型，但随着企业追求效益最大化，目前纯燃料型的炼油厂越来越少，多采用混合型加工方案。

燃料型加工方案的主要产品是汽油、煤油、柴油和燃料油。原油除了生产部分重质燃料油外，减压馏分油和减压渣油通过各种轻质化过程转化为各种轻质燃料。

燃料-润滑油型加工方案除了生产汽油、煤油、柴油等轻质燃料产品外，部分或大部分减压馏分油和减压渣油被用于生产各种润滑油基础油或润滑油产品。

燃料-化工型加工方案除了生产汽油、煤油、柴油等轻质燃料产品外，还生产化工原料及化工产品，如某些烯烃、芳烃、聚合物的单体等。这种加工方案体现了充分合理利用石油资源的要求，也是提高炼厂经济效益的重要途径。图 1-1 为国内某厂 1200 万吨/年原油混合加工方案流程。

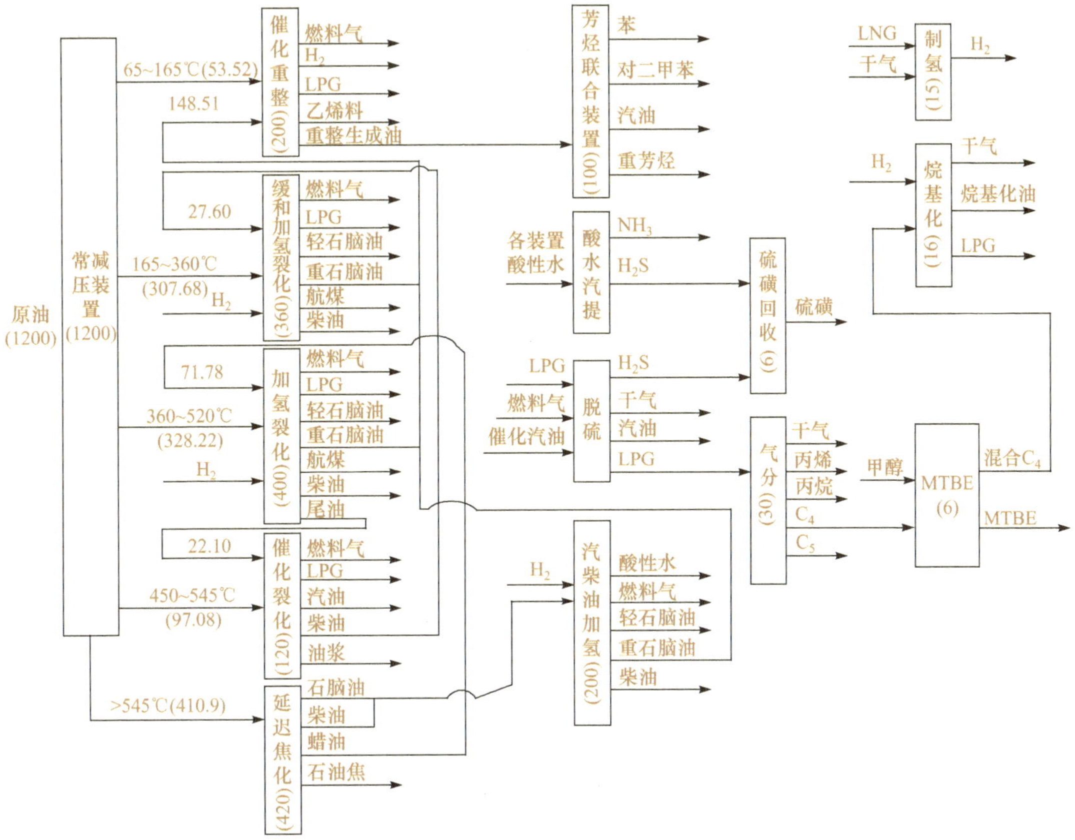

图 1-1 国内某厂 1200 万吨/年原油混合加工方案流程(括号内为装置的年处理量，单位为万吨)

2. 主要产品及用途

从石油中直接得到的产品有 800 多种，若包括以石油为原料合成的石油化工产品，则达数千种之多。石油中的产品主要有下列六大类：第一类为燃料，包括汽油、煤油(喷气燃料)、柴油等发动机燃料以及燃料油，产量约占石油产品的 80%；第二类为溶剂和化工原料，是生产三烯(乙烯、丙烯、丁二烯)、三苯(苯、甲苯、二甲苯)、乙炔和萘的主要原料，也是生产各种溶剂油的主要原料，产量约占石油产品的 10%；第三类为润滑油及其相关产品，包括润滑油(润滑油基础油)和润滑脂，产量约占石油产品的 2%；第四类为蜡，石油蜡是石油中的固态烃类，是轻工、化工和食品等工业的原料，产量约占石油产品的 1%；第五类为沥青，石油沥青主要用于道路、建筑及防水等方面，产量约占石油产品的3%；第六类为石油焦，主要用作炼铝、炼钢等的电极，产量约占石油产品的2%。另外，从石油中还可以生产硫磺，广泛应用于农业、医药和化工工业中。

1.1.3 天然气的化工利用

1. 初步加工工艺流程

由天然气井、油田、煤层等开采出的天然气还不能直接用作化工原料，需要脱除有害组分，并将各组分分离，然后才能实现各组分的合理利用。

图1-2为天然气初步加工处理的工艺流程。

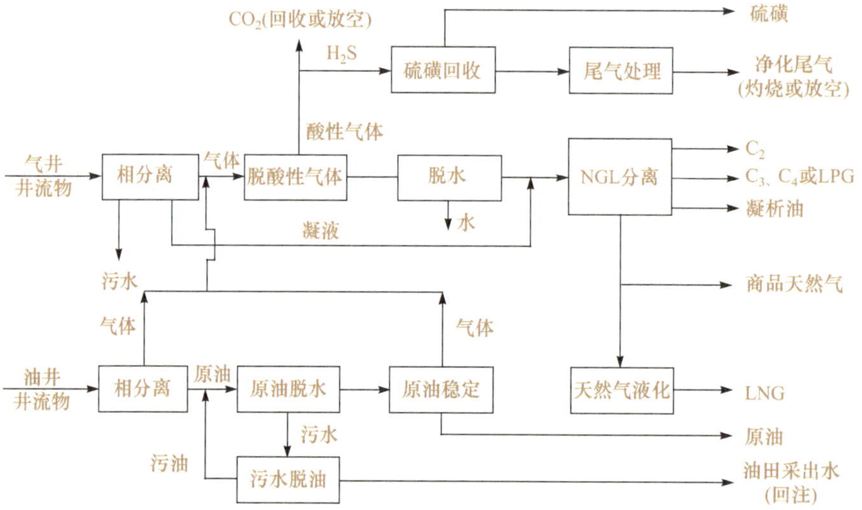

图1-2 天然气初步加工处理的工艺流程

2. 化工利用

天然气的化工利用主要有以下途径：①经水蒸气转化或部分氧化制取合成气($CO+H_2$)或氢气，然后进一步合成甲醇、氨、高级醇和羰基化产品；②经部分氧化或裂解制取乙炔或炭黑；③经热裂解生产乙烯、丙烯、丁烯、丁二烯和乙炔；④经氧化、氯化、硝化、氨氧化、脱氢等直接生产化工产品，如生产氢氰酸、氯甲烷、硝基甲烷、乙醛、丁二烯等。图1-3为天然气化工利用生产的主要产品。

1.1.4 石油化工的特点及发展趋势

1. 石油化工的特点

1) 原料和产品的多样性

对于石油化学工业来说，同一种原料可以生产多种不同产品；同一种产品可以采用不同原料或不同方法和工艺生产；一种产品可以有不同的用途，而不同的产品也可以有相同的用途。石油化工生产方法和产品的多样性，使得石油化学工业为人类提供了越来越多的生产生活用品。

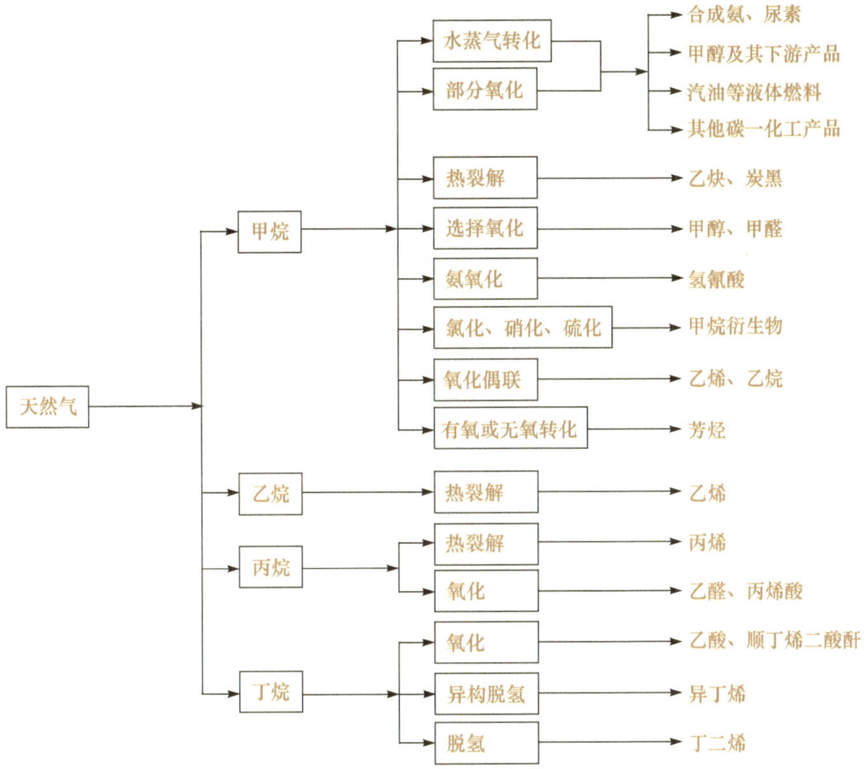

图 1-3 天然气化工利用生产的主要产品

2) 生产装置的大型化和综合化

近年来，石油化学工业得到了高速发展，并且朝着大型化和综合化的方向发展。其中最典型的是烃类裂解生产乙烯装置，20 世纪 50 年代中期，生产规模只有 5 万吨/年，70 年代为 20 万吨/年，80 年代到 2000 年为 45～80 万吨/年，目前新建装置多为 100 万吨/年，国内最大单套装置已达到 120 万吨/年，今后设计的单系列乙烯装置规模有望达到 200 万吨/年(乙烷为原料)，其他裂解原料为 120～150 万吨/年。

生产的综合化可以使资源和能源得到充分、合理的利用，可以就地利用副产物和“废料”，将它们转化为有用的产品。例如，石化企业的炼化一体化方案，延迟焦化-CFB 锅炉技术等。

3) 生产过程的连续性

化工生产是一个连续的生产过程，各工序之间一环扣一环，互相制约，具有高度的连续性。在一个联合企业内部，厂际之间、车间之间，管道互通、原料产品互相利用，是一个组织严密、相互依存、高度统一、不可分割的有机整体。任何一个厂或一个车间，乃至一道工序发生故障，就会造成整套装置乃至全厂或全企业的停工，甚至发生重大事故。

4) 生产工艺复杂和生产条件苛刻

石化生产工艺技术复杂，运行条件苛刻，需要经历很多物理、化学过程和传质、传热单元操作，一些过程控制条件异常苛刻(高温、高压、低温、真空等)。例如，烃类蒸气裂解过程，其裂解温度高达 1100℃，而一些深冷分离过程的温度低至−100℃以下。

5) 安全环保问题突出

石油化学工业生产是一种高危险性的行业，一旦发生安全事故，往往造成较大的伤亡或财产损失。石化生产中从原料到产品，包括工艺过程中的半成品、中间体、各种溶剂、添加剂、催化剂和试剂等，绝大多数属于易燃或可燃性物质，还有爆炸性物质如原油、天然气、汽油、液态烃、乙烯和丙烯等。它们又多以气体和液体状态存在，极易泄漏和挥发，许多物料是高毒或剧毒物质，如苯、甲苯、氰化钠、硫化氢和氯气等，这些物料处置不当或发生泄漏，易导致人员伤亡。

石油化工企业所排出的废气、废液和固体废渣都会对周围环境造成污染，所以石化行业需要投入巨大的人力、物力和资金从事企业的废物治理，做到有毒有害物质的“零”排放。

2. 石油化学工业发展方向

1) 企业和装置大型化和综合化

随着市场竞争的日益激烈和安全环保压力的增加，石油化工企业的利润空间越来越小，企业走规模化、集约化以及原料、副产品、能量利用综合化，可以降低单位产品成本，提高企业经济效益。

2) 产品和工艺过程精细化

精细化不仅指生产规模小的化工产品，更主要的是指生产技术含量高、附加值高、具有优异性能并与传统产品差别化大的产品；同时精细化还指化工工艺的精细化，深入分子、原子水平进行化学品的合成，生产高附加值的产品。

3) 能量综合利用和高效节能

石油化工企业是高能耗单位，合理用能和节能极为重要。开发低能耗或节能技术是石化行业技术研发的重要方向之一。同时对大型企业、生产厂、单元和装置做好产能和用能评价，合理利用能量，做到产能用能平衡，降低产品单位成本。

4) 发展绿色化工

绿色化工包括采用无毒、无害的原料、催化剂和溶剂；利用选择性高的工艺和催化剂；将副产物或废物转化为有用的物质；采用原子经济性反应，提高原料的原子利用率；生产过程无害；开发和生产环境友好的产品。

5) 加大安全环保投入

加大安全环保投入，控制安全和环保风险，杜绝企业恶性安全环保事故发生。

石油化工企业的安全环保投资一般占装置建设的 10%以上，甚至达到 30%以上。企业实施“三废”综合利用工程，做到“零”排放，实施废物再生利用。

1.2 石油化工过程的主要技术指标

1.2.1 生产能力、生产强度和有效生产周期

1. 生产能力

生产能力是指一个设备、一套装置或一个工厂(企业)在单位时间内生产的产品量或处理的原料量。其单位是千克/时(kg/h)、吨/天(t/d)、万吨/年(10kt/a)等。生产能力一般有两种表示方法，一种是以产品的产量表示，如 100 万吨/年乙烯装置，表示该装置的生产能力为每年生产乙烯 100 万吨；另一种是以处理(或加工)原料的量表示，如 1000 万吨/年的原油常减压装置(炼油厂)，表示该装置(炼油厂)的年加工原油量为 1000 万吨。一个设备、一套装置或一个工厂(企业)在给定的最佳设计条件下可以达到的最大生产能力称为设计能力。实际工业生产中，由于

原料、操作条件的变化及企业管理水平的差异，一个设备、一套装置或一个工厂(企业)的最大生产能力可能会大于或小于其设计能力。

2. 生产强度

生产强度为设备单位体积或单位面积的生产能力，其单位为 $kg/(h \cdot m^3)$或 $kg/(h \cdot m^2)$。生产强度主要用于比较相同反应过程或物理加工过程的设备或装置的优劣。设备的过程速率高，其生产强度就高。在分析对比催化反应器的生产强度时，通常比较单位时间、单位体积或单位质量催化剂所获得的产品量(或加工原料量)，即催化剂的生产强度，有时也称为时空收率(时空速率)，单位为 $kg/(h \cdot m^3)$或 $kg/(h \cdot kg^3)$。

3. 有效生产周期

有效生产周期又称开工因子：

$$\text{开工因子}=\text{全年开工生产天数}/365 \tag{1-1}$$

开工因子通常在 0.9 左右。开工因子大意味着停工检修带来的损失小，即设备先进可靠，催化剂寿命长，与生产管理水平也有一定关系。

1.2.2 转化率、选择性和收率

化工过程的核心是化学反应，提高反应的转化率、选择性和收率(又称产率)是提高化工过程效率的关键。

1. 转化率

转化率是指某一反应物参加反应而转化的数量占该反应物起始量的百分数，用符号 X 表示，其定义为

$$X=(\text{某一反应物的转化量}/\text{该反应物的起始量})\times 100\% \tag{1-2}$$

转化率的大小说明该原料在反应过程中的转化程度，转化率越大说明该原料参加反应的量越多。一般情况下，进入反应系统的每一种原料都难以全部参加化学反应，转化率通常小于 100%。对于同一反应，若反应物不止一个，那么不同反应组分的转化率在数值上可能不同。人们往往对关键反应物的转化率感兴趣，即反应物中价值最高的反应物。为使关键反应物尽可能转化，常使其他反应组分过量。对于不可逆反应，关键组分的转化率最大为 100%；对于可逆反应，关键组分的转化率最大为其平衡转化率。

计算转化率时，反应物起始量的确定很重要。对于间歇反应过程，以反应开始时装入反应器的某反应物料量为起始量；对于连续过程，一般以反应器进口物料中某反应物的量为起始量。但对于采用循环流程的过程来说，则有单程转化率和全程转化率之分。

(1) 单程转化率：指原料每次通过反应器的转化率。例如，原料 A 组分的单程转化率为

$$\begin{aligned} X_A &= \frac{\text{组分A在反应器中的转化量}}{\text{反应器进口物料中组分A的量}} \\ &= \frac{\text{组分A在反应器中的转化量}}{\text{新鲜原料中组分A的量}+\text{循环物料中组分A的量}} \end{aligned} \tag{1-3}$$

(2) 全程转化率(又称总转化率)：指新鲜原料进入反应系统到离开该系统所达到的转化率。例如，原料 A 组分的全程转化率为

$$X_A=(\text{组分 A 在反应器中的转化量/新鲜原料中组分 A 的量})\times 100\% \quad (1\text{-}4)$$

2. 选择性

对于复杂反应体系，同时存在着目的产物的主反应和生成副产物的许多副反应，只用转化率来衡量反应的效率是不够的，需要用选择性来表征原料有多少转化成了目的产物。选择性是指体系中转化为目的产物的某反应物的量与参加所有反应而转化的该反应物的量之比。用符号 S 表示，其定义为

$$S=(\text{转化为目的产物的某反应物的量/该反应物的转化总量})\times 100\% \quad (1\text{-}5)$$

也可以用式(1-6)计算：

$$S=(\text{实际所得目的产物的量/按某反应物的转化总量计算应得的目的产物理论量})\times 100\% \quad (1\text{-}6)$$

在复杂反应体系中，选择性是很重要的指标，它表示了主、副反应进行程度的相对大小，反映了原料利用是否合理。

3. 收率

收率是从产物角度来描述反应过程的效率，用符号 Y 表示，其定义为

$$Y=(\text{转化为目的产物的某反应物的量/该反应物的起始量})\times 100\% \quad (1\text{-}7)$$

由以上对于转化率、选择性和收率的定义可知：相对于同一反应物而言，三者存在以下关系：

$$Y=SX \quad (1\text{-}8)$$

对于无副反应的体系，$S=1$，因此收率在数值上等于转化率，转化率越高则收率越高；有副反应的体系，$S<1$，希望在选择性高的前提下转化率尽可能高。但是，提高转化率往往造成选择性降低，所以工业上既要考虑转化率又要兼顾选择性，使目的产物的收率最高。

质量收率是指投入单位质量的某原料所能生产的目的产物的质量，即

$$Y_m=(\text{目的产物的质量/某原料的起始质量})\times 100\% \quad (1\text{-}9)$$

1.2.3 平衡转化率和平衡产率

可逆反应达到平衡时的转化率称为平衡转化率，此时所得产物的产率为平衡产率。平衡转化率和平衡产率是可逆反应所能达到的最大值或极限值。反应达到平衡往往需要相当长的时间，反应过程中，随着反应的进行，正反应速率逐渐降低，而逆反应速率逐渐升高，所以净反应速率不断下降直至为零。因此，在实际生产中应保持较高的净反应速率，不能等待反应达到平衡，实际转化率和产率比平衡值要低。化学工艺学的任务之一就是通过热力学分析，寻找出提高平衡转化率的有利条件，计算出平衡转化率，并获得较高的实际产率。

1.2.4 化学反应的合成效率

在多数情况下，尽管一个化学反应的选择性很高，甚至达到 100%，但该反应仍产生大量

的废物。例如，曾获得诺贝尔化学奖的 Wittig 反应，其中的溴甲基三苯基膦分子中仅有一个亚甲基被利用，不管其选择性有多高，总有大量的氧化三苯基膦和溴盐产生。因此，仅用选择性的指标还不能完全评价一个反应是否最大限度利用了资源、避免废物产生和由此带来的环境污染问题。为了表述化学反应过程的合成效率，人们引入了原子经济性、原子利用率和环境因子三个概念。

1. 原子经济性

原子经济性(atom economy)由美国斯坦福(Stanford)大学的 B. M. Trost 教授首次提出，他因此获得 1998 年美国总统绿色化学挑战奖的学术奖。原子经济性的定义为

$$\mathrm{AE}=\frac{\sum_i P_i M_i}{\sum_j F_j M_j}\times 100\% \tag{1-10}$$

式中，P_i 为目的产物分子中各类原子数；F_j 为反应原料中各类原子数；M 为相应各类原子的相对原子质量。

2. 原子利用率

原子利用率与原子经济性概念相同，用于衡量化学反应的原子利用程度，其定义为

$$\text{原子利用率}=(\text{目的产物的量}/\text{各反应物的量之和})\times 100\% \tag{1-11}$$

3. 环境因子

环境因子由荷兰化学家 Sheldon 提出，定义为

$$E=\text{废物质量}/\text{目的产物质量} \tag{1-12}$$

一个反应的原子利用率越高，其环境因子就越小，反应产生的废物就越少。一个反应具有 100%的原子经济性，意味着原料中的原子 100%转化为产物，具有可实现的废物“零排放”。但原子经济性高的反应不一定选择性高，原子经济性与选择性配合才能表达一个化学反应的合成效率，即主、副反应的比例。原子经济性计算实例如下。

【例 1-1】 计算乙烯在银催化剂上直接氧化生产环氧乙烷的原子经济性。

解

$$CH_2{=}CH_2+1/2O_2 \longrightarrow \underset{\diagdown\,O\,\diagup}{CH_2{-}CH_2}$$

$$\mathrm{AE}=\frac{2\times12+4\times1+1\times16}{2\times12+4\times1+0.5\times2\times16}$$

【例 1-2】 计算氯醇法和哈康法生产环氧丙烷的原子经济性。(假设每一步反应的转化率和选择性均为 100%)

解

1) 氯醇法

$$C_3H_6+Cl_2+H_2O \longrightarrow CH_3ClCHCH_2OH+HCl$$

$$CH_3ClCHCH_2OH+1/2Ca(OH)_2 \longrightarrow C_3H_6O+1/2CaCl_2+H_2O$$

总反应：

$$C_3H_6+Cl_2+1/2Ca(OH)_2 \longrightarrow C_3H_6O+1/2CaCl_2+HCl$$

	C_3H_6	Cl_2	$1/2Ca(OH)_2$	C_3H_6O	$1/2CaCl_2$	HCl
摩尔质量/(g/mol)	42	71	37	58	55.5	36.5
目的产物质量/g				58		
废物质量/g					55.5	36.5

$$原子利用率=\frac{58}{42+37+71}\times 100\% \approx 38.7\%$$

2) 哈康法

$$(CH_3)_3CH+O_2 \longrightarrow (CH_3)_3C—O—OH$$

$$(CH_3)_3C—O—OH+CH_3CH═CH_2 \longrightarrow C_3H_6O+(CH_3)_3COH$$

总反应为

$$(CH_3)_3CH+CH_3CH═CH_2+O_2 \longrightarrow C_3H_6O+(CH_3)_3COH$$

	$(CH_3)_3CH$	$CH_3CH═CH_2$	O_2	C_3H_6O	$(CH_3)_3COH$
摩尔质量/(g/mol)	58	42	32	58	74
目的产物质量/g				58	
废物质量/g					74

$$原子利用率=\frac{58}{42+32+58}\times 100\% \approx 43.9\%$$

1.3 工艺计算基本原理

物料衡算和热量衡算是化学工艺的基础之一。通过物料衡算和热量衡算，计算生产过程的原料消耗、热负荷和产品产率等，为设计和选择反应器以及其他设备的尺寸、类型和台数提供定量依据；同时对于生产企业还可以核查生产过程中各物料量及有关数据是否正常，有无泄漏，热量回收、利用水平和热损失的大小，从而查出生产上的薄弱环节和限制部位，为改善操作和进行系统优化提供依据。

1.3.1 物料衡算

1. 物料衡算的基本原理

物料衡算是以质量守恒定律和化学计量关系为基础进行的物料平衡计算。它是指“进入系统的全部物料质量必定等于离开系统的全部产物质量加上损失的和累积起来的物料质量”，即

$$输入物料的总质量=输出物料的总质量+损失的物料质量+系统内积累的物料质量 \tag{1-13}$$

“系统”是指所研究(计算)的目标，它可以是一个工厂，也可以是一个车间或一套设备，进入或移出的物料可以由气、液、固三相中的任何一相或几相构成。

物料衡算按计算范围可划分为单元操作(或单个设备)和全流程(包括不同单元)的物料衡算；按操作方式可划分为连续操作过程和间歇操作过程，也有稳态过程和非稳态过程的物料衡算，反应过程和非反应过程的物料衡算等。无论哪种物料衡算，其基本方法是一致的。

2. 物料衡算的基本步骤

物料衡算是化工计算的基础，其计算结果的准确程度至关重要。为此，必须掌握和采取正确的计算步骤，从而得出正确的计算结果。物料衡算包括以下几个基本步骤：

(1) 收集数据。数据是计算的依据和基础，在进行物料衡算或其他计算前必须收集全准确可靠的数据。

(2) 绘出流程方框图，选定衡算系统。图形表达方式宜简单，代表内容要准确，进出物料不能有遗漏。

(3) 写出化学反应方程式并配平。如果反应过于复杂，或反应不太明确、无法用反应式表示，可以应用原子衡算法进行计算，不必写出反应方程式。

(4) 选定衡算基准。衡算基准是指进行物料衡算所选择的起始物理量，包括物料名称、数量和单位，衡算结果得到的其他物料量均是相对于该基准而言的。衡算基准的选择以计算方便为原则，可以选取与衡算系统中相关的任何一股物料或其中某个组分的一定量作为基准。例如，可以选取一定量(1kg、100kg、1mol 或 100mol 等)的原料和产品为基准，也可以选取单位时间(1d、1h、1min 等)为基准。

(5) 设未知数，列方程式组，联立求解。有几个未知数就设几个独立方程式，这些方程式除物料衡算式外，还需其他关系式，如组成关系式、化学平衡关系式、相平衡关系式、物料比例等。

(6) 计算和核对。

(7) 报告计算结果。通常将已知和计算结果列成物料平衡表，表格要全面反映输入和输出的各种物料及所包含的各组分的绝对量和相对量。

3. 计算实例

在银催化剂作用下，乙烯被空气(按含 79% N_2 和 21% O_2 计算)氧化成环氧乙烷(C_2H_4O)，副反应是乙烯完全氧化生成 CO_2 和 H_2O。已知离开氧化反应器的气体干基组成(均为体积分数)为：C_2H_4 3.0%，N_2 80.0%，O_2 11.0%，C_2H_4O 1.0%，CO_2 5.0%。该气体进入水吸收塔，其中的环氧乙烷和水蒸气全部溶解于水，而其他气体不溶解于水，由吸收塔顶逸出后排放少量至体系外，其余循环回氧化反应器。体系为稳定态流动反应过程，反应器中生成 CO_2 的量等于排放气中 CO_2 的量。计算：①乙烯的单程转化率和乙烯总转化率；②生成环氧乙烷的选择性；③循环比；④新鲜原料中乙烯和空气量之比。

解析 (1) 乙烯空气氧化生产环氧乙烷物料衡算框图(图 1-4)如下：

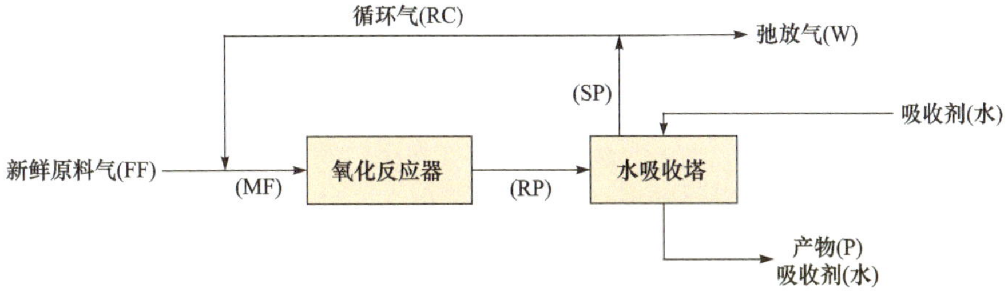

图 1-4 乙烯空气氧化生产环氧乙烷物料衡算框图

(2) 该过程的主、副反应式为

主反应：$$C_2H_4+1/2O_2 \longrightarrow C_2H_4O$$

副反应：$C_2H_4+3O_2 \longrightarrow 2CO_2+2H_2O$

(3) 选取反应器出口气中 100mol 干气为衡算基准。

(4) 设定新鲜原料气(FF)中 C_2H_4 的物质的量为 X mol，空气为 Y mol，弛放气为 W mol，乙烯完全氧化为水的物质的量为 Z mol。

(5) 根据设定，各股物流中各组分的物质的量和组成列于表 1-11 和表 1-12。

表 1-11 反应器进料物料组成

组成	FF(新鲜原料气)	RC(循环气)		MF(混合原料气)
	物质的量/mol	物质的量/mol	组成(摩尔分数)/%	物质的量/mol
C_2H_4	X	$3.0-0.0303W$	3.03	$3.0-0.0303W+X$
O_2	$0.21Y$	$11.0-0.1111W$	11.11	$11.0-0.1111W+0.21Y$
N_2	$0.79Y$	$80.0-0.8080W$	80.80	$80.0-0.8080W+0.79Y$
C_2H_4O	0	0	—	0
CO_2	0	$5.0-0.505W$	5.05	$5.0-0.505W$
H_2O	0	0	—	0
共计	$X+Y$	$99-W$	100	$99-W+X+Y$

表 1-12 反应器出料物料组成

组成	RP(出反应器气体)		P(产物)	SP(出吸收塔气)		W(弛放气)	
	物质的量/mol	干基组成(摩尔分数)/%	物质的量/mol	物质的量/mol	组成(摩尔分数)/%	物质的量/mol	组成(摩尔分数)/%
C_2H_4	3.00	3.00	0	3.00	3.03	$0.0303W$	3.03
O_2	11.00	11.00	0	11.00	11.11	$0.1111W$	11.11
N_2	80.00	80.00	0	80.00	80.80	$0.8080W$	80.80
C_2H_4O	1.00	1.00	1.0	0	—	—	—
CO_2	5.00	5.00	0	5.00	5.05	$0.0505W$	5.05
H_2O	Z	—	Z	0	—	—	—
共计	$100.00+Z$	100.00	$1.00+Z$	99.00	100.00	W	100.00

(6) 计算。由于体系为稳定态流动反应过程，反应器中生成 CO_2 的物质的量等于排放气中 CO_2 的物质的量。所以，原料中某元素的原子总物质的量=产品中该元素的原子总物质的量+排放气中该元素的原子总物质的量。

根据碳原子平衡：$2X=2\times0.0303W+0.0505W+2\times1.0$

氢原子平衡：$4X=4\times0.0303W+2Z+4\times1.0$

氧原子平衡：$2\times0.21Y=Z+1.0+2\times0.1111W+2\times0.0505W$

氮原子平衡：$2\times0.79Y=2\times0.8080W$

四个方程联立求解得

$$X=1.99 \quad Y=18.30 \quad Z=0.90 \quad W=17.90$$

① 乙烯单程转化率=反应消耗乙烯总量/进入反应器混合气体中乙烯量

$$=(X+3.00-0.0303W-3.0)/(X+3.0-0.0303W)\times100\%=32.55\%$$

乙烯总转化率=反应消耗乙烯总量/新鲜原料中乙烯量

$$=(X+3.00-0.0303W-3.0)/X\times100\%=72.80\%$$

② 生成环氧乙烷的选择性=转化为环氧乙烷的乙烯量/消耗掉乙烯总量

$$=1.0/(X+3.00-0.0303W-3.0)\times100\%=69.08\%$$

③ 循环比=循环气量/新鲜原料气量=$(99-W)/(X+Y)=4.00$

④ 新鲜原料中乙烯和空气量之比=$X/Y=1.99/18.30=0.11$

(7) 计算结果列于表 1-13。

表 1-13 物料平衡结果

组成	FF(新鲜原料气)		P(产物)		W(弛放气)	
	物质的量/mol	组成(摩尔分数)/%	物质的量/mol	组成(摩尔分数)/%	物质的量/mol	组成(摩尔分数)/%
C_2H_4	1.99	9.69	0	—	0.54	3.02
O_2	3.84	18.95	0	—	1.99	11.12
N_2	14.46	71.36	0	—	14.46	80.83
C_2H_4O	0	—	1.00	52.63	—	—
CO_2	0	—	0	—	0.90	5.03
H_2O	0	—	0.90	47.37	—	—
共计	20.29	100.00	1.900	100.0	17.89	100.00

1.3.2 能量衡算

1. 能量衡算的基本原理

能量衡算是根据能量守恒定律进行系统的能量衡算，其衡算公式为

$$\text{输入能量}=\text{输出能量}+\text{累积能量} \tag{1-14}$$

对于稳态流动反应过程，该系统内无能量积累，在不考虑能量转换，只计算热量变化时，其衡算公式可表示为

$$\text{输入该系统的能量}=\text{输入物料的内能 } U_{in}+\text{环境传入的热量 } Q_p \tag{1-15}$$

$$\text{输出该系统的能量}=\text{输出物料的内能 } U_{out}+\text{系统对外做功 } W \tag{1-16}$$

$$U_{in}+Q_p=U_{out}+W \tag{1-17}$$

2. 能量衡算的基本步骤

(1) 确定衡算对象。明确系统及其周围环境的范围，从而明确物料和热量的输入项和输出项。

(2) 选定物料衡算基准。进行能量衡算之前，一般要进行物料衡算求出各物料的量，有时

物、热衡算方程式要联立求解，均应有同一物料衡算基准。

(3) 确定温度基准。各种焓均与状态有关，因为多数反应是在恒压下进行的，所以温度对焓的影响很大。可以从各种文献资料、化工手册等查到物料的焓值，但一定要有一温度基准，计算时多以 298K(或 273K)为基准温度。

(4) 注意物质的相态。同一物质在相变前后是有焓变的，计算时一定清楚物质所处的相态，以计算相应的焓变。

3. 化学反应过程中焓变的计算方法

化学反应过程一般是在非标准状态下进行的，涉及的焓变类型较多。图 1-5 列出了化学反应过程中的焓变框图。

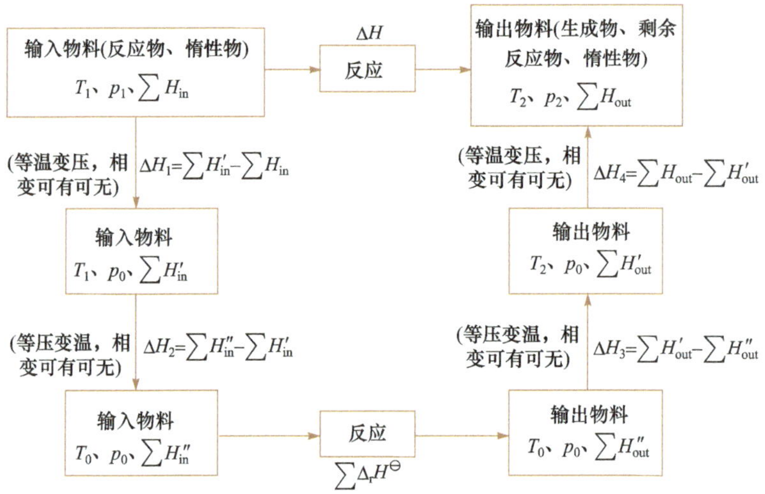

图 1-5 化学反应过程中的焓变框图

图 1-5 中，T_1、T_2、p_1、p_2 分别为任意状态下的温度和压力，T_0 和 p_0 分别为标准状态下的温度和压力。焓是状态函数，与变化途径无关，所以非标准状态下反应过程的总焓变方程可表示为

$$\Delta H=\sum H_{out}-\sum H_{in}=\Delta H_1+\Delta H_2+\sum \Delta_r H^\ominus+\Delta H_3+\Delta H_4 \tag{1-18}$$

1) 相变过程的焓变

相变过程的焓变指在温度、压力和组成不变的条件下，物质由一种相态转变为另一种相态的焓变。相态发生变化时，系统与环境交换的热量称为相变热，在数值上等于相变过程的焓变，如蒸发热、溶解热、升华热等属于相变热。相变热可以从化工文献和手册中查到，也可以用公式计算得到。

2) 反应焓变

反应焓变指在相同的起、末温度和压力下，由反应物转变为产物并未做非体积功的过程焓变。此时，系统吸收或放出的热量称为反应热，在数值上等于反应过程的焓变($\Delta_r H$)。应注意同一反应在不同温度下的反应热不同，但压力对反应热的影响较小。标准反应焓变($\Delta_r H^\ominus$)可以从相关文献和手册中查到，也可以用物质的标准生成焓变(数值上等于标准生成焓)计算标准反应焓变。

$$\Delta_r H^{\ominus} = \sum_{i=1}^{n}(\nu_i \Delta_f H_i^{\ominus})_{生成物} - \sum_{i=1}^{n}(\nu_i \Delta_f H_i^{\ominus})_{反应物} \tag{1-19}$$

式中，$\Delta_r H^{\ominus}$ 为标准反应焓变(298K，101.325kPa)；ν_i 为化学反应计量系数；$\Delta_f H_i^{\ominus}$ 为组分 i 的标准生成焓。

3) 显焓变

只有温度、压力变化而无化学反应和相变化的过程焓变称为显焓变。该变化过程中系统与环境交换的热称为显热，在数值上等于显焓变。显焓变可以通过焓值表或曲线查找，也可以通过计算得到。对于等温变压过程，可以查取物质在不同压力下的焓值，直接求取；对于理想气体，等温过程的内能变化和显焓变为零。对于变温过程，焓变过程的焓值可以查表获得，也可以利用热容数据进行计算。

4. 计算实例

甲烷在连续式反应器中用空气氧化生成甲醛，副反应是甲烷完全氧化生成 CO_2 和 H_2O。反应式如下：

$$CH_4(气)+O_2 \longrightarrow HCHO(气)+H_2O(气)$$

$$CH_4(气)+2O_2 \longrightarrow CO_2+2H_2O(气)$$

以 100mol 进入反应器的甲烷为基准，物料衡算结果如图 1-6 所示。

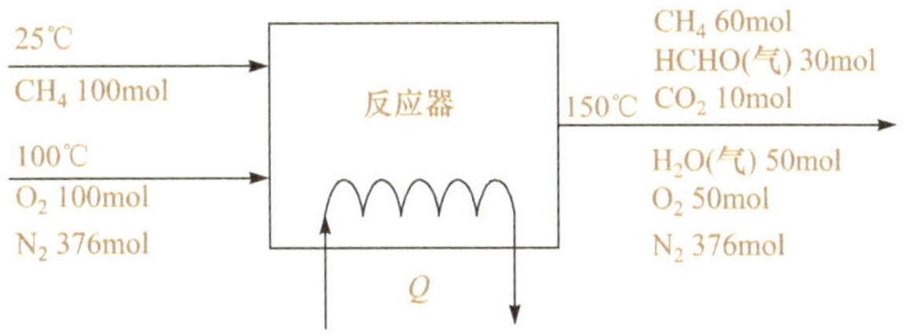

图 1-6 甲烷空气氧化生产甲醛物料衡算框图

假定反应在足够低的压力下进行，气体可以看作理想气体。甲烷于 25℃进反应器，空气于 100℃进反应器，若要保持出口产物为 150℃，需从反应器中取走多少热量？

解析 已知条件和物料衡算结果示于图 1-6 中。以 101.3kPa、25℃时生成各个反应物和产物的各种单质(C、O_2、H_2)为基准，非反应物质 N_2 也取 101.3kPa 及 25℃为基准(25℃是气体平均摩尔热容的参考温度)。现将各个焓值计算如下：

1) 进料焓值 $\sum(n_i H_i)_{进}$

O_2(100℃)：由手册查得

$$\bar{C}_p(O_2,100℃) = 29.8J/(K \cdot mol)$$

$$H(O_2,100℃) = \bar{C}_p(O_2,100℃)(100-25) = 2235J/mol = 2.235kJ/mol$$

$$\Delta H(O_2) = n(O_2)H(O_2) = 0 + n(O_2)\bar{C}_p(O_2)(100-25) + 0 = 100 \times 2.235 = 223.5(kJ)$$

N_2(100℃)：由手册查得

$$\bar{C}_p(N_2,100℃)=29.16J/(K\cdot mol)$$

$$H(N_2,100℃)=\bar{C}_p(N_2,100℃)(100-25)=2.187kJ/mol$$

$$\Delta H(N_2)=n(N_2)H(N_2)=0+n(N_2)\bar{C}_p(N_2)(100-25)+0=376\times 2.187=822.3(kJ)$$

CH_4(25℃)：CH_4由元素在25℃组成，查手册生成焓

$$\Delta_f H^{\ominus}(CH_4)=-74.85kJ/mol$$

因此

$$H(CH_4,25℃)=\Delta_f H^{\ominus}(CH_4)=-74.85kJ/mol$$

$$\Delta H(CH_4)=n(CH_4)H(CH_4)=n(CH_4)\Delta_f H^{\ominus}(CH_4)=100\times(-74.85)=-7485(kJ)$$

$$\sum(n_i H_i)_{进}=223.5+822.3-7485=-6439.2(kJ)$$

2) 出料焓值$\sum(n_i H_i)_{出}$

O_2(150℃)：由手册查得

$$\bar{C}_p(O_2,150℃)=30.06J/(K\cdot mol)$$

$$H(O_2,150℃)=\bar{C}_p(O_2,150℃)(150-25)=3.758kJ/mol$$

$$\Delta H(O_2)=n(O_2)H(O_2)=50\times 3.758=187.9(kJ)$$

N_2(150℃)：由手册查得

$$\bar{C}_p(N_2,150℃)=29.24J/(K\cdot mol)$$

$$H(N_2,150℃)=\bar{C}_p(N_2,150℃)(150-25)=3.655kJ/mol$$

$$\Delta H(N_2)=n(N_2)H(N_2)=376\times 3.655=1374.3(kJ)$$

CH_4(150℃)：由手册查得

$$\bar{C}_p(CH_4,150℃)=39.2J/(K\cdot mol)$$

$$H(CH_4,150℃)=\Delta_f H^{\ominus}(CH_4)+\int_{25}^{150}C_p(CH_4)dT=-74.85+4.90=-69.95(kJ/mol)$$

$$\begin{aligned}\Delta H(CH_4)&=n(CH_4)H(CH_4)\\&=n(CH_4)\Delta_f H^{\ominus}(CH_4)+n(CH_4)\int_{25}^{150}C_p(CH_4)dT\\&=60\times(-69.95)=-4197.0(kJ)\end{aligned}$$

HCHO(气，150℃)：查手册生成热

$$\Delta_f H^{\ominus}(HCHO)=-115.9kJ/mol$$

$$\bar{C}_p(HCHO,150℃)=9.12J/(K\cdot mol)$$

$$H(\text{HCHO},150℃)=\Delta_f H^{\ominus}(\text{HCHO},\text{气})+\int_{25}^{150}\bar{C}_p(\text{HCHO})\mathrm{d}T$$
$$=-115.9+1.14=-114.76(\text{kJ/mol})$$

$$\Delta H(\text{HCHO})=n(\text{HCHO})H(\text{HCHO})$$
$$=n(\text{HCHO})\Delta_f H^{\ominus}(\text{HCHO})+n(\text{HCHO})\int_{25}^{150}\bar{C}_p(\text{HCHO})\mathrm{d}T$$
$$=30\times(-114.76)=-3442.8(\text{kJ})$$

CO_2(150℃)：查手册生成热

$$\Delta_f H^{\ominus}(CO_2)=-393.5\text{kJ/mol}$$
$$\bar{C}_p(CO_2,150℃)=39.52\text{J/(K}\cdot\text{mol)}$$

$$H(CO_2,150℃)=\Delta_f H^{\ominus}(CO_2,\text{气})+\int_{25}^{150}\bar{C}_p(CO_2)\mathrm{d}T=-393.5+4.94=-388.56(\text{kJ/mol})$$

$$\Delta H(CO_2)=n(CO_2)H(CO_2)$$
$$=n(CO_2)\Delta H_f^{\ominus}(CO_2)+n(CO_2)\int_{25}^{150}\bar{C}_p(CO_2)\mathrm{d}T$$
$$=10\times(-388.56)=-3885.6(\text{kJ})$$

H_2O(150℃，气)：查手册生成热

$$\Delta_f H^{\ominus}(H_2O)=-241.83\text{kJ/mol}$$
$$\bar{C}_p(H_2O,150℃)=34.0\text{J/(K}\cdot\text{mol)}$$

$$H(H_2O,150℃)=\Delta_f H^{\ominus}(H_2O,\text{气})+\int_{25}^{150}\bar{C}_p(H_2O)\mathrm{d}T$$
$$=-241.83+4.25=-237.58(\text{kJ/mol})$$

$$\Delta H(H_2O)=n(H_2O)H(H_2O)$$
$$=n(H_2O)\Delta_f H^{\ominus}(H_2O,\text{气})+n(H_2O)\int_{25}^{150}\bar{C}_p(H_2O)\mathrm{d}T$$
$$=50\times(-237.58)=-11879.0(\text{kJ})$$

$$\sum(n_iH_i)_{\text{出}}=187.9+1374.3-4197.0-3442.8-3885.6-11879.0=-21842.2(\text{kJ})$$

以上进出口焓的计算结果列于表 1-14。

表 1-14 甲烷反应器的进、出能量衡算

物料	$n_{\text{进}}$	$H_{\text{进}}$	$n_{\text{出}}$	$H_{\text{出}}$	物料	$n_{\text{进}}$	$H_{\text{进}}$	$n_{\text{出}}$	$H_{\text{出}}$
CH_4	100	−74.85	60	−69.95	HCHO	—	—	30	−114.76
O_2	100	2.235	50	3.758	CO_2	—	—	10	−388.56
N_2	376	2.187	376	3.655	H_2O	—	—	50	−237.58

注：(1) n 的单位为 mol，H 的单位为 kJ/mol；(2) 物料参考态：CH_4，N_2，O_2，H_2，25℃，气态

反应过程中需从反应器中取走的热量为

$$Q=\Delta H=\sum(n_iH_i)_{\text{出}}-\sum(n_iH_i)_{\text{进}}=-21842.2-(-6439.2)\approx-15403.0(\text{kJ/mol})$$

总能量衡算结果列于表 1-15。

表 1-15 甲烷反应器总能量衡算

物质	$\Delta_f H^\ominus$	输入(CH_4 25℃；N_2、O_2 100℃)					输出(皆为 150℃)				
		n/mol	$n\Delta_f H^\ominus$ /kJ	$\bar{C}_p$ /[kJ/(mol · ℃)]	$n\bar{C}_p$ /(kJ/℃)	$n\bar{C}_p\Delta T$ /kJ	n/mol	$n\Delta_f H^\ominus$ /kJ	$\bar{C}_p$ /[kJ/(mol · ℃)]	$n\bar{C}_p$ /(kJ/℃)	$n\bar{C}_p\Delta T$ /kJ
CH_4	−7485.0	100	−7485.0	—	—	—	60	−4491.0	—	—	294.0
O_2	—	100	—	0.0298	2.980	223.50	50	—	0.03006	15.030	187.90
N_2	—	376	—	0.02916	10.964	822.30	376	—	0.02924	10.994	1374.3
HCHO	—	—	—	—	—	—	30	−3477.0	—	—	34.20
CO_2	—	—	—	—	—	—	10	−3935.0	0.03952	0.395	49.40
H_2O	—	—	—	—	—	—	50	−12091.50	0.0340	1.700	212.50
		总输入=−7485+223.50+822.30=−6439.20(kJ)					总输出=−(4491.0+3477.0+3935.0+12091.5) +(294.0+187.9+1374.3+34.2+49.4+212.5) =−21842.2(kJ)				
总焓变=Q=−21842.2−(−6439.2)=−15403.0(kJ)											

思 考 题

1. 分析大庆原油、胜利原油和委内瑞拉(马瑞)原油的特性，并给出合理的加工方案。
2. 天然气在加工利用前需脱除其中的酸性气体和水分，简述天然气脱除酸性气体和水分的方法。
3. 固体可燃冰是一种潜在的未来资源，讨论固体可燃冰未来可能的化工利用方向。
4. 简述转化率和选择性的概念。对于多反应物参加的体系，为什么要同时考虑转化率和选择性？
5. 在常压和催化剂作用下，可使甲醇氧化脱氢生成甲醛，发生的反应有

$$CH_3OH + 1/2O_2 \longrightarrow HCHO + H_2O \tag{1}$$

$$CH_3OH \longrightarrow HCHO + H_2 \tag{2}$$

$$CH_3OH + 3/2O_2 \longrightarrow CO_2 + 2H_2O \tag{3}$$

假设反应是绝热进行，与外界无热量交换；加入反应器的原料配比为甲醇/空气=1/1.3(摩尔比)；原料气的温度 600K。产物经冷却冷凝，分离出液态甲醛、水和剩余甲醇，不凝气中各组分的体积分数为 6.3% O_2、66.1% N_2、25.9% H_2、1.7% CO_2(已知：空气中氧气体积分数为 21%，氮气体积分数为 79%)。分别计算反应器的进料量和出料量。

6. 邻二甲苯氧化制苯酐，反应式为 $C_8H_{10}+3O_2 \longrightarrow C_8H_4O_3+3H_2O$，设邻二甲苯的转化率为 60%，每小时邻二甲苯投料 100kg，空气投料量为理论量的 150%。试计算反应后气体混合物的摩尔组成，并将结果列于物料衡算表中(小数点后保留两位数字)。[已知：为了计算方便设定空气中氧气含量为 21%，氮气含量为 79%；上述各分数均为摩尔分数]
7. 天然气-水蒸气转化法制取氢气和一氧化碳为吸热过程，每 100mol 的天然气进料需供给多少热量？已知数据：

(1) 天然气组成为 97.2% CH_4、1.2% C_2H_4、0.2% CO_2、1.4% N_2；

(2) 进反应器混合气的配比为 H_2O/CH_4=3/1(摩尔比)；

(3) 反应器出口气体中除水蒸气外的干气组成为 8.2% CH_4、8% CO、71.4% H_2、12% CO_2、0.4% N_2；原料气进反应器的温度为 370℃，出反应器的温度为 780℃。

参 考 文 献

陈声宗. 2012. 化工设计. 3 版. 北京：化学工业出版社

蒋福山，李玉环，苏震. 2011. 南美重质原油生产道路沥青技术现状. 石油沥青，25(3): 57-60
米镇涛. 2006. 化学工艺学. 2版. 北京：化学工业出版社
王遇冬. 2011. 天然气处理原理与工艺. 2版. 北京：中国石化出版社
徐春明，杨朝合. 2009. 石油炼制工程. 4版. 北京：石油工业出版社
杨朝合，山红红. 2013. 石油加工概论. 2版. 东营：中国石油大学出版社
张香玲. 2010. 委内瑞拉原油加工方案探讨. 广州化工，38(6): 240-243

第 2 章　典型石油加工过程

本章将重点介绍几种典型石油加工过程的原料、产品、工艺基本原理、工艺流程、主要设备、影响因素及技术进展等，包括常减压蒸馏、催化裂化、加氢裂化和延迟焦化等主要石油加工过程。

2.1　常减压蒸馏

原油是极其复杂的混合物。要从原油中提炼出多种多样的燃料、润滑油和其他产品，基本途径一般为：将原油先按不同产品沸点要求，通过物理过程分割成不同的直馏馏分油，然后按照产品质量标准要求，除去这些馏分油中的非理想组分；或者通过化学反应转化，生成所需要的组分，进而得到一系列合格的石油产品。因此，炼油厂首先必须解决原油分割和各种石油馏分在加工过程中的分离问题。

蒸馏是一种常用的最经济和最容易实现的分离手段。石油炼制企业原油加工的第一道工序就是蒸馏，如拔顶蒸馏和常减压蒸馏等。所谓原油一次加工是指原油常减压蒸馏。

通过常减压蒸馏，可以按产品方案将原油分割成相应的直馏汽油、煤油、喷气燃料、轻柴油或重柴油及各种润滑油馏分等半成品，这些半成品经过适当的精制和调配等，即可成为合格产品。在常减压蒸馏过程中，也可以根据不同生产方案分割出各种二次加工原料，如重整原料、催化裂化原料、加氢裂化原料等。由此可见，常减压蒸馏装置的生产与运行在炼化企业中占有重要的经济地位。

2.1.1　原油预处理

1. 预处理的目的

从地层中开采出来的原油中均含有数量不一的机械杂质、C_1～C_2轻烃气体、水以及 NaCl、$MgCl_2$、$CaCl_2$等无机盐类，可以看出，新开采出来的原油中均含有一定量的水和盐类。由于原油含盐含水不仅会对原油的储运、装置平稳操作、产品质量、传热效率及设备腐蚀等带来很大危害，而且会导致采油困难，污水带油还会造成环境污染。因此，原油脱水是原油开采中必须进行的生产环节，原油进入炼油厂后也必须先进行脱盐脱水，即对原油进行预处理。

研究发现，原油中的盐类除小部分呈结晶状悬浮在原油中外，大部分溶于水中，水分大多以微粒状分散在油中，形成较稳定的油包水型乳状液。由于原油中的盐大部分溶于水中，所以脱水的同时，盐也被脱除。随着重油深加工技术的发展，对原油脱后含盐提出了更高要求。目前一般要求脱后原油的含盐量不大于 3mg/L，含水量不大于 0.2%，脱盐排水的含油量不大于 200mg/L。为了减少装置的腐蚀，有些企业还要求常压蒸馏塔塔顶冷凝水中的氯离子含量小于 20mg/L。

2. 原油预处理原理

原油和水不互溶，形成两相，原油和水的密度差使水滴自由沉降，达到油水分离的目的。当水滴直径>0.5×10^{-6}m 时，水滴沉降速度基本上符合球形粒子在静止流体中自由沉降的斯托克斯(Stokes)定律：

$$u=\frac{d^2(\rho_1-\rho_2)g}{18\nu\rho_2} \tag{2-1}$$

式中，u 为水滴沉降速度，m/s；d 为水滴直径，m；ρ_1、ρ_2 依次为水(或盐水)和原油密度，kg/m^3；ν 为原油黏度，m^2/s；g 为重力加速度，m/s^2。

由式(2-1)可见，增大两相间密度差，减小原油黏度，均可增加沉降速度。通过加热可降低原油黏度，促进水滴聚结，增大水滴直径；同时水的密度ρ_1 随温度升高而下降的幅度比原油密度ρ_2 小，即$\rho_1-\rho_2$ 增大，因此加热原油有利于油水分离，此即为常用的加热沉降脱水法。在原油脱盐脱水过程中，关键是促进水滴聚结，增大水滴直径。在多种脱水方法中，添加破乳剂是快速高效脱去原油中水的最有效方法。当原油和水呈乳状液时，仅靠加热沉降无法解决脱盐脱水问题，必须采用电化学脱盐脱水方法。

3. 工艺流程

常见的原油预处理过程是向原油中注入部分脱盐水，以溶解原油中的结晶盐类，并稀释原有盐水，形成新的乳状液，然后在一定温度、压力、破乳剂及高压电场作用下，使微小水滴聚集成较大水滴，因密度差别，借助重力使水滴从油中沉降、分离，达到脱盐脱水的目的，此过程称为电化学脱盐脱水，简称电脱盐过程。

原油电脱盐工艺流程级数的选定与原油含盐量和对脱后原油含盐量要求有关。目前，二级脱盐脱水工艺流程在炼油厂被广泛采用，它是综合运用加热、加破乳剂和高压电场几种措施，使原油破乳、水滴聚结而沉降分离的电化学脱盐方法。但当原油含盐量较高，或原油密度、黏度较大，脱盐脱水困难时，往往需要采用三级脱盐脱水流程。

原油二级电化学脱盐脱水原理流程如图 2-1 所示。

原油按一定比例注入新鲜水、破乳剂后经原油泵混合，并经换热器加热至 120～140℃，从底部进入一级电脱盐罐，通过高压电场后，脱水原油从罐顶引出；再次注入新鲜水和破乳剂，经混合阀混合后进入二级电脱盐罐底部，再次通过高压电场脱水，脱水后原油从罐顶流出即为脱盐原油。

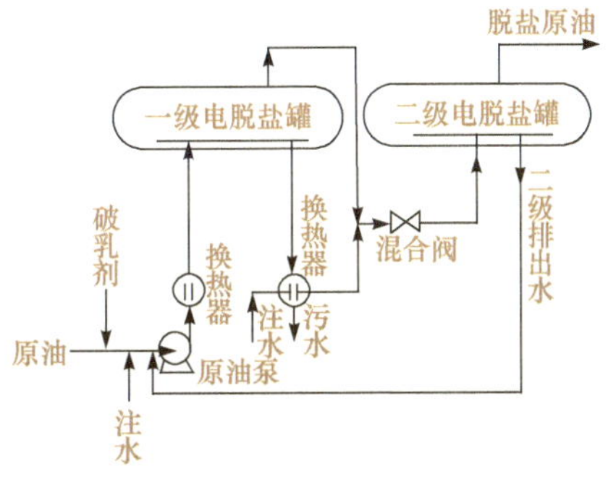

图 2-1 原油二级电化学脱盐脱水原理流程图

电脱盐罐的温度高，对破乳和水滴沉降均有

利，但温度过高，耗能多，且容易导致油品和水分气化。因此，应根据原油性质和试验确定最佳操作温度，一般为 80～120℃。为防止原油气化影响脱盐效果，通常规定操作压力比脱盐温度下原油饱和蒸气压高 1.5×10^5～2.0×10^5Pa。

2.1.2 基本原理与工艺流程

1. 基本原理

根据所用设备和操作方法的不同，蒸馏可分为闪蒸、简单蒸馏和精馏三种主要方式。

1) 闪蒸

将进料在一定温度和压力下部分气化后，送入容器(或塔)内使气、液两相迅速分离，得到相应的气相和液相产物，此过程称为闪蒸，如图 2-2 所示。

在闪蒸过程中，若气、液两相有无限长的接触时间和无限大的接触面积密切接触，使气、液两相达到相平衡状态，然后分离，则这种方式称为平衡气化。可见在实际生产过程中，气、液两相只能达到接近于平衡，难以真正达到相平衡，为简便起见，常常近似地按平衡气化来处理。

平衡气化的逆过程称为平衡冷凝，如图 2-3 所示，催化裂化分馏塔塔顶气相馏出物经过冷凝器冷却，进入接收罐中进行的分离过程称为平衡冷凝过程。

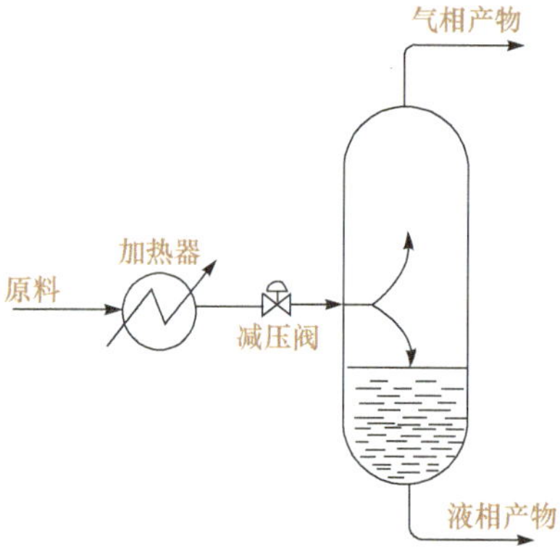

图 2-2 闪蒸

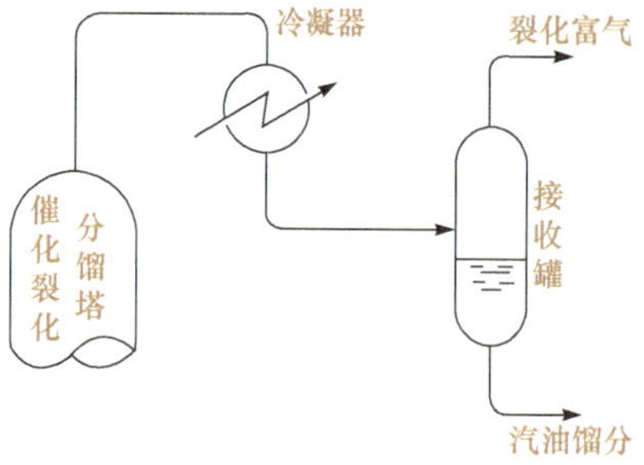

图 2-3 平衡冷凝

平衡气化和平衡冷凝时，气相产物中含有较多低沸点组分，液相产物中含有较多高沸点组分，故能使液体混合物得到一定程度的分离。但在平衡状态下，所有组分均同时存在于气、液两相中，因此这种分离是比较粗略的。

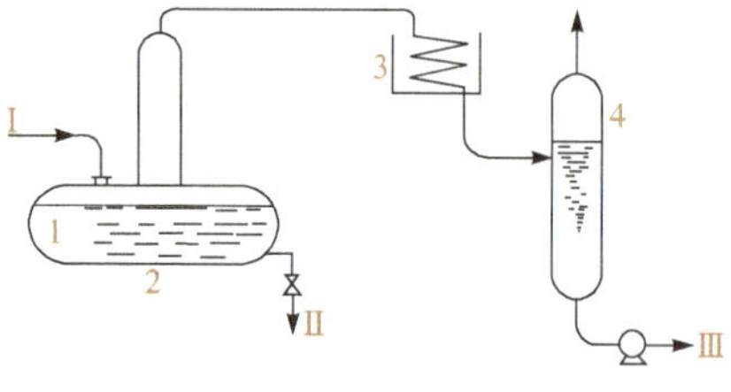

图 2-4 简单蒸馏

Ⅰ. 原料；Ⅱ. 釜底产品；Ⅲ. 蒸馏产品；1. 蒸馏釜；2. 底部加热器；3. 冷凝器；4. 产品罐

2) 简单蒸馏

简单蒸馏是实验室或小型装置上常用的浓缩物料或粗略分割油料的一种蒸馏方法，如图 2-4 所示。在蒸馏过程中，随着温度升高，可按混合物沸点由低到高依次蒸出不同组分，这种蒸馏方式称为简单蒸馏或微分蒸馏，此过程是渐次气化过程。

与平衡气化相比较，简单蒸馏所剩液体中的轻组分含量比平衡气化所得液体中的轻组分含量低，即简单蒸馏的分离精确度优于平衡气化。虽然如此，简单蒸馏的分离程度仍较低。

3) 精馏

精馏是指在特定设备精馏塔中，液体混合物连续多次进行部分气化和部分冷凝，不平衡的气、液两相通过多次逆流接触进行热交换和物质交换，最后达到有效分离混合物的过程。精馏分为连续式和间歇式两种，在现代石油加工或化工装置中均采用连续式精馏，而间歇式精馏只用于小型装置和实验室(如实沸点蒸馏)。连续式精馏是在连续精馏塔内完成的，图 2-5 是典型的连续精馏塔示意图。

精馏实为连续的多次平衡气化，其分离效果远优于平衡气化和渐次气化。在连续的稳态精馏塔操作中，其塔内各点温度、压力、流率、产品组成均不随时间变化，且生产能力大，设备较简单，可连续、有效地分离液态混合物，可以得到纯度和收率均较高的产品。

与一般二元或多元体系连续精馏塔相比，常减压蒸馏塔有其特殊的工艺特征。例如，在常压塔和减压塔的底部不可能用再沸器来产生蒸汽，因常压塔塔底渣油温度一般在 350℃左右，而减压塔塔底渣油温度则更高，如果用再沸器，很难在装置内找到合适的热源，还会大大增加塔底渣油热裂化的可能。因此，原油常压塔和减压塔的塔底是采用通入水蒸气的方式提供塔底气相回流，如图 2-6 所示。所以，常压塔和减压塔进料段下部一般不称为提馏段，而称为汽提段。

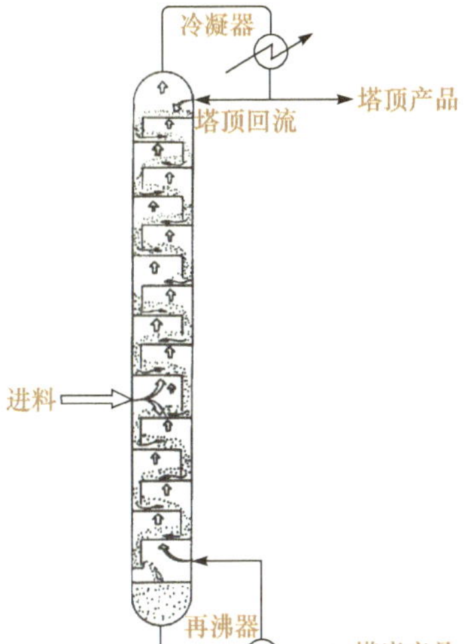

图 2-5　连续精馏塔示意图

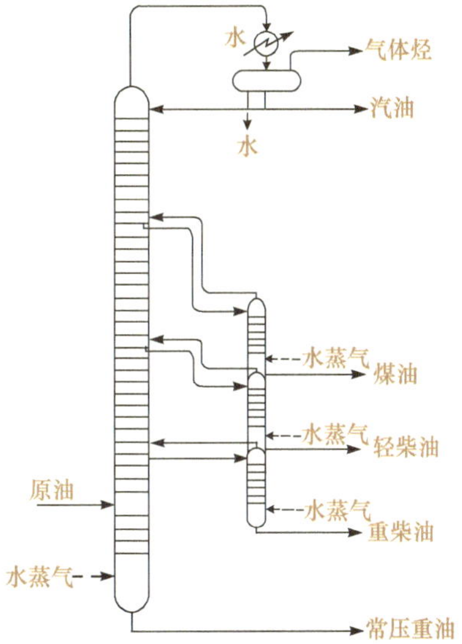

图 2-6　石油常压精馏塔构型示意图

2. 工艺流程

在实际生产中，原油不可能按组分进行分离，对石油产品分离精确度要求一般不如化工产品高。原油中小于 350～370℃的馏分可以通过常压蒸馏分离得到；而原油中大于 350～370℃的高沸点馏分(通常称为常压重油)是润滑油馏分或催化裂化、加氢裂化的原料。原油经常压蒸馏蒸出小于 350～370℃的馏分后，常压重油若继续在常压下进行气化、分离，则必须将其加热到 400℃以上高温，这将导致常压重油发生严重的分解缩合反应，不仅大大降低产品质量，而且会加剧设备结焦、缩短装置生产周期。因此，必须将常压重油置于减压条件下蒸馏，以降低重油沸点和气化温度。

一套完整的原油常减压蒸馏装置，在常压蒸馏前，根据情况会设有初馏塔或闪蒸塔，在常压蒸馏后设有减压蒸馏，由此看出，常压蒸馏操作的好坏不仅会影响常压塔产品质量，也会对减压蒸馏操作产生直接影响。

在原油蒸馏工艺流程中，原油经历的加热气化蒸馏次数称为气化段数。若流程中只有一个常压蒸馏就称为一段气化；若有常压蒸馏和减压蒸馏则称为两段气化；若有初馏塔(或闪蒸塔)、常压蒸馏和减压蒸馏则称为三段气化。图 2-7 为典型的三段气化常减压蒸馏工艺流程图。由图可见，原油经过脱盐脱水后(通常达到含水量<0.2%，含盐量<3mg/L)，用泵送入换热网络，与温度较高的蒸馏产品换热，使原油温度达 200～250℃，再将油气、水蒸气和尚未气化的原油一起送入初馏塔进行精馏，水蒸气和油的轻组分从塔顶以气相馏出，经冷凝冷却后的塔顶产品一般作催化重整原料，也可通过精制后作为汽油调和组分。

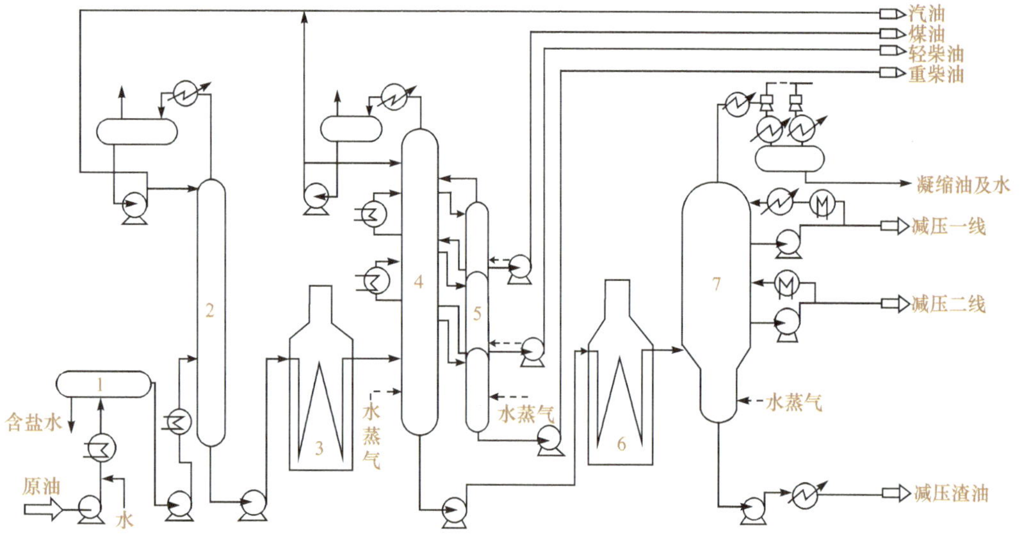

图 2-7　三段气化常减压蒸馏工艺流程图

1. 脱盐罐；2. 初馏塔；3. 常压炉；4. 常压塔；5. 汽提塔；6. 减压炉；7. 减压塔

初馏塔底的液相油称为拔头原油，将拔头原油送入管式加热炉加热到 350～370℃，此时拔头原油已部分气化，再经转油线送入常压塔，相应的加热炉称为常压炉。

拔头原油在常压塔中进行精馏，从塔顶馏出汽油馏分，从各侧线抽出口依次引出煤油、轻柴油和重柴油等侧线产物，塔底产物是沸点高于 350℃的重组分，称为常压重油或常压渣油。

常压重油经减压炉加热至 390～420℃进入减压塔，减压塔真空度一般可达 8kPa 左右或更高。馏分油由侧线抽出，减压塔底是沸点高达 500℃(或 540℃)以上的减压渣油，它可作为重油加氢裂化、焦炭化和减黏裂化的原料，进一步经溶剂脱沥青还可得到残渣润滑油料、沥青或催化裂化原料等。

3. 主要影响因素

原油常减压蒸馏的主要操作参数包括操作压力、操作温度和汽提水蒸气用量等。这些操作参数对操作过程的影响和它们之间的相互关系是装置设计和生产操作时必须考虑的重要因素。

1) 操作压力

操作压力主要包括塔顶压力和进料段压力。

常压塔顶压力受制于在塔顶产品罐温度下的塔顶产品的泡点压力。为确保塔顶产品基本全部冷凝，产品接收罐的压力接近常压，为了克服塔顶馏出物流经管线和设备的流动阻力，常压塔顶压力必须稍高于产品接收罐的压力，即稍高于常压。目前国内多数常压塔顶的操作压力大约为 0.07MPa(表)。

减压塔顶压力是进料段温度、塔顶冷却介质温度及水蒸气总消耗量的函数。降低减压塔顶压力，有利于提高减压馏分油的收率和质量，但减压塔顶抽真空系统的能量消耗也大。

进料段压力是塔顶压力加上进料段以上塔板压力而得到的。降低常压塔(或减压塔) 的进料段压力，意味着在相同气化率情况下，加热炉出口温度可以降低，从而减少燃料消耗。此外，降低进料段以上各部位压力，会增大各侧线馏分之间的相对挥发度，更有利于侧线馏分的分离。

2) 操作温度

操作温度包括塔顶温度、侧线抽出温度、进料段温度和塔底温度等。

常压塔的塔顶温度为塔顶产品在其油气分压下的露点温度。因塔顶温度变化会引起塔内气液相负荷发生变化，故必须平稳控制好塔顶温度，才能控制好塔顶产品质量，确保常压塔平稳操作。因减压塔顶不出产品，塔顶温度主要是水蒸气和不凝气离开塔顶的温度，该温度一般比循环回流进塔温度高 20～40℃。

常压塔和减压塔的侧线抽出温度均是侧线产品在该侧线抽出板处油气分压下的泡点温度。在进料温度及其性质稳定的情况下，侧线抽出温度的高低与塔内气液相负荷大小有关，侧线抽出量变化会直接影响塔内气液相负荷的平衡，导致抽出板的气相温度和液相温度也随之发生变化。因此，在实际操作中，可以根据侧线产品抽出温度判断产品质量的变化情况。

常压塔进料段温度是原油在进料段气化时的气相温度，而减压塔进料段温度是常压渣油在进料段气化时的气相温度。进料段温度是由进料在进料段气化吸热和与塔内过气化油的换热共同决定的，是真正决定产品收率的重要参数。在实际生产中，因对常压加热炉及减压加热炉出口温度均有限制，故进料段温度主要由转油线温降来决定，温降越大，进料段温度就越低，会影响进料段油品汽化率。

常压塔底温度是指常压渣油从常压塔底抽出的温度，减压塔底温度是指减压渣油从减压塔底抽出的温度。由于汽提段的作用，塔底温度一般比进料段温度低 5～10℃。在实际操作中，可以根据塔底温度与进料段温度的差值来判断汽提效果的好坏。

3) 汽提蒸汽用量

石油精馏塔的汽提方式主要有两种，即侧线汽提和塔底汽提。侧线汽提的目的是去除侧线产品中的低沸点组分，以提高产品的质量和改善分馏精确度。常压塔底汽提主要是为了降低塔底重油中小于 350℃的馏分含量，以提高常压塔轻质油品收率，减轻减压塔负荷。而减压塔底汽提的目的则主要是降低汽化段油气分压，从而在所能达到的最高炉出口温度和真空度下，尽可能提高减压塔拔出率。

汽提方法有两种，一种是水蒸气汽提，称直接汽提；另一种是再沸器汽提，称间接汽提。水蒸气汽提虽具有操作简便的优点，但近年来随着环保要求的提高，人们逐渐重视并倾向于尽可能采用再沸器汽提。这主要是因为水蒸气的加入不仅需要增大塔径，还会增加塔顶冷凝冷却器的负荷，加大锅炉和污水处理的规模。

石油精馏塔的汽提蒸汽一般用0.3MPa、400～450℃的过热蒸汽，以保证水蒸气塔内的任何部位不致凝结成水而造成突沸等事故。一般情况下，油品经过汽提后的°API可比未汽提油品低0.5～2.0。汽提蒸汽用量与需要提馏出来的轻组分含量有关，在设计计算时，一般是参考经验数据选择汽提蒸汽用量。

4. 主要设备

1) 初馏塔和闪蒸塔

原油经脱盐脱水预处理后，与高温油品换热升温进入初馏塔或闪蒸塔进行预分馏，蒸出部分轻组分和大部分水蒸气，此过程称为原油的预蒸馏。原油预蒸馏一般有初馏塔流程(图2-7)和闪蒸塔流程两种类型。这两种流程各有所长，要依据原油性质和产品要求等因素进行综合分析，选择适宜的流程方案。

一般来说，当原油中轻组分含量较高，即汽油馏分含量≥20%时；或原油中含硫、含盐量较高时；或原油的砷含量较高，且塔顶产品需用作重整原料时，宜采用初馏塔流程。因此，初馏塔流程的工艺特点主要有：①提高装置处理量和灵活性；②转移塔顶低温腐蚀，减轻常压塔顶腐蚀；③增加产品品种，不仅能提供重整原料，还能生产溶剂油；④减少原油带水对常压塔的影响，稳定常压塔操作等。

闪蒸塔流程较初馏塔流程简单，操作也更容易，能省去初馏塔流程的塔顶冷凝冷却系统及回流系统，但闪蒸塔的分馏精确度差，塔顶不出产品，故不能提供重整原料和生产溶剂油。闪蒸塔顶馏出物直接送入常压塔中上部进行进一步分离。

2) 常压塔

常压塔是原油常压蒸馏的主要设备，原油蒸馏装置的主要产品是从常压塔获得的。常压塔是一种同时出几种侧线产品的复合塔，又是无提馏段的不完全塔。典型的常压塔如图2-6所示。

根据精馏原理，欲将原料分离成 n 个产品，必须有 $n-1$ 个精馏塔，每个精馏塔应具备精馏段、提馏段、提供塔顶液相回流的冷凝冷却器和提供塔底气相回流的再沸器。当要把原油分成五种产品时，就需将四个精馏塔按图2-8所示形式串联或采用其他方式排列。

对于分馏精确度要求高的产品，这种方案是必需的。但在原油这种复杂混合物的精馏中，其所得各种产品本身也是一种复杂混合物，产品之间的分馏精确度要求并不是很高，所以两种产品间分离所需要的塔板数并不多，但处理量很大，若按图2-8的方案排列，则需要多个矮而粗的精馏塔，其间用油、气管线相连接，可见这种方案的投资、占地面积、能耗都很高，不适合大规模工业生产。

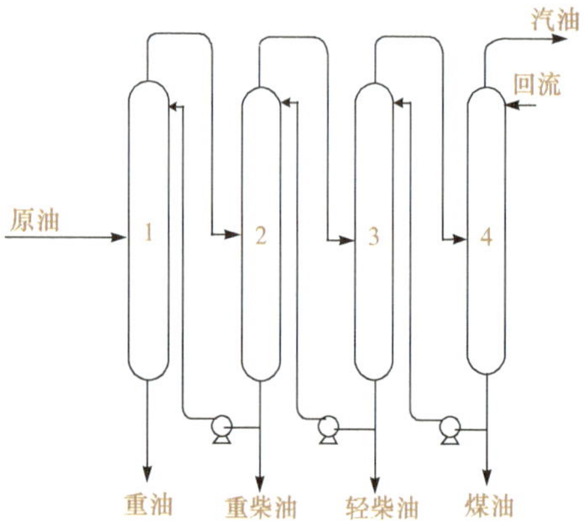

图2-8 原油常压精馏排列方案

在实际生产中，把几个简单精馏塔的精馏段重叠起来成为一个塔的精馏段(图2-6)，此塔的下段相当于图2-8中塔1的提馏段。这种塔称为复合塔或复杂塔。这种复合塔的分离精确度不会很高，因为每个侧线抽出板上除了该侧线产品馏分外，还有该塔板上方侧线和塔顶产品的较轻组分的蒸气通过，从而影响该侧线产品的馏分组成。但由于对石油产品分离精确度要求并不是很高，且可采用一些补充措施，因此常压精馏塔均采用复合塔形式。

3) 减压塔

通过减压蒸馏，一般可以得到沸点<540℃的馏分油。减压蒸馏的核心设备是减压塔及抽真空系统。根据生产任务不同，减压塔分为燃料型和润滑油型两种类型，其流程如图 2-9 所示。

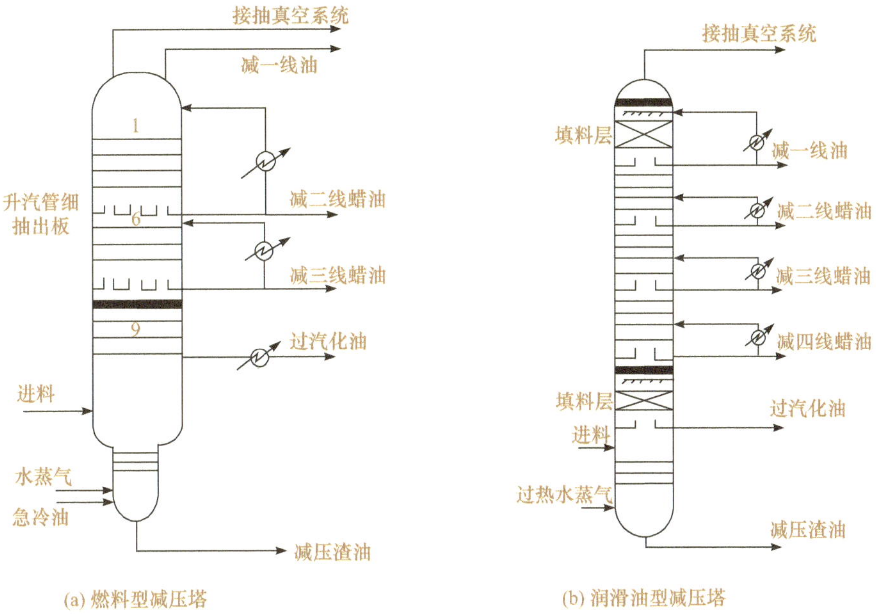

图 2-9　减压塔的类型

燃料型减压塔以生产催化裂化、加氢裂化原料等二次加工原料为主，产品的分离精确度要求不高，一般只需控制馏分的残炭值及重金属含量，而且塔的抽出侧线少，侧线馏分可以不经换热(或少换热)和冷却直接进入下游的二次加工装置。

润滑油型减压塔主要提供润滑油基础油料，一般有 4 个侧线，且对每一侧线馏分的分离精确度要求较高。为确保润滑油产品的收率和质量，对侧线馏分的馏程、残炭、运动黏度及颜色等指标均有一定要求。

减压塔的操作有干式、湿式和微湿式三种方式，它们之间的区别在于有无减压炉管注汽、减压塔有无汽提蒸汽。

干式减压蒸馏的特点是在减压蒸馏过程中不注入任何水蒸气，塔顶残压一般不超过 2.67kPa，使减压塔顶达到高真空操作，减压塔拔出率相应提高，装置能耗也能明显降低。干式减压一般适用于燃料型减压蒸馏。

湿式减压蒸馏的特点是在减压蒸馏过程中有水蒸气存在，既要在减压炉管注入水蒸气，以提高炉管内油品流速、改善流动状态、减少炉管结焦现象，还需在减压塔底通入水蒸气，以降低进料段油气分压，减少减压渣油中的轻组分含量。由于水蒸气分压作用，减压塔真空度不是很高，塔顶残压通常在 8kPa 左右。湿式减压一般用于润滑油型减压蒸馏。

微湿式减压蒸馏的特点是采用少量炉管注汽和少量减压塔底汽提蒸汽，以此适当提高减压塔顶的真空度，其操作原理与湿式减压一样。近几年发展的减压深拔技术一般采用微湿式减压蒸馏。

4) 汽提塔

在常压塔内，汽油、煤油、轻柴油和重柴油馏分的抽出板之间，只有精馏段而没有提馏段，这将大大影响侧线产品质量。由于侧线产品中会含有相当数量的轻馏分，因此会出现如柴油闪点降低、轻馏分收率下降等问题。为解决这些问题，在常压塔外侧为各个侧线产品设置相应的提馏段，这些提馏段重叠起来(图 2-7)，相互隔离成独立的小塔，这些小塔就称为汽提塔。侧线汽提所用的过热水蒸气量通常为侧线产品的 2%～3%(质量分数)。

5) 抽真空系统

抽真空系统的作用是将减压塔内气体，包括可凝油气、不凝油气和水蒸气连续地抽走，以确保减压塔真空度要求。减压塔的操作压力常用真空度表示，真空度等于大气压力减去实际操作压力(绝压)。真空度越高，在相同减压炉出口温度和热负荷下，减压塔拔出率越高。换言之，真空度越高，在相同减压塔拔出率下，减压炉出口温度越低，加热炉热负荷也越低。

减压塔顶的抽真空系统是由多级抽空器(真空泵)和冷凝器组成。抽空器可采用以水蒸气作动力的蒸汽喷射器，也可采用以电驱动的机械真空泵(如液环泵)。水蒸气在炼油厂中是既安全又易得到的，因此原油蒸馏装置大多数采用蒸汽喷射器来产生真空。

图 2-10 为常减压蒸馏装置常用的由蒸汽喷射器构成的二级抽真空系统。二级抽真空系统很难使减压塔的残压降至 4.0kPa 以下，这主要是因为减压塔顶残压受制约于塔顶冷凝器的残压，而冷凝器中所能达到的残压最低只能达到该处温度下水的饱和蒸气压。因此，采用二级抽真空系统，减压塔真空度受限于塔顶冷凝器温度下水的饱和蒸气压。

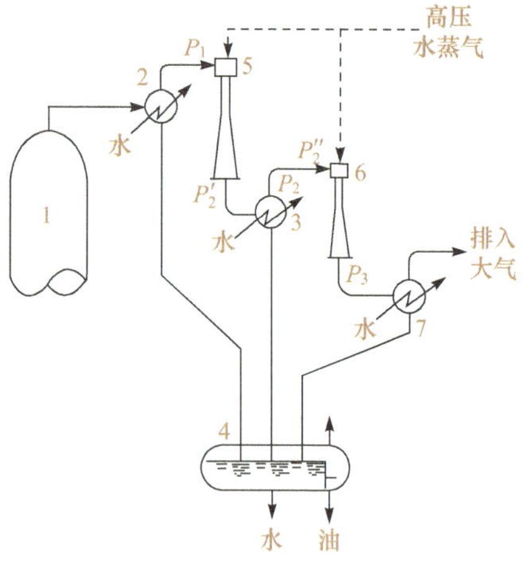

图 2-10　二级抽真空系统流程

1. 减压塔；2. 前冷凝器；3. 中间冷凝器；4. 水封罐；5. 一级喷射器；6. 二级喷射器；7. 后冷凝器

要获得更高的真空度，必须采用带增压喷射器的三级或三级以上的抽真空系统。增压喷射器的上游没有冷凝器，它与减压塔顶馏出物直接连接，因而其工作负荷远远高于其他蒸汽喷射器，可见增压器不仅需要很大的尺寸，还需要消耗大量工作蒸汽，会使装置能耗和操作费用增加。

6) 加热炉

常压加热炉和减压加热炉是原油常减压蒸馏的关键设备，为原油蒸馏提供必需的热量。常减压加热炉的热效率已由 20 世纪 70 年代的 65%～70%提高到现在的 85%～93%。

目前炼油厂常用的管式炉有圆筒炉、立式炉及斜顶炉、无焰炉等。当原油蒸馏装置的加工能力不超过 4Mt/a，加热炉负荷不大于 40MW 时，常压加热炉和减压加热炉多用对流-辐射式圆筒炉。

圆筒炉主要是由圆筒体的辐射室和长方形的对流室及烟囱组成。圆筒炉主要有螺旋管式圆筒炉、纯辐射式圆筒炉、有反射锥的圆筒炉及无反射锥的圆筒炉几种形式，如图 2-11 所示。

圆筒炉的辐射室(炉膛)外壳是钢板圆筒体，内材有耐火砖，筒体底板上装有多个向上燃烧的火咀，辐射管沿炉膛周围呈立式排成一圈。辐射室的作用是将燃料燃烧产生的热量以辐射传热的方式传递给辐射炉管内的流体。在辐射室内，有约 80%的热量是以辐射传热的方式传递的，另有约 20%的热量是通过高温烟气的运动以对流传热的方式传递的。对流室在圆筒体上部，敷设在对流室的炉管称对流管，对流管为横排。在对流室内，有约 80%的热量是以对流传热的方式传递的，另有约 20%的热量是通过高温烟气的辐射传热方式传递的。

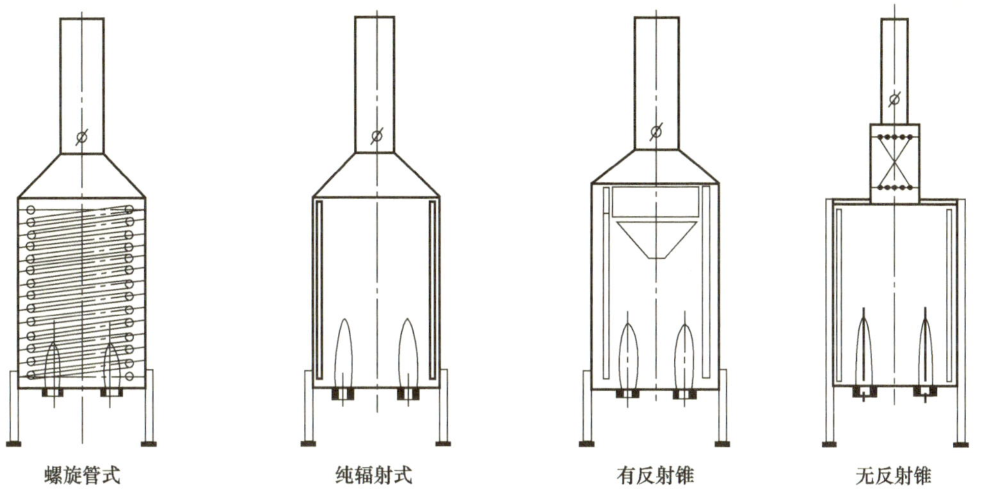

图 2-11　不同形式的圆筒炉

立式炉是方形炉中的一种。立式炉的炉膛是长方形箱体，炉管可以是水平放置或垂直放置，分为立管立式炉、卧管立式炉和环形管式立式炉，如图 2-12 所示。

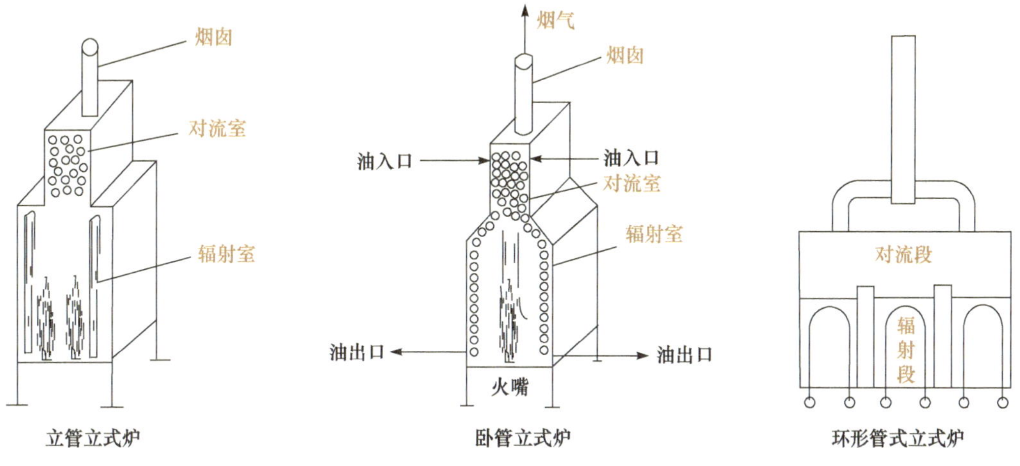

图 2-12　不同形式的立式炉

立式炉多用于加热炉负荷 40MW 以上或原油加工能力在 5Mt/a 以上的原油蒸馏装置。润滑油型减压炉或深拔减压炉一般优先选用卧管立式炉。

2.1.3　技术进展

在炼油企业的加工总成本中，原油采购成本占比高达 85%～90%，在炼油厂的能耗总量中，常减压蒸馏装置能耗占 25%～30%，反映出常减压蒸馏装置的节能降耗与技术发展对炼化企业的效益及发展具有重要意义。

截至 2017 年，我国原油蒸馏装置的加工规模已超过 7.5 亿吨/年，面对世界原油性质重质化、劣质化变化趋势，常减压蒸馏技术不断发展，其技术进步主要体现在装置大型化、减压深拔技术、节能降耗、防腐蚀、轻烃回收及高效电脱盐技术等。

截至 2017 年，全球约有 650 座炼油厂，世界炼油总能力增至约 49 亿吨/年，最大的单套常减压装置规模达到 1800 万吨/年，我国最大单套常减压装置规模为 1200 万吨/年。由此看出，常减压蒸馏装置的大型化发展是企业提高加工能力、降低能耗、增加效益的重要手段。

随着延迟焦化工艺的不断改进，焦化装置已可以加工更为劣质的减压渣油；重质减压蜡油经加氢处理后可以用作优质的催化裂化原料，这些炼油技术的进步对常减压蒸馏技术提出了更高要求。因此，以提高原油拔出率、降低减压渣油收率为主要目的的减压深拔技术得到快速发展和广泛应用。减压深拔是指原油实沸点切割温度达到 560℃以上，且所拔出的重质馏分油(重质蜡油)及塔底渣油的质量能够满足下游二次加工装置对原料的质量要求，同时减压渣油中小于 538℃的轻组分含量不超过 5%。

美国 KBC 公司开发的减压深拔技术可使减压蒸馏实沸点切割温度达到 608～621℃；英荷壳牌集团为了实现减压馏分油的最大回收率，其减压蒸馏深度切割技术闪蒸段的压力可低至 2.2kPa，在金属含量维持可接受的前提下，减压馏分油的切割点可以达到 600℃；德国 MIRO 炼油厂减压蒸馏装置的切割点达到 605℃时，其减压馏分油的残炭仍能保持在 1.7%的水平。减压深拔技术主要包括深拔条件下的减压塔技术、减压加热炉技术、减压转油线技术及减压塔顶抽真空技术等。其中加热炉的设计与操作是实现减压深拔技术的关键，而减压蒸馏塔深度切割的程度将取决于减压蒸馏塔内的真空度和温度。

随着我国原油进口依存度的逐年提高，国内企业加工进口原油的比例与日俱增。由于中东原油即使是阿拉伯重质原油也含有占原油总量 2%左右的 C_3、C_4 馏分，有些轻质原油中 C_3、C_4 馏分高达 3%～4%，因此，轻烃怎样回收成了亟待解决的突出问题，进而发展了有压缩机和无压缩机的轻烃回收技术。有压缩机的回收技术是采用初顶气和常顶气用压缩机升压后再进行回收的流程。轻烃回收流程有脱丁烷塔的单塔流程、脱丁烷-脱乙烷塔的双塔流程及吸收-解吸-稳定的三塔流程。

近年来，炼化企业特别是大型企业，为了避免各装置重复建设轻烃回收系统，采取工艺整合技术将全厂的轻烃集中回收，进而发展了轻烃回收集成技术。该技术采用了无压缩机回收和脱丁烷塔-脱乙烷塔-石脑油分离塔-液化气吸收塔集成的工艺流程。采用轻烃回收集成工艺技术，可以大大降低操作费用，节省投资，充分提高轻烃回收率，目前已在我国大型炼化企业得到推广应用。

常减压蒸馏属于典型的能量密集型加工过程，该装置的能耗主要由燃料、电力、水及水蒸气等各项消耗组成。常减压蒸馏装置的节能分为单体设备节能、装置内综合节能和多装置系统综合节能三个层次，其中单体设备节能是节能的基础。蒸馏装置的耗能设备主要有蒸馏塔、加热炉、机泵及冷换设备等，可通过提高加热炉热效率，降低燃料消耗；通过采用节能机泵和高效变频调速电机，提高机泵效率、降低电耗等。装置内综合节能是通过流程的组合进行多参数、多变量的综合节能，其中最为典型的是利用“窄点”技术优化设计或改造换热流程网络，可以大大提高原油的换热终温(300℃以上)和降低加热炉的燃料消耗。多装置系统综合节能是根据不同温位热源、热阱的分布及特点，合理进行装置间的热联合，在较大范围内进行冷、热物流的优化匹配，尽可能避免“高热低用”，由此实现企业能量利用的最优化。

常减压蒸馏装置的中间产物可以直接供入下游装置进行“接口进料”，通过高度集成、高度一体化的组合流程，大大降低常减压装置的冷却负荷和下游装置的加热负荷，达到全局节能的目的。近年来，国内炼化企业在控制节能、管理节能方面也取得了显著成效，已有400多项先进控制和优化软件在各类炼油装置上获得了广泛应用。

近年来，原油性质的劣质化趋势及原油开采过程大量使用助剂，使得原油的脱盐脱水异常困难，推动了电脱盐技术的迅速发展和进步。目前我国开发成功了交直流电脱盐技术、过滤电脱盐技术、平流卧式电脱盐技术、原油脱钙脱重金属技术、大型高速电脱盐技术等。此外，电脱盐技术在供电方式和破乳方面也取得显著进展，如直流电场、交流电场、交直流电场、脉冲电场、微波破乳、超声波破乳、合成破乳剂、油溶性破乳剂，以及过滤脱盐、旋流脱盐等，大大提高了脱盐效率。

2.2 催化裂化

催化裂化(fluid catalytic cracking, FCC)是炼油工业中重要的二次加工过程，在炼油工业中占有十分重要的地位。石油加工的目的是提高原油加工深度，得到尽可能多的轻质油品，增加产品品种，提高产品质量。而原油经过一次加工(常减压蒸馏)后只能得到10%～40%的汽油、煤油及柴油等轻质馏分油，其余的是重质馏分和残渣油。此外，某些轻质油品的质量较差，例如，直馏汽油的马达法辛烷值一般只有40～60。随着国民经济的发展及内燃机的不断改进，对轻质油品的数量和质量提出了更高要求。这种供求矛盾促使了催化裂化技术的产生和发展，同时也促进了整个炼油工业的发展。

催化裂化是指原料在480～520℃和0.1～0.4MPa条件和催化剂存在下，发生裂化、异构化、氢转移等一系列化学反应，转化成干气、液化气、汽油、柴油等轻质产品和焦炭的炼油工艺过程。

催化裂化自从1936年工业化以来，先后经历了固定床、移动床、流化床和提升管催化裂化四个阶段，催化裂化技术不断发展提高，目前已成为原油二次加工中最重要的炼油技术之一。我国商品汽油产量的70%以上、商品柴油产量的近30%来自催化裂化工艺。因此，催化裂化工艺在炼化企业石油加工的总流程中占有十分重要的经济地位。

经过70余年的发展，催化裂化工艺已发展为一个相当成熟的重质油轻质化炼油技术，特别是在我国，形成了炼油工业以催化裂化、加氢裂化为核心工艺的局面，几乎每一个炼油企业都有催化裂化装置。但是，我国石油资源的日益紧张，迫切要求提高重质油的加工深度；日益严格的环保要求，迫切需要生产低硫、低烯烃和高辛烷值的清洁汽油。随着我国车用燃料油需求结构比例的变化，需要提高催化裂化汽油产率，降低高密度、低十六烷值催化柴油产率，这些需求都给催化裂化技术的发展带来机遇和挑战，催化裂化工艺技术正朝着优化工艺操作、灵活调整生产方案和多效耦合的方向不断发展。

2.2.1 原料及产品特点

1. 原料来源

催化裂化原料一般是重质馏分油，它主要来源于原油蒸馏装置、延迟焦化装置、溶剂脱沥青装置及重油加氢等，如减压馏分油(减压蜡油)、焦化蜡油、脱沥青油、加氢尾油等。随着催化裂化技术和催化剂的不断发展，催化原料来源进一步拓宽，部分或全部渣油也可作为催化裂化的原料。

2. 产品特点

催化裂化的产品有气体(包括干气和液化气)、汽油、轻柴油(即轻循环油 LCO)，中间产品有回炼油，有的装置还出产油浆或澄清油等。

1) 气体

催化裂化装置副产大量干气和液化气。干气和液化气的产率一般为 3%～6%(质量分数)和 8%～15%(质量分数)。干气的主要组成是 C_1、C_2 及少量的 H_2、N_2 和 CO_2 等，干气中所含 CH_4 量一般小于 C_2，C_2H_4 一般多于 C_2H_6。液化气的主要组成是 C_3、C_4，还含有少量的 C_5，其中 C_3 占 30%～40%(体积分数)，C_4 占 30%～40%(体积分数)。在 C_3 中，丙烯占 60%～80%(体积分数)；在 C_4 中，总丁烯占 50%～65%(体积分数)，异丁烯占 30%～40%(体积分数)。可见液化气中的丙烯和丁烯占一半以上，因此，这部分产品是优良的石油化工和生产高辛烷值汽油组分的原料。

2) 汽油

汽油是催化裂化装置的主要产品，汽油产率为 30%～60%(质量分数)。催化汽油是车用汽油的主要组分，目前我国催化裂化汽油占车用汽油的 60%～80%(质量分数)，其研究法辛烷值(RON)为 90～93。

催化裂化汽油的组成与原料油的组成有关。石蜡基原料生产的汽油芳烃较少，烯烃和烷烃多，故辛烷值较低，而环烷基原料则相反。催化原料中加入渣油会使汽油中的芳烃和烯烃增加，烷烃减少，汽油密度增大，辛烷值也增大。此外，催化剂性质对汽油族组成也有很大影响。氢转移活性强的催化剂会使汽油中的芳烃增加，烯烃下降；异构化活性高的催化剂会使汽油中的异构烷烃和异构烯烃增加，辛烷值增大。

催化裂化汽油的硫含量主要与原料油有关，原料硫的 2%～5%(质量分数)进入汽油。除叠合汽油外，催化裂化汽油的烯烃含量是各汽油组分中最高的，为 30%～60%(质量分数)，因此是我国商品汽油烯烃的主要来源。

3) 轻柴油

催化裂化柴油产率一般为 20%～40%(质量分数)。催化裂化柴油中一般硫、氮含量高，安定性差，色度会随储存时间变深，胶质增加；族组成中芳烃含量高达 50%甚至 80%(随渣油掺炼率的增加而上升)，故其密度大、十六烷值很低。因此，催化裂化柴油是商品柴油中质量最差的调和组分，常与直馏柴油、焦化柴油混合后进行加氢精制后作为商品柴油，或经加氢改质后与其他加氢柴油调和作为商品柴油。

4) 回炼油

催化裂化回炼油一般是指产品中 342～350℃的馏分油(又称重循环油，HCO)，一般占进料的 5%～8%(质量分数)；回炼油中的芳烃含量远高于原料油，是催化裂化反应中难以裂化组分浓缩的结果。HCO 可以作为重柴油产品的混合组分使用，也可以作重返提升管反应器的回炼油，HCO 回炼可以增加轻柴油产率。目前国内大多数炼油厂是作回炼油使用。

5) 油浆

催化裂化分馏塔塔底出来的馏分油称为油浆，油浆中含有大量催化剂细粉，一般将其送至油浆沉降器进行沉降分离，从沉降器上部排出的清净的产品称为澄清油(DO)，而从油浆沉降器底部放出的油浆因含有催化剂细粉，将其返回提升管反应器回炼，而回收这部分催化剂。此外，油浆可作后续加工装置(如延迟焦化)原料，也可供各种工业炉或锅炉作为燃料使用。

2.2.2 催化剂

1. 催化剂种类

工业上广泛应用的裂化催化剂分为两大类：一类是无定形硅酸铝，其中包括天然活性白土、合成普通(低铝)硅酸铝和高铝硅酸铝；另一类是结晶型硅酸铝，又称沸石催化剂或分子筛催化剂。

无定形硅酸铝催化剂使用最多的是合成硅酸铝，其主要成分是氧化硅和氧化铝(SiO_2、Al_2O_3)。按 Al_2O_3 含量分为低铝(含 $Al_2O_3$12%～13%，质量分数)和高铝(含 Al_2O_3 约 25%，质量分数)催化剂。Al_2O_3、SiO_2 和少量水分是必要的活性组分。无定形合成硅酸铝催化剂具有很多不规则的微孔，其颗粒密度约为 1g/cm^3，孔体积达 0.4～0.6mL/g。这些微孔的直径大小不一，平均孔径为 4～7nm。这些微孔结构使硅酸铝催化剂具有很大的表面积，每克新鲜催化剂的表面积(称比表面积)可达 500～700m^2。硅酸铝催化剂的表面具有酸性，并形成许多酸性中心，催化剂的活性就来源于这些酸性中心，即催化剂的活性中心。

在实际生产过程中，由于高温及水蒸气的作用，催化剂微孔遭到破坏，平均孔径增大，比表面积减小，催化剂活性降低，这种现象称为老化。

目前工业催化裂化催化剂常用的分子筛主要有 X 型和 Y 型沸石，其中用得最多的是 Y 型沸石。X 型和 Y 型沸石具有相同的晶体结构，如图 2-13 所示。这种晶体中有三种晶笼，即方钠石笼、六角棱柱笼及椭圆形大笼(由方钠石笼和六角棱柱笼围成，也称超笼)。超笼是 X 型、Y 型沸石的主晶笼，裂化反应主要在超笼中进行，通入超笼的主晶孔仅为 0.74nm，因而仅允许小于此孔径的分子通过主晶孔进入超笼发生反应。分子筛的名字就是由此而得的。由于具有很多大小均匀、排列规则的孔，所以 X 型、Y 型沸石具有很高的内表面积(500～800m^2/g)。

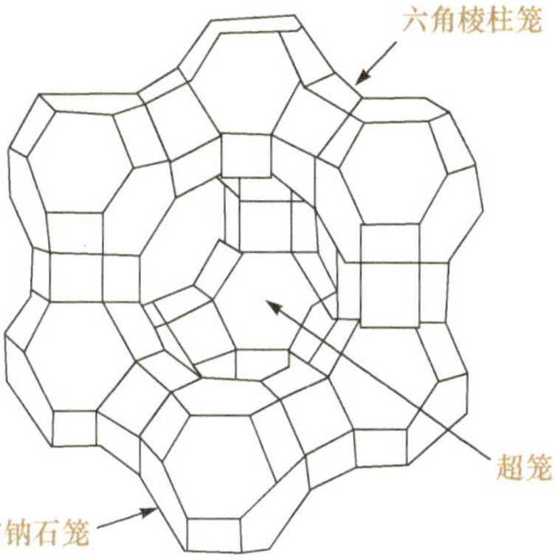

图 2-13 X 型、Y 型沸石的晶体结构

沸石的硅铝比是影响沸石性能的重要因素，高硅铝比沸石的结构稳定性较高，故工业催化裂化中常用 Y 型沸石作为催化剂，其硅铝分子比一般为 5 左右。

沸石催化剂的表面具有酸性，这是催化剂活性的来源，其单位表面上的酸性中心数目约为无定形硅铝催化剂的 100 倍，其活性也相应高出 100 倍左右。如此高的活性在生产工艺中难以应用，因此，目前工业上所用的沸石催化剂仅含 10%～35%的沸石，其余的是基质(也称担体或载体)以及黏结剂。

目前催化裂化装置上常用的催化剂包括：H-Y 型、RE-Y 型和 REHY 型(分别用氢离子、稀土金属离子或二者兼用置换得到)沸石，还有超稳 Y 型沸石等。

2. 使用性能

催化裂化工艺对所用催化剂有诸多的使用要求，其中表示其催化使用性质的活性、选择性、稳定性和抗重金属污染性，以及表示其物理性质的密度、流化性能和抗磨性能，这些都是评定催化剂性能的重要指标。

1) 活性

在催化裂化生产过程中，催化剂的活性可保持在一个稳定的水平上，此时的催化剂活性称为平衡活性，催化剂简称为平衡剂。显然，平衡活性低于新鲜催化剂的活性。平衡活性的高低取决于催化剂自身的稳定性和新鲜催化剂的补充量。沸石催化剂的平衡活性为 60～70(微反活性)。

2) 选择性

对于催化裂化过程，一般采用目的产物产率与转化率之比，或者是目的产物与副产物产率之比来表示催化剂的选择性。对于以生产汽油为主要目的的裂化催化剂，常用“汽油产率/焦炭产率”或“汽油产率/转化率”来表示其选择性。选择性好的催化剂可使原料生成较多的汽油、较少的气体和焦炭。沸石催化剂的选择性优于无定形硅酸铝，当焦炭产率相同时，使用沸石催化剂可提高汽油产率 15%～20%(质量分数)。

3) 稳定性

催化裂化催化剂的稳定性是指催化剂耐高温和水蒸气老化的性能。在反应和再生过程中，高温和水蒸气的反复作用会使催化剂老化。稳定性好的催化剂经高温和水蒸气作用时活性下降少，使用寿命长。通常高铝催化剂的稳定性比低铝催化剂的好，沸石催化剂的稳定性更高。沸石本身的稳定性与其硅铝比有关，硅铝比高的稳定性好。沸石催化剂的载体性能对催化剂的稳定性也有很大影响。

4) 抗重金属污染性

原料中的镍(Ni)、钒(V)、铁(Fe)、铜(Cu)等金属盐类沉积在催化剂表面上，使催化剂的活性和选择性大大降低，这种现象称为催化剂中毒或污染。若催化剂受到污染，会使汽油产率下降、气体和焦炭产率上升。

一般用污染指数来表示重金属对催化剂的污染程度，即

$$污染指数=0.1(14\mathrm{Ni}+4\mathrm{V}+\mathrm{Fe}+\mathrm{Cu}) \tag{2-2}$$

式中，各金属符号代表其在催化剂上的含量，mg/kg。

通过控制原料油中的重金属含量、提高催化剂的抗重金属污染能力以及使用金属钝化剂，可以有效控制催化剂的重金属污染。

5) 密度

由于裂化催化剂是微球(或小球)状多孔物质，因此其密度有几种不同的表示方法：①真实密度，又称骨架密度，一般是 2～2.2g/cm^3；②颗粒密度，一般是 0.9～1.2g/cm^3；③堆积密度，一般是 0.5～0.8g/cm^3，视堆积方式不同而有所差别。其中，催化剂的颗粒密度对催化剂的流化性能有重要影响。

6) 流化性能和抗磨性能

为保证催化剂在流化床中有良好的流化状态，要求催化剂有适宜的粒径或筛分组成。工业用微球催化剂颗粒直径一般在 20～80μm。粒度分布大致为：小于 40μm 的占 10%～15%(质量分数)，大于 80μm 的占 15%～20%(质量分数)，其余的是 40～80μm 的筛分。根据实际经验，适当的细粉(<40μm)含量可改善流化质量，提高催化剂的再生效率。

在实际生产过程中，为避免催化剂过度粉碎，以保证良好的流化质量和减少催化剂损耗，要求催化剂有一定的机械强度。我国采用磨损指数来评价微球催化剂的机械强度，一般要求微球催化剂的磨损指数不大于 2。

3. 催化剂助剂

为了改善催化裂化的生产，适应原料的不断变重和充分发挥沸石催化剂高活性的特点，提高产品质量、降低再生催化剂含碳量以及减轻环境污染，近年来不仅研究发展了具有各种特性的裂化催化剂，还成功地应用了一些辅助催化剂，即将其少量(一般小于5%)添加到裂化催化剂中，以促进或提高裂化催化剂的某种性能。这些辅助催化剂统称为催化剂助剂，按其功能大致分为三类：一是工艺过程助剂(如铂助燃剂、金属钝化剂、油浆阻垢剂等)；二是产品类助剂(如辛烷值助剂、多产低碳烯烃助剂、降烯烃助剂、降硫助剂)；三是环保类助剂(如硫转移助剂)。以上三类助剂已在催化裂化装置实际生产中广泛应用。

4. 失活与再生

1) 失活

在催化裂化反应和再生过程中，裂化催化剂的活性和选择性会不断下降，此现象称为催化剂的失活。造成裂化催化剂失活的原因主要有三方面：高温或高温与水蒸气的作用；裂化反应生焦；毒物的毒害。

在高温特别是有水蒸气存在的条件下，裂化催化剂的表面结构会发生变化，比表面积减小，孔容减小，分子筛的晶体结构破坏，导致催化剂的活性和选择性下降。在工业生产中，对分子筛催化剂，一般在小于650℃时催化剂失活很慢，在小于720℃时失活并不严重，但当温度>730℃时失活问题就比较突出了。因此，工业装置再生器的再生温度一般控制在650～720℃。

催化裂化反应生成的焦炭会沉积在催化剂表面，随着反应的进行，催化剂上沉积的焦炭增多，失活程度也加大。催化剂结焦失活的程度与催化裂化反应生焦速率密切相关。

裂化催化剂的毒物主要有镍、钒、铁、铜等重金属及钠和碱性氮化合物。重金属在裂化催化剂上的沉积会降低催化剂的活性和选择性，其中以镍和钒的影响最为重要。在催化裂化反应条件下，镍起着脱氢催化剂的作用，使催化剂的选择性变差，其结果是焦炭产率增大、液体产品产率下降、产品不饱和度增大、气体中的氢含量增大。钒会破坏分子筛的晶体并使催化剂的活性下降。碱金属和碱土金属以离子态存在时，可以吸附在催化剂的酸性中心上并使之中和，从而降低催化剂活性。钠不仅中和酸性中心降低催化剂活性，且会降低催化剂结构的熔点，使之在再生温度条件下发生熔化现象，导致分子筛和基质一同破坏。除了金属毒物外，碱性氮化合物对裂化催化剂也是毒物，它会使催化剂的活性和选择性降低。

2) 再生

在催化裂化生产过程中，催化剂的失活难以避免。为使催化剂恢复活性以重复利用，必须用空气在高温下烧去沉积的焦炭。这一用空气烧去焦炭的过程称为催化剂的再生。在工业装置上，必须经常烧掉催化剂表面上的焦炭即进行再生，一方面为裂化反应提供恢复活性的催化剂，另一方面将烧焦放出的热量通过催化剂提供给裂化反应。

在实际生产中，将离开反应器的催化剂称为待生催化剂(简称待生剂)，其含碳量约为1%(质量分数，下同)；再生后的催化剂称再生催化剂(简称再生剂)，其含碳量的要求视催化剂的不同有所差别。对沸石催化剂，要求再生催化剂的含碳量在0.1%以下，而对超稳Y型分子筛催化剂则甚至要求降至0.05%以下。催化剂的再生过程决定着整个装置的热平衡和生产能力。

焦炭的主要成分是碳和氢，原料中如含有硫、氮等，也会存在于焦炭中。催化剂再生反应的主要产物有 CO、CO_2、H_2O 及少量的 SO_x、NO_x 等。再生反应是放热反应，而且热效应非常大，足以提供本装置热平衡所需的热量。对渣油催化裂化装置，因焦炭产率较高，可以提供相当大量的剩余热，这些剩余热可通过余热锅炉或烟气能量回收设备加以利用。

2.2.3 基本原理与工艺流程

1. 基本原理

石油馏分在固体催化剂上进行的催化反应是一个复杂的物理化学过程。这种复杂性主要表现在石油馏分是由各族烃组成的，各种单体烃分别进行多种反应，并且互相影响。在碳原子数相同时，各种烃的反应能力顺序为：烯烃>烷基芳烃(烷基取代基为 C_3 或更高时)>环烷烃>烷烃>芳烃。

1) 单体烃的催化裂化反应

(1) 烷烃。在催化裂化条件下，烷烃主要发生分解反应，分解成小分子的烷烃和烯烃。例如

$$C_{16}H_{34} \longrightarrow C_8H_{16} + C_8H_{18}$$

烷烃分解生成的烷烃和烯烃还将继续反应下去。烷烃分解时，分子中碳链两端的 C—C 键很少发生分解，所以裂化反应产物中 C_1 和 C_2 分子很少，而 C_3 和 C_4 含量很高。

(2) 环烷烃。环烷烃的主要反应有分解、脱氢和异构化。环烷烃的分解是环的断裂生成烯烃：

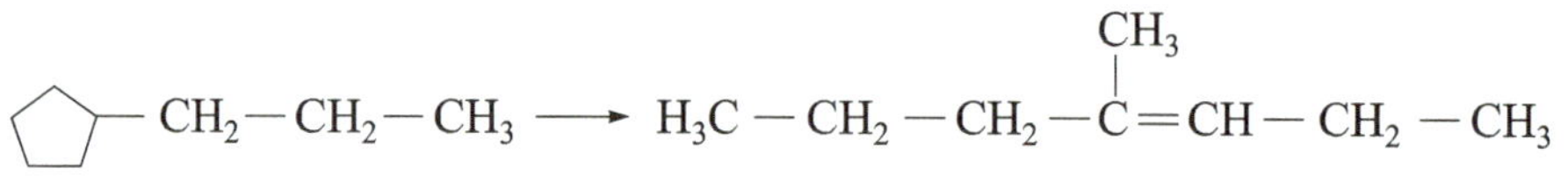

生成的烯烃可继续反应。如果环烷烃带有较长的侧链，则侧链发生断裂：

环烷烃的分解速度较高，与异构烷烃相似。

六元环烷烃经过脱氢生成芳烃，五元环烷烃可先异构成六元环烷烃，然后再脱氢生成芳烃：

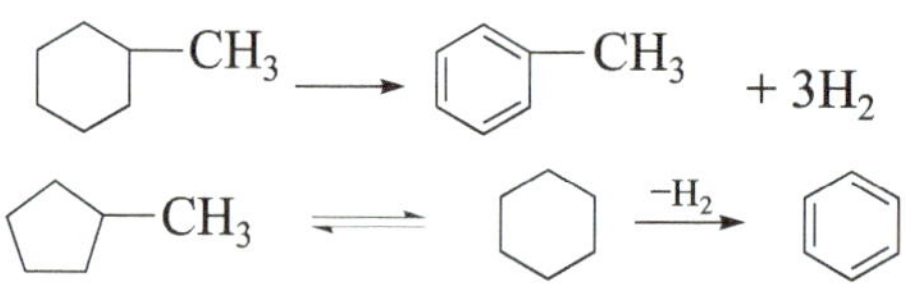

双环环烷烃发生断环、脱氢、脱烷基和异构化反应，生成单环芳烃、环烷烃和烷烃。与烷烃类似，环烷烃分解时，产物中几乎没有小于 C_3 的分子。

(3) 芳烃。芳香环本身十分稳定，在催化裂化条件下不发生反应，如苯、萘就难以进行反应。但是，带侧链的芳烃随着侧链的增多和增长，脱烷基和断链的速度增加。断链的位置主要发生在侧链同苯环连接的键上，生成单环芳烃和烯烃。例如

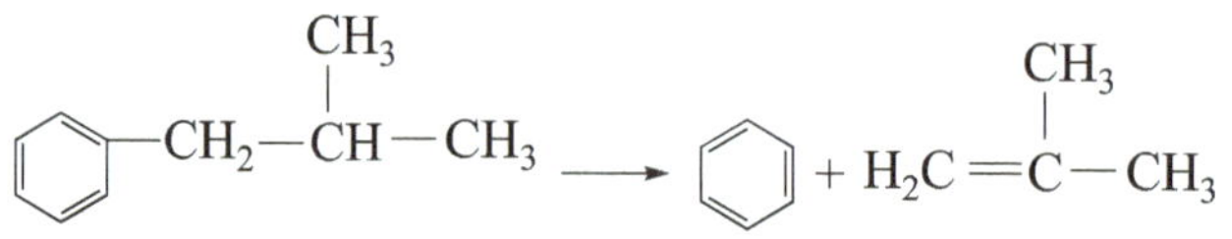

多环芳烃的裂化反应速率很慢，主要发生缩合反应，生成稠环芳烃，最后可缩合成焦炭，同时放出氢气，使烯烃饱和。

(4) 烯烃。烯烃是一次分解反应的产物。烯烃很活泼，反应速率快，在催化裂化过程中是

一个重要的中间产物和最终产物。烯烃的主要反应是分解反应，同时还有异构化、芳构化和氢转移反应。烯烃发生分解反应生成两个较小分子的烯烃：

$$C_{16}H_{32} \longrightarrow 2C_8H_{16}$$

烯烃的异构化包括分子骨架的改变和双键的位移，例如

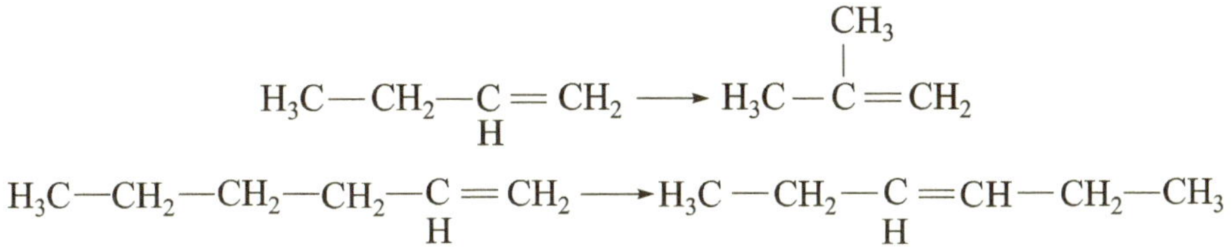

烯烃的芳构化反应是指烯烃环化脱氢生成芳烃的反应，例如

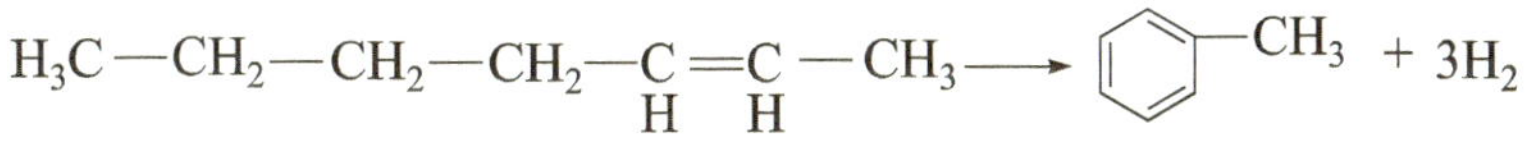

烯烃的氢转移反应是指某烃分子上的氢原子脱下来后立即加到另一烯烃分子上使之饱和的反应。在氢转移过程中，烷烃、环烷烃、烯烃都可以供氢，而自身会变成烯烃、环烯烃、二烯烃，环烯烃进一步脱氢成为芳烃；而烯烃和二烯烃接受氢分别转化成烷烃和单烯烃。例如

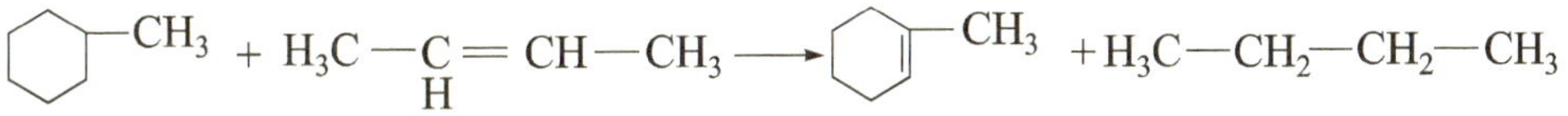

若是分子较大的烯烃或芳烃，则将会在环化与缩合的同时放出氢原子，使烯烃和二烯烃得到饱和，而其本身最后变成焦炭。可见，氢转移反应的结果会使一些不饱和的分子变成饱和分子，而另一些不饱和分子变成不饱和度更大的分子。因此，氢转移反应有利于芳构化反应的进行，对提高汽油辛烷值和安定性有利。氢转移反应被视为催化裂化的特征反应。

综上所述，各种单体烃在催化剂存在下的化学反应有分解反应、异构化反应、芳构化反应和氢转移反应。分解反应可使大分子的烃类分解为小分子的烃类，这是催化裂化工艺成为重油轻质化重要手段的根本依据；氢转移反应可使催化汽油的饱和度提高、安定性变好；异构化反应和芳构化反应是催化汽油辛烷值高的重要原因。在所有这些反应中，分解反应是最主要的反应，催化裂化也因此得名。

2) 馏分油的催化裂化反应

石油馏分催化裂化反应的结果并非是各族烃类单独反应的综合结果，因为任何一种烃类的反应都将受到同时存在的其他烃类的影响，更重要的是，石油馏分的催化裂化反应是在固体催化剂表面上进行的，某烃类的反应速率不仅与本身的化学反应速率有关，而且与它们的吸附和脱附性能有关。

如果某一烃类本身的反应速率很快，而吸附速率很慢，那么该烃类的最终反应速率也不会很快。换言之，某烃类的催化裂化反应的总速率是由吸附速率和反应速率共同决定的。大量实验证明，对于相同族的烃分子，相对分子质量越大越容易被吸附，而对于不同族的烃分子，在催化剂表面上的吸附能力也不同。对于碳原子数相同的各族烃，吸附能力的顺序为

稠环芳烃>稠环环烷烃>烯烃>单烷基单环芳烃>单环环烷烃>烷烃

如果按化学反应速率的快慢进行排列，则顺序为

烯烃>大分子单烷基侧链的单环芳烃>异构烷烃和环烷烃>小分子单烷基侧链的单环芳烃>正构烷烃>稠环芳烃

综合上述两个排列顺序可知，石油馏分中的芳烃虽然吸附能力强，但反应能力弱，它首先吸附在催化剂表面上，占据了相当的表面积，阻碍了其他烃类的吸附和反应，并且芳烃长时间停留在催化剂上缩合生焦，不再脱附，致使催化剂活性减小，从而使整个石油馏分的反应速率变慢。原料中的烷烃虽然反应速率较快，但吸附能力弱，对原料反应的总效应也不利。由此看出，环烷烃既具有一定的吸附能力，又具有适宜的反应速率，可以认为富含环烷烃的石油馏分是催化裂化的理想原料。

石油馏分的催化裂化反应是一种复杂的平行-顺序反应，各类烃的反应可同时向几个方向进行，而且初次反应的产物(中间产物)又会继续反应，如图 2-14 所示。

平行-顺序反应的一个重要特点是反应深度对产品产率分布有重要影响，如图 2-15 所示，图中转化率为气体、汽油、焦炭产率之和。随着反应时间的增长，转化率提高，最终产物气体和焦炭的产率一直增加，而作为中间产物的汽油，产率开始增加，经过一最高点后又下降。这是因为到了一定的反应深度以后，汽油分解为气体的速度超过了汽油的生成速度。

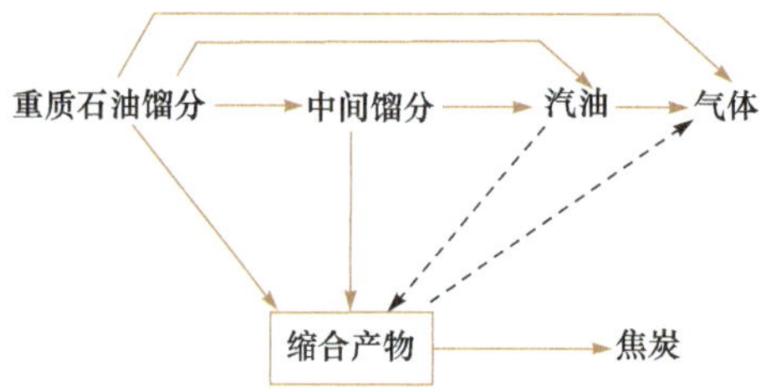

图 2-14 石油馏分的催化裂化反应

虚线表示不重要的反应

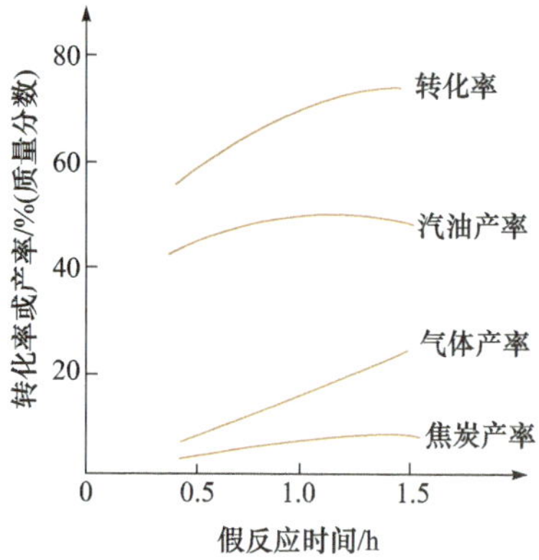

图 2-15 某馏分催化裂化反应的结果

3) 渣油的催化裂化反应

渣油催化裂化所指的渣油一般指常压渣油或减压渣油，通常还将脱沥青油和经流化脱碳预处理的渣油或稠油也包括在内。目前国内的渣油催化裂化装置一般是以减压馏分油掺兑部分减压渣油或脱沥青油为原料，只有少数原油的常压渣油可直接作为渣油催化裂化装置的原料，如我国的大庆原油和中原原油的常压渣油。

渣油与馏分油催化裂化的基本差别在于：馏分油在催化裂化反应条件下可以全部气化，属于气固非均相反应过程，馏分油只含很少量的沥青质、金属及硫氮等杂原子化合物；而渣油是原油中最重的组分，在催化裂化反应条件下不能全部气化，是一个复杂的气液固反应过程。渣油的氢碳比小，残炭值高，黏度大，含有大量的胶质、沥青质和稠环芳烃以及硫、氮、金属等杂质。这些物质的存在不仅会影响催化裂化的反应过程，也会影响产品质量。

渣油中的胶质、沥青质和稠环芳烃在裂化反应过程中易缩合生成焦炭，使得渣油催化裂化的焦炭产率高，可达 8%～12%(质量分数)。而焦炭产率的增加会导致轻质油收率下降，再

生器烧焦负荷增大、反应再生系统热量过剩。因此，怎样减少生焦量、提高再生器的烧焦效率以及有效利用剩余热量是渣油催化裂化技术发展需解决的关键问题。

渣油中的金属几乎全部沉积在催化剂表面上，造成严重污染，尤以镍、钒和钠的影响为最大。渣油中还含有较多的硫、氮、氧等有机化合物。从化学反应角度看，硫化合物并不会影响烃类的反应，但对产品性质和质量会有很大影响，导致产品中的硫含量增加，使油品的安定性变差、腐蚀性增大。氮化合物特别是碱性氮化合物容易吸附在催化剂上中和其酸性中心，使催化剂的活性下降，对反应起了阻碍的作用，并促使焦炭的生成。氧化合物对催化裂化反应的影响很小。此外，沉积在焦炭上的硫氮杂质在催化剂再生时会转化生成 SO_x 和 NO_x，因而会对环境造成污染。

4) 烃类催化裂化的反应机理

烃类催化裂化的反应遵循正碳离子反应。正碳离子是指缺少一对价电子的碳所形成的烃离子，如 $R\overset{+}{C}H_2$，它可由一个烯烃分子获得一个氢离子 H^+ 而生成，氢离子来源于催化裂化催化剂的酸性表面。正碳离子的稳定程度依次为：叔正碳离子>仲正碳离子>伯正碳离子，因此生成的正碳离子趋向于异构成叔正碳离子。

正碳离子的性质可以解释烃类催化裂化反应中的许多现象。例如，由于正碳离子分解时不会生成小于 C_3、C_4 的更小的正碳离子，故裂化气中含 C_1、C_2 少；由于伯、仲正碳离子趋向于转化成叔正碳离子，故裂化产物中异构烃较多；由于具有叔正碳离子的烃分子更易于生成正碳离子，故异构烷烃或烯烃、环烷烃和带侧链的芳烃的反应速率更快；等等。

正碳离子机理还能解释催化剂的作用，如裂化催化剂的酸性表面能提供氢离子，使烃类通过生成正碳离子的途径来进行反应，而不像热裂化那样通过自由基来进行反应，从而使反应的活化能降低、反应速率提高。

5) 烃类催化裂化反应的热力学与动力学特征

在催化裂化反应条件下，前述各种单体烃的反应都能进行并会发生许多交错反应，因而形成一个复杂的反应体系。在该体系中，C—C 键断裂(裂化)是最基本的一次反应，然后在此基础上继续发生各种二次反应，如异构化、氢转移、烯烃芳构化、烯烃叠合、芳烃缩合等。

表 2-1 给出了催化裂化主要化学反应的热力学数据。由表中数据看出，在一般裂化条件下，烷烃或烯烃的裂化及环烷烃与烯烃间的氢转移反应的平衡常数 K 值很大，是平衡时基本上进行完全的反应；异构化、环化、脱烷基等反应平衡常数 K 值不很大，反应只能部分进行且远未达到化学平衡，故这些反应进行的深度主要取决于化学反应速率和反应时间；而其他如正构烷烃的异构化和脱氢，烷基化、叠合等反应则很难进行，平衡常数 K 值很小，故发生反应的可能性极小。

表 2-1　催化裂化主要反应的热力学数据

反应类型	化学反应式	lgK(平衡常数) 454℃	510℃	527℃	反应热(510℃)/(kJ/mol)
裂化	$n\text{-}C_{10}H_{22} \longrightarrow n\text{-}C_7H_{16} + C_3H_6$	2.04	2.46		74.55
	$i\text{-}C_8H_{16} \longrightarrow 2i\text{-}C_4H_8$	1.68	2.10	2.23	78.30
氢转移	$4C_6H_{12} \longrightarrow 3C_6H_{14} + C_6H_6$	12.44	11.09		−255.11
	环C_6H_{12} + 3 1-$C_5H_{10} \longrightarrow 3n\text{-}C_5H_{12} + C_6H_6$	11.22	10.35		−170.37

续表

反应类型	化学反应式	lgK(平衡常数)			反应热(510℃)/(kJ/mol)
		454℃	510℃	527℃	
异构化	$n\text{-}C_4H_{10} \longrightarrow i\text{-}C_4H_{10}$	−0.20	−0.23	−0.36	−7.95
	$1\text{-}C_4H_8 \longrightarrow$ 反$\text{-}2\text{-}C_4H_8$	0.32	0.25	0.09	−11.34
	环$C_6H_{12} \longrightarrow CH_3\text{-}$环$C_5H_9$	1.00	1.09	1.10	14.57
环化	$i\text{-}C_7H_{14} \longrightarrow CH_3\text{-}$环$C_6H_{11}$	2.11	1.54		−88.34
脱氢	$n\text{-}C_6H_{14} \longrightarrow 1\text{-}C_6H_{12} + H_2$	−2.21	−1.52		130.27
脱烷基	$i\text{-}C_3H_7C_6H_5 \longrightarrow C_6H_6 + C_3H_6$	0.41	0.88	1.05	94.44
烷基化	$1\text{-}C_4H_8 + i\text{-}C_4H_{10} \longrightarrow i\text{-}C_8H_{18}$			−3.30	
叠合	$3C_2H_4 \longrightarrow 1\text{-}C_6H_{12}$			−1.20	

从表 2-1 还可以看出，在催化裂化反应中，有吸热反应也有放热反应，且不同烃分子反应所吸收或放出的热量也不同。烃类的裂化反应、脱氢、脱烷基反应均属于吸热反应，而氢转移、异构化和叠合等反应则属于放热反应。因裂化反应是催化裂化中最重要的反应，且视为不可逆反应，可以连续反应直至生成不易断裂的小正碳离子($C_3H_7^+$、$C_4H_9^+$)，热效应较大，故催化裂化反应总体表现为吸热反应。随着反应深度的提高，一些放热的二次反应如氢转移、环化、叠合等反应逐步增加，会使得宏观总体热效应降低。由此看出，提高反应温度对裂化反应有利，而对氢转移和异构化反应是不利的。从反应平衡常数来看，高温对裂化反应有利，对氢转移反应不利，但由于环烷烃与烯烃间的氢转移反应平衡常数大，故受热力学影响较小。高温对异构化反应也不利，但由于其平衡常数较小，受热力学影响显著，故降低反应温度对异构化反应更有利。

早在 20 世纪 40 年代，人们就对各种纯烃化合物的相对裂化速度进行了研究。结果表明，各种烃类化学反应速率高低顺序大致如下：烯烃>大分子单烷基侧链的单环芳烃>异构烷烃和环烷烃>小分子单烷基侧链的单环芳烃>正构烷烃>稠环芳烃。可见，烯烃反应速率最快，芳香环非常难以开环裂化，但其烷基侧链的断裂则比较容易。因催化裂化是一个复杂的平行-顺序反应，故各反应的反应速率会对产品分布和产品质量产生重要影响。

催化裂化反应动力学模型以数学的形式定量地、综合地描述诸多因素对反应结果的影响。目前，催化裂化反应数学模型的开发主要有两种类型：一是基于 Blanding 方程的数学模型(简称关联模型)；二是基于集总动力学的数学模型(简称集总模型)。

关联模型是以 Blanding 动力学方程式为基础，利用各种试验数据和生产数据，用数学回归等方法归纳出计算各种产品产率和有关性质的关联式。由于这类关联模型主要是经验性的，不能完整地反映过程的本质，因此只能在所依据的数据范围内有效，外推性较差。但这类模型具有数学形式较简单、使用方便等优点，特别适用于在线控制方面。

基于 Blanding 动力学方程式并广泛关联其他各种影响因素而得的转化率关联式如下：

$$X=y/(100-y)=F_P F_{SW} F_T F_A F_C F_F V \tag{2-3}$$

式中，X 为转化率函数；y 为转化率；F_P 为反应压力因数；F_{SW} 为剂油比、空速因素；F_T 为反应温度因素；F_A 为催化剂相对活性；F_C 为再生催化剂含炭因素；F_F 为进料的物性因素；V 为装置因素。

式(2-3)中的装置因素 V 实际上是考虑到上述诸因素未能包括的一些因素而设的用于拟合的一个系数，其值因装置的类型不同而不同。

Blanding 方程及其转化率关联式是许多近代催化裂化关联模型或关联式的基础。国内外许多大石油公司或学者在 Blanding 方程的基础上，不断改进并建立了各自的催化裂化关联模型，如美国 ESSO 研究工程公司、Amoco、Profimatic 等公司的关联模型，国内曹汉昌、张立新的关联模型，以及李松年、林骥等开发的适用于掺炼渣油的基于“等价馏分油”概念的关联模型等。这些模型的建立都需要大量中试试验和工业生产数据，依此关联各种有影响的因素。

集总模型则是将一个复杂反应体系按照动力学特性相似的原则把各类分子划分成若干个集总组分，在动力学研究中把每个集总作为虚拟的单一组分来考察，依此建立动力学模型。由此看出，集总动力学方法对于石油及其馏分这样的复杂反应体系无疑是一种更为合适的处理方法。

早在 20 世纪 60 年代，美国 Mobil 石油公司的 Weekman 等人首先将集总理论应用于催化裂化反应数学模型的建立，开发了三集总动力学模型。他们把反应体系分为三个集总组分，即瓦斯油、汽油、气体+焦炭，各组分之间的反应按一级不可逆反应处理，其反应网络为

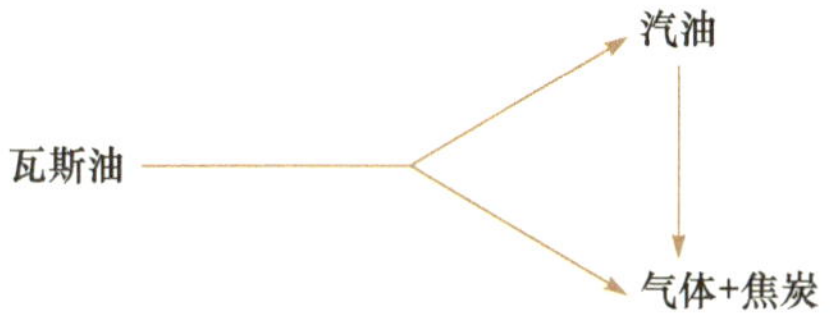

三集总动力学模型尽管简单、使用方便，但没有对原料油进行分族，因而极大地限制了模型的使用范围，目前只是在某些研究及催化剂评定工作中还有应用。为了克服三集总动力学模型的缺陷，Weekman 等又开发了十集总动力学模型。该模型把反应体系划分为 10 个集总组分，这 10 个集总组分形成如图 2-16 所示的反应动力学网络。

十集总动力学模型不仅能很好地拟合实验数据，而且与工业提升管反应器数据也能较好地吻合，故该模型对于催化裂化装置的优化设计和优化生产操作颇有实用价值。

十集总动力学模型是针对小回炼比或无回炼操作的催化裂化装置开发的，而我国普遍采用大回炼比或全回炼操作。为此，国内学者在十集总动力学模型的基础上，相继开发了适合我国原料及催化剂特点的催化裂化十一集总动力学模型和适应掺炼渣油需要的催化裂化十三集总动力学模型，大大提高了模型的使用范围及计算精度。

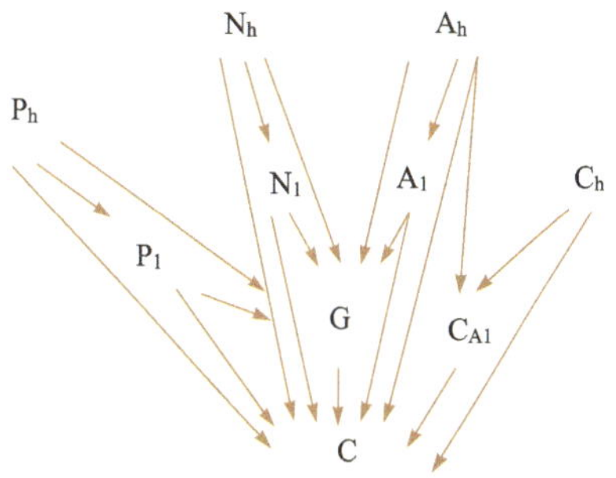

图 2-16　十集总催化裂化反应动力学网络

P：烷烃分子，%；N：环烷烃分子，%；A：芳环上的取代基，%；C_A：芳环上的碳原子，%；下标 l：221～343℃馏分；下标 h：大于 343℃馏分；G：G 集总(汽油，C_5～221℃)，%；C：C 集总(焦炭+干气)，%

2. 工艺流程

催化裂化装置通常由三大部分组成，即反应再生系统、分馏系统和吸收稳定系统。现以目前最常见、使用最多的高低并列式提升管催化裂化装置为例，对

三大系统工艺流程予以简要介绍。

1) 反应再生系统

反应再生系统是催化裂化装置的核心部分，不同类型的催化裂化装置的主要区别就在于它们反应再生部分的形式不同。

如图 2-17 所示，新鲜原料经换热后与回炼油混合，进入加热炉预热至 300～350℃(加热炉仅在开工时使用，装置正常运行时停用，进料靠换热升至所需温度)，借助于雾化水蒸气，由原料油喷嘴以雾化状态喷入提升管反应器下部(回炼油浆不经加热直接进入提升管)，与来自再生器的高温(650～720℃)催化剂接触并立即气化，油气与雾化蒸气及预提升水蒸气一起以 7～8m/s 的线速携带催化剂沿提升管向上流动，边流动边进行化学反应，在 480～520℃的温度下停留 2～4s，以 13～20m/s 的高线速通过提升管出口，经过快速分离器，大部分催化剂被分出落入沉降器下部，气体(油气和蒸气)携带少量催化剂经两级旋风分离器分出夹带的催化剂后进入集气室，通过沉降器顶部出口进入分馏系统。

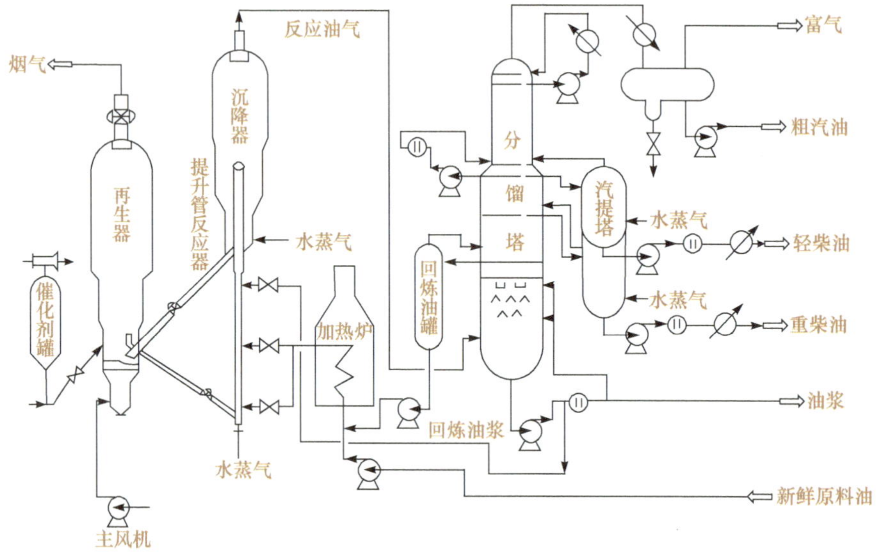

图 2-17 反应再生系统和分馏系统的工艺流程

积有焦炭的催化剂(待生剂)自沉降器下部进入汽提段，用过热水蒸气汽提吸附在催化剂表面的油气。经汽提后的待生剂通过待生斜管、待生单动滑阀进入再生器，与来自再生器底部的空气(由主风机提供)接触形成流化床层，进行再生反应同时放出大量燃烧热，以维持再生器足够高的床层温度。再生器密相段温度为 650～720℃，顶部压力维持在 0.15～0.25MPa(表)，床层线速为 0.7～1.0m/s。再生后的催化剂(再生剂)含碳量小于 0.1%甚至 0.02%以下，再经淹流管、再生斜管及再生单动滑阀进入提升管反应器，由此构成催化剂的循环。

烧焦产生的再生烟气，经再生器稀相段进入旋风分离器，经两级旋风分离器分出携带的大部分催化剂，烟气通过集气室和双动滑阀排入烟囱(或去能量回收系统)。回收的催化剂经旋风分离器的料腿返回再生器床层。

2) 分馏系统

分馏系统的原理流程如图 2-17 所示。

由沉降器顶部出来的高温反应油气进入催化分馏塔下部，经装有挡板的脱过热段后进入分馏段，经分馏得到富气、粗汽油、柴油、回炼油和油浆。塔顶的富气和粗汽油去吸收稳定系统，柴油经汽提、换热、冷却后出装置，柴油有一部分经冷却后送至再吸收塔作为吸收剂，然后返回分馏塔；回炼油返回提升管反应器进行回炼；塔底抽出的油浆即为带有催化剂细粉的渣油，一部分可送去回炼，另一部分作为塔底循环回流经换热后返回分馏塔脱过热段上方，也可将其中一部分冷却后送出装置。

3) 吸收稳定系统

图2-18是催化裂化装置吸收稳定系统的工艺流程图。吸收稳定系统包括吸收塔、解吸塔、再吸收塔、稳定塔及相应的冷换设备，其中吸收和解吸两塔在有些装置中是叠置起来的，如图2-18所示，而在有些装置则分开放置。吸收稳定系统的作用是利用吸收和精馏原理将富气和粗汽油分成干气、液化气和蒸气压合格的稳定汽油。

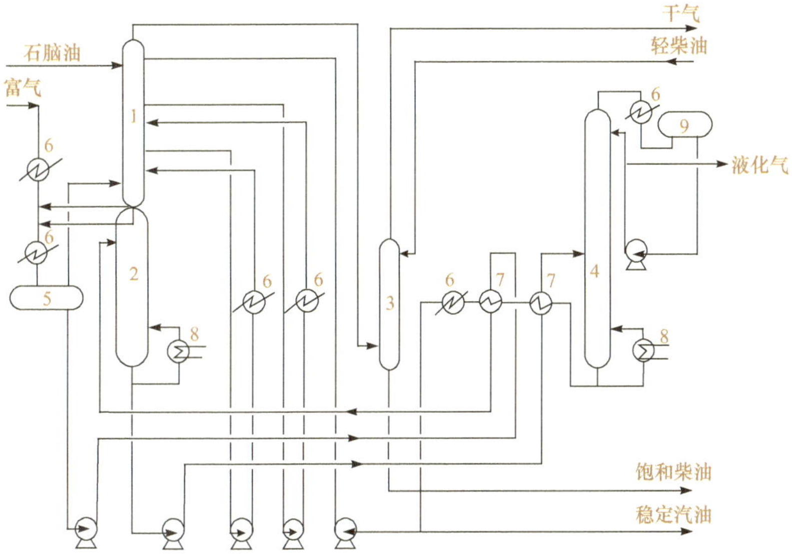

图2-18 吸收稳定系统的工艺流程

1. 吸收塔；2. 解吸塔；3. 再吸收塔；4. 稳定塔；5. 平衡罐；6. 冷凝器或冷凝冷却器；7. 换热器；8. 再沸器；9. 回流罐

从分馏系统油气分离器出来的富气经气压机压缩、冷却并分出凝缩油后从底部进入吸收塔。稳定汽油和粗汽油作为吸收剂由塔顶部进入，吸收了 C_3、C_4(同时也会吸收部分 C_2)的富吸收油从塔底抽出送至解吸塔顶部。因为吸收是放热过程，故在吸收塔设有1～2个中段循环回流，以维持塔内较低温度。从吸收塔顶出来的贫气中夹带有汽油，经再吸收塔用轻柴油回收其中的汽油组分后，成为干气送至瓦斯管网，轻柴油返回分馏塔。

解吸塔的作用是将富吸收油中的 C_2 解吸出来，以确保稳定塔的正常操作。从压缩富气中分出的凝缩油(C_3、C_4 和轻汽油组分)和富吸收油由顶部进入解吸塔。塔顶出来的解吸气中除含有 C_2 外，还有相当数量的 C_3、C_4，所以经冷凝冷却后进入中间罐，重新平衡后气相混入压缩富气进吸收塔，液相混入凝缩油进解吸塔。解吸塔底为脱乙烷汽油，该汽油的 C_2 含量应严格控制，否则会影响稳定塔顶冷凝冷却器的工作效率，并且会由于需要排出不凝气而损失 C_3、C_4。

稳定塔实际上是一个精馏塔，操作压力为1.0～1.5MPa。脱乙烷汽油由塔中部进入，塔底产品是蒸气压合格的稳定汽油，塔顶产品是液化气。

对于各种形式的催化裂化装置，它们的分馏和吸收稳定系统都是一样的，所以前面介绍的这两个系统的工艺流程具有普遍性。

除以上三大系统外，现代催化裂化装置(尤其是大型装置)都设有烟气能量回收系统，目的是最大限度地回收烟气能量，降低装置能耗，以提高装置的用能水平。图 2-19 为催化裂化装置烟气轮机动力回收系统的典型工艺流程。

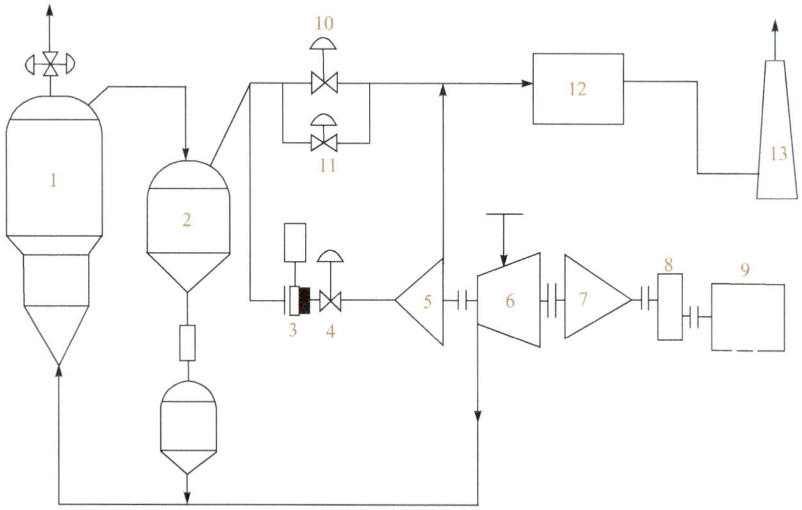

图 2-19 催化裂化能量回收系统流程图

1. 再生器；2. 三级旋风分离器；3. 闸板阀；4. 调节蝶阀；5. 烟气轮机；6. 轴流风机；7. 汽轮机；8. 变速箱；9. 电机/发电机；10. 主旁路阀；11. 小旁路阀；12. 废热锅炉；13. 烟囱

从再生器出来的高温烟气进入三级旋风分离器，除去烟气中绝大部分催化剂微粒后，通过调节蝶阀进入烟气轮机(又称烟气透平)膨胀做功，使再生烟气的动能转化为机械能，驱动主风机(轴流风机)转动，提供再生所需空气。开工时无高温烟气，主风机由电动机(或汽轮机，又称蒸气透平)带动。正常操作时如烟气轮机功率带动主风机尚有剩余时，电动机可以作为发电机，向配电系统输出电功率。烟气经过烟气轮机后，温度、压力都有所降低(温度降低 100～150℃)，但仍含有大量的显热能(如不是完全再生，还有化学能)，故排出的烟气可进入废热锅炉(或 CO 锅炉)回收能量，产生的水蒸气可供汽轮机或装置内外其他部分使用。

以上是催化裂化典型的工艺流程，此外，还有近年来开发的催化裂化新工艺，如 DCC-Ⅰ、DCC-Ⅱ、MGG、ARGG、MIO、FDFCC 和 TSRFCC 等。相对于传统催化裂化工艺而言，这些新工艺技术对提升管反应器的结构及工艺条件均进行了优化设计，所得产品的突出特点是液化气产率高、丙烯和丁烯的产率要高出好几倍。

3. 工艺条件和主要影响因素

如前所述，石油馏分的催化裂化反应是在裂化催化剂表面上进行的，反应的总速率是由吸附速率和表面反应速率共同决定的。但在一般工业生产条件下，催化裂化反应通常表现为表面化学反应控制。因此，下面从化学反应控制角度，分析影响催化裂化反应速率的一些主要因素，如原料性质、反应温度、反应压力、反应时间、回炼比、催化剂活性和剂油比等。

1) 原料性质

原料性质主要是指其化学组成。催化裂化原料是含有各种烃类的复杂混合物，并含有少量硫、氮及金属等有机化合物。原料油的裂化性能与其烃类组成关系最大。环烷烃含量多的原料，裂化反应速率较快，气体、汽油产率较高，焦炭产率较低，选择性较好；富含芳烃的原料，则裂化反应进行缓慢，焦炭产率较高，选择性较差。

含硫化合物一般会影响产品的质量，而不影响原料的裂化性能和产品分布，有实验证实，原料油中的含硫量在 0.3%～1.6%(质量分数)范围内，对裂化反应速率没有明显影响。但是含氮化合物中的碱性氮可被催化剂上的酸性中心吸附，引起催化剂中毒而使其活性下降。有机金属化合物在高温下会分解而将金属沉积在催化剂上，造成催化剂污染，其结果一方面使催化剂活性降低，为保持系统中催化剂的活性水平，必须多补充新鲜催化剂；另一方面金属会影响产品分布，使氢气和干气(C_1 和 C_2)产率增加。

2) 反应温度

对催化裂化装置而言，反应温度是指提升管反应器出口温度。反应温度是调节反应速率和转化率的主要工艺参数，也是装置操作可调的独立变量，对催化裂化的产品分布和产品质量具有重要影响。不同的反应温度可以实现不同的产品方案。例如，多产汽油方案，采用较高的反应温度(500～530℃)，在高转化率、低回炼比下操作；多产柴油方案，采用较低的反应温度(470～480℃)，在低转化率、高回炼比下操作；而多产液化气方案，则选择更高的反应温度(520～540℃)。

由前已知，催化裂化中的各类反应基本上可视为不可逆反应，因此原料的转化速度主要取决于化学反应速率和反应时间，而反应速率又主要取决于反应温度。反应温度的影响主要体现在以下方面：①提高反应温度，大大加快反应速率，提高转化率；②提高反应温度，热裂化反应速率提高的程度较催化裂化反应速率提高的程度大，因此气体产物中 C_1 和 C_2 明显增多，产品的不饱和度增大；③反应温度会通过对各类反应的反应速率的影响来影响产品分布和产品质量。催化裂化反应是平行-顺序反应，各反应的反应速率的温度系数 k_t 不同。汽油生成气体的反应 k_t 大，而生成焦炭的反应 k_t 小，因此，在转化率不变的情况下，提高反应温度，汽油产率降低，气体产率增加，而焦炭产率则降低。此外，分解反应和芳构化反应的 k_t 比氢转移反应的 k_t 大，因而当提高反应温度时，前两类反应的速率提高大于氢转移反应，使得汽油中烯烃和芳烃含量增加、辛烷值提高。

3) 反应压力

对催化裂化反应，提高反应压力的实质就是提高反应器内的油气分压。油气分压的提高意味着反应物浓度的提高，因而加快反应速率，转化率提高。但提高反应压力有利于缩合反应，使生焦反应速率加快，焦炭产率明显增高，且影响更为显著。因此，在装置操作中，反应压力一般为 0.10～0.40MPa(表)。

由于工业装置的处理能力常常受到再生系统烧焦能力的制约，因此在工业上一般不采用太高的反应压力，而是结合原料油的生焦趋势和烟气能量回收的经济效益综合考虑。

4) 反应时间

对于提升管反应器，反应时间就是油气在提升管反应段的停留时间。提升管反应器内进料的反应时间要根据原料油的性质、催化剂性能和产品方案来确定，一般为 1～4s。采用汽油方案操作时，一般采用高反应温度和短反应时间(2～3s)，可以得到高的汽油产率和较高的汽油辛烷值，较低的焦炭产率；采用柴油方案生产时，则以较低的反应温度和较长的反应时间(3～4s)为宜；而渣油催化裂化一般控制在 2s 左右。

5) 回炼比

回炼比是指回炼油量与新鲜原料油量之比，其值可小于或大于 1，也可为零(此时称单程裂化)。由于新鲜原料经过一次反应后不能都变成要求的产品，还存在一部分和原料馏程相近的馏分，即回炼油。工业装置采用回炼操作的目的是改善产品分布，提高轻质油收率。这是因为回炼操作的操作条件比单程裂化的要缓和，如催化剂活性不很高、反应温度和再生条件不太苛刻、单程转化率较低、二次反应较少等。但回炼操作比单程裂化的处理能力低，且增加能耗。因此，工业上采用多大的回炼比要根据原料的性质和产品方案来确定。当采用液化气和汽油方案时，可采用较苛刻的反应条件和较低的回炼比，当还要同时考虑柴油的产率时，可采用较缓和的反应条件和较高的回炼比。

6) 催化剂活性和剂油比

提高催化剂活性有利于提高反应速率，在其他条件相同时，可以获得更高的转化率，从而提高反应器的处理能力。此外，提高催化剂活性还有利于促进氢转移和异构化反应，在其他条件相同时，所得裂化产品的饱和度较高、含异构烃类也较多。

在实际生产中，平衡催化剂活性对催化裂化反应有重要的影响，提高平衡催化剂活性可以提高转化率，从而提高反应器的处理能力，同时还可提高汽油产率，改善产品分布。平衡催化剂活性主要与新鲜催化剂活性、减活速率、新鲜催化剂的补充以及催化剂的再生状况等有关，采用不同性能的催化剂，会得到不同的产品分布和产品性质。

在裂化反应过程中，随着催化剂表面积炭的增多，活性也随之下降。单位催化剂上焦炭的沉积量主要与催化剂在反应器内的停留时间有关。对流化床反应器则与催化剂的循环量及反应器藏量有关。催化剂的循环量是单位时间内进入或离开反应器或再生器的催化剂量。

剂油比对裂化反应的影响在一定程度上与反应时间的影响有些相似。提高剂油比相当于增加反应时间，即增加原料与催化剂的接触，在反应温度相同时，可提高转化率，增加气体和汽油收率，同时焦炭产率也增加。高剂油比还可使单位催化剂上的积炭减少，使系统中催化剂活性维持在较高水平，进而提高转化率，或者在相同的转化率下降低反应温度。

剂油比的大小受装置总热平衡特别是反应温度控制。一般生产装置上，反应温度不变时，剂油比也基本不变。反应温度靠催化剂循环量来调节，实际是通过剂油比调节焦炭产率，从而达到调节装置热平衡的目的。

在以上所述的影响催化裂化反应深度的若干因素中，原料油的性质是不能调节的，日常生产中可控因素主要是反应温度和反应时间。

4. 主要设备

1) 提升管反应器和沉降器

提升管反应器是催化裂化反应进行的场所，是催化裂化装置的关键设备之一。常见的提升管反应器形式有两种：直管式和折叠式。前者多用于高低并列式提升管催化裂化装置，后者多用于同轴式催化裂化装置。图 2-20 是直管式提升管反应器及沉降器示意图。

提升管反应器的直径根据装置的处理能力而定，一般以油气在提升管内的平均停留时间在 1～4s 为限。由于裂化反应的结果，油气在提升管内自下而上的线速度不断增大，为了不使提升管上部的气速过高，提升管上部可采取变径的形式。

提升管进料口以下称预提升段(图 2-21)，其作用是利用预提升水蒸气使由再生斜管来的再生剂加速、分布均匀，以保证催化剂与原料油充分混合，有一个理想的反应环境。为了避免出现噎塞现象，预提升段内的气速不应低于 1.5m/s，对直径较大的提升管反应器，预提升段可以缩径。

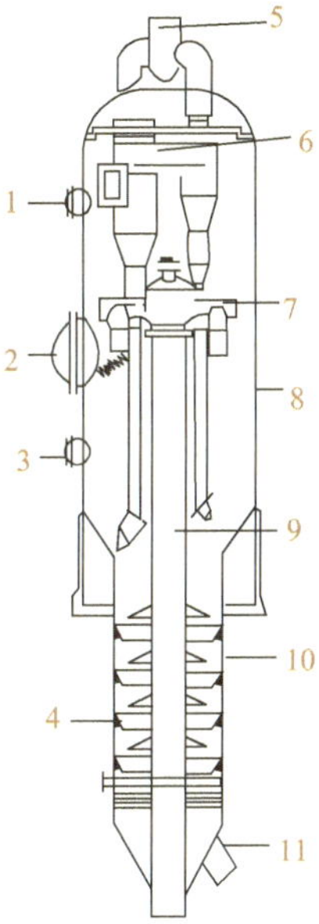

图 2-20　直管式提升管反应器及沉降器示意图

1、3. 人孔；2. 装卸孔；4. 环形挡板；5. 外集气管；6. 旋风分离器；7. 快速分离器；8. 沉降器；9. 提升管反应器；10. 汽提段；11. 再生斜管

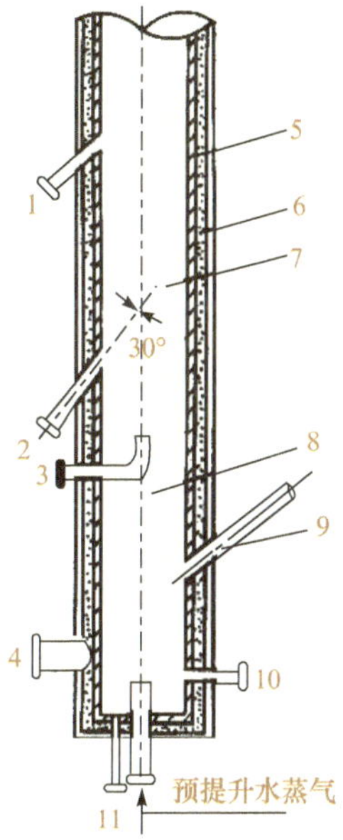

图 2-21　提升管预提升段

1. 上进料口；2. 下进料口；3. 事故水蒸气口；4. 人孔；5. 衬里；6. 保温层；7. 提升管；8. 预提升段；9. 再生斜管；10. 卸料口；11. 排污口

进料喷嘴设在预提升段上方，为了避免油气和催化剂偏流，通常采用多喷嘴进料。由于回炼油和回炼油浆的裂化性能与新鲜原料不同，为了实现选择性裂化，通常在提升管的不同高度设有两处进料口，一般是下进料口进新鲜原料油，上进料口进回炼油和回炼油浆；也有的装置与之相反，目的是增产柴油。

为能进一步提高轻质油收率，并直接生产清洁产品，近年来陆续推出了不同形式反应器系统的重油催化裂化技术，如中国石油化工股份有限公司(以下简称中国石化)北京石油化工科学研究院开发的多产异构烷烃催化裂化(MIP)技术、中国石化集团洛阳工程有限公司(LPEC) FDFCC 系列技术、中国石油大学(北京)开发的催化裂化汽油辅助反应器改质技术，以及中国石油大学(华东)开发的两段提升管催化裂化(TSRFCC)技术和在此工艺基础上开发的两段提升管催化裂解多产丙烯(TMP)技术等。这些新工艺技术所采用的提升管反应器，在提升管结构及工艺参数方面进行了优化设计，通过使用配套催化剂，取得了显著的经济效益。此外，对下行式管式反应器也有不少研究，其突出优点是：油气与催化剂一起自上而下流动，没有催化剂固体颗粒的滑落问题，流型接近平推流，返混很少，大大减少二次反应，干气和焦炭的产率也可大幅度降低。下行式反应器适用于高温、短接触时间的催化反应过程。

沉降器是用碳钢焊制成的直筒形设备，上段为沉降段，下段为汽提段。沉降段内设有旋风分离器，顶部是集气室并开有油气出口，如图 2-17 所示。沉降器的作用是使来自提升管的反应油气和催化剂分离，油气通过旋风分离器分出所夹带的少量催化剂后经集气室去后面的分馏系统；由提升管出口快速分离器出来的催化剂、在沉降段下落的催化剂和由旋风分离器料腿出来的催化剂，均落入汽提段。汽提段内设有数层人字挡板或环形挡板，下部有水蒸气吹入口。汽提段的作用是用过热水蒸气将催化剂中夹带、吸附的油气汽提出来，并返回沉降段，以减少油气损失和再生器烧焦负荷。

2) 再生器

再生器是催化剂进行再生的场所，也是催化裂化装置的关键设备之一，它的结构形式和操作状况直接影响烧焦能力和催化剂损耗，进而决定整个装置的处理能力。图 2-22 是常规再生器的结构示意图。

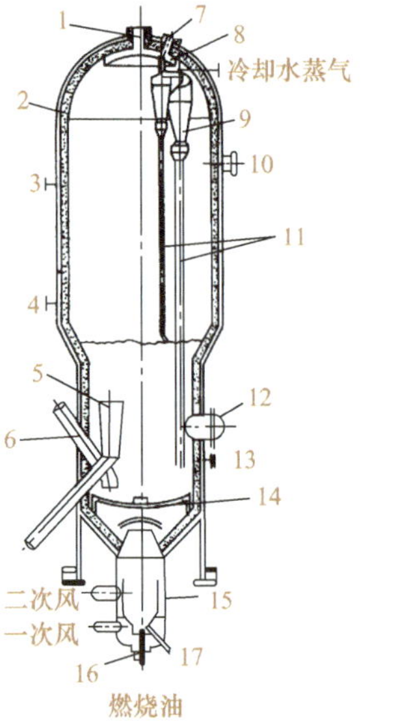

图 2-22 再生器结构示意图

1. 烟气出口；2. 衬里；3. 稀相喷水；4. 紧急喷水；5. 淹流管；6. 待生料管；7、10. 人孔；8. 集气室；9. 旋风分离器；11. 料腿；12. 装卸孔；13. 燃烧油入口；14. 分布管；15. 辅助燃烧室；16. 看火窗；17. 燃料气入口

再生器筒体上部为稀相段，下部为密相段，中间变径处通常称为过渡段。密相段是待生催化剂进行流化和再生反应的主要场所。稀相段实际上是催化剂的沉降段。为了便于催化剂沉降，稀相段的气体线速不能太高，一般要求不大于 0.6～0.7m/s。因此，稀相段直径通常大于(密相段采用高速床时)或等于(密相段采用低速床时)密相段直径。当稀相段直径大于密相段时，两段之间以锥体连接(即为过渡段)，锥体斜面与水平面的倾角一般保持 60°，以防止催化剂在该处流动不畅或出现堆积。

3) 取热器

再生器的取热方式有内外两种形式，各有特点，但原理都是利用高温催化剂与水换热产生蒸汽达到取热的目的。内取热是直接在再生器内加设取热管，这种方式投资少，操作简便，但维修困难，取热量可调范围小，操作灵活性差，且取热管易损坏，已逐渐被外取热方式替代。为了使取热负荷能灵活调节并能适应更大的热负荷，开发了床层外部的取热设施，即外取热技术。

根据催化剂在取热器内的流向不同，外取热器分上流式和下流式两种结构，分别如图 2-23 所示。单段再生器无论

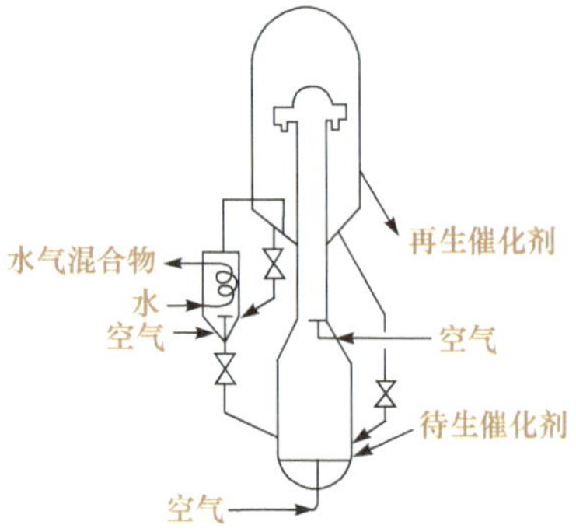

(a) 上流式

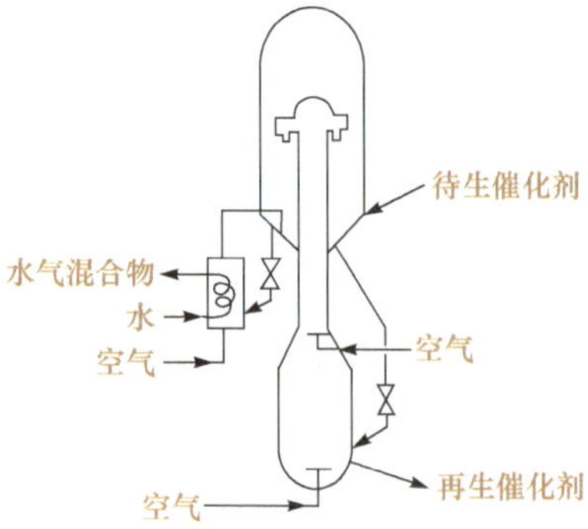

(b) 下流式

图 2-23 外取热系统流程

采用哪种结构，冷却后的催化剂都返回到原先的床层。对两段再生，如前置烧焦罐两段再生，用上流式取热器可将上部鼓泡床的催化剂取出冷却后再送回原床层；如采用下流式取热器，则将来自鼓泡床的催化剂冷却后靠重力流入下部快速床中。

除上述设备之外，催化裂化装置还有其他专用设备，如单动滑阀(或塞阀)、双动滑阀、主风机、气体压缩机、烟气轮机、余热锅炉等，以及一些常规设备如加热炉、塔器、换热器、机泵等，在此不作详述。

2.2.4 技术进展

近年来，在重油高效转化、清洁燃料生产、多产低碳烯烃等方面，相继开发了一系列催化裂化新工艺。与此同时，与之配套的技术，如功能化重油 FCC 催化剂系列产品、高效雾化喷嘴、提升管出口快分、沉降器汽提、再生器取热、烟气能量回收等技术不断创新，大大促进了 FCC 技术的发展和经济技术水平的提高。

目前，我国催化裂化装置绝大多数都掺炼渣油，属重油催化裂化(RFCC)。随着近年来丙烯需求的强劲增长，许多大型炼油企业正转向与化工联合，而利用催化裂化装置增产低碳烯烃是炼油化工一体化发展的有效途径。一般催化裂化装置丙烯的收率低于 6%，虽然通过优化操作条件，选择合适的催化剂、原料及添加助剂，可以提高低碳烯烃(主要是丙烯)的收率，但提高的程度极为有限。

近年来，国内外在传统催化裂化技术基础上，开发了许多增产低碳烯烃的工艺技术，通过新技术的应用，可将丙烯收率提高至 20%甚至更多。典型的增产低碳烯烃的工艺主要有：中国石化北京石油化工科学研究院开发的深度催化裂化(DCC-Ⅰ、DCC-Ⅱ)系列工艺、以最大限度生产高辛烷值汽油和气体烯烃为目标的 MGG、以常压重油为原料的多产气体烯烃和汽油为目标的 ARGG 等工艺，中国石油大学(华东)开发的两段提升管催化裂解多产丙烯(TMP)工艺，以及 UOP 的 PetroFCC 工艺、KBR 的 Maxofin 工艺、Lummus 的 SCC 工艺等。这些工艺的共同特征是以重油为原料，以流化催化裂化技术为基础，使用配套专用催化剂，在特定工艺条件下，大量生产低碳烯烃(如乙烯、丙烯、丁烯和丁二烯等)，尤其是增产丙烯。

基于我国原油资源的特点和催化裂化在二次加工中占有重要地位，未来的催化裂化工艺在我国炼油工业中仍将发挥不可替代的作用，不仅成为重油轻质化的主导技术，还是提高企业经济效益的重要手段。

随着原油性质重质化、劣质化趋势凸显，催化裂化也面临原料性质变劣的挑战。近年来国内外十分关注渣油催化裂化的技术研究，国外已开发出多种类型的渣油催化裂化技术，如由美国石伟(Stone&Webster)公司和法国石油研究院(IFP)共同开发的 RFCC 技术、美国环球油品公司(UOP)和阿西兰德公司联合开发的 RCC 技术、Kellogg 公司开发的 RFCC 工艺、美国埃克森公司开发的灵活裂化(Flexicracking ⅢR)工艺等。国内在这方面也积累了丰富的经验，开发出许多独具特色的 RFCC 工艺和设备，取得了多项国内外专利，如由中国石化集团洛阳石化工程公司开发设计的 ROCC-Ⅴ型工艺，由中国石化北京石油化工科学研究院、中国石化北京设计院和中国石化北京燕山分公司合作开发的全大庆减压渣油催化裂化(VRFCC)工艺，以及多产液体烃的原料加氢处理与选择催化裂化组合(IHCC)技术。2015 年，IHCC 工艺集成技术在中国石化清江石化公司成功进行了首次工业试验，达到了预期效果。这项技术基于原料油分子结构水平，强化了现有炼油技术的协同与整合，是一项践行“分子炼油”理念的新技术。

总之，未来催化裂化技术(含催化剂)将在提高劣质原料加工适应性、提高轻质油品收率、生产清洁油品、调整炼油产品结构、多产低碳烯烃及炼油-化工一体化发展等方面呈快速多态发展趋势。

2.3 加氢裂化

2.3.1 概述

加氢裂化工艺是重质油轻质化的重要工艺过程之一，是在较高反应温度(350～410℃)和较高反应压力(8.0～18.0MPa)以及氢气和催化剂存在的条件下，使重质馏分油发生裂化反应，转化为气体、石脑油、喷气燃料、柴油等，同时将原料油中的硫、氮、氧和金属等杂原子加氢脱除的过程。其最大特点是可以根据加工原料油类型的不同和市场对各类产品需求的变化，通过调整工艺条件和催化剂类型使重油发生裂化反应，转化为气体、汽油、煤油、柴油等各种清洁燃料，此外，采用加氢裂化工艺还可以生产重整原料、催化裂化原料油、乙烯裂解原料等，最大限度地满足市场的不同需求。按反应压力为 8.0～12.0MPa 和>12.0MPa 的划分标准，加氢裂化工艺可以分为中压加氢裂化和高压加氢裂化。加氢裂化作为石油加工的一个重要过程，对于提高原油加工深度、合理利用石油资源、改善产品质量、提高轻质油收率、提供化工原料以及减少大气污染等方面都具有重要意义。

2.3.2 原料及产品特点

加氢裂化所用原料包括从粗汽油、粗柴油、减压蜡油一直到重油及脱沥青油。美国炼厂加氢裂化工艺装置处理的原料中，直馏蜡油、催化裂化及焦化馏分油占多数，主要是生产重整原料。在西欧，因为燃料消费结构的不同，主要用减压蜡油生产航空煤油和柴油。我国加氢裂化装置按加工原料的不同，可分为馏分油加氢裂化和渣油加氢裂化。馏分油加氢裂化的原料主要有减压蜡油、焦化蜡油、催化裂化循环油及脱沥青油等，目的产物主要是重整原料油、航空煤油、优质柴油和乙烯裂解原料。渣油加氢裂化与馏分油加氢裂化有本质的不同，由于渣油中富集了大量硫、氮化合物、胶质、沥青质大分子及金属化合物，其目的产物主要是生产中间馏分油，如催化裂化原料等，使催化剂的作用大大降低，因此，热裂解反应在渣油加氢裂化过程中有重要作用。一般来说，渣油加氢裂化得到的汽油、柴油产品尚需进行加氢精制。

加氢裂化的特点是具有较大的生产灵活性，可根据市场需要及时调整生产方案。用同种原料，改变操作条件可以改变产品方案，表 2-2 给出了以减压蜡油为原料在不同操作方式所得加氢裂化产品分布情况。

表 2-2 减压蜡油不同操作方式所得产品分布情况(质量分数/%)

产品分布	最大限度生产石脑油	最大限度生产航空煤油	最大限度生产柴油
H_2S+NH_3	3.2	3.2	3.2
C_1+C_3	3.3	3.1	2.2
C_4	11.3	3.0	2.0

续表

产品分布	最大限度生产石脑油	最大限度生产航空煤油	最大限度生产柴油
脱丁烷汽油			
干点 159℃	—	1.63	—
干点 163℃	—	—	13.1
干点 193℃	83.2	—	—
航空煤油(149～288℃)	—	76.4	—
柴油(163～343℃)	—	—	82.0
耗氢量	4.0	3.0	2.5

2.3.3　催化剂

加氢裂化催化剂是由金属加氢组分和酸性载体组成的双功能催化剂。这种催化剂不但具有加氢活性，而且具有裂解活性及异构化活性。改变催化剂的加氢组分和酸性载体的配比关系，便可以得到一系列适用于不同工艺条件和生产目的的加氢裂化催化剂。一般认为，金属组分是加氢活性的主要来源，酸性载体保持催化剂具有裂化和异构化活性，也可以认为催化剂金属组分的主要功能是使容易结焦的物质迅速加氢而使酸性活性中心保持稳定。但只有加氢活性和酸性活性结合成最佳配比，才能得到优质的加氢裂化催化剂。

1) 催化剂的加氢活性组分

加氢裂化催化剂的加氢活性组分主要是元素周期表中的ⅥB 族和Ⅷ族的几种金属元素，如 Fe、Co、Ni、Cr、Mo、W 的氧化物或硫化物，此外还有贵金属 Pt、Pd 等元素。加氢反应的必要条件是反应物以适当的速度在催化剂表面上吸附，吸附分子和催化剂表面之间形成弱键后再反应脱附。这就要求催化剂应具有良好的吸附特性，而催化剂的吸附特性与其几何特性和电子特性有关。多位学说理论认为：凡是适合作加氢催化剂的金属，都应具有立方晶格或六角晶格；半导体理论认为：反应物分子在催化剂表面的化学吸附主要是靠 d 电子层的电子参与形成催化剂和反应物分子间的共价键，过渡元素具有未填满的 d 电子层。而 W、Mo、Co、Ni、Fe、Pt、Cr、V 都属于具有未填满 d 电子层的过渡元素，同时它们都具有体心或面心立方晶格或六角晶格，因此它们均适宜用作加氢催化剂的活性组分。

研究表明，ⅥB 族和Ⅷ族金属组分之间的相互组合比单独组分的加氢活性好，各种组分组合的加氢活性排列顺序为

$$\text{Ni-W} > \text{Ni-Mo} > \text{Co-Mo} > \text{Co-W}$$

对加氢脱氮、加氢脱金属、加氢异构化反应，上述次序不变，而在加氢脱硫时 Co-Mo 活性最高。当然，如何选择组分间的搭配，除考虑加氢组分外，尚需综合考虑制造成本等因素。

此外，金属组分间的组合应存在一个最佳原子比，以得到最好的加氢脱氮、加氢脱硫、加氢裂化和加氢异构化活性。不少研究表明，当Ⅷ族/(Ⅷ族+ⅥB 族)原子比为 0.5 左右时，催化剂有最高的加氢活性。

2) 催化剂的载体

加氢裂化催化剂的载体有酸性和弱酸性两种。酸性载体为硅酸铝、硅酸镁、分子筛等；弱酸性载体为氧化铝(γ-Al_2O_3、η-Al_2O_3)及活性炭等。

酸性载体的作用有：①增加有效表面和提供合适的孔结构；②提供酸性中心；③提高催化剂的机械强度；④提高催化剂的热稳定性；⑤增强催化剂的抗毒性能；⑥节省金属组分用量、降低成本。

3) 催化剂的预硫化

为了运输和储存方便，供应商生产的加氢裂化催化剂一般为氧化态，根据生产经验和理论研究，加氢催化剂的活性组分只有呈硫化物的形态才有较高的活性。因此，加氢催化剂使用之前必须进行预硫化。

加氢催化剂预硫化就是使其活性组分在一定温度下与氢气和 H_2S 作用，使其由氧化物转变为硫化物。催化剂预硫化所用的硫化剂有 H_2S 或能在硫化条件下分解成 H_2S 的不稳定的硫化物，如 CS_2 和二甲基二硫醚等。

在硫化过程中，反应极其复杂，以 Ni-W、Co-Mo 和 Ni-Mo 催化剂为例，硫化反应式为

$$3NiO + H_2 + 2H_2S \longrightarrow Ni_3S_2 + 3H_2O$$

$$MoO_3 + H_2 + 2H_2S \longrightarrow MoS_2 + 3H_2O$$

$$WO_3 + 2H_2S + H_2 \longrightarrow WS_2 + 3H_2O$$

$$9CoO + 8H_2S + H_2 \longrightarrow Co_9S_8 + 9H_2O$$

催化剂的硫化效果取决于硫化条件，即温度、时间、H_2S 分压、硫化剂的浓度及种类等，其中温度对硫化过程影响较大。根据实际经验，预硫化的最佳温度范围是 280～320℃，在这个范围内催化剂的吸硫效果最好。

预硫化温度不应超过 320℃，因为高于此温度金属氧化物有被热氢还原的可能。一旦出现金属态，这些金属氧化物转化为硫化物的速度非常慢。此外，MoO_3 还原成金属成分后，还能引起钼的烧结而聚集，使 Mo 的活性表面缩小。

2.3.4 基本原理与工艺流程

1. 基本原理

加氢裂化过程采用双功能催化剂，酸性功能由催化剂的载体提供，而催化剂的金属组分(Ni、W、Mo、Co 的氧化物或硫化物)提供加氢功能，因此，加氢裂化过程所包括的反应主要为催化裂化反应与加氢反应的组合。各种烃类和各种杂原子在催化剂上发生的反应主要包括以下几种。

1) 烷烃的加氢裂化反应

烷烃加氢裂化包括原料分子 C—C 键的断裂以及生成的不饱和小分子的加氢。以十六烷为例：

$$C_{16}H_{34} \longrightarrow C_8H_{18} + C_8H_{16}$$

$$C_8H_{16} \xrightarrow{H_2} C_8H_{18}$$

反应中生成的烯烃先进行异构化，随即被加氢成异构烷烃。烷烃加氢裂化的反应速率随着烷烃相对分子质量增大而加快。例如，在条件相同时，正辛烷的转化深度为 53%，而正十六烷则可达 95%。分子中间的 C—C 键的分解速度要高于分子链两端的 C—C 键的分解速度，

所以烷烃加氢裂化反应主要发生在烷链中心部的 C—C 键上。

烷烃加氢裂化反应遵循正碳离子机理。烷烃加氢裂化的产品组成取决于烷烃正碳离子的异构、分解和稳定速率以及这三个反应速率的比例关系。例如，烷烃在高酸性活性催化剂上加氢裂化产物中，小于 C_3 的烷烃含量很少，而 C_4、C_5 馏分中异构组分含量高，有时甚至可超过平衡浓度。在高酸性活性催化剂上烷烃加氢裂化的产品组成与催化裂化产品组成十分相似，说明加氢裂化和催化裂化一样也按正碳离子机理进行反应。当所用催化剂具有较高加氢活性和较低酸性活性时，烷烃裂化产物中，异构产物与正构产物的比值将低于催化裂化产品中的相应比值，同时气体产物对液体产物的比值下降。在这种情况下，烷烃基本上不发生异构化，只发生氢解作用，而且所得产品的饱和程度较大。由此可见，改变催化剂的加氢活性和酸性活性的比例关系，就能够使所希望的反应产物达到最佳比值。

2) 环烷烃的加氢裂化反应

单环环烷烃在加氢裂化过程中发生异构化、断环、脱烷基侧链反应以及不明显的脱氢反应。环烷烃加氢裂化时反应方向因催化剂的加氢活性和酸性活性的强弱不同而有区别。长侧链单环六元环烷烃在高酸性催化剂上进行加氢裂化时，主要发生断链反应，六元环比较稳定，很少发生断环。短侧链单环六元环烷烃在高酸性催化剂上加氢裂化时，首先异构化生成环戊烷衍生物，然后发生后续反应。反应过程明显表现出正碳离子机理的特征。反应过程如下：

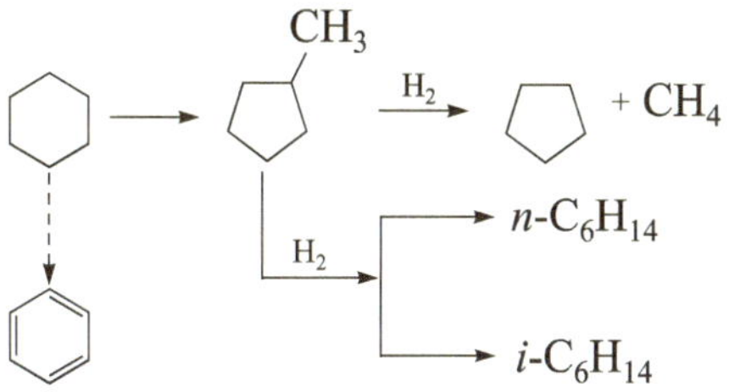

双环环烷烃在加氢裂化时，首先有一个环断开并进行异构化，生成环戊烷衍生物，当反应继续进行时，第二个环也发生断裂。在双环环烷烃的加氢裂化产物中有并环戊烷存在，双环环烷烃加氢裂化同样按正碳离子机理进行反应。

3) 芳香烃的加氢裂化反应

苯在加氢条件下反应首先生成六元环烷烃，然后发生前述相同反应。

稠环芳烃加氢裂化也包括以上过程，只是它的加氢和断环是逐次进行的。从热力学角度看，稠环芳烃加氢的有利途径是：一个芳香环加氢，接着生成的环烷环发生断环(或经过异构化成五元环)，然后进行第二个环的加氢，如此继续下去。菲的加氢裂化反应历程可能由下列步骤组成：

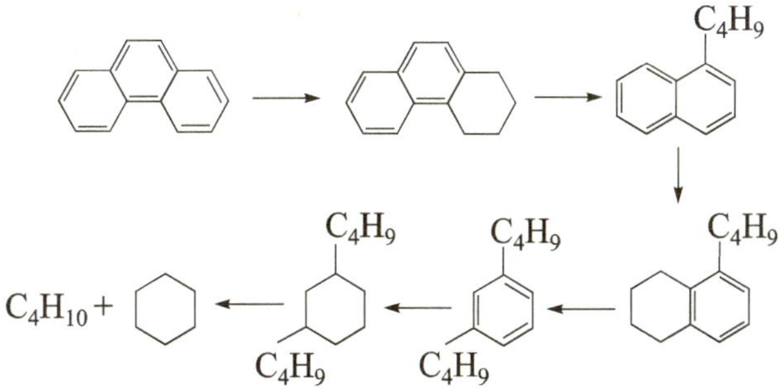

稠环芳烃在高酸性活性催化剂存在时的加氢裂化反应，除了上述加氢裂化反应外，还进行中间产物的深度异构化，脱烷基侧链和烷基的歧化作用。

芳香烃上有烷基侧链存在会使芳烃加氢变得困难，在反应压力不很高时，烷基芳烃在加氢裂化条件下主要发生脱烷基反应。短烷基侧链比较稳定，例如，若要脱去甲基或乙基侧链，需要用450℃以上的高温。甲基苯和乙基苯由于能量关系进行脱烷基有困难，主要进行异构化和歧化反应。

4) 加氢精制反应

加氢精制的主要反应有加氢脱硫、脱氮、脱氧及脱金属。

在加氢精制条件下，石油馏分中的硫醇、硫醚和二硫化物进行氢解，转化成相应的烃和 H_2S，从而脱除硫杂原子。对多种有机硫化物的加氢脱硫反应研究表明，硫醇、硫醚、二硫化物的加氢脱硫反应在比较缓和的条件下容易进行，而环状含硫化物的加氢脱硫比较困难，需要较苛刻的条件。噻吩、苯并噻吩和二苯并噻吩类硫化物的加氢反应通常经过两种反应路径进行：第一种路径是首先环中双键发生加氢饱和，然后发生断环脱去硫原子(加氢路径)；第二种路径是噻吩环直接加氢脱硫(氢解路径)。例如，二苯并噻吩加氢脱硫产品中发现联苯，这是二苯并噻吩直接脱硫的证明。

在加氢精制过程中，氮化物在氢作用下转化为 NH_3 和烃，加氢脱氮反应基本上可分为不饱和环系的加氢和 C—N 键断裂两步。由于石油馏分中的氮化物大多是五元或六元杂环氮化物，空间位阻很大，从而对催化剂的活性要求更高。因此，加氢脱氮要比加氢脱硫困难得多，需要较为苛刻的反应条件。

石油及石油产品中含氧化合物的含量很少，主要是环烷酸，二次加工产品中还有酚类等。各种含氧化合物的加氢反应主要包括环系的加氢饱和和 C—O 键的氢解反应。

重油或渣油中的金属主要有以卟啉化合物形式存在的金属和以非卟啉化合物的形式(如环烷酸铁、钙、镍)存在的金属。在加氢脱金属过程中，主要发生氢解反应使金属以硫化物或金属单质的形式沉积在催化剂的表面或孔道口。

2. 工艺流程

目前根据原料性质、产品要求和处理量大小，加氢裂化装置基本上按两种流程操作：一段加氢裂化和两段加氢裂化。一段加氢裂化流程中包括两个反应器串联在一起的串联法加氢裂化流程。一段加氢裂化流程用于由减压蜡油、脱沥青油生产航空煤油和柴油。两段流程对原料的适用性大，操作灵活性大。原料首先在第一段(精制段)用加氢活性高的催化剂进行预处理，经过加氢精制处理的生成油作为第二段的进料，在裂解活性较高的催化剂上进行裂化反应和异构化反应，最大限度地生产石脑油或中间馏分油。两段加氢裂化流程适合于处理高硫、高氮减压蜡油，催化裂化循环油，焦化蜡油，或这些油的混合油，即适合处理一段加氢裂化难处理或不能处理的原料。

1) 一段加氢裂化工艺流程

一段加氢裂化工艺流程见图 2-24。

以某炼油厂的大庆减压蜡油加氢裂化为例简述如下。原料油经泵升压至 16.0MPa 后与新氢及循环氢混合后，再与 420℃左右的加氢生成油换热至 320～360℃进入加热炉。反应器进料温度为 370～450℃，原料在反应温度 380～440℃、空速 $1.0h^{-1}$、氢油体积比约为 800 的

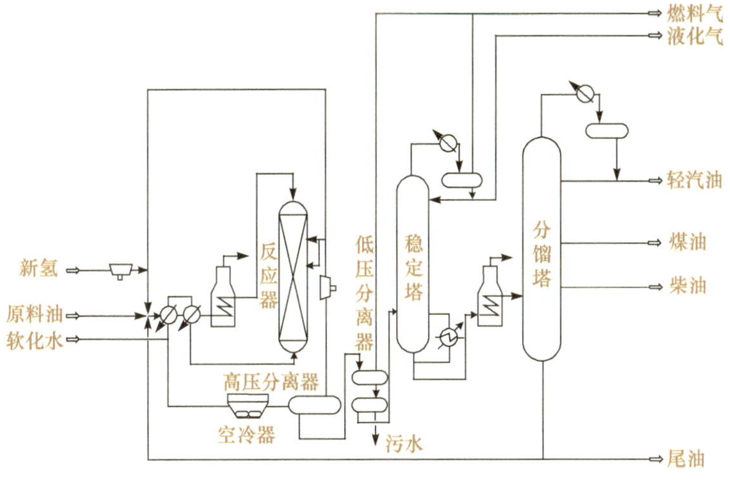

图 2-24　一段加氢裂化工艺流程

条件下进行反应。为了控制反应温度，向反应器分层注入冷氢。反应产物经与原料换热后温度降至 200℃，再经冷却，温度降到 30～40℃之后进入高压分离器。反应产物进入空冷器之前注入软化水以溶解其中的 NH_3、H_2S 等，以防水合物析出而堵塞管道。自高压分离器顶部分出循环气，经循环氢压缩机升压后，返回反应系统循环使用。自高压分离器底部分出生成油，经减压系统减压至 0.5MPa，进入低压分离器，在低压分离器中将水脱出，并释放出部分溶解气体，作为富气送出装置，可以作燃料气用。生成油经加热送入稳定塔，在 1.0～1.2MPa 下蒸出液化气，塔底液体经加热炉加热至 320℃后送入分馏塔，最后得到轻汽油、航空煤油、低凝柴油和塔底油(尾油)。尾油可一部分或全部作循环油，与原料混合再参与反应。

一段加氢裂化可以用三种方案操作：原料一次通过、尾油部分循环及尾油全部循环。

2) 两段加氢裂化工艺流程

两段加氢裂化工艺流程见图 2-25。

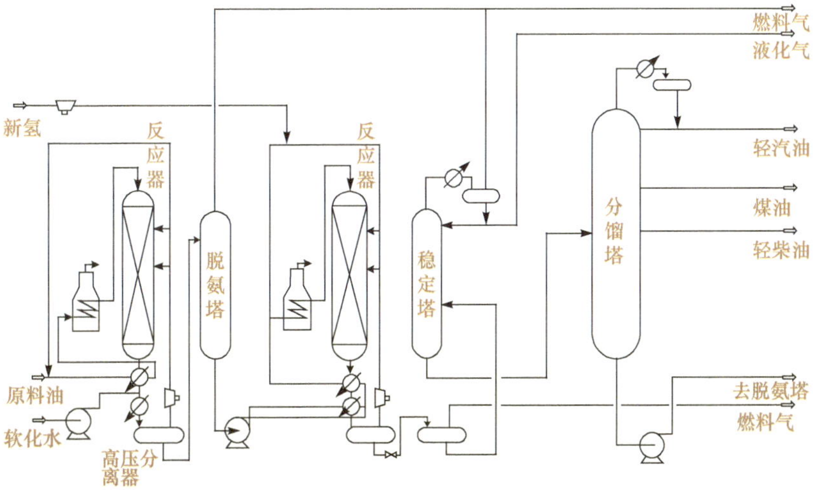

图 2-25　两段加氢裂化工艺流程

原料油经高压油泵升压并与循环氢混合后首先与生成油换热，再在加热炉中加热至反应温度，进入第一段加氢精制反应器，在加氢活性高的催化剂上进行脱硫、脱氮反应，原料中的微量金属也被脱掉。反应生成物经换热、冷却后进入高压分离器，分出循环氢。生成油进入脱氨(硫)塔，脱去 NH_3 和 H_2S，作为第二段加氢裂化反应器的进料。在脱氨塔中用氢气吹掉溶解气、氨和硫化氢。第二段进料与循环氢混合后，进入第二段加热炉，加热至反应温度，在装有高酸性催化剂的第二段加氢裂化反应器内进行裂化反应。反应生成物经换热、冷却、分离，分出溶解气和循环氢后送至稳定分馏系统。

3) 串联加氢裂化工艺流程

串联流程是两个反应器串联，在反应器中分别装入不同的催化剂：第一个反应器中装入脱硫脱氮活性好的加氢精制催化剂，第二反应器装入抗氨抗硫化氢的分子筛加氢裂化催化剂。除此之外，其他部分均与一段加氢裂化流程相同，见图 2-26。

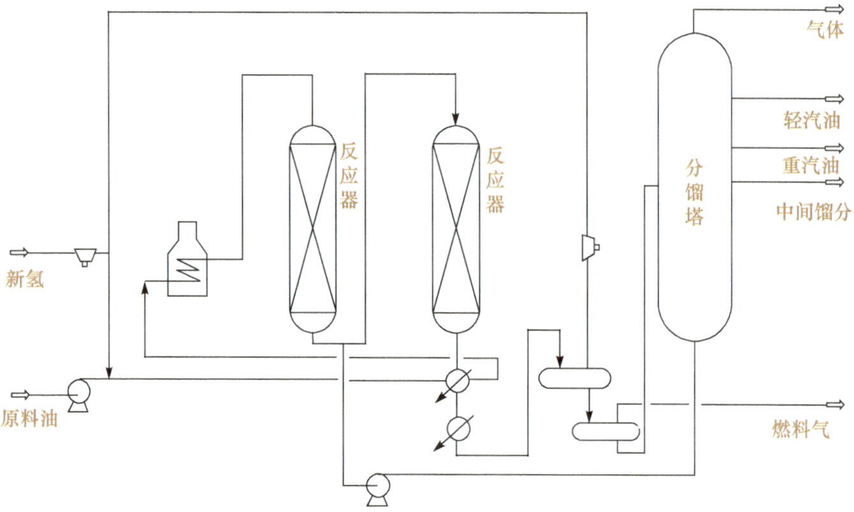

图 2-26 串联法加氢裂化工艺流程

与一段加氢裂化相比较，串联流程的优点在于：只要通过改变操作条件，就可以最大限度地生产石脑油或航空煤油和柴油。例如，欲多生产航空煤油或柴油，可以降低第二反应器的温度；欲多生产石脑油，则可以提高第二反应器的温度。

4) 其他不同流程的组合

在单段加氢裂化工艺、一段串联加氢裂化工艺和两段加氢裂化工艺的基础上，根据加氢裂化尾油(未转化油)进一步加工方式的不同又有不同的工艺流程组合。例如，原料油经加氢裂化所得尾油不进行循环裂化(作为蒸汽裂解、催化裂化或润滑油原料等)称为一次通过流程；部分未转化油进行循环裂化称为部分循环流程；未转化油进行全部循环裂化称为全循环流程(不产尾油，多产中间馏分油或石脑油)。

目前世界各国生产的原油中，重质含硫原油越来越多，从提高原油加工深度、多出轻质油品、减少大气污染等方面来看，今后加氢裂化仍要继续发挥其作用，并且在产品分布灵活、产品质量好、产品收率高等方面在炼厂中保持其重要地位。另外，加氢技术的发展仍然在改进催化剂并继续向低压低氢耗方面发展。

3. 工艺条件及主要影响因素

影响石油馏分加氢过程的主要因素有反应压力、反应温度、空速和氢油比、原料的性质和催化剂等。下面重点讨论反应压力、反应温度、空速及氢油比的影响，并将着眼点主要放在如何提高加氢过程的效率，因此除了讨论它们对反应速率的影响外，还涉及热力学方面的问题。

1) 反应压力

反应压力的影响是通过氢分压来体现的。系统中的氢分压取决于操作压力、氢油比、循环氢纯度及原料的汽化率。

加氢裂化原料一般是较重的馏分油，其中含有较多的多环芳烃，因此，在给定催化剂和反应温度下，选用的反应压力应当能保证环数最多的稠环芳烃有足够的平衡转化率。芳烃环数越多，其加氢平衡转化率越低。因此，加氢裂化所用原料越重，需采用的反应压力越高。工业上加氢裂化采用的反应压力，根据原料组成不同，大体如下：直馏瓦斯油约 8.0MPa，减压馏分油和催化裂化循环油 10.0～15.0MPa，而渣油则要用 15.0～20.0MPa。

反应压力对加氢裂化反应速率和转化率的影响，因所用催化剂的类型不同而有所不同，在使用加氢活性高而裂化活性低的催化剂时，加氢裂化转化率随压力升高而增加，这种规律一直持续到很高的压力。而在使用加氢活性低而裂化活性高的催化剂时，随反应压力升高，加氢裂化转化率开始随压力升高而增大，然后又随反应压力升高而下降。

反应压力对加氢裂化反应速率的影响比较复杂，提高反应压力一方面会加快氢通过液膜向催化剂表面上的扩散速率，另一方面又由于液膜厚度随压力升高而增加，增加了氢向催化剂表面扩散的阻力。综合的结果究竟是使反应速率提高还是降低，要根据具体情况来定。

在工业加氢过程中，反应压力不仅是一个操作因素，而且也关系到工业装置的设备投资和能量消耗。因此，在达到预期效果和保证催化剂足够长的操作周期的前提下，应尽可能使用较低的反应压力。

2) 反应温度

提高反应温度会使加氢裂化的反应速率加快。工业上希望有较高的反应速率，但反应温度的提高受某些反应的热力学限制，所以，必须根据原料性质和产品要求等条件来选择适宜的反应温度。

在加氢裂化过程中提高反应温度，裂解速度提高得较快，所以随反应温度升高，反应产物中低沸点组分含量增多，烷烃含量增加而环烷含量下降，异构烷/正构烷的比值下降。加氢裂化反应温度的提高受到加氢反应的热力学限制。一般加氢裂化所选用的温度范围较宽(350～440℃)，在加氢裂化过程中由于有表面积炭生成，催化剂的活性要逐渐下降，为了维持反应速率，随失活程度的增加，需将反应温度逐步提高。

3) 空速

空速反映了装置的处理能力，工业上希望采用较高的空速，但是空速受到反应速率的制约。根据催化剂的活性、原料油性质和反应深度不同，空速在一较大范围内波动，从 $0.30h^{-1}$ 到 $1.0h^{-1}$。重质油料和二次加工中得到的油料在加氢处理时要采用较低的空速。

4) 氢油比

在加氢系统中需要维持较高的氢分压，因为高氢分压对加氢反应在热力学上有利，同时也能抑制生成积炭的缩合反应。维持较高的氢分压是通过大量氢循环来实现的。因此，加氢过程所用的氢油比大大超过化学反应所需的数值。提高氢油比可以提高氢分压，对反应是有利的，但增大了动力消耗，使操作费用增多，因此要根据具体条件选择最适宜的氢油比。此外，加氢过程是放热反应，大量的循环氢可以提高反应系统的热容量，从而减小反应温度变化的幅度。在加氢裂化过程中，热效应较大，氢耗量较大，气体生成量也较大，所以为了保证足够的氢分压，需要采用较高的氢油比，一般用(800～1000)：1(体积比)。

4. 主要设备

加氢裂化过程的主要设备有加氢反应器、循环氢和新氢压缩机、加热炉、换热器和高低压分离罐等。由于加热炉、压缩机和换热器等设备在其他章节中已有介绍，这里重点介绍加氢反应器。

加氢反应器是加氢装置的主要设备。加氢反应器在高温高压及有腐蚀介质(H_2、H_2S 和 NH_3)的条件下操作，除了在材质上要注意防止氢腐蚀及其他介质的腐蚀以外，加氢反应器在工艺结构上还应满足以下要求：①反应物(油气和氢)在反应器中分布均匀，保证反应物与催化剂有良好的接触；②及时排出反应热，避免反应温度过高和催化剂过热，以保证最佳反应条件和延长催化剂寿命；③在反应物均匀分布的前提下，必须考虑反应器有合理的压力降。为此，除了正确解决反应器的高径比外，还应注意防止催化剂粉碎。

加氢裂化反应器主要分为固定床反应器和沸腾床反应器两种。由于目前大多采用固定床反应器，且由于篇幅关系，这里只介绍固定床反应器，有关沸腾床反应器的结构和特点可参考其他相关资料。

1) 固定床加氢反应器的类型

石油馏分固定床加氢反应器大致分为两类，一类是简单结构的，另一类是复杂结构的。

简单结构的固定床加氢反应器通常用于反应热较小的加氢过程，多数情况是加氢精制(加氢脱硫)反应。这种反应器不需要注入冷却介质，催化剂也不需要分层置放，这种反应器的内部结构比较简单。

复杂结构的固定床加氢反应器如图 2-27 所示，通常用于反应热较大的加氢反应，多数情况下是加氢裂化反应，或二次加工油料(如焦化柴油)，以及芳烃含量较高的煤油加氢精制反应。在这类反应器中催化剂必须分层放置，各层之间注入冷却介质(冷氢或冷油)以调节反应温度。这种反应器的内部结构比较复杂，其内部结构设计直接影响到反应效果的好坏。这种反应器有两种结构形式：一种是壳壁开孔，即在反应器筒壁上开孔，供插热偶套管和注冷氢管的安装用；另一种结构形式是冷氢管及热偶套管开孔均设在反应器头盖处，在反应器的壳体的内壁上有一个不锈钢的堆焊衬里以减少氢气和硫化氢对反应器壁的腐蚀作用。20 世纪 60 年代后期又发展了一种高强度低合金钢的“瓶型”内部结构反应器，如图 2-28 所示。这种反应器多数应用在加氢裂化的第一段。反应器的内衬筒和筒体之间形成一环形空间，使新氢流过。由于安装了内衬筒，可以防止有腐蚀性的油气与低合金钢的壳体直接接触。新氢从反应器底部进入，经过环形空间向上流动，在反应器顶部与进料一起向下通过催化剂床层进行反应。由于新氢在低温下进入器壁与内衬筒的环形空间，因此可以起冷却器壁的作用。

2) 固定床加氢反应器的内部结构

随着加氢反应器向大型化发展，生产和科研单位对反应器的内部结构设计都非常重视，特别是对两相进料的反应器，进料分配的好坏直接影响反应效果、催化剂寿命及操作周期。

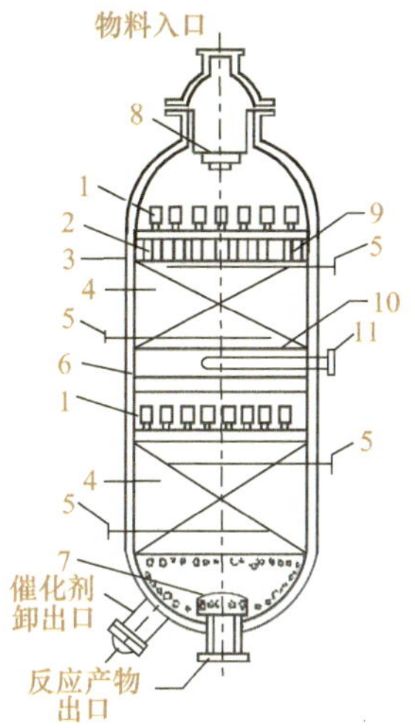

图 2-27 固定床加氢反应器结构示意图

1. 分配盘；2. 篮筐；3. 壳体；4. 催化剂床层；5. 热电偶；6. 冷氢盘；7. 收集器；8. 分配器；9. 陶瓷球；10. 栅板；11. 冷氢管

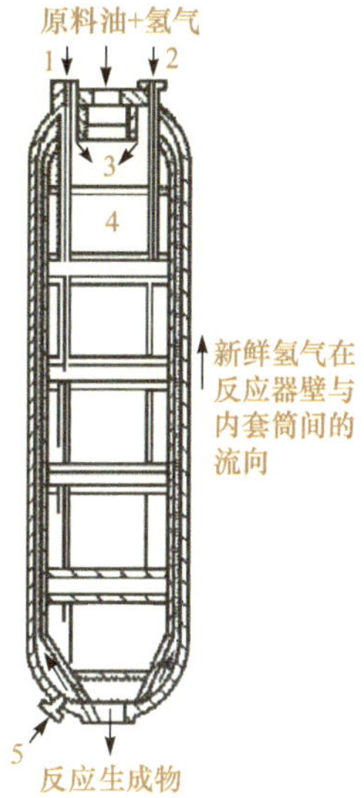

图 2-28 "瓶型"内衬加氢反应器结构示意图

1. 热电偶插入口；2. 冷氢注入口；3. 分配器；4. 催化剂；5. 新氢进入口

加氢反应器的内部结构均由以下几部分组成：入口扩散器，液体分布盘，筒式过滤器，催化剂床层支件；急冷箱和再分布板及反应器出口集油器。

(1) 反应器入口扩散器(或称分散器)，见图 2-29。反应器进料从入口进入反应器，一般流速较大，而且集中在反应器恒截面中心，为防止其直接冲到分布板上，在反应器入口处安装一个扩散器。扩散器有两个孔道。进入反应器的油气流向和孔道垂直，这样当液流进入反应器的扩散器后不致从某一孔道处短路流出，造成分配不匀。

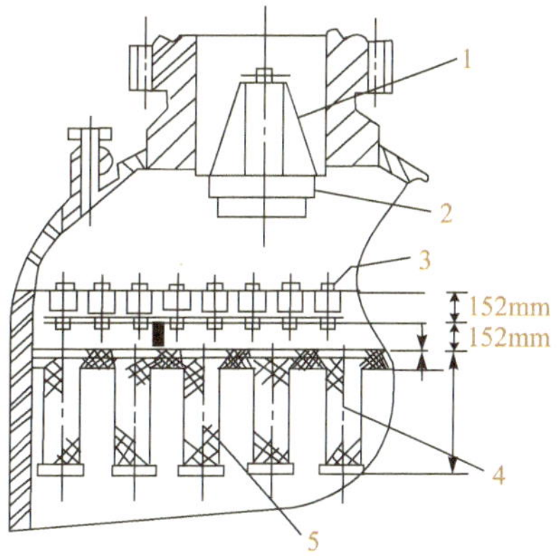

图 2-29 加氢反应器顶部及入口分配器结构示意图

1. 扩散器；2. 分布板；3. 进料分布盘；4. 筒式过滤器；5. 陶瓷球

(2) 液体分布盘。液体分布盘及泡帽结构见图 2-30。这是保证液体分布均匀的最重要的部分。分布盘上装有带齿缝的圆形泡帽。当气液两相物料进到分布盘上后，在分布盘上就建立了液层。气体从齿缝通过，同

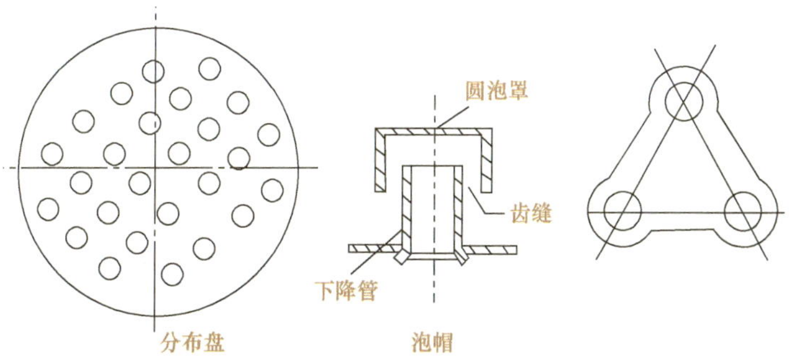

图 2-30 进料分布盘及泡帽结构示意图

时把液体从环形空间带上去进入下降管。如果液体负荷大，可能会淹没一部分齿缝面积，但由于减小了气体通路面积，增大了气体的流速，从而相应地又会多带走一部分液体，最终达到平衡。从下降管下来的液体呈锥状喷洒到催化剂床层上。

(3) 筒式过滤器(或称过滤篮筐)。筒式过滤器安装在反应器顶部，它给进料提供更大的表面积，这样就允许催化剂床层积蓄较多的垢屑或沉积物而不致过度增大床层压力。每个滤油筒是空心的，用链条结在一起，并用链条固定在支持梁上，以防止卸催化剂时堵塞催化剂卸料管。链条的长度必须足够松弛，以使滤油筒随催化剂床层下沉，根据生产经验，在运转期间，催化剂床层下沉量约 5%。

(4) 催化剂床层支持件。支持催化剂床层的结构件是 T 形横梁、格栅、筛网和瓷球。T 形横梁横跨筒体，顶部逐步变尖，以减少阻力。

(5) 急冷箱和再分布板。急冷箱的作用是将上面床层流下来的反应物料和冷氢充分混合，使物料进入下一层催化剂床层之前重新分布均匀，急冷箱结构见图 2-31。

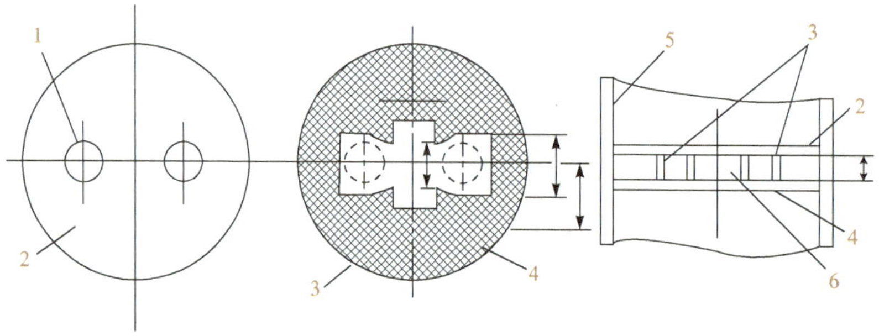

图 2-31 加氢反应器急冷箱结构示意图

1. 节流孔；2. 截流板；3. 挡板；4. 筛板；5. 反应器壳体；6. 急冷箱

急冷箱由安装在冷氢管下面的三块板组成。第一层板是截流板，把反应物料集合起来排入急冷箱。在这层板上只开有两个孔，全部物料和氢气都必须从这两个孔通过，使冷氢和反应物料充分混合。急冷箱置于急冷盘和喷散盘(筛板)之间，油气在此混合，筛板喷散盘上开有很多小孔，使急冷箱物料由此进到第三块板(泡帽再分布板)，再从再分布板进入下一层催化剂床层上。

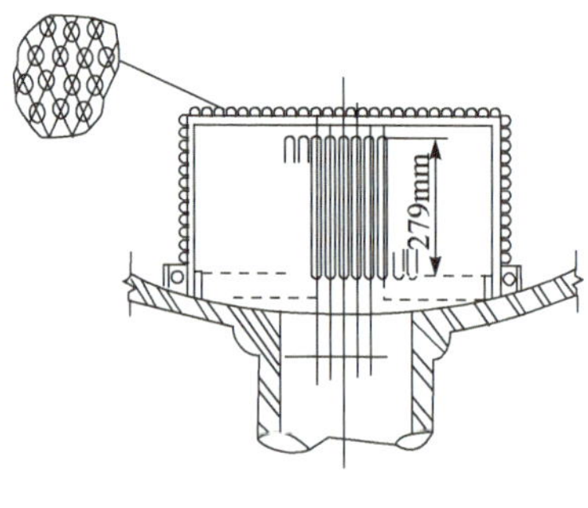

图 2-32 加氢反应器出口集油器结构示意图

(6) 出口管上面的集油器。为起支撑下层催化剂床层的作用，在集油器周围填入瓷球，见图 2-32。

另外，对于加氢裂化反应器，因为床层多，采用连通管时在床层之间会有气体互相串通，对加氢裂化反应不利，所以采用在每个床层的侧壁开口卸催化剂。

2.3.4 技术进展

加氢裂化技术经过几十年的发展后，现在仍处于快速发展之中。近几年工艺发展的主要方向是提高加氢裂化装置的生产灵活性为主。加氢裂化工艺的应用范围正在不断扩大，然而由于加氢裂化石脑油作为汽油调和组分的辛烷值并不是很高，因此加氢石脑油主要用作蒸汽裂解生产乙烯的原料或重整装置的原料。

目前高压加氢裂化技术反应器主要有固定床、沸腾床、移动床和悬浮床加氢裂化等几种。从应用情况来看，固定床加氢裂化约占 83%，沸腾床加氢裂化约占 15%，移动床加氢裂化约占 2%，悬浮床加氢裂化还处在工业应用的初级阶段。

渣油加氢技术按用途主要分为加氢处理和加氢裂化两种。渣油加氢处理技术主要是固定床加氢处理，工艺成熟，用于渣油改质作为催化裂化装置的原料，转化率通常只有 15%～20%。渣油加氢裂化技术主要分为沸腾床和悬浮床两种，用于劣质渣油转化生产动力燃料。

沸腾床加氢裂化技术可用来加工高残炭、高金属含量的劣质渣油，兼有裂化和精制双重功能，转化率(60%～80%)和精制深度高；但氢压较高(>15MPa)，对催化剂也有特殊要求。渣油悬浮床加氢裂化技术首要标志就是转化率高、排出的尾油量少。相比于沸腾床加氢裂化，悬浮床加氢裂化的转化率普遍可达到 90%以上，体现出明显的优势，但在工业化应用方面尚不如沸腾床成熟和普遍。

世界上渣油沸腾床加氢裂化技术主要有法国 Axens 公司的 H-Oil 技术、美国 CLG(Chevron Lummus Global)公司的 LC-Fining 技术以及中国石油化工集团公司的 STRONG 技术。目前，商业运行的渣油沸腾床加氢裂化装置均是采用 H-Oil 和 LC-Fining 技术。

H-Oil 技术通常串联采用两台反应器，而 LC-Fining 多是 3 台反应器串联，杂质脱除率更高。这两种工艺没有本质区别，反应器结构基本相同，均包括流体分布系统、分离循环系统和催化剂的在线加排系统，催化剂还可以互相通用。不同之处在于，H-Oil 技术采用外置循环泵的外循环操作模式，而 LC-Fining 技术则采用内置循环泵的内循环操作模式。

悬浮床加氢工艺是将分散得很细的催化剂或添加物与原料油及氢气一起通过反应器进行转化。反应器为管式空筒结构或环流反应器，内部可以设置简单的挡板。少量催化剂或添加物以细粉颗粒形式悬浮在反应物料中呈三相(气、液、固)浆液床(slurry bed)。悬浮床重油加氢工艺所用的催化剂或添加物一般为分散型的，分散得越细效果越佳。许多含有铁、钼、镍等元素的有机或无机盐类以及天然矿物甚至煤粉等都可以用作悬浮床加氢的催化剂或添加物。目前已开发的这类过程有德国的 KBR 公司和英国石油(BP)公司共同推出的悬浮床加氢技术(VCC)，Headwaters 公司开发的重油加氢裂化技术[$(HC)_3$]，美国环球油品公司开发的重油悬浮床技术(UOP-Aurabon)，日本出光兴产有限公司和 M. W. Kellogg 共同开发的渣油缓和加氢裂化工艺(MRH)。近年来，中国石油大学(华东)和中国石油天然气集团公司联合开发的渣油悬浮床加氢技术也达到了较高水平。

催化剂方面已经可以根据不同需要，灵活调整载体的硅铝比、比表面积、孔径大小、孔分布、金属活性组分及酸强度等载体的主要性质，制备不同活性、选择性、适用于不同加氢裂化工艺流程及生产目的的加氢裂化催化剂和加氢裂化预精制催化剂。在催化剂的制备方法方面掌握了共沉淀法、混捏法、浸渍法和离子交换法等技术，以及在催化剂成型方面采用压片、滚球、油氨柱成球和挤条等技术，也开发出了灵活生产中间馏分油和化工石脑油的灵活型系列催化剂及最大量生产中间馏分油的高中油型系列催化剂。

目前催化剂的研究重点放在新的沸石分子筛、无定形硅铝、氧化铝和超微粒金属材料等催化材料的研究开发。对 Y、β、SAPO、ZSM-5 等沸石分子筛进行合理改性；对纳米金属材料、非晶态合金和贵金属等进行开发和应用，预计将会取得显著成效；介孔、中孔(如 MCM-41 等)和超细晶粒沸石分子筛(如纳米沸石分子筛)的研究也特别引人关注。

2.4 延迟焦化

延迟焦化过程是一种渣油轻质化过程，在石油化工工业中起着非常重要的作用。该工艺可以加工残炭值及重金属含量很高的各种劣质渣油，而且过程比较简单、投资和操作费用也较低；同时所产石脑油馏分经加氢精制后可以为乙烯生产提供原料。它的主要缺点是焦炭产率高，附加值低，液体产物的质量差，需要进一步的加氢精制。尽管焦炭化过程尚存在这些缺点，但仍然是目前加工高金属、高残炭劣质渣油的最有效手段，并为催化裂化、加氢裂化和乙烯生产提供原料。在现代炼油工业中，它是重要的提高轻质油收率的途径。

在焦炭化过程的发展史中，曾经出现过多种工业形式，目前主要的工业形式是延迟焦化和流化焦化。世界上绝大多数的焦化处理都采用延迟焦化，只有少数国家(如美国)的部分炼油厂采用流化焦化。

2.4.1 原料及产品特点

延迟焦化过程(简称焦化)是以渣油为原料、在高温(480～550℃)下进行深度热裂化反应的一种热加工过程。延迟焦化可以处理多种原料，如原油、常压重油、减压渣油、沥青等含硫量较高及残炭值较高的残渣原料，以至芳香烃含量很高、难裂化的催化裂化澄清油和热裂解渣油等。焦炭化过程的反应产物有气体、汽油、柴油、蜡油(重馏分油)和焦炭。焦炭化过程的产品产率及其性质在很大程度上取决于原料的性质。表 2-3 给出了两种减压渣油在常规条件下进行焦化所得产物的产率分布。表 2-4 列出了焦化气体的组成。

表 2-3 延迟焦化的产品产率

焦化原料	大庆减压渣油	胜利减压渣油
密度(20℃)/(g/cm^3)	0.9239	0.9882
残炭(质量分数)/%	7.55	13.65
产品分布(质量分数)/%：		
气体	8.3	6.8
汽油	15.7	14.7
柴油	36.3	35.6
蜡油	25.7	19.0
焦炭	14.0	23.9
液体收率	77.7	69.3

表 2-4 焦化气体组成

组分	含量(体积分数)/%	组分	含量(体积分数)/%
氢	5.40	丙烷	8.26
甲烷	47.80	丙烯	4.00
乙烷	13.60	丁烷	3.44
乙烯	1.82	丁烯	3.70

续表

组分	含量(体积分数)/%	组分	含量(体积分数)/%
戊烷	2.66	二氧化碳	0.32
戊烯	2.20	一氧化碳	0.81
六碳烃	0.58	氮 + 氧	0.25
硫化氢	4.14		

从表 2-3 可以看出减压渣油经焦化过程可以得到 70%～80%的馏分油，而且柴汽比高，一般会大于 2。但焦化汽油和焦化柴油中不饱和烃含量高，而且含硫、含氮等非烃类化合物的含量也高，它们的安定性很差，因此必须经过加氢精制等精制过程加工后才能作为发动机燃料。目前焦化石脑油已经是我国乙烯生产的重要原料来源，也可以通过加氢精制作为催化重整的原料。焦化蜡油主要是作为加氢裂化或催化裂化的原料，有时也用于调和燃料油。焦炭(也称石油焦)除了可用作燃料外，还可用于高炉炼铁，如果焦化原料及生产方法选择适当，石油焦经煅烧及石墨化后，可用于制造炼铝、炼钢的电极等。

从表 2-4 的焦化气体组成分布可以看出，焦化气体中含有较多的甲烷、乙烷(体积分数占 60%左右)以及少量的丙烯、丁烯等，它可用作燃料或制取氢气等石油化工原料。

2.4.2　基本原理与工艺流程

1. 基本原理

烃类在热的作用下主要发生两类反应：一类是裂解反应，是吸热反应；另一类是缩合反应，是放热反应。至于烃类的相对分子质量不变而仅仅是分子内部结构改变的异构化反应，则在不使用催化剂的条件下一般是很少发生的。

1) 各种烃类的热反应

烷烃的热反应主要有两类：碳碳键断裂生成较小分子的烷烃和烯烃，碳氢键断裂生成碳原子数保持不变的烯烃及氢。上述两类反应都是强吸热反应，烷烃的热反应行为与其分子中的各键能大小有密切的关系。

环烷烃的热反应主要是烷基侧链断裂和环烷环的断裂，前者生成较小分子的烯烃或烷烃，后者生成较小分子的烯烃及二烯烃。单环环烷烃的脱氢反应须在 600℃以上才能进行，但双环环烷烃在 500℃左右就能进行脱氢反应，生成环烯烃。

芳香环极为稳定，一般条件下芳环不会断裂，但在较高温度下会进行脱氢缩合反应，生成环数较多的芳烃，直至生成焦炭。烃类热反应生成的焦炭是 H/C 原子比很低的稠环芳烃，具有类石墨状结构。带烷基侧链的芳烃在受热条件下主要是发生侧链断裂或脱烷基反应。

虽然在直馏馏分油和渣油中几乎不含有烯烃，但是从各种烃类热反应中都可能产生烯烃。这些烯烃在加热的条件下进一步裂解，同时与其他烃类交叉地进行反应，于是使反应变得极其复杂。

在不高的温度下，烯烃裂解成气体的反应远不及缩合成高分子叠合物的反应来得快。但是，由于缩合作用所生成的高分子叠合物也会发生部分裂解，这样，缩合反应和裂解反应就交叉地进行，使烯烃的热反应产物的馏程范围变得很宽。在低温、高压下，烯烃主要的反应是叠合反应，当温度升高到400℃以上时，裂解反应开始变得重要，碳链断裂的位置一般在烯烃双键的β位置。

渣油中胶质、沥青质主要是多环、稠环化合物，分子中也多含有杂原子。它们是相对分子质量分布范围很宽、环数及其稠合程度差别很大的复杂混合物。缩合程度不同的分子中也含有不同长度的侧链及环间的链桥。因此，胶质及沥青质在热反应中，除了经缩合反应生成焦炭外，还会发生断侧链、断链桥等反应，生成较小的分子。同时，轻、中、重胶质及沥青质的热反应行为也存在明显的差别，随着缩合程度的增大，馏分油的相对产率下降而焦炭的相对产率增大，对沥青质而言，在常规的热反应条件下大约有75%都转化为焦炭。

由以上的讨论可知，烃类在加热的条件下，反应基本上可以分成裂解与缩合两个方向。烃类的热反应是一种复杂的平行-顺序反应，随着反应时间的延长，一方面由于裂解反应，生成分子越来越小、沸点越来越低的烃类(如气体烃)；另一方面由于缩合反应，生成分子越来越大的稠环芳香烃。高度缩合的结果就产生胶质、沥青质，最后生成碳氢比很高的焦炭。

关于烃类热反应的机理，目前一般认为主要是自由基反应机理。根据此机理可以解释许多烃类热反应的现象。例如，正构烷烃热分解时，裂化气中含C_1、C_2低分子烃较多，也很难生成异构烷和异构烯等。

2) 反应热和反应速率

烃类的热反应有吸热的分解、脱氢等反应，也有放热的叠合、缩合反应。由于吸热的分解反应占据主导地位，因此，烃类的热反应表现为吸热反应。

渣油的热转化反应的反应热通常是以生成每千克汽油或每千克(汽油+气体)为计算基准。反应热的大小随原料油的性质、反应深度等因素的变化而在较大范围内变化。根据文献资料报道，其范围在 500～2000kJ/kg。在延迟焦化反应条件下，重质原料油比轻质原料油反应热低(指吸热效应)，因为裂解反应是吸热反应，生焦反应是放热反应，具有补偿作用。

许多研究工作表明，在反应深度不太大时(如小于20%)，烃类热反应的反应速率服从一级反应的规律，当裂化深度增大时，在温度一定的条件下反应速率常数不再保持为常数，一般是反应速率常数随裂化深度的增大而下降。这种现象的出现可能有两个原因，即未反应的原料与新鲜原料相比有较高的稳定性，其次是反应产物可能对反应有一定的阻滞作用。因此，在反应深度较大时，烃类的热裂化反应不再服从一级反应的规律。

渣油的热转化反应速率与其化学组成密切相关，而且当反应深度较大时，其反应速率的变化也不再服从一级反应规律。一些研究工作者采用程序升温的方法研究渣油及其亚组分(饱和分、芳香分、胶质、沥青质)的热反应动力学，发现在转化深度增大时，不仅是渣油，各亚组分的反应行为都不再符合一级反应规律，但是可以把反应分为两个阶段，每个阶段分别用不同动力学参数值的一级反应动力学方程来近似地进行描述。进一步的研究表明，对渣油的亚组分，在反应过程中其活化能是不断变化的。由于渣油的每个亚组分仍然是很复杂的混合物，都是由许多反应性能差异较大的组分所组成，因此给渣油的热反应动力学研究带来了很大的困难。

2. 工艺流程

延迟焦化装置的工艺流程有不同的类型，就生产规模而言，有一炉两塔(焦炭塔)流程、两炉四塔流程等。图2-33是延迟焦化装置的工艺流程图。

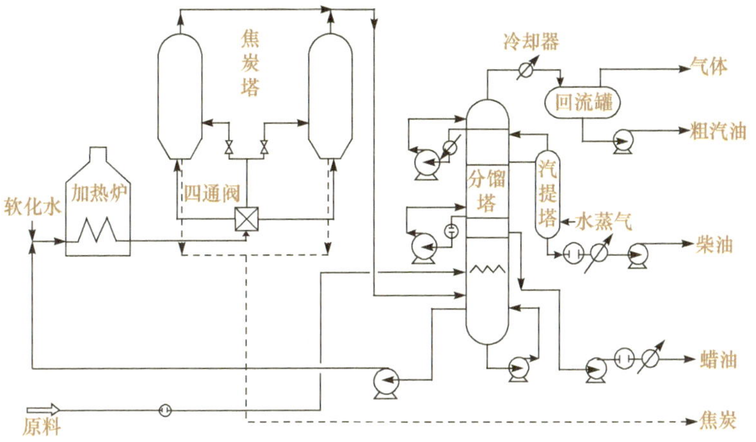

图2-33 延迟焦化装置工艺流程

原料油(减压渣油)经换热及加热炉对流管加热到 340～350℃，进入分馏塔下部，与来自焦炭塔顶部的高温油气(420～440℃)换热，一方面把原料油中的轻质油蒸发出来，同时加热了原料(约 380℃)及淋洗下高温油气中夹带的焦末。原料油和循环油一起从分馏塔底抽出，用热油泵送进加热炉辐射室炉管，快速升温至约 500℃后，分别经过两个四通阀进入焦炭塔底部。热渣油在焦炭塔内进行裂解、缩合等反应，最后生产焦炭。焦炭聚结在焦炭塔内，而反应产生的油气自焦炭塔顶逸出，进入分馏塔，与原料油换热后，经过分馏得到气体、汽油、柴油、蜡油和循环油。焦炭化所产生的气体经压缩后与粗汽油一起送去吸收-稳定部分，经分离得干气、液化气和稳定汽油。

原料油反应所需高温完全由加热炉供给，因此原料油在加热炉出口温度要求达到 500℃左右。为了使处于高温的原料油在炉管内不要发生过多的裂化反应以致造成炉管内结焦，就要设法缩短原料油在炉管内的停留时间，这就要求炉管内的冷油流速比较高，通常在 2m/s 以上。也可以采用向炉管内注水(或水蒸气)的方式以加快炉管内的流速，注水量通常约为处理量的 2%。减少炉管内的结焦是延长焦化装置开工周期的关键。除了采用加大炉管内流速方法外，对加热炉炉型的选择和设计也应十分注意。对加热炉最重要的要求是炉膛的热分布良好、各部分炉管的表面热强度均匀，而且炉管环向热分布良好，尽可能避免局部过热的现象发生，同时要求炉内有较高的传热速率，以便在较短的时间内向油品提供足够的热量。总的要求是控制原料油在炉管内的反应深度、尽量减少炉管内的结焦，使反应主要在焦炭塔内进行。延迟焦化这一名称就是因此而得。

焦炭塔是循环使用的，即当一个塔内的焦炭聚结到一定高度时，进行切换，通过四通阀将原料切换进另一个焦炭塔。每个塔的切换周期包括生焦时间、除焦和辅助操作所需的时间。生焦时间与原料的性质特别是原料的残炭值及焦炭质量的要求有关(特别是焦炭的挥发分含量)，一般约为 24h。目前发展趋势是缩短生焦周期，生焦时间控制在 16～22h，从而提高装置利用效率。

反应产物在分馏塔中进行分馏。与一般油品分馏塔比较，焦化分馏塔主要有两个特点：①塔的底部是换热段，新鲜原料油与高温反应油气在此进行换热，同时起到把反应油气中携带的焦末淋洗下来的作用；②为了避免塔底结焦和堵塞，部分塔底油通过塔底泵和过滤器不断地进行循环。

最近国内新建装置常采用对流串辐射工艺，原料油经换热后先进原料缓冲罐，然后泵送进加热炉对流段与辐射段连续加热，不再由对流段后抽出进分馏塔换热，这样可以灵活调控循环比。

3. 工艺条件和主要影响因素

1) 原料性质

延迟焦化原料的性质(如残炭值、密度、馏程、烃组成、硫及灰分等杂质含量等)在很大程度上决定了焦炭化过程的产品产率及其性质。

一般来说，随着原料油的密度增大，焦炭产率增大。原料油的残炭值的大小是原料油成焦倾向的指标，经验证明，在一般情况下焦炭产率为原料油残炭值的 1.5～2.0 倍。

原料油性质还与加热炉炉管内结焦的情况有关。有的研究工作者认为性质不同的原料油具有不同的最容易结焦的温度范围，此温度范围称为临界分解温度范围。原料油的特性因数(UOPK)值越大，则临界分解温度范围的起始温度就越低。在加热炉加热时，原料油应以高流速通过处于临界分解温度范围的炉管段，缩短在此温度范围中的停留时间，从而抑制结焦反应。

另外，原油中所含的盐类几乎全部集中到减压渣油中。在焦化炉管里，由于原料油的分解、汽化，其中的盐类沉积在管壁上。由此，焦化炉管内结的焦实际上是缩合反应产生的焦炭与盐垢的混合物。有些重金属盐类的存在促进脱氢反应，进而促进缩合生焦，为了延长开工周期，必须限制原料油的含盐量。

2) 加热炉出口温度

加热炉出口温度是延迟焦化装置的重要操作指标，直接影响炉管内和焦炭塔内的反应深度，从而影响焦化产物的产率和性质。

对于同一种原料，加热炉出口温度升高，反应速率和反应深度增大，气体、汽油和柴油的产率增大，而蜡油的产率减小。焦炭中的挥发分由于加热炉出口温度升高而降低，因此焦炭的产率有所减小。

加热炉出口温度对焦炭塔内的泡沫层高度也有影响。泡沫层本身是反应不彻底的产物，挥发分高。因此，泡沫层高度除了与原料起泡沫性能有关外，还与加热炉出口温度直接有关。提高加热炉出口温度，可以使泡沫层在高温下充分反应和生成焦炭，从而降低泡沫层的高度。

加热炉出口温度的提高受到加热炉热负荷的限制，提高加热炉出口温度也会使炉管内结焦速度加快及造成炉管局部过热而发生变形，缩短了装置的开工周期。因此，必须选择合适的加热炉出口温度。对于容易发生裂化和缩合反应的重原料和残炭值较高的原料，加热炉出口温度可以低一些。

延迟焦化装置加热炉出口温度一般控制在 480～500℃。

3) 循环比

循环比是反应产物在分馏塔分出的塔底循环油与新鲜原料油的流量之比。原料油性质对选择适宜的单程裂化深度、循环油和循环比有重要影响。对于较重的、易结焦的原料，由于其黏度大、沥青质含量高、残炭值大，单程裂化深度受到限制，就要采用较大的循环比。通常对于一般原料，循环比为 0.1～0.5；对于重质、易结焦原料，循环比较大，有时达 1.0 左右。循环比降低，馏分油收率增加，有些炼厂采用低循环比或超低循环比，循环比甚至降至 0.05，焦炭产率降至残炭值的 1.3 倍以下，但采用低循环比操作时，蜡油性质变劣，影响后续加工。因此在加工劣质渣油时，焦化蜡油性质很差，有的炼厂就采用蜡油全循环，以多产汽、柴油馏分为目的，但是焦炭产率也会随之上升。

4) 系统压力

系统压力直接影响焦炭塔的操作压力。焦炭塔的压力下降使液相油品易于蒸发，也缩短了气相油品在塔内的停留时间，从而降低了反应深度。一般来说，压力降低会使蜡油产率增大而使柴油产率降低。为了取得较高的柴油产率，应采用较高的压力；为了取得较高的蜡油产率，则应采用较低的压力。一般焦炭塔的操作压力在 1.2～2.8atm(1atm=101325Pa)，但在生产针状焦时，为了使富芳烃的油品进行深度反应，采用约 7.0atm 的操作压力。

除了反应条件外，焦炭塔的设计、加热炉的设计等都会对装置的开工周期、能耗等起直接和重要的影响。近年来，已经可以用计算机计算加热炉中每一根炉管的温度、管内的汽化率、流速和反应速率等，使焦化加热炉的设计更为合理。

4. 主要设备

1) 焦化加热炉

与常规加热炉相同，焦化加热炉主要由辐射室、对流室、烟囱及烟气余热回收系统几部分构成。辐射室为焦化加热炉的主要传热部位，其吸热量为总吸热量的 65%～75%，在辐射室内约 80%以上的热量是由热辐射来完成，其余部分是由高温烟气和炉管间对流传热来完成，因此良好的辐射炉管布置对均匀地吸收辐射热量是非常重要的。单排管双面辐射与单排管单面辐射(加反射)比较起来，其最大的优点是热流沿炉管圆周分布均匀，因而其辐射管表面热强度是单面辐射的 1.5 倍。换句话说，辐射管的总长度可缩短 33%，即停留时间缩短 33%。这对要求油料在温度 427℃以上、要尽量缩短停留时间的焦化炉是非常有利的。

由于焦化加热炉特点是管内油品重、加热温度高，且管内油品存在汽化和复杂的裂解及缩合化学反应，炉管内部特别容易产生结焦现象，因此必须在流速快、停留时间短、热强度高的操作条件下，使油品在加热炉内能够迅速达到焦化所需温度。为适应这些特点，保证管内介质在理想流形状况下均匀受热，焦化加热炉的辐射管一般均采用水平方向布置。因为立管炉与水平管加热炉比较，主要有两大缺点：一是两相流在立管内的良好流形范围很窄，特别容易出现不良流形，油料因局部过热而裂解缩合、结焦；二是在底烧条件下每根立管都要通过炉膛高温区，对于焦化炉这样苛刻的操作条件，很容易造成整个辐射室炉管全部烧坏的重大事故。这些就是焦化炉不用立管的主要原因。

按照辐射室形状划分，焦化加热炉可分为立式炉、箱式炉和阶梯炉三种炉型；按照辐射管受热方式划分，焦化加热炉可分为单面辐射炉和双面辐射炉两种；按照辐射室内炉膛数量划分，又可分为单室炉、双室炉及多室炉。如果将以上不同划分方式产生的炉型进行组合即可得出多种可供选择的炉型。

在焦化装置循环比在 0.2～0.4 范围内时，焦化加热炉可根据装置处理量的大小选择管程数及炉膛数量，推荐设计炉型见表 2-5。

表 2-5　焦化加热炉炉型

焦化装置处理量/(kt/a)	＜300	300～600	600～1200
单面辐射炉	单室 2 管程水平管立式炉	单室 2 管程水平管立式炉	双室 4 管程水平管箱式炉
双面辐射炉	单室 1 管程水平管立式炉 单室 1 管程水平管阶梯炉	单室 2 管程水平管箱式炉 双室 2 管程水平管箱式炉 双室 2 管程水平管阶梯炉	4 室 4 管程水平管箱式炉 4 室 4 管程水平管阶梯炉

焦化加热炉炉管选材主要考虑管壁温度、管内介质腐蚀和钢材高温强度三个方面的问题。以前国内大多数焦化加热炉炉管材料为Cr_5Mo(A335 P5)，但当炉出口温度高达500℃，管内结焦达到一定厚度时，炉内最高壁温可达600℃以上，甚至超过氧化速率迅速上升的拐点温度，即抗氧化极限温度。由于Cr_5Mo材质炉管的最高使用温度为600℃，抗氧化极限温度为650℃，因此采用Cr_5Mo材质炉管的焦化炉大多存在高温区炉管严重氧化爆皮的现象，须定期更换，从而影响了焦化炉的长周期操作。目前国内各炼厂的焦化炉设计已相继采用Cr_9Mo炉管。

燃烧器类型及性能对焦化炉操作的好坏有着极其重要的作用。为满足炉管表面热强度及烟气温度沿炉管长度方向上分布的均匀性要求，焦化加热炉采用小能量扁平火焰的气体燃烧器较为合适。

目前国内所有的焦化加热炉均设置了余热回收系统，利用对流室的烟气来预热燃烧空气，降低最终的排烟温度，设计热效率一般在90%以上。

2) 焦炭塔

焦炭塔是一个直立圆柱壳压力容器，顶部是球形或椭圆形封头，下部是锥体，见图2-34。直径范围通常为4.6～9.8m，高25～35m。在顶部有直径为600～900mm的盲板法兰(钻焦口)，底部有1400～1800mm的盲板法兰(卸焦口)，该盲板法兰上有150～450mm的渣油入口接管。裙座位于连接壳体与锥体的焊缝区域，用来支撑塔体。通常焦炭塔是用碳钢、C-1/2Mo、1Cr-1/2Mo、1.25Cr-1/2Mo和2.25Cr-1.0Mo钢制造，其壁厚通常在14～42mm。

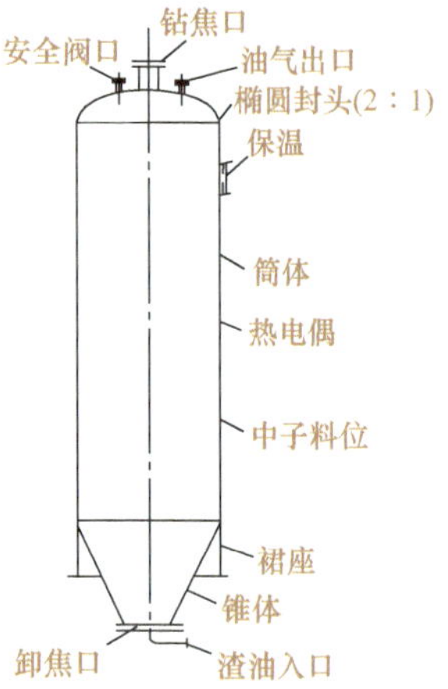

图2-34 焦炭塔结构简图

加工含硫原油时，焦炭塔壳体可采用不锈钢复合板制造，复层为厚2.0～3.2mm的405或410S型不锈钢，以抵抗腐蚀。

焦炭塔设计压力范围为0.2～0.8MPa，一般为0.25～0.35MPa；操作温度为440～495℃。

焦炭塔外保温通常采用120～180mm的玻璃纤维或复合硅酸盐等保温材料，并用铝合金薄板或不锈钢薄板作为保护层。安全阀位于焦炭塔顶部，料位测量通常用中子料位计或γ射线料位计，安装于塔体外表面。

焦炭塔上封头过去常采用球形封头，其优点是受力条件好，耗材少；最近较多采用椭圆封头(2∶1)，其优点在于保证塔顶标高不变(钻杆长度不变)的情况下，能增加焦炭塔筒体段的有效体积。以直径8800mm的焦炭塔为例，将球形封头改为椭圆封头后能增加体积44.6m^3。

焦炭塔下部进料口的接管结构形式大致有三种，即从侧面进入、水平并呈向上倾斜方向进入和轴向进入。操作经验表明，500℃左右的原料油从侧面进入焦炭塔会造成塔底加热不均匀，所引起的变形促使塔体倾斜并产生裂纹、膨胀和其他缺陷，导致塔的可靠性下降。当原料油入口接管呈水平方向和呈向上倾斜方向配置时，对面的器壁受较强烈加热而产生附加应力；若原料油在中心轴向进入，则可以保证设备均匀加热，焦炭塔操作的可靠性增大，这种结构设计使变形减少。目前我国焦炭塔大多采用轴向进料方式。当焦炭塔底采用自动卸焦阀或自动卸盖机时，原料油必须从侧面进入，但进料段应有特殊结构设计。

2.4.3 技术进展

近年来，延迟焦化技术在降低能耗、确保装置长周期运行和提高轻收特别是液收，降低焦炭产率(石油焦产量/焦化原料量)等方面不断取得进展。

渣油复杂的组成和操作条件(如焦化炉进出口温度、介质停留时间、焦炭塔压力、循环比等)都对延迟焦化产品分布和质量有影响，目前尚不能定量预测延迟焦化产品分布和质量与原料特性之间的对应关系。基于此，中国石油大学重质油国家重点实验室开发了专门用于评价焦化原料结焦倾向、裂解难易程度及延迟焦化产品分布和质量的评价方法、数据库，为工业装置如何选择合理的操作条件提供了依据，取得了很好的经济效益。

随着对渣油热化反应机理的认识深入和计算机技术的高速发展，目前国际上正在朝着从最根本、更科学的指标来控制结焦速率，以完成焦化炉的结构优化设计。国外大公司新设计焦化炉主要以控制介质大于800F(426℃)的停留时间不超过40s及确保焦化炉出口热转化率不超过10%(质量分数)为基础设计条件。为确保焦化炉管不发生严重结焦，中国石油大学重质油国家重点实验室提出，用最高油膜温度、管内两相流流型和焦化炉炉出口裂解深度三参数作为判断焦化炉管内介质流动及反应过程是否处于“正常延迟状态”的依据，尤其要将关键炉管管内两相流流型控制为喷雾流、炉出口实际裂解转化深度控制在介质的最大可裂化度之内的设计与优化操作控制理念。另外，根据进料性质和产物性质要求不断优化延迟焦化循环式系统操作，开发与应用计算机先进控制系统，避免出现相分离现象或缩短渣油在这段炉管中的停留时间，对减少炉管内结焦、延长开工周期也是十分重要的。

思考题

1. 什么是原油的一次加工过程和二次加工过程？
2. 原油为什么要进行预处理？简述原油预处理的基本原理和方法。
3. 常用的蒸馏方式有几种？各种蒸馏方式有什么特点和区别？
4. 常减压蒸馏工艺流程的类型有哪些？各工艺流程类型有什么特点和区别？
5. 常减压蒸馏装置有哪些主要设备？简述各设备的作用及工作原理。
6. 常减压蒸馏装置采用了哪些汽提方式？汽提的作用是什么？
7. 常减压蒸馏装置的能耗由哪几部分构成？降低蒸馏装置能耗的关键是什么？
8. 催化裂化的原料和主要产品有哪些？简述产品的组成特点及利用途径。
9. 工业上使用的催化裂化催化剂主要有哪几类？催化裂化催化剂的活性来源是什么？
10. 裂化催化剂失活的原因有哪些？可以采取哪些相应对策来减少或延缓催化剂失活？
11. 馏分油催化裂化反应的特点是什么？与馏分油相比，渣油的催化裂化反应有什么特点和区别？
12. 催化裂化过程的主要化学反应有哪些？哪些反应对提高汽油辛烷值有积极贡献？哪些反应对改善汽油安定性有影响？
13. 催化裂化装置通常由几部分组成？各部分的主要作用是什么？
14. 在催化裂化装置的生产操作中，调整反应温度对产品的组成和质量会产生什么影响？
15. 加氢裂化过程中主要反应有哪些？对产品性质有什么影响？
16. 从化学反应热力学和动力学角度分析影响加氢裂化的主要因素有哪些。怎样优化工艺参数？
17. 加氢裂化催化剂由哪几部分组成？加氢裂化催化剂预硫化的目的是什么？一般采用什么硫化剂？
18. 加氢裂化催化剂使用性能有哪些？失活的原因有哪些？
19. 简述加氢过程中循环氢、新氢、冷氢的作用。
20. 加氢裂化有哪些工艺流程？比较加氢裂化的一段法、两段法、单段串联法工艺的特点。
21. 焦化装置原料有哪些？原料性质对焦化过程、产品分布和性质有什么影响？

22. 渣油热反应有哪些特点？焦炭的生成机理是什么？
23. 影响焦化操作的主要因素有哪些？这些因素对产品分布和产品质量有什么影响？
24. 提高焦化炉热效率的方法有哪些？影响炉管结焦的因素有哪些？

参 考 文 献

陈建民，杨娜，罗铭芳，等. 2010. 常减压装置减压深拔技术研究进展. 现代化工，30(6)：20-24
陈俊武. 2007. 催化裂化工艺与工程. 2 版. 北京：中国石化出版社
韩崇仁. 2006. 加氢裂化工艺与工程. 北京：中国石化出版社
侯芙生. 2011. 中国炼油技术. 3 版. 北京：中国石化出版社
李志强. 2010. 原油蒸馏工艺与工程. 北京：中国石化出版社
瞿国华. 2008. 延迟焦化工艺与工程. 北京：中国石化出版社
任文坡，朱庆云，乔明. 2015. 催化裂化技术新进展. 石化技术与应用，33(4)：357-360
徐春明，杨朝合. 2009. 石油炼制工程. 4 版. 北京：石油工业出版社
许友好. 2014. 我国催化裂化工艺技术进展. 中国科学，44(1)：13-24

第3章　烯烃的生产

自然界中并不存在天然的烯烃分子，但烯烃可以从石油、天然气、煤及其他原料中制取。在低分子不饱和烃中，乙烯、丙烯、丁烯等小分子烯烃具有双键，化学性质活泼，能与许多物质发生氧化、卤化、烷基化、水合等反应，生成一系列具有重要工业价值的产物，是基本有机化学工业和生产高分子聚合物的重要原材料。乙烯产量常作为衡量一个国家或地区基本有机化学工业发展水平的标志。

3.1　乙　烯

3.1.1　性质及主要用途

乙烯为无色气体，略具烃类特有的臭味，少量乙烯具有淡淡的甜味；熔点−169.4℃，沸点−103.9℃，密度0.61g/cm^3，饱和蒸气压4083.40kPa(0℃)，临界温度9.2℃，临界压力5.04MPa，爆炸上限36.0%(体积分数)，爆炸下限2.7%(体积分数)；不溶于水，微溶于乙醇、酮、苯，溶于醚，溶于四氯化碳等有机溶剂。

乙烯是合成纤维、合成橡胶、合成塑料(聚乙烯及聚氯乙烯)、合成乙醇(酒精)等的基本原料，也用于制造氯乙烯、苯乙烯、环氧乙烷、乙酸、乙醛、乙醇和炸药等。

3.1.2　来源和生产方法

19世纪末，人们开始从焦炉煤气中分离乙烯和由乙醇脱水制乙烯。20世纪初，石油化学工业迅速发展，副产乙烯的数量已不能满足工业需求。1920年，美国联合碳化物公司(UCC)下属的林德空气产品公司开发出了乙烷、丙烷高温裂解生产乙烯的方法。1923年，联合碳化物公司在美国的西弗吉尼亚州建起了第一个石油烃类裂解生产乙烯的石油化工厂。

乙烯的生产方法主要有烃类蒸汽裂解法、烃类催化裂化法、甲醇法、乙烷催化脱氢、乙烷催化氧化脱氢、乙醇催化脱水、甲烷裂解、甲烷氯化生成氯甲烷然后裂解生产乙烯、合成气制乙烯、甲醇法制烯烃(MTO)等。目前，工业上生产乙烯的方法主要有以下三种。

1. 烃类热裂解

烃类热裂解(见3.1.3节)是将石油系烃类原料(天然气、炼厂气、轻油、柴油、重油等)、低分子烷烃(乙烷、丙烷)经高温作用，使烃类分子发生碳链断裂或脱氢反应，生成相对分子质量较小的烯烃、烷烃和其他相对分子质量不同的轻质和重质烃类过程。由于原料和裂解工艺的不同，烃类经水蒸气热裂解后乙烯产率可达到原料的20%～80%(质量分数)。目前烃类热裂解是乙烯最主要的来源。

2. 烃类催化裂化

催化裂化过程(见 2.2 节)生产的干气中(C_1～C_2)占 3.0%～6.0%(质量分数)，其中乙烯含量占 30%～35%(质量分数)，催化裂化中的乙烯一般不经分离，而是直接进行利用。目前利用最多的方法是催化干气直接与苯反应生成乙苯，然后经分离，进行乙苯脱氢生产苯乙烯。

3. 催化裂解

催化裂解是在催化剂存在下，将烃类转化为低碳烯烃的高温裂解过程。与烃类蒸汽裂解相比，催化裂解反应温度低，装置能耗小，催化剂具有选择性，低碳烯烃产率高，甲烷和液体产物收率低，可以灵活调整产品中乙烯和丙烯的收率，原料来源更加广泛。目前，以重质原料油催化裂解生产低碳烯烃的代表性技术主要有：美国环球油品公司(UOP)的 PetroFCC 工艺，日本东洋工程公司的 THR 工艺，中国石化石油化工科学研究院的 DCC 工艺、CPP 工艺和 ARGG 工艺，中国石化洛阳石化工程公司的 HCC 工艺等；以石脑油为原料催化裂解生产低碳烯烃的代表性技术主要有：韩国 SK 集团和美国 KBR 公司联合开发的 ACO 工艺；以 C_4～C_8 低值烯烃为原料催化裂解生产低碳烯烃的代表性技术主要有：美国 UOP 公司和法国 Atofine 公司联合开发的 OCP 固定床工艺，德国 Lurgi 公司的 Proplur 固定床工艺，美国埃克森美孚(Exxon Mobil)公司的 MOI 流化床工艺，美国 KBR 公司的 Superflex 流化床工艺，中国石化上海石油化工研究院的 OCC 工艺，中国石化北京化工研究院的 BOC 工艺等。

4. 甲醇法(MTO/MTP 或 MTP)

甲醇法制烯烃(MTO)是指甲醇直接转化为低碳烯烃(乙烯、丙烯)的技术。最早提出 MTO 工艺的是美国美孚石油公司(Mobil)，随后德国巴斯夫集团(BASF)、美国埃克森美孚公司、美国 UOP 公司及挪威海德鲁公司(Hydro)等相继投入开发。具有代表性的 MTO 工艺技术主要有：美国 UOP 公司的 UOP/Hydro 工艺、Exxon Mobil 公司的 Exxon Mobil 工艺、中国科学院大连化学物理研究所 DMTO 工艺、中国石化上海石油化工研究院的 SMTO 工艺等。MTO 的反应机理是甲醇先脱水生成二甲醚(DME)，然后 DME 与原料甲醇的平衡混合物脱水继续转化为乙烯、丙烯为主的低碳烯烃，通过调整操作条件可以控制产品中乙烯和丙烯的比例，一般乙烯/丙烯为 0.75～1.5。

3.1.3 烃类热裂解

1. 裂解原料

1) 原料

裂解原料的来源主要有两个途径：一是天然气和油田气加工厂得到的轻烃，如乙烷、丙烷、丁烷和凝析油等；二是炼油厂得到的石油加工产品，如炼厂气、直馏石脑油、直馏柴油、重整抽余油、加氢裂化石脑油、加氢裂化尾油和加氢后的焦化石脑油等。另外，烯烃厂裂解装置副产的轻烃经分离得到乙烷等也是重要的裂解原料来源。由于烃类裂解原料的组成和性质有很大差异，因此裂解原料的特性无疑对裂解结果起着重要的决定作用。

2) 评价方法

石油烃类的热裂解反应是自由基链式反应，即使纯烃裂解也十分复杂。因此，对于由烃类混合物组成的石油馏分，其裂解过程更是复杂，其热裂解结果除与操作参数有关外，还与裂解原料的特性密切相关。因此，裂解原料的评价及优化对于烃类裂解装置的经济效益至关重要。评价烃类裂解原料的特性指标主要有原料的氢含量、特性因数(K)、芳烃关联指数(BMCI)、烃类族组成(PONA)或结构族组成等。

(1) 族组成——PONA 值。裂解原料油中各种烃按其结构可以分为四大族，即链烷烃族、烯烃族、环烷烃族和芳香烃族。这四大族的族组成以 PONA 值表示，其含义如下：

P——烷烃(paraffin)　　O——烯烃(olefin)

N——环烷烃(naphtene)　　A——芳烃(aromatics)

根据 PONA 值可以定性评价轻烃和石脑油等轻质馏分油的裂解性能，也可以根据族组成通过简化的反应动力学模型对裂解反应进行定量描述，因此 PONA 值是一个表征轻烃和石脑油等轻质馏分油裂解性能的重要指标之一。从多产乙烯、丙烯和减少生焦性能来衡量，原料的优劣顺序为烷烃>环烷烃>单环芳烃>多环芳烃。表 3-1 给出了不同 PONA 值石脑油裂解产物的组成。

表 3-1　不同 PONA 值石脑油裂解产物的组成

原料性质	相对密度	0.6700	0.7120	0.6900	0.6730
	馏程/℃	42～49	51～176	43～159	45～99
	族组成/%				
	P	87.2	69.5	76.0	81.9
	O	—	—	—	—
	N	10.9	23.5	19.9	15.0
	A	1.5	6.5	4.1	3.0
产品组成/%	H_2	0.8	0.7	0.8	1.05
	CH_4	14.5	13.0	13.7	19.2
	C_2H_2	0.25	0.2	0.3	0.6
	C_2H_4	28.0	22.8	26.1	32.2
	C_2H_6	5.2	5.0	4.0	4.7
	C_3H_4	0.3	—	0.5	0.6
	C_3H_6	17.6	17.4	16.0	14.6
	C_3H_8	0.4	0.6	0.5	0.4
	$\sum C_4$	9.8	12.2	12.4	7.65
	C_5+	23.15	28.0	25.6	19.0
裂解炉出口温度/℃		800	800	820	870
稀释蒸汽比		0.6	0.6	0.6	0.6
出口压力(G)/MPa		0.135	0.135	0.1	0.1

(2) 氢含量。原料氢含量是衡量原料裂解性能和乙烯潜在含量的重要特性。一般低沸点的原料比重质原料氢含量高，从乙烷到柴油馏分，相对分子质量增加，氢含量降低，乙烯收率降低。在烃类组成中，烷烃氢含量最高，环烷烃次之，芳烃最低，而且环数越多，氢含量越低，多环烃较单环烃裂解性能差。裂解原料中的氢含量可以用氢质量分数 $w(H_2)$表示，也可以用 C 与 H 的质量比(称为碳氢比)表示。

$$w(H_2)=\frac{H}{12C+H}\times 100\% \tag{3-1}$$

$$C/H=\frac{12C}{H} \tag{3-2}$$

式中，H、C分别为原料烃中氢原子数和碳原子数。从氢平衡可以断定，裂解原料氢含量越高，获得 C_4 和 C_4 以下轻烃的收率越高，相应乙烯和丙烯收率也越高。图3-1给出了裂解原料中氢含量与乙烯收率的关系。

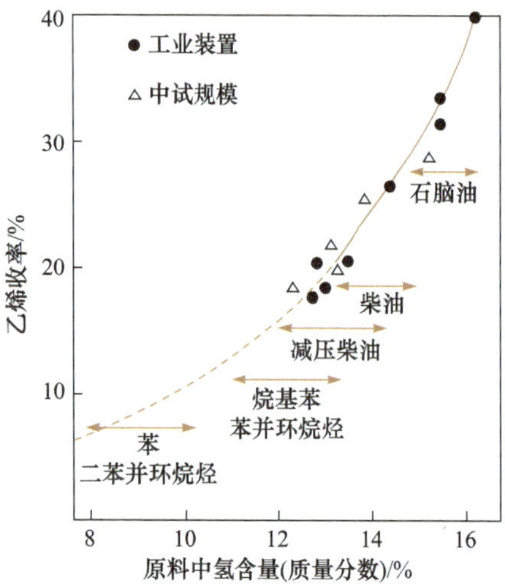

图3-1 裂解原料中氢含量与乙烯收率的关系

由图3-1可见，当裂解原料中氢含量低于13%时，乙烯收率低于20%，这样的馏分油作为裂解原料是不经济的。

(3) 特性因数。特性因数(characterization factor)K 是表示烃类和石油馏分化学性质的一种参数，如下所示：

$$K=\frac{1.216(T_B)^{1/3}}{d_{15.6}^{15.6}} \tag{3-3}$$

式中，T_B 为立方平均沸点；$d_{15.6}^{15.6}$ 为相对密度。

$$T_B=(\sum_{i=1}^{n}\varphi_i T_i^{1/3})^3 \tag{3-4}$$

式中，φ_i 为 i 组分的体积分数；T_i 为 i 组分的沸点。

K 值以烷烃最高，环烷烃次之，芳烃最低，它反映了烃的氢饱和程度。乙烯和丙烯总体收率大体上随裂解原料特性因数的增大而增加。

(4) 芳烃关联指数。芳烃关联指数BMCI(bureau of mines correlation index)值是表示油品的体积平均沸点 T_V 和密度相关联后的一个条件参数，其定义为

$$BMCI=\frac{48640}{T_V}+473\times d_{15.6}^{15.6}-456.8 \tag{3-5}$$

式中，T_V 为体积平均沸点，K；$d_{15.6}^{15.6}$ 为相对密度。

烃类化合物的BMCI值按从小到大的顺序依次为：正构链烷烃<带支链烷烃<烷基单环烷烃<无烷基单环烷烃<双环烷烃<烷基单环芳烃<无烷基单环芳烃(苯)<双环芳烃<三环芳烃<多环芳烃。烃类化合物的芳香性越强，则BMCI值越大。在深度裂解时，重质裂解原料油的BMCI值与乙烯收率和燃料油收率之间存在良好的线性关系，见图3-2。

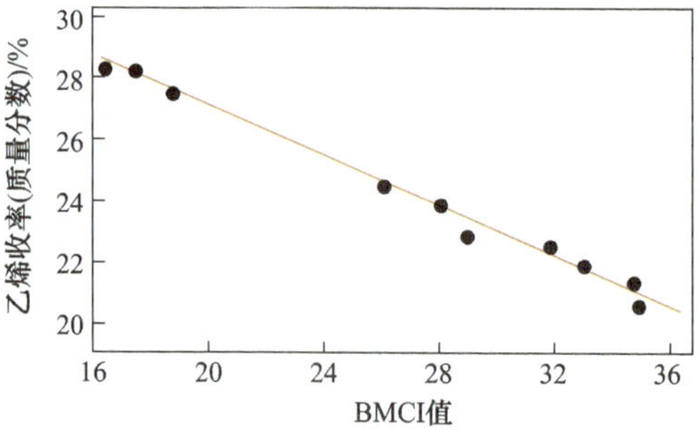

图3-2 柴油BMCI值与蒸汽裂解后乙烯收率的关系

表3-2给出了烃类原料对应的特性参数及表征方法。

表 3-2　烃类原料对应特性参数及表征方法

烃类原料	特性参数	分析表征方法	原料评价
轻烃、石脑油、轻柴油	族组成(PONA 值)	分析测定	烷烃含量高，芳烃含量低
所有裂解原料	氢含量或碳氢比	分析测定	氢含量高或碳氢含量比低
石脑油、柴油等	特性因数 K	测定 $d_{15.6}^{15.6}$ 和 T_B 计算	特性因数高
柴油、重柴油、加氢裂化尾油	关联指数(BMCI 值)	测定 $d_{15.6}^{15.6}$ 和 T_V 计算	关联指数小

3) 裂解原料的选择与优化

裂解原料的选择不仅影响乙烯装置的投资和生产成本，还会影响石油化工企业生产的组织管理、生产工艺路线的选择、装置的稳定生产，以及生产能力和投资效益的关系。一般来讲，原料的费用约占乙烯生产成本的 70%，因此裂解原料的选择和优化，对乙烯生产的经济效益起到至关重要的作用。

烃类裂解原料的选择主要考虑以下几个方面：①资源条件，例如，美国具有较丰富的天然气和页岩气资源，长期以来以湿天然气回收和近年来开采的页岩气的轻烃为裂解原料；国内天然气资源相对匮乏，主要以石脑油为裂解原料。②装置投资，采用不同的裂解原料建厂投资差别很大，如采用乙烷、丙烷等轻烃为原料，乙烯收率高，副产品少，分离较简单，相应投资少。③副产物的综合利用，烃类裂解副产物占整个产品组成的 60%～80%，副产物的有效利用可以使乙烯成本降低 1/3 或更多，例如，裂解柴油作为多环芳烃分离的原料与作为低值燃料相比，价值会大大提高。

烃类裂解原料的优化主要考虑以下几个方面：①轻质化和优质化，轻质化是指在裂解原料中提高轻烃的比例，提高乙烯收率，降低生产成本；优质化是指采购市场上优质原料，最大限度满足装置对原料的要求，实现企业效益最大化。②原料多样化，充分利用炼化一体化的优势，在原料轻质化和优质化的同时，兼顾原料多样化。例如，充分利用炼油厂生产的炼厂气(气体分离得到的 C_3、C_4 烷烃)、加氢裂化的石脑油和尾油，裂解装置分离出的乙烷、C_5 烷烃等。

2. 热裂解过程的化学反应

1) 烷烃的裂解反应

(1) 正构烷烃。正构烷烃的裂解反应主要有脱氢反应和断链反应，对于 C_5 以上的烷烃还可能发生环化脱氢反应。

脱氢反应：$C_nH_{2n+2} \longrightarrow C_nH_{2n} + H_2$

断链反应：$C_nH_{2n+2} \longrightarrow C_mH_{2m} + C_kH_{2k+2} \qquad (m+k=n)$

环化脱氢反应：

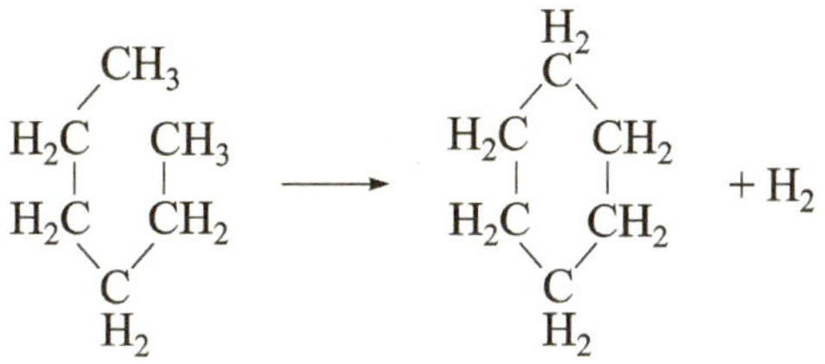

正构烷烃裂解规律：相同碳原子数的烷烃断链比脱氢容易；碳链越长，裂解反应越易进

行；断链反应是不可逆过程，脱氢是可逆过程，受化学平衡限制；C—C 键在分子两端断链的优势大，断链所得分子较小的是烷烃，较大的是烯烃，随着烷烃链的增加，在分子中间断裂的可能性增加；乙烷不发生断链反应，只发生脱氢反应生成乙烯，甲烷在一般裂解温度下不发生变化。正构烷烃裂解的主要产物为氢气、甲烷、乙烯、丙烯，是生产乙烯、丙烯的理想原料。

(2) 异构烷烃。异构烷烃结构各异，其裂解反应差异较大，与正构烷烃相比有以下特点：C—C 键和 C—H 键的键能较正构烷烃低，容易裂解或脱氢；脱氢能力与分子结构有关，难易顺序为叔氢>仲氢>伯氢；所得乙烯和丙烯的收率较正构烷烃低；随着碳原子数的增加，异构烷烃与正构烷烃裂解所得乙烯和丙烯收率的差异减小。异构烷烃裂解的主要产物为氢气、甲烷、乙烯、丙烯、C_4 烯烃，是生产乙烯、丙烯和 C_4 烯烃较好的原料，其中产物中丙烯对乙烯的比率较正构烷烃高。

2) 烯烃的裂解反应

天然的石油和天然气中基本不含烯烃，但炼厂气和二次加工的油品中含有一定量的烯烃，另外作为裂解过程的目的产物，烯烃可以进一步发生反应。在裂解过程中烯烃主要发生断链反应、脱氢反应、歧化反应、双烯合成反应和芳构化反应等。

(1) 断链反应。断链反应主要发生在 β 位的 C—C 键，仅有少量 α 位的 C—C 键断裂。丙烯、异丁烯和 2-丁烯由于无 β 位 C—C 键，难裂解。较大分子的烯烃可裂解生成两个较小分子的烯烃。

$$C_{n+m}H_{2(n+m)} \longrightarrow C_nH_{2n} + C_mH_{2m}$$

$$CH_2{=}\overset{\alpha}{C}H{-}\overset{\beta}{C}H_2{-}CH_2{-}CH_3 \longrightarrow CH_2{=}CH{-}CH_3 + CH_2{=}CH_2$$

(2) 脱氢反应。烯烃可进一步脱氢生成二烯烃和炔烃。

$$C_4H_8 \longrightarrow C_4H_6 + H_2$$

(3) 歧化反应。两个相同分子烯烃可歧化为两个不同分子的烯烃和烷烃(或炔烃)。

$$2C_3H_6 \longrightarrow C_2H_4 + C_4H_8$$

$$2C_3H_6 \longrightarrow C_2H_6 + C_4H_6$$

(4) 双烯合成反应。二烯烃和烯烃进行双烯合成生成环烯烃，进一步脱氢生成芳烃。

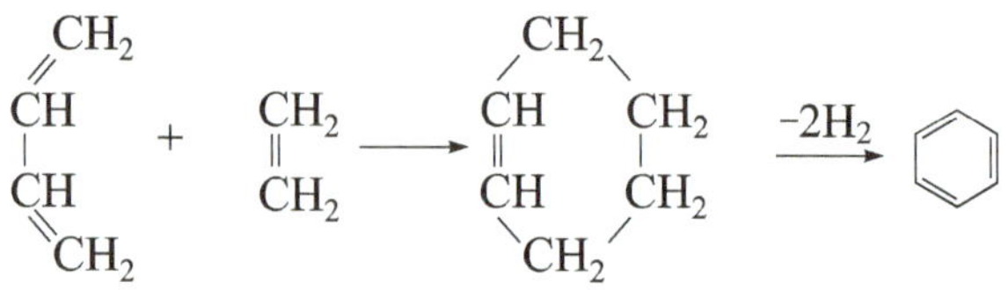

(5) 芳构化反应。C_6 及以上烯烃脱氢发生芳构化反应生成芳烃。

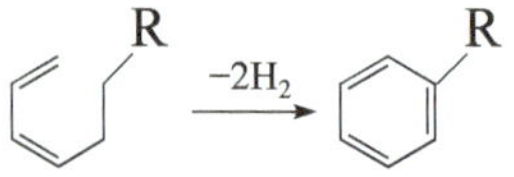

烯烃裂解的主要产物为乙烯、丙烯、丁二烯和环烯烃，烯烃主要是在反应过程中生成的，裂解过程中需要控制小分子烯烃的裂解。

3) 环烷烃的裂解反应

环烷烃较相应的链烷烃稳定，在一般的裂解条件下可发生开环断链反应、脱氢反应、侧链断裂及开环脱氢反应。

(1) 开环断链反应。

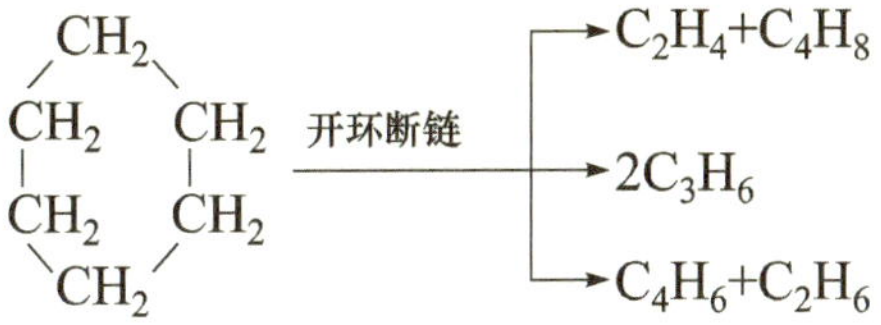

(2) 开环断链脱氢反应。

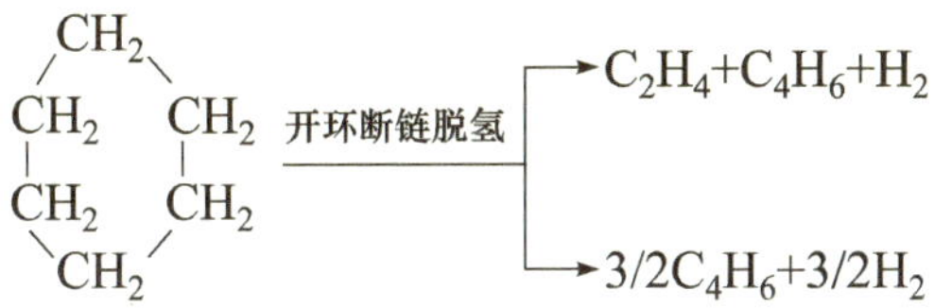

(3) 脱氢反应。

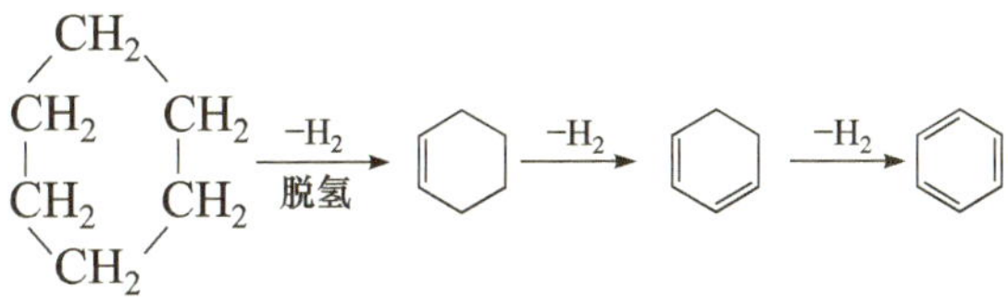

(4) 侧链断裂。

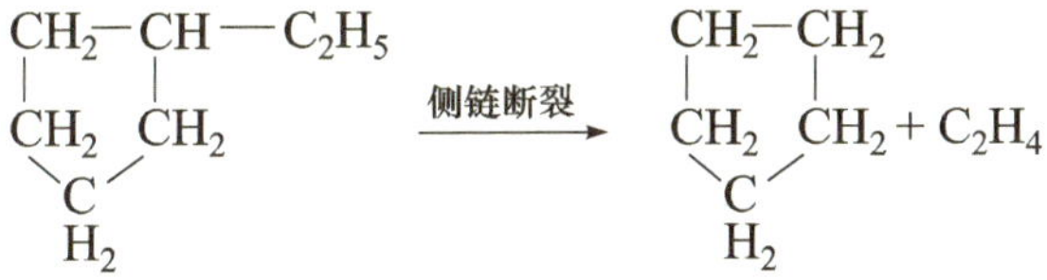

环烷烃裂解规律：侧链烷基较烃环易于断裂，长侧链的断裂反应一般从中部开始，离环近的碳键不易断裂；带侧链环烷烃比无侧链环烷烃裂解所得烯烃收率高；环烷烃脱氢生成芳烃的反应优于开环生成烯烃的反应；五碳环烷烃比六碳环烷烃难于裂解；环烷烃比链烷烃更易生成焦油和结焦。

环烷烃裂解的主要产物为乙烯、丙烯、丁二烯、C_4 以上烯烃、单环芳烃。环烷烃不是裂解生产烯烃的优质原料，但可作为生产烯烃和芳烃的原料。

4) 芳烃的裂解反应

由于芳烃中的芳环具有很好的稳定性，因此不宜发生裂开芳环的反应，主要发生烷基芳烃侧链的断裂和脱氢反应，以及芳烃缩合生成多环芳烃，进一步生焦的反应。所以，含芳烃多的原料油不仅烯烃收率低，而且结焦严重，不是理想的裂解原料。

(1) 烷基芳烃侧链脱烷基反应或断键反应：

$$\mathrm{Ar-C}_n\mathrm{H}_{2n+1} \longrightarrow \mathrm{ArH} + \mathrm{C}_n\mathrm{H}_{2n}$$

$$\mathrm{Ar-C}_n\mathrm{H}_{2n+1} \longrightarrow \mathrm{Ar-C}_k\mathrm{H}_{2k+1} + \mathrm{C}_m\mathrm{H}_{2m}$$

$$\mathrm{Ar-C}_n\mathrm{H}_{2n+1} \longrightarrow \mathrm{Ar-C}_n\mathrm{H}_{2n-1} + \mathrm{H}_2$$

式中，Ar 为芳基；$n=k+m$。

(2) 环烷基芳烃脱氢和异构脱氢反应：

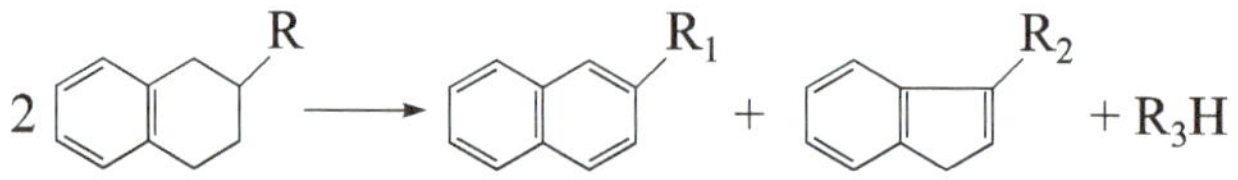

(3) 环烷基芳烃缩合脱氢反应：

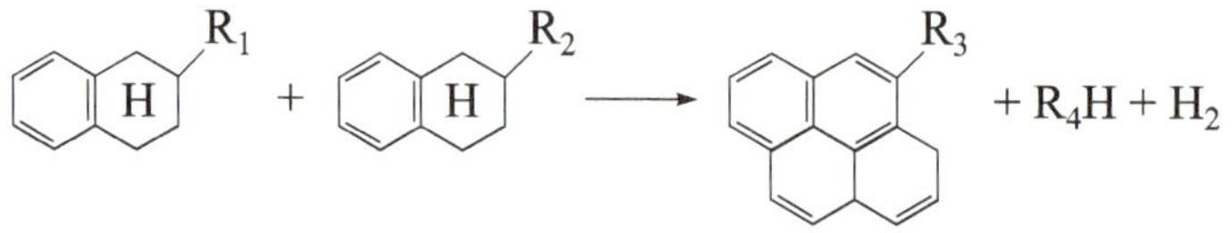

(4) 芳烃缩合反应：

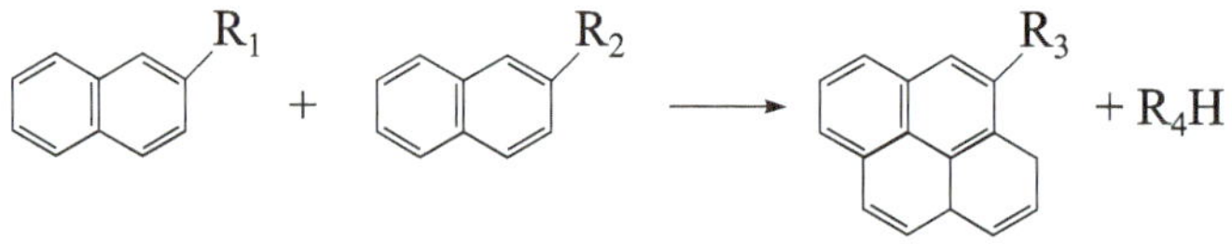

5) 裂解过程中的结焦生炭反应

各种烃在高温下都是不稳定的，都有分解为碳和氢的趋势。烃类热裂解结焦生炭存在以下规律：

(1) 不同反应温度下，结焦生炭反应经历不同的途径，900～1000℃以上主要是通过乙炔中间阶段而生炭，而在 500～900℃主要是通过生成芳烃中间阶段而结焦。

900～1000℃以上经过乙炔中间阶段生炭：

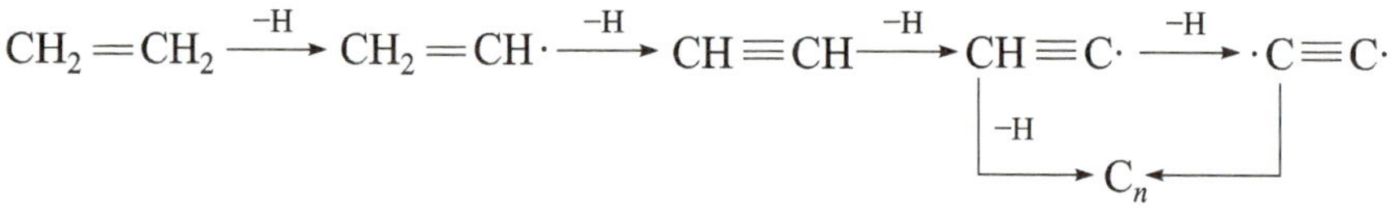

500～900℃经过芳烃中间阶段结焦：

$$\text{萘} \longrightarrow \text{二联萘} \longrightarrow \text{三联萘} \longrightarrow \text{焦}$$

(2) 结焦生炭是典型的连串反应，随着反应温度的升高和反应时间的延长，不断释放出氢，生成焦油的氢含量不断降低，碳氢比、相对分子质量和密度逐渐增大。

(3) 随着反应时间的延长，单环或环数不多的芳烃转变为多环芳烃，进而转变为稠环芳烃，由液体焦油转变为固体沥青质，再进一步转变为焦炭。

3. 反应机理

1) 自由基反应机理

烃类裂解时发生的基元反应大部分为自由基反应。反应分链引发、链增长和链终止三个阶段。链引发反应是自由基的产生过程；链增长反应是自由基的转变过程，在这个过程中一种自由基消失伴随着另一种自由基产生，反应前后均保持着自由基的存在；链终止是自由基消亡生成分子的过程。

(1) 链引发。在高温下，烃类分子的 C—C 键发生断裂产生一对自由基，每个分子由于键断裂位置的不同可有多个可能发生的链引发反应，这取决于断链处相关键解离能的大小，解离能小的反应易发生。表 3-3 给出了三种简单烷烃可能发生的链引发反应。

表 3-3　三种简单烷烃可能发生的链引发反应

烷烃	可能的链引发反应	有关键的解离能/(kJ/mol)	发生此反应的可能性
C_2H_6	$C_2H_5—H \longrightarrow C_2H_5\cdot + H\cdot$	410	小
	$CH_3—CH_3 \longrightarrow 2CH_3\cdot$	368	大
C_3H_8	$C_3H_7—H \longrightarrow C_3H_7\cdot + H\cdot$	396～410	小
	$CH_3—C_2H_5 \longrightarrow CH_3\cdot + C_2H_5\cdot$	354	大
C_4H_{10}	$C_4H_9—H \longrightarrow C_4H_9\cdot + H\cdot$	381～396	小
	$CH_3—C_3H_7 \longrightarrow CH_3\cdot + C_3H_7\cdot$	350～357	大
	$C_2H_5—C_2H_5 \longrightarrow 2C_2H_5\cdot$	345	大

由于 C—H 键的解离能比 C—C 键的解离能大，在链引发反应中 C—H 键断裂的可能性较小，主要是 C—C 键的断裂。烃类热裂解链引发反应的通式可表示为

$$R—R' \longrightarrow R\cdot + R'\cdot$$

链引发反应的活化能较高，一般在 290～335kJ/mol。

(2) 链增长。链增长反应包括自由基夺氢反应、自由基分解反应、自由基加成反应和自由基异构化反应，在上述四种反应中前两种为主。链增长反应中自由基夺氢反应的通式可表示为

$$H\cdot + RH \longrightarrow H_2 + R\cdot$$

$$R'\cdot + RH \longrightarrow R'H + R\cdot$$

自由基夺氢反应的活化能较低，一般在 30～46kJ/mol，在烃类分子中不同氢原子所构成的 C—H 键的解离能大小顺序为：伯碳氢原子>仲碳氢原子>叔碳氢原子，因此在自由基夺氢反应中被自由基夺走氢的容易顺序为：伯碳氢原子<仲碳氢原子<叔碳氢原子。

链增长反应中自由基分解反应的通式可表示为

$$R\cdot \longrightarrow R'\cdot + \text{烯烃} \qquad R\cdot \longrightarrow H\cdot + \text{烯烃}$$

自由基分解反应的活化能比夺氢反应大，而比链分解反应小，一般在 118～178kJ/mol。自由基分解反应是生成烯烃的反应，是烃类热裂解生产烯烃的重要反应，遵循 β 位断裂生成烯烃规律(自由基上的碳为 α 位)。在自由基分解反应中生成一个烯烃分子和一个碳原子数比原来少的新自由基，而生成的新自由基会继续分解下去，直到生成 H· 和 $CH_3\cdot$ 自由基为止。

(3) 链终止。两个自由基结合成分子或通过歧化反应形成两个稳定分子的过程，活化能一般较低。链终止反应的难易取决于自由基浓度，浓度高易发生终止反应。链终止反应的通式可表示为

$$\cdot CH_3 + \cdot H \longrightarrow CH_4$$

$$\cdot H + \cdot H \longrightarrow H_2$$

$$\cdot R_1 + \cdot R_2 \longrightarrow R$$

2) 一次反应和二次反应

烃类裂解过程发生的反应是复杂的，一种烃可以平行地发生多种反应，也可以连串地发生多个反应。所以烃类的热裂解过程是一个平行反应和连串反应交叉的反应体系。为了便于分析，对于这样一个复杂的反应体系，一般用一次反应和二次反应来表述。一次反应是指原料烃在裂解过程中首先发生的裂解反应；二次反应是指一次反应的产物继续发生的后续反应。从裂解反应的实际历程看，一次反应和二次反应并没有严格的界限，图 3-3 给出了日本平户瑞穗的数学模型中对轻柴油裂解时的一次反应和二次反应的划分图。

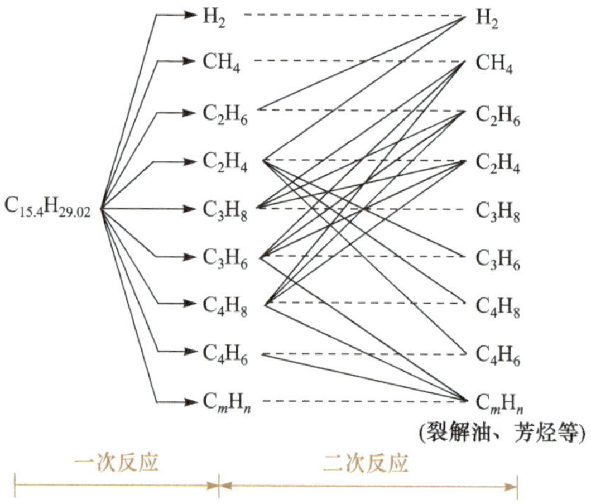

图 3-3 轻柴油裂解时的一次反应和二次反应

生成目的产物乙烯、丙烯的一次反应，是裂解过程中希望发生的反应，在确定工艺条件、装置设计和生产操作中要促使其充分进行。二次反应中发生乙烯、丙烯消失，生成相对分子质量较大的液体产物以至结焦生炭的反应，是不希望发生的反应。二次反应不仅多消耗了原料，降低了主产物的产率，而且结焦生炭恶化传热，堵塞设备，对装置操作和安全生产都带来不利的影响。

4. 化学热力学和动力学

1) 裂解反应的热效应

裂解反应主要是烃分子在高温下分裂为较小分子的过程，所以是一个强吸热过程。工业上，裂解过程有多少原料裂解就需供给多少热量，为此需要计算裂解过程的热效应。

裂解反应通常可作为等压过程处理，根据热力学第一定律，可将反应温度 t 之下裂解反应的等压反应热效应 Q_{pt} 表示为

$$Q_{pt}=\Delta H_t=\sum(\Delta_f H^{\ominus})_{\text{产物}}-\sum(\Delta_f H^{\ominus})_{\text{原料}} \tag{3-6}$$

已有的生成热数据，大多以 298K 或 1100K 为基础，因此，在实际计算中大多以 298K 或 1100K 为基准温度计算反应热。按基尔霍夫公式，在反应温度 t_1 之下反应热效应 ΔH_{t_1} 与反应温度 t_2 之下的反应热效应 ΔH_{t_2} 之间的关系如下：

$$\Delta H_{t_2}=\Delta H_{t_1}+\int_{t_1}^{t_2}\Delta C_p \mathrm{d}t \tag{3-7}$$

$$\Delta C_p = (\sum_{v} \gamma_v C_{pv})_{产物} - (\sum_{v} \gamma_v C_{pv})_{原料} \tag{3-8}$$

式中，C_p 为等压比热容。这样可以根据裂解反应器实际进出口温度计算反应器的热负荷。热效应计算中所需数据可以从文献中查取，但由于馏分油裂解原料和裂解产物十分复杂，所以常用氢含量或摩尔质量与生成热的关系估算生成热，计算裂解反应的热效应。

(1) 氢含量计算生成热。裂解原料主要是由饱和烷烃、环烷烃和芳烃组成，其生成热(1100K)可由式(3-9)计算：

$$\Delta H_F^{\ominus}(1100\text{K}) = 2.3262[1400 - 150 w_F(H_2)] \tag{3-9}$$

裂解产物液相产品主要为烯烃、双烯烃和芳烃，其生成热(1100K)可按式(3-10)估算：

$$\Delta H_P^{\ominus}(1100\text{K}) = 2.3262[2500.25 - 228.59 w_P(H_2)] \tag{3-10}$$

式中，$\Delta H_F^{\ominus}$(1100K)、$\Delta H_P^{\ominus}$(1100K)分别为裂解原料和裂解产品在 1100K 下的生成热，kJ/kg；$w_F(H_2)$、$w_P(H_2)$分别为裂解原料和裂解产品的氢含量。

(2) 相对分子质量估算生成热。对于馏分油裂解原料和裂解产物中的液体产品可以根据其平均摩尔质量 M 估算生成热。

$$\Delta H^{\ominus}(298\text{K}) = 23262 \times 10^{-4} M\left(\frac{A+M}{B+CM} + D + \frac{A'M}{B'+C'+M}\right) \tag{3-11}$$

式中，$\Delta H^{\ominus}$(298K) 为 298K 下的生成热，kJ/kg；M 为平均摩尔质量，kg/kmol；A、B、C、A'、B'、C'为与原料烃类组成有关的系数，可由表查得。

2) 裂解反应系统的化学平衡组成

烃类热裂解反应十分复杂，包含的反应非常多，往往不能确切地写出每一个反应方程式。为了说明化学平衡的计算方法，现以简化的乙烷裂解反应系统为例进行平衡组成的计算，并进一步讨论裂解反应系统的规律。

乙烷裂解过程主要由以下四个反应组成：

$$C_2H_6 \xrightleftharpoons{K_{p1}} C_2H_4 + H_2$$

$$C_2H_6 \xrightleftharpoons{K_{p1a}} \frac{1}{2}C_2H_4 + CH_4$$

$$C_2H_4 \xrightleftharpoons{K_{p2}} C_2H_2 + H_2$$

$$C_2H_2 \xrightleftharpoons{K_{p3}} 2C + H_2$$

化学平衡常数 K_p 可由标准生成自由能 $\Delta G^{\ominus}$ 计算，也可由反应的自由能 Φ 函数计算。

$$\Delta G^{\ominus} = -RT\ln K_p \tag{3-12}$$

$$K_p = \exp[1/R(\Delta\Phi - /T)] \tag{3-13}$$

式中，Φ 为自由能的函数，$\Phi = -(\Delta G^{\ominus} - \Delta H_0^{\ominus})/T$；$\Delta G^{\ominus}$、$\Delta H_0^{\ominus}$ 分别为物质在 0K 时的标准生成自由能和生成热。

由自由能函数计算出各反应方程式的平衡常数，然后对乙烷裂解的四个方程联立求解，即可得到表 3-4 和表 3-5 的数据。

表 3-4 不同温度下乙烷裂解反应的平衡常数

T/K	K_{p1}	K_{p2}	K_{p3}	K_{p1a}
1100	1.675	0.01495	6.556×10^{7}	60.97
1200	6.234	0.08053	8.662×10^{6}	83.72
1300	18.89	0.3350	1.570×10^{6}	108.74
1400	48.86	1.134	3.646×10^{5}	136.24
1500	11.98	3.248	1.032×10^{5}	165.87

表 3-5 不同温度下乙烷裂解产物的平衡组成

T/K	$\gamma(H_2)$	$\gamma(C_2H_2)$	$\gamma(C_2H_4)$	$\gamma(C_2H_6)$	$\gamma(CH_4)$
1100	0.9657	1.473×10^{-8}	9.514×10^{-7}	5.486×10^{-7}	3.429×10^{-2}
1200	0.9844	1.137×10^{-7}	1.398×10^{-6}	2.194×10^{-7}	1.558×10^{-2}
1300	0.9922	6.320×10^{-7}	1.872×10^{-6}	9.832×10^{-8}	7.815×10^{-3}
1400	0.9957	2.731×10^{-6}	2.397×10^{-6}	4.886×10^{-8}	4.299×10^{-3}
1500	0.9974	9.667×10^{-6}	2.968×10^{-6}	2.644×10^{-8}	2.545×10^{-3}

由表 3-5 不同温度下乙烷裂解化学平衡组成数据可得出：

(1) 裂解反应达到化学平衡时，所得烯烃很少，最后生成大量的氢和碳。为了获得尽可能多的烯烃，必须采用尽可能短的停留时间进行裂解反应。

(2) 乙烷裂解生成乙烯的平衡常数 K_{p1}、K_{p1a} 远大于乙烯消失反应的平衡常数 K_{p2}，随着反应温度的升高，各平衡常数均增加，而 K_{p1}、K_{p1a} 与 K_{p2} 的差距更大。乙炔结炭的反应平衡常数 K_{p3} 虽然远高于 K_{p1}、K_{p1a}，但其值随温度的升高而减小。因此，提高裂解温度对生成烯烃是有利的。

3) 烃类裂解反应动力学

烃类裂解主反应可按一级反应处理。

$$\frac{-\mathrm{d}c}{\mathrm{d}t} = kc \tag{3-14}$$

$$-\int_{c_0}^{c} \frac{\mathrm{d}c}{c} = \int_0^t k\mathrm{d}t \tag{3-15}$$

$$kt = \ln\frac{c_0}{c} \tag{3-16}$$

设 $c=c_0(1-x)$，式(3-16)即转化为

$$kt = \ln\frac{c_0}{c_0(1-x)} = \ln\frac{1}{1-x} \tag{3-17}$$

式中，c_0、c 为反应前后的原料烃浓度，mol；x 为原料烃转化率；t 为原料烃在反应系统中的停留时间，s；k 为原料烃的反应速率常数，mol/s。

反应速率是温度的函数，可用阿伦尼乌斯方程表示：

$$K = A\mathrm{e}^{-E/RT} \tag{3-18}$$

式中，A 为反应频率因子；E 为反应活化能，kJ/mol；R 为摩尔气体常量，J/mol · K；T 为反应温度，K。

简单烃类分子的裂解反应速率常数、活化能和频率因子可以从相关手册查得；对于较大分子的烷烃和环烷烃，可以根据 Zdonik 预测公式进行计算

$$\lg\left(\frac{k_i}{k_5}\right)=1.5\lg N_i-1.05 \tag{3-19}$$

式中，k_5、k_i 分别为 C_5(正戊烷)及 C_i(碳原子数为 i 的烷烃)反应速率常数，(mol/mol) / s；N_i 为待测烃的碳原子数。

烃类热裂解过程除了一次反应外，还有大量的二次反应。烃类热裂解的二次反应动力学相当复杂。在二次反应中，烯烃的裂解、脱氢和生炭反应都是一级反应，聚合、缩合和结焦等反应都是大于一级的反应。

5. 裂解过程的主要影响因素

烃类热裂解过程具有以下特点：

(1) 烃类热裂解是强吸热反应，需要在较高的温度下进行，反应温度一般在 750℃以上。

(2) 烃类热裂解存在二次反应，为了避免二次反应的发生，需要控制反应停留时间，一般在 0.05～1.0s。

(3) 由于反应时间很短，需要快速升温，要求裂解炉管有高的传热强度。

(4) 热裂解反应是分子数增加的反应，降低烃分压，有利于原料分子向产物分子的反应平衡方向移动。

(5) 裂解产物是复杂的混合物，除了裂解气和液体烃(裂解柴油和裂解燃料油)之外，有焦炭生成。

因此，影响烃类裂解结果的主要因素有：裂解原料(见 3.1.3 节 1.部分)、裂解工艺参数、裂解炉(见 3.1.3 节 6.部分)的形式和裂解方法等。

1) 裂解温度

按自由基链式反应机理分析，温度对一次产物分布的影响是通过影响各种链式反应相对量实现的。在一定温度内，提高裂解温度有利于提高一次反应所得乙烯和丙烯的收率。表 3-6 给出了正戊烷和异戊烷在 600℃和 1000℃时的一次反应产品收率。

表 3-6　温度对一次裂解反应产品收率的影响

产物组成	收率(质量分数)/%			
	正戊烷		异戊烷	
	600℃	1000℃	600℃	1000℃
H_2	1.2	1.1	0.7	1.0
CH_4	12.3	13.1	16.4	14.5
C_2H_4	43.2	46.0	10.1	12.6
C_3H_6	26.0	23.9	15.2	20.3
其他	17.3	15.9	57.6	51.6
总计	100.0	100.0	100.0	100.0

从热力学分析，裂解反应是强吸热反应，需要在高温下才能进行；烃类裂解生成乙烯的

反应平衡常数远大于乙烯消失反应的平衡常数，提高裂解温度有利于生成乙烯和丙烯的反应，并相对减少乙烯消失的反应，因而有利于提高裂解的选择性。但从裂解反应化学平衡数据看出，裂解反应达到平衡以后，烯烃收率很少，裂解产物主要是氢和碳。因此，裂解生成烯烃的反应必须控制在适宜的裂解深度范围内。

从反应动力学分析，提高温度有利于提高一次反应对二次反应的相对速率，从而提高乙烯和丙烯的收率(k_1/k_2)。但为了控制二次反应，需要控制一定的裂解速率，即需要控制一定的转化率。由于不同原料的反应速率常数差别很大，因此在相同的停留时间内，不同裂解原料所需要的裂解温度不同，裂解原料分子越小，活化能和频率因子越大，所需裂解温度越高。

裂解深度(转化率)取决于裂解温度和停留时间，高温裂解有利于裂解反应中一次反应的进行，而短停留时间又可抑制二次反应的进行；高温-短停留时间组合是裂解过程中改善产品收率和性质的关键。

2) 停留时间

管式裂解炉的停留时间是裂解原料经过辐射盘管的时间。由于在裂解炉管内的裂解反应是在非等温变容的条件下进行的，很难计算其真实停留时间。工程上常用几种方式计算停留时间。

表观停留时间 t_B：

$$t_B = \frac{V_R}{V} = \frac{SL}{V} \tag{3-20}$$

式中，V_R、S、L 分别为裂解反应器的体积、裂解炉管截面积、管长；V 为单位时间通过裂解炉的气体体积。

平均停留时间 t_A：

$$t_A = \int_0^{V_R} \frac{dV}{\alpha_V V} \tag{3-21}$$

式中，α_V 为体积增大率，是转化率、温度和压力的函数；V 为原料气的体积流量。

近似计算 t_A：

$$t_A = \frac{V_R}{\alpha_V' V'} \tag{3-22}$$

式中，α_V' 为最终体积增大率；V'为原料气在平均反应温度和平均反应压力下的体积流量。

从化学平衡的观点看，如使裂解反应进行到平衡，所得烯烃很少，最后生成大量的氢和碳。为获得尽可能多的烯烃，必须采用尽可能短的停留时间进行裂解反应。

从动力学来看，由于有二次反应，对每种原料都有一个最大乙烯收率的适宜停留时间，因此也需要短停留时间。

3) 温度-停留时间效应

从裂解反应动力学方程可以看出，对给定原料而言，裂解深度取决于裂解温度和停留时间。相同的裂解原料在相同转化率的条件下，裂解温度和停留时间组合不同，所得产品收率也不同。图 3-4 给出了石脑油裂解乙烯收率与温度和停留时间的关系。

实验室和工业装置运行结果表明，给定裂解原料和控制相同裂解深度时，提高裂解温度，缩短停留时间，可以获得较高的烯烃收率，并减少结焦；可以抑制芳烃生成，降低裂解汽油的收率；炔烃收率明显增加，乙烯/丙烯比及C_4中的双烯烃/单烯烃的比增大。

提高裂解温度和缩短停留时间要受到裂解深度、反应炉管材质和加热炉供热强度的限制。

(1) 裂解深度限制。裂解深度与产品收率密切相关，但过高的裂解深度将会造成裂解炉管结焦严重而缩短清焦周期。工业上以C_5及C_5以上液体产物中氢含量不低于 8%作为裂解深度的限度，因此不同的裂解原料其裂解深度不同，一般确定了裂解原料，即可确定裂解深度，然后选定裂解温度和停留时间。

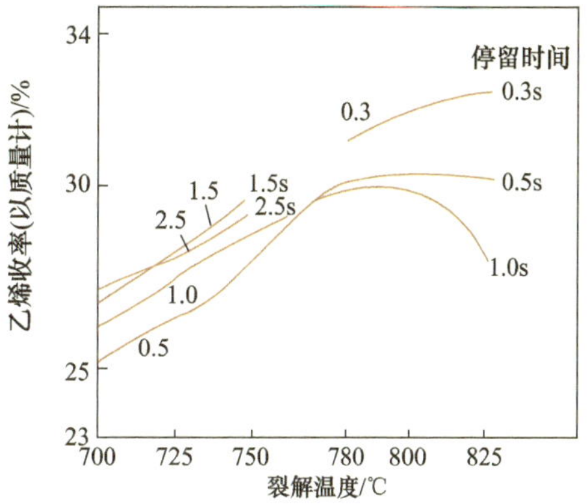

图 3-4 石脑油裂解乙烯收率与温度和停留时间的关系

(2) 温度限制。裂解温度受到裂解炉管材质的限制。当使用$Cr_{25}Ni_{20}$时其极限使用温度小于 1100℃，当使用$Cr_{25}Ni_{35}$时其极限使用温度小于 1150℃。所以由于受裂解炉管耐热程度的限制，管式裂解炉出口温度一般控制在 950℃以下。

(3) 热强度限制。裂解炉管管壁温度不仅取决于裂解温度，还取决于供热强度。在给定的裂解温度下，随着停留时间的缩短，要求供给炉管的热通量增大。因此在给定裂解温度下，热强度对停留时间是很大的限制。

4) 烃分压与稀释剂

(1) 热力学分析。从化学平衡角度分析，烃类裂解的一次反应为分子数增加的反应，降低压力有利于反应平衡向正反应方向移动。但在高温条件下，断链反应的平衡常数很大，反应是不可逆的，因此降低压力对断链反应平衡转化率的影响不大；脱氢反应是可逆反应，降低压力可以提高其平衡转化率。二次反应中聚合、脱氢缩合和结焦反应为分子减少的反应，降低压力不有利于平衡向产物方向移动，可以抑制上述反应的进行。因此，从热力学上分析，降低压力对生成烯烃的一次反应有利，对缩合、结焦等二次反应不利。

(2) 动力学分析。压力不能改变反应速率常数的大小，但可以通过改变反应物浓度来改变反应速率的大小。生成烯烃的一次反应多是一级反应或可按一级处理的反应，减小压力不利于一次反应，聚合和缩合等二次反应多是高于一级的反应，减小压力对其更不利，所以降低反应压力可增大一次反应对二次反应的相对速率。

(3) 稀释剂。在实际生产中，由于烃类热裂解是在高温下进行的，当某些管件链接不严密时，有可能漏入空气，会使裂解原料和产物部分氧化而造成损失，更严重的是空气和裂解气会形成爆炸性混合物而导致爆炸。另外，如果在裂解工段采用减压操作，对后续分离部分裂解气压缩操作会增加负荷，而增加能耗。因此，烃类热裂解不能直接采用减压操作，工业上是在裂解原料气中加入稀释剂来降低烃分压。

稀释剂可以是惰性气体或水蒸气，目前工业上采用水蒸气作为稀释剂。其优点是：

(1) 易于从裂解气中分离。水蒸气在急冷时可以冷凝，很容易实现与裂解气的分离。

(2) 热容量大，使系统有较大的热惯性，当操作不稳定时，可以起到稳定温度的作用，保护裂解炉管，防止过热。

(3) 抑制原料中的硫对镍铬合金炉管的腐蚀。

(4) 脱除炉管表面的部分积炭。水蒸气在高温下可与裂解炉管表面沉积的焦炭发生

$C + H_2O \longrightarrow H_2 + CO$ 反应，使裂解炉管表面的积炭生成气体，随裂解气离开，从而延长裂解炉的清焦周期。

(5) 抑制裂解炉管中铁、镍对烃类气体的催化生碳反应。水蒸气对金属表面起一定的氧化作用，使裂解炉管表面的铁和镍形成一定的氧化物薄膜，抑制该类金属对烃类气体分解生碳的催化作用。

(6) 水的摩尔质量小，同样质量的水蒸气其分压较大，在总压相同时，烃类分压降低较多。

水蒸气加入量随裂解原料而异，一般轻质原料裂解时，所需稀释水蒸气量降低，随着裂解原料变重，为减少结焦，所需稀释蒸汽量增大。在满足裂解要求的情况下，稀释蒸汽的量不宜过大，它会降低裂解炉的处理量，增加能耗，也会增加急冷负荷。

6. 裂解炉

为了实现烃类在高温、短停留时间和低烃分压热裂解的工艺条件，目前工业装置均采用管式裂解炉。管式裂解炉高温裂解技术的研究起始于 20 世纪 30 年代。20 世纪 40 年代美国首先建立了管式裂解炉裂解生产乙烯的工业装置，20 世纪 50 年代各国竞相研究提高乙烯生产水平的技术，实现了通过高温、短停留时间大幅度提高乙烯收率的管式裂解炉技术。管式裂解炉主要由炉体和裂解炉管两大部分组成，炉体用钢构体和耐火材料砌筑，分为对流室和辐射室，原料预热管和蒸汽加热管在对流室，裂解炉管在辐射室。在辐射室的炉侧壁和炉顶或炉底安装一定数量的燃料烧嘴。图 3-5 给出了管式裂解炉的基本结构示意图。管式裂解炉经过近 80 年的发展，已出现了多家公司和多种类型的裂解炉。目前国内外一些代表性的裂解炉型有美国 Lummus 公司的 SRT(short residence time)型裂解炉，美国 Kellogg 公司的 USRT(ultra short residence time)裂解炉(也称毫秒炉，MSF)，美国 Stone & Welster 公司的 USC(ultra selective conversion)裂解炉(超选择性裂解炉)，中国石化工程建设公司的 CBL 裂解炉(简称北方炉)，法国 Technip 公司(收购早期荷兰 KTI 公司技术)的 GK 型裂解炉，美国 KBR 公司综合美国 Kellogg 公司、美国 Brown & Root 公司和美国 Exxon 公司技术开发的 KBR 裂解炉(简称 SC 炉)，以及德国 Linde 工程公司开发的 Pyrocrack 型裂解炉。现对美国 Lummus 公司开发的 SRT 型裂解炉进行介绍。

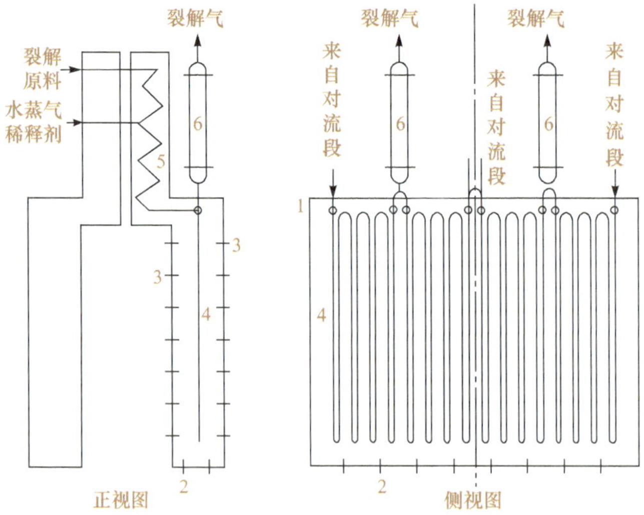

图 3-5 SRT-Ⅰ型竖管裂解炉结构示意图

1. 炉体；2. 油气联合烧嘴；3. 气体无焰烧嘴；4. 辐射段炉管(反应管)；5. 对流段炉管；6. 急冷锅炉

20世纪60年代初期，美国Lummus公司成功开发了能够实现高温、短停留时间的SRT-Ⅰ型炉，该裂解炉用HK-40(25-20型铬镍合金钢)制造的离心浇铸管垂直放置在炉膛中央以使双面接受辐射加热；使炉管表面的传热强度达到251MJ/(m^2·h)，炉管管壁温度可以达到1050℃，奠定了实现高温、短停留时间以提高乙烯收率的基础。20世纪70年代初期，美国Lummus公司成功开发了SRT-Ⅱ型炉，该裂解炉采用分叉变径炉管(swaged coil)，并能使炉管表面传热强度提高到293MJ/(m^2·h)，这是一种能够快速升温又能随着裂解进行降低反应压力的新型炉管；20世纪70年代中期，美国Lummus公司将裂解炉管的材料由HK-40改为HP-40(25-35型铬镍合金钢)，使裂解炉管管壁温度达到1100℃，传热强度提高到376.8MJ/(m^2·h)，开发成功了SRT-Ⅲ炉。为了进一步提高裂解温度、缩短停留时间和降低反应烃分压，美国Lummus公司又相继开发出了SRT-Ⅳ、SRT-Ⅴ、SRT-Ⅵ和SRT-Ⅶ型裂解炉。表3-7给出了SRT型裂解炉炉管构型及其特点。

表3-7 SRT型裂解炉炉管构型及其特点

项目	SRT-Ⅰ	SRT-Ⅱ	SRT-Ⅲ
开发时间	1953～1964年	1972年	1974年
炉管排列	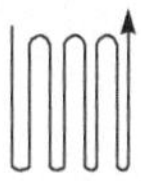	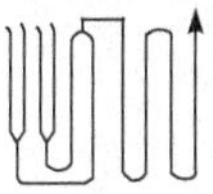	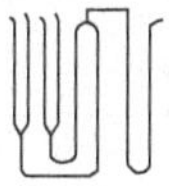
程数	8P	6P33	4P40
管长/m	80～90	60.6	51.8
管径/mm	70～133	64 96 152 1程 2程 3～6程	64 89 146 1程 2程 3～4程
表观停留时间/s	0.6～0.7	0.47	0.38
适用原料	从乙烷到石脑油	从乙烷到柴油	从乙烷到重柴油
单台生产能力/(kt/a)	20～30	30～40	45～50
炉管平均热强度/[GJ/(h·m^2)]	251	293～377	293～377
炉管组数/台	4	4	6

项目	SRT-Ⅳ(HC)	SRT-Ⅳ(HS)、SRT-Ⅴ	SRT-Ⅵ
开发时间	1984年	1985～1987年	1994～1999年
炉管排列	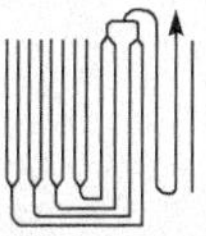	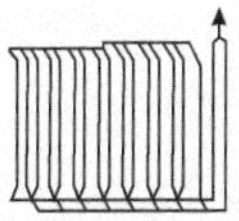	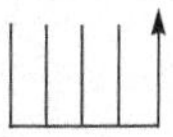
程数	4程(8-4-1-1)	2程(16-2)	2程(4-1)
管长/m		21.9	–21
管径/mm		41.6 116 1程 2程	>50 >100 1程 2程

续表

项目	SRT-Ⅳ(HC)	SRT-Ⅳ(HS)、SRT-Ⅴ	SRT-Ⅵ
表观停留时间/s		0.21～0.3	0.2～0.3
适用原料	从乙烷到加氢尾油	从乙烷到加氢尾油	从乙烷到加氢尾油
单台生产能力/(kt/a)	30～60	30～60	50～100
炉管平均热强度/[GJ/(h·m^2)]			
炉管组数/台	4～6	4～6	16～24

1) 炉型

美国 Lummus 公司的 SRT 型裂解炉为单排双辐射立管式裂解炉，从早期的 SRT-Ⅰ发展到近期的 SRT-Ⅶ型。SRT 型裂解炉的对流段内设置原料、稀释蒸汽和锅炉给水的预热管束，从 SRT-Ⅳ型开始对流段还设有超高压过热蒸汽管束，取消了蒸汽过热炉。在对流段预热原料和蒸汽时，一般采用一次注入的方式将稀释蒸汽注入裂解原料中，当裂解原料为重质原料时，也采用二次注入稀释蒸汽的方案。早期的 SRT 裂解炉多采用全部由侧壁烧嘴供热方案，为了适应裂解炉烧油、降低投资和减少维修的需要，目前多采用侧壁和底部烧嘴联合供热方案，其中底部烧嘴最大供热量可占总热负荷的 85%以上。

2) 盘管结构

除 SRT-Ⅰ型炉以外，其他构型的炉管均采用分支变径炉管。分支变径炉管在入口段采用多根并联的小口径炉管，而出口采用大口径炉管，沿管长流通截面积增大而体积保持不变。原料入口采用小口径炉管，其单位体积的表面积大，可提高入口段单位体积的传热强度，将更多的热量提供给入口段，降低了出口段的热负荷，使得沿管长的热负荷分布更加合理。裂解炉出口采用较大管径，可以降低烃分压，使裂解气迅速离开高温区，以减少二次反应，提高乙烯收率，延长清焦周期。SRT 型裂解炉就是根据这一原则开发的新型裂解炉，原料入口管径由粗变细，支管逐渐增多，停留时间由 0.6s 缩短到了 0.2s 左右。SRT-Ⅰ型采用多程等径辐射盘管，从 SRT-Ⅱ型开始均采用分支变径辐射盘管，随着炉型的改进，辐射盘管的程数逐渐减少，SRT-Ⅳ(HS)型后均采用双程分支变径管。表 3-8 给出了以科威特石脑油为原料，采用不同 SRT 型裂解炉的裂解结果。

表 3-8 不同炉型石脑油裂解结果

项目	炉管构型				
	SRT-Ⅰ	SRT-Ⅲ	SRT-Ⅳ(HC)	SRT-Ⅳ(HS)	SRT-Ⅴ
每组投料量/(kg/h)	3969.0	2517.5	4263.84	1442.5	1601.2
蒸汽/油质量比	0.5	0.5	0.5	0.5	0.5
炉出口压力(A)/kPa	170	170	170	170	170
横跨温度/℃	621	621	621	621	621
炉出口温度/℃	843.0	831.0	832.0	849	850.6
表观停留时间/s	0.62	0.37	0.33	0.25	0.23
Δp/kPa	145.6	35.4	48.3	21.0	27.9
C_2H_4收率(单程)/%	26.5	28.65	28.85	29.5	29.5
C_2H_4收率(返回)/%	30.70	32.35	32.35	33.05	33.05
运转周期/天	60	60	60	60	60

表 3-9a 和表 3-9b 给出了裂解石脑油和乙烷时，在相同裂解温度和转化率条件下的收率。

表 3-9a　不同炉型石脑油裂解(相同深度)产物收率

项目	炉型		
	SRT-Ⅲ	SRT-Ⅴ	SRT-Ⅵ
收率(质量分数)/%			
CH_4	18.3	17.4	17.35
C_2H_6	4.8	4.2	4.15
C_2H_4	27.95	30.0	30.3
C_3H_6	14.0	15.1	15.25
C_4 馏分	8.95	9.20	9.23
C_5-汽油	19.16	17.57	17.29
燃料油	4.25	3.62	3.56
相对分子质量	28.30	28.08	28.02
节约原料(质量分数)/%	基准	6.8	7.8

表 3-9b　不同炉型乙烷裂解(转化率 65%)产物收率

项目	炉型		
	SRT-Ⅲ	SRT-Ⅴ	SRT-Ⅵ
收率(质量分数)/%			
H_2	3.85	3.88	3.89
CH_4	4.99	4.44	4.34
C_2H_4	51.15	52.05	52.20
C_4 馏分	1.85	1.71	1.70
相对分子质量	18.84	18.82	18.81
节约原料(质量分数)/%	基准	1.75	2.0

从表 3-8、表 3-9a 和表 3-9b 看出，随着裂解炉型的改进，其裂解的选择性相应改善，所得产物中乙烯收率相应提高。

7. 裂解气预分馏

1) 裂解气急冷

(1) 急冷。裂解炉出口高温裂解气在出口高温条件下将继续进行裂解反应，由于停留时间的增加，二次反应增加，烯烃损失随之增多。为此，需要将裂解炉出口高温裂解气尽快冷却，通过急冷终止裂解反应。当裂解温度降至 650℃以下时，裂解反应基本结束。急冷方式分为直接急冷和间接急冷。

直接急冷：在高温裂解气中直接喷入冷却介质，冷却介质被高温裂解气加热而部分汽化，由此吸收裂解气的热量，使裂解气迅速冷却。根据冷却介质的不同分为水直接冷却和油直接冷却。

间接急冷：采用急冷换热器，也称为急冷锅炉或废热锅炉，将高压热水与高温裂解气进行间接换热，回收高品位热量，产生高压水蒸气作为动力能源驱动裂解气、乙烯、丙烯压缩机、汽轮机发电及高压水泵等设备，同时终止二次反应。工业上一般先采取间接急冷，即裂解产物先进急冷换热器，取走热量，然后再采用直接急冷，即油洗和水洗降温。

(2) 急冷换热器。急冷换热器和汽包所组成的水蒸气发生系统称为急冷废热锅炉(简称废锅)。急冷换热器的作用是迅速终止二次反应，回收裂解气的高温热能。目前美国 Lummus 公司多采用“浴缸式”废锅，美国 Stone&Welster 公司和美国 KBR 公司等采用双套管线性废热锅炉。通过废热锅炉可以产生 12MPa 超高压蒸汽。

一般急冷换热器管内走高温裂解气，裂解气的压力约 0.1MPa，温度高达 800～900℃，进入急冷换热器后要在极短的时间(一般在 0.1s 以下)下降到 350～600℃，传热强度约达 418.7MJ / ($m^2 \cdot h$)。管外走高压热水，压力为 11～12MPa，在此产生高压蒸汽，出口温度为 320～326℃。因此，急冷换热器具有热强度高、操作条件极为苛刻、管内外必须同时承受较高的温度和压力差的特点。同时，在运行过程中还有结焦问题。因此，生产中使用的不同类型的急冷锅炉都是考虑这些特点来研究和开发的，与普通的换热器不同。

2) 裂解气油洗和水洗

裂解气经过急冷换热器后，进行油洗和水洗。

油洗的作用：一是将裂解气继续冷却，并回收其热量；二是使裂解气中的重质油和轻质油冷凝洗涤下来回收，然后送去水洗。

水洗的作用：一是将裂解气继续降温到 40℃左右；二是将裂解气中所含的稀释蒸汽冷凝下来，并将油洗时没有冷凝下来的一部分轻质油也冷凝下来，同时可回收部分热量。

3) 裂解炉和急冷锅炉的结焦与清焦

(1) 裂解炉和急冷锅炉的结焦。在裂解和急冷过程中不可避免地要发生聚合、缩合等二次反应，最终会结焦，沉积并附着在裂解炉管的内壁上和急冷锅炉换热管的内壁上。随着裂解炉运行时间的延长，焦的积累量不断地增加，结成坚硬的环状焦层，使炉管内径变小，阻力增大；并且有焦层的地方局部热阻大，导致反应管外壁温度升高，增加了燃料消耗，影响反应管的寿命。此外，当急冷锅炉出现结焦时还引起急冷锅炉出口裂解气温度上升，减少副产高压蒸汽回收，并加大急冷油系统的负荷。因此，在炉管结焦到一定程度时应及时清焦。

(2) 裂解炉和急冷锅炉的清焦。当裂解炉和急冷锅炉出现以下任意情况时，需要进行清焦：①裂解炉管管壁温度超过设计规定值；②裂解炉辐射段入口压力超过设计规定值；③废热锅炉出口温度超过设计允许值或废热锅炉进出口压差超过设计允许值。

清焦的方法有停炉清焦和不停炉清焦(在线清焦)两种。

停炉清焦有蒸汽清焦法、空气烧焦法和蒸汽-空气法、水力清焦法和机械清焦法等。近年来，越来越多的企业采用空气烧焦法，该方法不仅改善裂解炉辐射盘管的清焦效果，而且使急冷换热器在保持锅炉给水的操作条件下获得明显的清焦效果。空气和水蒸气清焦的原理为

$$C + O_2 \longrightarrow CO_2 + Q$$

$$2C + O_2 \longrightarrow 2CO + Q$$

$$C + H_2O \longrightarrow CO + H_2 + Q$$

烧焦过程中，定时对裂解炉出口气体进行分析，当出口干气中 $CO+CO_2$ 含量低于 0.2%～0.5%(体积分数)时，清焦结束。

在线清焦有交替裂解法(采用重质原料裂解一段时间后，需要清焦时切换轻质原料，并加大水蒸气量，裂解一段时间后，再切换回重质原料)、水蒸气清焦法(原料裂解一段时间后，停进原料，全部切换为水蒸气，运行一段时间后，再切换回原料)和氢气清焦法(原料裂解一段时间后，停进原料，全部切换为氢气，运行一段时间后，再切换回原料)。

(3) 结焦抑制剂。向劣质原料中加入结焦抑制剂，可减少结焦量，延长装置运行周期。结焦抑制剂的种类较多，如硫化物、脂肪族聚硅氧烷、碱金属或碱土金属氧化物、含磷及硫磷的化合物等。

4) 裂解气的预分馏

裂解炉出口的高温裂解气经急冷换热器冷却，再经急冷器进一步直接降温，并在冷却过程中分离出裂解气中的重组分(如燃料油、裂解汽油、水分)，这个过程称为裂解气预分馏。通过预分馏可以尽可能降低裂解气的温度，保证裂解气压缩机正常运行，并降低其功耗；尽可能分馏出裂解气的重组分，减少压缩分离系统负荷；将裂解气中的稀释蒸汽以冷凝水的形式分离回收，用以再发生稀释蒸汽，减少污水排放量；继续回收裂解气低能位热量(急冷油用于发生稀释蒸汽，急冷水用于分离系统的工艺加热)。图 3-6(a)和图 3-6(b)给出了轻烃和馏分油裂解的预分馏工艺流程。

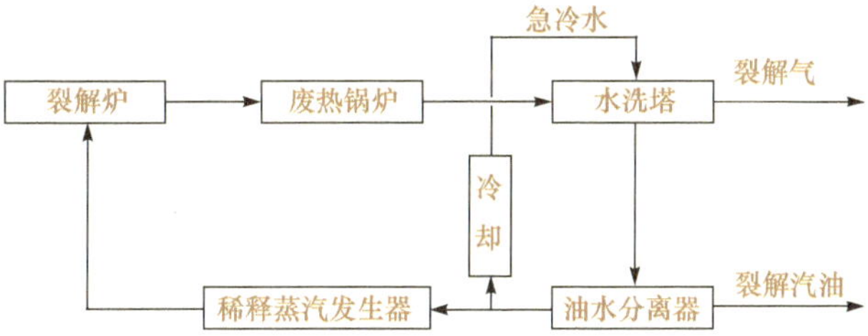

(a) 轻烃裂解的预分馏工艺流程

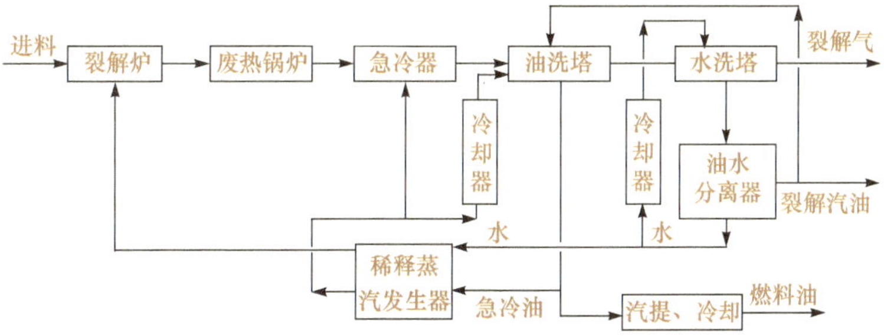

(b) 馏分油裂解的预分馏工艺流程

图 3-6 轻烃和馏分油裂解的预分馏工艺流程

8. 工艺流程

烃类裂解工艺流程因专利商不同而有所区别，但基本都包括原料供给和预热系统、裂解和高压水蒸气系统、急冷油和燃料油系统、急冷水和稀释蒸汽系统。图 3-7 给出了轻柴油裂解装置的工艺流程。

原料油从储罐 1 经预热器 3 和 4 与过热的急冷水和急冷油换热后进入裂解炉的预热段。预热过的原料油进入对流段，初步预热后与稀释水蒸气混合，再进入裂解炉第二预热段预热

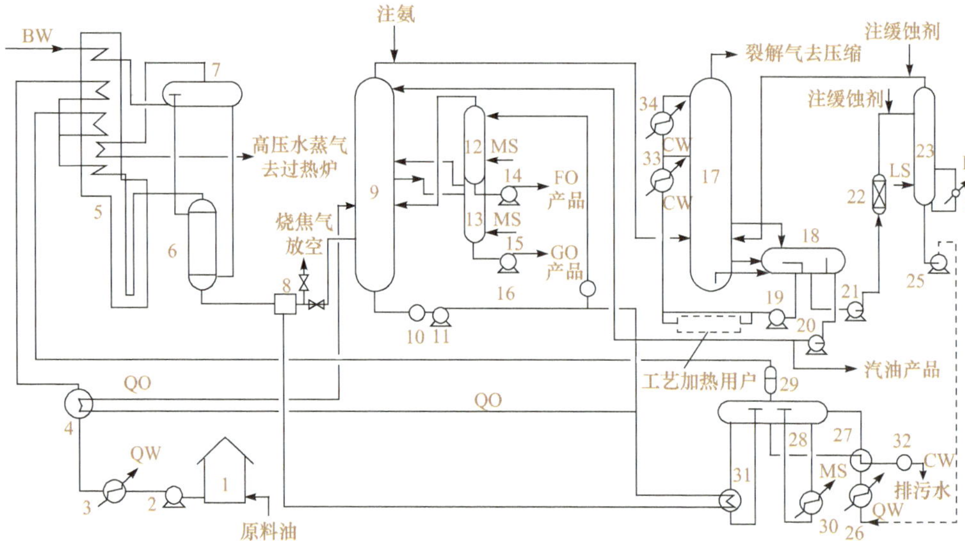

图 3-7 轻柴油裂解装置的工艺流程

1. 原料油储罐；2. 原料油泵；3、4. 原料油预热器；5. 裂解炉；6. 急冷换热器；7. 汽包；8. 油急冷器；9. 油洗塔；10. 急冷油过滤器；11. 急冷油循环泵；12. 燃料油汽提塔；13. 裂解轻柴油汽提塔；14. 燃料油输送泵；15. 裂解轻柴油输送泵；16. 燃料油过滤器；17. 水洗塔；18. 油水分离器；19. 急冷水循环泵；20. 汽油回流泵；21. 工艺水泵；22. 工艺水过滤器；23. 工艺水汽提塔；24. 再沸器；25. 稀释水蒸气发生器给水泵；26、27. 预热器；28. 稀释水蒸气发生器汽包；29. 分离器；30. 中压水蒸气加热器；31. 急冷油换热器；32. 排污水冷却器；33、34. 急冷水冷却器；QW. 急冷水；CW. 冷却水；MS. 中压水蒸气；LS. 低压水蒸气；QO. 急冷油；BW. 锅炉给水；GO. 轻柴油；FO. 燃料油

到初始裂解反应温度 540℃左右，然后进入裂解炉的辐射段继续加热至 700～800℃，进行裂解反应，停留时间为 0.3～0.8s。炉管出口的高温裂解气通过急冷换热器 6 终止裂解反应，同时产生 11MPa 左右的高压水蒸气。为防止急冷换热器的结焦堵塞，此换热器出口温度控制在 370～500℃。产生的高压蒸汽进裂解炉预热段过热，再送入水蒸气过热炉(图中未绘出)过热至 470℃后供压缩机的蒸汽透平使用。

急冷后的裂解气进入油急冷器 8 用急冷油直接喷淋冷却，然后与急冷油一起进入油洗塔(汽油初分馏塔)9。塔顶出来的裂解气为氢、气态烃和裂解汽油以及稀释水蒸气和酸性气体。裂解轻柴油从油洗塔 9 的侧线采出，经汽提塔 13 脱出其中的轻组分后，作为裂解轻柴油产品，因为它含有大量烷基萘，是制萘的好原料，常称为制萘馏分。油洗塔塔釜采出重质燃料油，经汽提除去轻组分后，大部分用作循环急冷油。

裂解气在油洗塔 9 中脱除重质燃料油和裂解轻柴油后，由塔顶采出进入水洗塔 17，在塔顶和中段用急冷水喷淋冷却裂解气，其中一部分的稀释水蒸气和裂化汽油被冷凝。冷凝的油水由塔釜引至油水分离器 18，分离出的水循环使用，而裂解汽油除了由汽油回流泵 20 送至油洗塔 9 作为塔顶回流而循环使用之外，还有一部分作为产品送出。

经脱出绝大部分水蒸气和少部分汽油的裂解气，温度约为 40℃，送至分离装置的压缩工序。

9. 裂解气的净化

裂解气中含有的少量杂质一是原料中带来的，二是裂解反应过程生成的，三是裂解气处理过程引入的。这些杂质的含量虽不高，但对深冷分离过程是有害的，而且这些杂质进入乙烯、丙烯产品，会使产品达不到规定的标准。因此，在分离前必须先进行净化和干燥以脱除这些杂质。表 3-10 给出了典型裂解气中的杂质含量。

表 3-10 典型裂解气中杂质含量(体积分数/%)

裂解原料	CO，CO_2，H_2S	C_2H_2	C_3H_4	H_2O
石脑油	0.32	0.41	0.48	4.98
轻柴油	0.27	0.37	0.54	0.48
减压柴油	0.36	0.46	0.48	6.15

1) 脱酸性气体

裂解气中的酸性气体主要是指 CO_2 和 H_2S，此外还有少量有机硫化物，如硫氧化碳、二硫化碳(CS_2)、硫醚(RSR′)、硫醇(RSH)、噻吩等，这些酸性气的来源主要有：气体裂解原料带入的气体硫化物和 CO_2；液体裂解原料中所含的硫化物在高温时与氢和水蒸气反应生成的 CO_2 和 H_2S；焦和炭与水蒸气反应生成的 CO 和 CO_2；裂解炉中有氧进入时，氧与烃类反应生成的 CO_2；烃与水蒸气反应生成的 CO_2。

裂解气中的酸性气体不仅对裂解气分离装置而且对后续的乙烯、丙烯衍生物加工装置都会造成很大危害，必须脱除。例如，对裂解气分离装置，硫化氢含量高严重腐蚀设备，而且会降低脱水分子筛寿命；硫化氢造成脱炔烃钯催化剂和甲烷化镍催化剂中毒；CO_2 在深冷低温操作时结冰，堵塞设备和管道。对于下游加工装置，氢气、乙烯、丙烯中酸性气不合格，会造成聚合装置催化剂中毒，影响聚合速度和产品质量。

工业上用化学吸收方法脱除裂解气中的酸性气体。目前采用的吸收剂有 NaOH 溶液、乙醇胺溶液、*N*-甲基吡咯烷酮等，具体选用哪种吸收剂要根据裂解气中酸性气体含量多少、净化要求程度、酸性气体是否回收等条件来确定。

管式炉裂解气中一般 H_2S 和 CO_2 含量较低，多采用 NaOH 溶液洗涤法，简称碱洗法。如果裂解气中含硫较高时，因碱液不能回收，耗碱量太大，可考虑先用乙醇胺作吸收剂脱除大部分硫，吸收剂乙醇胺可以再生，再进一步用碱洗法脱出残余的含硫化合物，称为胺-碱联合洗涤法。

(1) 碱洗法脱除酸性气。碱洗法是用氢氧化钠(NaOH)为吸收剂，与裂解气中 H_2S 和 CO_2 等酸性气体和硫醇、硫氧化碳等有机硫发生化学反应而除去。其反应方程式为

$$CO_2 + 2NaOH \longrightarrow Na_2CO_3 + H_2O$$

$$H_2S + 2NaOH \longrightarrow Na_2S + 2H_2O$$

$$COS + 4NaOH \longrightarrow Na_2S + Na_2CO_3 + 2H_2O$$

$$RSH + NaOH \longrightarrow RSNa + H_2O$$

上述反应的化学平衡常数很大，在平衡产物中 H_2S 和 CO_2 的分压几乎降到零，因此可以使其在裂解气中的摩尔分数含量降到 1×10^{-6} 以下，反应生成的 Na_2CO_3、Na_2S 和 RSNa 等溶于碱液中，但 NaOH 吸收剂不能再生。此外，为了保证酸性气体的深度净化，碱洗塔釜液中应保持 NaOH 含量在 2%左右，所以碱耗较高。图 3-8 给出了美国 Lummus 公司裂解气两段碱洗工艺流程。

裂解气压缩机三段出口的裂解气经冷却并分离凝液后，再由 37℃预热至 42℃，进入碱洗塔，该塔分三段，Ⅰ段水洗塔为泡罩塔板，Ⅱ段和Ⅲ段为碱洗段(填料层)，裂解气经两段碱洗

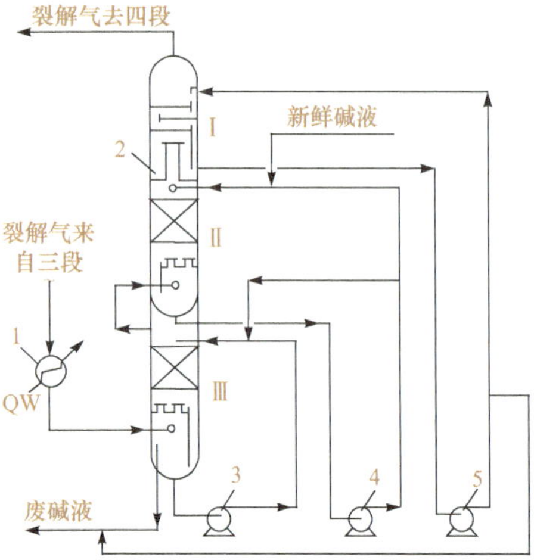

图 3-8 Lummus 公司两段碱洗工艺流程

1. 加热器；2. 碱洗塔；3、4. 碱洗循环泵；5. 水洗循环泵

后，再经水洗段水洗后进入压缩机四段吸入罐。补充新鲜碱液浓度为 18%～20%，保证Ⅱ段循环碱液 NaOH 含量为 5%～7%；部分Ⅱ段循环碱液补充到Ⅲ段循环碱液中，以平衡塔釜排出的废碱。Ⅲ段循环碱液 NaOH 浓度为 2%～3%。

(2) 乙醇胺法脱除酸性气。用乙醇胺作吸收剂除去裂解气中的 CO_2 和 H_2S 是一种物理吸收和化学吸收相结合的方法，所用的吸收剂主要是一乙醇胺(MEA)和二乙醇胺(DEA)。

以一乙醇胺为例，在吸收过程中它能与 CO_2 和 H_2S 发生以下反应：

$$2HOC_2H_4NH_2 + H_2S \rightleftharpoons (HOC_2H_4NH_3)_2S$$

$$(HOC_2H_4NH_3)_2S + H_2S \rightleftharpoons 2HOC_2H_4NH_3HS$$

$$2HOC_2H_4NH_2 + CO_2 + H_2O \rightleftharpoons (HOC_2H_4NH_3)_2CO_3$$

$$(HOC_2H_4NH_3)_2CO_3 + CO_2 + H_2O \rightleftharpoons 2HOC_2H_4NH_3HCO_3$$

$$2HOC_2H_4NH_2 + CO_2 \rightleftharpoons HOC_2H_4NHCOONH_3C_2H_4OH$$

上述反应均是可逆反应，在温度低、压力高时，反应向右进行，并放热；在温度高、压力低时，反应向左进行，并吸热。因此，在常温常压条件下进行吸收，吸收液在低压下加热，释放出 CO_2 和 H_2S，得以再生，重复使用。

图 3-9 是美国 Lummus 公司采用的乙醇胺法脱酸性气的工艺流程。乙醇胺加热至 45℃

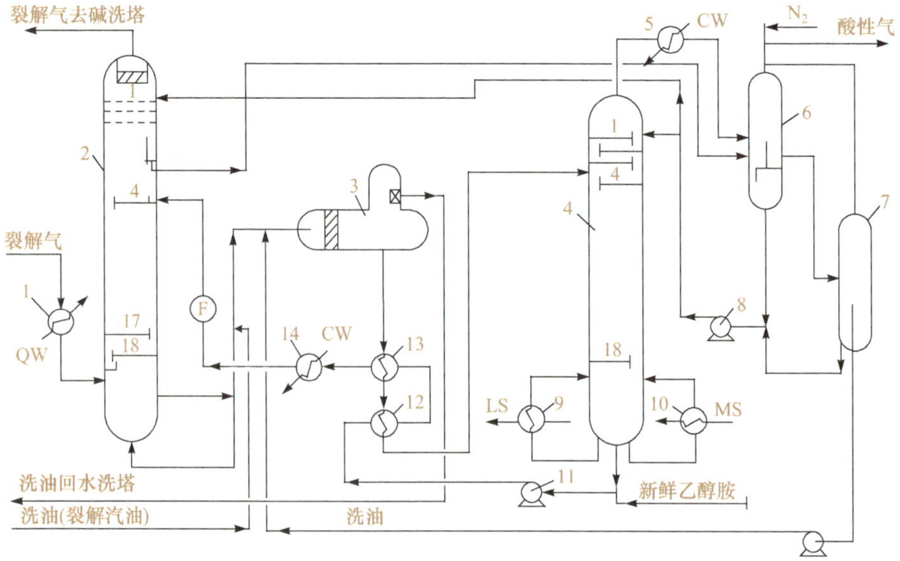

图 3-9 Lummus 公司乙醇胺法脱酸性气工艺流程

1. 加热器；2. 吸收塔；3. 汽油-胺分离器；4. 汽提塔；5. 冷却器；6、7. 分离罐；8. 回收泵；9、10. 再沸器；11. 胺液泵；12、13. 换热器；14. 冷却器

后送入吸收塔的顶部。裂解气中的酸性气体大部分被乙醇胺溶液吸收后，送入碱洗塔进一步净化。吸收了的 CO_2 和 H_2S 的富液，由吸收塔釜采出，在富液中注入少量洗油(裂解汽油)以溶解富液中重质烃及聚合物。富液和洗油经分离器分离洗油后，送到汽提塔进行解吸。汽提塔中解吸出的酸性气体经塔顶冷却冷凝后放空，解析后的贫液再返回吸收塔进行吸收。

2) 脱水

裂解气经预分馏系统处理后送入裂解气压缩机进行压缩。在压缩机入口，裂解气中的水含量为入口温度和压力条件下的饱和含水量。在裂解气压缩过程中，随着压力升高，可在段间冷凝过程中分离出部分水。通常，裂解气压缩机出口压力为 3.5～3.7MPa，经冷却至 15℃左右即送入低温分离系统，此时，裂解气中的饱和水含量为 600～700μg/g。这些水带入低温分离系统会在低温下结冰而造成设备和管道的堵塞。水分在低温下除了结冰而造成冻堵之外，在加压和低温条件下还会和烃类生成白色结晶状态的水合物，如 $CH_4 \cdot 6H_2O$、$C_2H_6 \cdot 7H_2O$、$C_3H_8 \cdot 8H_2O$。这些水合物也会在设备和管道内积累而造成堵塞现象。因此，为保证乙烯生产装置的稳定运行，需要对裂解气进行脱水处理，通常要求将裂解气中的水含量降低到 1μg/g，此时对应进入低温分离系统裂解气的露点在 70℃以下。

脱除裂解气中水分的方法有多种，如冷冻法、吸收法、吸附法。目前乙烯装置广泛采用的是以 3A 分子筛为吸附剂的吸附法，均采用两床操作(一床脱水，一床再生和冷却，交替进行)。当进行脱水操作时，为避免因气速过大而扰动床层，裂解气从上进入分子筛床层，脱水后由固定床底部送出。当进行分子筛再生时，被加热的干燥载气(甲烷或氢气、氮气)由床层底部进入，气流向上流动，再生作用由下而上，以保证床层底部的分子筛完全再生。再生载气经冷却和分离后送燃料系统。图 3-10 为裂解气分子筛脱水与再生工艺流程。

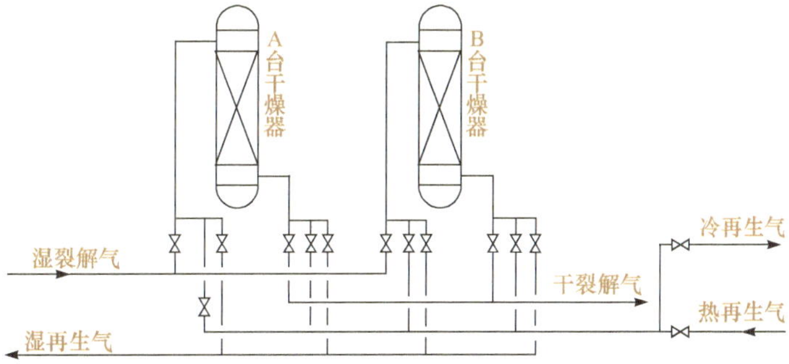

图 3-10　裂解气分子筛脱水与再生工艺流程

3) 脱炔

裂解气中含有少量的乙炔、丙炔和丙二烯等，它们是在裂解过程生成的。其中乙炔含量一般为 2×10^{-3}～7×10^{-3}(体积分数)，丙炔含量一般为 2×10^{-3}～7×10^{-3}(体积分数)，丙二烯含量一般为 2×10^{-4}～7×10^{-4}(体积分数)。少量炔烃的存在严重影响乙烯产品、丙烯产品的质量和用途，恶化乙烯、丙烯聚合物的性能，使合成和聚合催化剂中毒。工业上通常要求乙烯中乙炔含量小于 5×10^{-6}，丙烯中甲基乙炔含量小于 5×10^{-6}，丙二烯含量小于 10×10^{-6}。乙烯生产中脱除炔烃的方法主要有催化加氢脱炔法和溶剂吸收法脱炔法，目前工业上大多采用催化加氢法脱除炔烃。

(1) C_2 馏分催化加氢脱乙炔。将裂解气中乙炔加氢成为乙烯或乙烷，由此达到脱除乙炔的目的，乙炔加氢过程中主要发生下列反应。

主反应

$$C_2H_2 + H_2 \longrightarrow C_2H_4$$

副反应

$$C_2H_2 + 2H_2 \longrightarrow C_2H_6$$

$$C_2H_4 + H_2 \longrightarrow C_2H_6$$

$$mC_2H_2 + nC_2H_4 \longrightarrow \text{低聚物(绿油)}$$

反应温度高时，有利于副反应的发生；H_2/C_2H_2(摩尔比)大时，有利于乙烯加氢生成乙烷的反应；H_2/C_2H_2 小时，有利于乙炔聚合生成绿油的反应。目前，工业上一般采用 Pd/Al_2O_3 催化剂，控制反应器入口温度为 25～130℃的低温固定床加氢工艺。图 3-11 给出了 C_2 馏分后加氢工艺流程。

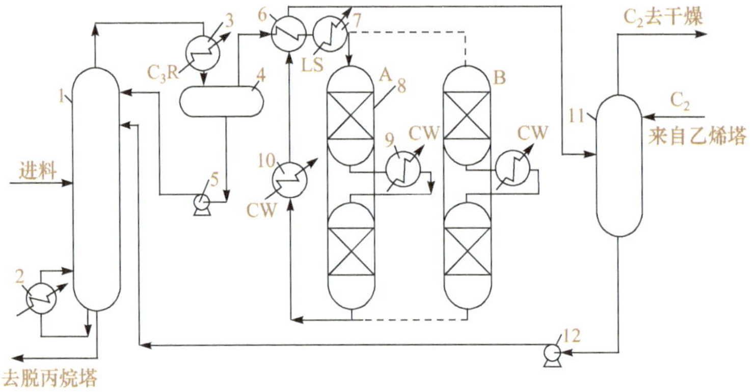

图 3-11 美国 Lummus 公司 C_2 馏分两段加氢工艺流程

1. 脱乙烷塔；2. 再沸器；3. 冷凝器；4. 回流罐；5. 回流泵；6. 换热器；7. 加热器；8. 加氢反应器；9. 段间冷却器；10. 冷却器；11. 绿油吸收塔；12. 绿油泵

(2) C_3 馏分加氢脱炔。C_3 馏分中含有甲基乙炔和丙二烯，加氢成为丙烯或丙烷，由此达到脱除的目的。加氢过程中主要发生下列反应。

主反应

$$CH_3{-}C{\equiv}CH + H_2 \longrightarrow CH_3{-}CH{=}CH_2$$

$$CH_2{=}C{=}CH_2 + H_2 \longrightarrow CH_3{-}CH{=}CH_2$$

副反应

$$CH_3{-}CH{=}CH_2 + H_2 \longrightarrow CH_3CH_2CH_3$$

$$C_2H_4 + H_2 \longrightarrow C_2H_6$$

$$nCH_2{=}C{=}CH_2 \longrightarrow 聚合物(绿油)$$

C_3馏分中炔烃加氢转化为丙烯反应比丙烯加氢转化为丙烷的反应的可能性更大。因此，C_3馏分中炔烃加氢时比乙炔加氢生成烯烃的选择性好。但随着反应温度的升高，丙烯加氢生成丙烷的反应和炔烃缩合生成绿油的反应加快，丙烯损失增加。目前，工业上一般以 Pd/Al_2O_3 为催化剂，采用控制反应器入口温度为 25～45℃的低温固定床加氢工艺，有气相法和液相法加氢两种方法。

(3) 前加氢和后加氢。前加氢是在裂解气中的氢气未分离出来之前，利用裂解其中的氢气对炔烃进行选择加氢。后加氢是指裂解气分离出 C_2 和 C_3 馏分后，再对 C_2 和 C_3 馏分进行分别加氢，以脱除乙炔、甲基乙炔和丙二烯。

前加氢利用裂解气中含有的氢进行加氢反应，流程简单，投资省，但操作稳定性差。后加氢过程所需氢气是根据炔烃含量定量供给，温度易控，不易发生飞温现象。前加氢是在当量氢气过量的情况下进行加氢反应，反应选择性差，易飞温，甚至威胁安全生产。目前工业上多采用后加氢。图 3-12 给出了 C_3 馏分液相后加氢工艺流程。

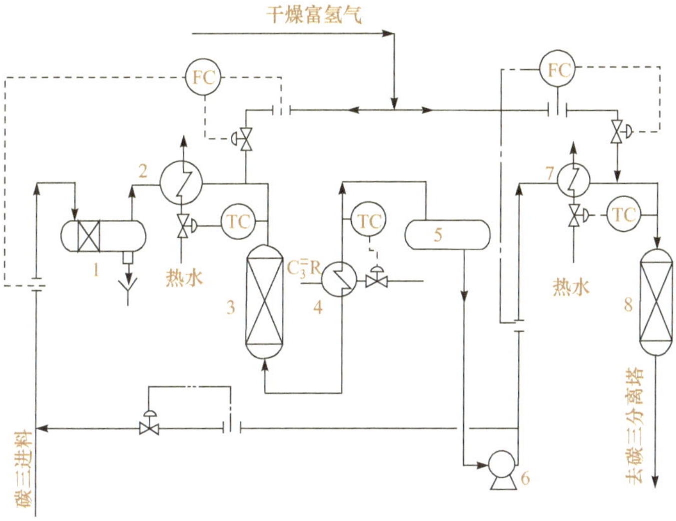

图 3-12　C_3馏分液相后加氢工艺流程

1. 水聚结器；2. 一段进料加热器；3. 一段反应器；4. 一段产品冷却器；5. 一段加氢产品储罐；6. 二段加氢反应器进料泵；7. 二段进料加热器；8. 二段加氢反应器

(4) 溶剂吸收法脱乙炔。使用选择性溶剂将 C_2 馏分中的少量乙炔选择性地吸收到溶剂中，然后解析出来，实现脱除 C_2 馏分中的乙炔并进行回收的目的。选择性溶剂对乙炔具有较高的溶解度，而对其他组分溶解度很低，常用的溶剂有二甲基甲酰胺(DMF)、*N*-甲基吡咯烷酮(NMP)和丙酮等。图 3-13 为美国 Lummus 公司开发的 DMF 溶剂吸收法脱乙炔工艺流程。

溶剂吸收法和催化加氢法相比，投资基本相同，公用工程消耗相当。随着裂解技术向高温、短停留时间发展，裂解副产乙炔量增加，乙炔回收更具吸引力。当需要乙炔产品时可以采用溶剂吸收法，当不需要乙炔产品时，则选用催化加氢法。

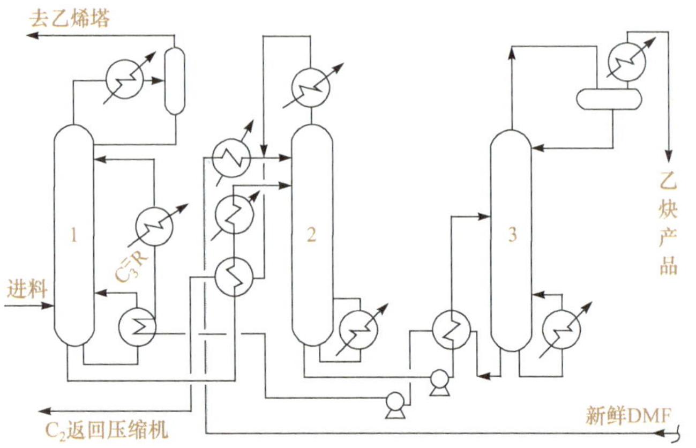

图 3-13 美国 Lummus 公司开发的 DMF 溶剂吸收法脱乙炔工艺流程

1. 乙炔吸收塔；2. 稳定塔；3. 汽提塔

4) 脱一氧化碳

裂解气中的一氧化碳是在裂解过程中由积炭的气化和烃的转化反应生成的。烃的转化反应是在含镍裂解炉管的催化作用下发生的，当裂解原料中的硫含量低时，这种催化作用可能十分显著。

积炭的气化反应：

$$C+H_2O \rightleftharpoons CO+H_2$$

烃的转化反应：

$$CH_4+H_2O \rightleftharpoons CO+3H_2$$

$$C_2H_6+2H_2O \rightleftharpoons 2CO+5H_2$$

裂解气经低温分离，CO 富集于甲烷馏分和氢气馏分中，一般含量达到 0.4%～0.8%(体积分数)。氢气中含有的 CO 会使 C_2、C_3 馏分选择加氢的催化剂中毒，一般要求含量小于 3μg/g；CO 含量过高会影响烯烃聚合物性质，一般要求含量小于 5μg/g。

乙烯装置中最常用的脱除 CO 的方法是甲烷化法，即在催化剂存在下，使 CO 与氢反应生成甲烷，从而达到脱除 CO 的目的。其主反应为

$$CO+3H_2 \rightleftharpoons CH_4+H_2O$$

当氢中含有烯烃时，可发生如下副反应：

$$C_2H_4+H_2 \rightleftharpoons C_2H_6$$

甲烷化反应是放热、体积减小的反应，加压低温对反应有利。目前工业上有高温甲烷化工艺和低温甲烷化工艺两种。高温甲烷化工艺是在 3.0MPa 和 300℃左右下进行，低温甲烷化工艺是在 3.0MPa 和 150～180℃下进行。采用镍基催化剂，大多数催化剂的使用条件要求氢气中的 CO 含量小于 1.5%～2.0%。

10. 裂解气压缩与深冷

1) 裂解气压缩

裂解气中各组分在常温常压下均为气态，采用精馏法分离时需在很低的温度下进行，消耗冷量很大；而在较高压力下分离，虽然分离温度可以提高，但需多消耗压缩功，分离温度提高还会引起重组分聚合，并使烃类相对挥发度降低，增加分离的难度。因此，选择适宜的

压力和温度，对裂解气分离具有重要意义。一般认为裂解气分离的经济合理的操作压力约为 3.0MPa，为此裂解气进入分离系统的压力应提高到 3.7MPa 左右。

在裂解气绝热压缩过程中，随着压力升高，其温度随之上升，为避免温升过大造成裂解气中双烯烃大量聚合，一般采用多段压缩，段间设置中间冷却，限制裂解气在压缩过程中的温升。裂解气分段压缩合理的段数主要是由压缩机各段出口温度所限定。通常要求正常操作时各段裂解气出口温度低于 100℃，段间冷却采用水冷，相应各段入口温度一般为 38～40℃。在此限定条件下，裂解气压缩的单级压缩比被限制在 2.2 以下，相应裂解气压缩一般需采用五段。若在某一段之间冷却时先水冷再用丙烯冷却，使下一段入口温度降至 38℃以下，从而可以提高该段压缩比并保证出口温度低于 100℃，减少压缩段数。尽管段间采用丙烯制冷剂冷却会增加冷冻功耗，但可以减少设备投资、降低段间阻力降。必须注意，裂解气段间冷却的温度受水合物形成的限制，为防止水合物形成而堵塞设备和管道，加压后裂解气温度不宜低于 15℃。

裂解气压缩过程中，随着压力的升高，在段间冷却过程中将有部分重组分冷凝。尤其是在高压段间冷却时，相当量的 C_3 和 C_4 馏分也将冷凝。所以，在裂解气压缩过程中一般设置汽油汽提塔(设在压缩机一段入口)和凝液汽提塔(设在四段、五段压缩机出口)。段间冷凝出的裂解汽油馏分经气体处理后可直接作为产品送出界区；由高压段间凝析出的 C_3 和 C_4 以上混合馏分(简称轻烃凝液)经凝液汽提塔脱除其中的 C_2 馏分后直接送脱丙烷塔。

不同专利商根据各自工艺特点，将裂解气的压缩和分离有机结合起来，以降低压缩和制冷的能量消耗。典型的工艺有：美国 Lummus 公司和意大利 TPL 公司等的三段压缩机出口碱洗并带凝液汽提塔的五段压缩工艺流程；美国 Kellogg 公司和德国 Linde 工程公司的四段压缩机出口碱洗不带凝液汽提塔的五段压缩工艺流程；美国 Stone&Welster 公司的四段压缩机出口碱洗的五段压缩(前脱丙烷)工艺流程；美国 Brown&Root 公司的三段压缩机出口碱洗干燥四段压缩(前脱丙烷)工艺流程；美国 Stone&Welster 公司的三段压缩机出口碱洗并带凝液汽提塔四段压缩(顺序分离)工艺流程等。图 3-14 为美国 Kellogg 公司在某大型乙烯装置采用的五段压缩工艺流程。

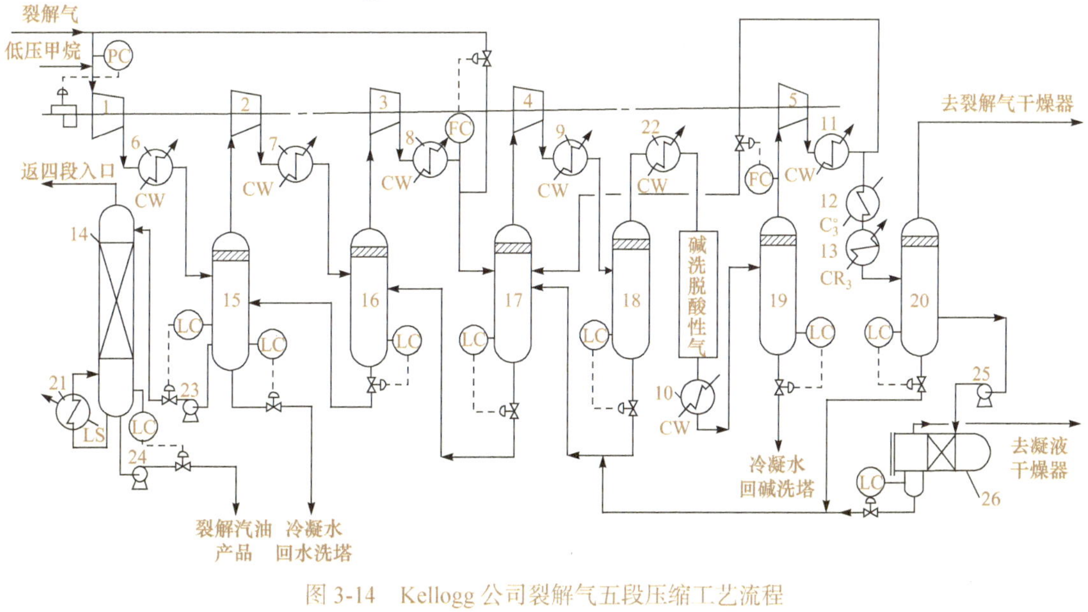

图 3-14 Kellogg 公司裂解气五段压缩工艺流程

1. 压缩机一段；2. 压缩机二段；3. 压缩机三段；4. 压缩机四段；5. 压缩机五段；6～13. 冷却器；14. 汽油汽提塔；15. 二段吸入罐；16. 三段吸入罐；17. 四段吸入罐；18. 四段出口分离罐；19. 五段吸入罐；20. 五段出口分离罐；21. 汽油汽提塔再沸器；22. 急冷水加热器；23. 凝液泵；24. 裂解汽油泵；25. 五段凝液泵；26. 凝液水分离器

该工艺特点：脱除酸性气设在压缩机四段出口，不设凝液汽提塔；压缩机五段出口分离罐中的气体送裂解气干燥器，而凝液送凝液干燥器，干燥脱水后的裂解气和凝液送低温分离系统，五段凝液不再返回压缩机。

2) 深冷及制冷循环

制冷是利用制冷剂压缩和冷凝得到制冷剂液体，再于不同压力下蒸发，以得到不同温度级位的冷冻过程。裂解气的压缩和制冷系统既要为裂解气提供经压缩至深冷分离(主要是甲烷塔)所需要的压力，还要为脱甲烷塔提供–136～–100℃的低温制冷剂，并为其他分离塔提供不同温度级位的制冷剂。表 3-11 给出了低级烃的性质。

表 3-11 低级烃的性质

名称	分子式	沸点/℃	临界温度/℃	临界压力/MPa	名称	分子式	沸点/℃	临界温度/℃	临界压力/MPa
氢	H_2	–252.5	–239.8	1.307	丙烷	C_3H_8	–42.07	96.8	4.306
一氧化碳	CO	–191.5	–140.2	3.496	异丁烷	$i\text{-}C_4H_{10}$	–11.7	135	3.696
氨	NH_3	–33.4	132.4	11.292	异丁烯	$i\text{-}C_4H_8$	–6.9	144.7	4.002
甲烷	CH_4	–161.5	–82.3	4.641	丁烯	C_4H_8	–6.26	146	4.018
乙烯	C_2H_4	–103.8	9.7	5.132	1,3-丁二烯	C_4H_6	–4.4	152	4.356
乙烷	C_2H_6	–88.6	33.0	4.924	正丁烷	$n\text{-}C_4H_{10}$	–0.50	152.2	3.780
乙炔	C_2H_2	–83.6	35.7	6.242	顺-2-丁烯	C_4H_8	3.7	160	4.204
丙烯	C_3H_6	–47.7	91.89	4.600	反-2-丁烯	C_4H_8	0.9	155	4.120

如表 3-11 所示，丙烯常压沸点为–47.7℃，可作为–40℃温度级的制冷剂；乙烯常压沸点为–103.8℃，可作为–100℃温度级的制冷剂。采用低压脱甲烷流程时，可能需要更低的制冷温度,此时常采用甲烷作制冷剂。甲烷常压沸点为–161.5℃,可作为–160～–120℃温度级的制冷剂。原则上沸点低的物质都可以作为制冷剂，而实际选用时还要考虑降低制冷装置的投资和运行成本，要选择来源丰富和毒性小的制冷剂。对于裂解气分离装置，装置生产乙烯、丙烯，而且乙烯、丙烯具有良好的热力学特性，所以选用乙烯、丙烯为裂解气分离装置制冷系统的制冷剂，在装置开工初期尚无乙烯时，可用混合 C_2 馏分代替乙烯为制冷剂。

既要获得低温的冷量，又不希望制冷剂在负压下蒸发，则需要采用常压下低沸点的物质为制冷剂，但这类物质的临界温度也很低，不可能在加压的情况下用水冷却使之冷凝。为了获得–100℃温度级位的冷量，需要乙烯为制冷剂，但乙烯的临界温度为 9.7℃，低于冷却水的温度。用液态丙烯作为使乙烯冷凝的制冷剂较为合适，因此要设置丙烯循环制冷系统。乙烯气体冷凝过程向液体丙烯供热，丙烯气体冷凝过程中向冷却水供热，这样丙烯的冷冻循环系统就和乙烯的制冷循环系统复叠起来，构成复叠制冷系统(或称串级制冷系统)。复叠制冷循环中水向丙烯制冷，乙烯向–100℃冷量用户制冷。对于深冷分离过程中需要低于–100℃的冷量用户，可采用甲烷-乙烯-丙烯三元复叠制冷循环系统。图 3-15 为乙烯-丙烯复叠制冷流程。

11. 裂解气的分离

1) 裂解气分离流程

烃类裂解出的裂解气经预分馏后，得到裂解燃料油、裂解汽油和预分馏后的裂解气。经预分馏后的裂解气需经加压后在低温下进行分离。表 3-12 给出了预分馏后裂解气的典型组成。

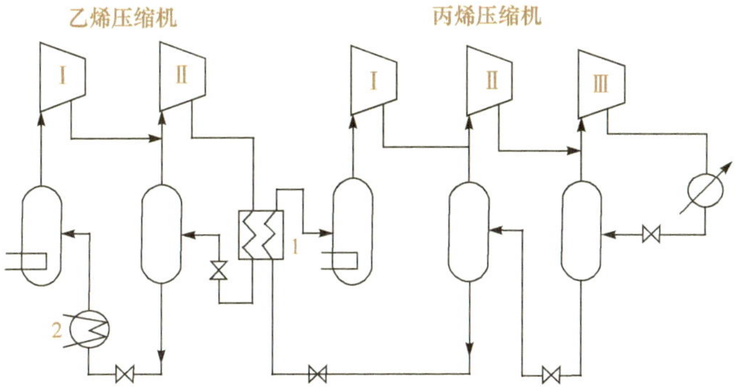

图 3-15 乙烯-丙烯复叠制冷流程

1. 换热器；2. 冷量用户

表 3-12 预分馏后裂解气的典型组成

裂解原料	乙烷	轻烃	石脑油	轻柴油	减压柴油
转化率(质量分数)/%	65	—	中深度	中深度	高深度
组成(体积分数)/%					
H_2	34.00	18.20	14.09	13.18	12.75
$CO+CO_2+H_2S$	0.19	0.33	0.32	0.27	0.36
CH_4	4.39	19.83	26.78	21.24	20.89
C_2H_2	0.19	0.46	0.41	0.37	0.46
C_2H_4	31.51	28.81	26.10	29.34	29.62
C_2H_6	24.35	9.27	5.78	7.58	7.03
C_3H_4	—	0.52	0.48	0.54	0.48
C_3H_6	0.76	7.68	10.30	11.42	10.34
C_3H_8	—	1.55	0.34	0.36	0.22
C_4	0.18	3.44	4.85	5.21	5.36
C_5	0.09	0.95	1.04	0.51	1.29
C_6～204℃	—	2.70	4.53	4.58	5.05
H_2O	4.36	6.26	4.98	5.40	6.15
平均相对分子质量	18.89	24.90	26.83	28.01	28.38

从表 3-12 看出，经预分馏后的裂解气中含有氢气和各种烃类化合物、水分、酸性气(CO_2、H_2S)和 CO 等。为了得到合格的分离产品，可利用各烃类组分沸点的不同，在加压低温条件下经多次精馏分离，并在精馏分离的过程中采用吸收、吸附或化学反应的方法脱除裂解气中的水分、酸性气、CO 和炔烃等杂质。因此，裂解气分离装置主要由精馏分离系统、压缩和制冷系统、净化系统所组成。不同精馏分离方案和净化方案组成了不同的裂解气分离流程。

不同分离工艺流程的主要差别在于精馏分离烃类的顺序和加氢脱炔烃的安排，共同点是先分离不同碳原子数的烃，再分离相同碳原子数的烯烃和烷烃。图 3-16 给出裂解气的三大深冷分离流程，其中工艺流程 A 是先用脱甲烷塔由塔顶从裂解气中分离出氢和甲烷，塔釜液送脱乙烷塔，脱乙烷塔顶分离出 C_2 馏分，塔釜液则送至脱丙烷塔，最终由乙烯精馏塔、丙烯精馏塔、脱丁烷塔，分别得到乙烯、乙烷，丙烯、丙烷，混合 C_4、裂解汽油等产品。由于这种分离流程是按 C_1、C_2、C_3…顺序进行切割馏分，通常称为顺序分离流程。馏程 B 和 C 是从乙烷开始切割馏分，通常称为前脱乙烷分离流程。流程 D 和 E 则是从丙烷开始切割馏分，通常称为前脱丙烷流程。因为它们催化加氢脱炔工序的位置不同，又分为前加氢和后加氢流程。顺序分离流程一般按后加氢的方案进行组织，而前脱乙烷和前脱丙烷流程则既有前加氢方案，也有后加氢方案。目前，采用顺序分离流程的典型代表是美国 Lummus 公司和美国 KBR 公司；采用前脱乙烷流程的典型代表是美国 Linde 工程公司；采用前脱丙烷流程的典型代表是美国 Stone&Welster 公司和美国 KBR 公司。表 3-13 给出了三大深冷分离流程的比较。

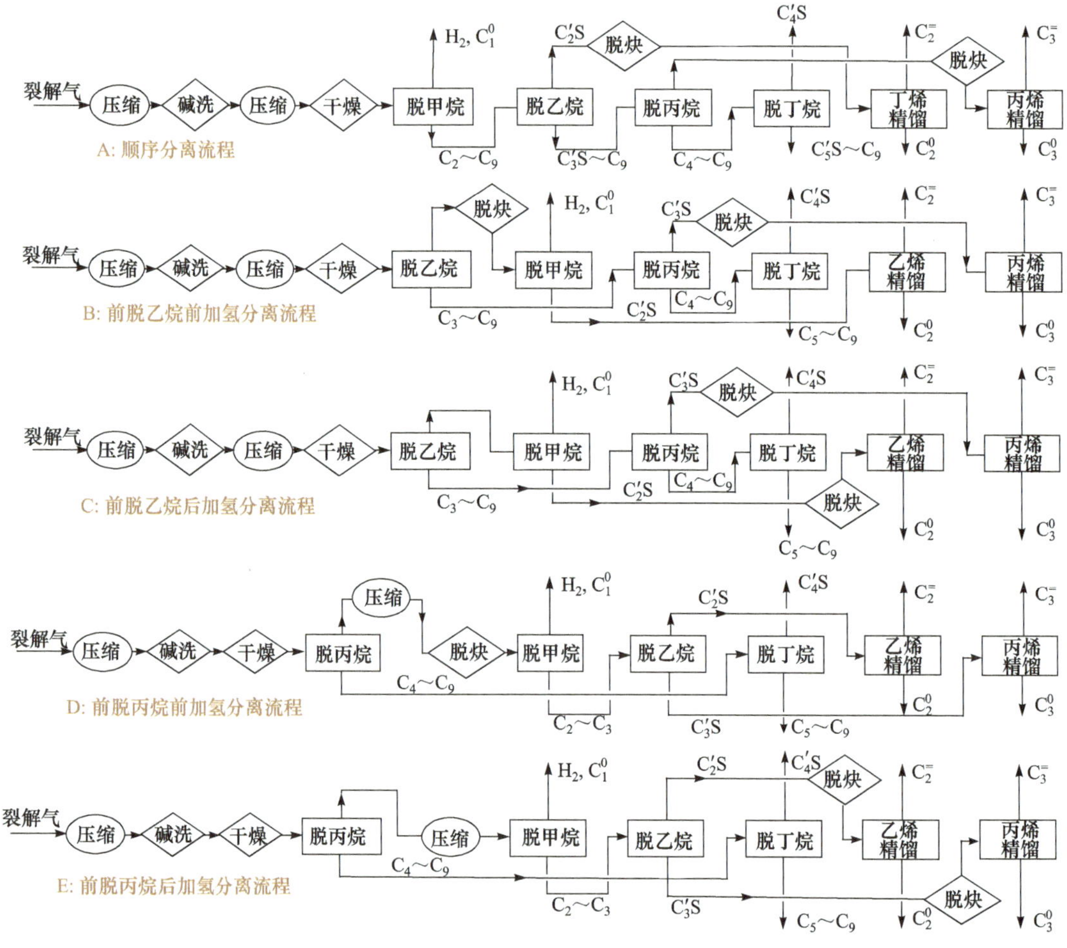

图 3-16 裂解气分离流程

表 3-13 深冷分离流程的比较

比较项目	顺序流程	前脱乙烷流程	前脱丙烷流程
操作中的问题	脱甲烷塔居首，釜温低，不易堵塞再沸器	脱乙烷塔居首，压力高，釜温高，如 C_4 以上烃含量高，二烯烃在再沸器中聚合，影响操作且损失丁二烯	脱丙烷塔居首，置于压缩机段间除去 C_4 以上烃，再送入脱甲烷塔、脱乙烷塔，可防止二烯烃聚合
对原料适应性	适应于所有裂解气	不能处理丁二烯含量高的裂解气，最适宜于含 C_3、C_4 烃较多，但丁二烯含量少的气体	脱丙烷塔居首，可先脱去 C_4 及更重的烃，可以处理较重的裂解气，对含 C_4 较多的裂解气更能体现其优点
冷量消耗	全馏分进入脱甲烷塔，增加脱甲烷塔冷冻负荷，消耗高能位冷量多，冷量利用不合理	C_3、C_4 烃不在甲烷塔冷凝，在脱乙烷塔冷凝，消耗低能位的冷量，冷量利用合理	C_4 烃在脱丙烷塔冷凝，冷量利用比较合理

续表

比较项目	顺序流程	前脱乙烷流程	前脱丙烷流程
分子筛干燥负荷	分子筛干燥放在流程中压力较高、温度较低的位置，对吸附有利，负荷较小	情况同顺序流程	脱丙烷塔在压缩机三段出口，分子筛干燥塔在压力较低的位置，C_3 以上的重烃不能较多冷凝下来，影响分子筛吸附性能，负荷大，费用高
塔径大小	全馏分进入脱甲烷塔，负荷大，深冷塔直径大，耐低温合金钢用量多	脱甲烷塔负荷轻，塔径小，耐低温合金钢用量少，但脱乙烷塔直径大	介于两种流程之间
设备量	流程长，设备多	因加氢方案不同有区别	采用前加氢设备少

以上三种分离流程都是经过连续稳定运行和生产实践检验的技术。专利商认为，深冷分离流程的选择，主要依据裂解原料性质、乙烯回收率、设备投资、能耗、维修的方便性和易于操作而定。就原料而言，气体原料宜采用前脱乙烷流程，液体原料易采用前脱丙烷流程。

图 3-17 给出了分离过程中乙烯的物料平衡图。在乙烯的物料平衡中，造成乙烯损失的主要有：①冷箱尾气带走损失，占乙烯总量的 2.25%；②乙烯精馏塔釜液中带出的损失占乙烯总量的 0.40%；③脱乙烷塔塔釜液带出的损失占乙烯总量的 0.284%；④压缩段段间凝液带出的损失，约占乙烯总量的 0.066%。正常操作时②③④项损失是难免的，而且损失量也较小，因此乙烯回收率的高低主要还是甲烷塔顶尾气中的损失。

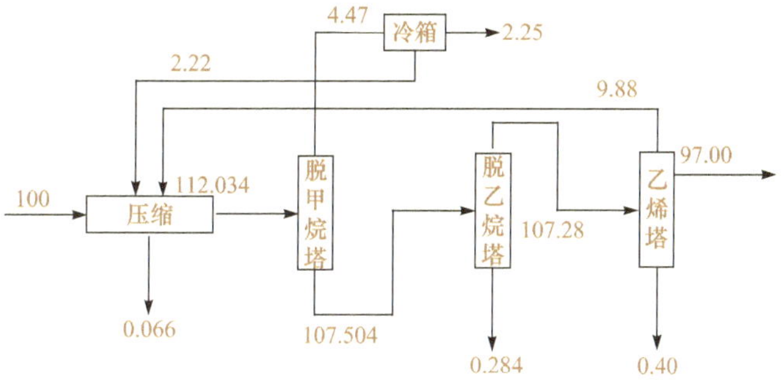

图 3-17　乙烯分离装置乙烯的物料平衡图

2) 脱甲烷塔

脱甲烷塔是脱除裂解气中的氢和甲烷。在甲烷塔中，轻关键组分为甲烷，重关键组分为乙烯，从甲烷对乙烯的相对挥发度看是比较容易分离的，但因含有大量氢气，必须是塔顶的温度低于−100℃，才能保证塔顶尾气中乙烯含量少(提高乙烯收率)，塔釜中甲烷含量尽可能少(提高乙烯纯度)，因此，脱甲烷塔是裂解气分离中投资最大、能耗最多的装置。

(1) 操作温度和操作压力。脱甲烷塔的温度和压力取决于裂解气的组成和乙烯回收率。一般确定了裂解气组成(H_2/CH_4 摩尔比)和脱甲烷塔塔顶气体中乙烯含量，就可以由裂解气的露点计算出塔压和塔顶温度。图 3-18 给出了裂解气中 H_2/CH_4 的摩尔比为 2.36，控制塔顶气体中乙烯体积分数为 2.31%时脱甲烷塔塔顶压力和塔顶温度的关系。

从图 3-18 中可以看出，脱甲烷塔的操作压力由 4.0MPa 降低到 0.2MPa 时，所需塔顶温度由−98℃降低到−141℃，塔顶温度随塔压降低而降低。若要进一步提高乙烯回收率，则需要

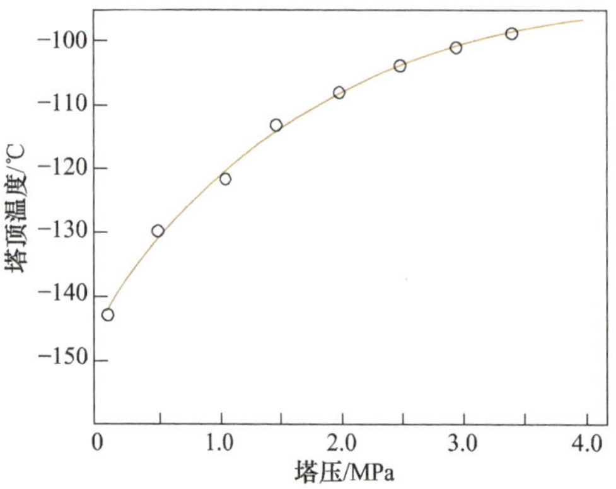

图 3-18 脱甲烷塔塔顶压力和塔顶温度的关系

在相同塔压下进一步降低塔顶温度。

从避免采用过低制冷温度考虑，应采用较高的操作压力。但随着操作压力升高，甲烷对乙烯的相对挥发度降低，当操作压力达到4.4MPa 时，塔釜甲烷对乙烯的相对挥发度接近 1，难以进行甲烷和乙烯的分离。因此，脱甲烷塔的操作压力必须低于该临界压力。

低操作压力需要低的塔顶温度，同时低压下甲烷和乙烯的相对挥发度提高，在相同塔板数下，回流比降低，因此，选择合适的压力可降低能量消耗。一般，甲烷塔操作压力为 3.0～3.2MPa 时称为高压脱甲烷；甲烷塔操作压力为 1.05～1.25MPa 时称为中压脱甲烷；甲烷塔操作压力为 0.6～0.7MPa 时称为低压脱甲烷。

低压脱甲烷，操作压力低，甲烷与乙烯的相对挥发度较大，分离效果好，乙烯回收率高，对于含氢和甲烷较高的裂解气也能分离，回流比小，生产 1t 乙烯的能耗相对低；但需要低温级制冷剂，需要耐低温钢材，多一套甲烷制冷系统，流程复杂，投资高。低压法不适应所有原料，较适合于 CH_4/C_2H_4 比较大的原料，CH_4/C_2H_4 比小，回流的液体不能从进料中提供，就需要增加回流比，从而增加高能位冷量的消耗，经济上没有了吸引力。

高压脱甲烷，操作压力高，分离温度高，脱甲烷塔顶温度为−96℃左右，不需要采用甲烷制冷系统，只需要乙烯制冷即可；同时由于脱甲烷塔顶尾气压力高，可借助高压尾气的自身节流膨胀获得额外的冷源。提高压力可以缩小精馏塔体积，从投资和材质上看，高压法有利。

(2) 原料气中 H_2/CH_4 比的影响。在脱甲烷塔塔顶，对于 H_2-CH_4-C_2H_4 三元系统，其露点方程为

$$\sum x_i = \frac{y(H_2)}{K(H_2)} + \frac{y(CH_4)}{K(CH_4)} + \frac{y(C_2H_4)}{K(C_2H_4)} = 1 \tag{3-23}$$

其中，$K(H_2) \gg K(CH_4)$和 $K(C_2H_4)$，若进料中 H_2/CH_4 比增大，则塔顶 H_2/CH_4 比也增大，即 $y(H_2)$增大，$y(CH_4)$下降，由于 $y(H_2)$增加对式(3-23)第一项影响不大，而 $y(CH_4)$下降却使第二项明显下降，以至于 $\sum x_i < 1$，达不到露点要求，若温度、压力不变，势必导致 $y(C_2H_4)$上升，即乙烯损失率增加。若要保持乙烯的回收率一定，则必须降低塔顶的操作温度。

(3) 前冷和后冷。甲烷塔塔顶气体中除甲烷和氢气外，还有乙烯。为了减少乙烯的损失，对于高压脱甲烷工艺来讲，除了用乙烯作为制冷剂制冷外，还要充分利用高压尾气的膨胀节流制冷，即冷箱。冷箱是在−160～−100℃下操作的低温设备，用绝热材料把高效板式换热器和气液分离器等都放在一个箱子里。它的用途是依靠低温来回收乙烯，制取富氢和富甲烷气体。由于冷箱在流程中的位置不同，可分为后冷和前冷两种。

前冷是用塔顶馏分的冷量将裂解气预冷，通过分凝将裂解气中大部分氢和部分甲烷分离，这样使进甲烷塔的 H_2/CH_4 比下降，提高乙烯回收率，同时减少甲烷塔的进料量，节约能耗。该过程也称前脱氢工艺。

后冷仅将塔顶的甲烷和氢气馏分冷凝分离而获富甲烷馏分和富氢气体。此时裂解气是经甲烷塔精馏后才脱氢，故也称后脱氢工艺。

前冷和后冷流程相比，前冷采用逐级冷凝和多股进料，节省了低温冷冻剂并减轻了脱甲烷塔的负荷；不仅乙烯回收率高，氢气的回收率也高(前冷 90%以上，后冷 53%)，而且可获得纯度为 91%～95%的富氢气体(后冷只有 70%左右)；进料前分离出氢气，增加了甲烷和氢气比，提高了脱甲烷塔的效果。前冷的缺点是甲烷塔的适应小，流程复杂，自动化要求高。近年来，乙烯装置都倾向于前冷工艺流程，原料深度预冷，并且多股进料。图 3-19 为前冷脱甲烷流程。

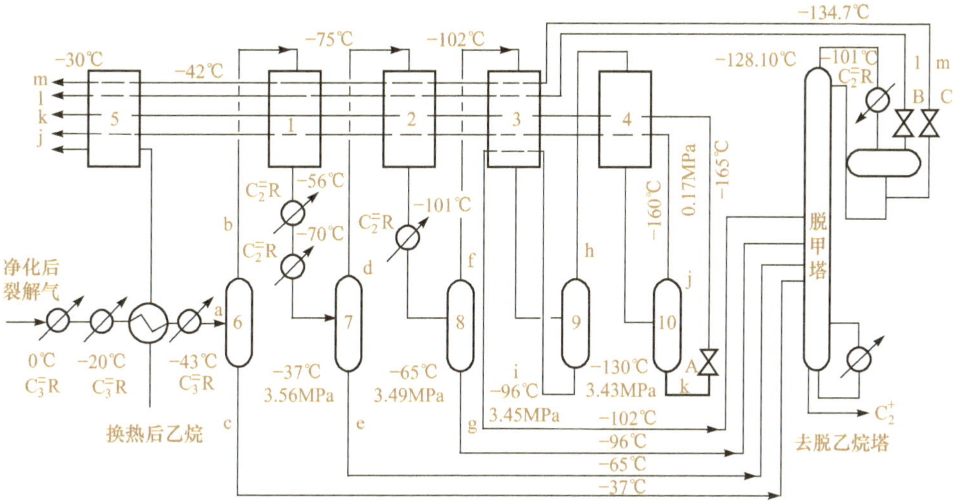

图 3-19　前冷脱甲烷流程

1～5. 板翅式换热器；6～10. 气液分离罐；A～C. 节流阀

a. 第一气液分离罐进料；b. 第一气液分离罐气相出料；c. 第一气液分离罐液相出料；d. 第二气液分离罐气相出料；e. 第二气液分离罐液相出料；f. 第三气液分离罐气相出料；g. 第三气液分离罐液相出料；h. 第四气液分离罐气相出料；i. 第四气液分离罐液相出料；j. H_2；k. 低压甲烷；l. 高压甲烷；m. 中压甲烷

3) 脱乙烷塔

在顺序分离流程中，裂解气经脱甲烷系统脱除氢气、甲烷等轻组分后，由甲烷塔塔底所得到的 C_2 及 C_2 以上馏分进入脱乙烷塔。在脱乙烷塔中塔顶分离出 C_2 馏分，塔底为 C_3 及 C_3 以上馏分。塔顶 C_2 馏分进乙烯塔，塔底 C_3 及 C_3 以上馏分进脱丙烷塔。

在前脱乙烷流程中，脱乙烷塔进料为干燥后的裂解气。脱乙烷塔将裂解气分成两部分，塔顶为含氢气、甲烷和 C_2 馏分，塔釜为 C_3 及 C_3 以上重组分。塔顶馏分进脱甲烷塔，塔釜液进脱丙烷系统。

在前脱丙烷流程中，脱乙烷塔进料为 C_2 和 C_3 馏分的混合物。塔顶得到 C_2 馏分，塔釜得到 C_3 馏分。对于不同的分离流程，脱乙烷塔的进料和操作参数也不同。工业装置要根据分离流程选择合适的工艺参数。在乙烷塔设计过程中，无论哪种分离流程，主要考虑操作压力和回流比。乙烷塔操作压力越高，塔顶冷凝需要的制冷剂温度越高。但塔压升高，相对挥发度降低，回流比增大。脱乙烷塔存在一临界压力，该压力根据不同分离流程而变化；另外，塔釜温度也随着塔压升高而升高，高塔釜温度易于造成再沸器和塔盘结焦，一般要求塔釜温度不要超过 80℃。回流比也是脱乙烷塔设计时重要的参数。如对于前脱丙烷流程中的脱乙烷塔，在给定塔板数的情况下，塔釜 C_2 馏分含量和塔顶丙烯含量均随回流比的增大而下降。在早期乙烷塔的设计中，通常采用较大的回流比和较小的塔板数，但设第二脱乙烷塔，在 C_3 馏分进丙烯精馏塔前，进一步脱出 C_3 中的乙烷；近期设计的脱乙烷塔一般采用较小的回流比和较多的塔板数，塔釜 C_2 馏分含量控制在小于 100×10^{-6}，不设第二脱乙烷塔。

4) 乙烯精馏塔

C_2 馏分经过加氢脱炔之后，到乙烯塔进行精馏，塔顶得产品乙烯，塔釜液为乙烷。塔顶乙烯纯度要求达到聚合级。乙烯塔进料中 C_2 馏分含量占 99.6%以上，氢气和甲烷轻组分占 0.12%，丙烯等组分占 0.1%～0.25%，乙烯精馏塔可以看作 C_2H_4-C_2H_6 的二元精馏系统。在该系统中，塔顶乙烯的纯度是由产品质量决定的，因此温度和压力只能规定一个。图 3-20 给出了乙烯塔压力、温度、乙烯液相浓度与相对挥发度的关系。

由图 3-20 看出，压力对相对挥发度影响较大，一般采用降低压力，增大相对挥发度，同时降低塔板数或回流比，见图 3-21。但是在相同塔板数的情况下，降低压力，塔顶温度也降低，需要的制冷剂的温度级位低，需要材质的要求也高，从这些方面看，低压是不利的。因此，目前工业上乙烯塔大体可分成两类：一类是低压法，塔的操作温度低；另一类是高压法，塔的操作温度也较高。

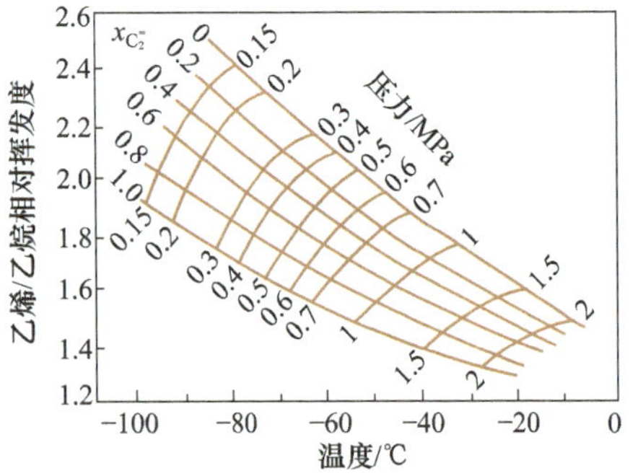

图 3-20 温度与压力对乙烯/乙烷相对挥发度的影响

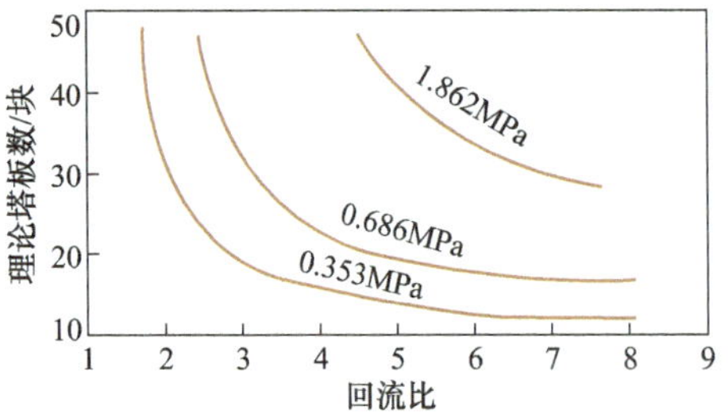

图 3-21 压力对回流比和理论塔板数的影响

表 3-14 给出了乙烯精馏塔不同压力下操作参数和功耗的关系。

表 3-14 乙烯精馏塔不同压力下操作参数和功耗的关系

项目	方案 1	方案 2	方案 3
操作压力/MPa	0.245	0.637	1.813
塔顶温度/℃	−86	−56	−30.5
回流比	1.64	2.27	3.52
冷冻功耗/kW	2307	3304	3510
乙烯压缩功耗/kW	2621	1070	0
总功耗/kW	4928	4374	3510

效能分析结果表明，高压精馏和低压精馏的效率相当，但高压精馏对材质的要求低，操作简便，总能耗低，因此工业上大多采用高压精馏方案。乙烯高压精馏塔操作压力一般为 1.9～2.3MPa(G)，相应的塔顶温度为−35～−23℃，塔顶冷凝采用丙烯制冷剂。图 3-22 给出了美国 Lummus 公司某轻烃裂解装置的乙烯精馏工艺流程，该精馏塔的塔顶操作压力为 1.77MPa(G)，

塔顶温度为–36℃。

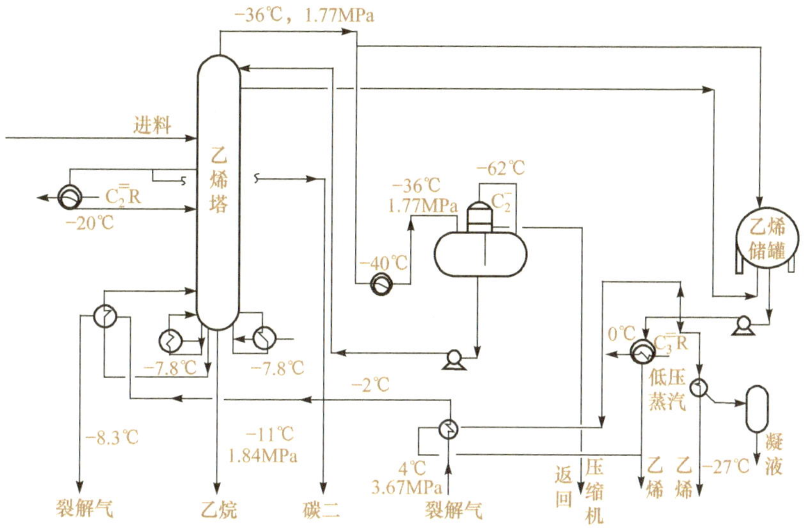

图 3-22 Lummus 公司某轻烃裂解装置的乙烯精馏工艺流程

乙烯塔有一个中间再沸器，从回收冷却系统中回收温度级别比塔底再沸器低的冷量。乙烯精馏塔的理论塔板数为 96 块，实际塔板数为 125 块，回流比为 3.4～3.6，乙烯从第 8～10 块塔板作为侧线抽出，塔顶几块塔板用于分离进料中带入的氢气和甲烷(节省了第二脱甲烷塔)。乙烯塔顶抽出的轻组分经过一台尾气冷凝器进一步降低乙烯含量，乙烯塔顶冷凝器用低温位的丙烯作制冷剂(–40℃)，主再沸器采用温度级位为–8～2℃的丙烯制冷剂蒸汽冷凝加热。从精馏塔塔底抽出的乙烷，在冷箱中气化回收冷量，然后回乙烷裂解炉。从乙烯储罐中抽出的乙烯，一台泵供高压乙烯，另外根据加工产品的需要，将其气化后送出界区。

5) 脱丙烷塔

在顺序分离流程和前脱乙烷分离流程中，脱乙烷塔塔釜液进入脱丙烷系统，在脱丙烷塔塔顶分离出 C_3 馏分(丙烷和丙烯)，塔釜得到 C_4 及 C_4 以上馏分。

在前脱丙烷流程中，脱丙烷系统的进料为含氢气、甲烷、C_2 馏分、C_3 及 C_3 以上馏分的裂解气，塔顶分离出氢气、甲烷、C_2 馏分、C_3 馏分，塔釜得到 C_4 及 C_4 以上馏分。

脱丙烷塔进料中含有大量的 C_4 和 C_4 以上的不饱和烃，在较高的温度下极易聚合而造成再沸器结焦和塔板的堵塞。为了减少换热器结焦和清焦周期，20 世纪 70 年代多采用低压脱丙烷工艺，但降低脱丙烷塔压力的同时会导致脱丙烷塔顶温度降低，造成冷冻功耗增加。目前为了降低冷冻功耗，多采用双塔脱丙烷工艺流程。

因前脱丙烷和后脱丙烷工艺不同，双塔脱丙烷流程的脱丙烷塔的进料组成不同。因此，其流程组织和操作参数也不同。图 3-23 给出了双塔后脱丙烷(顺序流程和前脱乙烷流程)的工艺流程。

乙烷塔釜液进入高压脱丙烷塔，压力为 1.38MPa，塔顶温度为 38.6℃，塔釜温度为 78℃，塔顶采用水冷，塔顶冷凝液一部分作为塔顶回流，一部分返回 C_3 馏分加氢脱炔系统。塔釜采用蒸汽加热，为减少加热蒸汽用量，设置中间急冷水加热的中间再沸器。塔釜含有 27%左右 C_3 组分，塔釜液换热冷却至 50℃后送至低压脱丙烷塔顶，裂解气凝液汽提塔塔釜液送至低压脱丙烷塔的第 13 块塔板。低压脱丙烷塔的操作压力为 0.58MPa(G)，塔顶温度为 42.2℃，塔釜温度为 76℃。塔顶采出气经水冷冷却器冷却，再进入丙烯为冷却剂的冷却器冷至全凝。冷凝

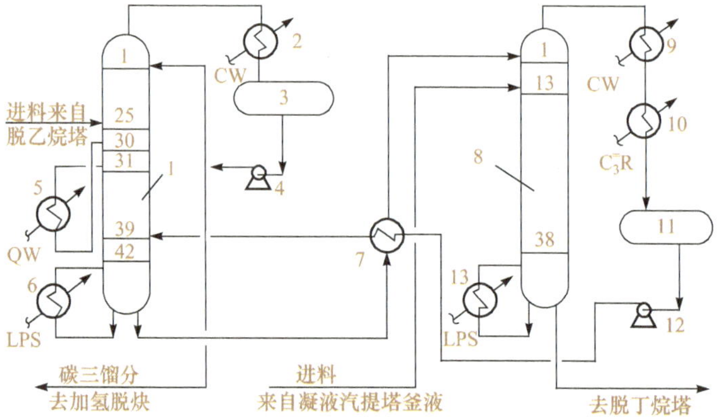

图 3-23 双塔后脱丙烷工艺流程

1. 高压脱丙烷塔；2. 冷凝器；3、11. 回流罐；4、12. 回流泵；5. 中间再沸器；6、13. 再沸器；7. 换热器；8. 低压脱丙烷塔；9. 水冷冷却器；10. 丙烯冷却冷凝器

液中含有 45%(摩尔分数)的 C_3 馏分，经与高压脱丙烷塔的塔釜液换热后返回高压脱丙烷塔第 39 块塔板。

6) 丙烯精馏塔

在顺序分离流程和前脱乙烷流程中，丙烯精馏塔进料为脱丙烷塔的塔顶流出物；在前脱丙烷流程中，丙烯精馏塔的进料为脱乙烷塔的塔釜物。为了防止丙烯精馏塔中塔釜丙烷产品中含有大量的炔烃，物料在进丙烯精馏塔前进行选择加氢脱除炔烃。

由于丙烯对丙烷的相对挥发度较低，丙烯精馏塔的塔板数较多和回流比较大。早期为了降低回流比，采用较低的操作压力，为了降低能耗，采用热泵流程。目前，丙烯精馏塔大多采用急冷水加热作为中间再沸器，既降低了能耗，又简化了流程。为了得到高纯度的聚合级丙烯，丙烯精馏塔的塔板数在 200～240 块，相应塔高在 85～90m，为了降低单塔塔高和采用较小的回流比，工业上采用了双塔丙烯精馏工艺流程。图 3-24 为美国 Lummus 公司双塔丙烯精馏工艺流程图。

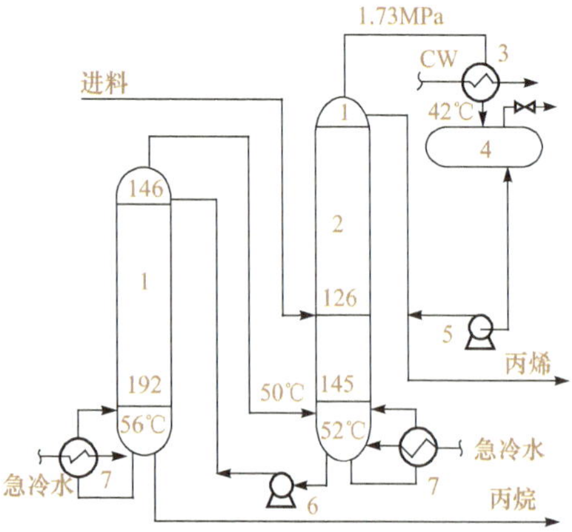

图 3-24 美国 Lummus 公司双塔丙烯精馏工艺流程图

1、2. 丙烯精馏塔；3. 冷凝器；4. 回流罐；5. 回流泵；6. 输送泵；7. 再沸器

C_3 馏分进入丙烯精馏塔第一段的第 126 块塔板，塔顶采用水冷冷却器，冷凝液一部分为精馏塔第一段的回流料，一部分作为丙烯产品采出。精馏塔第一段塔釜采用急冷水加热，塔釜温度控制在 52℃；塔釜液送至第二段的塔顶作为回流料，第二段的塔顶气体送至第一段的塔釜，而第二段的塔釜液作为丙烷产品采出。

7) C_4 馏分的分离

从脱丙烷塔塔底得到的含 C_4 及 C_4 以上馏分进入脱丁烷塔，脱丁烷塔塔顶得到混合 C_4 馏分，塔底物料与裂解汽油混合，送裂解汽油加氢装置。

(1) 裂解 C_4 馏分组成。烃类裂解得到的 C_4 馏分受裂解原料、裂解深度和裂解工艺的影响很大，C_4 馏分一般占乙烯产量的 40%左右。裂解 C_4 具有烯烃特别是丁二烯含量高、烷烃含量低的特点。表

3-15 给出了以石脑油为原料不同裂解深度所得到 C_4 馏分的组成。

表 3-15　不同裂解深度 C_4 馏分的组成(质量分数/%)

裂解深度	轻度	中度	深度	超深度
C_3	0.30	0.30	0.30	0.16
正丁烷	4.20	5.20	2.80	0.54
异丁烷	2.10	1.30	0.60	0.53
1-丁烯	20.0	16.0	13.6	9.18
顺-2-丁烯	7.30	5.30	4.80	1.16
反-2-丁烯	6.60	6.50	5.80	3.63
异丁烯	32.4	27.2	22.1	10.13
1,3-丁二烯	26.1	37.0	47.4	70.10
1,2-丁二烯	0.12	0.15	0.20	0.40
甲基乙炔	0.06	0.07	0.03	0.10
乙烯基乙炔	0.15	0.30	1.60	2.99
乙基乙炔	0.04	0.10	0.20	0.53
C_5	0.50	0.50	0.50	0.10

从表 3-15 看出，随着裂解深度的增加，丁二烯产率大幅升高，乙烯基乙炔和乙基乙炔产率升高，其他组分产率降低。

(2) C_4 馏分的分离方法。裂解 C_4 馏分中含有丁二烯、异丁烯、1-丁烯、2-丁烯、异丁烷、正丁烷等组分。由于异丁烯和 1-丁烯的沸点仅差 0.64℃，采用精馏的方法很难将其分离开来，所以 C_4 馏分的分离关键是异丁烯和 1-丁烯的分离。C_4 馏分的分离流程中首先采用萃取精馏法分离出丁二烯，采用反应分离或萃取分离法分离出异丁烯，然后采用精馏法分离出 1-丁烯等。

(3) 丁二烯分离。丁二烯分离工业上采用了萃取精馏法，根据萃取剂的不同可分为：DMF(二甲基甲酰胺)法、NMP(*N*-甲基吡咯烷酮)法和 ACN(乙腈)法。三种分离工艺基本原理相同，均采用了两段萃取精馏、两段精密分馏的工艺过程。但在工艺上各有优缺点，采用哪种方法主要根据溶剂来源、价格、成本、化学稳定性、毒性及腐蚀性等确定。表 3-16 给出了三种工艺流程的技术经济对比结果。

表 3-16　三种丁二烯分离流程技术经济对比

工艺	NMP 工艺	DMF 工艺	ACN 工艺
专利商	BASF 公司	Zeon 公司	JSR 公司
产品纯度/%	98.8～99.9	≥99.8	≥99.5
炔烃含量/(μg/g)	<20	<20	<500
丁二烯产率/%	98～99	≥99.8	97～98
设备台数/台	100	125	>100
冷却水/(t/t)	182	300	230
电/[(kW·h)/t]	135	140	64
蒸汽/(t/t)	1.587	2.580	1.900
溶剂用量/(kg/t)	0.25	1.25	0.37

图 3-25 为 DMF 法萃取精馏分离丁二烯的工艺流程。该生产工艺包括四个工序，即第一

萃取蒸馏工序、第二萃取蒸馏工序、精馏工序和溶剂回收工序。

原料混合 C_4 馏分以气态进入丁二烯萃取精馏塔 1A 中，由萃取精馏塔 1B 塔上部加入溶剂 DMF，丁烷和丁烯从 1B 塔上部采出出装置；塔中溶解于溶剂的丁二烯和碳四炔烃(主要为乙基乙炔和丁炔)进入第一解吸塔 2。在第一解吸塔 2 中丁二烯和炔烃由塔顶采出，经压缩机压缩后进入第二萃取精馏塔 3，溶剂由第一解吸塔 2 塔釜采出。塔 3 上部加入少量溶剂，脱除炔烃，丁二烯由塔 3 顶部采出，进入脱轻组分塔 6。含有丁二烯和炔烃的溶剂由塔 3 底部采出，进入丁二烯回收塔 4，塔釜液进入第二解吸塔 5，炔烃及部分丁二烯由塔 5 顶部采出，送火炬系统。丁二烯由塔 6 采出，进入脱重组分塔 7，脱除重组分后即得纯度在 99.5%以上的聚合级丁二烯。

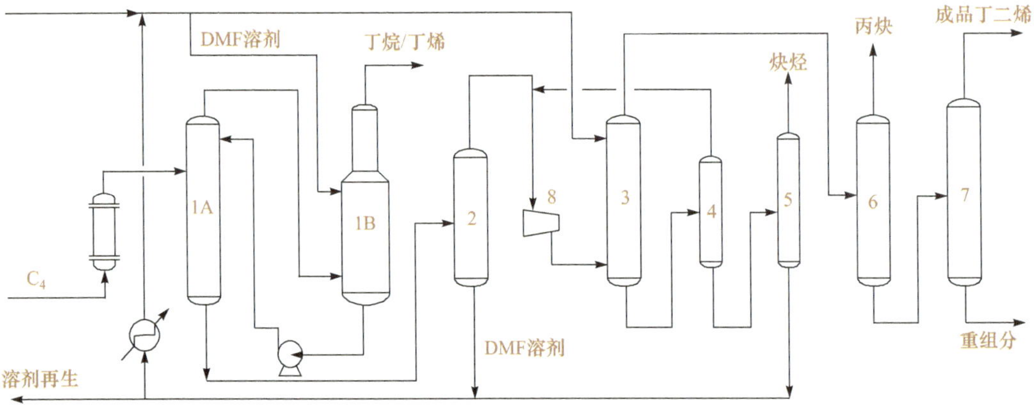

图 3-25　DMF 法萃取精馏分离丁二烯的工艺流程

1. 第一萃取精馏塔；2. 第一解吸塔；3. 第二萃取精馏塔；4. 丁二烯回收塔；5. 第二解吸塔；6. 脱轻组分塔；7. 脱重组分塔；8. 丁二烯压缩机

(4) 异丁烯分离。分离出丁二烯的 C_4 馏分含有丁烯的各种异构体、丁烷及异丁烷。随后的分离过程是分离出异丁烯。异丁烯的分离方法主要有甲基叔丁基醚(MTBE)及裂解法、异丁烯水合及脱水分离法、乙酸酯化分离法、无机酸萃取吸收分离法、分子筛吸附分离法等。

硫酸萃取法是利用正丁烯、异丁烯与硫酸反应速率不同来进行正丁烯和异丁烯的分离。分子筛吸附分离法是利用正丁烯、异丁烯在分子筛上的吸附能力差异来分离正丁烯和异丁烯，目前主要有美国 UCC 公司的钙-5A 分子筛技术和美国 UOP 公司的 K-X 型分子筛技术。异丁烯水合及脱水分离法是在阳离子树脂催化剂的作用下，异丁烯水合生成叔丁醇，叔丁醇通过强酸离子树脂催化脱水得到高纯度异丁烯。

甲基叔丁基醚及裂解法是在强酸大孔阳离子树脂的作用下，将异丁烯和甲醇反应生成 MTBE，MTBE 经热裂解得到高纯度的异丁烯。与其他方法相比，该技术对设备无腐蚀、对环境无污染、工业流程合理、操作条件缓和、能耗低、产品纯度高。由于 MTBE 是一种高辛烷值汽油调和组分，可根据市场情况，既可生产 MTBE，也可生产异丁烯。目前裂解 C_4 馏分中的异丁烯一般采用分离丁二烯后的 C_4 馏分直接与甲醇反应生成 MTBE，若需要高纯度异丁烯可进一步将 MTBE 进行裂解后通过精馏分离得到。

(5) 正丁烯分离。分离出丁二烯和异丁烯后的 C_4 馏分尚含有正丁烯(1-丁烯和 2-丁烯)和丁烷(正丁烷和异丁烷)，正丁烯和丁烷的分离主要采取萃取精馏技术分离得到纯度较高的丁烯产品。目前国外具有代表性的正丁烯分离工艺主要有：德国 Kruup Uhde 工艺、日本瑞翁工艺、日本石油化工公司的 NPC 工艺、美国 UOP 公司的分离工艺和法国 IFP 公司的分离技术。国内代表性的技术有烟台大学的分离工艺、中国石化集团齐鲁分公司两段精馏工艺等。图 3-26 为日本瑞翁株式会社的 C_4 馏分分离丁烯的工艺流程。

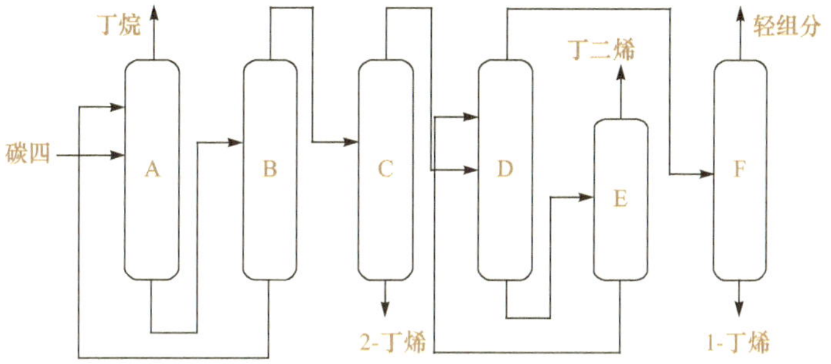

图 3-26　日本瑞翁株式会社的 C_4 馏分分离丁烯的工艺流程

A. 第一萃取精馏塔；B. 第一溶剂回收塔；C. 第一精馏塔；D. 第二萃取精馏塔；E. 第二溶剂回收塔；F. 第二精馏塔

分离出丁二烯和异丁烯的 C_4 馏分进入第一萃取精馏塔 A，在塔 A 中萃取精馏分离得到丁烯馏分和丁烷馏分。丁烷馏分从塔顶蒸出，丁烯和溶剂混合物进入第一溶剂回收塔 B，在塔 B 中丁烯与溶剂分离，丁烯由塔顶蒸出。由塔 B 顶部得到的丁烯馏分进入塔 C，塔 C 为第一精馏塔，在塔 C 塔顶分离得到粗 1-丁烯，塔底抽出 2-丁烯。塔 C 塔顶得到的粗 1-丁烯进入第二萃取精馏塔 D，塔 D 塔顶得到的 1-丁烯进一步进入第二精馏塔 F，经进一步精馏得到高纯度的 1-丁烯；塔 D 塔底的溶剂进入第二溶剂回收塔 E，回收溶剂。

3.1.4　烃类热裂解技术进展

近年来，随着市场对烯烃需求量的增加和乙烯/丙烯生产原料的多样性，烃类蒸汽裂解生产烯烃技术也有新的发展。

1. 裂解原料优化

乙烷裂解制乙烯技术成熟，具有成本低、收率高、投资少、污染小的优点。乙烷裂解制乙烯的收率高达 80.5%，远高于石脑油制乙烯的 29%～35%。随着美国、加拿大和中东地区天然气大规模开采，特别是美国页岩气的开发，乙烷供应量大幅增加，价格不断降低，已成为颇具竞争力的工艺路线。

原油直接制乙烯技术已由美国埃克森美孚公司开发成功并于 2014 年在新加坡投入工业试生产。埃克森美孚原油直接制轻质烯烃工艺将原油直接供给裂解炉，分别在裂解炉的对流段和辐射段间加入一闪蒸罐，将原油预加热通过闪蒸分离出较轻组分，这部分轻组分返回到炉内辐射段盘管，并以通常的方式裂解，在闪蒸罐底部收集的重质液体组分被送至附近炼油厂进一步加工或进入市场。该工艺具有原料成本低、能耗小、碳排放量少等优点。另外，沙特阿美(Saudi Aramco)和沙特基础工业公司(SABIC)也开发出了原油直接转化生产轻质烯烃的技术。

2. 裂解炉技术

中国石油化工集团公司新开发出 CBL 裂解炉，采用双炉膛结构，单炉生产能力达 200kt/a；

美国 Lummus 公司的 SRT-Ⅵ型裂解炉采用底部、侧壁联合供热，供热比例为 85：15，供热效率大大提高；美国 Stone&Webster 公司的 USC 裂解炉进一步缩短停留时间，单台裂解炉最大生产能力可达 200kt/a；法国德克尼普(Technip)集团公司 GK-Ⅵ型裂解炉，其辐射段采用 1-1 型炉管，停留时间在 0.2s 左右，供热系统通常采用侧壁、底部联合供热方式，底部烧嘴供热比例在 70%左右。

陶瓷炉管技术是在炉管内壁生成一种纳米结构的尖晶石表面，抑制焦的形成。这种材料可在较高的裂解温度下操作且无催化作用，因此不会形成催化结焦的结焦物。美国 Stone&Webster 公司对陶瓷裂解炉管进行了试验测试，使用乙烷作裂解原料时，炉管不结焦，并且乙烷的转化率较高。法国石油研究院和加拿大诺尔化学(NOVA Chemicals)公司开发了高温陶瓷裂解炉管，采用这种炉管乙烷裂解的转化率为 90%，而普通裂解炉的转化率仅 65%～70%，并且还可有效地控制裂解结焦的生成，使裂解炉的运行周期大幅延长。上述新型炉管技术具有良好的应用前景，但目前还存在一些问题，主要问题是陶瓷与金属的热膨胀系数不同带来的应力问题会导致陶瓷损坏。

炉管涂层技术是在炉管表面采用热喷涂的方式涂覆一层铝，能够显著降低结焦速率，延长运行周期，但因涂层的稳定性和牢固性较差，涂层的应用效果衰减较快，应用几个周期后涂层的效果就会消失。中国石化北京化工研究院开发的原位涂层技术避免了上述问题，其基本原理是裂解炉管基体中的 Ni、Fe、Cr、Mn 元素对 O 元素的亲和力依次增大，因此可以通过控制气氛中的氧浓度来实现只氧化 Ni、Fe，而不氧化 Cr、Mn，最终在炉管内表面形成一层富集 Cr/Mn 氧化物的薄膜，即原位涂层。原位涂层将炉管基体中具有催化结焦活性的 Fe、Ni 元素覆盖，从而大幅度减少裂解过程中的催化结焦。工业应用试验结果表明，原位涂层技术在经过多个运行周期后，依然具有良好的应用效果，有效避免了其他涂层技术应用效果衰减的问题。

3. 在线烧焦技术

裂解炉在线烧焦是在炉管蒸汽-空气烧焦结束后，继续对废热锅炉实施烧焦。与传统的烧焦方式相比，在线烧焦具有明显的优势。一是裂解炉没有升降温过程，可以延长炉管的使用寿命，并可节省裂解炉升降温过程中燃料与稀释蒸汽的消耗；二是由于在线烧焦，裂解炉离线时间短，可以提高开工率，并可增加乙烯与超高压蒸汽的产量。

目前德国 BASF 公司的在线烧焦程序已在乙烯裂解炉上成功应用了多年。中国石化北京化工研究院开发的快速烧焦技术在德国 BASF 公司的烧焦程序基础上大大提高了烧焦的速度和安全性，目前已经开始应用。

4. 结焦抑制剂技术

在裂解原料或稀释蒸汽中加入结焦抑制剂，可以起到钝化炉管表面、延长炉管结焦周期的作用。有报道称，荷兰 Phillips 公司开发的 CCA-500 结焦抑制剂可使炉管运转周期延长 2 倍。

5. 强化传热技术

采用不同结构的异形炉管，或在圆管内外增加强化传热构件来提高炉管传热速率的新型炉管构型，这些新炉管有些在工业上已经应用，并获得了良好的效果。例如，美国 Lummus 公司的 SRT-Ⅴ(F)型炉将二程分支变径 8-1 型炉管的第一程炉管由圆管改为螺旋梅花形状的炉管，结果不仅增加了第一程炉管的传热面积，也改善了炉管内物料的对流传热；美国 Kellogg 公司的新型毫秒炉也是将单程小直径圆形炉管改为梅花螺旋形炉管，结果不仅改善了裂解选择性，增加了炉管的处理量，也使裂解炉的运转周期有所延长；美国 Lummus 公司推出了在辐射段炉管的前段炉管内增设内肋条，管外增加钉头的强化传热炉管技术，可以使生产能力提高 10%；中国石化北京化工研究院开发了扭曲片管强化传热技术，该技术是在裂解炉的辐射段炉管中分段加入几小段带有扭曲片的整铸管，迫使管内的流体产生径向的扰动，这样管内的流体会对炉管管壁产生一定的剪切作用，使靠近管壁的流动边界层减薄，使得传热系数增大，从而起到强化传热的作用。应用该技术时，炉管的运行周期有所延长，裂解产物的选择性也有一定程度的提高。

3.2 丙　烯

3.2.1 性质及主要用途

丙烯为无色、有烃类气味的气体；熔点−191.2℃，沸点−47.72℃，闪点−108℃，密度 0.50g/cm^3，饱和蒸气压 602.88kPa(0℃)，临界温度 91.75℃，临界压力 4.55MPa，爆炸上限 11.7%(体积分数)，爆炸下限 2.0%(体积分数)；不溶于水，溶于乙醇等有机溶剂。丙烯是合成纤维、合成橡胶、合成塑料、丙烯腈、环氧丙烷、丙酮、丁辛醇、丙烯醛、丙烯酸等基本原料。

3.2.2 来源和生产方法

1. 烃类热裂解

烃类蒸汽裂解(见 3.1.3 节)是丙烯的主要来源，在以石脑油为原料的蒸汽裂解过程中，乙烯和丙烯的比例为 2:1～3:1，有关资料统计有 60%以上的丙烯来源于蒸汽裂解。

2. 催化裂化

丙烯另一来源是催化裂化(见 2.2 节)副产液化气，其产量占丙烯产量的 30%以上。特别是多产丙烯催化裂化工艺和催化剂应用后，丙烯产率占气体产量的 18%～23%；若利用法国石油研究院开发的复分解反应技术，使乙烯与丁烯反应，则可使丙烯产率达 26%～30%。

3. 催化裂解

催化裂解(见 3.1.2 节)是在催化剂存在下，将烃类转化为低碳烯烃的高温裂解过程。目前，采用的原料有 C_4～C_8 低值烯烃、石脑油和重质原料油。由于市场对丙烯需求量增加和蒸汽裂解生产低碳烯烃中丙烯产量的限制，催化裂解生产低碳烯烃技术大多采用了多产丙烯催化剂和工艺条件。例如，韩国 SK 公司和美国 KBR 公司联合开发的 ACO 工艺采用全馏分石脑油，丙烯/乙烯比可达 0.92；中国石化石油化工科学研究院的 DCC 工艺以阿拉伯轻质原油的减压蜡油为原料，乙烯和丙烯收率分别为 9.77%和 24.60%；美国 UOP 公司的 PetroFCC 工艺以减压蜡油为原料，丙烯收率 20%以上。

4. 甲醇法制烯烃(MTO/MTP 或 MTP)

以煤或天然气为原料经合成气路线先制取甲醇，再由甲醇制取烯烃，既可以联产乙烯、丙烯(可调节乙烯/丙烯比)，也可以主要生产丙烯。

5. 丙烷脱氢

随着炼油厂液化气产量和美国页岩气开采副产丙烷的增加，丙烷脱氢生产丙烯成为丙烯的重要来源之一。相对于其他工艺，丙烷脱氢生产丙烯具有原料、产品单一和生产工艺简单等特点，其工艺经济性取决于丙烷和丙烯的差价。

6. 乙烯和丁烯歧化

工业上石脑油裂解生产乙烯、丙烯的同时也产生了大量的 C_4 烯烃，通过丁烯与乙烯歧化制备丙烯，能够实现增产丙烯、优化资源的目的。该工艺受原料和成功工业经验限制，其发展具有较大的局限性。

3.2.3 丙烷脱氢生产丙烯

1. 原料

丙烷脱氢原料来源主要有油田伴生气、湿性天然气凝析液、页岩气和炼油厂的液化气，丙烷脱氢生产丙烯要求原料纯度大于 97%。国外大多采用高纯度的油田伴生气和页岩气。国内油田伴生气、湿性天然气凝析液、页岩气相对较少，主要依赖于进口；而炼油厂的液化气资源相对丰富，但其纯度较低，硫含量较高，在脱氢反应前需要脱除其中的硫。

2. 丙烷脱氢技术

目前，世界上丙烷脱氢的工艺主要有美国 UOP 公司的 Oleflex 工艺、美国 Lummus 公司的 Catofin 工艺、德国 Krupp Uhde 公司的 Star 工艺、俄罗斯 Yarsintez 公司和意大利 Snamprogetti 公司联合开发的 FBD 工艺、德国 Linde 公司和 BASF 公司共同开发的二代 PDH 工艺、中国石油化工集团开发的 PDH 工艺等，其中已经实现工业化的主要有美国 UOP 公司的 Oleflex 工艺、美国 Lummus 公司的 Catofin 工艺及德国 Krupp Uhde 公司的 Star 工艺。

3. 工艺原理

1) 主、副反应

丙烷脱氢过程主反应生成丙烯和氢气，副反应有丙烷的裂解反应生成乙烷、乙烯和甲烷，也有生成的丙烯进一步脱氢或裂解生成乙烯、甲烷甚至积炭。

主反应

$$C_3H_8 \rightleftharpoons C_3H_6 + H_2$$

副反应

$$C_3H_8 \rightleftharpoons C_2H_4 + CH_4$$

$$C_3H_8 + H_2 \rightleftharpoons C_2H_6 + CH_4$$

$$C_3H_6 + H_2 \rightleftharpoons C_2H_4 + CH_4$$

$$C_3H_6 + H_2 \rightleftharpoons 2CH_4 + C$$

$$C_2H_4 + H_2 \rightleftharpoons C_2H_6$$

$$C_2H_4 + H_2 \rightleftharpoons 2C + 3H_2$$

2) 反应机理

Pt 系催化剂：Pt 系催化剂上活性组分 Pt 的结构可分为两类，即多铂原子组成的铂簇团和孤立的单金属铂原子。后者可能是位于晶粒边、角和棱上的孤立原子，也可能是被非活性金属如 Sn、In 等分割包围的孤立原子。Biloen 和 Kogan 的研究指出丙烷脱氢的活性位是单个的铂原子，脱氢反应的控制步骤为 β-H 的解离。反应过程中首先是丙烷中 C—H 键的断裂，形成吸附态的丙基，然后吸附态丙基中的一个 C—H 键断裂，产生一个 π 键，形成吸附态的丙烯，吸附态丙烯脱离吸附活性位而形成丙烯。Pt 系催化剂上丙烷脱氢反应机理见图 3-27。

Cr 系催化剂：研究者认为 Cr 系催化剂中 Cr 在 Al_2O_3 载体表面能以多种价态和多种相态存在(C^{3+}、Cr^{5+}和 Cr^{6+})，并可以形成多种化合物，它们具有不同的还原性和催化行为。Cr^{5+}物种和催化剂的初活性相关，Cr^{2+}物种是主活性中心，而 Cr^{3+}物种决定丙烯选择性。

Cr_2O_3/Al_2O_3 催化剂上丙烷脱氢反应分三步进行：首先，丙烷吸附在配位不饱和的 Cr^{n+} 中心(可以是孤立的 Cr^{n+}，也可以是 Cr^{n+}团簇)；然后，丙烷的 C—H 键活化断裂，同时形成 O—H 键和 Cr—C 键；最后，丙烯脱附，在催化剂表面形成 H_2，活性位复原，反应机理如图 3-28 所示。

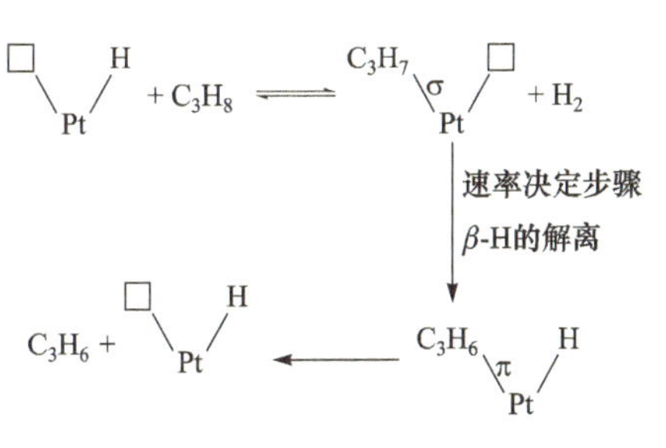

图 3-27　Pt 系催化剂上丙烷脱氢反应机理

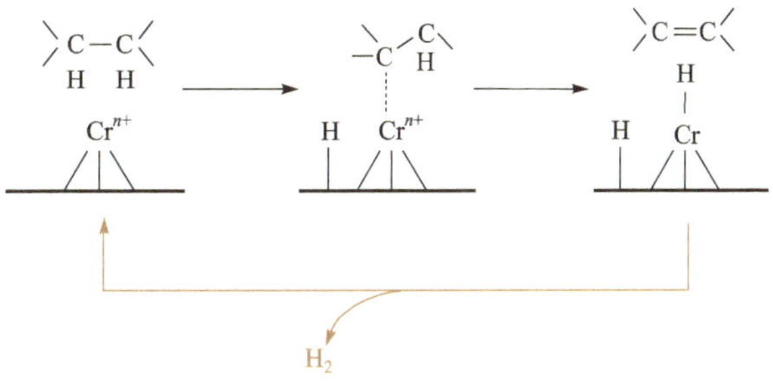

图 3-28　Cr 系催化剂上丙烷脱氢反应机理

4. 催化剂

丙烷脱氢生产丙烯的工艺不同，所使用的催化剂也有所不同，大致分为两类，一类为 Pt 系催化剂，另一类为 Cr 系催化剂。表 3-17 给出了丙烷脱氢工艺与对应的催化剂和工艺参数。

表 3-17 丙烷脱氢工艺对应催化剂及工艺参数

工艺	专利商	温度/℃	压力/kPa	催化剂	反应器	选择性/%
Oleflex	UOP	550～650	138	$PtSn/Al_2O_3$	移动床	89～91
Catofin	Lummus	560～620	30	Cr_2O_3/Al_2O_3	固定床	87
Star	Krupp Uhde	500	415	$PtSnZn/Al_2O_3$	固定床	80～90
Linde	Linde-BASF	590	159	Cr_2O_3/Al_2O_3	固定床	93
FBD	Snamprogetti	540～590	117～145	Cr_2O_3/Al_2O_3	流化床	84

1) Pt 系催化剂

Pt 系催化剂中单个的 Pt 金属原子为丙烷脱氢反应的活性中心，Pt 粒子的大小对生成丙烯的活性和选择性影响很大，小粒径 Pt 催化剂的丙烷脱氢活性非常高，但催化剂很容易积炭，造成催化剂的选择性降低；大粒径催化剂的活性低，但选择性高，且催化剂表面积炭速度较慢。在保持催化剂较高活性和选择性的情况下，为了降低催化剂的积炭速度，改善其活性和稳定性，加入了 Sn、Ce、Zn、K、Zr、La、Cr 等助催化剂。其中加入 Sn 助剂可以形成 Pt-Sn 合金，减少 Pt 颗粒的团聚，提高 Pt 颗粒分散度，同时改变了 Pt 与载体的相互作用力，从而提高催化剂活性和选择性。La、Ce 等助剂的加入可以提高 Pt 的分散度，同时可以降低催化剂表面的酸性，降低积炭速度。Pt 系催化剂虽然价格昂贵，但环境友好，可以在苛刻的反应条件下操作，因而得到了广泛应用。

2) Cr 系催化剂

Cr 系催化剂于 20 世纪 30 年代由 Frey 和 Huppke 两人研制成功。Cr 系催化剂催化丙烷脱氢过程涉及反应物与催化剂之间的电子转移，催化剂的活性和选择性与 Cr_2O_3/Al_2O_3 催化剂中 Cr 离子的价态变化密切相关，活性组分 Cr 存在几种价态，一般认为活性中心是 Cr^{2+}和 Cr^{5+}，其数量与催化剂的初活性有关，生成丙烯的选择性由 Cr^{3+}决定。高温下催化剂的活性位易被丙烷或积炭所覆盖，进一步生成积炭，导致催化剂迅速失活。为了克服积炭引起催化剂易失活的问题，通常加入一些碱性金属(如 K、La 等)来调变载体的酸碱性。与贵金属相比，铬系催化剂价格低，对原料中杂质要求低，但易积炭且稳定性差，具有毒性，容易污染环境，因而在工业上的使用受到了限制。

5. 反应热力学和动力学

1) 丙烷脱氢反应热力学分析

(1) 平衡常数。丙烷脱氢的主反应和标准状态下的摩尔反应焓变 ($\Delta_r H_m^\ominus$) 为

$$C_3H_8(\text{气}) \rightleftharpoons C_3H_6(\text{气}) + H_2(\text{气}) \qquad \Delta_r H_m^\ominus = 123.8\text{kJ/mol} \tag{3-24}$$

主要副反应和标准状态下的 $\Delta_r H_m^\ominus$ 为

$$C_3H_8(\text{气}) \rightleftharpoons CH_4(\text{气}) + C_2H_4(\text{气}) \qquad \Delta_r H_m^\ominus = 81.7\text{kJ/mol} \tag{3-25}$$

$$C_2H_4(\text{气}) + H_2(\text{气}) \rightleftharpoons C_2H_6(\text{气}) \qquad \Delta_r H_m^\ominus = -136.5\text{kJ/mol} \tag{3-26}$$

$$C_3H_8(\text{气}) + H_2(\text{气}) \rightleftharpoons CH_4(\text{气}) + C_2H_6(\text{气}) \qquad \Delta_r H_m^\ominus = -54.8\text{kJ/mol} \tag{3-27}$$

丙烷脱氢反应在热力学上是分子数增加、强吸热的可逆反应，丙烷转化率受热力学平衡控制。表 3-18 给出了不同温度下丙烷脱氢反应的热力学数据。

表 3-18 不同温度下丙烷脱氢反应的热力学数据

温度/℃	$\Delta_r H_m^\ominus$/(kJ/mol)	$\Delta_r G_m^\ominus$/(kJ/mol)	$K_p^\ominus$
580	129.30	11.46	0.199
600	129.35	8.70	0.302
610	129.37	7.32	0.369
620	129.39	5.93	0.450
630	129.40	4.55	0.545

从表 3-18 可以看出，在 580～630℃温度范围内，丙烷脱氢反应的 $\Delta_r H_m^\ominus$ 约为 129kJ/mol，是一个强吸热反应，且随温度升高变化不大。$\Delta_r G_m^\ominus$ 和 $K_p^\ominus$ 能够反映丙烷脱氢反应的难易程度。反应的平衡常数较小，表明反应较难进行。从表 3-18 还可以看出，随着温度的升高，$\Delta_r G_m^\ominus$ 逐渐减小，$K_p^\ominus$ 逐渐增大，说明高温对脱氢反应有利。

反应式(3-25)为吸热的裂解反应，$\Delta_r H_m^\ominus$ 为 81.7kJ/mol，小于丙烷脱氢反应的热效应；该反应在 580℃时的 $K_p^\ominus$ 为 118，在 620℃时高达 195，为丙烷脱氢反应平衡常数的 400 倍以上，表明反应很容易进行，是影响丙烷脱氢反应选择性的主要因素。

反应式(3-26)为放热的加氢反应，$\Delta_r H_m^\ominus$ =−136.5kJ/mol，反应的平衡常数在 580℃时为 53，在 620℃时为 22，为丙烷脱氢反应平衡常数的 50 倍以上，随温度的升高而降低。

反应式(3-27)为反应式(3-25)和反应式(3-26)的叠加。

以上热力学分析结果表明，高温有利于丙烷脱氢反应的进行，但过高的反应温度会导致裂解反应的增加，因此要加快丙烷脱氢的反应速率，需要减少高温下丙烷在反应器中的停留时间，抑制裂解反应的发生。

(2) 平衡转化率。丙烷脱氢反应的平衡转化率除与温度有关外，还与系统压力和氢烃比有关。由于标准平衡常数 $K_p^\ominus$ 仅是温度的函数，通过 $K_p^\ominus$ 可以得到不同温度、压力、氢烃比条件下的丙烷脱氢平衡转化率。

设丙烷脱氢反应的系统总压(绝对压力)为 $p_总$，氢气与丙烷的摩尔比(氢烃比)为 n，令 $p = p_总/p^\ominus$，$p^\ominus$ 为标准大气压。根据反应式，平衡转化率 x 可用式(3-28)表示：

$$x = \frac{\sqrt{n^2(p+K_p^\ominus)^2 + 4K_p^\ominus(p+K_p^\ominus)(1+n)} - n(p+K_p^\ominus)}{2(p+K_p^\ominus)} \tag{3-28}$$

通过式(3-28)可计算出不同温度、压力、氢烃比条件下的平衡转化率。

图 3-29 为根据平衡转化率计算式得到的进料氢烃摩尔比为 0.5 时，在不同压力下，丙烷脱氢反应的平衡转化率随温度的变化关系。从图 3-29 看出：在相同压力下，随着温度的升高，平衡转化率增大。由于丙烷脱氢反应的平衡常数较低，为了获得较高的丙烯收率，反应温度一般要求在 600℃以上，但过高的温度对催化剂及反应设备提出了更高的要求。压力对平衡转化率的影响很大，当系统压力为 0.01MPa 时，在 580℃时平衡转化率即高达 78%；而当压力

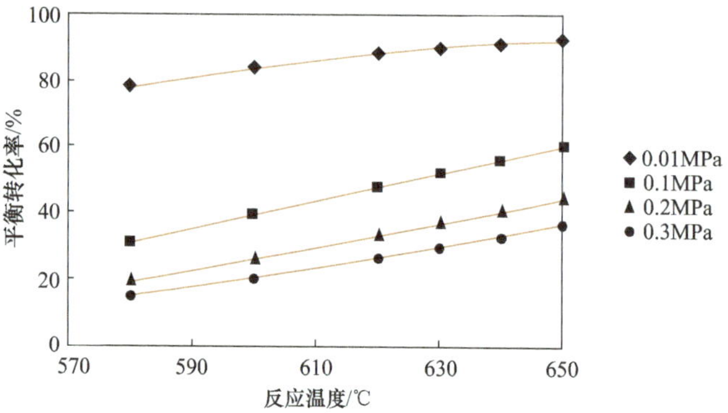

图 3-29 n=0.5 时不同反应温度和压力下丙烷脱氢反应的平衡转化率

为 0.1MPa 时，580℃时平衡转化率降至 31%。为了提高丙烷脱氢反应的转化率，在保证反应物料正常流动的情况下，应当选择尽可能低的压力。

经计算得到的在 620℃时不同压力和氢烃摩尔比下丙烷脱氢反应的平衡转化率见表 3-19。从表 3-19 看出，在反应压力为 0.2MPa、反应温度为 620℃的条件下，当氢烃摩尔比为 0.5 时，平衡转化率为 33.4%；氢烃摩尔比为 1.0 时，平衡转化率降至 28.9%；氢烃摩尔比为 2.0 时，平衡转化率进一步降至 24.8%。因此，在保证合适的积炭速率的条件下，应当选择低氢烃比，以获得较高的丙烯收率。

表 3-19 620℃时在不同压力和氢烃比下丙烷脱氢反应的平衡转化率

反应压力/MPa	氢烃摩尔比			
	0.5	1.0	1.5	2.0
0.1	48.0%	43.7%	41.0%	39.3%
0.2	33.4%	28.9%	26.4%	24.8%
0.3	26.1%	21.7%	19.5%	18.2%

从以上分析可以看出，丙烷脱氢反应的平衡常数很小，为了获得较高的丙烯收率，一方面需要开发高活性和高稳定性的催化剂，另一方面需要选择合适的工艺条件，以保证丙烯的收率和催化剂的活性稳定性，维持较长的运转周期。

2) 丙烷脱氢反应动力学分析

丙烷脱氢反应属于气-固多相催化反应，反应较为复杂，其动力学模型中除了化学动力学项外，往往还包含传质项，总过程速率由串联的各步中速率控制步骤所决定。

Pt 系催化剂：对于 Pt-Sn/Al_2O_3 催化剂催化的丙烷脱氢反应，有研究结果认为第一个氢键断裂是反应的限速步骤，反应活化能为 44.7kJ/mol，丙烷的反应级数为 1；有的研究认为非解离丙烷吸附是吸附的主要形式，而反应阶段是限速步骤；也有研究认为，第二个 C—H 断键是反应的限速步骤，由于实验条件的不一致性，无法得到统一的结论。

陈光文等采用粒径<0.45mm 催化剂，固定床微分反应器，接触时间 $W/F_{C_3H_8}<20$(g·h)/mol 的条件下，排除了内外扩散的影响，在常压、460～500℃下，对丙烷脱氢反应的本征动力学进行了研究。认为在脱氢过程中可能有 3 个主要阶段：吸附阶段[式(3-29)]、反应阶段[式(3-30)]和解吸阶段[式(3-31)]，采用 Powell 法优化各参数，以表面反应阶段为速控步骤建立动力学方程，获得了各反应温度下的反应速率常数及各组分的吸附平衡常数；最后得到动力学方程。

$$C_3H_8 + * \rightleftharpoons C_3H_8 * \tag{3-29}$$

$$C_3H_8 * + * \rightleftharpoons C_3H_6 * + H_2 * \tag{3-30}$$

$$C_3H_6 * \rightleftharpoons C_3H_6 + * \tag{3-31}$$

$$r = \frac{5.58\times10^{10}\mathrm{e}^{-40.6/RT}(3.44\times10^{-4}\mathrm{e}^{11.5/RT}p_{C_3H_8} - 1.82\times10^{-12}\mathrm{e}^{45.1/RT}p_{C_3H_6}p_{H_2})}{(1.0 + 3.44\times10^{-4}\mathrm{e}^{11.5/RT}p_{C_3H_8} + 3.97\times10^{-3}\mathrm{e}^{7.66/RT}p_{C_3H_6} + 4.81\times10^{-3}\mathrm{e}^{7.34/RT}p_{H_2})^2} \tag{3-32}$$

Biloen 等在研究 Pt 及其合金脱氢反应催化剂时，同样认为丙烷脱氢反应包含以上 3 个主要步骤，其中反应式(3-30)为控制步骤，得到下列反应的速率表达式

$$r = \frac{k + (K_{C_3H_8}p_{C_3H_8} - K_{C_3H_6}K_{H_2}p_{C_3H_6}p_{H_2} / K_p)}{(1 + K_{C_3H_8}p_{C_3H_8} + K_{C_3H_6}p_{C_3H_6} + K_{H_2}p_{H_2})^2} \tag{3-33}$$

式中，$K_p = k_+ / k_-$，为平衡常数。

Cr 系催化剂：陈海松等研究了 Cr_2O_3-Al_2O_3 催化剂上丙烷脱氢制丙烯反应宏观动力学模型。实验在常压、反应温度为 853～913K 下，选择性约 90%，单程转化率 50%左右。为了方便计算，把反应系统合理简化为式(3-34)和式(3-35)。该研究用丙烯的选择性将总反应速率与主反应速率相关联，即 $r_{C_3H_6} = Sr$，$r_{C_3H_6}$ 为丙烯生成速率，mol/(min · kg)，S 为选择性，r 为反应速率，mol/(min · kg)。先用流动系统管式积分反应器的速率表达式(3-36)得到速率值，然后将各分压代入，得到动力学方程[式(3-37)]中的 4 个参数 α、β、k 和 K，最后用最优化法算出丙烷和丙烯的反应级数 α 和 β 分别为 1 和 2。不同温度下的 k 和 K 值详见表 3-20，表观活化能为 40.61kJ/mol。

主反应：

$$C_3H_8 \rightleftharpoons C_3H_6 + H_2 \tag{3-34}$$

副反应：

$$C_3H_8 \rightleftharpoons CH_4 + C_2H_4 \tag{3-35}$$

$$W / F = \int_0^x \mathrm{d}x / r \tag{3-36}$$

$$r_{C_3H_8} = k(p_{C_3H_8}^{\alpha} - p_{C_3H_6}^{\beta} / K) \tag{3-37}$$

表 3-20 各温度下的 k 与 K 值

温度/K	k	$K\times10^3$
853	4.729	2.186
863	5.202	3.191
873	5.587	4.357
883	5.982	4.597
893	6.170	4.720
903	6.594	4.782
913	7.009	5.223

6. 工艺条件

丙烷脱氢生成丙烯的反应受热力学平衡的限制，操作条件对其平衡具有重要的影响。选取了工艺流程和催化剂后，反应温度、压力、空速、氢烃比等操作条件的选取具有重要意义。

1) 反应温度

在反应压力为0.21MPa、氢烃摩尔比为0.5、质量空速为9h^{-1}的条件下，采用Pt-Sn-K/Al_2O_3催化剂，反应温度对丙烷脱氢产物组成的影响见表3-21。

表3-21 反应温度对丙烷脱氢反应结果的影响

项目	610℃	620℃	630℃
平衡转化率/%	28.8	32.5	36.2
实际转化率/%	29.4	33.1	37.7
丙烯选择性/%	96.5	95.0	93.2
产物分布(质量分数)/%			
CH_4	0.34	0.53	0.86
C_2H_6	0.62	0.95	1.50
C_2H_4	0.07	0.12	0.20
C_3H_6	28.4	31.4	35.1

从表3-21可以看出，随着反应温度的升高，丙烷的转化率升高，而且实际转化率均高于在该温度下的平衡转化率；但随着反应温度的升高，丙烷裂解的速度增加，生成丙烯的选择性降低。当反应温度为630℃时，实际转化率比平衡转化率提高1.5个百分点，明显大于610℃和620℃时实际转化率与平衡转化率的差值，产物中C_1和C_2组分显著增大，丙烯选择性下降，表明裂解反应增多。以甲烷含量计算，在630℃约有2.4%的丙烷发生了裂解反应，则脱氢反应的转化率为35.3%，略低于平衡转化率，而在610℃发生裂解反应的丙烷小于1%。产物中乙烯含量很少，其原因是乙烯发生了加氢反应生成乙烷。进一步的实验结果还表明，随着运行时间的延长，丙烷的转化率降低，而且反应温度越高，降低越明显；在反应温度为610℃时，反应50h后转化率从29.4%下降至28.0%，选择性接近97%，在反应温度为620℃时，反应80h后，转化率从33.1%降至27.0%，选择性保持在96%左右；在反应温度为630℃时，反应45h后，转化率从37.7%下降至21.0%，选择性降至89.0%。因此，反应温度不宜超过620℃。

2) 反应压力

从热力学分析来看，反应在低压下有利，但为了维持物料的流动，反应体系需要一定的压力。在反应温度为620℃、氢烃摩尔比为1.0、质量空速为6.0h^{-1}的条件下，采用Pt/Al_2O_3催化剂，反应压力对丙烷脱氢产物组成的影响见表3-22。

表3-22 反应压力对丙烷脱氢反应结果的影响

项目	0.1MPa	0.4MPa	0.45MPa
丙烷转化率/%	32.50	16.98	16.59
平衡转化率/%	46.32	19.35	17.40
丙烯选择性/%	97.60	88.25	87.94
丙烯产率/%	31.72	14.98	14.59

从表 3-22 看出，随着反应压力的增加，丙烷的转化率、生成丙烯的选择性和产率均在降低。

在反应温度为 620℃、氢烃摩尔比为 0.5、质量空速为 $9.0h^{-1}$ 的条件下，反应压力分别为 0.15MPa、0.21MPa 和 0.25MPa 下丙烷脱氢转化率的变化规律表明，随着反应压力的升高，丙烷转化率下降，并且压力越低，催化剂的活性随时间增加而下降得越快；在低压下，丙烷脱氢反应的转化率高，脱氢反应的积炭前驱物较多，导致催化剂积炭速率较快，致使催化剂活性快速降低。在较高压力下，如 0.25MPa，反应初期催化剂的活性下降较为缓慢，后期活性下降较快。反应 66h 后，反应压力为 0.15MPa 时催化剂的积炭量为 12.1%，而反应压力为 0.25MPa 时催化剂的积炭量为 10.3%。为了保持催化剂的稳定性，适宜的反应压力在 0.21MPa 左右。

3) 空速

在反应温度为 620℃、反应压力为 0.21MPa、氢烃摩尔比为 0.5 的条件下，Pt-Sn-K/Al_2O_3 催化剂在不同空速下丙烷脱氢结果见表 3-23。

表 3-23 空速对丙烷脱氢反应结果的影响

项目	质量空速/h^{-1}				
	9.0	7.5	6.0	4.5	3.0
丙烷转化率/%	33.1	33.4	34.3	35.5	37.4
丙烯选择性/%	95.0	94.4	92.6	90.3	86.1
丙烯产率/%	31.4	31.5	31.7	32.0	32.2

从表 3-23 可以看出，随着空速的降低，丙烷转化率增大，丙烯选择性降低，但丙烯产率变化不大。根据平衡转化率的计算式，在反应温度为 620℃、反应压力为 0.21MPa、氢烃摩尔比为 0.5 的条件下，丙烷平衡转化率为 32.5%。而表 3-23 中在质量空速为 3.0～$9.0h^{-1}$ 时，丙烷的转化率为 37.4%～33.1%，均已经超过了平衡转化率。根据热力学分析，裂解副反应平衡常数很大，反应容易进行，而低空速下物料在反应器中停留时间相对较长，高温裂解反应增多，导致丙烷转化率增大，丙烯选择性下降。为了减少裂解等副反应的发生，应适当提高空速，在 6.0～$9.0h^{-1}$ 为宜。

4) 氢烃比

目前工业化的丙烷脱氢工艺均为临氢丙烷脱氢工艺。在反应温度为 620℃、反应压力为 0.21MPa、质量空速为 $9.0h^{-1}$ 条件下，不同氢烃摩尔比下的丙烷脱氢反应结果见表 3-24。从表 3-24 可以看出，随着氢烃摩尔比的增大，丙烷转化率和丙烯产率均降低，丙烯选择性略有增加，丙烯产率接近相应条件下的平衡转化率，说明催化剂的活性较高；反应 10h 后，氢烃摩尔比为 0.5 和 1.0 时的催化剂积炭量分别为 0.34%和 0.13%，表明提高氢烃比能够降低催化剂的积炭速率。

表 3-24 氢烃摩尔比对丙烷脱氢反应结果的影响

项目	氢烃摩尔比			
	0.4	0.5	0.7	1.0
丙烷转化率/%	34.7	33.1	31.1	28.3
丙烯选择性/%	94.9	95.0	95.0	95.6
丙烯产率/%	32.9	31.4	29.5	27.1

7. 工艺流程和主要设备

丙烷脱氢工艺主要有美国 UOP 公司的 Oleflex 工艺、美国 Lummus 公司的 Catofin 工艺、德国 Linde 公司和 BASF 公司的 PDH 工艺、意大利 Snamprogetti 公司和俄罗斯 Yarsintez 公司联合开发的 FBD 工艺、德国 Krupp Uhde 公司的 Star 工艺等。目前工业应用较多的技术主要为美国 UOP 公司的 Oleflex 工艺和美国 Lummus 公司的 Catofin 工艺。

1) 美国 UOP 公司的 Oleflex 工艺

该工艺采用 4 台串联绝热式移动床反应器，为了维持每台反应器所需的反应温度，反应器之间设有中间加热器；同时为了保持反应过程具有较高的转化率和选择性，该工艺采用 CCR(催化剂连续再生)催化剂再生器，持续不断再生催化剂。该工艺采用 Pt/Al_2O_3 催化剂。采用该工艺在反应温度 550～650℃、反应压力大于 0.1MPa 时，丙烷的单程转化率达到 35%～40%，丙烯的选择性 90%左右，丙烯总收率 86%左右，氢气的产率 3.6%。图 3-30 为美国 UOP 公司的 Oleflex 工艺的原则流程图。

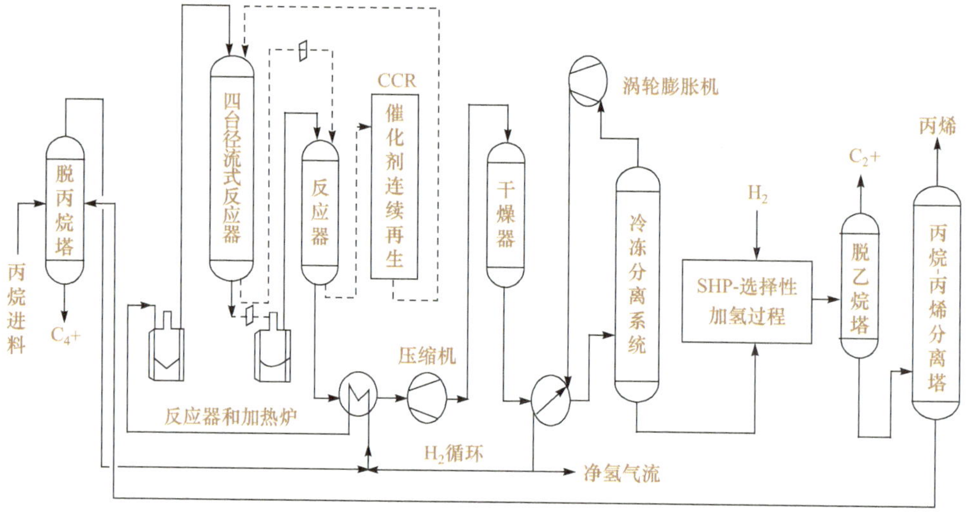

图 3-30 美国 UOP 公司的 Oleflex 工艺的原则流程图

美国 UOP 公司的 Oleflex 工艺主要分为反应部分、分离精馏部分和催化剂再生部分。

反应部分：原料气经脱丙烷塔得到纯度为 95%以上的丙烷原料与循环氢和循环丙烷混合，经换热和加热炉加热到反应温度进入四台连续径向流反应器，在高选择性催化剂的作用下进行丙烷脱氢反应。每台反应器进料前均设置物料加热炉，以补充反应损耗的热量，最后一台反应器分离出的催化剂进入 CCR 催化剂再生装置，催化剂再生后返回第一台反应器。

分离精馏部分：反应产物从第四台反应器底部与催化剂分离后经换热、压缩进入干燥塔，干燥后的物料进入冷箱部分冷凝，分成气体和液体。气体为富含氢气体(氢气含量 90%左右)，部分作为循环氢，部分作为富含氢气体出装置；液体进入选择加氢脱二烯烃反应器，脱除二烯烃的物料进入脱乙烷塔，塔顶得到 C_2 馏分，塔底物料进入丙烷-丙烯分离塔，塔底得到的丙烷返回丙烷分离塔，塔顶得到纯度为 99.5%～99.8%的丙烯产品。

催化剂再生部分：催化剂经再生部分进行烧焦、铂再分散等，使催化剂的活性得到恢复。催化剂循环再生的时间通常为 5～19 天。

2) 美国 Lummus 公司的 Catofin 工艺

该工艺采用多个绝热固定床反应器周期性切换操作，以保证装置连续运行；催化剂进行周期性的反应和再生，整个系统设有连锁系统，以保证阀门的安全操作，防止氢气和空气的接触。该工艺采用 Cr_2O_3-Al_2O_3 催化剂，催化剂的费用低，寿命 2～3 年。按烃类/热空气循环方式操作，反应温度 593～649℃，压力 0.05MPa，丙烷的单程转化率达到 44%左右，丙烯的选择性 86%左右，丙烷总转化率 90%左右。图 3-31 为美国 Lummus 公司的 Catofin 工艺的原则流程图。

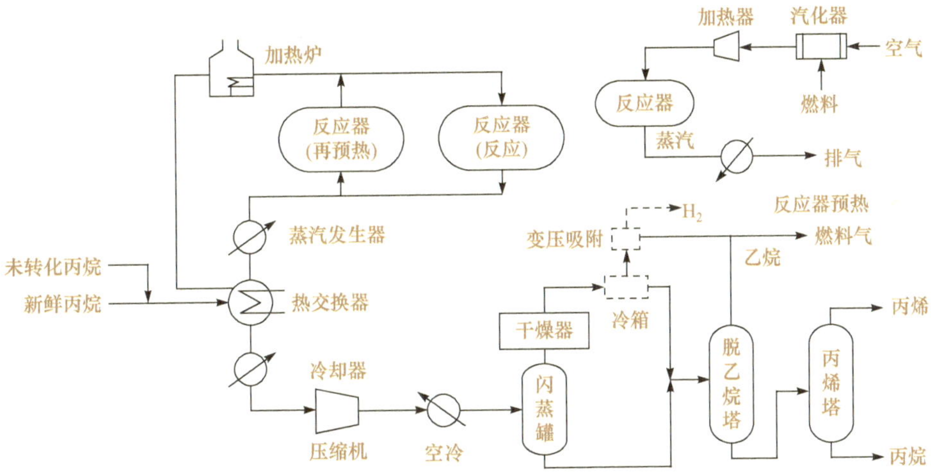

图 3-31　美国 Lummus 公司的 Catofin 工艺的原则流程图

美国 Lummus 公司的 Catofin 工艺主要分为反应部分、压缩部分、回收部分和精制部分。

反应部分：新鲜丙烷与循环丙烷混合，再与反应器的排放料一起进入换热器进行加热，然后进入加热炉加热至反应温度，在催化剂的作用下进行反应。反应后物料经蒸汽发生器、原料/产物交换器和冷却器冷却后进入压缩部分。

压缩部分：冷却后的反应物料经压缩机压缩和空气冷却器冷却后进入低温闪蒸罐分离，闪蒸罐液相物料进入脱乙烷塔，气相物料经干燥与脱乙烷塔顶的物料一起进入低温回收系统和变压吸附装置回收氢气和燃料气。

回收部分：闪蒸塔的液相物料经干燥进入脱乙烷塔，塔顶分离出甲烷、乙烷和惰性气体等，经进一步冷凝后回收剩余的 C_3 组分和重质烃，未冷凝部分经变压吸附装置回收氢气。

精制部分：脱乙烷塔底物料进入丙烯塔进行产品分离，塔顶得到纯度 99.5%以上的丙烯，塔顶物料回流作为再循环物料。

3) Oleflex 工艺与 Catofin 工艺比较

Oleflex 工艺为连续丙烷脱氢工艺，采用移动床反应器，反应均匀稳定，催化剂循环再生；采用 Pt/Al_2O_3 催化剂，选择性好、活性高、磨耗低，采用 CCR 精确的连续再生控制，催化剂稳定性好，寿命长；选用氢气为稀释剂，可抑制结焦、抑制热裂解和作为热载体一定程度上保持脱氢反应温度；装置占地面积小，总投资少；原料来源丰富，可以是油田的 LPG，也可以是炼厂或乙烯厂的 LPG；三废排放少，公用工程消耗低，在线操作可靠性高等。缺点是对原料纯度要求较高，单程转化率和选择性略低。

Catofin 工艺采用循环固定床反应器，易于扩能；采用 Cr_2O_3-Al_2O_3 催化剂，价格便宜，对原料杂质要求低，丙烷原料不需要预处理；脱氢反应的单程转化率较高，不需要循环氢，循环量少，操作成本低。缺点是反应器多，每个反应器为间歇操作；产品回收部分需要加压操作，造成能耗增加；催化剂寿命短，使用铬催化剂对环境造成不良影响。

3.2.4 丙烷脱氢技术进展

1. Catofin 工艺改进

Catofin 工艺采用 HGM 材料(一种金属氧化物材料)后，丙烷转化率和丙烯的选择性得到进一步提升。实际操作中，Catofin 工艺将 HGM 材料与催化剂一同装入反应器床层，在循环操作周期中经历氧化和还原过程，产生热量，从而促进脱氢反应的进行，降低了能耗，减少了碳排放。

2. 中国石油大学(华东)ADHO 技术

由中国石油大学(华东)开发的丙烷/丁烷脱氢技术，采用无毒无腐蚀的非贵金属催化剂，高效循环流化床反应器，实现脱氢反应和催化剂烧焦再生连续进行，原料不需要预处理可直接进装置，省去脱硫和脱砷等单元，其单程转化率和烯烃收率与意大利 Snamprogetti 公司的工艺相当。

3. 催化剂

近年来，除 Cr 系和 Pt 系催化剂，在烷烃脱氢体系中还对 V_2O_5、Ga、In、Au、Fe、Co 等金属进行了研究和考察。其中 V_2O_5 作为有氧脱氢的主要活性组分，得到了众多的研究与关注，包括 V-Mg-O、VO_x/ZrO_2、VO_x/SiO_2、V_2O_5-SiO_2-ZrO_2、V_2O_5/Al_2O_3 和 VO_x/SBA-15 等。开发低温、高效的双功能催化剂将是丙烷脱氢制丙烯技术未来发展的一个方向。

3.3 异 丁 烯

3.3.1 丁烯性质及主要用途

丁烯有四种异构体：1-丁烯($CH_3CH_2CH{=\!=}CH_2$)；2-丁烯($CH_3CH{=\!=}CHCH_3$)，其中 2-丁烯又分为顺式和反式；异丁烯[$CH_3C(CH_3){=\!=}CH_2$]。丁烯各异构体的理化性质基本相似，常态下均为无色气体，有微弱芳香气味，相对分子质量 56.80。不溶于水，易溶于醚、醇和苯等有机溶剂，易燃、易爆。

1-丁烯的熔点−185.35℃，沸点−6.25℃，临界温度 146.35℃，临界压力 4.02×10^3kPa，爆炸上限 9.3%～10.0%(体积分数)，爆炸下限 1.6%(体积分数)。

顺-2-丁烯的熔点−138.92℃，沸点 3.72℃，临界温度 162.40℃，临界压力 4.15×10^3kPa，爆炸上限 9.7%(体积分数)，爆炸下限 1.7%(体积分数)。

反-2-丁烯的熔点−105.53℃，沸点 0.88℃，临界温度 155.45℃，临界压力 4.15×10^3kPa，爆炸上限 9.7%(体积分数)，爆炸下限 1.7%(体积分数)。

异丁烯为无色、有不愉快臭味的气体。熔点−140.34℃，沸点−6.90℃，临界温度 144.74℃，临界压力 4.00×10^3kPa，爆炸上限 8.8%(体积分数)，爆炸下限 1.8%(体积分数)。不溶于水，易溶于醚。

正丁烯主要用于生产丁二烯，其次用于生产甲基乙基酮、仲丁醇、环氧丁烷及丁烯聚合物和共聚物。异丁烯主要用于生产丁基橡胶、聚异丁烯橡胶、各种塑料以及MTBE、叔丁醇、异戊二烯、叔丁胺、甲基丙烯酸甲酯(MAA)等化工产品。在许多场合，1-丁烯和2-丁烯无需分离，可一起进行化学加工生产许多重要的基本有机化工产品，如水合为仲丁醇进而生产甲基乙基酮，氧化脱氢制丁二烯，催化氧化生产顺丁烯二酸酐及乙酸等。

3.3.2 异丁烯的来源和生产方法

1. 石油化工装置副产

异丁烯的主要来源为石脑油蒸汽裂解副产的C_4馏分、炼油厂催化裂化副产的C_4馏分和哈康法生产环氧丙烷副产的叔丁醇(脱水生产异丁烯)。各种来源的C_4馏分中异丁烯的含量不同，且正丁烯和异丁烯的沸点只差0.6℃，相对挥发度只差0.022℃，一般的物理方法很难将其分离。目前主要是利用异丁烯的化学活泼性将其与其他C_4馏分分离，主要方法有硫酸萃取法、吸附分离法、叔丁醇脱水法、树脂水合脱水法、甲基叔丁基醚(MTBE)裂解法等。

2. 正丁烯异构化

异丁烯另一种来源是C_4馏分中的正丁烯异构化，生产技术主要有：①在催化裂化催化剂中加入异构化活性组分，提高催化C_4中异丁烯含量；②将分离出的正丁烯进行异构化生产异丁烯。拥有正丁烯进行异构化技术的专利商有法国石油研究院，美国德士古(Texco)公司、美国菲利普斯(Philips)公司、美国埃克森美孚(Exxon Mobil)公司、美国环球油品公司(UOP)、美国壳牌(Shell)公司、美国利安德(Lyondell)公司、英国石油公司(BP)，以及意大利Snamprogetti公司等多家研究单位及公司，目前已经开发成功的正丁烯骨架异构化生产工艺，依据催化剂的组成可分为氧化铝工艺与分子筛工艺两大类。

3. 异丁烷脱氢

异丁烷(正丁烷可先异构化为异丁烷)脱氢生产异丁烯技术于20世纪60～70年代实现工业化，20世纪80年代得到迅速发展。目前已工业化的技术有美国UOP公司的Oleflex工艺、美国Lummus公司的Catofin工艺、德国Krupp Uhde公司的Star工艺、德国Linde公司的Linde工艺以及意大利Snamprogetti公司和俄罗斯Yarsintez公司联合开发的FBD-4工艺等。

3.3.3 异丁烷脱氢生产异丁烯

1. 原料

异丁烷脱氢原料主要来源有炼油厂的液化气、油田伴生气(含20%～40%异丁烷)、湿性天然气凝析液和石脑油蒸汽裂解副产的C_4馏分。上述原料气中的C_4馏分经脱异丁烷塔得到纯度90%～96%的异丁烷，然后进入脱氢装置得到异丁烯。剩余C_4馏分中的正丁烷也可以异构化为异丁烷作为生产异丁烯的原料。表3-25给出了炼油厂催化裂化装置副产C_4馏分的典型组成。

表 3-25 催化裂化装置副产 C_4 馏分的典型组成

组成	含量(质量分数)/%	组成	含量(质量分数)/%
C_2	0.11	1-丁烯	14.71
丙烷	3.22	异丁烯	5.06
丙烯	1.78	顺-2-丁烯	11.28
异丁烷	34.83	C_5	0.43
正丁烷	10.91	丁二烯	0.20
反-2-丁烯	17.01	其他	0.48

2. 工艺原理

1) 异丁烷脱氢反应

异丁烷脱氢反应主要有

$$i\text{-}C_4H_{10} \longrightarrow i\text{-}C_4H_8 + H_2 \tag{3-38}$$

$$i\text{-}C_4H_{10} \longrightarrow C_3H_6 + CH_4 \tag{3-39}$$

$$C_3H_6 + H_2 \longrightarrow C_3H_8 \tag{3-40}$$

其中，式(3-38)为主反应，式(3-39)和式(3-40)为主要副反应。副反应还有生成的烃进一步裂解积炭反应、烯烃的加氢反应以及异丁烯进一步异构为 1-丁烯、顺-2-丁烯和反-2-丁烯等反应。

$$i\text{-}C_4H_8 \longrightarrow \begin{cases} i\text{-}C_4H_8 + H_2 \longrightarrow n\text{-}C_4H_{10} \\ cis\text{-}C_4H_8 \\ trans\text{-}C_4H_8 \end{cases}$$

2) 反应机理

(1) Pt 系催化剂。Pt 系催化剂催化异丁烷脱氢反应一般认为按自由基机理进行。首先是异丁烷在 Pt 上吸附，伯位的 C—H 键被活化；然后发生 β-H 消去反应，生成的表面物种脱附，生成异丁烯。生成的表面物种也可以发生 C—C 键的断裂，生成 CH_4 等小的烷烃分子和焦炭，从而降低异丁烯的选择性。

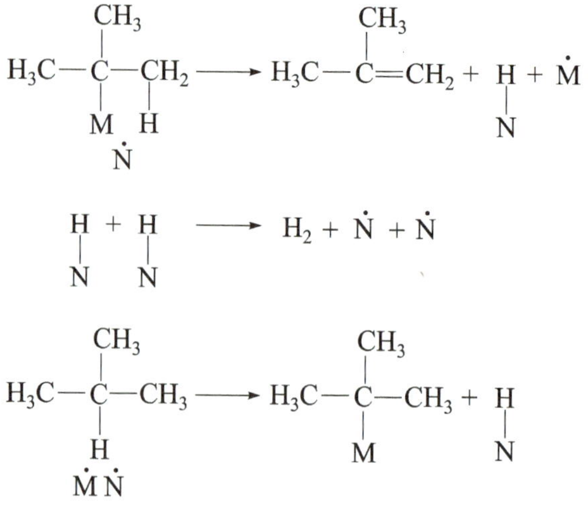

(2) Cr 系催化剂。Cr 系催化剂对异丁烷脱氢反应的催化活性通常取决于 Cr^{3+}的配位不饱和度。一般认为 Cr 系催化剂有三种不同形态的 Cr^{3+}存在：①由氧化态催化剂中五价和六价铬离子还原得到的 Cr^{3+}；②非晶形铬基催化剂中存在的非氧化还原态 Cr^{3+}；③晶形铬基催化剂中的 Cr^{3+}。在铬含量较少的情况下，氧化还原态的 Cr^{3+}居多，随着铬含量的增加，非晶形铬离子的数量增多。现已证明，氧化还原态和非氧化还原态的三价铬离子在脱氢反应过程中都具有活性，但晶形铬离子的活性较低。

Cr 系催化剂催化异丁烷脱氢反应机理目前说法不一，仅 Airaksinen 等在进行异丁烷脱氢动力学研究时，按照催化剂表面氧离子是否参加反应及活性中心的数量就提出了四种机理。

机理Ⅰ：无氧同活性位机理

$$i\text{-}C_4H_{10} + Cr \rightleftharpoons i\text{-}C_4H_{10}\cdots Cr$$

$$i\text{-}C_4H_{10}\cdots Cr + Cr \rightleftharpoons i\text{-}C_4H_8\cdots Cr + H_2\cdots Cr$$

$$i\text{-}C_4H_8\cdots Cr \rightleftharpoons i\text{-}C_4H_8 + Cr$$

$$H_2\cdots Cr \rightleftharpoons H_2 + Cr$$

机理Ⅱ：无氧异活性位机理

$$i\text{-}C_4H_{10} + 2Cr \rightleftharpoons i\text{-}C_4H_9\cdots Cr + H\cdots Cr$$

$$i\text{-}C_4H_9 + Cr \rightleftharpoons i\text{-}C_4H_8\cdots Cr + H\cdots Cr$$

$$i\text{-}C_4H_8\cdots Cr \rightleftharpoons i\text{-}C_4H_8 + Cr$$

$$2H\cdots Cr \rightleftharpoons H_2\cdots Cr + Cr$$

$$H_2\cdots Cr \rightleftharpoons H_2 + Cr$$

在机理Ⅰ和机理Ⅱ中，烃基和氢占据同样的活性位(都是在铬上)。在动力学模型的研究中，催化剂的一个活性位通常是在一个离子上，但如果除了铬离子外，催化剂表面的氧离子也参与了脱氢反应，那么催化剂的活性位就应当是一个 Cr—O 原子对。在这个过程中，烷基结合催化剂表面的铬离子而氢结合氧离子。过程如下：

$$Cr{-}O + R{-}H \longrightarrow R\cdots Cr{-}O\cdots H$$

机理Ⅲ：含氧异活性位机理

$$i\text{-}C_4H_{10} + Cr{-}O \rightleftharpoons i\text{-}C_4H_9\cdots Cr{-}O\cdots H$$

$$i\text{-}C_4H_9\cdots Cr{-}O\cdots H + Cr{-}O \rightleftharpoons i\text{-}C_4H_8\cdots Cr{-}O\cdots H + H\cdots Cr{-}O$$

$$i\text{-}C_4H_8\cdots Cr{-}O\cdots H \rightleftharpoons i\text{-}C_4H_8 + Cr{-}O\cdots H$$

$$H\cdots Cr{-}O + Cr{-}O\cdots H \rightleftharpoons H_2 + 2Cr{-}O$$

在机理Ⅲ中，$i\text{-}C_4H_9\cdots Cr{-}O\cdots H$ 表示烃基和氢吸附到了 Cr—O 上。在这个过程中，烷基

结合催化剂表面的铬离子而氢结合氧离子。

机理Ⅳ：含氧同活性位机理

$$i\text{-}C_4H_{10} + Cr—O \rightleftharpoons i\text{-}C_4H_9 \cdots Cr—O \cdots H$$

$$i\text{-}C_4H_9 \cdots Cr—O \cdots H \rightleftharpoons i\text{-}C_4H_8 + H \cdots Cr—O \cdots H$$

$$H \cdots Cr—O \cdots H \rightleftharpoons H_2 + Cr—O$$

机理Ⅲ和机理Ⅳ都包含了H⋯Cr和O⋯H的形成，两者的区别在于机理Ⅲ认为表面反应发生在两个Cr—O上，而机理Ⅳ认为反应发生在同一个Cr—O上。De Rossi等认为脱氢反应中活性位包括一个Cr^{3+}和一个相邻的氧离子，这似乎支持机理Ⅳ，而Cavani等提出的非晶形铬离子活性最高的观点支持反应中多个铬离子参与或者单个铬离子在周围存在铬离子的条件下活性更高的结论。

3. 催化剂

1) Pt系催化剂

Pt系催化剂中单个的Pt金属原子为异丁烷脱氢反应的活性中心，选取氧化铝或氧化硅为载体。由于异丁烷脱氢催化剂很容易积炭失活，一般采用碱金属对载体进行改性，降低催化剂表面酸性和催化剂的积炭速度，改善其活性稳定性，如UOP公司在其催化剂中加入钾，提高其催化剂的抗积炭性能。另外，催化剂中加入Sn助剂可以形成Pt-Sn合金，减少Pt颗粒的团聚，提高Pt颗粒分散度，抑制异丁烷的氢解反应和异构化反应，增加脱氢反应的选择性。例如，德国Krupp Uhde公司的Star工艺采用锌铝尖晶石为载体，Pt为活性组分，催化剂中加入Sn助剂。

2) Cr系催化剂

Cr系催化剂一般选用氧化铝或氧化硅为载体，活性组分氧化铬。Cr存在+6、+5、+3和+2价态，一般认为主活性中心是Cr^{3+}，也有人认为Cr^{2+}也是活性位。铬的价态与催化剂的活化条件、Cr含量和载体的性质有关。为了提高CrO_x/Al_2O_3催化剂的稳定性和选择性，采用Ce、氧化钛、氧化钒、氧化镁等对载体或催化剂进行改性。例如，美国Lummus公司的Catofin工艺和意大利Snamprogetti公司的FBD-4工艺采用Cr_2O_3/Al_2O_3为催化剂，并在催化剂中加入第三组分K_2O等。

4. 反应热力学和动力学

1) 反应热力学分析

异丁烷脱氢反应除了生成异丁烯的主反应外，还有裂解、积炭、异构、加氢等多种副反应。刘洪全等在高温低压反应条件下，将反应体系各组分的逸度近似于它们的压力，近似理想气体，利用Kirchhoff公式和各组分的等压热容计算出不同反应温度下异丁烷脱氢生产异丁烯的热力学数据，见表3-26。

表3-26 不同温度下异丁烷脱氢反应的热力学数据

温度/K	$\Delta_r H_m^\ominus$/(kJ/mol)	$\Delta_r G_m^\ominus$/(kJ/mol)	$K_p^\ominus$
773	122.33	14.10	0.1114
823	122.41	7.10	0.3542
853	122.44	2.90	0.6646
873	122.45	0.09	0.9870
893	122.45	−2.71	1.4402

从表 3-26 看出，异丁烷脱氢的焓变值约为 122kJ/mol，而且随着反应温度的升高变化不大，是强吸热反应；$\Delta_r G_m^\ominus$ 随着反应温度的升高逐渐减小，并由正值变为负值，$K_p^\ominus$ 则逐渐增大，说明升高温度对异丁烷转化是有利的。

纪玉国等采用刘洪全等类似的方法计算出不同反应温度下主反应式(3-38)和副反应式(3-39)和式(3-40)的 $\Delta_r H_m^\ominus$ 和 $\Delta_r G_m^\ominus$，三个反应的焓变值随着反应温度的升高变化都不大，其中反应式(3-40)的 $\Delta_r H_m^\ominus$ 最高，是反应式(3-38)的近 2 倍，是反应式(3-39)的近 3 倍；低温时三个反应的 $\Delta_r G_m^\ominus$ 均为正值，随着温度的升高，$\Delta_r G_m^\ominus$ 均迅速降低，反应式(3-38)、反应式(3-39)和反应式(3-40)分别在 900K、500K 和 1000K 时变为负值。说明升高反应温度对三个反应均有利，特别是反应式(3-38)和反应式(3-39)。当反应温度达到 500K 时反应式(3-40)的 $\Delta_r G_m^\ominus$ 已为负值，裂解反应易于脱氢反应的进行。所以需要开发高选择性催化剂，从动力学上抑制裂解反应的进行。

2) 反应动力学分析

对于铬基催化剂异丁烷脱氢反应涉及异丁烷的吸附和脱附，不同的反应机理，反应速率控制步骤不同，由此也产生了不同的动力学模型。根据不同的机理及反应速率控制步骤，目前有多种动力学模型，以下给出了几种具有代表性的动力学模型。

$$-r_A = k\left(p_A - \frac{p_E p_{H_2}}{K}\right) \tag{3-41}$$

$$-r_A = \frac{k\left(p_A - \dfrac{p_E p_{H_2}}{K}\right)}{1 + K_{EH_2} p_E p_{H_2} + K_E p_E + p_{H_2} K_{H_2}} \tag{3-41a}$$

$$-r_A = \frac{k\left(p_A - \dfrac{p_E p_{H_2}}{K}\right)}{(1 + K_A p_A + K_E p_E + p_{H_2} K_{H_2})^2} \tag{3-41b}$$

$$-r_A = \frac{k\left(p_A - \dfrac{p_E p_{H_2}}{K}\right)}{1 + K_{EH_2} p_E p_{H_2} + p_{H_2} K_{H_2}} \tag{3-42a}$$

$$-r_A = \frac{k\left(p_A - \dfrac{p_E p_{H_2}}{K}\right)}{1 + K_A p_A p_{H_2} K_{H_2}} \tag{3-42b}$$

$$-r_A = \frac{k\left(p_A - \dfrac{p_E p_{H_2}}{K}\right)}{1 + K_{EH_2} p_E p_{H_2} + K_E p_E} \tag{3-43}$$

$$-r_A = \frac{k\left(p_A - \dfrac{p_E p_{H_2}}{K}\right)}{1 + K_E p_E + p_{H_2} K_{H_2}} \tag{3-44}$$

参数中的 K_A、K_E、K_{H_2} 分别表示异丁烷、异丁烯、氢气的吸附速率常数，而 K_{EH_2} 代表异丁烯和氢气的吸附平衡常数；K 表示热力学平衡常数，k 是反应速率常数。表 3-27 为不同动力学模型的动力学模型参数。

表 3-27 动力学模型参数

模型	A_{mean}^{b}	E	K_A	K_{EH_2}	K_E	K_{H_2}
式(3-41)	0.0313±0.0003	99±5				
式(3-41a)	0.0507±0.0028	141±3		9.72±12.89	58±8.09	3.87±0.62
式(3-41b)	0.0540±0.0046	139±3	0.14±0.1		3.14±0.32	1.56±0.13
式(3-42a)	0.0414±0.0008	137±4		51.17±6.26		1.95±0.25
式(3-42b)	0.0371±0.0008	115±4	10^{-8}		2.75±0.36	2.75±0.36
式(3-43)	0.0383±0.001	133±5		58±8.09	6×10^{-8}	
式(3-44)	0.0524±0.0021	142±3			8.76±1.09	4.28±0.38

式(3-41)为异丁烷脱氢的最基本模型，包含了正、逆两过程，结果最不准确；式(3-41a)和式(3-42a)模型认为异丁烷的吸附作为速率控制步骤，而式(3-41b)和式(3-42b)模型认为催化剂表面反应为控制步骤。经过分析与筛选，式(3-44)模型的活化能 E 与实际值较为接近，可信度较高。

文献对 Pt-Sn 催化剂上异丁烷催化脱氢反应宏观动力学模型进行了研究。为降低参数的估计难度和使宏观动力学模型简单实用，采用了幂指数动力学模型，且只考虑主反应和裂解反应，通过实验拟合出了异丁烷催化脱氢宏观反应速率方程为

$$r_1 = 1.24\times10^9\exp(-166780/RT)p_{ane}^{1.79}p_{ene}^{-0.39}p_{H_2}^{-2.74} \tag{3-45}$$

异丁烷催化脱氢裂解反应的宏观反应速率方程为

$$r_2 = 9.81\times10^2\exp(-87560/RT)p_{ane}^{0.43} \tag{3-46}$$

该宏观动力学方程的适用条件为：反应温度 555～619℃、反应压力 101.32～202.64kPa、原料气空速 2000～5000h^{-1}。

5. 工艺条件及主要影响因素

1) 原料

原料中异丁烷浓度的变化对异丁烯的选择性影响较小，而随着异丁烷浓度的增大，其转化率呈现下降的趋势。如果原料中异丁烷纯度过低，不但会增加后期产物分离设备费用和操作费用，更会影响异丁烯的产量。过高浓度异丁烷虽然可以提高异丁烯产量，但其单程转化率不高，而且增加了异丁烷提浓过程的操作费用与难度，在实际生产中缺乏经济性。因此，综合考虑异丁烷的转化率、异丁烯选择性和收率，异丁烷进料纯度控制在 90%～96%的范围内较为适宜。

Pt 系催化剂对原料中杂质含量要求较为严格，一般要求水含量<5ppm、硫含量<0.5ppm、氮含量<0.5ppm、氯含量<0.5ppm、砷含量<1ppb、铅含量<10ppb、铜含量<10ppb。而 Cr 系催化剂对原料杂质含量要求相对较宽。

2) 反应温度

异丁烷脱氢反应是吸热反应，需要在较高的温度下才能进行。根据已经工业化的数据来

看，反应温度低于 500℃时，异丁烷的转化率比较低。在 550～600℃范围内，异丁烷的转化率随着反应温度的升高而明显升高，随着温度由 550℃升至 600℃，异丁烯的选择性有所降低，主要是裂解反应的比例随温度的升高而增大，从而导致异丁烯选择性的降低，考虑异丁烷的转化率和生成异丁烯的选择性，异丁烷脱氢反应的温度在 560～600℃较适宜。

3) 反应压力

异丁烷脱氢主反应和主要副反应(裂解反应)都是分子数增加的反应，低压对反应有利。实际工业运行数据表明，在一定压力范围内，随着反应压力的增加，异丁烷的转化率和异丁烯的选择性变化不大。说明反应压力不是影响异丁烷脱氢的关键因素，从安全和经济的角度考虑，选择较低压力是有利的。

4) 空速

对于固定床或移动床反应器，空时不同仅仅是反应物和产物在反应器内的停留时间不同；对于流化床反应器，空时不同，不仅停留时间不同，而且影响反应器内催化剂的流化状态、反应物和产物与催化剂的接触及返混程度。流化床内催化剂存在明显的磨损现象，催化剂细粉会随着油气和烟气流失，从生产成本的角度考虑，负载型 Pt 催化剂价格昂贵，不可能用于流化床反应器。随着空时的延长，烷烃与催化剂的接触时间延长，有利于烷烃的脱氢；但延长空时，脱氢产物烯烃在反应器内的停留时间也延长了，这又有利于烯烃的进一步转化，降低烯烃的选择性。另外，空速也影响装置的处理量。在综合考虑异丁烯收率和异丁烷转化率的前提下，异丁烷脱氢反应根据所采用工艺不同选用适宜空速。

5) 氢烃比

为了降低固定床催化剂积炭，延长其运行周期，对于 Pt 系催化剂采用异丁烷临氢条件下脱氢生产异丁烯。在一定范围内随着氢烃比的增加，异丁烯的选择性提高，原因可能是氢气能有效抑制裂解和异构化等副反应的发生，催化剂脱氢选择性有所提高。但氢气作为反应产物，不利于脱氢反应的进行，异丁烷转化率随氢烃体积比的增加显著下降，适宜的氢烃体积比为 0.5:1 左右。

6. 工艺流程

异丁烷脱氢工艺因开发商不同，采用的工艺技术差别较大。其中固定床、流化床、移动床和管式反应器均有采用。表 3-28 为几种工业化的异丁烷脱氢工艺比较。

表 3-28　异丁烷脱氢制异丁烯工艺比较

工艺名称	Catofin	Oleflex	Star	FBD-4	Linde
专利商	Lummus/UCI	UOP	Krupp Uhde	Snamprogetti	Linde AG
反应器类型	固定床	移动床	管型固定床	流化床	管型固定床
反应器数	4	3	8	1	3
催化剂	氧化铬/Al_2O_3	Pt-Sn/Al_2O_3	Pt-Sn/$ZnAl_2O_3$	氧化铬/Al_2O_3	氧化铬/Al_2O_3
温度/℃	535～605	520～650	565～620	550～600	500～600
压力/MPa	0.7	1.2	3～6	1.2～1.5	常压以上
循环时间	15～30h	2～7d	8h(1h 再生)	连续	9h(3h 再生)
异丁烷转化率/%	60～61	45～55	50～55	50～55	40～45
异丁烯选择性/%	90～93	91～93	94～98	91 以上	91～95

1) 美国 Lummus 公司的 Catofin 工艺

美国 Lummus 公司开发的 Catofin 工艺采用绝热固定床多反应器，Cr_2O_3/Al_2O_3 为催化剂，反应温度为 535～605℃，压力为 0.7MPa，异丁烷的转化率为 60%～61%，异丁烯的选择性为 90%～93%。该工艺的优点是催化剂廉价，异丁烷一次通过的转化率高，无催化剂损失，异丁烯选择性高；缺点是需要更多的大型阀和其他仪表。其工艺原则流程见图 3-32。

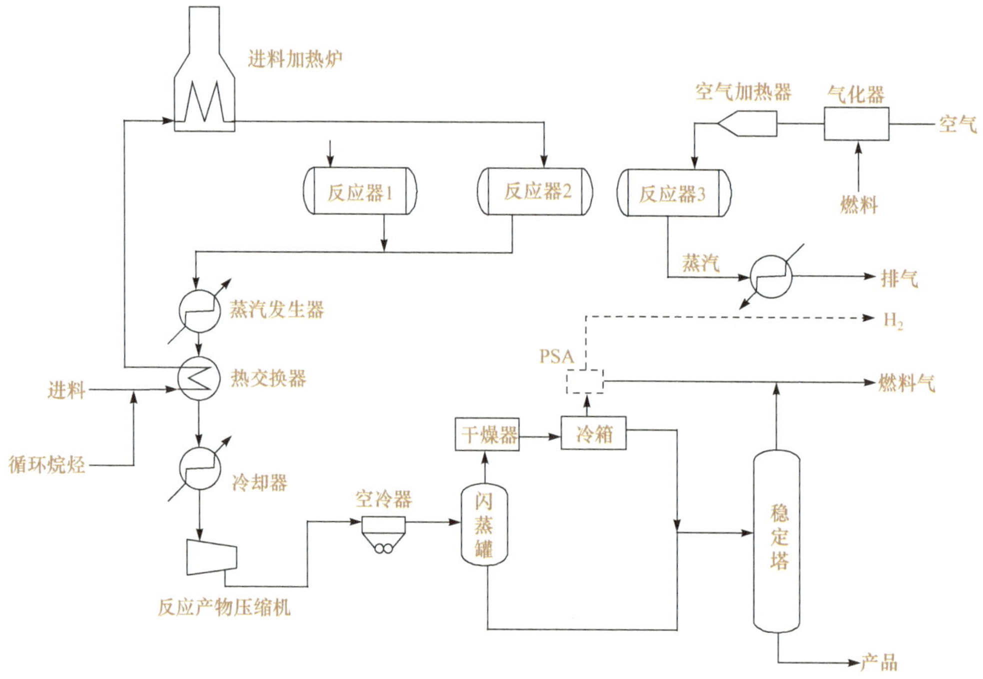

图 3-32 美国 Lumms 公司 Catofin 工艺原则流程图

反应器 1. 吹扫状态；反应器 2. 加工状态；反应器 3. 再热状态

Catofin 工艺根据装置生产能力，反应系统采用一组周期性循环操作的固定床反应器。其中一个或几个反应器在进行脱氢反应，同时有一个或几个反应器在用热空气烧焦并预热催化剂床层，还有一个或几个反应器在进行阀门切换、吹扫、排气或催化剂还原等操作。其工艺流程简述为：原料异丁烷和未转化的循环异丁烷混合，经与反应器出料换热和进料加热器加热后，从上向下进入通过热空气预热并装有催化剂的反应器，反应产物经过一台蒸汽发生器再与原料换热冷却，进入产品压缩机。经压缩冷却后进入一闪蒸罐，闪蒸罐气相产品经干燥后进入冷箱冷却，冷箱顶部分离出氢气和轻烃，底部液相产品与闪蒸罐底部得到液相产品混合一起进入稳定塔，经稳定处理后送到烯烃分离单元，经烯烃分离单元得到异丁烯和未转化的烷烃，烷烃循环返回至脱氢反应器继续进行反应。

2) 美国 UOP 公司的 Oleflex 工艺

美国 UOP 公司的 Oleflex 工艺采用三级径流反应器，$Pt\text{-}Sn/Al_2O_3$ 为催化剂，反应温度为 520～650℃，压力为 1.2MPa，异丁烷的转化率为 45%～55%，异丁烯的选择性为 91%～93%。该工艺的优点是烯烃收率较恒定，催化剂再生条件好，催化剂装填量小，催化剂寿命长(可再生 250 次)，无环境和毒物问题，无重质副产物。图 3-33 为美国 UOP 公司的 Oleflex 工艺的原则流程图。

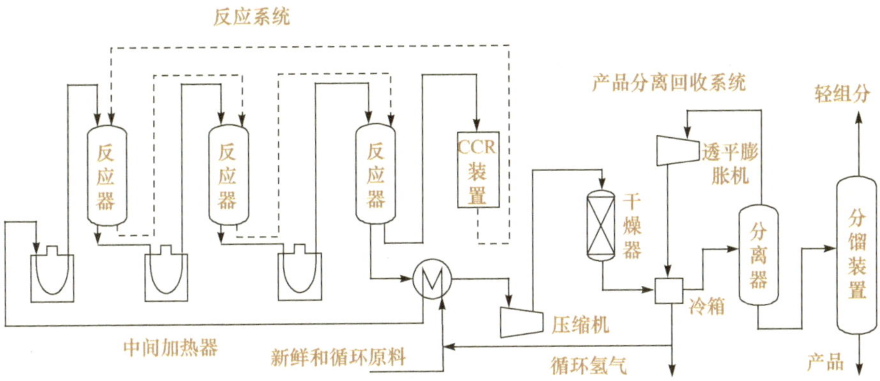

图 3-33　美国 UOP 公司的 Oleflex 工艺的原则流程图

原料先经周期切换的分子筛干燥塔脱除硫、水分和可能存在的含氧化合物，然后与富氢循环气混合，经与反应产物换热、进入中间加热器加热至反应温度后径向流过反应器。脱氢反应所需热量由中间加热器提供，最后一级反应器出料经与原料换热后送入产品分离回收系统。在产品分离回收系统中，反应产物经压缩及用分子筛干燥脱水后进入冷箱，被来自膨胀机的冷气冷凝，未冷凝的富氢气体经分离器分离出氢气，经膨胀后分成两股，一股作为稀释原料用的循环气，一股外送另作他用。分离器底部冷凝液送入分馏系统。分馏系统的设计取决于加工原料的类型，加工 C_4 原料时，分馏系统大多一个脱丙烷塔，塔顶分离出轻组分，塔底得到所需要的异丁烯产品。

3) 意大利 Snamprogetti 公司的 FBD-4 工艺

意大利 Snamprogetti 公司的 FBD-4 工艺采用流化床反应器，Cr_2O_3/Al_2O_3 为催化剂，反应温度为 550～600℃，压力为 1.2～1.5MPa，连续反应，异丁烷的转化率为 50%～55%，异丁烯的选择性为 91%以上。该工艺优点是操作压力低，压力降小，反应器中温度分布均匀，选择性高；缺点是催化剂中含铬，铬是剧毒物质，对环境有不良影响。其工艺原则流程见图 3-34。

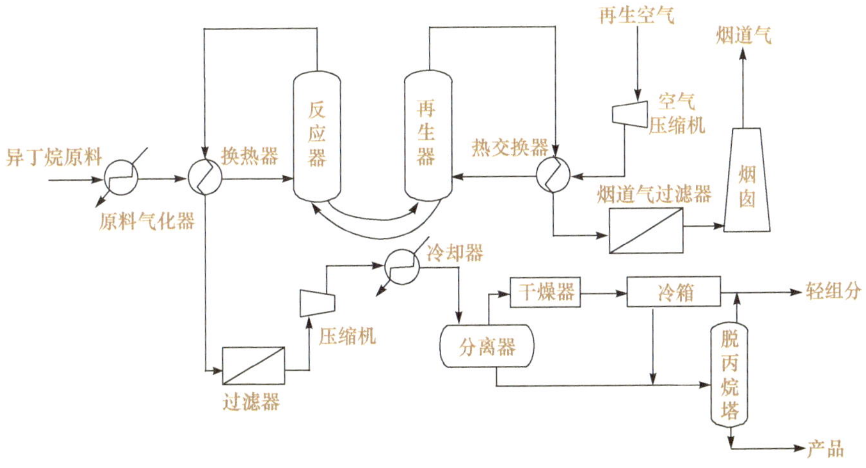

图 3-34　意大利 Snamprogetti 公司的 FBD-4 工艺原则流程图

原料经蒸发器加热气化后与反应产物换热至反应温度，然后进入流化床反应器进行反应。催化剂连续抽出，在流化床再生器内通热空气再生，利用再生后催化剂的显热为反应供热。反应产物经过滤器滤除催化剂粉末后，再经压缩、冷凝进入气液分离器，分离为气、液两相，气相经干燥后送至冷箱进一步冷凝，冷箱中的不凝气与脱丙烷塔顶气相汇合后送出用作燃料气；冷箱凝液则与分离器液相汇合后，送至脱丙烷塔。脱丙烷塔塔釜液即为富含异丁烯的C_4产品。

7. 异丁烷脱氢反应器

1) 流化床反应器

图 3-35 为异丁烷脱氢流化床反应器结构示意图。在反应器和再生器之间有两根 U 形管，即为待生 U 形管和再生 U 形管。在 U 形管中的催化剂主要靠两端催化剂密度差所造成的静压差来推动催化剂循环。增加空气量可以调节提升管内催化剂密度，进而控制催化剂循环量的大小。反应物料经加热到达指定温度后被输送到提升管反应器下部，经过喷嘴处由提升气带入提升管内，与再生器返回的高温催化剂换热后瞬间气化，并进行反应。在这个过程中原料在提升管中的停留时间一般只有短短的几秒钟。反应器内部的催化剂经过反应一段时间后，产生的焦炭覆盖在催化剂表面导致催化剂的活性降低。覆有焦炭的催化剂会自沉降管进入反应器的汽提段，并通过待生 U 形管进入再生器再生。再生器的主要作用是烧去催化剂表面沉积的焦炭，使催化剂的活性中心重新显露出来，从而达到恢复活性的目的。

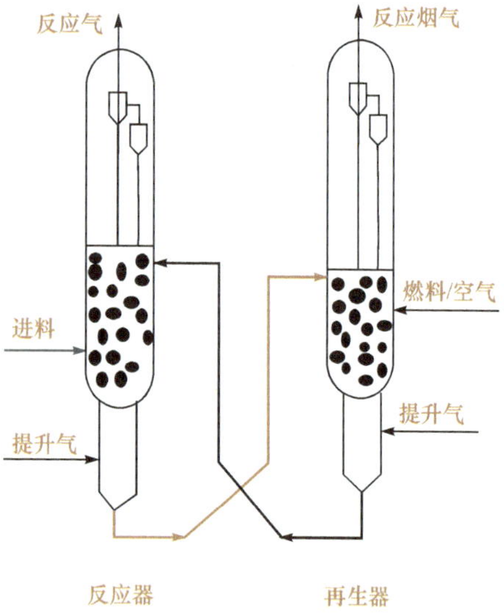

图 3-35 异丁烷脱氢流化床反应器结构示意图

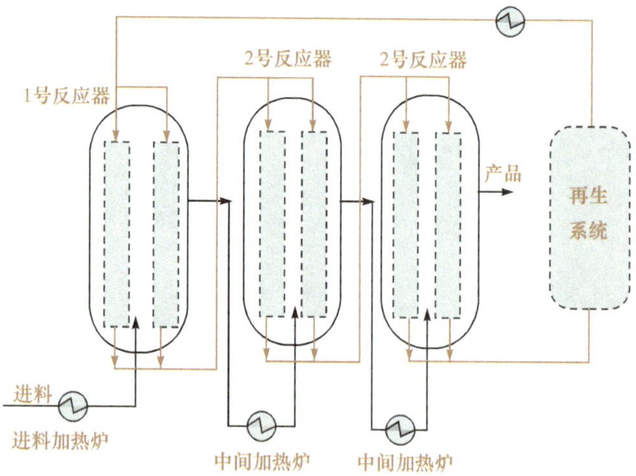

图 3-36 异丁烷脱氢移动床反应器结构示意图

2) 移动床反应器

图 3-36 为异丁烷脱氢移动床反应器结构示意图。

移动床反应器一般由 3～4 个反应器和一个再生器组成。催化剂在再生器和反应器之间连续反应—再生。新鲜进料通过原料气化器、过热器加热后，进入加热炉加热到反应所需要的温度后进入第一个反应器中反应，然后经过中间加热炉加热进入后面的反应器，由于异丁烷脱氢是吸热反应，因此反应器间设中间加热炉。物料由最后一个反应器出来后进入冷却、分离系统。催化剂在反应器和再生器之间循环流动，催化剂从第一个反应器下部流出，进入反应器下部的催化剂收集罐中，在此处冷却催化剂后，通过提升装置进入第二个反应器中，如此循环，到达再生器中再生后，由提升装置进入第一个反应器上部，连续催化再生，维持催化剂活性。

3) 固定床反应器

图 3-37 为异丁烷脱氢固定床反应器结构示意图。反应过程中催化剂在固定床反应器床层静止不动，反应气通过催化剂床层在催化剂的作用下进行反应。固定床异丁烷脱氢工艺中，通常采用多个反应器串联。固定床反应器是目前异丁烷脱氢制异丁烯的主要设备之一，如德国 Krupp Uhde 公司采用固定床管式反应器，管外加热，接近等温反应器，有利于脱氢反应。

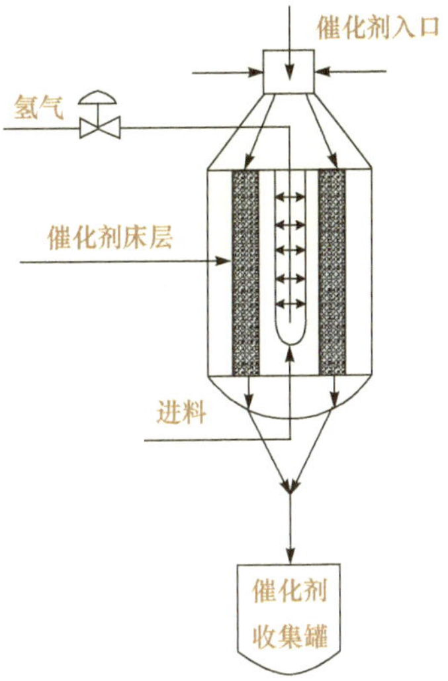

图 3-37　异丁烷脱氢固定床反应器结构示意图

3.3.4　异丁烷脱氢技术进展

1. Pt 系催化剂的改进

异丁烷脱氢生产异丁烯是强吸热过程，需要较高的反应温度，在脱氢过程中容易发生催化剂活性组分烧结、结焦、积炭失活等问题。为提高异丁烷脱氢催化剂的活性和稳定性，在催化剂中引入 Sn、K 和 Ce 等助剂。由于催化剂载体 Al_2O_3 上具有酸性中心，会引起烷烃在脱氢过程中发生氢解、芳构化、异构化和聚合结焦等副反应，导致催化剂上异丁烯选择性降低和积炭失活，在催化剂载体汇总引入 Mg、Zn、Fe 等制备复合氧化物载体，调变 Al_2O_3 的酸性中心，促进活性组分的分散，减少副反应的发生。

2. Cr 系催化剂的改进

采用助剂 Ba、K 和 B 等对 Cr_2O_3/Al_2O_3 催化剂进行改性，提高催化剂的活性稳定性和选择性。由于 Cr 系催化剂中的 Cr 具有毒性，近年来人们致力于 Cr 系替代催化剂的研究，其中钒基催化剂研究已取得较好的进展。

3. 异丁烷氧化脱氢技术

异丁烷直接脱氢反应是强吸热反应，需要供给足够的热源才能获得高转化率。此外，该反应受热力学限制，需要在高温下获得高转化率。异丁烷氧化脱氢过程中加入一种适宜的氧化剂，通过选择性氧化将反应生成的 H_2 脱除，促使平衡正向进行，提高了原料转化率和产物选择性，降低了裂化产物及焦炭的收率。但是，控制裂化和反应产物的过度氧化仍是氧化脱氢技术发展的一大挑战，氧化脱氢技术虽然在许多方面仍不成熟，但氧化脱氢反应是放热反应，反应温度低于直接脱氢反应温度，而且该反应具有热力学优势，能够降低能耗，因此，有待进一步地研究和开发。

4. 膜催化反应技术

膜催化技术是一种将膜分离和催化转化结合起来的新技术。在异丁烷脱氢反应中，反应产物氢气可选择性地穿过半透膜，从反应体系中分离出来，使反应向着生成产物的方向移动，打破反应平衡的限制，同时抑制氢解和异构化反应，提高反应的转化率和选择性。但膜催化技术尚不成熟，目前处在研究阶段。

3.4 丁二烯

3.4.1 性质及主要用途

丁二烯为无色、略带芳香气味的气体，相对分子质量 56.09。熔点−108.92℃，沸点−4.41℃，闪点−78℃，蒸气压 245.27kPa，临界温度 152.0℃，临界压力 4.33×10^3kPa，爆炸上限 11.5%(体积分数)，爆炸下限 2.0%(体积分数)。丁二烯与丙酮、苯、醚、二氯乙烷等混溶，易溶于乙腈、糠醛、二甲基甲酰胺等有机溶剂，稍溶于甲醇、乙醇，微溶于水。

丁二烯是石油化工的基本原料之一，在石油化工烯烃原料中的地位仅次于乙烯和丙烯，主要用于合成橡胶，也用于合成树脂和合成其他有机化工产品。丁二烯是生产合成橡胶(丁苯橡胶、顺丁橡胶、丁腈橡胶、氯丁橡胶)的主要原料，其用量约占全部合成橡胶原料消耗的 60%；丁二烯与苯乙烯共聚，生产各种用途的树脂(如 ABS 树脂、SBS 树脂、BS 树脂、MBS 树脂)，使丁二烯在树脂生产中也占有重要地位。此外，丁二烯还用于生产乙叉降冰片烯(乙丙橡胶第三单体)、1,4-丁二醇(工程塑料)、己二腈(尼龙 66 单体)、环丁砜、蒽酮、四氢呋喃等，是重要的基础化工原料。

3.4.2 来源和生产方法

丁二烯的工业生产方法有烃类裂解副产 C_4 馏分分离法和合成法。随着石油化学工业的迅速发展，轻柴油或石脑油裂解制乙烯的装置副产了大量的 C_4 馏分，其中含有 40%～60%的丁二烯，为丁二烯生产提供了丰富而廉价的资源，目前全球 92%的丁二烯来源于 C_4 馏分分离法。近几年来美国页岩气行业的快速发展，乙烯裂解原料逐渐轻质化，烃类裂解制乙烯过程副产丁二烯减少，国内外一些企业开始重新关注利用正丁烯或正丁烷为原料生产丁二烯技术。

1. 列别捷夫法

1928 年苏联成功开发了以乙醇为原料，以 $MgO\text{-}SiO_2$ 为催化剂，在 400℃一步法将乙醇脱氢和脱水生产丁二烯，每生产 1t 丁二烯约需消耗 3t 乙醇，经济性差。该工艺只对没有石油化工基础、能用发酵法生产乙醇的国家有意义，现已淘汰。

2. 烃类热裂解

C_4 馏分产量占乙烯产量的 30%～50%，其中丁二烯产量占 C_4 馏分的 40%～60%，是目前获取丁二烯的最经济和最主要的方法。表 3-29 给出以石脑油为原料不同裂解深度所得到 C_4 馏分的组成。

表 3-29 裂解 C_4 馏分的典型组成(质量分数/%)

裂解深度	轻度	中度	深度	超深度
C_3 烃	0.3	0.3	0.3	0.2
正丁烷	4.2	5.2	2.8	0.5
异丁烷	2.1	1.3	0.6	0.5

续表

裂解深度	轻度	中度	深度	超深度
1-丁烯	20.0	16.0	13.6	9.2
顺-2-丁烯	7.3	5.3	4.8	1.6
反-2-丁烯	6.6	6.5	5.8	3.6
异丁烯	32.4	27.2	22.1	10.1
1,3-丁二烯	26.1	37.0	47.4	70.1
1,2-丁二烯	0.1	0.2	0.2	0.4
甲基乙炔	0.1	0.1	0.0	0.1
乙烯基乙炔	0.2	0.3	1.6	3.0
乙基乙炔	0.0	0.1	0.2	0.5
C5 烃	0.5	0.5	0.5	0.1

由于 C_4 馏分各组分的沸点非常接近，工业上一般采用萃取精馏的方法将其分离，按照所用萃取剂的不同，从烃类热裂解副产 C_4 馏分中生产丁二烯的方法分为糠醛法、乙腈法、二甲基甲酰胺法、二甲基乙酰胺法、*N*-甲基吡咯烷酮法等。在工业上得到广泛使用的是乙腈法、二甲基甲酰胺法和 *N*-甲基吡咯烷酮法。

3. 正丁烷脱氢

正丁烷脱氢是连串可逆反应，脱氢反应的第一步是得到三个正丁烯异构体，第二步是三个异构体继续脱氢得到 1,3-丁二烯。

$$CH_3CH_2CH_2CH_3 \underset{+H_2}{\overset{-H_2}{\rightleftharpoons}} \left\{\begin{array}{l} CH_2{=}CHCH_2CH_3 \\ \text{反-}CH_3CH{=}CHCH_3 \\ \text{顺-}CH_3CH{=}CHCH_3 \end{array}\right\} \underset{+H_2}{\overset{-H_2}{\rightleftharpoons}} CH_2{=}CH{-}CH{=}CH_2$$

正丁烷脱氢反应为强吸热反应，而且是分子增加的反应，需要在高温低压下进行，但高温低压副反应剧烈，副产物增加，特别是烯烃的缩聚结焦反应严重，导致催化剂失活快，运行周期短，需要频繁再生，需要设置专门的催化剂再生器或设置几台(一般 2～3 台)反应器切换操作。正丁烷脱氢生产丁二烯技术目前主要有美国 Lummus 公司的 Catadiene(前身为 Houdry)一步法工艺和美国 Phillips 公司的二步法脱氢工艺。

美国 Phillips 公司的二步法脱氢工艺，第一步反应使用铬铝催化剂将正丁烷脱氢为正丁烯，第二步在蒸汽存在下将正丁烯脱氢成丁二烯。美国 Lummus 公司的 Catadiene 一步法工艺原料是正丁烷，以 Cr_2O_3-Al_2O_3 为催化剂，在固定床反应器中进行催化脱氢反应，不使用水蒸气，反应器正常控制在 0.016～0.02MPa 的绝对压力，600～680℃，进料时间为 5～15min。正丁烷的转化率为 30%～40%，丁二烯的收率达到 63%。该工艺同一台反应器内经二次脱氢直接生产丁二烯相比，省去了回收正丁烷的工序和设备，原料正丁烷消耗比二步脱氢法低，能量消耗也低，因此生产成本低；因减压操作，催化剂再生十分麻烦，对设备要求苛刻。

为了提高正丁烷的转化率和产品丁二烯的选择性，美国 Shell 公司也曾开发了正丁烷一步脱氢法生产丁二烯工艺。与 Catadiene 工艺不同的是，美国 Shell 公司的一步法工艺使用卤素碘作为氢接受体，从而大大提高了正丁烷的转化率和丁二烯的选择性，但该工艺存在设备严重腐蚀的问题，因此尚未实现商业化生产。

4. 丁烯脱氢

丁烯催化脱氢生产丁二烯最早由美国美孚石油公司开发,1943 年第一套工业化装置投产，随后美国 Shell 公司和美国陶氏化学(Dow)公司也成功开发了丁烯催化脱氢生产丁二烯技术。丁烯催化脱氢过程中，原料丁烯需混合大量水蒸气以降低烃分压，来提高丁烯的转化率及生成丁二烯的选择性，Dow 工艺的丁烯转化率和丁二烯的选择性最高，分别达到 35%～45%和 90%～94%。丁烯催化脱氢直接生产丁二烯技术由于受反应平衡限制，单程转化率不高，且水蒸气耗量大，20 世纪 60 年代后为丁烯氧化脱氢工艺所取代。

5. 丁烯氧化脱氢

丁烯氧化脱氢法是在脱氢反应气中加入适量的氧来迅速除去脱氢反应中产生的氢，打破了化学平衡限制，提高了反应速率。氧化脱氢法有如下优点：①反应温度较低；②通常脱氢是吸热反应，而氧化脱氢却是放热的，可省去原先的供热设备；③由于催化剂在较低温度和氧气气氛下运行，结焦少，可以长期运转；④在通常脱氢反应中，压力对平衡转化率有很大影响，但在氧化脱氢时，压力影响甚微，减压或用水蒸气稀释并非一定必要；⑤反应温度较低，转化率及选择性高。而在通常的脱氢法中，升高温度可以提高转化率，但选择性因副反应往往是下降的。

因此，丁烯氧化脱氢已逐步取代脱氢法成为生产丁二烯的重要方法。

3.4.3 丁烯氧化脱氢生产丁二烯

1. 原料

丁烯氧化脱氢的原料主要来源于炼油厂催化裂化装置副产液化气中的 C_4 馏分。催化裂化 C_4 馏分经醚化后的剩余 C_4 馏分经精馏分离得到 1-丁烯、顺-2-丁烯和反-2-丁烯。正丁烯的 3 个异构体的脱氢反应速率和选择性虽有所差异，但差别不大，因此原料中 3 个异构体的组成分布可以不同，与工艺条件的选择无关。

2. 工艺原理

1) 正丁烯氧化脱氢反应

$$C_4H_8+\frac{1}{2}O_2 \longrightarrow CH_2{=}CHCH{=}CH_2+H_2O(气) \quad \Delta H_{773K}=134.31kJ/mol \tag{3-47}$$

主要的副反应有：①正丁烯氧化生成饱和及不饱和的小分子醛、酮、酸等含氧化合物，如甲醛、乙醛、丙烯醛、丙酮等；②正丁烯氧化生成呋喃、丁烯醛和丁酮等；③完全氧化生成一氧化碳、二氧化碳和水；④正丁烯氧化脱氢环化生成芳烃；⑤深度氧化脱氢生成乙烯基乙炔、甲基乙炔等；⑥丁烯双键位移反应，即正丁烯的 3 种异构体快速的异构化反应；⑦产物和副产物的聚合结焦。

2) 反应机理

(1) Mo 系催化剂。Mo 系催化剂主要是以 MoO_3/Bi_2O_3 为基础的两组分或多组分的催化剂。

1932 年 Kroger 提出非均相选择性氧化反应的机理为氧化还原机理(Redox 机理)，1954 年被 Mars 和 van Krevelen 证实。该机理认为反应过程为反应物与催化剂晶格氧离子反应的机理，反应的活性氧物种是晶格氧，气相氧的作用是补充晶格氧的消耗。反应物和催化剂上的晶格氧反应生成产物和产生氧缺位的催化剂，即催化剂被还原，然后气相氧中的解离氧补充氧缺位，催化剂被氧化，完成 Redox 循环。

正丁烯在 MoO_3/Bi_2O_3 催化剂上的氧化脱氢反应总方程式为

$$CH_3-CH_2-CH{=}CH_2+1/2O_2 \longrightarrow CH_2{=}CHCH{=}CH_2+H_2O$$

Schuit 等认为实际上反应经过以下几个阶段：

$$CH_3-CH_2-CH{=}CH_2+2Mo^{6+}+O^{2-} \longrightarrow CH_2{=}CH-CH{=}CH_2+2Mo^{5+}+H_2O$$

$$2Bi^{3+}2Mo^{5+} \longrightarrow 2Bi^{2+}+2Mo^{6+}$$

$$2Bi^{2+}+1/2O_2 \longrightarrow 2Bi^{3+}+O^{2-}$$

(2) Fe 系催化剂。Fe 系催化剂主要有 $ZnFe_2O_4$、$MnFe_2O_4$、$MgFe_2O_4$ 和 $ZnCrFeO_4$ 等一类具有尖晶石结构的含铁氧化物。根据 Rennarp-Massoth 机理，正丁烯在铁系催化剂上的氧化脱氢反应可以分为五个连续的基元步骤：正丁烯的化学吸附；正丁烯的α-H 脱除生成 π-烯丙基中间产物；π-烯丙基上再脱除一个氢原子生成丁二烯；气相中的氧分解来填补催化剂上的氧空位；多价铁原子的再氧化。许多学者认为正丁烯的α-H 脱除是正丁烯氧化脱氢的决定步骤。反应步骤如图 3-38 所示。

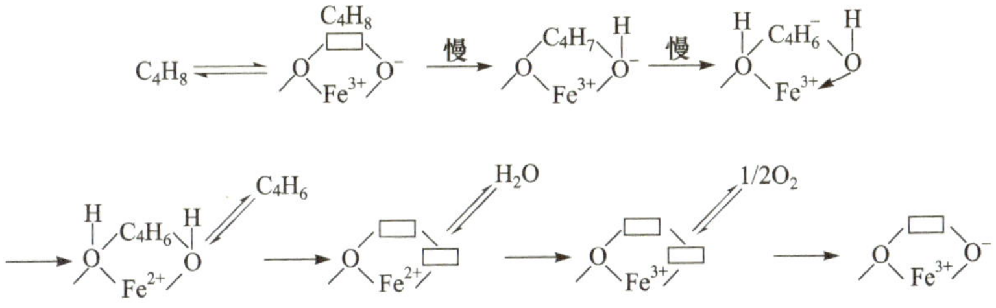

图 3-38 正丁烯在铁系催化剂上的氧化脱氢机理示意图

正丁烯分子吸附在催化剂表面 Fe^{3+}附近的阴离子缺位上，氧则解离为 O^- 形式吸附在毗邻的另一缺位上。吸附的丁烯在 O^- 的作用下，先以均裂方式去掉一个α-H，并与 O^- 结合，再以异裂方式脱掉第二个α-H 而形成 $C_4H_6^-$，脱去的第二个氢则与晶格氧相结合。所形成的 $C_4H_6^-$ 与 Fe^{3+}发生电子转移而转化为产物丁二烯并从催化剂表面解吸出来，而 Fe^{3+}则被还原为 Fe^{2+}。所形成的两个—OH 则结合生成 H_2O，同时产生一个缺位。气相氧吸附在此缺位上发生解离吸附形成 O^-，同时使 Fe^{2+}氧化成 Fe^{3+}，因而形成氧化还原循环。Fe^{3+}对氧化脱氢有活性，如果还原为 Fe^{2+}，活性就迅速衰退。Fe^{2+}对氧化脱氢没有活性，正丁烯吸附在 Fe^{2+}上，只能被完全氧化为 CO_2，因此在氧化脱氢反应中，必须避免 Fe^{3+}的过度还原。在铁酸盐尖晶石催化剂中锌离子和铬离子的存在有利于促进氧化还原循环，避免 Fe^{2+}的生成。

3. 催化剂

1) Mo 系催化剂

Mo 系催化剂是以 Mo-Bi 氧化物为基础的二组分或多组分催化剂。最早用的是 Mo-Bi-O 两组分和 Mo-Bi-P-O 三组分的催化剂，活性和选择性都较低；后来发展为六组分、七组分或更多组分的复合氧化物催化剂，如 Mo-Bi-P-Fe-Ni-K-O、Mo-Bi-P-Fe-Co-Ni-Ti-O 等，催化剂的活性和选择性均有明显的提高。在适宜的条件下，丁烯在六元组分混合氧化物上氧化脱氢，丁烯的转化率可达 66%，丁二烯的选择性为 88%以上。这类催化剂中 Mo 或 Mo-Bi 氧化物是主要活性组分，碱金属、铁族元素、ⅤB 族元素以及其他元素的氧化物为助催化剂，以提高催化剂的活性、选择性或稳定性。常用的载体是硅酸。钼酸铋系催化剂用于丁烯氧化脱氢制丁二烯的主要不足是副产含氧化物尤其是有机酸的量较多，三废污染严重。

2) Fe 系催化剂

在 20 世纪 60 年代后期开发了 $ZnFe_2O_4$、$MnFe_2O_4$、$MgFe_2O_4$ 和 $ZnCrFeO_4$ 等一类具有尖晶石结构的含铁氧化物催化剂。这类催化剂中 α-Fe_2O_3 是保持催化剂氧化脱氢活性所必需的组分。铁酸盐尖晶石系列催化剂具有较高的催化活性和选择性，正丁烯的转化率可达 70%，丁二烯的选择性达 90% 或更高，含氧副产物少。通过对含不同二价金属(Zn、Mg、Mn、Ni、Co、Cu)铁系催化剂的研究，得出丁烯在不同催化剂上的转化率以及丁二烯的选择性和收率存在下列顺序：$ZnFe_2O_4 > MgFe_2O_4 > MnFe_2O_4 > NiFe_2O_4 > CoFe_2O_4 > CuFe_2O_4$，而且丁二烯的收率随着催化剂表面酸量的增多而增加，$ZnFe_2O_4$ 具有最大的表面酸量并且显示出最好的催化性能。丁烯在这类催化剂上氧化脱氢的转化率可达 70%左右，选择性达 90%以上。

3) 其他类催化剂

主要有以 Sb 或 Sn 氧化物为基础的混合氧化物催化剂，如 Sb_2O_3-SnO_2 等。中国科学院兰州化学物理研究所研制的 Sn-P-Li 催化剂，正丁烯的转化率达 95%左右，丁二烯的选择性为 89%～94%，丁二烯的收率为 85%～90%，但含氧化合物较高，占正丁烯总量的 3%～5%。

4. 反应热力学和动力学

1) 反应热力学

对于正丁烯氧化脱氢生成丁二烯的反应 ΔH_{773K}=134.31kJ/mol，反应平衡常数与温度的关系为

$$\lg K_p = 13740/T + 2.14\lg T + 0.829$$

该反应在任何温度下平衡常数都很大，可以认为是不可逆反应，反应不受热力学控制。

文献对正丁烯氧化脱氢反应体系中主反应和深度氧化生成 CO_x 及异构化副反应的标准摩尔反应焓、标准摩尔吉布斯自由能、平衡常数进行了计算与分析。

主反应：

$$1\text{-}C_4H_8 + 1/2O_2 = 1,3\text{-}C_4H_6 + H_2O \tag{3-48}$$

副反应：

$$1\text{-}C_4H_8 = i\text{-}C_4H_8 \tag{3-49}$$

$$1\text{-}C_4H_8 = cis\text{-}2\text{-}C_4H_8 \tag{3-50}$$

$$1\text{-}C_4H_8 = trans\text{-}2\text{-}C_4H_8 \tag{3-51}$$

$$1\text{-}C_4H_8 + 4O_2 = 4CO + 4H_2O \tag{3-52}$$

$$1\text{-}C_4H_8 + 6O_2 = 4CO_2 + 4H_2O \tag{3-53}$$

$$1\text{-}C_4H_8 + 4O_2 = 4CO_2 + 4H_2 \tag{3-54}$$

由表 3-30 可见，在 300～900K 的温度范围内，主反应和副反应的标准摩尔反应焓 $\Delta_r H_m^\ominus$ 均小于 0，并且完全氧化生成碳氧化合物 CO(即 CO、CO_2)的副反应的 $\Delta_r H_m^\ominus$ 的绝对值较大，在相同的反应温度下，生成 CO_x 副反应的放热量是主反应的 10 倍以上，说明正丁烯氧化脱氢是一个放热反应过程，其中生成 CO_x 的反应属于强放热反应。提高反应温度，对正丁烯氧化脱氢的主、副反应均有不利影响。

表 3-30　不同反应温度下主副反应的 $\Delta_r H_m^\ominus$ (kJ/mol)

反应编号	300K	400K	500K	600K	700K	800K	900K
式(3-48)	−132.10	−130.54	−129.03	−127.91	−127.19	−126.24	−126.43
式(3-49)	−16.59	−16.37	−16.26	−16.27	−16.35	−16.44	−16.50
式(3-50)	−6.54	−7.22	−7.82	−8.31	−8.59	−8.82	−9.04
式(3-51)	−10.49	−10.39	−10.43	−10.52	−10.48	−10.44	−10.43
式(3-52)	−1408.87	−1405.20	−1403.56	−1403.65	−1405.10	−1407.52	−1410.57
式(3-53)	−2540.83	−2539.04	−2538.12	−2538.17	−2539.05	−2540.54	−2542.41
式(3-54)	−1573.46	−1567.77	−1563.14	−1559.60	−1557.05	−1555.28	−1554.11

由表 3-31 可见，在 300～900K 的温度范围内，随着反应温度的升高，生成 1,3-丁二烯和 CO_x 反应的 $\Delta_r G_m^\ominus$ 不断减小，即 $\Delta_r G_m^\ominus$ 的绝对值增大，说明升高温度对正丁烯氧化脱氢制丁二烯和完全氧化生成 CO_x 均有利。正丁烯自身异构化反应的 $\Delta_r G_m^\ominus$ 随温度升高而逐渐增加，说明高温会抑制正丁烯自身转化反应。在反应温度相同的条件下，正丁烯完全氧化生成 CO_x 的 $\Delta_r G_m^\ominus$ 明显小于丁二烯生成反应的 $\Delta_r G_m^\ominus$，因此在化学反应推动力方面，生成丁二烯反应处于明显的劣势。

表 3-31　不同反应温度下主副反应的 $\Delta_r G_m^\ominus$ (kJ / mol)

反应编号	300K	400K	500K	600K	700K	800K	900K
式(3-48)	−160.77	−170.55	−180.73	−191.19	−201.79	−212.48	−223.22
式(3-49)	−12.20	−10.77	−9.39	−8.01	−6.63	−5.24	−3.83
式(3-50)	−4.70	−3.99	−3.10	−2.11	−1.05	0.04	1.17
式(3-51)	−7.15	−6.06	−4.98	−3.87	−2.77	−1.67	−0.57
式(3-52)	−1580.17	−1637.88	−1696.28	−1754.84	−1813.27	−1871.42	−1929.24
式(3-53)	−2608.25	−2631.01	−2654.13	−2677.34	−2700.48	−2723.44	−2746.20
式(3-54)	−1648.30	−1674.13	−1701.28	−1729.26	−1757.25	−1786.54	−1815.53

在 800K 以下正丁烯转化为 $2\text{-}C_4H_8$ 的平衡常数大于 1，该反应在低于 800K 时能够进行；其余反应在 300～900K 范围内的平衡常数大于 1，说明在该温度范围内，上述反应都能进行。从温度与平衡常数的关系来看，随着温度升高，各反应的平衡常数快速降低，高温不利于反应的进行；在相同温度下，正丁烯异构化反应的平衡常数较小，反应进行程度较低；氧化脱氢和深度氧化反应的平衡常数较大，这说明丁烯氧化脱氢制丁二烯、完全氧化生成 CO_x 的反应几乎可以完全进行。

2) 反应动力学

文献对 2-丁烯在铁酸盐尖晶石催化剂上氧化脱氢的动力学进行了研究，如图 3-39 所示。

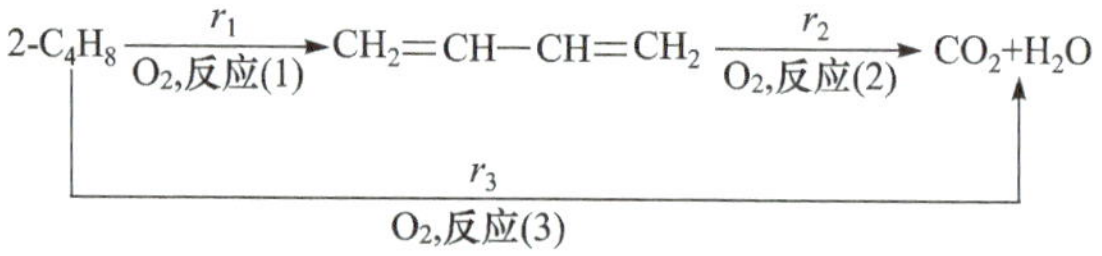

图 3-39 正丁烯氧化脱氢动力学图式

对 2-丁烯在组成为 $Fe_{4.9}Zn_{0.9}Mg_{0.1}$(原子比)的铁酸盐尖晶石催化剂上氧化脱氢为丁二烯的动力学研究表明，该反应符合双位强吸附机理，控制步骤是表面反应。主、副反应都符合此机理，由此得到的动力学方程为

$$r_1 = \frac{k_1 K_B K_O p_B p_O}{(K_B p_B + K_O p_O)^2} \tag{3-55}$$

$$r_2 = \frac{k_2 K_D K_O p_D p_O}{(K_D p_D + K_O p_O)^2} \tag{3-56}$$

$$r_3 = \frac{k_3 K_B K_O p_B p_O}{(K_B p_B + K_O p_O)^2} \tag{3-57}$$

式中，k_1、k_2 和 k_3 分别为反应的速率常数，mol/(mL 催化剂·h)；p_B、p_O 和 p_D 分别为 2-丁烯、氧和丁二烯的分压，kPa；K_B、K_O 和 K_D 分别为 2-丁烯、氧和丁二烯的吸附系数，kPa^{-1}。测得各反应的活化能分别为 E_1=825kJ/mol、E_2=103kJ/mol 和 E_3=107kJ/mol，即平行和连串副反应的活化能均比主反应小。研究还表明，在铁酸盐尖晶石催化剂上丁烯或丁二烯的吸附能力比氧强。

文献采用国产 B-02 催化剂，在水/烯比 0.50～88、温度 320～420℃和各组分分压(p_O=0.92～15.51kPa，p_B=0.33～17.29kPa，p_D=0.18～4.27kPa)内，建立了丁烯氧化脱氢的本征动力学模型，得到的动力学方程为

$$r_1 = k_1 k_2 p_O^{1/2} p_B / (0.5 k_1 p_B + k_2 p_O^{1/2}) \tag{3-58}$$

$$r_2 = k_3 p_O^{0.70} p_B^{0.25} p_D^{0.85} \tag{3-59}$$

$$r_2 = k_4 p_O^{0.15} p_D^{0.85} \tag{3-60}$$

式中

$$k_1 = 3.06 \times 10^5 \exp[-53.1/(RT)] \tag{3-61}$$

$$k_2 = 3.58 \times 10^{10} \exp[-128.3/(RT)] \tag{3-62}$$

$$k_3 = 3.14 \times 10^{10} \exp[-154.7/(RT)] \tag{3-63}$$

$$k_4 = 3.42 \times 10^{12} \exp[-148.0/(RT)] \tag{3-64}$$

式中，p_B、p_O 和 p_D 分别为 2-丁烯、氧和丁二烯的分压，kPa。模型符合氧化还原机理。

5. 工艺条件

1) 原料纯度

正丁烯的 3 个异构体在铁酸盐尖晶石催化剂上的脱氢反应速率和选择性虽有所差异，但差别不大。原料中异丁烯量要严格控制，因异丁烯易氧化，使氧的消耗量增加，并影响温度控制。C_3 或 C_3 以下烷烃性质稳定，不会被氧化，但含量太高会影响反应器生产能力。一般控制原料中丁烯≥98%(质量分数，下同)，异丁烯≤0.5%，总碳三≤0.1%，总碳五≤0.1%，总硫≤3ppm。

2) 氧与正丁烯的用量比

一般采用空气作氧化剂，由于丁二烯的收率与所用氧量有直接关系，故氧与正丁烯的用量比要严格控制。氧/正丁烯在一定范围内(如 0.52～0.68)增加，转化率增加，选择性下降，超过一定范围(如>0.68)，丁二烯收率开始下降。同时，随着 $O_2/n\text{-}C_4H_8$ 增加，反应器进出口温度差增大(与转化率增高有关)，要降低出口温度，减少进出口温差，必须提高水蒸气对正丁烯的用量比。氧烯比小，催化剂中晶格氧量降低，催化剂的活性降低，生成丁二烯的活性和选择性降低，并导致催化剂表面积炭增加，寿命缩短。通常为了保持催化剂的活性，氧必须过量，一般流化床反应器控制在 0.65～0.75，固定床反应器控制在 0.70～0.72。

3) 水蒸气与正丁烯的用量比

水蒸气作为稀释剂和热载体，具有调节反应物和产物分压、带出热量和消除催化剂表面积炭的作用，提高 $H_2O/n\text{-}C_4H_8$，反应速率加快，生成丁二烯的选择性提高，直至达到最大值。一般流化床反应器控制在 9～12，固定床反应器控制在 12～13。

4) 反应温度

正丁烯氧化脱氢是放热反应，对铁酸盐尖晶石催化剂，完全氧化副反应的活化能小于主反应，所以在一定温度范围内，提高反应温度，丁烯转化率和丁二烯的收率均提高，而深度氧化生成 CO_x 的量增加不大，可以在反应温度上限操作而不致严重影响反应的选择性。温度过高，深度氧化反应加大，生成炔、醛类副产物增多，生成丁二烯的选择性降低，同时聚合结焦速度加快；温度过低，反应速率降低，生成丁二烯的量降低。因此需要选择适宜的反应温度，一般流化床反应器反应温度控制在 360～380℃，固定床二段绝热反应器一段入口温度控制在 320～380℃，出口温度 510～580℃，二段入口温度控制在 335～370℃，出口温度 550～570℃。

5) 正丁烯的空速

一般空速增加，正丁烯转化率、丁二烯收率和 CO_x 降低。对于流化床反应器，空速与催化剂的流化质量密切相关：空速增加，催化剂带出量增加；空速低，流化不均匀，会造成局部过热，催化剂失活，副反应增加，选择性降低。工业上流化床反应器正丁烯空速 200～270h^{-1}，固定床反应器 210～250h^{-1}。

6) 反应压力

从反应动力学看，增加反应压力，正丁烯转化率增加，但增加反应压力的同时反应温度升高，副反应增加，生成丁二烯的选择性下降，收率也下降。因此，希望在较低压下操作并要求催化剂床层的阻力降应尽可能小，为此固定床反应器一般采用径向绝热床反应器。

6. 工艺流程

20 世纪 60 年代末，美国 Phillips 公司成功开发了丁烯氧化脱氢制丁二烯工艺，并于 1970 年实现了工业化，氧化脱氢工艺成为生产丁二烯的主要技术路线之一。我国从 20 世纪 60 年代初开始丁烯氧化脱氢制取丁二烯的研究，经历了第一代三元钼系催化剂、第二代六元钼系催化剂和第三代铁系尖晶石催化剂且先后实现了工业化生产，使我国的氧化脱氢法制取丁二烯技术接近和达到世界先进水平。目前拥有丁烯氧化脱氢生产丁二烯的专利商主要有：美国得克萨斯石油公司(Petro-Tex，现为 TPC 公司)开发的 Oxo-D 工艺，美国 Phillips 石油公司的 O-X-D 工艺，日本三菱化学公司的 BTcB 工艺，日本旭化成化学公司 BBFLEX 工艺，国内中国科学院兰州化学物理研究所、中国石化燕山石化公司等开发的相应的工艺和技术。正丁烯氧化脱氢制丁二烯的工艺流程按反应器的形式分为流化床反应器工艺和绝热式固定床反应器工艺两种。

1) 流化床工艺

正丁烯氧化生产丁二烯流化床工艺见图 3-40。原料正丁烯馏分经预热蒸发后，与压缩空气和水蒸气在混合器中混合(控制原料/水蒸气比 11∶1，氧/烯比 0.7)，然后进入流化床反应器，在催化剂作用下进行氧化脱氢反应。控制反应温度 370℃左右，反应压力 0.18MPa，反应器内设一定数量的直管，通入的水汽化带走部分反应热，并副产蒸汽。反应后的气体在反应器顶部经旋风分离器除去夹带的催化剂后进入废热锅炉，回收部分热量。经废热锅炉换热后的物料进入水冷塔进行水喷淋冷却，洗去有机酸等水溶物，水循环使用，水冷塔塔顶引出的气体经吸附除去其中的水，然后由压缩机压缩至 1.1MPa 左右，压缩过程分离出的凝液进行闪蒸后返回水冷塔。压缩升压后的气体进入洗醛塔，用水洗涤脱除其中的甲醛、酮等含氧化合物；洗醛塔塔顶气体进入油吸收塔，与吸收剂 C_6 烃逆流接触，塔顶为未被吸收的 N_2、CO、CO_2 和 O_2，富含丁烯和丁二烯的吸收油从塔底引出进入解吸塔，解吸塔侧线抽出粗丁二烯，底液返回吸收塔继续作为吸收剂。

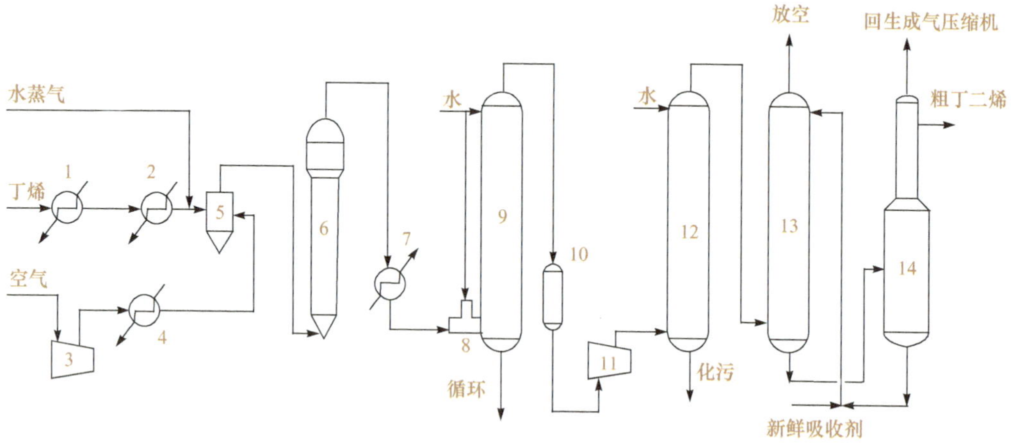

图 3-40 正丁烯氧化生产丁二烯流化床工艺

1. 丁烯蒸发器；2. 丁烯过热器；3. 空气压缩机；4. 空气过热器；5. 旋风混合器；6. 流化床反应器；7. 废热锅炉；8. 淬冷器；9. 水冷塔；10. 过滤器；11. 生成气压缩机；12. 洗醛塔；13. 油吸收塔；14. 解吸塔

2) 固定床工艺

由于铁基催化剂有较宽广的操作温度范围，故可采用绝热固定床反应器工艺(图 3-41)。

原料正丁烯和循环的正丁烯混合，与预热至一定温度的空气和水蒸气混合物在混合器中进一步充分混合，达到反应器入口温度，进入绝热固定床反应器进行氧化脱氢反应，自反应

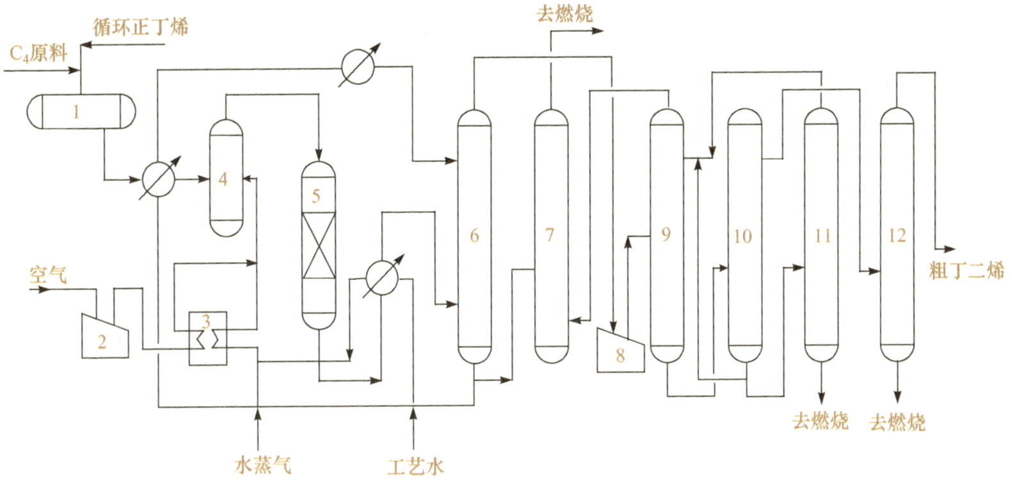

图 3-41　固定床丁烯氧化脱氢生产丁二烯原则工艺流程图

1. C_4原料罐；2. 空气压缩机；3. 加热炉；4. 混合器；5. 反应器；6. 淬冷塔；7. 吹脱塔；8. 压缩机；9. 吸收塔；10. 解吸塔；11. 油再生塔；12. 脱重组分塔

器出来的高温接触气经废热锅炉回收热量，当采用铁酸盐尖晶石催化剂时因反应接触气中不含有机酸，不易结焦，出废热锅炉接触气的温度可比其他催化剂相对低一些，以提高热量的回收率。经废热锅炉换热后的接触气进入淬冷塔，用水急冷，再进一步降温并除去高沸点副产物后，进入吸收分离工序，分离出产物丁二烯和未转化的正丁烯。淬冷后的接触气经压缩机压缩进入油吸收塔将接触气中的油吸收物吸收，未被吸收的气体主要是 N_2、CO 和 CO_2，并含有少量低沸点副产物，经吹脱塔吹脱后送火炬焚烧。吸收塔塔底物料进入解吸塔，解吸塔底液返回吸收塔继续作为吸收剂，塔顶解吸物料进入脱重塔，脱重塔顶得到粗丁二烯，塔底得到高沸点物质作为燃料。自淬冷塔塔底排出的水含有沸点较高的含氧副产物，一部分经热交换回收部分能量后循环作淬冷水用，其余经吹脱塔脱除低沸点副产物后，排放到污水厂处理。

3) 丁二烯的分离与精制

丁烯氧化生产的粗丁二烯含有未反应的丁烯、副产的炔烃和随原料带入的丁烷等，要得到聚合级的丁二烯(纯度 99.5%以上)需对其进行分离精制。目前工业上一般采取二级萃取精馏的方法进行分离精制。根据萃取剂的不同，工业上分为乙腈法、二甲基甲酰胺法和 *N*-甲基吡咯烷酮法。

(1) 乙腈法。该法最早由美国 Shell 公司开发成功，并于 1956 年实现工业化生产。它以含水 10%的乙腈(ACN)为溶剂，由萃取、闪蒸、压缩、高压解吸、低压解吸和溶剂回收等单元组成，见图 3-42。1977 年美国 Shell 公司在装置改造中增加了冷凝器和水洗塔，并将闪蒸和低压解吸的气相合并压缩，其中约 8%经冷凝送往水洗塔洗去溶剂，塔顶气相返回原料蒸馏塔，这样就除去了 C_4 烃中的 C_5 烃。其余气体一部分送往高压解吸塔，另一部分作为再沸气体送往萃取蒸馏塔塔底以提供热能，从而省去了一台再沸器，降低了蒸汽用量。约 1%水洗塔底溶剂送往溶剂回收精制系统，以保证循环溶剂的质量。对炔烃含量较高的原料需要进行加氢处理，或采用精密精馏、两段萃取才能得到纯度较高的丁二烯。目前，该方法以意大利 SIR 工艺和日本 JSR 工艺为代表。

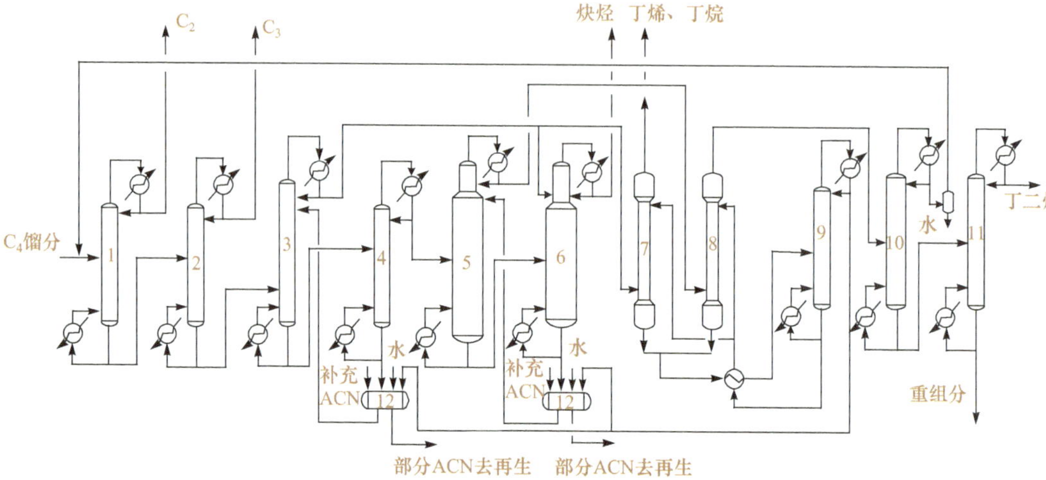

图 3-42 ACN 法丁二烯分离精制工艺流程图

1. 脱 C_2 塔；2. 脱 C_3 塔；3. 丁二烯萃取精馏塔；4. 丁二烯蒸出塔；5. 炔烃萃取精馏塔；6. 炔烃蒸出塔；7. 丁烷、丁烯水洗塔；8. 丁二烯水洗塔；9. 乙腈回收塔；10. 脱轻组分塔；11. 脱重组分塔；12. 乙腈中间贮槽

采用 ACN 法生产丁二烯的特点是：①沸点低，萃取、汽提操作温度低，易防止丁二烯自聚；②汽提可在高压下操作，省去了丁二烯气体压缩机，减少了投资；③黏度低，塔板效率高，实际塔板数少；④毒性低，在操作条件下对碳钢腐蚀性小；⑤丁二烯分别与正丁烷、丁二烯二聚物等形成共沸物，溶剂精制过程复杂，操作费用高；⑥蒸汽压高，随尾气排出的溶剂损失大；⑦用于回收溶剂的水洗塔较多，相对流程长。

(2) 二甲基甲酰胺法。二甲基甲酰胺法(DMF 法)又称 GPB 法，由日本瑞翁公司于 1965 年实现工业化生产。具体工艺流程见 3.1.3 节“裂解气的分离”中的丁二烯分离部分。

DMF 法工艺的特点是：①对原料 C_4 的适应性强，丁二烯含量在 15%～60%范围内都可生产出合格的丁二烯产品；②生产能力大，成本低，工艺成熟，安全性好，节能效果较好，产品、副产品回收率高达 97%；③由于 DMF 对丁二烯的溶解能力及选择性比其他溶剂高，所以循环溶剂量较小，溶剂消耗量低：④无水 DMF 可与任何比例的 C_4 馏分互溶，因而避免了萃取塔中的分层现象；⑤DMF 与任何 C_4 馏分都不会形成共沸物，有利于烃和溶剂的分离，由于其沸点较高，溶剂损失小；⑥热稳定性和化学稳定性良好；⑦由于其沸点高，萃取塔及解吸塔的操作温度都较高，易引起双烯烃和炔烃的聚合；⑧无水情况下对碳钢无腐蚀性，但在水分存在下会分解生成甲酸和二甲胺，因而有一定的腐蚀性。

(3) *N*-甲基吡咯烷酮法。*N*-甲基吡咯烷酮法(NMP 法)由德国 BASF 公司开发成功，并于 1968 年实现工业化生产。其生产工艺主要包括萃取蒸馏、脱气和蒸馏及溶剂再生工序，见图 3-43。粗 C_4 馏分经脱 C_5 塔脱除重组分后或直接进入闪蒸塔，闪蒸塔顶气相物料从塔底进入第一吸收塔，与从塔顶进入的 *N*-甲基吡咯烷酮萃取剂逆向接触，丁二烯和更易溶解的组分及部分丁烷和丁烯被吸收，同时不含丁二烯的丁烷和丁烯从塔顶排出。第一吸收塔底部的物料进入丁烯解吸塔，解吸塔顶物料返回第一吸收塔进一步分离丁烯和丁烷，塔底物料经换热冷却进入脱气塔，从解吸塔侧线抽出的物料从塔下部进入第二吸收塔，与从塔上部进入的 *N*-甲基吡咯烷酮萃取剂逆向接触，进一步吸收丁二烯和更易溶解的组分。解吸塔塔底物料进入脱气塔脱除轻组分后，塔底得 *N*-甲基吡咯烷酮，经换热后继续使用或外送再生。第二吸收塔塔顶物料进入脱重组分精馏塔，在精馏塔塔顶得到甲基乙炔等，侧线得到丁二烯，塔底脱除 C_5 重组分。

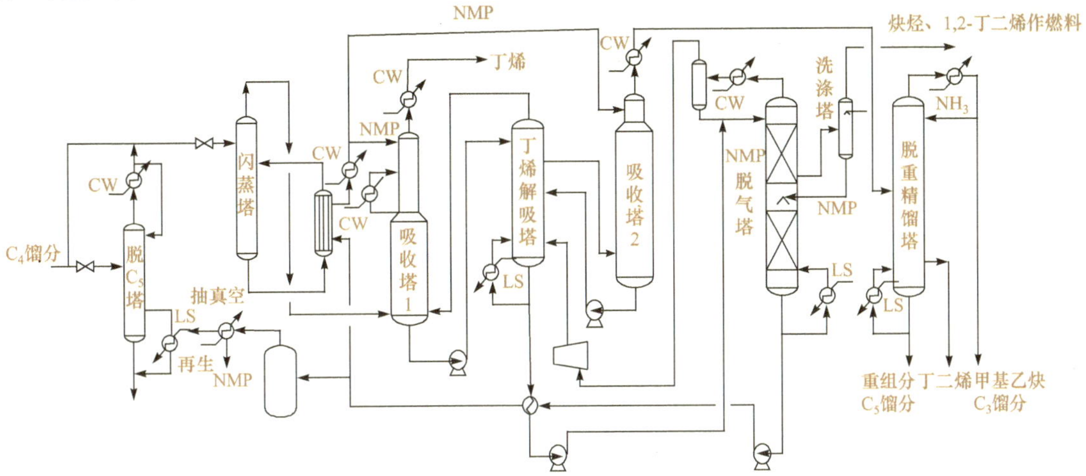

图 3-43　NMP 法抽提丁二烯工艺流程图

NMP 法工艺的特点是：①溶剂性能优良，毒性低，可生物降解，腐蚀性低；②原料范围较广，可得到高质量的丁二烯，产品纯度可达 99.7%～99.9%；③C_4 炔烃无需加氢处理，流程简单，投资低，操作方便，经济效益高；④NMP 具有优良的选择性和溶解能力，沸点高、蒸气压低，因而运转中溶剂损失小；⑤热稳定性和化学稳定性好，即使发生微量水解，其产物也无腐蚀性，装置可全部采用普通碳钢。

3.4.4　正丁烯氧化脱氢技术进展

1. 新型催化剂开发

对于丁烯氧化脱氢生产丁二烯催化剂的研究一直没有间断，传统的铁基催化剂和钼基催化剂主要还是寻找改性组分，提高其低温活性和选择性。例如，文献报道的一种丁烯氧化脱氢制丁二烯的催化剂，其包含结构通式为 $Zn_aAl_bM_cFe_eO_f \cdot Z(\alpha\text{-}Fe_2O_3)$ 的化合物，其中 M 选自 Be、Mg、Ca、Sr、Mn、Ba、Cu、Co 和 Ni 中的至少一种元素，Z 为催化剂中 $\alpha\text{-}Fe_2O_3$ 所占的质量分数，且 $10\% \leqslant Z \leqslant 70\%$，该催化剂具有催化活性高、目的产物选择性好和活性稳定性好的特点。

钒基催化剂是在 V-Mg-O 和 VO_x/Al_2O_3 催化剂的基础上，在制备过程中加入助剂进行改性，加入的助剂主要有 Ga、Sb、P、W、Al 等。

2. 工艺改进

丁烯氧化脱氢为强放热反应，温度对催化剂的选择性和使用寿命影响较大。流化床工艺在反应器内加入内冷管，固定床反应器采用轴径向反应器并采用多段中间换热等工艺流程；目前对提升管反应器和膜分离反应器也有研究。

思　考　题

1. 根据热力学标准反应焓 $\Delta H_T^{\ominus}$ 和化学键判断不同烃类的裂解反应难易程度、可能发生的裂解位置及裂解产物；解释烷烃、环烷烃及芳烃裂解反应规律，指出造成裂解过程结焦生炭的主要反应。

2. 在原料确定的情况下，从裂解过程的热力学和动力学分析，如何选择烃类裂解过程工艺参数(停留时间、温度、压力等)。
3. 以丙烷裂解为例，阐述烃类裂解的自由基反应机理，计算600℃、700℃、800℃、900℃、1000℃下，丙烷裂解产物中乙烯和丙烯比例(假设无其他副反应发生)，并绘出裂解温度-乙烯(丙烯)组成的曲线。
4. 什么是一次反应和二次反应？二次反应对烃类裂解的危害和影响是什么？
5. 烃类裂解过程为什么加入稀释剂？试分析水蒸气作为稀释剂的优点。
6. 影响热裂解的主要因素有哪些？评价裂解过程优劣的目标函数(指标)是什么？
7. 美国Lummus公司的SRT型裂解炉由Ⅰ型发展到Ⅵ型，它的主要改进是什么？采取的措施有哪些？遵循的原则是什么？
8. 裂解气为什么要进行急冷？急冷的方式有哪些？若设计一个间接急冷换热器其关键指标是什么？
9. 裂解气进行预分馏的目的和任务是什么？馏分油和轻烃裂解装置裂解气预分馏的工艺流程有什么区别？
10. 裂解气中含有哪些杂质？其来源是什么？这些杂质的危害是什么？净化方法的原理是什么？
11. 某乙烯装置采用低压法分离甲烷，整个装置中需要的最低冷冻温度为–115℃，根据乙烯装置中出现的原料、产品，设计一个能够提供这样低温的制冷系统，绘出制冷循环示意图，并标出各蒸发器和冷凝器的温度(第一级冷凝器为冷却水，水温度25～30℃)。
12. 绘出顺序分离流程、前脱乙烷后加氢流程、前脱丙烷后加氢流程简图，分析比较各流程特点及适用范围。
13. 对于一已有的甲烷塔，H_2/CH_4对乙烯的回收率有什么影响？采用前冷工艺对甲烷塔分离有什么好处？
14. 影响乙烯回收率的主要因素有哪些？怎样提高乙烯回收率？
15. 以裂解C_4馏分为原料，组织出分离生产各C_4组分的原则工艺流程图。
16. 丙烯的来源和生产方法有哪些？
17. 比较Pt系催化剂和Cr系催化剂反应机理的异同。
18. 从反应热力学分析丙烷脱氢工艺主要条件确定的依据。
19. 美国UOP公司的Oleflex工艺和美国Lummus公司的Catofin工艺特点分别是什么？
20. 异丁烯的来源和生产方法有哪些？
21. 试述异丁烷脱氢反应机理。分析Pt系催化剂和Cr系催化剂的特点。
22. 从化学反应热力学和动力学分析异丁烷脱氢反应需要在低压和适宜的反应温度下操作的原因。
23. 分析比较目前工业应用的几种异丁烷脱氢生产异丁烯工艺的特点。
24. 丁二烯的生产方法有哪些？丁烯氧化脱氢生产丁二烯的特点是什么？
25. 丁烯氧化脱氢的反应机理是什么？分析Fe基催化剂和Mo基催化剂的特点。
26. 从化学反应热力学和动力学分析丁烯氧化脱氢反应需要在低压和适宜的反应温度下操作的原因。
27. 比较丁烯氧化生产丁二烯工艺中流化床工艺和绝热式固定床工艺的特点。为什么在固定床工艺中反应器多采用轴径向反应器？
28. 比较丁二烯分离精制过程中乙腈法、二甲基甲酰胺法和*N*-甲基吡咯烷酮法的特点。

参考文献

蔡奇，杨玉旺，吴同旭，等. 2016. Mg对CrO_3/Al_2O_3催化剂及其丙烷脱氢性能的影响. 石油炼制与化工，47(3)：72-76

陈光文，阳永荣，戎顺熙. 1998. 在Pt-Sn/Al_2O_3催化剂上丙烷脱氢反应动力学. 化学反应工程与工艺，14(2)：130-136

陈香生，刘昱，陈俊武. 2005. 煤基甲醇制烯烃(MTO)工艺生产低碳烯烃的工程技术及投资分析. 煤化工，33(5)：6-11

程亮亮，黄剑峰，马应海. 2015. 丁烯氧化脱氢制丁二烯体系的热力学计算与分析. 当代化工，44(5)：1062-1064

傅承碧，沈国良. 2014. 化工工艺学. 北京：中国石化出版社

韩志萍. 2014. Pt系催化剂催化丙烷脱氢反应机理研究. 天津：天津大学

惠从善，陈延祥，锺承德，等. 1984. 铁酸盐催化剂上2-丁烯氧化脱氢反应动力学. 催化学报，5(3)：273-275

纪玉国，商宜美. 2015. 异丁烷脱氢制异丁烯体系热力学分析. 化学通报，78(1)：68-72
李波，张明强，安彦杰. 2008. 甲醇制烯烃工艺技术进展. 化工进展，27(s1)：241-244
刘昌呈，王春明，马爱增. 2013. 工艺条件对 Pt-Sn-K/Al_2O_3 催化剂丙烷脱氢性能的影响. 石油炼制与化工，44(4)：34-37
刘洪全，于中伟，马爱增，等. 2011. 异丁烷脱氢制异丁烯反应热力学分析. 石油学报(石油加工)，27(3)：419-423
刘乔，董秀芹，余英哲，等. 2014. 丙烷无氧脱氢制丙烯工艺和催化剂的研究进展. 石油化工，43(6)：713-719
刘学. 2014. 丙烷脱氢制丙烯铂系催化剂研究. 上海：上海师范大学
刘洋，柯明. 2017. 异丁烷氧化脱氢制异丁烯催化剂研究进展. 化工进展，36(3)：909-913
米镇涛. 2006. 化学工艺学. 2 版. 北京：化学工业出版社
王松汉. 2012. 乙烯工艺与技术. 北京：中国石化出版社
薛建成. 2014. 异丁烷脱氢制异丁烯反应工艺的模拟与优化. 烟台：烟台大学
于莉莉. 2013. 丁烯氧化脱氢制丁二烯催化剂研究. 青岛：中国石油大学(华东)
张国良，魏小波，郝代军. 2015. 工艺条件对丙烷脱氢反应中丙烯选择性的影响. 广州化工，43(17)：127-129
张海娟，李江红，张喜文，等. 2010. Pt-Sn 催化剂上异丁烷催化脱氢反应宏观动力学模型. 石油化工，39(11)：1228-1230
张吉瑞，王玉庆，王家强. 1991. B-02 催化剂上丁烯氧化脱氢动力学研究. 化工学报，(5)：617-624
张龙. 2011. 碳四碳五馏分综合利用原理与技术. 北京：化学工业出版社
朱志庆. 2011. 化工工艺学. 北京：化学工业出版社
邹长军. 2010. 石油化工工艺学. 北京：化学工业出版社
Massoth F E, Scarpiello D A. 1971. Catalyst characterization studies on the Zn.Cr.Fe oxide system. Journal of Catalysis, 21(3): 294-302
Schuit G C A. 1974. Bismuth molydates as oxidation catalysis. Journal of the Less Common Metals, 36(1-2): 329-338
Wen Q, Yuan G Y, Li G Y, et al. 1992. Roles of spainel and maghemite phases in the oxidative dehydrogenation of butane over iron complex oxides. Ⅱ. Epitaxy and synergy between γ-Fe_2O_3 and ferrite spinels. Applited Catalysis A: General, 89(2): 131-142

第 4 章　典型烯烃衍生物的生产

烯烃因其含有不饱和的碳碳双键，易与其他化合物发生加成、氧化等反应生成烯烃衍生物。以乙烯、丙烯为代表的烯烃衍生物近年来增量迅速，在化学工业中占有重要地位。本章将重点介绍几种典型烯烃衍生物的性质和生产原料、工艺基本原理、工艺流程、主要设备、影响因素及技术进展等，包括环氧乙烷、氯乙烯、丙烯腈、丁/辛醇、环氧丙烷等。

4.1 环 氧 乙 烷

4.1.1 性质、用途及主要生产方法

1. 性质和用途

环氧乙烷(EO)又名氧化乙烯，化学式是 C_2H_4O，是一种有毒性的致癌物质。环氧乙烷可以与水、醇、醚和诸多有极溶剂以任意比例互溶，常温常压下为无色有醚味的易燃气体，在空气中爆炸极限为 3%～100%，低温时为无色易流动液体。环氧乙烷主要用作生产非离子表面活性剂、乙醇胺、乙二醇醚、聚醚等，此外在医药、染料及橡胶等领域也有一定的消费量。环氧乙烷的其他衍生产品主要包括聚乙二醇、聚醚多元醇、氯化胆碱、乙氧基化合物等。

环氧乙烷的生产方法主要有氯醇法、空气直接氧化法和氧气直接氧化法三种。其中氯醇法由于技术落后，在国内外早已被淘汰，目前环氧乙烷的工业化生产装置几乎全部采用以 Ag 为催化剂的乙烯直接氧化法。目前全球环氧乙烷生产技术主要被美国科学设计(SD)公司、美国 Shell 公司、美国联合碳化物(UCC)公司三家公司垄断，90%以上的生产能力采用上述三家公司的生产技术，此外拥有环氧乙烷生产技术的还有日本触媒株式会社、美国 Dow 公司、德国赫斯公司等。

2. 生产方法

1) 空气直接氧化法

空气直接氧化法用空气作氧化剂，因此生产中必须有空气净化装置，以防止空气中有害杂质带入反应器而影响催化剂的活性。空气法的特点是由两台或多台反应器串联，即主反应器和副反应器，为使主反应器催化剂的活性保持在较高水平(63%～75%)，通常以低转化率操作(20%～50%)。

2) 氧气直接氧化法

氧气直接氧化法采用纯氧或其他氧源作氧化剂。由于用纯氧作氧化剂，引入系统的惰性气体大为减少，未反应的乙烯基本上可完全循环使用。从吸收塔顶出来的循环气必须经过脱

碳以除去二氧化碳，然后循环返回反应器，若二氧化碳质量超过 15%，将严重影响催化剂的活性。

氧气直接氧化法和空气直接氧化法在诸多方面有所不同。例如，在流程方面，氧气直接氧化法工艺流程稍短，设备较少，建厂投资少；在催化剂方面，氧气直接氧化法因为选择性高，所以催化剂需要量少。此外，氧气直接氧化法 Ag 催化剂中 Ag 的质量分数约为 10%，低于空气直接氧化法中的 20%，因此氧气直接氧化法催化剂成本较低；在设备投资方面，空气直接氧化法需要有副反应器、二次吸收和汽提塔等，增加了设备投资。

4.1.2 乙烯直接氧化制环氧乙烷

1. 反应基本原理

乙烯直接氧化生成的产物除环氧乙烷外还有部分副产物二氧化碳、甲醛、乙醛等。其反应如下：

主反应： $$C_2H_4+\frac{1}{2}O_2 \longrightarrow C_2H_4O \qquad \Delta H_{298}^{\ominus}=-103.3\text{kJ/mol} \tag{4-1}$$

平行副反应： $$C_2H_4+3O_2 \longrightarrow 2CO_2+2H_2O \qquad \Delta H_{298}^{\ominus}=-1323.0\text{kJ/mol} \tag{4-2}$$

串联副反应： $$C_2H_4O+\frac{5}{2}O_2 \longrightarrow 2CO_2+2H_2O \qquad \Delta H_{298}^{\ominus}=-1219.7\text{kJ/mol} \tag{4-3}$$

乙烯和氧的混合气进入催化剂床层后，氧吸附在银表面，部分发生解离，在催化剂表面上存在分子氧和原子氧。20 世纪 70 年代人们普遍接受分子氧机理，该机理认为银催化剂表面吸附态分子氧是导致乙烯环氧化生成环氧乙烷的关键物种，而吸附态原子氧导致乙烯完全氧化生成二氧化碳和水。按照这种假设，催化反应选择性的极限值为 85.7%。然而，目前选择性已经超过该值。

研究者以负载银催化剂或单晶银为模型催化剂作为研究对象，发现银催化剂表面吸附的原子氧既是生成环氧乙烷的关键物种，又是生成二氧化碳和水的关键物种，吸附态分子氧只是原子氧形成的前驱态。在一定反应温度下，O_2 在银催化剂表面发生解离吸附，主要生成吸附态原子氧及次表面氧。随覆盖度的增加和其周围化学环境的变化，催化剂表面吸附态原子氧物种可以从微观上区分开来，一种与 Ag 具有较强相互作用的称为强吸附氧，另一种与 Ag 相互作用相对较弱的称为弱吸附氧。弱吸附氧与 Ag 之间 Ag—O 键的极性小于强吸附氧与 Ag 之间 Ag—O 键的极性，因此强吸附氧也称离子氧，弱吸附氧也称共价氧。键极性的不同是银原子表面电子向氧原子表面迁移程度不同所致。与强吸附氧相比，弱吸附氧表面的电子云密度相对较低，具有更高的亲电性，易发生亲电反应，因此弱吸附氧易与乙烯中电子云密度较高的π键靠近，插入乙烯π键，发生环氧化反应生成环氧乙烷；而强吸附氧表面电子云密度相对较高，具有更高的亲核性，易发生亲核反应，因而易与乙烯中电子云密度较低的 C—H 键靠近，使 C—H 键断裂导致乙烯完全氧化，生成二氧化碳和水。因此，任何利于弱吸附氧生成的化学环境均有利于环氧乙烷的生成，并有利于银催化剂选择性的提高。

研究者还提出反应中间体——金属氧环模型：在金属氧环中，Ag—O 键的强度越弱，越可能生成环氧乙烷，催化剂的选择性越高，催化剂的选择性取决于金属氧环上 C—Ag 键和 O—Ag 键结合力的差异。Yokozaki 等提出了乙烯在银催化剂上环氧化的三环模型(图 4-1)。这些研究工作均否定了分子氧机理，破除了银催化剂选择性的极限。

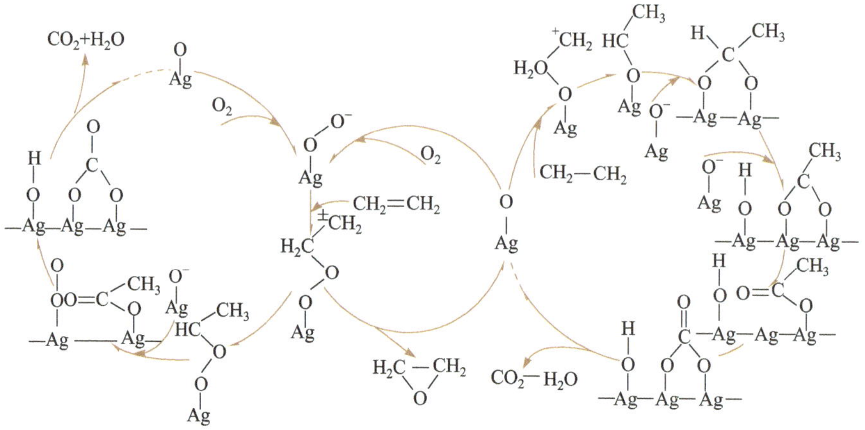

图 4-1 乙烯直接氧化制备环氧乙烷反应的三环模型

2. 催化剂

1931 年世界上首次公开了乙烯在银催化剂上直接氧化制环氧乙烷的专利，1938 年美国 UCC 公司建成了首套空气法环氧乙烷生产装置，环氧乙烷的生产工艺从污染严重的氯醇法逐渐被乙烯直接氧化法替代。

20 世纪 80 年代出现以铼作为助剂的银催化剂，乙烯生成环氧乙烷的选择性超过 88%。同时，美国 UCC 公司和中国石化集团燕山石化分公司等开发的银催化剂环氧乙烷选择性达到 90%左右。

1) 载体

目前，商业化的银催化剂多使用 1100～1700℃下烧结而成的多孔α-Al_2O_3载体。载体比表面积从早期的 0.1～0.3m^2/g 发展到 0.5～2.0m^2/g，载体形状由球形发展到利于散热和降低反应管压降的瓷环型、矩鞍型、鞍型，有利于气体扩散和反应热去除。采用碱土金属、碱金属、卤素预先与氧化铝混合制备的载体，提高了催化剂的稳定性，所选用的碱金属有锂、钾和铯等。

2) 活性金属组分

乙烯环氧化生产环氧乙烷催化剂一直采用 Ag 作为活性金属，为了提高其选择性和稳定性，近年来诸多公司对其进行了改性。日本三菱化学公司在银中添加碱性成分，使选择性增加，并利用过热蒸汽进行干燥的方法使银与添加组分均匀地附在载体上，降低了反应温度，提高了催化剂选择性和寿命。在银催化剂的制备过程中，加入碱金属作为助剂，其中 Cs 可阻止氧的吸附，有利于亲电吸附氧的生成，从而提高选择性。Cu-Ag 双金属催化剂中，在氧气平衡状态下所有晶面方向上都存在 Ag/O 结构和薄层 CuO 的组合，可以产生更多的弱吸附氧，从而提高生成环氧乙烷的选择性。

3) 化学反应热力学和动力学

通过计算反应过程的焓变和吉布斯自由能变可以确定在一定条件下反应进行的方向以及能量发生的变化。反应过程焓变和吉布斯自由能变化可由下式求得：

$$\Delta_r H_m^{\ominus} = \sum_j (\nu_j \Delta_f H_m^{\ominus})_{生成物} - \sum_j (\nu_j \Delta_f H_m^{\ominus})_{反应物} \tag{4-4}$$

$$\Delta_r G_m^{\ominus} = \sum_j (\nu_j \Delta_f G_m^{\ominus})_{生成物} - \sum_j (\nu_j \Delta_f G_m^{\ominus})_{反应物} \tag{4-5}$$

表 4-1 为气体标准热力学数据。

表 4-1　气体标准热力学数据

物质	C_2H_4	O_2	EO	CO_2	H_2O
$\Delta_f H_m^{\ominus}$ / (kJ/mol)	52.28	0.00	−51.00	−393.51	−241.83
$\Delta_f G_m^{\ominus}$ / (kJ/mol)	68.12	0.00	−11.67	−394.38	−228.59

根据表 4-1 中数据计算出：

反应式(4-1)

$$\Delta H_{298}^{\ominus} = -51.00 - 0.00 - 52.38 \approx -103.4(\text{kJ/mol})$$

$$\Delta G_{298}^{\ominus} = -11.67 - 0.00 - 68.12 \approx -79.8(\text{kJ/mol})$$

反应式(4-2)

$$\Delta H_{298}^{\ominus} = 2\times(-393.51)+2\times(-241.83) - 0 - 52.28 \approx -1323.0(\text{kJ/mol})$$

$$\Delta G_{298}^{\ominus} = 2\times(-394.38)+2\times(-228.59) - 0 - 68.12 \approx -1314.1(\text{kJ/mol})$$

反应式(4-3)

$$\Delta H_{298}^{\ominus} = 2\times(-393.51)+2\times(-241.83) - 0+51.00 \approx -1219.7(\text{kJ/mol})$$

$$\Delta G_{298}^{\ominus} = 2\times(-394.38)+2\times(-228.59) - 0+11.67 \approx -1234.3(\text{kJ/mol})$$

由上述计算结果可知，二氧化碳和水主要为并联副反应生成的，串联副反应是次要的。此外，乙烯氧化制环氧乙烷主副反应均为不可逆的强放热反应，副反应的放热量为主反应的十余倍，为减少副反应的发生，需提高催化剂的选择性，防止副反应造成飞温现象。

使用 Langmuir-Hinselwood 表达式建立的机理型动力学方程，主、副反应对乙烯的反应级数均为 1，对氧的反应级数均为 0.5，符合原子氧机理。关于银催化剂上主反应和主要副反应的活化能，尽管各研究者所测得数值略有差异，但环氧化反应活化能(E_1)小于完全氧化副反应的活化能(E_2)这一定性结论是一致的。

由动力学可知，化学反应速率随温度变化如下：

乙烯环氧化

$$\frac{\mathrm{d}\ln k_1}{\mathrm{d}T} = \frac{E_1}{RT^2} \tag{4-6}$$

乙烯完全氧化

$$\frac{\mathrm{d}\ln k_2}{\mathrm{d}T} = \frac{E_2}{RT^2} \tag{4-7}$$

$$\frac{\mathrm{d}\ln k_1}{\mathrm{d}T} - \frac{\mathrm{d}\ln k_2}{\mathrm{d}T} = \frac{E_1 - E_2}{RT^2} \tag{4-8}$$

因为 $E_1 < E_2$，故

$$\frac{\mathrm{d}\ln k_1}{\mathrm{d}T} < \frac{\mathrm{d}\ln k_2}{\mathrm{d}T} \tag{4-9}$$

由上述推导可知：随着反应温度的升高，两个反应速率都在增加。乙烯完全氧化反应速率随温度增加快于乙烯环氧化反应。乙烯氧化制环氧乙烷主、副反应均为强放热反应，温度对反应的选择性较为敏感。在列管式固定床反应器中，热点以前放热速率大于散热速率，热点以后则相反。随着温度提高，主、副反应速率同时加快，副反应速率提高快于主反应，选择性下降。完全氧化反应将导致放出更多的热量，使温度进一步升高，如果不能及时移走反应产生的大量热量，导致催化剂床层飞温，并可能导致爆炸事故的发生。

3. 工艺条件及主要影响因素

1) 反应温度

乙烯环氧化过程中存在着平行的完全氧化副反应，反应温度是影响选择性的主要因素。反应温度升高，两个反应的速率都加快，但完全氧化反应的速率增加更快。在反应温度为 100℃时，反应产物几乎全是环氧乙烷，但反应速率很慢，转化率很低。随着温度升高，转化率增加，选择性下降，在温度超过 300℃时，产物几乎全是二氧化碳和水。此外，温度过高还会导致催化剂的使用寿命下降。应权衡转化率和选择性之间的关系，以达到环氧乙烷的收率最高，工业上一般选择反应温度在 220～260℃。

2) 空速

空速是影响乙烯转化率和环氧乙烷选择性的另一因素，但与反应温度相比，该因素是次要的。空速减小，也会导致转化率提高，选择性下降，但影响不如温度显著。空速不仅影响转化率和选择性，还影响催化剂的时空收率和单位时间的放热量。空速提高，可增大反应器中气体流动的线速度，减小气膜厚度，有利于传热。工业上采用的空速与选用的催化剂有关，还与反应器和传热速率有关，一般在 4000～8000$\mathrm{h^{-1}}$。催化剂活性高且反应热可及时移出时，可选择高空速，反之选择低空速。

3) 反应压力

乙烯直接氧化的主副反应在热力学上都不可逆，因此压力对主副反应的平衡和选择性影响不大。但加压可提高乙烯和氧的分压，加快反应速率，提高反应器的生产能力，也有利于采用加压吸收法回收环氧乙烷，故工业上大多采用加压氧化法。但压力也不能太高，否则设备耐压要求提高，费用增大，环氧乙烷也会在催化剂表面产生聚合和积炭，影响催化剂寿命。一般工业上采用的压力在 2.0MPa 左右。

4) 原料配比及致稳气

对于循环的乙烯环氧化工艺，进入反应器的原料为循环气和新鲜原料的混合气，其中乙烯与氧的配比一定要在爆炸极限以外，同时必须控制乙烯和氧的浓度在合适的范围内，过低时催化剂的生产能力小，过高时反应放出的热量大，易造成反应器的热负荷过大，造成飞温。乙烯与空气混合物的爆炸极限为 2.7%～36%(体积分数)，与氧的爆炸极限为 2.7%～80%(体积分数)，实际生产中因循环气带入二氧化碳等，爆炸极限也有所改变。为了提高乙烯和氧的浓度，可以加入第三种气体来改变乙烯的爆炸极限，这种气体通常称为致稳气。工业上曾广泛采用的致稳气是氮气，近年来也采用甲烷作致稳气。甲烷的比热容是氮气的 1.35 倍，比氮气作致稳气时更能缩小氧和乙烯的爆炸范围，提高反应器入口氧的浓度，可使选择性提高 1%，延长催化剂的使用寿命。用空气作氧化剂时，空气中的氮作致稳气，乙烯的浓度为 5%左右，氧浓度为 6%左右；以纯氧作氧化剂时，在用氮作致稳气时，乙烯浓度可达 20%～30%，氧浓度 7%～8%。

5) 原料气纯度

许多杂质对乙烯环氧化过程都有影响，必须严格控制。主要有害物质及危害如下：①催化剂中毒，如硫化物、砷化物、卤化物等能使催化剂永久中毒，乙炔会使催化剂中毒并能与银反应生成有爆炸危险的乙炔银；②反应热效应增大，氢气、乙炔、C_3 以上的烷烃和烯烃可发生燃烧反应放出大量热，使过程难以控制，乙炔、高碳烯烃的存在还会加快催化剂表面的积炭失活；③影响爆炸极限，氩气和氢气是空气和氧气中带来的主要杂质，过高会改变混合气体的爆炸极限，降低氧的最大允许浓度；④选择性下降，原料气及反应器管道中带入的铁离子会使环氧乙烷重排为乙醛，导致生成二氧化碳和水，使选择性下降。因此，原料乙烯要求杂质含量：乙炔 $<5\times10^{-6}$g/L，C_3 以上烃 $<1\times10^{-5}$g/L，硫化物 $<1\times10^{-6}$g/L，氯化物 $<1\times10^{-6}$g/L，氢气 $<5\times10^{-6}$g/L。

环氧乙烷在水吸收塔中要充分吸收，否则会由循环气带回反应器，对环氧化反应有抑制作用，使转化率明显下降。二氧化碳对环氧化反应也有抑制作用，但适宜的含量会提高反应的选择性，提高氧的爆炸极限浓度，循环气中二氧化碳允许含量<9%。

6) 乙烯转化率

单程转化率的控制与氧化剂的种类有关，用纯氧作氧化剂时，单程转化率一般控制在 12%～15%，选择性可达 83%～84%；用空气作氧化剂时，单程转化率一般控制在 30%～35%，选择性达 70%左右。单程转化率过高时，由于放热量大，温度升高快，会加快深度氧化，使环氧乙烷的选择性降低。为了提高乙烯的利用率，工业上采用循环流程，即将环氧乙烷分离后未反应的乙烯再送回反应器，所以单程转化率也不能过低，否则因循环气量过大而导致能耗增加。同时，生产中要引出 10%～15%的循环气以除去有害气体如二氧化碳等，单程转化率过低也会造成乙烯的损失增加。

4. 工艺流程和主要设备

图 4-2 为氧气直接氧化法生产环氧乙烷工艺流程。

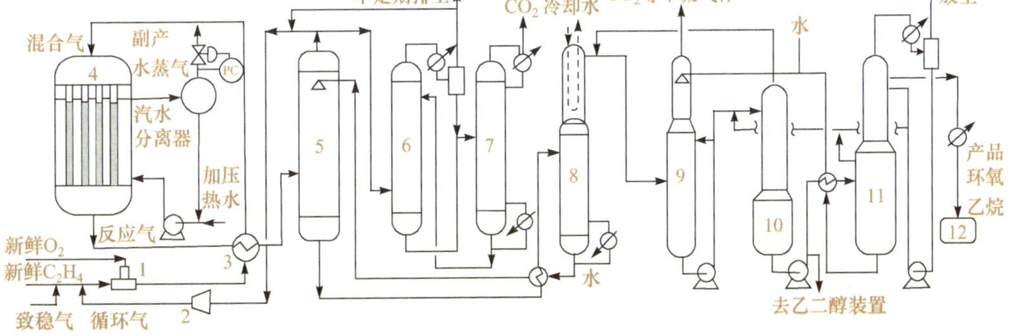

图 4-2　氧气直接氧化法生产环氧乙烷工艺流程

1. 混合器；2. 循环压缩机；3. 热交换器；4. 反应器；5. 环氧乙烷吸收塔；6. CO_2 吸收塔；7. CO_2 解吸塔；8. 环氧乙烷解吸塔；9. 环氧乙烷再吸收塔；10. 脱气塔；11. 精馏塔；12. 环氧乙烷储槽

如图 4-2 所示，原料氧气和乙烯、含抑制剂的致稳气以及循环气在混合器中混合后[φ(氧)=7%～8%，φ(乙烯)=20%～30%]，经热交换器与反应后的气体进行热交换，预热至一定温度，从列管式反应器上部进入催化剂床层。在配制混合气时，为了使纯氧、循环气和新鲜乙烯迅速混合达到安全组成，避开爆炸极限，混合器的设计极为重要，工业上是采用多孔喷射器对着混合气流的下游将氧气高速喷入循环气和乙烯混合气中，使它们迅速混合均匀，以减少混合气返混进入混合器的可能性，并需要装配自动分析仪监测各组成，配备自动报警连锁切断系统。列管式反应器管内装填催化剂，管间走加压热水移出反应所放出的热量，通过调节副产蒸汽压力，达到控制反应器温度的目的。反应器内温度控制在 220～260℃，压力 2.0MPa，混合气空速一般为 7000h^{-1}左右，单程转化率控制在 12%～15%，选择性可达 75%～80%或更高。

为了防止反应器出口端催化剂粉末随气体带出，发生“尾烧”现象。工业上要求催化剂必须具备足够的强度，长期运转中不易粉化；在反应器出口处采取冷却措施或改进下封头；采用自上向下的反应气流向，以减小气流对催化剂的冲刷；另外，还需严格控制反应器管间加压热水的液位，以保证处在反应管所装填的催化剂之上，防止催化剂烧结。

自反应器流出的反应气体中φ(环氧乙烷)<3%，经热交换器 3 换热降温后进入环氧乙烷吸收塔 5。吸收塔顶排出的气体含有未转化的乙烯、氧气、惰性气体及产生的二氧化碳。虽然原料乙烯和氧的纯度很高，带入反应系统的杂质很少，但反应过程中产生的 CO_2 如全部循环至反应器内，必然会造成循环气中 CO_2 浓度的积累。因此，从吸收塔排出的气体约 90%循环至循环压缩机 2 中，与新鲜乙烯混合进入混合器 1，另约 10%送至 CO_2 吸收塔，与来自 CO_2 解吸塔 7 的热的贫 $KHCO_3$-K_2CO_3溶液接触，在系统压力下 K_2CO_3 与 CO_2 和水作用生成 $KHCO_3$。自 CO_2 吸收塔顶排出的气体经冷却器冷却、气液分离器分离出夹带的液体后，返回至循环气系统，并采用不定期放空的方法以避免惰性气体的积累。CO_2 吸收塔塔釜富碳酸氢钾、碳酸钾溶液经减压后进入 CO_2 解吸塔 7，经加热，使 $KHCO_3$ 分解为 K_2CO_3 和 CO_2，CO_2 自解吸塔 7 塔顶排出，塔釜液贫 $KHCO_3$-K_2CO_3 循环回 CO_2 吸收塔作吸收剂。

环氧乙烷吸收塔塔釜排出的含ω(环氧乙烷)=3%、少量副产物甲醛、乙醛及 CO_2 的吸收液，经热交换减压闪蒸后，进入环氧乙烷解吸塔 8 顶部，在此环氧乙烷和其他组分被解吸，解吸塔顶部设有分凝器，其作用是冷凝与环氧乙烷一起蒸出的大部分水和重组分杂质。解吸出来的环氧乙烷进入再吸收塔 9，用水再吸收后，塔顶为 CO_2 和其他不凝气体，塔釜得到ω(环氧乙烷)=10%的水溶液，进入脱气塔 10，在脱气塔顶除了脱出 CO_2 外，还含有相当量环氧乙烷蒸气，这部分气体返回至再吸收塔 9，塔釜排出的环氧乙烷水溶液一部分直接送至乙二醇装置，加入适量[1∶(15～20)]水后在 190～200℃、1.4～2.0MPa 反应条件下水合制乙二醇，其余部分进入精馏塔 11，精馏塔具有 95 块塔板，在 87 块塔板处采出纯度大于 99.99%的产品环氧乙烷，塔顶蒸出的甲醛(含环氧乙烷)部分回流，部分与塔下部取出的含乙醛的环氧乙烷一起返回脱气塔。环氧乙烷解吸塔 8 塔釜排出的水经热交换利用其热量后，循环回环氧乙烷吸收塔 5 作吸收水用；精馏塔 11 塔釜排出的水则循环回环氧乙烷再吸收塔 9 作吸收水用，这些吸收水是闭路循环，可以减少污水的排放量。

4.1.3 环氧乙烷生产技术进展

近年来，环氧乙烷生产技术进展主要集中在以下几个方面。

(1) 在温和的反应条件下进行电催化氧化乙烯制备环氧乙烷。在反应体系中，乙烯可在银基催化剂表面上与原位电氧化生成的活性氧物种发生反应生成环氧乙烷，避免了乙烯与大量氧气的混合，提高了制备过程的安全性。

(2) 在相转移催化剂、氧化剂、溶剂和添加剂的存在下，进行乙烯环氧化制备环氧乙烷。该方法中乙烯在溶剂中分散均匀，使反应更加充分，添加剂的存在提高了环氧乙烷产率及环氧乙烷选择性，催化剂兼备均相和多相催化剂的优点，可回收循环使用，反应条件温和，适合于工业化应用。

(3) 以二甲醚制取环氧乙烷。催化剂由改性组分、分子筛和黏合剂组成，其中改性组分占催化剂总质量的 0.8%～40%，分子筛组分占催化剂总质量的 34%～90%，黏合剂占催化剂总质量的 5%～30.1%。采用该催化剂生产环氧乙烷，二甲醚的转化率可以达到 20%～100%，环氧乙烷的选择性可以达到 1%～20%。此外，该方法还具有工艺过程简单、生产成本低、环保及能耗低等优点。

(4) 乙烷一步制环氧乙烷。使用银镍钇复合催化剂，$n(\mathrm{Ag}):n(\mathrm{Ni}):n(\mathrm{Y})=1:1:(0.01\sim0.04)$。制备方法为将银盐、镍盐、钇盐加入去离子水中制得混合溶液，将柠檬酸加入去离子水中制得溶液；在 60℃磁力搅拌下将银、镍、钇盐的混合溶液加入柠檬酸溶液中，银盐、镍盐、钇盐和柠檬酸之间的摩尔比为 1∶1∶(0.01～0.04)∶(2.01～2.04)；调节 pH=1，继续保持 60℃下磁力搅拌，直至溶液形成黏稠状胶体，然后将其在 130℃下干燥 12h，再置于马弗炉中以 2℃/min 的升温速率在 400℃下焙烧 3h 即得所需催化剂。该催化剂具有反应温度低、反应活性高等优点。

(5) 生物法生产环氧乙烷。以乙醇为原料，经脱水生产乙烯，进而生产环氧乙烷。目前国内拟建、在建生物法环氧乙烷装置均单纯生产环氧乙烷，未联产乙二醇。单套生产规模一般在 60kt/a。决定环氧乙烷产品竞争力的因素是乙醇-乙烯路线与石油乙烯路线的成本对比。生物法环氧乙烷装置将有利于打破我国环氧乙烷生产原料长期依赖乙烯的格局。

(6) 直接氧化法生产工艺改进。目前广泛使用的反应器是列管式固定床反应器，采用螺旋形流体传热模式对传统导热方法进行改进，从而使整个环氧乙烷的反应过程处在几乎恒温的环境中。在乙烯环氧化生产环氧乙烷的过程中添加少量的二氯乙烷，能抑制乙烯深度氧化生成二氧化碳和水的反应。采用吸附分离法回收外排尾气中未反应的乙烯，实现乙烯的再利用，减少环境污染。

4.2　氯　乙　烯

4.2.1　性质、用途及主要生产方法

1. 性质和用途

氯乙烯(VC)的分子式为 C_2H_3Cl，结构式为 $CH_2{=}CHCl$，相对分子质量为 62.5，在常温常压下是一种无色有乙醚香味的气体，冷凝点为−13.9℃，凝固点为−159.7℃。它的临界温度为 142℃，临界压力为 52.2atm，稍加压力可以得到液体氯乙烯。

氯乙烯是制备聚氯乙烯及其共聚物的单体，也常被称为氯乙烯单体(VCM)。氯乙烯因存在不饱和双键，很容易聚合，能与乙烯、丙烯、乙酸乙烯酯、偏二氯乙烯、丙烯腈、丙烯酸酯

等单体共聚。共聚产物可以制得各种性能的树脂，进而加工成管材、板材、薄膜、塑料地板、各种压塑制品、建筑材料、涂料和合成纤维等。氯乙烯是高分子材料工业的重要单体，产量很大，还可用于合成 1, 1, 2-三氯乙烷和 1, 1-二氯乙烯等。

2. 生产方法

氯乙烯的合成始于 1835 年，由法国化学家勒尼奥(H. V. Regnault)用氢氧化钾的乙醇溶液将二氯乙烷脱氯化氢制得，并于 1838 年观察到氯乙烯聚合体。1902 年，Biltz 在实验室内将 1, 2-二氯乙烷(EDC)进行热分解制得氯乙烯。Kiatte 于 1912 年通过乙炔与氯化氢的催化加成反应制得了氯乙烯并成功工业化。从 1940 年起，氯乙烯的生产原料乙炔开始被乙烯部分取代，首先将乙烯直接氯化成 1, 2-二氯乙烷，再加以热裂解制得氯乙烯，裂解产生的氯化氢仍被用在乙炔-氯化氢法中。我国从 20 世纪 50 年代开始研究和生产聚氯乙烯，1956 年以乙炔和氯化氢反应生产氯乙烯的路线实现工业化。

1) 乙炔法

乙炔法按其生产方法又可分为液相法和气相法。

$$CH\equiv CH + HCl \longrightarrow CH_2=CHCl$$

液相法反应过程是向装有催化剂溶液的反应器中同时通入乙炔和氯化氢，反应在 60℃左右进行，反应后的合成气再经过精制将杂质除去。液相法最主要的优点是不需要采用高温，缺点是乙炔的转化率低，产品的分离比较困难。

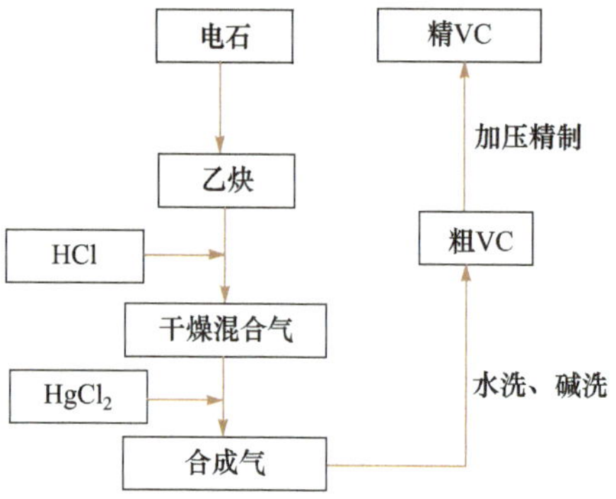

图 4-3 电石乙炔法工艺流程示意图

气相法以活性炭负载氯化汞为催化剂，乙炔和氯化氢气相加成反应。反应在装有催化剂的反应器中进行，反应温度一般为 120～180℃。该法的优点是乙炔转化率很高，所需设备也不太复杂，生产技术比较成熟，可以大规模工业生产，其工艺流程如图 4-3 所示。气相法的缺点是氯化汞有毒，价格高，能耗高。

2) 乙烯法

以乙烯为原料，先以乙烯氯化制成 1,2-二氯乙烷：

$$CH_2=CH_2 + Cl_2 \longrightarrow CH_2Cl—CH_2Cl$$

然后从二氯乙烷出发，通过不同方法脱掉氯化氢来制取氯乙烯。

(1) 二氯乙烷在碱的醇溶液中脱氯化氢的方法称为皂化法。该方法的缺点是：生产过程间歇，消耗大量的醇和碱；在生产二氯乙烷时所用的氯最后以氯化钠形式耗费。因此，该法只在小型的工业生产中采用。

$$CH_2Cl—CH_2Cl + NaOH \longrightarrow CH_2=CHCl + NaCl + H_2O$$

(2) 二氯乙烷在高温条件下裂解也可以得到氯乙烯。该方法是将二氯乙烷蒸气加热到 600℃以上进行裂解反应生成氯乙烯和氯化氢，反应过程中还会发生脱掉第二个氯化氢生成乙炔的副反应，使氯乙烯产率降低。为了提高产率，该过程采用活性炭、硅胶催化剂，反应在 480～520℃下进行，氯乙烯产率可达 85%。

$$CH_2Cl—CH_2Cl \longrightarrow CH_2=CHCl+HCl$$

3) 乙炔乙烯法

此法是以乙烯和乙炔同时为原料进行联合生产，其反应为

$$CH_2=CH_2+Cl_2 \longrightarrow CH_2Cl—CH_2Cl$$

$$CH_2Cl—CH_2Cl \longrightarrow CH_2=CHCl+HCl$$

$$CH \equiv CH+HCl \longrightarrow CH_2=CHCl$$

按其生产方法，此法又可分为联合法、共轭法、混合气化法。联合法即二氯乙烷脱氯化氢和乙炔的加成结合起来的方法。二氯乙烷裂解的副产物氯化氢，直接用作乙炔加成的原料，免去了前者处理副产物的麻烦，又可以省去单独建立一套氯化氢生产系统，在经济上比较有利。在联合法中，氯乙烯的合成仍是在单独的设备中进行的，所以需要较大的投资。这种方法难以完全摆脱电石原料。

共轭法是同时向一个装有催化剂的反应器中加入二氯乙烷和乙炔的混合物，在 230℃下进行催化热裂解反应，二氯乙烷裂解时生成的氯化氢立即在 20～50s 内和乙炔反应，反应的生成物经进一步的精制，将杂质除去。共轭法的缺点是很难同时达到两个反应的最适宜条件，因而使乙烯与乙炔的消耗量提高。

混合气化法是以石脑油的裂解法生产含有乙炔和乙烯的裂解气，裂解气中的稀乙烯不经分离，直接同氯化氢反应制得氯乙烯；裂解气中的稀乙炔不经分离，直接同氯气反应制得二氯乙烷；将二氯乙烷热裂解成氯乙烯和氯化氢，将从上述过程所得气体中分离氯乙烯。该方法乙炔和乙烯无需分离、浓缩和净化，没有副产物，无需添置分离设备。原料可综合利用，无需建立大型石油联合企业。此法的缺点是一次投资费用较大。

4) 平衡氧氯化

在乙烯法的二氯乙烷裂解生产氯乙烯的过程中，生成物除氯乙烯外还有等分子的副产氯化氢生成，因此氯化氢的合理利用是个重要的问题。氯化氢的利用，如前所述可以采用联合法加以回收，也可以采用氧氯化法将其作为氯源而重新使用。氧氯化法是以氧氯化反应为基础的，就是在催化剂作用下以氯化氢和氧的混合气作为氯源的一种氯化反应。该方法由美国 Goodrich 公司于 1964 年首先实现工业化，其工艺原料来源广泛、价格较低、工艺合理，与其他方法相比成本低。

乙烯的氧氯化反应包括：①乙烯与氯化氢、氧气进行氧氯化反应生成 EDC；②EDC 裂解生成氯乙烯，如下所示：

$$CH_2=CH_2+2HCl+0.5O_2 \longrightarrow CH_2Cl—CH_2Cl+H_2O$$

$$CH_2Cl—CH_2Cl \longrightarrow CH_2=CHCl+HCl$$

由化学式可知，每产生 1mol EDC 需要消耗 2mol 氯化氢，而 1mol EDC 只产生 1mol 氯化氢，氯化氢的供需不平衡。由于乙烯直接氯化反应不消耗氯化氢，而产生的 EDC 可以分解产生氯化氢，因此若将氧氯化法和乙烯直接氯化反应相结合，可以将氯化氢进行平衡。

平衡氧氯化反应主要包括三个反应：第一个反应是乙烯直接氯化生成 EDC，第二个反应

是乙烯与氯化氢和氧气进行氧氯化反应生成 EDC，第三个反应是 EDC 裂解脱氯化氢生成氯乙烯。

$$CH_2{=}CH_2+Cl_2 \longrightarrow CH_2Cl{-}CH_2Cl$$

$$CH_2{=}CH_2+2HCl+0.5O_2 \longrightarrow CH_2Cl{-}CH_2Cl+H_2O$$

$$CH_2Cl{-}CH_2Cl \longrightarrow CH_2{=}CHCl+HCl$$

该方法的物料平衡式如下所示：

$$4CH_2{=}CH_2+2Cl_2+O_2 \longrightarrow 4CH_2{=}CHCl+2H_2O$$

上述反应中，平衡氧氯化最为重要。以下将对平衡氧氯化中涉及的三个主要反应进行分别讨论。

4.2.2 乙烯平衡氧氯化生产氯乙烯

1. 乙烯直接氯化

1) 反应原理

主反应： $CH_2{=}CH_2+Cl_2 \longrightarrow CH_2Cl{-}CH_2Cl \quad \Delta H=-171.7kJ/mol$

该反应可以在气相中进行，也可以在溶剂中进行。气相反应由于放热大，散热困难而不易控制，因此工业上采用在极性溶剂存在下的液相反应，溶剂为二氯乙烷。

副反应：

$$CH_2ClCHCl+Cl_2 \longrightarrow CH_2ClCHCl_2+HCl$$

$$CH_2ClCHCl_2+Cl_2 \longrightarrow CH_2Cl_2CHCl_2+HCl$$

$$CH_2{=}CH_2+HCl \longrightarrow CH_3CH_2Cl$$

$$CH_2{=}CHCl+Cl_2 \longrightarrow CH_2{=}CCl_2+HCl$$

$$\vdots$$

因此，除了目的产物 EDC 外，产物中一般含有氯乙烷、三氯乙烷、氯乙烯、四氯乙烯、四氯乙烷等，只是随反应条件不同这些副产物的含量不同而已。副产物不但使 EDC 的收率降低，还会影响氯乙烯的质量和氯乙烯的聚合过程。因此，氯化过程中应促进加成反应，抑制取代反应。

一般认为乙烯和 Cl_2 的加成机理是亲电加成。在极性溶剂或催化剂等作用下氯分子发生极化或解离成氯正离子，氯正离子首先与乙烯分子中的键结合，经过活化络合物再和氯负离子结合成二氯乙烷。以 $FeCl_3$ 催化剂为例，亲电加成反应过程如下：

$$CH_2{=}CH_2+Cl_2 \longrightarrow CH_2Cl{-}CH_2Cl$$

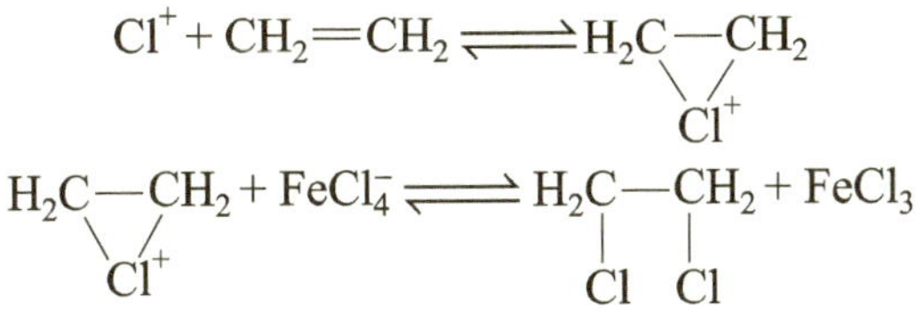

对于乙烯，取代反应的机理是游离基取代机理。氯分子在光、热或过氧化物的作用下首先解离为两个氯原子游离基(Cl ·)，然后 Cl·从乙烯中置换出一个氢游离基，后者再与氯作用又生成 Cl · ，形成连锁反应。与乙烯类似，VC、EDC 等分子中的 H 也可以被 Cl 取代，形成前述各种产物。可见，Cl 是产生多氯化副产物的根源。因此，凡能阻止 Cl 的产生，利于形成 Cl^+的各种因素一般都能减少副产物。

2) 乙烯氯化反应动力学

对于乙烯直接氯化生产 EDC 的动力学规律研究较多，其主要包括两个反应，即

$$CH_2{=}CH_2 + Cl_2 \longrightarrow CH_2Cl{-}CH_2Cl$$

$$CH_2{=}CH_2 + 2Cl_2 \longrightarrow C_2H_3Cl_3 + HCl$$

研究表明，以 $FeCl_3$ 为催化剂的乙烯氯化动力学中，EDC 和 1,1,2-三氯乙烷的生成速率分别为

$$\frac{dc_D}{dt} = 3.104\times10^{17}\exp\left(-\frac{11659}{RT}\right)c_E c_C \tag{4-10}$$

$$\frac{dc_T}{dt} = 1.746\times10^{17}\exp\left(-\frac{12145}{RT}\right)c_E c_C^2 \tag{4-11}$$

和

$$\frac{dc_D}{dt} = 1.149\times10^{4}\exp\left(-\frac{2157}{RT}\right)c_E c_C \tag{4-12}$$

$$\frac{dc_T}{dt} = 8.517\times10^{9}\exp\left(-\frac{7282}{RT}\right)c_E c_C^2 \tag{4-13}$$

此外，无催化剂条件下，EDC 和 1,1,2-三氯乙烷的生成速率分别为

$$\frac{dc_D}{dt} = 7.28\times10^{11}\exp\left(-\frac{81400}{RT}\right)c_E c_C \tag{4-14}$$

$$\frac{dc_T}{dt} = 9.18\times10^{14}\exp\left(-\frac{109100}{RT}\right)c_E c_C^2 \tag{4-15}$$

上述动力学方程中，c_C、c_D、c_E、c_T 分别为氯气、EDC、乙烯和 1,1,2-三氯乙烷的浓度(mol/m^3)。催化剂的存在不仅加快了反应速率，也有利于反应选择性的提高，主反应对氯气为一级反应，副反应对氯气为二级反应，因此提高乙烯对氯气的配比有利于抑制副反应。

3) 工艺条件及主要影响因素

(1) 溶剂。在极性溶剂中，氯分子易发生极化，因此应选择极性溶剂，一般以产物 EDC 本身作溶剂。因为 EDC 介电常数较大，可使氯原子间作用力减弱，利于氯分子离解，促进亲电加成反应，而且 EDC 具有极性，对中间活性络合物的溶剂化作用强，对加成反应也有利。

(2) 温度。无论气相还是液相，温度越高，越有利于取代反应，使副产物多氯化合物越多。这是因为温度越高越有利于氯自由基生成，同时使 EDC 和乙烯的取代反应活性趋同。对乙烯而言，反应温度低于 250℃，主要进行加成反应；反应温度为 250～350℃，取代反应剧烈；反应温度高于 400℃，主要发生取代反应。

(3) 催化剂。在液相条件下，为了促进加成反应，一方面应抑制氯自由基的形成，另一方面可以使用能使氯分子解离为氯正离子的催化剂，常见的有 Al、Fe、P、Sb 的氯化物等。

目前工业上均采用 $FeCl_3$ 催化剂。由于二氯乙烷的作用，反应过程中氯化铁在溶剂中形成二聚体，该二聚体在铁的中心占有自由配位，使氯在催化剂上的吸附困难，反应速率降低。添加 NaCl 助催化剂能改善催化剂的性能。NaCl 作用于二聚体，使其解体后形成四氯化铁负离子配位体，增加主反应的反应速率，减少副反应的发生。一般情况下，催化剂用量越多，反应速率和选择性越高。但催化剂在二氯乙烷中的溶解度有限，过多的催化剂会造成设备的堵塞。因此，保持合适的催化剂用量是必要的，同时要保证催化剂在溶剂中分布均匀。

(4) 原料配比。乙烯直接氯化反应是气液反应，反应物乙烯和氯气需由气相扩散进入二氯乙烷液相，然后在液相中进行反应。乙烯直接氯化是快速反应，因此反应速率和选择性取决于乙烯和氯气的扩散溶解特性，液相中乙烯浓度大于氯气的浓度有利于提高反应的选择性。由于相同条件下乙烯较氯气难溶于二氯乙烷，因此乙烯稍过量为好，这样有助于减少多氯化物的生成，且过量乙烯较易处理。若氯气过量，取代反应概率增加，多氯化物增多，并且氯气过量还会造成后续净化工序的设备腐蚀。一般为抑制取代反应，减少多氯化物，乙烯过量 5%～25%。

(5) 杂质。在高温氯化反应中氧气可能与乙烯中的氢原子反应生成水，水与三氯化铁反应产生盐酸而使催化剂浓度发生变化，并对设备造成腐蚀；硫酸根和催化组分中的阳离子反应，影响催化剂的用量和反应的选择性。因此，应严格控制原料气中氧气、水分和硫酸根的含量，要求氧气和水含量小于 5×10^{-5}、硫酸根含量小于 2×10^{-6}。

2. 乙烯氧氯化

1) 反应基本原理

乙烯氧氯化的主要反应为生成 1, 2-二氯乙烷。其主反应如下：

$$CH_2{=}CH_2+2HCl+0.5O_2 \longrightarrow CH_2Cl{-}CH_2Cl+H_2O$$

目前对乙烯氧氯化的反应机理主要认为是氧化还原机理，该机理的反应过程包括下列三步反应。

第一步，吸附的乙烯与催化剂氯化铜作用生成 1, 2-二氯乙烷，氯化铜被还原为氯化亚铜：

$$CH_2{=}CH_2+2CuCl_2 \longrightarrow CH_2Cl{-}CH_2Cl+Cu_2Cl_2$$

第二步，氯化亚铜被氧气氧化成二价铜，并形成含有氧化铜的络合物：

$$Cu_2Cl_2+0.5O_2 \longrightarrow CuO \cdot CuCl_2$$

第三步，氧化铜的络合物与氯化氢作用，生成氯化铜和水：

$$CuO \cdot CuCl_2+2HCl \longrightarrow 2CuCl_2+H_2O$$

提出这一机理的主要依据是：① 乙烯单独通过氯化铜催化剂时有 EDC 生成，同时氯化铜被还原为氯化亚铜；② 将空气或氧气通过被还原的氯化亚铜时，氯化亚铜可全部转变为氯化铜；③ 乙烯的浓度对氧氯化反应速率的影响最大。

2) 乙烯氧氯化反应热力学和动力学分析

乙烯氧氯化体系中的主反应是生成 EDC。除生成 EDC 的主反应外，还有许多可能的副反应。主、副反应的平衡常数值都很大，在热力学上都是有利的，要使反应向生成 EDC 的方向进行，必须使主反应在动力学上占绝对优势，关键在于使用合适的催化剂和控制合适的反应条件。

国内外对乙烯氧氯化反应的动力学研究很多，但所得到的动力学方程的形式各不相同，原因是动力学方程与催化剂的制备方法、催化剂中活性组分的含量、反应条件等多个因素有关。一般动力学方程的共同规律是：乙烯氧氯化反应速率随乙烯浓度增加而增加，与氯化氢的浓度无关。

3) 催化剂

乙烯氧氯化制取 EDC 常用的氧氯化催化剂是金属氯化物，其中氯化铜活性最高，选择性最好。工业上普遍采用的载体是γ-Al_2O_3，因为用它作载体的 $CuCl_2$ 型催化剂比用 SiO_2、硅藻土等载体时的活性温度要低，而且对于流化床反应器，γ-Al_2O_3 载体的流化性能好、耐磨性好，可减少催化剂粉化流失。工业上乙烯氧氯化催化剂分为以下三种类型。

(1) 单组分催化剂。单组分催化剂也称为单铜催化剂，其活性组分为氯化铜，载体为γ-Al_2O_3。研究表明，随着活性组分铜含量增加，催化剂的活性明显提高，但副产物 CO_2 的收率也缓慢增加，表明催化剂的选择性逐渐降低。在铜含量为 5%～6%(质量分数)时，氯化氢的转化率接近 100%，催化剂的活性达到最高值。随着铜含量的继续增加，催化剂的活性维持恒定。因此工业用 $CuCl_2$/γ-Al_2O_3 催化剂的铜含量控制在 5%左右。

除活性组分含量外，催化剂的结构如堆密度、孔容、催化剂的粒度都对催化剂的活性和选择性有较大影响。$CuCl_2$/γ-Al_2O_3 催化剂的缺点是，在反应条件下活性组分氯化铜易升华流失，导致催化剂活性下降。反应温度越高，氯化铜升华越快，催化剂活性下降越迅速。

(2) 双组分催化剂。为了改善单组分催化剂的热稳定性和使用寿命，在 $CuCl_2$/γ-Al_2O_3 原有的催化剂上添加第二组分。常用的第二组分为碱金属或碱土金属氧化物，主要是氯化钾。对添加氯化钾的催化剂，在铜含量相同的条件下，达到最高活性的温度随催化剂中钾含量增加而提高。添加少量氯化钾，既能够维持催化剂原有低温高活性的特点，又能抑制 CO_2 的生成。增加氯化钾用量，对选择性没有影响，但会使催化剂活性迅速下降。在 $CuCl_2$/γ-Al_2O_3 催化剂基础上添加氯化钾以后，催化剂活性虽然有所下降，但是稳定性有所提高。另外，加入稀土金属元素的氯化物(如氯化铈、氯化镧)也可以稳定催化剂的活性并延长其寿命。

(3) 多组分催化剂。为进一步改进催化剂性能，特别是在较低操作温度下具有高活性的催化剂，近年来乙烯氧氯化催化剂向多组分方向发展。添加碱金属氯化物和稀土金属氯化物是一种有前景的方法。这种催化剂具有较高的活性和较好的热稳定性，反应温度一般在 260℃左右。在此温度下，氯化铜很少挥发，没有腐蚀性，且反应选择性良好。

4) 工艺条件及主要影响因素

(1) 反应温度。反应温度过高，选择性下降，产物中一氧化碳和二氧化碳含量升高。同时副产物三氯乙烷也会增高。过高的温度对催化剂也有不良影响，这是因为活性组分氯化铜的升华损失随温度升高而加剧，从而导致催化剂寿命缩短。乙烯氧氯化反应是强放热反应。从生产安全角度考虑，必须对反应过程的温度进行严格控制。综合分析结果，反应温度控制得低一些为好。最适宜的操作温度范围与使用的催化剂有关。当使用高活性的氯化铜催化剂时，最适宜的温度范围是 220～230℃。

(2) 反应压力。随着反应压力增加，选择性下降。因此，操作压力不宜过高，通常在 1MPa 以下，流化床反应器压力宜低，固定床反应器压力可稍高。

(3) 原料配比。从氧氯化的动力学可知，提高原料气中氧含量和乙烯的分压对反应有利。乙烯和氧过量除可增大主反应速率外，还可能使氯化氢完全转化，因为氧氯化反应伴有水生成，若氯化氢转化不完全，大量未反应的氯化氢和水结合生成盐酸，造成设备腐蚀。另外，如果氯化氢过量，则过量的氯化氢将吸附在催化剂的表面上，使催化剂颗粒膨胀，并造成流化床反应器床层迅速升高，甚至产生节涌等不正常现象。

氧氯化的副反应主要是燃烧反应和深度氯化反应。对于深度氯化反应，乙烯过量是有利的，可抑制多氯化物的生成。但对于燃烧反应，在氯化氢高转化率区，随氯化氢浓度增大而减弱，随乙烯和氧的浓度增大而加剧，因此乙烯不可过量太多，否则将加剧燃烧反应，使尾气中碳氧化物含量增多。同理，氧气稍有过量对反应有利，过多也加剧燃烧反应。因此，工业操作采用乙烯稍过量，氧气过量约 50%，氯化氢则为限制组分。

(4) 原料的纯度。原料乙烯的纯度对氧氯化反应影响很小，因此氧氯化反应可用浓度较低的乙烯。例如，使用含 70%乙烯和 30%惰性组分的原料，其中惰性组分可以是饱和烃也可以是氮气。氮气、烷烃等惰性气体对氧氯化反应无影响，还能带走反应热，使反应系统的温度较易控制。

但原料乙烯中的不饱和烃(如乙炔、丙烯和丁烯等)的含量必须严格控制，这些烃类的存在不仅会使氧氯化反应产物二氯乙烷的纯度降低，而且会对二氯乙烷的裂解过程产生不利影响。原料氯化氢的纯度也很重要，当采用二氯乙烷裂解产生的氯化氢时，其中很可能含有乙炔，必须将其除掉。通常是采用加氢精制，将乙炔含量控制在 2×10^{-4} 以下。

(5) 空速。空速对乙烯氧氯化反应转化率有强烈影响。要使氯化氢接近完全转化，必须有较长的接触时间，但接触时间过长，氯化氢转化率反而下降。此现象很可能是由于接触时间过长而发生了连串副反应，产物二氯乙烷裂解为氯乙烯和氯化氢。因此，乙烯氧氯化反应有一个适宜的空速，此适宜的空速取决于所采用的催化剂。活性低的催化剂，适宜空速较低；活性高的催化剂，适宜空速较高。一般空速范围为 250～350h^{-1}。

3. 二氯乙烷热裂解

1) 反应基本原理

化合物的热裂解反应活性与键能大小有关，一般键能相差越大，裂解反应选择性越好。二氯乙烷分子中三种键的键能大小顺序是：C—H > C—C > C—Cl，受热后 C—Cl 最易断裂，C—H 键最难断裂。但是三种键的键能和热裂解活化能相差并不大，在 C—Cl 发生断裂的同时，C—C 键也会发生某种程度的断裂，随之发生各种副反应。除断链反应外，还有异构化、芳构化、聚合、完全分解等反应。因此裂解过程十分复杂，既包括一次反应，也包括二次反应。在反应中生成氯乙烯、苯、氯丁二烯和氯甲烷的反应在热力学上有利，其中苯是由二次反应生成的，第一步氯乙烯断链脱氯化氢生成乙炔，第二步乙炔芳构化生成苯，第一步反应在热力学上不利，但是一旦生成乙炔则很容易生成苯。其余反应的 $\Delta G_{298}^{\ominus}>0$，热力学不利。

一般认为主反应按游离基链式机理进行：

$$ClCH_2CH_2Cl \longrightarrow ClCH_2C\cdot H_2 + Cl\cdot$$

$$Cl\cdot + ClCH_2CH_2Cl \longrightarrow ClCH_2C\cdot HCl + HCl$$

$$ClCH_2C\cdot HCl \longrightarrow CH_2{=}CHCl + Cl\cdot$$

$$Cl\cdot + ClCH_2C\cdot H_2 \longrightarrow CH_2{=}CHCl + HCl$$

第一步为游离基产生反应，是整个反应的控制步骤，第二步、第三步为链传递反应，第四步反应为游离基中止反应。无催化剂存在时，热裂解反应约于 400℃开始，工业上反应一般在 500～600℃开始。温度对热裂解的选择性有很大影响，温度升高，裂解反应选择性下降，为了降低裂解温度，提高裂解选择性，可进行催化裂解。一般催化裂解可比非催化裂解降低反应温度 50～100℃。Cr、Fe、Zn、Ag、Cu、Cd、Ba、Sr 等的氯化物，活性炭、分子筛和 SiO_2 等物质均有催化活性。

2) 二氯乙烷裂解反应动力学

不同温度范围二氯乙烷热裂解的动力学规律不同，研究者在 250～550℃、压力为 1.0～2.5MPa 的条件下研究了 EDC 的热裂解动力学，得到方程如下：

$$r = 4.8\times10^{7}\exp\left(-\frac{125000}{RT}\right)p_{\text{EDC}} \tag{4-16}$$

在 450～550℃温度范围内方程如下：

$$r = 6.5\times10^{9}\exp\left(-\frac{19900}{T}\right)p_{\text{EDC}} \tag{4-17}$$

上述动力学方程表明：裂解反应速率对 EDC 分压是一级反应；高温时反应活化能有显著下降。

3) 工艺条件及主要影响因素

(1) 温度。二氯乙烷裂解生成氯乙烯和氯化氢是可逆吸热反应，提高反应温度对裂解反应的热力学和动力学都有利。当温度低于 450℃时，反应的转化率很低；当温度升高至 500℃时，转化率明显提高，温度在 500～550℃时，温度每升高 10℃，反应转化率可增加 3%～5%。但温度过高，二氯乙烷深度裂解、产物氯乙烯分解和聚合副反应也加速。当温度超过 600℃时，副反应速率大于主反应速率。因此，确定反应温度要综合考虑二氯乙烷转化率和氯乙烯收率两个因素，反应温度通常选在 500～550℃。

(2) 压力。二氯乙烷裂解是体积增加的可逆反应，从热力学角度考虑提高压力对反应不利。但从动力学角度考虑，增加压力可提高反应速率和设备的生产能力，并且压力提高可使气体密度增加，有利于抑制二氯乙烷分解析碳反应，改善气体的导热性能，这些均有利于提高产物氯乙烯的收率。同时，增加压力有利于产物氯乙烯和副产氯化氢的冷凝回收，因此实际生产中都是采用加压操作。目前生产中有低压法(0.6MPa)、中压法(1.0MPa)和高压法(>1.5MPa)三种工艺。

(3) 原料纯度。原料二氯乙烷中的杂质对裂解反应有不利的影响，其中最有害的杂质是抑制剂，会减慢裂解反应速率并促进结焦。危害最大的抑制剂是 1,2-二氯丙烷，含量为 0.1%～0.2%时即可使二氯乙烷转化率下降 4%～10%，原因是二氯丙烷分解生成的氯丙烯具有更强的抑制作用，因此要求原料中二氯丙烷的含量小于 0.3%。此外，三氯甲烷、四氯化碳等多氯代烃对二氯乙烷裂解反应也有抑制作用。铁离子也会加速二氯乙烷深度裂解副反应，故要求铁离子含量不超过 10^{-4}。为了减少物料对反应炉管的腐蚀，要求水分含量低于 5×10^{-6}。因此，工业生产中对 EDC 纯度要求很高，一般为 99%以上。

4. 乙烯平衡氧氯化生产氯乙烯工艺

由于乙烯直接氯化反应不消耗氯化氢，而产生的二氯乙烷可以分解产生氯化氢，因此若将氧氯化反应和乙烯直接氯化反应相结合，可以将氯化氢进行平衡，即为平衡氧氯化反应。它主要包括三个反应：第一个反应是乙烯直接氯化生成二氯乙烷，第二个反应是乙烯与氯化氢和氧气进行氧氯化反应生成二氯乙烷，第三个反应是二氯乙烷裂解脱氯化氢生成氯乙烯。

1) 乙烯直接氯化生产二氯乙烷的工艺流程

早期开发的乙烯直接氯化流程大多采用低温工艺，反应温度控制在 53℃左右。乙烯液相氯化生产二氯乙烷的工艺流程如图 4-4 所示。

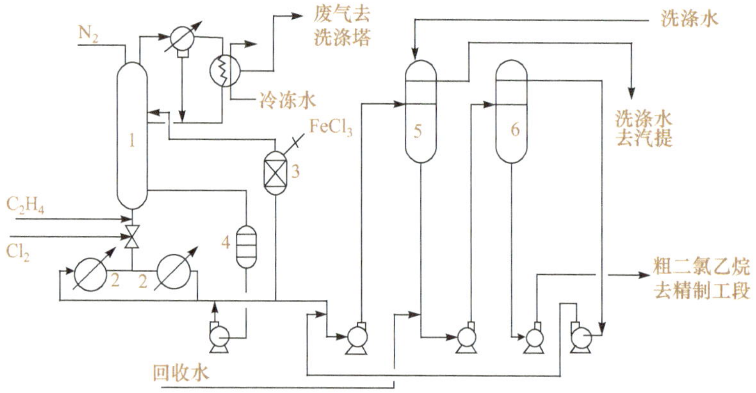

图 4-4 乙烯液相氯化生产二氯乙烷工艺流程图

1. 氯化塔；2. 循环冷却器；3. 催化剂溶解槽；4. 过滤器；5、6. 洗涤分层器

乙烯液相氯化是在气液鼓泡塔反应器(氯化塔 1)中进行，氯化塔内部安装有套筒内件，内充以铁环和作为氯化液的二氯乙烷液体，乙烯和氯气从塔底进入套筒内，溶解在氯化液中而发生加成反应生成二氯乙烷。为了保证气液相的良好接触和移除反应释放出的热量，在氯化塔外连通两台循环冷却器 2。反应器中氯化液由内套筒溢流至反应器本体与套筒间环形空隙，再用循环泵将氯化液从氯化塔下部引出，经过滤器 4 过滤后，把反应生成的二氯乙烷送至洗涤分层器 5，其余的经循环冷却器 2 用水冷却除去反应热后，循环回氯化塔。在反应过程中损失的 $FeCl_3$ 的补充是通过将 $FeCl_3$ 溶解在循环液内，从氯化塔的上部加入，氯化液中 $FeCl_3$ 的浓度维持在 2.5×10^4mol/L 左右。随着反应的进行，产物二氯乙烷不断地在反应器内积聚，通

过反应器侧壁溢流口将产生的氯化液移去，从而保证了反应器内的液面恒定。反应产物经过滤器4过滤后，送入洗涤分层器5、6，在两级串联的洗涤分层器内经过两次洗涤，除去其中包含的少量$FeCl_3$和HCl，所得粗二氯乙烷将被精馏。氯化塔顶部逸出的反应尾气经过冷却冷凝回收夹带的二氯乙烷后，送焚烧炉处理。

低温氯化法反应所释放出的大量热量没有得到充分利用，而且反应产物夹带出的催化剂需经水洗处理，洗涤水需经汽提，故能耗较大；反应过程中需不断补加催化剂，过程的污水还需专门处理。为此，近年来开发出高温工艺，使反应在接近二氯乙烷沸点的条件下进行。二氯乙烷的沸点为83.5℃，当反应压力为0.2～0.3MPa时，操作温度可控制在120℃左右。

高温氯化法的工艺流程如图4-5所示。德国Vinnolit公司新开发的高温直接氯化(DC)反应器，可不用蒸馏而由氯和乙烯生产EDC。氯和乙烯的液相反应释放热量约为220kJ/mol。在单一的下置式碳钢U形回路反应器中，氯和乙烯溶解在EDC中，然后发生反应。采用德国Vinnolit公司特定的催化剂，可大大减少副产物的生成。反应区下游，较低的静态压力使反应产物沸腾，并利用热虹吸效应使之循环。EDC蒸气离开反应器水平段，进入塔器重沸器或换热器，使EDC蒸气冷凝。反应热直接传递给塔器。冷凝的EDC馏分返回反应器，其余直接进入EDC裂解炉而无需进一步蒸馏。因为产率高，Vinnolit直接氯化反应器可按独立方式操作，如果反应器是完整的VCM装置的一部分，排气可送至氧氯化反应器以回收剩余的少量乙烯。如果EDC以销售为目标，则仅需用一小型汽提塔去除微量HCl。

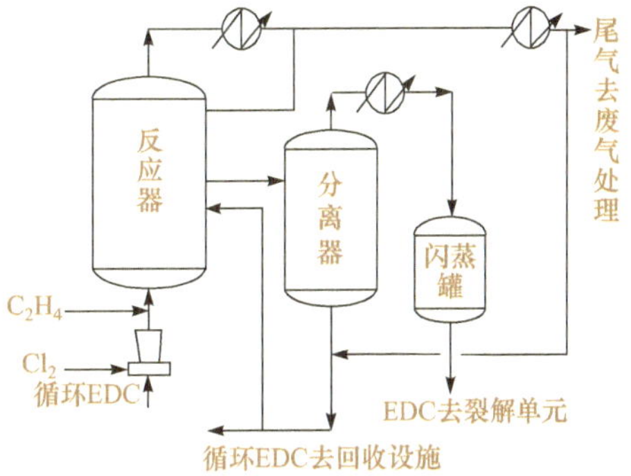

图4-5 Vinnolit高温氯化法制取二氯乙烷的工艺流程

该工艺过程的经济性在于：①生产成本低：高的原材料产率(乙烯99.9%和氯气99.8%)与产品质量(无需进一步处理)使该工艺有低的生产成本而具有高的竞争性。HTC(高温氯化)沸腾反应器简单，无EDC洗涤、废水处理和EDC蒸馏设施。②投资费用低：设计简单，设备很少。③节能：在一体化EDC/VCM装置中，Vinnolit DC工艺大大减少了蒸气消耗量，节约蒸气约600kg/t EDC。反应热推荐用于EDC蒸馏。④HTC-沸腾式反应器因无需洗涤设备、废水处理和EDC蒸馏而工艺简单。⑤使用新催化剂：Vinnolit DC催化剂可确保裂解炉进料EDC的质量分数>99.9%，而无需蒸馏也无需补充催化剂。⑥采用腐蚀抑制的催化剂系统和简单设备，无重要的移动部件，使维修费用降低。

尽管如此，这种形式的反应器要求严格控制循环速度，因为循环速度太低会导致反应物分散不均匀和局部浓度过高，太高则可能使反应进行得不完全，导致原料转化率下降。与低温氯化法相比，高温氯化法可使能耗大大降低，原料利用率接近99%，二氯乙烷纯度可超过99.99%。

2) 乙烯氧氯化制二氯乙烷的工艺流程

流化床乙烯氧氯化反应部分的工艺流程如图4-6所示。

来自二氯乙烷裂解装置的氯化氢预热至170℃左右，与H_2一起进入加氢反应器1，在载于氧化铝上的钯催化剂存在下进行加氢精制，使其中所含有害杂质乙炔选择加氢为乙烯。原料乙烯预热到一定温度后与氯化氢混合一起进入反应器 3。氧化剂空气则由空气压缩机 5 送入反应器，三者在分布器中混合后进入催化床层发生氧氯化反应。

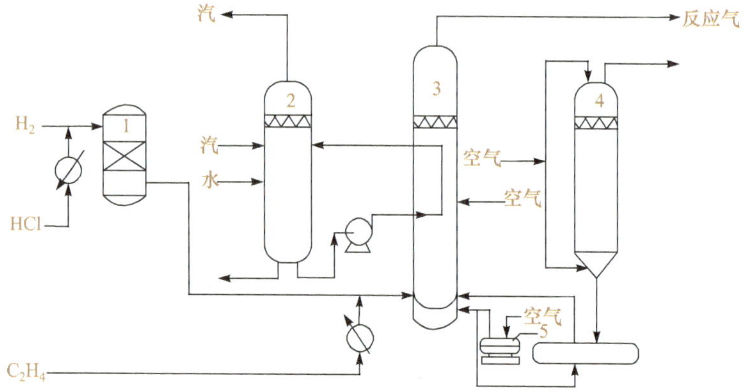

图 4-6 流化床乙烯氧氯化制二氯乙烷反应部分工艺流程图

1. 加氢反应器；2. 汽水分离器；3. 流化床反应器；4. 催化剂储槽；5. 空气压缩机

氯乙烷的分离和精制部分的工艺流程如图 4-7 所示。自氧氯化反应器顶部出来的反应气含有反应生成的二氯乙烷，副产物 CO_2、CO 和其他少量的氯代衍生物，以及未转化的乙烯、氧、氯化氢及惰性气体，还有主、副反应生成的水。此反应混合气进入骤冷塔 1 用水喷淋骤冷至 90℃并吸收气体中的氯化氢，洗去夹带出来的催化剂粉末。产物二氯乙烷以及其他氯代衍生物仍留在气相，从骤冷塔顶逸出，在冷却冷凝器中冷凝后流入分层器 4，与水分层分离后即得粗二氯乙烷，分出的水循环回骤冷塔。

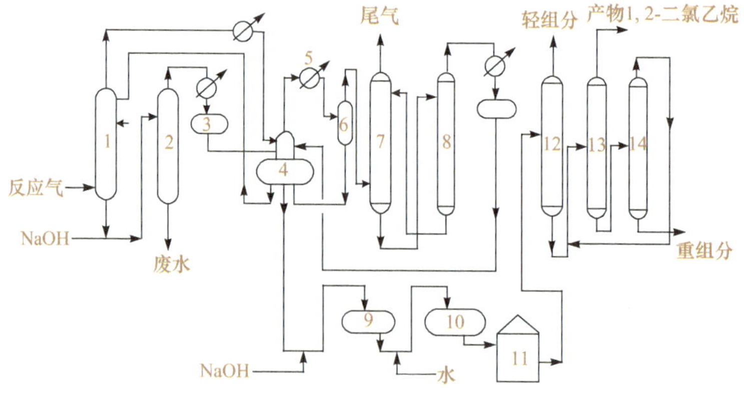

图 4-7 二氯乙烷分离和精制部分工艺流程图

1. 骤冷塔；2. 废水汽提塔；3. 缓冲槽；4. 分层器；5. 低温冷凝器；6. 汽液分离器；7. 吸收塔；8. 解吸塔；9. 碱洗罐；10. 水洗罐；11. 粗二氯乙烷储槽；12. 脱轻组分塔；13. 二氯乙烷塔；14. 脱重组分塔

从分层器出来的气体再经低温冷凝器 5 冷凝，回收二氯乙烷及其他氯代衍生物，不凝气体进入吸收塔 7，用溶剂吸收其中尚存的二氯乙烷等后，含乙烯 1%左右的尾气排出系统。溶有二氯乙烷等组分的吸收液在解吸塔 8 中进行解吸。在低温冷凝器和解吸塔回收的二氯乙烷一并送至分层器。自分层器 4 出来的粗二氯乙烷经碱洗罐 9 碱洗、水洗罐 10 后进入储槽 11，然后在 3 个精馏塔中实现分离精制。第一塔为脱轻组分塔 12，以分离出轻组分；第二塔为二氯乙烷塔 13，主要得成品二氯乙烷；第三塔是脱重组分塔 14，在减压下操作，对高沸物进行减压蒸馏，从中回收部分二氯乙烷。精制的二氯乙烷送去作裂解制氯乙烯的原料。骤冷塔塔底排出的水吸收液中含有盐酸和少量二氯乙烷等氯代衍生物，经碱中和后进入汽提塔进行水蒸气汽提，回收其中的二氯乙烷等氯代衍生物，冷凝后进入分层器。空气氧化法排放的气体中尚含有 1%左右的乙烯，不再循环使用，故乙烯消耗定额较高，且有大量排放废气污染空气，需经处理。

3) 二氯乙烷裂解制氯乙烯工艺流程

由乙烯液相氯化和氧氯化获得的二氯乙烷，在管式炉中进行裂解得产物氯乙烯。管式炉的对流段设置有原料二氯乙烷的预热管，反应管设置在辐射段。二氯乙烷裂解制氯乙烯的工艺流程如图 4-8 所示。

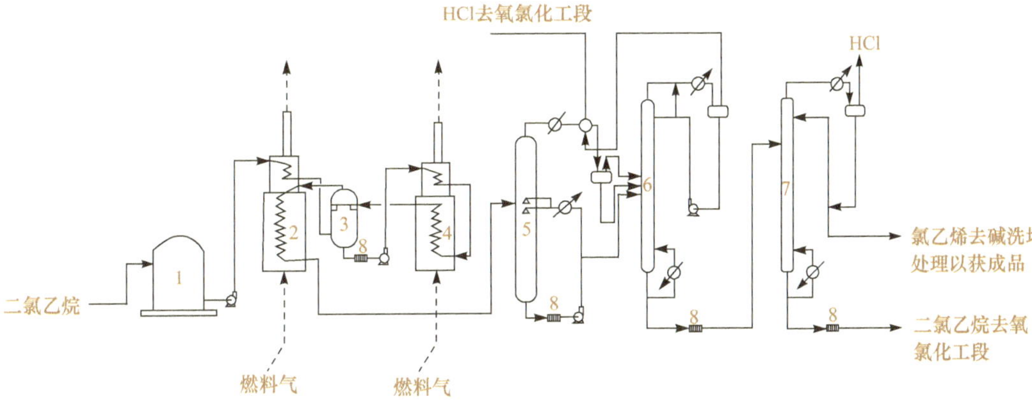

图 4-8　二氯乙烷裂解制取氯乙烯的工艺流程

1. 二氯乙烷储槽；2. 裂解反应炉；3. 气液分离器；4. 二氯乙烷蒸发器；5. 骤冷塔；6. 氯化氢塔；7. 氯乙烯塔；8. 过滤器

用泵将精二氯乙烷从储槽 1 送入裂解反应炉 2 的预热段，借助裂解炉烟气将二氯乙烷物料加热并达到一定温度，此时有一小部分物料未气化。将所形成的气液混合物送入分离器 3，未气化的二氯乙烷经过滤器 8 过滤后，送至蒸发器 4 的预热段，然后进该炉的气化段气化。气化后的二氯乙烷经分离器 3 顶部进入裂解反应炉 2 的辐射段。在 0.558MPa 和 500～550℃条件下，进行裂解获得氯乙烯和氯化氢。裂解气出炉后，在骤冷塔 5 中迅速降温并除碳。为了防止盐酸对设备的腐蚀，急冷剂不用水而用二氯乙烷，在此未反应的二氯乙烷会部分冷凝。出塔气体再经冷却冷凝，然后气液混合物一并进入氯化氢塔 6，塔顶采出主要为氯化氢，经制冷剂冷冻冷凝后送入储罐，部分作为本塔塔顶回流，其余送至氧氯化部分作为乙烯氧氯化的原料。

骤冷塔塔底液相主要含二氯乙烷，还含有少量的冷凝氯乙烯和溶解氯化氢。这股物料经冷却后，部分送入氯化氢塔进行分离，其余返回骤冷塔作为喷淋液。

氯化氢塔的塔釜出料主要组成为氯乙烯和二氯乙烷，其中含有微量氯化氢，该混合液送入氯乙烯塔 7，塔顶馏出的氯乙烯经碱洗塔脱除微量氯化氢后，即得纯度为 99.9%的成品氯乙烯。塔釜流出的二氯乙烷经冷却后送至氧氯化工段，一并进行精制后，再返回裂解装置。

4) 氯乙烯精制工艺流程

来自二氯乙烷裂解单元的氯乙烯中含有少量未转化的二氯乙烷和产物氯化氢，氯乙烯精制的目的是除掉这些杂质，得到聚合级的氯乙烯单体。氯乙烯精馏工艺有五种，最常用的是三塔流程。

三塔流程包括氯乙烯精馏塔、汽提塔和氯化氢塔。氯乙烯精馏塔的塔顶压力为 0.5MPa，塔顶温度为 40℃，塔顶采出氯乙烯，其中含少量氯化氢，经冷凝后进汽提塔。精馏塔塔釜液组成主要为二氯乙烷，送二氯乙烷晶化单元作为高沸塔进料，进一步回收二氯乙烷。

汽提塔的作用是将产品氯乙烯中所含有的少量氯化氢汽提出来。该塔塔釜出料为氯乙烯，其中仅含有微量氯化氢，进中和塔中和后氯化氢含量降低至 10^{-6} 以下，作为生产聚氯乙烯的原料。汽提塔的塔顶采出为含氯化氢的氯乙烯，进氯化氢塔回收其中的氯化氢。

4.2.3 氯乙烯生产技术进展

1. 平衡氧氯化法

德国 Uhde 公司和 Vinnolit 公司提出沸腾反应器(UVBR)技术，乙烯和氯气在反应之前先分别溶解于 EDC 中，然后在一个回路反应器中进行放热反应，操作条件：温度为 80～120℃，压力为 100～250kPa，催化剂是一种非腐蚀性的无机铁盐络合物，EDC 产品无需蒸馏，纯度可达 99.93%以上，可直接用作裂解制 VCM 的原料，可使 EDC 能耗大幅降低(其中包括低压蒸汽、冷却水及用电)。在裂解单元，纯净的 EDC 经预热后进入裂解炉对流段上部回收烟道气热量，然后经汽化器进入裂解炉的对流段及辐射段过热和裂解，裂解生成 VCM 和 HCl。来自裂解炉的热气体进入急冷塔，减小副反应的发生，实现裂解物料的初步分离。

德国赫切斯特股份有限公司研究精制 VCM 采用 3 个蒸馏阶段。在第一个蒸馏阶段，不完全热裂解 EDC 而形成的混合物中 HCl 首先被蒸馏出，其余组分进入第二蒸馏阶段；在第二个蒸馏阶段的顶部，VCM 被蒸馏出并液化，液化后的 VCM 送到第三蒸馏阶段；在第三蒸馏阶段的顶部，其中一部分 VCM、全部的 HCl 与水被蒸发出来，在基本除去水后回流到第一蒸馏阶段，而底部为纯 VCM。

2. 电石-乙炔法

电石法需要耗费大量的煤炭、电力，并且一度污染程度很大，所以国外在 20 世纪六七十年代已经淘汰，乙烯法成为主要的生产工艺。国外能够淘汰电石法 PVC 是因为乙烯供应有保证。但我国石脑油资源短缺，也由于石油、化工分属不同的行业，行业之间长期缺乏协调，可供生产 PVC 的乙烯量少，无法满足国内 PVC 生产的需求，而生产电石的石灰石资源非常丰富，电石法 PVC 生产在我国具有资源优势，同时工艺成熟，设备投资少；近年来，随着低汞催化剂的工业应用和干法乙炔生产技术、乙炔浓硫酸清净技术、精馏尾气变压吸附回收氯乙烯技术等的开发和应用，电石法原料路线成为近几年来国内建设 PVC 项目的首选工艺路线。

汞污染问题是电石法 PVC 的顽症。从 2003 年开始，我国 PVC 行业快速发展，但汞污染问题一直未得到解决，甚至可以说，汞污染问题在很多企业并未得到真正的重视。因此，无汞催化剂的研制一直是我国科研的重心。近来，以清华大学研制的 Au/C 为催化剂取得了中试成功，其催化剂可以连续使用超过 3000h，其选择性大于 99%，转化率大于 95%。

3. 生物法

由生物基原料生产 EDC/VCM 的工艺是以生物资源为原料生产乙烯，之后采用传统的 VCM 平衡工艺。一种新颖的路线是乙醇氧氯化法，避免了中间体乙烯的生产。固定床乙醇氧氯化法采用一种固体酸催化剂，包括镁碱沸石、发光沸石、ZSM-5 沸石，该技术容忍一定量的水，使用的乙醇纯度为 85%～100%。操作条件范围为：180～350℃、0.1～1.1MPa。HCl 与乙醇的气体体积比为(0.2～2)：1，氧气与乙醇的气体体积比为(0.2～2)：1，乙醇转化率可达 100%。

4. 乙烷法

以乙烷为原料生产 VCM 的工艺，无需首先生产和提纯乙烯。比利时索尔维(Solvay)集团 2012 年的专利指出，催化脱氧氢化在一个固定床或系列固定床反应器中进行，在 650℃、0.6MPa 操作条件下，以锂钒氧化物为催化剂，乙烷和氧气与再循环的气体物流一起进入反应器中。反应器流出物中的乙烯、未反应的乙烷、水和副产物送至洗涤和干燥段，除去水和副产物。来自下游氯化装置的气体物流添加到这一物流，并送至吸收塔。比利时 Solvay 集团该技术的优势是避免了在氯化和氧氯化过程中乙炔的存在带来的问题，如生成不可升级的副产品，从而降低收率并导致设备污垢。它还可使反应剂氯气和氯化氢的消耗降低，并能降低二氧化碳的排放量，减少升级产品的损失。

4.3　丙　烯　腈

4.3.1　性质、用途及主要生产方法

丙烯腈(AN)化学式为 C_3H_3N，是有刺激性臭味、剧毒的无色液体。易燃，其蒸气与空气可形成爆炸性混合物。遇明火、高热易引起燃烧，并放出有毒气体。与氧化剂、强酸、强碱、胺类、溴反应剧烈。丙烯腈化学性质活泼，容易发生加成、水解、聚合、醇解等化学反应，因此是石油化工的重要中间体。丙烯腈是合成纤维、合成橡胶和合成树脂的重要单体。

由丙烯腈制得的聚丙烯腈纤维，即“腈纶”，性能极似羊毛；丙烯腈与丁二烯共聚制得的丁腈橡胶，具有良好的耐油性、耐寒性、耐磨性和电绝缘性能；丙烯腈与丁二烯、苯乙烯共聚制得 ABS 树脂，具有质轻、耐寒、抗冲击性能好等优点；丙烯腈水解可制得丙烯酰胺和丙烯酸及其酯类，它们是重要的有机化工原料；丙烯腈还可电解加氢偶联制得己二腈，由己二腈加氢又可制尼龙 66 的原料己二胺。以丙烯和丙烷为原料，通过氨氧化催化反应来生产丙烯腈是目前丙烯腈的主要生产方法。

4.3.2　丙烯氨氧化生产丙烯腈

1. 反应机理

丙烯氨氧化反应包括串联和平行反应，竞争反应众多，相互关联，反应不受热力学平衡限制，完全由动力学因素控制，除 CO_x 外其他产物都有继续反应的可能。在反应网络中，中间产物多，因此增加了反应机理研究的难度。该反应的主反应过程如下：

$$CH_2{=}CH{-}CH_3+NH_3+3/2O_2 \longrightarrow CH_2{=}CH{-}CN+3H_2O$$

除主反应外，还会发生一系列副反应，生成相当数量的氢氰酸(HCN)、乙腈(ACN)、一氧化碳、二氧化碳及少量的丙烯醛、丙烯酸、丙酮、丙腈等，生成 ACN 和 HCN 的反应是主要的。二氧化碳和水可以由丙烯直接氧化得到，也可以由 AN、ACN 等再次氧化得到。因此，工业条件下的丙烯氨氧化过程是相当复杂的。丙烯氨氧化合成丙烯腈的反应机理主要有氧化成醛机理和脱氢氨解机理，这两种反应机理经实验室和工业装置运行都得到了一定证实。

1) 氧化成醛机理

在反应温度低于 440℃时，氧化成醛机理表现显著。丙烯氨氧化合成 AN 的反应是在催化剂存在的条件下，丙烯先氧化为丙烯醛、乙醛(ACL)、甲醛等中间物，再与氨分子反应生成相应的 AN、HCN 等产物。丙烯先经催化剂表面吸附，再在催化剂晶格氧的参与下，在甲基(或亚甲基)上发生氧化脱氢，形成烯丙基碎片，或者继续脱氢形成小碎片(也称为二价碳离子)：

$$CH_2{=}CH{-}CH_3 \xrightarrow{O_2} CH_2{=}CH{-}CH_2\cdot \text{或}\ CH_2{=}CH{-}CH:$$

$$CH_2{=}CH{-}CH_3 \xrightarrow{O_2} CH_2:+:CH{-}CH_3$$

这些碎片继续氧化生成醛类，生成的各类醛再与氨分子进行反应，生成相应的 HCN 等腈化物。

2) 脱氢氨解机理

反应温度 425～450℃是利用催化方法使丙烯转化为 AN 的最佳温度范围。如果按比例加入一定数量的反应物，那么在催化剂表面上吸附的丙烯会发生氧化脱氢反应，吸附的氨也发生脱氢氨解，生成 $NH_2\cdot$ 或 NH∶后，再与丙烯氧化脱氢形成的烯丙基迅速反应生成 AN。大部分烯丙基产生后，就与同时生成的 $NH_2\cdot$ 或 NH∶发生了反应，生成 AN；少部分烯丙基继续分裂成小碎片，与未脱氢氨解的氨或 NH · 反应生成乙腈或氢氰酸；还有少量的烯丙基仍会继续氧化成丙烯醛，再与少量的未脱氢氨解的氨反应生成丙烯腈。因此，在出反应器的气体产物中宏观表现为大部分是 AN，一部分为 ACN 和 HCN，还有一定量的 CO_2、CO；同时还会有微量的丙烯酸、丙腈、噁唑、丙烯醇等，以及少量未反应的丙烯、氨、氧存在，当然还有相应的 H_2O 生成。

上述两种机理有一个最大的共同点，即都要先由丙烯氧化脱氢为烯丙基碎片(或更小的碎片)。通过分析认为，在实际生产过程中，这两种机理从实质上讲是并存的，只不过在相同的配比、催化剂及操作条件下，由于温度的提高，脱氢氨解才表现出来，使丙烯转化率和主产物丙烯腈的选择性有了突破性的提高，使生产具有实际意义。

2. 催化剂

20 世纪 60 年代美国 Sohio 公司研制成功了 P-Mo-Bi/SiO_2 催化剂，实现了丙烯腈合成在原料和工艺路线上的一次革命，并且带动了烯烃选择性氧化及相关学科的全面发展。适合丙烯氨氧化的催化剂种类繁多，但根据构成催化剂的基础组合是氧化钼还是氧化锑，可分为金属钼酸盐体系、金属锑酸盐体系和钒铝氧氮化物体系。

1) 复合金属钼酸盐催化剂

钼酸盐催化剂主要有钼铋铁系、钼铋钨系、钼铋锑系及钼铈碲系等，其中钼铋铁系催化剂在丙烯氨氧化过程中占主导地位，约 90%的丙烯腈工业装置使用的是该催化剂。1972 年美国 Sohio 公司开发出了 C-14 催化剂，使丙烯腈单程产率达到 72%。Umemural 等针对传统催化剂耐磨性差的弱点，合成出了抗耐磨催化剂。Grasselli 等将 Ge、Sn、Cu、Ag、Cr、Ru、Ti、W、Be 或其混合物引入催化剂中，从而克服了催化剂在进料速率大时原料单程转化率低的问题，为实现丙烯腈大规模生产开辟了道路。

Sasaki 等合成出了适合流化床的催化剂，该催化剂组成中省去了价格昂贵的金属 Co，从而大大降低了催化剂的生产成本。Suresh 等针对已有催化剂在丙烯氨氧化过程中随生成 HCN 量的增加会造成丙烯腈产率下降的问题发明了一种催化剂，该催化剂克服了丙烯腈产率受 HCN 产量变化的影响，使丙烯腈产率保持在一定的水平上。

2) 多组分锑酸盐催化剂

锑酸盐催化剂主要包括锑铁系、锑锡系和锑铀系等。这类催化剂组成中的 Sb^{3+}-O、U^{5+}-O 是夺取α-H 的活性中心，而 Sb^{3+}-NH(O)是往烯烃中引入氮和氧的活性中心。将其组合即形成双功能的活性中心，再引入 Fe 以实现氧化还原循环，这样便形成了锑铁系、锑铀系等锑酸盐系列催化剂体系。由于铀具有放射性，锑铀系催化剂使用了九年后停止使用。因此锑酸盐催化剂主要以锑铁系催化剂为主。锑铁系最早是日本日东化学公司开发的，具有较高的催化活性，由于该催化剂体系中催化活性组分为 $FeSbO_4$，而 $FeSbO_4$ 很容易分解成为 FeO、Fe_2O_3 和 Sb_2O_3 的混合物，因此该催化剂体系在低氧含量的气氛中容易失活，且不容易再生。该催化剂体系在添加 V、Mo、W 后能增加催化剂在气相中吸附氧的速度，使催化剂体系在低氧含量的条件下也能稳定地存在，从而增加了催化剂的化学稳定性。目前工业生产所用锑铁系催化剂的化学式为 $Na_{0\sim3}$(Cu、Mg、Zn、Ni 或其混合物)$_{0\sim4}$(V 或 W)$_{0.05\sim1}Mo_{1\sim2.5}Te_{0.2\sim5}Fe_{10}Sb_{13\sim20}O_x$，催化载体是 SiO_2，采用该催化剂丙烯腈单程产率可达 75%。

3) 钒铝氧氮化物催化剂

钒铝氧氮化物(VAlON)通式为 $VAl_xO_yN_zH_n$。这类催化剂具有碱性/氧化还原的双功能催化活性中心。VAlON 催化剂在丙烯腈选择性和收率上所占优势不大，丙烯腈时空收率(单位催化剂每小时丙烯腈生成量)远远高于其他催化剂，是一种具有发展前景的催化体系。

3. 化学反应热力学和动力学

反应副产物分三类：第一类是氰化物，主要有乙腈和氢氰酸，是主要的副产物；第二类是有机含氧化物，主要是丙烯醛和丙酮、乙醛等；第三类是深度氧化产物二氧化碳、一氧化碳和水。主、副反应都是强放热反应，尤其是深度氧化反应，因此反应乙腈不受热力学平衡的限制，要获得主产物丙烯腈的高选择性，改进产品组成的分布，必须使主反应在反应动力学上占据优势，因此研制高性能的催化剂非常重要。

主反应和副反应之间的竞争主要受动力学因素控制。有研究表明，在使用钼酸铋催化剂时，生成丙烯腈的速率常数/丙烯醛的速率常数=39，因此，丙烯直接氨氧化生成丙烯腈应该是主要反应途径，而丙烯醛途径是次要的。反应速率为

$$r = kp_{丙烯} \tag{4-18}$$

其中

$$k = 8.0\exp\left(-\frac{18500}{RT}\right)\text{s}^{-1} \quad (\text{Mo-Bi-0.5P-O 催化剂}) \tag{4-19}$$

$$k = 2.8\times10^{-5}\exp\left(-\frac{16000}{RT}\right)\text{s}^{-1} \quad (\text{Mo-Bi-O 催化剂}) \tag{4-20}$$

无论以何种途径进行反应，丙烯脱氢生成烯丙基的反应速率最慢，为控制步骤。动力学研究表明，在体系中氨和氧浓度不低于丙烯氨氧化反应的理论值时，丙烯氨氧化反应对丙烯

为一级反应，对氨和氧均为零级反应。

丙烯氨氧化生产丙烯腈是体积缩小的反应，提高压力可增大反应的平衡转化率。同时，提高压力也可增加气体的相对密度，相应地可增加生产能力。但实验表明，加压反应的效果不如常压理想。这可能是由于加压对副反应更有利，反而降低了丙烯腈的收率。因此，一般采用常压操作，适当加压只是为了克服后部设备及管线的阻力。

4. 工艺条件及主要影响因素

1) 原料纯度

原料丙烯是从烃类裂解气或催化裂化气分离得到，其中可能含有的杂质是 C_2、丙烷和 C_4 组分，也可能有硫化物存在。丙烷和其他烷烃对反应没有影响，它们的存在只是稀释了浓度，实际上含丙烯 50%的丙烯-丙烷馏分也可作原料使用。乙烯在氨氧化反应中不如丙烯活泼，因其没有活泼的α-H，一般情况下，少量乙烯存在对反应无不利影响。但丁烯或更高级烯烃存在会给反应带来不利，因为丁烯或更高级烯烃比丙烯易氧化，会消耗原料中的氧，甚至造成缺氧，而使催化剂活性下降；正丁烯氧化生成甲基乙烯酮(沸点 80℃)，异丁烯氨氧化生成甲基丙烯腈(沸点 90℃)。它们的沸点与丙烯腈沸点接近，给丙烯腈的精制带来困难。因此，丙烯中丁烯或更高级烯烃含量必须控制。硫化物的存在会使催化剂活性下降，应预先脱除。

2) 原料的配比

合理的原料配比是保证丙烯腈合成反应稳定、副反应少、消耗定额低以及操作安全的重要因素。

氨与丙烯的配比：在实际投料中发现，当氨与丙烯的配比小于理论值 1∶1 时，有较多的副产物丙烯醛生成，故氨的用量至少等于理论比。但用量过多也不经济，既增加了氨的消耗量，又增加了硫酸的消耗量，因为过量的氨要用硫酸中和，所以又加重了氨中和塔的负担。因此，丙烯与氨的摩尔比应控制在理论值或略大于理论值，即丙烯∶氨=1∶(1～1.2)。

丙烯与空气的配比：丙烯氨氧化所需的氧气是由空气带入的。目前，工业上实际采用的丙烯与氧的摩尔比为 1∶(2～3)，采用大于理论值的比主要是为了保护催化剂不致因催化剂缺氧而引起失活。反应时若因缺氧造成催化剂的活性下降，可在 540℃温度下通空气使其再生，恢复活性。

丙烯与水蒸气的配比：丙烯氨氧化的主反应并不需要水蒸气参加，但在原料中加入一定量水蒸气可促使产物从催化剂表面迅速解吸出来，从而避免丙烯腈的深度氧化；加入水蒸气还可以改变原料混合气中丙烯与空气的比例，避开爆炸范围，保证生产安全；水蒸气的热容较大，又是一种很好的稀释剂，加入水蒸气可以带走大量的反应生成热，使反应温度易于控制；加入水蒸气对清除催化剂表面的积炭有作用。另外，水蒸气的加入势必降低设备的生产能力，增加动力消耗。当催化剂活性较高时，也可不加水蒸气，从目前工业生产情况来看，当丙烯与加入水蒸气的摩尔比为1∶3 时，综合效果较好。

3) 反应温度及压力

温度是影响丙烯氨氧化的一个重要因素。当温度低于 350℃时，几乎不生成丙烯腈。要获得丙烯腈的高收率，必须控制较高的反应温度。温度的变化对丙烯的转化率、丙烯腈的收率、副产物氢氰酸和乙腈的收率以及催化剂的时空收率都有影响。丙烯腈收率的最大值所对应的温度约在 460℃，乙腈收率最大值所对应的温度约在 417℃。生产中通常在 460℃左右进行操作。另外，在 457℃以上反应时，丙烯易于与氧作用生成大量 CO_2，放热较多，反应温度不易控制，过高的温度也会使催化剂的稳定性降低。加压能增加丙烯浓度，增大反应速率，提高设备生产能力，但是选择性会下降，导致丙烯腈收率降低，因此丙烯氨氧化反应不宜在加压下进行，反应压力接近常压。

4) 接触时间

丙烯氨氧化反应是气-固相催化反应，反应是在催化剂表面进行的。因此，原料气和催化剂必须有一定的接触时间，使原料气能尽量转化成目的产物。一般说来，适当增加接触时间，可以提高丙烯转化率和丙烯腈收率，而副产物乙腈、氢氰酸和丙烯醛的收率变化不大，这对生产是有利的。但是，过长的接触时间会使丙烯腈深度氧化的机会增大，反而使丙烯腈收率下降，故接触时间一般为 5～10s。

5. 工艺流程和主要设备

丙烯腈生产主要分为丙烯氨氧化反应部分、产品和副产品的回收部分以及丙烯腈的精制部分。

1) 丙烯氨氧化反应部分

丙烯氨氧化是强放热反应，反应温度较高，催化剂的适宜活性温度范围又比较窄，固定床反应器很难满足要求，工业上一般采用流化床反应器，内部构件由催化剂支撑板及空气分布板、丙烯和氨分配管、U 形冷却管和旋风分离器等组成。反应器筒体分两大段，直径较细的称为反应段，包括浓相和稀相两部分，在浓相处设有 60 组冷却管、8 组过热水蒸气管。该管组不仅可以移走反应热，还可以起到破碎流化床内气泡、改善筒体流化质量的作用。稀相处无任何构件，直径较粗的称为扩大段，作用是降低气体流速回收被夹带的催化剂粒子，无冷却构件，设有四组三级旋风分离器。第一级旋风分离两组并联，分离出来的催化剂粒子经下料管返回反应段。

2) 回收部分

反应气中有易溶于水的有机物，还有未反应的原料丙烯、氨、氧气及不溶或微溶于水的 N_2 等，可以用水吸收法将它们分离，但因为氨过量，所以在水吸收之前必须先将反应气中剩余的氨除去，由于氨的碱性作用，发生以下反应：①氨和丙烯腈反应生成胺类物质；②HCN 与丙烯腈反应生成丁二腈，HCN 与丙烯醛加成为氰醇，HCN 自聚，丙烯醛聚合；③溶解在水中的氨与反应气中的 CO_2 反应生成的 NH_4HCO_3，在吸收液加热解吸时又被分解成氨和 CO_2，重新在冷凝器中化合成 NH_4HCO_3，造成冷凝器及管道堵塞。因此，在吸收之前除去氨是十分必要的。工业上采用 w(硫酸)=1.5%的稀硫酸中和的方法，一般控制 pH=5.5～6.0。

丙烯氨氧化反应部分及回收部分的工艺流程见图 4-9。原料空气经过滤器除去灰尘和杂质后压缩至 0.294MPa 左右，经空气预热器 5 与出口反应气换热至 300℃，然后从流化床底部经空气分布管进入反应器，丙烯和氨分别用水蒸发后在管道中混合，经分布管进入流化床，空气、丙烯和氨均需控制一定的流量以达到所要求的配比。

反应温度控制在 440～450℃，催化剂预先被真空吸入流化床内。被反应气体夹带的催化剂经三级旋风分离器捕集后返回反应段，少量催化剂会被反应气流带走而流失，因此，必须定时补加催化剂以保证反应的正常进行。

反应气从流化床顶部流出，与新鲜空气热交换并加热冷却管补给水后，温度下降至200℃，进入氨中和塔7底部，用稀硫酸中和未反应的氨并冷却物料至40℃，含丙烯腈、乙腈、HCN及丙烯、N_2、O_2、CO_2、CO等组分的塔顶气体进入水吸收塔8。

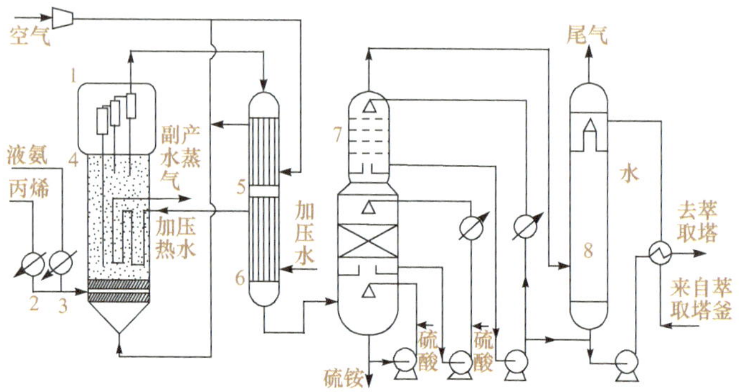

图4-9　丙烯氨氧化生产丙烯腈反应与氨中和部分工艺流程

1. 空气压缩机；2. 丙烯蒸发器；3. 液氨蒸发器；4. 反应器；5. 空气预热器；6. 冷却管补给水加热器；7. 氨中和塔；8. 水吸收塔

氨中和塔又称急冷塔，分为3段，上段为多孔筛板，中段为填料，下段为空塔。反应气从中和塔下部进入，首先与酸性循环水接触，清洗夹带的催化剂粉末、高沸物和聚合物，中和大部分氨。由于稀硫酸具有强腐蚀性，在中和塔内循环的液体pH应控制在5.5～6.0，pH太高则会引起聚合和加成反应。用稀硫酸中和氨生成的硫酸铵，因含氰化物不能回收利用，故氨中和塔底部物料一部分循环，其他排放至有毒废液处理单元。从氨中和塔下段上升的气体温度从200℃急冷至84℃，然后进入中段进一步酸洗，温度从84℃冷却至80℃，此温度不宜过低以免丙烯腈、HCN、乙腈组分冷凝进入液相而造成损失，也增加了废水处理的难度。反应气在中段酸洗后进入上段，与中性水接触，洗去夹带的硫酸溶液，温度进一步降低至40℃进入水吸收塔8。氨中和塔上部的洗涤水含有溶解的部分主副产物，不能作废水排放，其中部分循环使用，其余则与水吸收塔8底部流出的物料粗丙烯腈水溶液混合，送往精制单元萃取塔。

从氨中和塔流出的气体中，产物丙烯腈的浓度很低，副产物乙腈和HCN的浓度更低，大量为惰性气体。丙烯腈、乙腈、HCN和丙烯醛与水部分互溶或完全互溶，而惰性气体及未反应的丙烯、O_2、CO_2、CO不溶于水或在水中的溶解度很小，因此，可以采用水吸收的方法将它们分离。

由氨中和塔顶出来的反应气进入吸收塔，用冷却至5～10℃的冷水进行吸收，产物丙烯腈、副产物乙腈、HCN、丙烯醛及丙酮等溶于水中，其他不凝气体从塔顶排出，经焚烧后排入大气。水吸收塔要有足够的塔板数，以便控制尾气中丙烯腈和HCN的含量小于20μL/L。水的用量要满足使丙烯腈完全吸收下来，但也不宜过多，以免造成废水处理量过大。吸收塔8底部的水吸收液中w(丙烯腈)=4%～5%，其他有机物含量为1%左右。吸收液输送至精制单元萃取塔。由于丙烯腈和乙腈的沸点分别为77.3℃和81.6℃，相差4.3℃，相对挥发度很接近，难以用一般的精馏方法分离，工业上采用萃取精馏法，以增大它们的相对挥发度。萃取剂可选用水、乙二醇、丙酮等，由于水无毒且价廉，一般采用水作萃取剂。

3) 精制部分

丙烯腈的精制工艺流程如图4-10所示，来自吸收塔底的水吸收液进入萃取精馏塔1，该塔是一个复合塔。萃取剂水与进料中丙烯腈之比是萃取精馏塔操作的控制因素，一般用水量为丙烯腈的8～10倍，该水来自分层器4中的水相及丙烯腈精制塔釜，塔顶馏出氢氰酸、丙烯腈与水的共沸物，冷却后在分层器 4 中分成两相，水相回流入萃取精馏塔 1。上层油相中 w(丙烯腈)>80%，w(HCN)≈10%，w(水)=8%，还包含微量的杂质，它们的沸点相差较大，可用普通精馏方法经脱氰塔 6 分离。萃取精馏塔中部侧线采出粗乙腈水溶液，内含有少量丙烯腈、HCN 及低沸点杂质，需进一步精制或直接焚烧。萃取精馏塔下部侧线采出一股水，经热交换后用作吸收塔的吸收用水；塔釜出水送往四效蒸发系统，蒸发冷凝液作氨中和塔中性洗涤用水，浓缩液少量焚烧，大部分送往氨中和塔中部循环使用，以提高主副产物的收率，减少含氰废水的处理量。

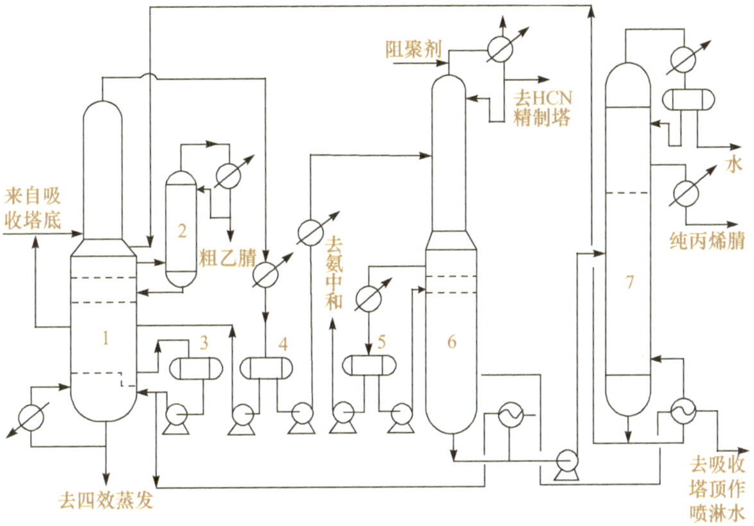

图 4-10　丙烯腈精制部分工艺流程

1. 萃取精馏塔；2. 乙腈塔；3. 储罐；4、5. 分层器；6. 脱氰塔；7. 丙烯腈精制塔

脱氰塔 6 顶部脱出氢氰酸，该馏出液再进入 HCN 精馏塔可得到 99.5%的 HCN；脱氰塔中部侧线采出的部分物料经冷凝分层后，油相回脱氰塔，水相去氨中和塔顶部作中性洗涤水。塔釜为丙烯腈水溶液，由于 HCN 已被脱除，因此丙烯腈含量将高于其共沸组成。进入丙烯腈精制塔后，塔顶馏出共沸物，经冷凝分层后油相丙烯腈作回流液，水相导出，成品丙烯腈从塔上部侧线采出，釜液为水及高沸物，循环回萃取精馏塔 1 作萃取剂。为防止丙烯腈聚合和氰醇分解，该精制塔采用减压操作。

废气处理：废气处理一般采用催化燃烧法，适用于含有低浓度可燃性有毒有机废气。该法是将废气与空气在低温下通过负载型金属催化剂，使之发生完全氧化反应生成 CO_2 和 H_2O、N_2 无毒物质，催化燃烧后的高温尾气可用于透平和发电，进一步利用余热后排入大气。

废水处理：对于量少而 HCN 和有机腈化物含量高的废水，通过添加辅助燃料后直接喷入燃烧炉焚烧处理。对于废水量大而含氰化物浓度较低时，则可用生化方法处理，常用的方法是曝气池活性污泥法。此法的缺点是曝气过程中易挥发的氰化物会随空气逃逸至大气造成二次污染。

4.3.3　丙烯腈生产技术进展

在丙烯氨氧化生产丙烯腈工艺中，丙烯原料约占生产成本的 75%，而丙烯的价格一般为丙烷的 3～6 倍，因此，利用廉价原料丙烷进行经济型工艺的开发，以降低成本、提高产品竞争力是近年来丙烯腈技术研究开发中最为活跃的领域。

1. 丙烷氨氧化法

丙烷氨氧化法工艺可分两种：①一步法，即丙烷在稳定催化剂作用下，同时进行丙烷的氧化脱氢和丙烯氨氧化反应；②两步法，即丙烷经氧化脱氢后生成丙烯，而后以常规的丙烯氨氧化工艺生产丙烯腈。目前，英国 BP 阿莫科公司的一套工业示范装置在得克萨斯州运行，日本三菱化学株式会社在仓敷运行一套全流程中试装置，日本旭化成株式会社的丙烷氨氧化工艺则在川崎中试装置上得以验证。因此，丙烷氨氧化法生产丙烯腈的商业化运营指日可待。

2. 提高丙烯腈精制回收率技术

中国石油化工股份有限公司上海石油化工研究院通过对急冷、中和过程丙烯腈聚合动力学和扩散动力学的研究，采用新型内构件改变中和塔气、液流场分布，抑制了丙烯腈的聚合反应，使丙烯腈精制回收率由原来的 90%提高到 95%以上，装置的能耗、物耗以及急冷塔的外排污水量明显降低，达到了节能、降耗和减排的目的。

3. 丙烯腈反应气体冷却器在线清堵技术

丙烯腈生产装置中反应气体冷却器将氨氧化反应器出口的反应气体温度从 440℃冷却至约 200℃。由于高温反应气体中含有丙烯腈、氢氰酸、丙烯醛等易于聚合的化合物，在反应气体冷却过程中容易发生聚合反应，生成的聚合物与流化床反应器带出的催化剂粉尘黏附并聚集在反应气体冷却器列管中。随着运行时间的延长，冷却器管道阻力增加，缩短装置运行周期。针对这一生产瓶颈，中国石油化工股份有限公司上海石油化工研究院开发丙烯腈反应气体冷却器在线清堵技术，大幅提高了装置的运行周期。

4. 反应器的改进

开发结构优良的流化床反应器的研究主要体现在以下三方面：①气体分布器的改进。英国 BP 阿莫科公司通过调节空气分布板与丙烯氨分布器两者之间喷嘴的相对位置，改变喷嘴密度等，取得了较好的效果，提高了丙烯腈的收率。中国石化集团开发了多重圆环形、气流侧吹的新型分布器，使丙烯腈单程收率提高一个百分点以上。②旋风分离器的改进。通过增大旋风分离器筒体的径高比和缩短旋风分离器腿，提高回收率和防止催化剂堵塞，催化剂损失明显降低，细粒子流失量减少，从而使反应器始终有良好的流化状态。③催化剂补给方式的改进。在丙烯腈生产中最早采用的是一定时间补加一次催化剂的方法，后来采用少量多次补加，最新的补加方式是每 30min 补加一次，同时加入一定量的含易挥发组分的物料，这种改进可使催化剂寿命达 6 年以上。此外，增大反应器体积，提高单套装置产能，近几年也取得了进展，美国实际使用的反应器直径已达 10m，日本的达到 8m。

5. 三废与节能

美国标准石油公司和美国孟山都公司开发了将适量甲醇注入反应器以去除反应末端多余氨的方法，在丙烯腈收率保持不变的前提下将氢氰酸的选择性从 50%提高到 60%左右，既减少中和硫酸的使用量和氨的排放，有利于环境保护，又生成了更多高价值的 HCN，进一步降低了成本。为适应环保要求，废液处理开发了深井处理、湿空气氧化、硫酸铵分离与生物处理等方法。例如，利用湿氧化法在 150～325℃下，将含氮化合物(如乙腈等)以亚硝酸盐/硝酸盐与氨的形式析出，调整亚硝酸盐/硝酸盐与氨的比例，通过热脱氮过程，生成硝酸铵等。

4.4　丁/辛醇

4.4.1　羰基合成原理

烯烃与合成气(CO/H_2)或一定配比的一氧化碳及氢气在过渡金属配合物的催化作用下发生加成反应，生成比原料烯烃多一个碳原子的醛，这个反应称为羰基合成(oxo synthesis)，也称为 Roelen(罗兰)反应，如下所示：

$$RCH{=}CH_2+CO+H_2 \longrightarrow RCH_2CH_2CHO+RCH(CHO)CH_3$$

由上式可以看出，烯烃两端碳原子分别加上一个氢和一个甲酰基(—CHO)，因此该反应又称为氢甲酰化反应。随着碳一化学的发展，有一氧化碳参与的反应类型逐渐增多，通常将在过渡金属络合物(主要是羰基络合物)催化剂存在下，有机化合物分子中引入羰基(—CO)的反应均归入羰化反应的范围，其中主要有两大类，即甲醇羰基化和不饱和化合物的羰化反应。

1. 羰基化反应的理论基础

在催化反应中，凡催化剂以配合物的形式与反应分子配位使其活化，反应分子在配合物体内进行反应形成产物，产物在配合体中解配，最后催化剂还原，这样的催化剂称为配位(络合)催化剂，这样的催化过程称为配位(络合)催化过程。羰基合成反应是典型的配位催化反应。羰基合成催化剂的典型结构是以过渡金属(M)为中心原子的羰基氢化物，它可以被某种配位体(L)所替代，一般形式表示为 $H_xM_y(CO)_zL_n$。

1) 中心原子

人们最早发现金属钴具有羰基合成催化活性。它可以多种形式加入反应体系，如氧化钴、氢氧化钴、有机酸钴盐或预制成羰基钴如 $Co_2(CO)_8$。经大量研究证实催化剂活性结构是 $HCo(CO)_4$。而后研究发现铑的羰基合成催化活性是钴的 10^2～10^4 倍。基于对其他可能具有羰基合成催化活性金属的认识和系统试验研究，Ⅷ族过渡金属的羰基合成催化活性顺序如下：

$$Rh \gg Co \gg Ir, \ Ru > Os > Pt > Pd > Fe > N$$

迄今，工业上采用的羰基合成催化剂，其中心原子只有钴和铑。未经改性的羰基钴作催化剂，需要苛刻的反应条件，经配体改性后，反应压力可以降低，但催化剂活性下降很多，反应生成醛的选择性也发生变化。未改性的羰基铑同样需要高的反应压力，并且产物的区域选择性很差，未能在工业上采用。经配体改性的羰基铑催化剂，反应条件缓和，在催化剂浓度很低的情况下，即有满意的反应速率，产物的化学选择性和区域选择性都大大优越于钴。虽然铑的自然资源稀少，价格是钴的 1000 倍以上，但它是目前应用最广的羰基合成催化剂体系。

2) 配位体

经典的羰基合成催化剂是过渡金属的羰基氢化物，其中一个或几个 CO 基团可以被其他配位体所取代。新配体大多是Ⅴ主族元素的三价化合物，这主要是由于它们可以提供孤对电子与配合物的中心原子配位，比较研究显示三价膦(PR_3)配体的效果最为优异，已被工业采用。

三价膦是一个不等性 sp^3 杂化轨道构型，配位后呈四面体结构，因此比原先直线形的 CO 配体产生更强的定向效应，大的方向位阻有利于生成正构醛，使反应的 *n/i* 增加。三价膦改性后的羰基钴催化剂，增加催化剂低压稳定性，明显提高了产物的醛的 *n/i*，增加催化剂的加氢活性，一方面可以使生成的醛直接加氢为醇，省去了加氢步骤，另一方面也使烯烃加氢成烷烃的副反应明显增加。三苯膦改性的铑催化剂的活性和选择性大大超过钴催化剂。配位体改性的另一条途径是将水溶性基团引入有机膦配体。它能使催化剂只溶于水而不溶于有机相。使用这种催化剂进行羰基合成反应，在反应完成后催化剂相(水相)和产物相(油相)可方便地完成分离，实现催化剂的循环。

目前，配位体合成和相关化学的研究仍是羰基合成最活跃的研究领域，出现了一些结构新颖、性能优越的双膦配体。

3) 相

配位催化被归类于均相催化，因为金属配合物常以溶解在溶液中的方式参与反应。这种反应方式的缺点是催化剂与反应产物处于同一相中而难以进行分离。为了克服这一缺点，引出了催化剂“应用相”的概念。应用相分为两种类型，一类是将配位催化剂用各种物理的或化学的方法以固相形式负载在某种固相载体上，使用液体或气体原料进行多相反应，最终实现产物与催化剂分离的目的。另一类是设法使催化剂和反应产物处于互不相溶的两种液相之中，反应后只需进行简单的相分离，便可达到分离催化剂的目的，这种反应体系又称为两相催化体系。最有代表性的是采用水溶液膦配位体改性的水溶性铑膦催化剂。

2. 羰基合成催化剂

工业上经常采用的有羰基钴和羰基铑催化剂。

1) 羰基钴和膦羰基钴催化剂

羰基钴催化剂中的活性物种为 $HCo(CO)_4$，但 $HCo(CO)_4$ 容易分解，故一般该活性物种都是在生产过程中用金属钴粉或各类钴盐直接在氢甲酰化反应器中制备，各种形态的钴如粉状金属钴、雷尼钴、氧化钴、氢氧化钴和钴盐均可使用，以油溶性钴盐和水溶性钴盐用得最多，如环烷酸钴、油酸钴、硬脂酸钴和乙酸钴等。以钴粉为原料，钴粉于 3～4MPa、135～150℃条件下得到 $Co_2(CO)_8$，其再进一步与氢作用转化为 $HCo(CO)_4$。若以钴盐为原料，Co^{2+}先由 H_2 供给 2 个电子还原成零价钴，然后与 CO 反应转化为 $Co_2(CO)_8$。反应系统中 $Co_2(CO)_8$ 和 $HCo(CO)_4$ 的比例由反应温度和氢分压决定；在反应液中要维持一定的羰基钴浓度，必须保持足够高的 CO 分压。CO 分压低，羰基钴会分解而析出钴，不但降低了反应液中羰基钴的浓度，而且分解出来的钴沉积于反应器壁上，使传热条件变差。温度越高，阻止 $Co_2(CO)_8$ 分解需要的 CO 分压越高。在室温下，CO 分压为 0.05MPa 时，$Co_2(CO)_8$ 就很稳定，而温度升到 150℃时，CO 分压至少要 4MPa 才稳定。催化剂浓度增加时，为阻止 $Co_2(CO)_8$ 分解，所需的 CO 分压也增高，如 150℃时，钴浓度从 0.2%增加到 0.9%时，CO 分压至少需相应地从 4MPa 增高到 8MPa。

原料气中二氧化碳、水、氧等杂质存在使金属钴钝化而抑制羰基钴的形成，氧含量$<1\%$即有明显的影响，但一旦羰基钴已形成并连续操作后，这些物质的影响就小了。某些硫化物如氧硫化碳、硫化氢、不饱和硫醚、硫醇、二硫化碳、元素硫等能使催化剂中毒而影响氢甲酰化

反应的顺利进行，故原料烯烃中硫质量分数应小于 10×10^{-6}。

羰基钴催化剂的主要缺点是热稳定性差，容易分解析出钴而失去活性，因而必须在高的一氧化碳分压下操作，而且产品中正/异醛比例较低。

膦羰基钴催化剂是主配体基膦(PR_3)、亚磷酸酯[$P(OR)_3$]、胂(AsR_3)、锑(SbR_3)取代 $HCo(CO)_4$ 中的 CO 基，其中各配位基中 R 可以是芳基、烷基、环烷基或者杂环基，如 $HCo(CO)_3\cdot[P(n\text{-}C_4H_9)_3]$。它不仅具有可以增强催化剂的热稳定性，提高支链正构醛的选择性的优势，还具有加氢活性高、醛缩合及醇醛缩合等串联副反应少等优点，但是缺点是对不同原料烯烃甲酰化反应的适应性差。

2) 膦羰基铑催化剂

1952 年 Schiller 首次报道羰基氢铑 $HRh(CO)_4$ 催化剂可用于氢甲酰化反应。其主要优点是选择性好、产品主要是醛，副反应少，醛醛缩合和醇醛缩合等连串副反应很少发生或者根本不发生，活性也比羰基氢钴高 10^2～10^4 倍，正/异醛比例也高。早期使用 $Rh_4(CO)_{12}$ 为催化剂，是由 Rh_2O_3 或 $RhCl_3$ 在合成气存在下于反应系统中形成。羰基铑催化剂的主要缺点是异构化活性很高，正/异醛比例只有 50/50。后来用有机膦配位基取代部分羰基如 $HRh(CO)(PPh_3)_3$，异构化反应可大大被抑制，正/异醛比例达到 15/1，催化剂性能稳定，能在较低 CO 压力下操作，并能耐受 150℃高温和真空蒸馏，能反复循环使用。

4.4.2 丁/辛醇性质及用途

丁醇分子式为 $C_4H_{10}O$，是无色液体，有酒味，与乙醇/乙醚及其他多种有机溶剂混溶，蒸气与空气形成爆炸性混合物，爆炸极限 1.45%～11.25%。辛醇分子式为 $C_8H_{18}O$，是无色有特殊气味的可燃性液体，与多数有机溶剂互溶。相对密度 0.834，沸点 184℃，熔点−70℃，闪点 81.1℃。

丁醇是重要的基本有机化工原料，是生产丁醛、丁酸、丁胺和乙酸丁酯等有机化合物的原料，可用作树脂、油漆、黏结剂的溶剂及选矿用消泡剂，也可用作油脂、药物(如抗生素、激素和维生素)和香料的萃取剂及醇酸树脂涂料的添加剂。辛醇主要用于制造苯二甲酸二辛酯(DOP)。DOP 产品素有王牌增塑剂之称，是一种物美价廉的理想增塑剂，广泛用于聚氯乙烯、合成橡胶、纤维素酯的加工等。辛醇可用作柴油和润滑油的添加剂，还可用作照相、造纸、涂料、油漆和纺织等行业的溶剂，以及陶瓷工业釉浆分散剂、矿石浮选剂、消泡剂、清净剂等。

丁/辛醇是由丁醇和辛醇两种物质组成，因这两种物质能够在同一套装置中以羰基合成法进行生产，故此常将其称为丁/辛醇。

4.4.3 丙烯羰基合成丁/辛醇

1. 反应基本原理

以丙烯为原料用氢甲酰化法生产丁/辛醇，主要包括下列三个反应过程。

(1) 在金属羰基络合物催化剂存在下，丙烯氢甲酰化合成丁醛，丁醛加氢制备丁醇：

$$CH_2{=}CHCH_3+CO+H_2 \longrightarrow CH_3CH_2CH_2CHO$$

$$CH_3CH_2CH_2CHO+H_2 \longrightarrow CH_3CH_2CH_2CH_2OH$$

(2) 丁醛不直接加氢，而在碱催化剂条件下合成辛烯醛：

$$2CH_3CH_2CH_2CHO \xrightarrow{OH^-} CH_3CH_2CH_2CH{=}C(C_2H_5)CHO+H_2O$$

(3) 辛烯醛加氢合成辛醇：

$$CH_3CH_2CH_2CH{=}C(C_2H_5)CHO+H_2 \xrightarrow{Ni} CH_3CH_2CH_2CH_2CH(C_2H_5)CH_2OH$$

如用氢甲酰化法生产丁醇，则只需氢甲酰化和加氢两个过程就可以了。上述三个过程的关键是丙烯氢甲酰化合成丁醛。

2. 化学反应动力学和热力学

羰基合成是放热反应，放热量因原料结构的不同而有所不同，反应的平衡常数很大。丙烯羰基化合成反应热力学数据如表 4-2 所示。由数据可知，常温常压下平衡常数很大，即使在 150℃仍有较大的平衡常数，所以氢甲酰化反应在热力学上是有利的，反应主要由动力学因素控制。影响氢甲酰化反应速率的因素很多，包括反应温度、催化剂浓度、原料烯烃种类和浓度、H_2 和 CO 压力以及配位体浓度、溶剂和所含产物的浓度等。

表 4-2　丙烯羰基化合成反应热力学数据

温度/K	生成正丁醛			生成异丁醛		
	$\Delta_r H_m^\ominus$ /(kJ/mol)	$\Delta_r G_m^\ominus$ /(kJ/mol)	K_p	$\Delta_r H_m^\ominus$ /(kJ/mol)	$\Delta_r G_m^\ominus$ /(kJ/mol)	K_p
298	−123.8	−48.4	2.96×10^9	−130.1	−53.7	2.52×10^9
423	—	−16.9	1.05×10^2	—	−21.4	5.40×10^2

烯烃结构和反应速率间的关系为：①双键位置与反应速率密切有关，直链α-烯烃速率最快，当链增长时，速率稍有减慢。直链非α-烯烃速率较慢。②烯烃含支链会降低反应速率，且支链离双键越近，速率减慢越多，支链越多，速率越慢。另外烯烃结构也影响正/异醛的比例。一般情况下，所有烯烃都能进行氢甲酰化反应，除了不因为双键迁移而异构化的烯烃如环戊烯、环己烯不产生异构醛外，其他烯烃都得到两个或多个异构体。在通常氢甲酰化条件下，双键位置不同，对正/异醛的比例并无显著影响。带支链的烯烃，双键碳原子因受到支链的空间阻碍，醛基主要加成到α-原子上，如异丁烯的氢甲酰化，产物中 95% 是 3-甲基丁醛。

3. 丙烯羰基化反应机理

羰基合成反应机理的研究包括两个方面，一是研究和证实起催化作用的活性结构，二是提出和证实催化循环的全部历程。未改性羰基钴催化剂的反应机理是由 Heck 首先提出的，其催化剂活性结构是 $HCo(CO)_4$，主要步骤是：$Co_2(CO)_8$ 和 H_2 首先生成 $HCo(CO)_4$，然后解离成 $HCo(CO)_3$ 和 CO，氢化羰基钴与烯烃生成π-烯烃络合物，再重排生成羰基烷基钴。然后 CO 插入烷基和钴离子之间形成酰基络合物，进一步生成四羰基络合物，后者即与 H_2 反应生成产物醛。反应如图 4-11 所示。

膦改性羰基铑的反应机理由 Wilkinson 提出，催化剂活性结构是一组三苯基膦羰基氢铑。

其催化反应机理与羰基钴基本相同，具体如图 4-12 所示。

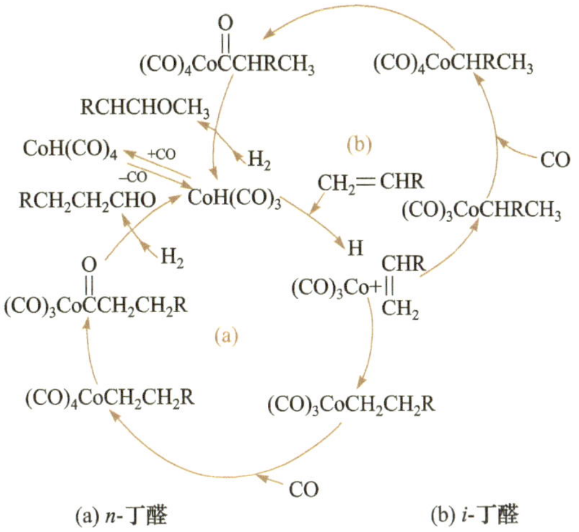

图 4-11 羰基钴催化剂反应机理

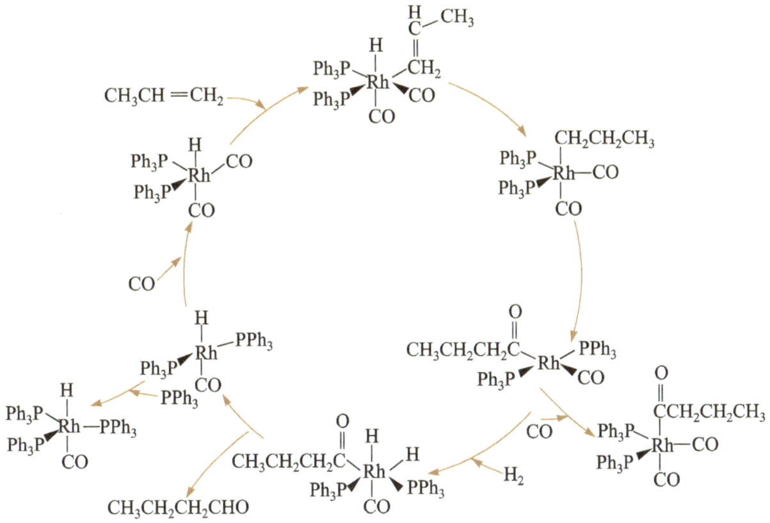

图 4-12 膦羰基铑催化剂缔合反应机理示意图

4. 工艺条件及主要影响因素

1) 丙烯分压

在羰基合成反应釜内反应速率会随丙烯分压的升高而加快，同时正/异醛比例也会随着丙烯分压增高而略增。因此，提高丙烯分压可提高羰基合成的反应速率，同时提高了反应过程的选择性。但是，过高的丙烯分压也会导致尾气中丙烯含量的增加，使丙烯损失加大。因此在工业生产中一般丙烯分压控制在 0.17～0.38MPa。

2) 氢气分压

合成气中的氢碳比对羰基合成反应速率有着直接的影响，在氢碳比从 1.0 逐渐增大的过程中，反应速率也开始逐渐增大，氢碳比达到 1.02 时，反应速率最大。之后随着氢碳比的不断增大，羰基合成反应速率会逐渐降低，尤其是当氢碳比超过约 1.05 后，总反应速率呈陡降趋势，同时反应生成丙烷的选择性会明显增加。合成气的氢碳比过低也会使催化剂的钝化速度加快，从而使得反应速率降低，反应釜内丙烯的积累量增加，反应釜的气体放空量增加，使得反应配比“失调”或反应剧烈波动。一般将氢碳比控制在 1.02～1.04，氢气分压控制在 0.27～0.70MPa。

3) 一氧化碳分压

一氧化碳分压对正、异丁醛的比影响明显，增加一氧化碳分压，正、异丁醛比迅速降低。但一氧化碳分压太低，总反应速率降低，丙烯加氢反应速率增加，而且金属羰基络合物催化剂在一氧化碳分压低于一定值时就会分解，析出金属，而失去催化活性。工业上一氧化碳分压不高于 0.103MPa，不低于 0.055MPa，一般选用 0.07MPa。

4) 反应温度

在羰基合成反应过程中羰基合成反应器温度决定了实际的反应速率及催化剂的使用寿命。在羰基合成反应过程中，温度升高反应速率会加快，生产能力提高，但是温度过高又会使正、异丁醛比例降低，同时生成物丁醛的缩合反应加剧，催化剂失活速率加快，反应选择性下降。如果温度过低，又会使反应速率降低甚至不反应，造成消耗增加。因此，一般在使用新催化剂时，可控制低的反应温度，而在催化剂使用末期，需提高反应温度以提高反应活性，为了维持产能需周期性地提高温度。一般工业生产中反应温度控制在 100～115℃。

5) 溶剂

氢甲酰化反应常常要用溶剂，溶剂的主要作用有：①溶解催化剂；②当原料是气态烃时，使用溶剂能使反应在液相中进行，对气-液间传质有利；③作为稀释剂可以带走反应热。脂肪烃、环烷烃、芳烃、各种醚类、酯、酮和脂肪醇等都可作溶剂，在工业生产中为方便起见常用产品本身或其高沸点副产物作溶剂或稀释剂。溶剂对反应速率和选择性都有影响。各种原料在极性溶剂中的反应速率大于非极性溶剂。产品醛的选择性与溶剂性质也有关。丙烯氢甲酰化反应使用非极性溶剂能提高正丁醛产量。

6) 杂质含量

原料丙烯与合成气中含有的有机硫、无机硫、氯化氢、有机氯化物、氧等杂质对羰基合成反应有着严重的影响，主要表现在它们能够直接与铑催化剂的活性中心铑离子配位占据络合中心，从而破坏催化剂的活性结构，导致催化剂的活性降低。硫化物可与配位体三苯基膦反应生成硫化三苯膦，破坏络合物的稳定配位体三苯基膦，还可与铑膦络合物直接作用导致催化剂活性降低。有机氯化物可以和铑膦络合物发生氧化加成及还原消除反应，使具有催化活性的铑膦络合物转化为不含氢的非催化活性物，如果有机氯化物含量较大，会进一步转化成多氯铑络合物，甚至转化成铑氯化合物从而使催化剂的活性结构被破坏，影响羰基合成反应速率。氧会经中心金属铑离子的络合活化与配位的三苯基磷反应生成氧化三苯基膦，氧化三苯基膦相对于三苯基膦是弱的电子给予配位体，会使催化剂的催化性能严重丧失。原料合成气中的杂质羰基铁对羰基反应也存在一定程度的影响，在羰基合成反应器里生成物丁醛会在 Fe^{3+} 的催化作用下发生二聚和三聚反应，这些二聚物和三聚物的存在会造成反应釜的温度升高，从而导致反应器效率降低和催化剂寿命缩短。

在羰基合成反应中 N_2、CO_2、CH_4、C_2H_6、C_3H_8 等是主要的惰性组分。合成气内的组分比较繁杂，其中含量较多的惰性组分有 N_2、CO_2、CH_4，这些惰性组分对反应速率和催化剂寿命没有影响，但是会在反应器内逐渐积聚，并且占据反应空间，从而使得反应器压力增高，气体的放空量增加，使丙烯的损失增大。

7) 三苯基膦的浓度

羰基反应釜内合适的三苯基膦浓度有助于延长催化剂的寿命和维持反应的稳定及正常的丁醛产量。在羰基反应系统中三苯基膦的浓度越高，丁醛的正/异比越高，但是三苯基膦本身又是一种抑制剂，过高的三苯基膦含量会抑制产品的产率，降低羰基反应速率。过量丙烯存在时三苯基膦会和丙烯反应生成三丙烯基膦，这些缩合产物对丙烯和合成气进行的羰基合成反应会有抑制作用，同时这些反应的发生会引起溶液中三苯基膦浓度的降低。一般工业生产中三苯基膦的浓度控制在8%～12%。

5. 工艺流程和主要设备

羰基合成工业技术已经相当成熟。传统的高压方法羰基合成丁/辛醇工艺已经淘汰，目前工业上均采用铑-膦配位催化剂低压羰基合成丁醛(丁/辛醇)工艺。

1) 丙烯低压法合成正丁醛

UCC/Davy/JMC 法有两种工艺技术，最初的工业化技术采用气相加料的方式，催化剂保留在反应器中，称为气体循环工艺。工艺流程见图4-13。

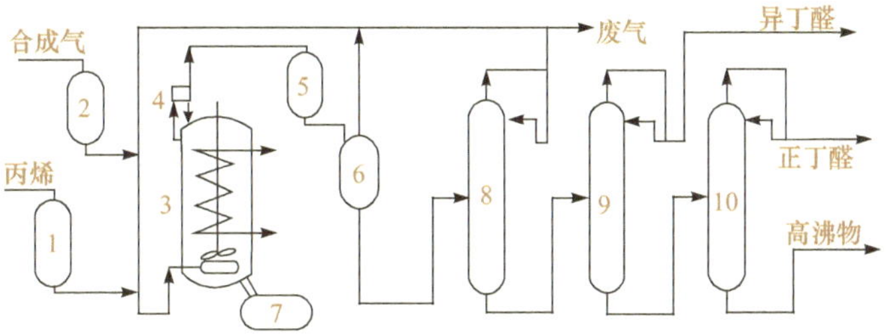

图4-13 UCC/Davy/JMC 法低压羰基合成制丁醛流程图

1. 丙烯净化器；2. 合成气净化器；3. 羰基合成反应器；4. 雾沫分离器；5. 冷凝器；6. 分离器；7. 催化剂处理装置；8. 汽提塔；9. 异丁醛蒸馏塔；10. 正丁醛蒸馏塔

将铑催化剂和三苯基膦的溶液全部加入羰基合成反应器中，溶剂为丁醛的三聚物，也可以先采用正丁醛作溶剂，经一段时间后被副反应所产生的丁醛三聚物所置换。原料丙烯和合成气分别经过净化除去微量毒物，包括硫化物、氯化物、氰化物、氧气、羰基铁等。净化后的气体与循环气混合，由底部进反应器，经气体分布器以小气泡的形式进入催化剂溶液。反应产物随大量的循环气体带出，经雾沫分离将夹带的铑催化剂溶液分离后进入冷凝器和分离器，分离的气体经循环压缩机循环使用(少量排空)，液体进入汽提塔回收丙烯，汽提塔气相并入循环气，液相依次进入异丁醛蒸馏塔和正丁醛蒸馏塔，得到异丁醛、正丁醛和少量高沸物。生产过程中根据催化剂的活性变化情况，补加部分新催化剂。最终将全部催化剂溶液排出回收。

气体循环工艺的特点是催化剂不随产物流出，避免了通常均相催化工艺中较为复杂的催化剂分离循环过程，使流程得到简化。但为确保丁醛气化，使反应的其他参数调节受到限制，给操作带来不便，而且反应器中气相空间较大，使单机设备的生产能力受到限制。

20世纪80年代中后期，美国联合碳化物(UCC)公司和美国戴维(Davy)公司又推出一种液体循环工艺，即反应产物和催化剂溶液一起自反应器中排出，经两次蒸发，分离出催化剂溶液循环使用。液体循环的工艺流程见图4-14。

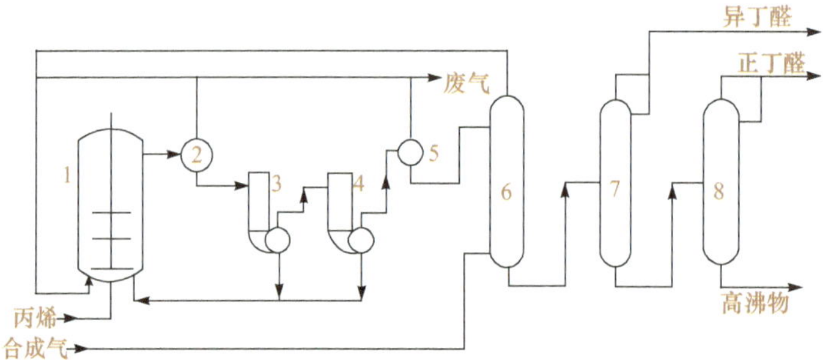

图 4-14 UCC/Davy/JMC 法液体循环工艺流程图

1. 反应器；2. 分离器；3、4. 闪蒸器；5. 分离器；6. 汽提塔；7. 异丁醛塔；8. 正丁醛塔

据称这种新的液体循环工艺使相同反应器体积的生产能力提高了 80%，丙烯的总利用率由 92%提高至 97%，操作费用也相应降低，目前已有数套原采用气体循环工艺的装置被改建成液体循环工艺。

2) 低压羰基合成丁醛

Ruhr/RP 法中采用法国罗纳 · 普朗克(Rhone-Poulenc)化工集团开发的铑催化剂是带有磺酸基结构的膦配体，这种有膦配体的铑络合物只溶于水而不溶于有机相，当反应完成后使反应液静置，催化剂水溶液与有机相中的反应产物自动分离，有机相作为产物移出，而含催化剂的水相循环使用。Ruhr/RP 法的工艺流程见图 4-15。

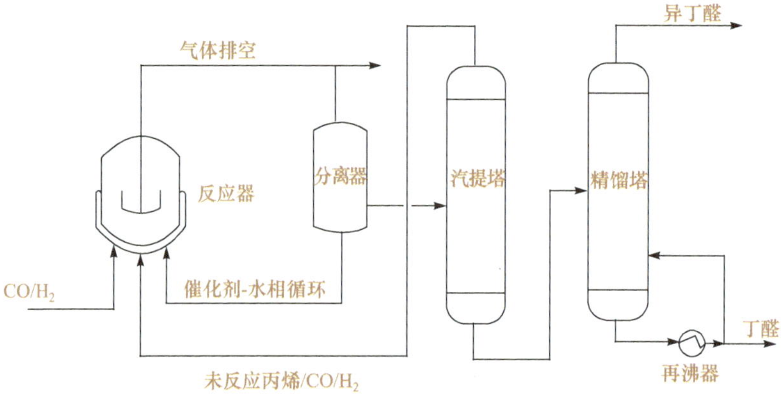

图 4-15 Ruhr/RP 法低压羰基合成制丁醛流程图

反应器中装有铑催化剂的水溶液，原料丙烯经两次预热后进入反应器，合成气经汽提塔预热并带出溶解于粗产品中的烯烃后也进入反应器。反应器中强烈的搅拌作用使得油水两相以及气体充分混合进行反应，反应后产物与催化剂溶液一起进入分离器。在分离器中反应产物与催化剂溶液分成油水两层，水相循环回反应器，油相进入汽提塔。反应器和分离器中有部分气体排出，其中大部分作为循环气，少量排空。经汽提后的粗产品降至常压，然后进入第二分离器进一步分离，分出的催化剂水溶液循环使用，气体经水洗后排空，油相依次进入异丁醛塔和正丁醛塔，最后得到正丁醛、异丁醛和少量的高沸物。

Ruhr/RP 法的特点是反应产品与催化剂的分离通过简单的相分离实现，不耗能。因为铑催化剂的水溶性好，所以铑的损失很小。该法氢甲酰化反应的温度范围是 50～130℃，反应压力为 1～5MPa，催化剂溶液中铑的浓度为 10×10^{-6}～1000×10^{-6}，丙烯利用率可达 98%，丁醛正/

异比为 95∶5。

3) 丁醇和辛醇的生产

由丁醛生产丁醇和辛醇(2-乙基己醇)的流程见图 4-16，包括缩合与加氢两步。

(1) 正丁醛缩合制辛烯醛。正丁醛缩合脱水是在两个串联的反应器中进行，纯度为 99.86%的正丁醛由正丁醛塔相继进入两个串联的缩合反应器，在 120℃、0.5MPa 压力下用 2%氢氧化钠溶液为催化剂，缩合生产得缩丁醇醛，并同时脱水得辛烯醛。两个反应器间有循环泵输送物料，并保证每个反应器内各物料能充分混合，使反应在接近等温条件下进行。辛烯醛水溶液进入辛烯醛层析器，在此分为有机物和水两层，有机物层是辛烯醛的饱和水溶液，直接送去加氢。

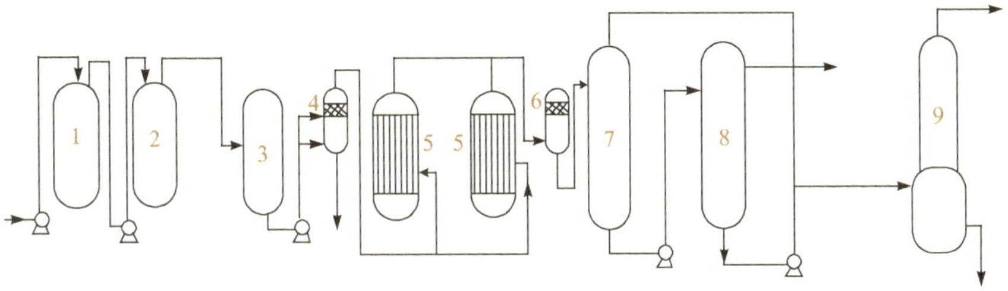

图 4-16　由丁醛生产丁醇和 2-乙基己醇(辛醇)流程示意图

1、2. 缩合反应器；3. 辛烯醛层析器；4. 蒸发器；5. 加氢转化器；6. 加氢产品储槽；7. 预精馏塔；8. 精馏塔；9. 间歇蒸馏塔

(2) 辛烯醛加氢制辛醇。辛烯醛加氢是采用气相加氢法。由缩合工序得到的辛烯醛先进入蒸发器蒸发，气态辛烯醛与氢混合后，进入列管式加氢反应器，管内装填铜基加氢催化剂，在 180℃、0.5MPa 压力下反应，产品为辛醇。如需生产丁醇，则将丁醛直接送到蒸发器，气态丁醛在 115℃、0.5MPa 压力下加氢即可。粗 2-乙基己醇先送入预蒸馏塔，塔顶蒸出轻组分(含水、少量未反应的辛烯醛、副产物和辛醇)，送到间歇蒸馏塔回收有用组分。塔底是辛醇和重组分，送精馏塔，塔顶得到高纯度辛醇。塔底排出物为辛醇和重组分的混合物，进入间歇蒸馏塔，作进一步处理。间歇蒸馏塔根据加料组分不同可分别回收丁醇和水、辛烯醛、辛醇。剩下的重组分定期排放并作燃料使用。预精馏塔、精馏塔和间歇蒸馏塔都在真空下操作。粗丁醇的精制与辛醇基本相同，分别经预精馏塔和精馏塔后，从塔底得混合丁醇，再进入异构物塔，塔顶得异丁醇，塔底得正丁醇。来自预精馏塔的少量轻组分和来自精馏塔的重组分也都送到间歇蒸馏塔以回收轻组分、水和粗丁醇。

4.4.4　丁/辛醇合成技术进展

1. 正丁醛“一锅法”合成辛醇

辛醇的工业生产采用羰基合成工艺，即丙烯氢甲酰化合成正丁醛，正丁醛自缩合合成 2-乙基-2-己烯醛(辛烯醛)，辛烯醛加氢得到辛醇。如果能将多步反应一步化，不仅可以简化操作步骤，缩短操作时间，还可以省去中间分离操作，减少能量消耗，进而降低生产成本。研究者通过对一系列金属进行筛选，发现 Ni 对 C═C 和 C═O 同时具有较好的加氢活性，因此以 Ni 为金属组分、Ce-Al_2O_3 为载体制备 Ni/Ce-Al_2O_3 催化正丁醛一步合成辛醇反应，在 170℃下反应 8h，正丁醛转化率为 100%，辛醇收率为 66.9%。

2. 蒸汽冷凝液回收再利用

羰基合成单元中，蒸发器的加热器使用的是压力为 2.0～2.2MPa 的蒸汽进行加热，在现有的工艺中，冷凝液返回至总管线中。将这部分冷凝液送至低压蒸汽冷凝液管线中，其余部分可通过闪蒸的方式使其变为低压蒸汽后进行再利用。

3. 尾气中氢气的综合利用

装置的液相加氢单元采用的一次性加氢、一次性使用的工艺，未反应的氢气会被排入火炬系统中燃烧掉，尾气中的氢气含量为 85%～90%。气相加氢单元使用的氢气均为连续补入、循环利用，经检测，在循环气中的氢气含量为 75%～80%，采用定期排放、定期补入新氢气的方法，保证循环气中的氢气纯度能满足生产要求。从液相加氢单元中排出的尾气送入装置的气相加氢单元循环氢气中，同时将气相加氢单元排放的尾气送入氢气精制系统中进行精制，然后送回丁辛醇装置使用，不仅减少了尾气排放量，而且使氢气资源获得了重新利用。

4.5 环氧丙烷

4.5.1 性质、用途及主要生产方法

1. 性质和用途

环氧丙烷(PO)分子式为 C_3H_6O，是无色、易燃、具有醚类气味的低沸点有毒液体，密度(25℃)0.823g/mL，沸点 34.23℃，爆炸极限 3.1%～27.5%，是仅次于聚丙烯和丙烯腈的第三大丙烯衍生物。环氧丙烷可溶于水，由于分子结构中含有活泼的环氧基，易与许多化学试剂尤其是含活泼氢原子的物质(如水、醇、酸、胺等)反应。环氧丙烷最大的工业用途是生产聚醚多元醇，进而制备聚氨酯，约占其消费总量的 60%；其次是用于生产丙二醇以进一步合成不饱和聚酯树脂，约占其消费总量的 20%。此外，环氧丙烷也可用于生产非离子型表面活性剂、农药乳化剂、阻燃剂及润湿剂等。环氧丙烷的下游衍生产品近百种，在建筑、汽车、油田、食品、烟草、医药及化妆品等领域均有广泛应用。

2. 生产方法

环氧丙烷工业生产始于 1931 年，由美国 UCC 公司采用氯醇法生产。1969 年，美国 ARCO 化学公司实现了异丁烷共氧化法生产环氧丙烷，并于 1977 年使乙苯共氧化法制环氧丙烷工艺投入生产。住友化学株式会社在日本千叶于 2003 年 4 月投产了第一套以过氧化氢异丙苯为氧化剂直接氧化法生产环氧丙烷的工业装置，该工艺采用钛基催化剂。近年来，以 H_2O_2 作为氧化剂合成环氧丙烷的工艺(HPPO)由于其过程简单和环境友好而受到广泛关注。

1) 氯醇法

丙烯通过氯醇化过程生产环氧丙烷是最早用来制环氧丙烷的生产方法。氯醇法制环氧丙烷主要通过氯醇化反应、环氧化反应(皂化反应)和精制三步完成。工艺过程为丙烯、氯和水反应生成氯丙醇，再用熟石灰处理生成环氧丙烷。

氯醇化反应： $$Cl_2+H_2O \longrightarrow HOCl+HCl$$

$$C_3H_6+HOCl \longrightarrow C_3H_7OCl$$

皂化：$$2C_3H_7OCl+Ca(OH)_2 \longrightarrow 2C_3H_6O+CaCl_2+2H_2O$$

氯醇化法工艺成熟，流程简单，基建投资少，但生产 1 吨环氧丙烷要排放含盐污水 40～50t 和废渣 1～1.5t，设备腐蚀和排污严重。

改良的氯醇法是将氯醇法装置与氯碱装置组合，用烧碱代替石灰乳与氯丙醇发生皂化反应。在此法中，食盐电解产生的氯气用于合成氯丙醇，并用电解液中含有的氢氧化钠与氯丙醇进行皂化反应。皂化中生成的盐水经处理后排放。

皂化反应：$$C_3H_7OCl+NaOH \longrightarrow C_3H_6O+NaCl+H_2O$$

$$2NaCl+2H_2O \longrightarrow Cl_2+2NaOH+H_2$$

总体结果为 $$C_3H_6+H_2O \longrightarrow C_3H_6O+H_2$$

改良的氯醇法提高了氯丙醇的转化率和环氧丙烷的收率，同时皂化副反应可得到抑制，环氧丙烷的选择性明显增加。与传统氯醇法相比，该法避免了氯化钙的产生，根治了废渣和其污染，但仍产生大量的废水。改良的氯醇法路线仍要使用氯气，因此总要和电解法氯碱装置发生关系，耗用大量电力使生产成本难以降低。改良的氯醇化工艺的反应方程式与未改良的氯醇化工艺的反应方程式一致。

2) 共氧化法

以有机过氧化物、有机含氢过氧化物或者是过羧酸化物氧化丙烯生产环氧丙烷。这类氧化物有过氧化氢异丁烷(TBHP)、过氧化氢乙苯(EBHP)等。共氧化法工艺复杂，流程长，操作条件严格，设备要求高，装置投资较高。过氧化氢异丁烷氧化法是使异丁烷和空气发生反应，生成过氧化氢异丁烷后再与丙烯反应生成环氧丙烷和叔丁醇，叔丁醇经脱水生成烯烃或加氢生成异丁烷循环使用。异丁烷法制环氧丙烷的过程分为以下几道工序。

过氧化：纯氧在液相中与异丁烷反应，反应条件为温度 110～150℃，反应压力 2.2～5.6MPa，生成过氧化氢异丁烷。

$$(CH_3)_3CH+O_2 \longrightarrow (CH_3)_3COOH$$

环氧化：过氧化氢异丁烷在钼催化剂、温度 120℃、反应压力为 3.4MPa 的反应条件下，与丙烯在液相中进行环氧化反应，制得环氧丙烷和联产物叔丁醇。环氧丙烷和叔丁醇分离提纯，每吨环氧丙烷副产叔丁醇 2.5～3.0t。

$$C_3H_6+(CH_3)_3COOH \longrightarrow C_3H_6O+(CH_3)_3COH$$

乙苯用纯氧氧化得到过氧化氢乙苯，其反应温度为 130～160℃，反应压力 0.3～0.5MPa，丙烯与过氧化氢乙苯进行环氧化反应，其条件为反应压力 1.75～5.50MPa，在钼催化剂作用下生成环氧丙烷，副产 α-苯乙醇。α-苯乙醇在气相或液相中脱水生成苯乙烯，每吨环氧丙烷联产苯乙烯 2.25t。

过氧化：$$C_6H_5—C_2H_5+O_2 \longrightarrow C_6H_5—CH(CH_3)OOH$$

环氧化：$$C_6H_5—CH(CH_3)OOH+C_3H_6 \longrightarrow C_3H_6O+C_6H_5—CH(CH_3)OH$$

3) 直接氧化法

近年来直接用过氧化氢生产环氧丙烷工艺的研究吸引了众多研究者，其优势在于过程简单和环境友好。反应可在较低的温度下进行，仅有少量的副产物生成，副产的水可用常规方法处理后排放，但水和作为溶剂的醇会导致产物环氧丙烷因二次开环变为二醇。其反应式为

$$C_3H_6+H_2O_2 \longrightarrow C_3H_6O+H_2O$$

与常规合成环氧丙烷工艺技术相比，双氧水直接氧化法可减少 70%～80%的废水和 35%的能耗，同时还使原材料一体化，不产生联产品。

4.5.2 共氧化法生产环氧丙烷

1. 共氧化法基本原理

共氧化法生产基本原理可以分为过氧化和环氧化两大步骤。过氧化是指过氧化氢有机物生成的过程，反应通式如下：

第一步过氧化：
$$RH+O_2 \longrightarrow ROOH$$

其中，R 是仲位或叔位碳原子，即乙苯或异丁烷。

过氧化反应过程一般是在液相中进行，属于游离基链式反应机理，一般只加入少量引发剂或一些助剂引发反应。引发剂一般是母体有机过氧化物的钠盐(如乙苯过氧化物钠盐)，加入量小于 0.2%。其反应机理大致分为三个阶段。

(1) 链引发：
$$RH+h\nu \longrightarrow R\cdot+H\cdot$$

(2) 链传递：
$$R\cdot+O_2 \longrightarrow RO_2\cdot$$
$$RO_2\cdot+RH \longrightarrow ROOH+R\cdot$$

(3) 链终止：
$$R\cdot+R\cdot \longrightarrow R—R$$
$$RO_2\cdot+R\cdot \longrightarrow ROOR$$
$$RO_2\cdot+RO_2\cdot \longrightarrow O_2+ROOR$$
$$RO_2\cdot+Me \longrightarrow \text{游离基消失}$$

第二步环氧化：
$$ROOH+C_3H_6 \longrightarrow C_3H_6O+ROH$$

其中，ROOH 为过氧化氢乙苯或过氧化氢异丁烷。

环氧化过程一般使用催化剂，且反应条件对催化性能影响较大。催化剂通常为钼的络合物(如六羰基钼、乙酰丙酮钼和环烷酸钼等)。此外，溶剂对反应速率有较大影响，而对转化率影响不大。非极性溶剂比极性溶剂要好，因此一般选用乙苯或者异丁烷或其相对应的醇作为溶剂，产生副产物较少。

2. 催化剂

异丁烷共氧化法的过氧化过程一般不需要催化剂，环氧化过程需要钼催化剂。通常钼基

催化剂在酸性条件下不稳定，美国 ARCO 石油公司采用由异丁基氢过氧化物、双氧水或过羧酸等过氧化氢有机物与钼反应制备的催化剂，转化率达 98%，选择性超过 95%。美国 TEXACO 公司使用含硼的非均相催化剂，主要为金属 Al、Mo、Ca、Ni 等与硼的二元或三元化合物，其最大特点是可以稳定地溶解在含有机氢过氧化物、烯烃和环氧化反应产物的溶液中，反应产率高于 90%。

乙苯共氧化法的过氧化过程一般不需要催化剂，但是需要加入一定的碱(如碳酸镁)来保持反应溶液中 pH 为 7，降低过氧化氢乙苯的分解。第二步环氧化过程使用第四轨道存在空穴的金属，如 Mo、W 等，存在的空穴可以与过氧化氢乙苯共用电子对。目前最好的催化剂是溶解在反应溶液苯乙醇中的有机钼盐。催化剂在反应溶液中浓度很低，以乙苯氢过氧化物计，为 0.01%～0.06%。使用含 PdO 的催化剂可以改善反应选择性，使丙烯可以按照理想比例加入，避免丙烯过剩。

3. 化学反应动力学

一般认为，过氧化反应为零级反应，反应速率与浓度无关，而与物料的停留时间有关；但有机氢过氧化物的分解为二级反应，因此要求严格控制转化率，并尽可能降低物料返混。环氧化反应为一级反应，反应速率与丙烯、有机氢过氧化物、催化剂的浓度一次方成正比，络合物与丙烯的反应速率为环氧化反应速率的控制步骤。有机氢过氧化物的纯度不是影响环氧化收率的决定因素，但是过氧化物的结构和空间效应能显著影响环氧化的效果。一般以乙苯为原料的过氧化物的反应速率较异丁烷更快，活化能更低。

异丁烷共氧化法化学反应动力学的研究结果表明，对于环氧化反应而言，最适宜的反应状态是由若干个返混式反应器串联所组成的反应系统。乙苯共氧化法的反应动力学研究表明，主副反应速率与反应物浓度有关，且具有不同的反应级数，因此反应物内物料的浓度分布对于环氧化反应的选择性有影响。采用单级返混式反应器的选择性比活塞流反应器要高，但是转化率较低，因此工业上一般采用串联的多级返混式反应器，级数通常为 4～6 级。由于乙苯过氧化物是不稳定的，在高温下极易分解，特别是在 150～160℃时，因此降低过氧化反应器温度对反应是有利的。

4. 共氧化法工艺条件及主要影响因素

异丁烷共氧化法中，过氧化和环氧化反应温度控制在 120～140℃，反应压力控制在 3.1～3.7MPa，高压的目的是使丙烯保持液相。过氧化氢异丁烷的产生量依赖于异丁烷的转化率，并由环氧丙烷/异丁醇的比例来决定，一般在较典型的转化率(25%)下，过氧化氢异丁烷的选择性在 55%左右，而在 50%的转化率下，过氧化氢异丁烷的选择性在 50%左右。过氧化氢异丁烷不稳定，容易转化为叔丁醇，在异丁烷转化率为 25%和 50%的条件下，过氧化氢异丁烷转化为叔丁醇后过氧化氢异丁烷与叔丁醇的比例分别为 1.2∶1 和 1∶1。

乙苯共氧化法中，过氧化反应温度为 140～150℃，压力为 0.25MPa，而环氧化反应温度为 100～130℃，压力为 1.7～5.5MPa。丙烯转化率 10%～20%，以丙烯计环氧丙烷选择性高于 93%；过氧化氢乙苯转化率达 99%，转化成苯乙醇的选择性为 88%～90%，苯乙酮为 4%～5%，此外还有少量二聚物和重组分。

5. 工艺流程和主要设备

1) 异丁烷法联产叔丁醇生产的工艺流程

异丁烷法联产叔丁醇生产工艺流程见图 4-17。

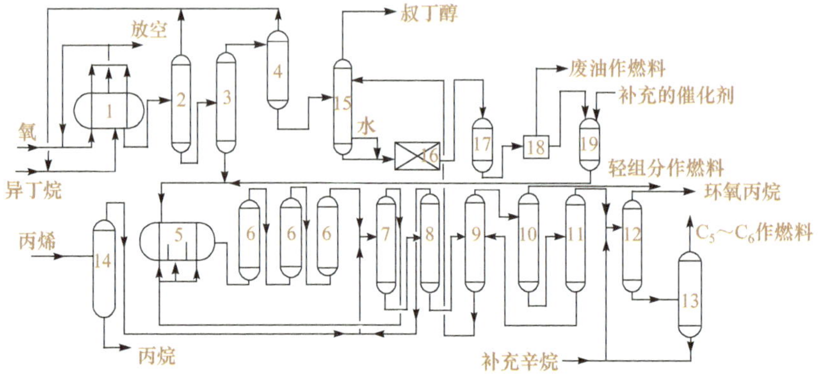

图 4-17　异丁烷法联产叔丁醇生产的工艺流程

1. 异丁烷过氧化反应器；2. 高压脱丁烷塔；3. 低压脱丁烷塔；4. 异丁烷循环塔；5. 第一级环氧化反应器；6. 第二级环氧化反应器；7. 高压脱丙烯塔；8. 低压脱丙烯塔；9. 环氧丙烷回收塔；10. 轻组分塔；11. 环氧丙烷塔；12. 环氧丙烷萃取塔；13. 辛烷塔；14. 碳三分离器；15. 叔丁醇塔；16. 静态混合器；17. 钼回收塔；18. 离心分离机；19. 催化剂罐

异丁烷同氧气在 135℃和 3.4MPa 条件下，进入卧式异丁烷过氧化反应器中进行反应，过氧化反应器内有隔板以减少过氧化产物的返混。用蒸发和冷凝液回流带出反应生成的热，未冷凝的气体部分与新鲜氧气一起循环进入异丁烷过氧化反应器，部分放空。

过氧化反应产物经高压脱丁烷塔，从塔顶馏出大部分异丁烷，塔底料进入低压脱丁烷塔。在低压脱丁烷塔顶馏出剩余的异丁烷去异丁烷循环塔，在低压脱丁烷塔底得到过氧化氢异丁烷和叔丁醇的混合物。

过氧化氢异丁烷和叔丁醇与催化剂混合后进入第一级环氧化反应器。第一级环氧化反应器是带有几个立式隔板的卧式反应器。从高压脱丙烷塔顶部来的丙烯，并排从每个隔室底部加入环氧化反应器进行反应。经第一级环氧化反应器反应后，物料分别进入三个串联的第二级环氧化反应器。异丁烷法环氧化反应 Mo 催化剂一般是不溶物，在催化剂中 Mo 含量为催化剂的 1.1%，在反应物中催化剂的浓度为 2.4%。

反应产物与碳三分离塔塔顶来的丙烯和在低压脱丙烯塔塔顶得到的丙烯一起混合后进入高压脱丙烯塔。在塔顶得到的丙烯作为第一级环氧化反应器进料。高压脱丙烯塔塔底物料进入低压脱丙烯塔。低压脱丙烯塔塔顶丙烯料返回循环使用。在低压脱丙烯塔塔底得到含有环氧丙烷和叔丁醇等的物料，进入环氧丙烷回收塔，其塔顶得到环氧丙烷，塔底得到叔丁醇、重组分、有机杂质和催化剂的物料，进入叔丁醇塔。在叔丁醇塔塔顶得到叔丁醇产品。环氧丙烷回收塔塔顶料进入轻组分塔，脱除轻组分。轻组分塔塔底料进入环氧丙烷塔，脱除重组分，重组分返回环氧丙烷回收塔，回收残留的少量环氧丙烷。环氧丙烷塔塔顶料进入环氧丙烷萃取塔。在环氧丙烷萃取塔，用辛烷萃取环氧丙烷中的少量碳五、碳六烃类，得到精制的环氧丙烷。辛烷萃取剂在辛烷塔中得到回收，与补充的辛烷一起返回到环氧丙烷萃取塔。

副产物叔丁醇用途主要有三种：一是加氢成异丁烷后循环使用；二是直接作汽油添加剂出售；三是脱水成异丁烯，再与甲醇反应生成添加剂甲基叔丁基醚。

2) 乙苯法联产苯乙烯生产的工艺流程

图 4-18 为乙苯共氧化法生产环氧丙烷联产苯乙烯工艺流程示意图。

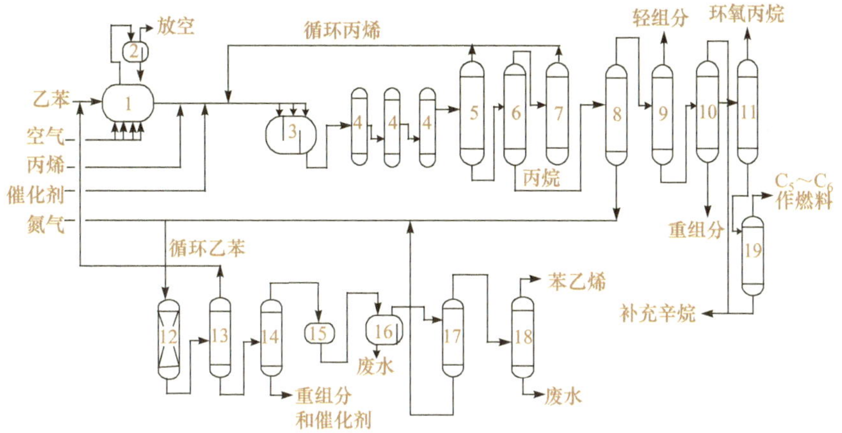

图 4-18　乙苯共氧化法生产环氧丙烷联产苯乙烯工艺流程示意图

1. 乙苯过氧化反应器；2. 冷凝换热器；3. 第一级环氧化反应器；4. 第二级环氧化反应器；5. 高压脱碳三塔；6. 低压脱碳三塔；7. 碳三分离器；8. 产品粗分罐；9. 脱轻组分塔；10. 脱重组分塔；11. 环氧丙烷萃取塔；12. 部分加氢反应器；13. 乙苯循环塔；14. 苯乙醇塔；15. 脱水反应器；16. 废水分离器；17. 苯乙烯塔；18. 苯乙烯精馏塔；19. 辛烷塔

乙苯与过量空气发生过氧化反应生成过氧化氢乙苯。过氧化反应系统是由三个串联反应器组成的。过氧化反应热靠液体汽化移出，在过氧化反应器中蒸发出的物流冷却到 50℃后，没有反应的乙苯和一些副产物(如苯乙醇)被冷凝下来返回到反应器中，未冷凝的气体放空。在三个串联反应器中，反应温度随反应过程的进行逐渐下降，而反应转化率逐渐上升。

过氧化氢乙苯与丙烯发生环氧化反应生成环氧丙烷。环氧化反应系统由一个带隔板的第一级卧式环氧化反应器和三个第二级立式环氧化反应器串联构成。环氧化反应在液相进行，催化剂是环烷酸的 Na/Mo 所组成的系统，反应热靠反应器间的换热器带走。

从环氧化反应器出来的产物在进行精制和化学处理前，先分离未反应的丙烯。丙烯是靠高压脱碳三塔、低压脱碳三塔及碳三分离塔三个塔来回收的。在低压脱碳三塔中，塔底得到含有乙苯、苯乙醇、环氧丙烷、苯乙酮、乙苯氢过氧化物、催化剂、轻组分、重组分等物料，进入产品粗分塔。在产品粗分塔中，塔顶得到粗的环氧丙烷物料进入脱轻组分塔，塔底得到苯乙醇、苯乙酮、催化剂、乙苯和重组分等物料，送入部分加氢反应器。

在脱轻组分塔中，塔顶分离出乙醛等轻组分，塔底物料送脱重组分塔。在脱重组分塔中，塔底分离出含乙苯的重组分送乙苯提纯部分，塔顶得到环氧丙烷送环氧丙烷萃取塔。环氧丙烷萃取过程近似于异丁烷法生产环氧丙烷的萃取过程。

苯乙酮部分加氢反应器是固定床反应器，在床层填充溴化铜催化剂。在反应温度为 120℃、反应压力为 0.78MPa 调节下，苯乙酮被加氢成苯乙醇。部分加氢后产物进入乙苯循环塔。在乙苯循环塔中，塔顶分离出的乙苯返回到过氧化系统中，塔底料送入苯乙醇塔。在苯乙醇塔中，塔底分离出的重组分和催化剂处理方式类似于异丁烷法处理过程。苯乙醇塔塔顶得到的苯乙醇送入脱水反应器。

脱水反应器为卧式列管式反应器，在列管中装有大量酸性催化剂。在反应温度为 225℃的脱水反应器中，苯乙醇脱水为苯乙烯，苯乙烯的转化率为 95%，选择性为 95%。脱水后的物料进入废水分离器。在废水分离器中，上层液分离出含苯乙烯的有机相，进入苯乙烯塔；下层液分离出水相，送废水处理部分。在苯乙烯塔中，塔底分离出未反应的苯乙酮和苯乙醇返回到部分加氢反应器，塔顶得到粗苯乙烯送入苯乙烯精馏塔。在苯乙烯精馏塔中，塔顶得到聚合级苯乙烯。

共氧化法产生的三废排放较少，处理较为简单。每吨环氧丙烷产品约产生 0.8t 废气，一般可作为燃料气；每吨环氧丙烷产品产生<0.1t 重组分，一般可作为燃料油；每吨环氧丙烷产品产生 0.1～0.3t 约 5%的废碱液，焚烧处理。此外，无催化剂残渣。

4.5.3 过氧化氢直接氧化法生产环氧丙烷

1. 直接氧化法反应基本原理

反应式：

$$C_3H_6+H_2O_2 \longrightarrow C_3H_6O+H_2O$$

该反应以过氧化氢为氧化剂，在甲醇等溶剂中进行反应，将丙烯氧化为环氧丙烷。丙烯环氧化反应机理图如图 4-19 所示。目前较普遍认可的反应机理(机理 A)是四配位的骨架钛与 H_2O_2 和醇溶剂形成五元环结构，H_2O_2 中的氧因为与醇羟基中的氢形成氢键而带部分正电，带负电的烯烃 C═C 双键会发生亲核进攻与氧结合，形成两个 C—O 键，并伴随着脱除一分子水后，得到环氧化产物。机理 A 很好地解释了烯烃环氧化反应的溶剂效应，即此类反应需要有极性质子溶剂参与才能进行。据报道，当仅采用丙酮作为溶剂时，丙烯与 H_2O_2 在钛硅分子筛 TS-1 上几乎不反应；若采用丙酮-甲醇混合溶剂，当丙酮/甲醇(体积比)小于 3/1 时，丙酮的量对 TS-1 催化性能的影响不大。机理 B 并不为大多数研究者所认可，这是由于其并未体现出溶剂对反应的影响，而且在机理 A 中认为 Ti 与两个 O 连接的物种带负电，为反应的惰性物种，不能与 C═C 双键结合。

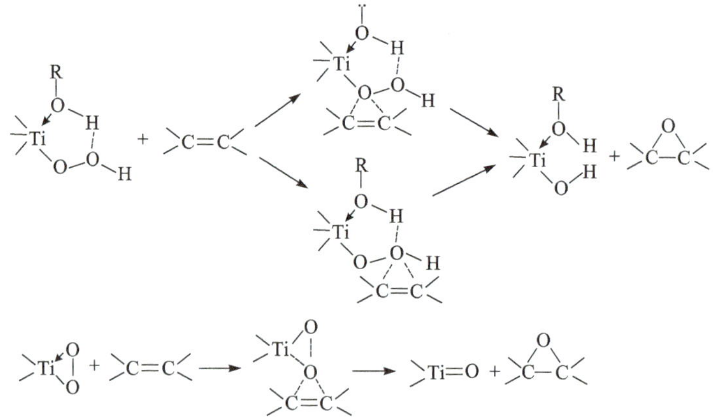

图 4-19 丙烯环氧化反应机理图

2. 催化剂

在 20 世纪 80 年代初，意大利埃尼化学公司的 Taramasso 等发现钛硅分子筛不只是可用作酸催化剂，还可用于烃类氧化等催化氧化反应。钛硅分子筛 TS-1 具有 MFI 型拓扑骨架结构，与普通的分子筛相比，它含有钛杂原子，具有三维孔道结构，具有由椭圆形直通道和“Z”字形孔道相交构成的三维孔道结构，与 ZSM-5 分子筛的孔道结构十分类似，但将钛原子引入骨架之后，使其具有特殊的催化性能，如图 4-20 所示。在 TS-1 中进入分子筛骨架的 Ti 原子高度分散，原子密度稀疏，所以 TS-1 中不会有 Ti—O—Ti 结构存在，而只能形成孤立的—Si—O—Ti—O—Si—结构。在催化氧化反应过程中，TS-1 分子筛的催化氧化活性极高，这与分子筛的酸碱性和分子筛上分布着零散孤立的骨架钛密切相关。

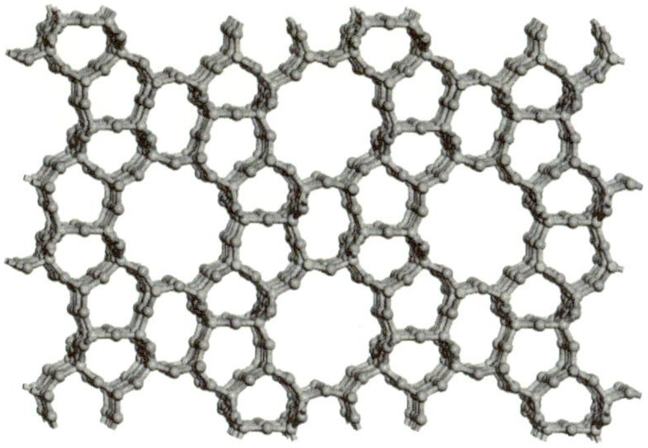

图 4-20　TS-1 的孔道结构

3. 化学反应动力学和热力学

丙烯与双氧水环氧化生成环氧丙烷的反应是强放热反应，而生成的环氧丙烷开环醚化和水合反应进一步增加了环氧化反应过程的放热效应。标准热力学性质如表 4-3 所示。

表 4-3　标准热力学性质(298K)

物质	$\Delta_f H_m^\ominus$/(kJ/mol)	$S_m^\ominus$/[J/(K·mol)]	$C_{p,m}^\ominus$/[J/(K·mol)]
水	−285.830	69.91	75.291
双氧水	−187.78	109.6	89.1
丙烯	20.42	267.05	63.89
环氧丙烷	−92.76	286.84	72.34
丙二醇单甲醚	−430.08	—	2.55
1,2-丙二醇	−485.72	—	—
甲醇	−238.66	—	75.30

因为丙烯环氧化反应的 $\Delta_r G_m^\ominus$ 为 −205.30kJ/mol，而 323K 时的化学反应平衡常数 K 为 9.59×10^{35}，即此氧化还原反应为不可逆反应，事实上实验时反应转化率可以接近 100%，即主反应是强放热的不可逆反应过程。

从反应动力学速率方程来看，丙烯环氧化反应对双氧水浓度的反应级数大于 1 级，即反应物双氧水浓度高有利于反应速率提高，但使用高浓度的 H_2O_2 会增加生产过程的危险，因此反应过程宜采用稀 H_2O_2；而对丙烯浓度的反应级数接近 0 级，即在反应过程中丙烯的浓度在反应过程中基本保持为一定值，压力效应不大；副反应活化能高于主反应活化能，说明副反应速率随温度变化更敏感，即温度增加可以提高主、副反应速率，但是副反应提高速率要比主反应快得多，因此，该反应过程温度应控制在一定的范围内。

4. 工艺条件及主要影响因素

根据丙烯环氧化反应器形式的不同，反应工艺参数出现一定差异，具体参数如表 4-4 所示。

表 4-4　丙烯环氧化反应条件及反应器类型

反应器形式	温度/℃	压力/bar
间歇釜式反应器	0～40	1～20
连续搅拌釜式反应器	50～65	13
固定床反应器	40～50	15～20
涓流床反应器	40	25
鼓泡床反应器	35～65	1
流化床	55	>15

注：1bar=10^5Pa

1) 反应温度

随着反应温度的升高，双氧水的转化率逐渐提高。当温度从 30℃提高到 50℃时，双氧水转化率提高 1.3 倍。与此同时，选择性由 99%降低至 96%。因此，在丙烯环氧化反应进行时，温度要保持低温，以防止环氧丙烷发生开环反应生成副产物。

2) 反应压力

由于丙烯在常压下为气相，因此反应压力对于反应形式至关重要，压力高时为液-液-固相反应，而压力低时为气-液-固相反应。通常，在 40℃、压力低于 16bar 时，丙烯以气相形式存在。以气-液-固相态进行反应时，提高反应压力，增加液相中丙烯浓度，反应速率提高。据赢创公司报道，当压力高于 16bar 时，反应出现两种不同的液相：①富含丙烯和环氧丙烷的相态；②富含甲醇的相态，同时包含水、过氧化氢、环氧丙烷。在 40℃、25bar 的压力下进行反应，可以观测到两种不相溶的液相，过氧化氢转化率达 96%，环氧丙烷选择性为 97%。

3) 溶剂的影响

环氧丙烷的生成依赖于反应溶剂，而甲醇通常是最佳选择。在不同溶剂中，环氧丙烷生成速率符合以下关系：甲醇>乙醇>异丙醇>丁醇。此外，当使用甲醇时，环氧丙烷选择性同样得到大幅度提高。此外，水溶解于甲醇中会对反应性能产生不良影响，主要是因为水和甲醇会在 TS-1 表面存在竞争吸附，同时降低溶液中丙烯的浓度。

5. 工艺流程和主要设备

2003 年德国 BASF 公司开始和美国 Dow 化学公司联手开发 HPPO 工艺，并于 2006 年开始在比利时 Antwerp 的 BASF 厂区内合资建设一套产能为 30 万 t/a 的 HPPO 装置。同时，德国 BASF 公司还与比利时 Solvay 公司合资在该装置附近建造一套产能为 20 万 t/a(以 100% H_2O_2 计)的 H_2O_2 装置，以对前者供应原料。德国 BASF 和美国 Dow 化学公司的 HPPO 工艺流程示意图如图 4-21 所示。在适当温度和低压液相情况下，以甲醇为溶剂，使丙烯与过氧化氢发生环氧化反应。该工艺采用自主专利技术的钛硅分子筛催化剂 TS-1，反应具有较高的转化率和良好的环氧丙烷选择性，过氧化氢被彻底转化，未转化的丙烯可循环再利用。根据现场情况，少量丙烯废气可通至现有的丙烯网络或循环至反应器，出口物流中的排气(丙烯)、粗环氧丙烷和甲醇通过蒸馏进行分步分离，甲醇被回收利用，最终的含水物流在检测 PG 含量合格后，进入水处理装置。粗环氧丙烷经蒸馏提纯至理想纯度。该工艺无联产物，投资较少，基础建设费用比常规工艺大大降低，此外还具有明显的环保效益，与目前使用的技术相比，废水量可减少 70%～80%，能耗可减少 35%。

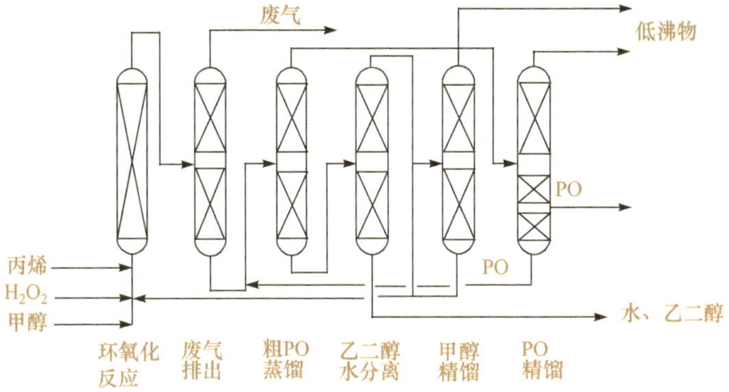

图 4-21　德国 BASF 和美国 Dow 化学公司的 HPPO 工艺流程示意图

4.5.4　环氧丙烷生产技术进展

1. 丙烯气相环氧化

中国石油大学(华东)采用 Au/TS-1 催化剂对丙烯气相氧化合成环氧丙烷进行了研究，实验室评价结果催化剂的活性稳定性超过 100h。美国莱昂德尔(Lyondell)化学公司建成了一套 H_2/O_2 氧化法制取环氧丙烷的中试装置，该过程使用一种由钛和钯的硅酸盐组成的双功能催化剂，在 H_2 气氛下，用 O_2 将丙烯直接氧化成环氧丙烷，整个反应过程在一台反应器内完成，可大大减少设备的投资。

2. 相转移法

中国科学院大连化学物理研究所采用自行设计的控制磷钨杂多酸季铵盐催化剂，在过氧化氢的作用下实现高选择性、高转化率地直接从丙烯制备环氧丙烷。催化剂稳定性好，起初不溶于有机溶剂，但在过氧化氢作用下，它形成可溶性的活性物质，催化丙烯环氧化。当过氧化氢随着反应消耗完全时，催化剂又恢复到起始状态从反应体系中析出，像多相催化剂一样，可通过简单的过滤或离心回收，并可循环使用。

思　考　题

1. 乙烯环氧化制备环氧丙烷反应机理、催化剂及反应主要流程是什么?
2. 工业上无法直接将乙烯环氧化反应催化剂拓展至丙烯环氧化反应的原因是什么?
3. 乙烯环氧化反应工艺条件选择的依据是什么?
4. 工业上氯乙烯的生产工艺有哪几种? 各有哪些优缺点?
5. 试从动力学和热力学角度分析反应条件对乙烯平衡氧氯化反应的影响。
6. 在乙烯氯化过程中，怎样降低多氯副产物的量?
7. 丙烯氨氧化制丙烯腈工艺参数原则的依据是什么?
8. 掌握丙烯氨氧化的原理、催化体系和反应主要流程。
9. 对比丙烯氨氧化和丙烷氨氧化的优势和前景。

10. 烯烃羰基化所使用的催化剂主要有哪几类？各有什么特点？
11. 丙烯羰基合成丁/辛醇主要包含哪几个反应？
12. 羰基合成反应主要有哪几类？各有什么特点？
14. 试分析共氧化法和直接氧化法生产环氧丙烷反应各自的优势。
15. 共氧化法生产环氧丙烷的主要原理和所使用的催化剂分别是什么？
16. 丙烯环氧化生产环氧丙烷的催化剂是什么分子筛？其还可以应用于哪些体系？试列举两个。

参考文献

白尔铮. 2004. 丙烷氨氧化制丙烯腈催化剂及工艺进展. 工业催化, 12(7): 1-6
曹淑媛, 李金兵. 2000. 乙烯环氧化反应机理述评. 工业催化, 8(6): 8-13
陈建设, 王淑娟, 李金兵, 等. 2015. 环氧乙烷银催化剂的研究进展. 石油化工, 44(7): 893-899
陈荣莉, 程佳, 陈俊海, 等. 2015. 国内外环氧乙烷生产和市场分析. 化学工业, 33(7): 36-39
陈晓晖, 李世军, 陈宪, 等. 2000. 过氧化氢法制备环氧丙烷的反应动力学研究. 西安交通大学学报, 34(9): 97-99
崔小明. 2015. 我国丙烯腈生产技术进展及市场分析. 上海化工, 40(11): 32-36
邓德胜. 2003. 丁辛醇生产技术及发展. 化工科技市场, 26(1): 10-14
邓云详. 1982. 聚氯乙烯生产原理. 北京：科学出版社
宫福斌, 杨贵林. 2013. 丁辛醇的生产技术现状及发展趋势分析. 化工管理, 14: 83
顾约伦(译). 2007. HPPO 工艺新装置. 高桥石化, 1: 56
郭杨龙, 姚炜, 刘晓晖, 等. 2008. 丙烯环氧化合成环氧丙烷技术的研究进展. 石油化工, 37(2): 111-118
何亚峰. 2015. 环氧乙烷生产工艺分析及改进技术分析. 中国化工贸易, 12: 98
侯志扬. 2011. 丁辛醇产业、技术发展趋势分析(上). 上海化工, 36(9): 34-36
菅秀君, 马瑞杰, 王申军, 等. 2014. 丁辛醇装置铑膦催化剂失活因素及再生研究. 齐鲁石油化工, 2: 96-99
李衡哲. 2016. 丁辛醇合成工艺技术选择及评价. 化工管理, 16: 221-223
李剑. 2011. 环氧丙烷生产技术分析与比较. 合成技术及应用, 26(2): 39-44
李颖, 刘肖红, 安华良, 等. 2017. Ni/La-Al_2O_3 的制备及催化正丁醛“一锅法”合成辛醇反应性能. 化工学报, 68(4): 1381-1389
林民, 李华, 王伟, 等. 2013. 丙烯与双氧水环氧化制备环氧丙烷的中试研究. 石油炼制与化工, 44(3): 1-5
刘波, 张晓莉, 赵丽, 等. 2016. 环氧丙烷生产工艺的发展现状. 当代化工, 45(2): 336-338
刘媛, 薛惠锋. 2010. 国内外丁辛醇市场分析及对策与建议. 化工进展, 29(5): 970-975
鲁凤兰. 2006. 丁辛醇: 技术进展及市场分析. 中国石油和化工, 1: 50-53
吕爽. 2014. 丙烯氨氧化法合成丙烯腈催化剂的研究进展. 中国化工贸易, 6(30): 1-6
吕学举, 刘杰, 周广栋. 2005. 对乙烷氧氯化反应的催化性能. 催化学报, 26(7): 587-590
米镇涛. 2006. 化工工艺学. 2 版. 北京：化学工业出版社
苗潇文, 张宇, 王丽, 等. 2015. 浅析影响丁醇装置羰基合成反应的因素. 广州化工, 43(1): 145-146
钱伯章. 2013. 羰基醇的市场分析. 上海化工, 38(3): 34-40
史春风, 林民, 朱斌, 等. 2013. HPPO 工艺中试装置中钛硅催化剂的失活及再生. 石油学报(石油加工), 29(5): 864-869
史瑾燕, 邹佩良, 张俊先. 2008. 低压羰基法生产丁辛醇工艺技术进展. 化工中间体, 4(8): 15-16
王保玉, 李亚静. 2010. 丙烯腈生产技术的研究进展. 广州化工, 38(9): 49-51
王海蔷, 刘昱. 2012. 环氧乙烷生产技术进展. 化工科技, 20(13): 67-70
王建龙. 2015. 丁辛醇装置工艺技术分析. 江西化工, 5: 21-22
王向前, 胡雪瑛, 吴晨波, 等. 2014. 国内丁辛醇市场竞争格局分析. 化工科技, 22(5): 76-78
吴粮华. 2007. 丙烯腈生产技术进展. 化工进展, 26(10): 1369-1372

吴玉龙, 陈俊霞, 米镇涛, 等. 2003. 醇溶剂中 TS-1 催化丙烯环氧化的本征动力学与反应机理研究. 高校化学工程学报, 17(5): 509-514
徐春明, 杨朝合. 2009. 石油炼制工程. 4 版. 北京：石油工业出版社
徐垚. 2015. 环氧丙烷生产路线浅析. 当代石油石化, 12: 21-24
许易真, 秦伟. 2004. 丁辛醇生产技术进展与市场分析. 化学工程师, 18(8): 37-39
薛宏庆. 2006. 丁辛醇装置羰基合成工艺技术的分析. 炼油技术与工程, 36(3): 39-42
薛金召, 牛小娟, 汪希领, 等. 2015. 丙烷氨氧化制丙烯腈催化剂及工艺进展. 化工进展, 34(9): 3500-3506
薛之化, 陈立春. 2015. 国外 PVC 生产技术最新进展. 聚氯乙烯, 40(1): 1-14
薛之化, 王成波, 陈波. 2016. 世界氯乙烯生产最新工艺. 中国氯碱, 2: 10-12
严福英. 1990. 聚氯乙烯工艺学. 北京：化学工业出版社
于春梅, 史广明. 2015. 我国环氧丙烷生产及发展趋势解析. 石油化工技术与经济, 3: 1-5
于剑昆, 李中, 刘青炜. 2011. BASF-Dow 公司 HPPO 工艺介绍. 化学推进剂与高分子材料, 9(5): 8-23
余黎明, 张东明. 2011. 国内外丁辛醇发展趋势分析. 化学工业, 29(12): 21-26
虞贵平. 2014. 丙烯氨氧化反应中催化剂的研究进展. 广东化工, 41(2): 56-57
袁志. 2012. 丁辛醇的技术进展与市场前景. 广东化工, 39(11): 108-109
张晶, 段明哲, 张志刚, 等. 2014. 氯乙烯生产技术. 化工进展, 33(12): 3164-3169
张乐. 2011. 丙烯腈生产的反应原理与主要方法. 化学工程与装备, 8: 135-137
张泠俗, 李红娟, 邢超, 等. 2011. 丙烯腈生产技术研究进展. 弹性体, 21(4): 85-91
张利粉. 2010. 丙烯直接氧化制环氧丙烷的清洁生产技术. 化工科技市场, 33(6): 34-37
张沛存. 2009. 丙烯氨氧化合成丙烯腈的反应机理及其应用. 齐鲁石油化工, 37(1): 21-25
张旭之. 1995. 乙烯衍生物工艺学. 北京：化学工业出版社
张旭之, 陶志华, 王松汉, 等. 1995. 丙烯衍生物工艺学. 北京：化学工业出版社
赵洪涛, 陈鹤龄, 陈德钊. 2005. 二氯乙烷精制流程方案的研究. 化工进展, 24(4): 414-420
赵基钢, 沈本贤, 王雷, 等. 2006. TS-1 催化丙烯环氧化反应及动力学研究. 化工科技, 14(1): 43-47
赵永杰. 2015. 中国环氧乙烷生产与市场发展现状. 日用化学品科学, 38(12): 1-4
朱斌. 2013. HPPO 工艺催化剂活性组分研究. 石油学报(石油加工), 29(2): 223-227
左轶, 刘民, 郭新闻. 2015. 钛硅分子筛的合成及其催化氧化反应研究进展. 石油学报(石油加工), 31(2): 343-359
Feng X, Duan X Z, Zhou X G, et al. 2014. Au nanoparticles deposited on the external surfaces of TS-1: Enhanced stability and activity for direct propylene epoxidation with H_2 and O_2. Applied Catalysis B: Environmental, 150-151: 396-401
Feng X, Duan X Z, Zhou X G, et al. 2014. Insights into size-dependent activity and active sites of Au nanoparticles supported on TS-1 for propylene epoxidation with H_2 and O_2. Journal of Catalysis, 317: 99-104
Feng X, Liu Y B, Yang C H, et al. 2016. Au/TS-1 catalyst for propene epoxidation with H_2/O_2: A novel strategy to enhance stability by tuning charging sequence. AIChE Journal, 62: 3963-3972
Özbek M O, van Santen R A. 2013. The mechanism of ethylene epoxidation catalysis. Catalysis Letters, 143(2): 131-141
Zhou K, Jia J C, Li C H, et al. 2014. A low content Au-based catalyst for hydrochlorination of C_2H_2 and its industrial scale-up for future PVC processes. Green Chemistry, 17(1): 356-364

第 5 章　芳烃的生产

5.1　芳烃性质、用途及生产方法

芳香烃简称芳烃(aromatic hydrocarbons/arene)，是含苯环结构的碳氢化合物的总称，指分子结构中含有一个或者多个苯环的烃类化合物。单环芳烃只含一个苯环，如苯、甲苯、乙苯、二甲苯、异丙苯、十二烷基苯等；多环芳烃是由两个或两个以上苯环(苯环上没有两环共用的碳原子)组成的，它们之间是以单键或通过碳原子相连，如联苯、三苯甲烷等。

5.1.1　性质及主要用途

1. 苯的性质及主要用途

苯是最简单的芳香烃，分子式 C_6H_6，是无色、易燃、有特殊气味的液体，熔点 5.5℃，沸点 80.1℃，相对密度 0.8765，在水中的溶解度很小，能与乙醇、乙醚、二硫化碳等有机溶剂混溶。

苯能够发生取代反应、加成反应和氧化反应。它是生产硝基苯、苯胺、苯磺酸、苯酚、氯苯、乙苯、苯乙烯、异丙苯、烷基苯、环己烷、顺丁烯二酸酐的原料；苯还是橡胶、脂肪和许多树脂的良好溶剂。

2. 甲苯的性质及主要用途

甲苯是最重要的芳烃化合物之一，结构简式为 $C_6H_5CH_3$，在常温常压下是一种无色透明的液体，与苯的气味类似，熔点为–95℃，沸点为 111℃，凝固点为 95℃，闪点为 4℃，燃点为 535℃，相对密度为 0.866，热值为 40.940kJ/kg。甲苯几乎不溶于水，但可以与二硫化碳、乙醇、乙醚以任意比例混溶，在氯仿、丙酮和大多数其他常用有机溶剂中也有很好的溶解性。

甲苯除作为溶剂外，还可氯化生成苯一氯甲烷或苯三氯甲烷，是工业上很好的溶剂；甲苯硝化生成对硝基甲苯或邻硝基甲苯，可作为生产染料的原料，也可以硝化生成三硝基甲苯(俗名 TNT)，是威力很大的炸药；甲苯磺化生成邻甲苯磺酸或对甲苯磺酸，可作为生产染料或制糖精的原料。

3. 二甲苯的性质及主要用途

二甲苯又称混合二甲苯，是对二甲苯、邻二甲苯、间二甲苯和乙苯的混合物，为无色透明液体，沸点 135～145℃，相对密度 0.840～0.870，易燃，化学性质较活泼，可发生异构化、歧化、烷基转移、甲基氧化、脱氢、芳烃氯代、磺化反应等。

此混合物主要用作生产对二甲苯、邻二甲苯的原料，此外，二甲苯还广泛用于涂料、树脂、染料、油墨等行业作溶剂；用于医药、炸药、农药等行业作合成单体或溶剂；也可作为高辛烷值汽油组分，是有机化工的重要原料。

5.1.2 来源及生产方法

1. 煤焦化生产芳烃

在高温作用下，煤在焦化炉进行干馏时，除生成约 75%的焦炭外，还副产约 25%粗煤气，其中粗苯约占 1.1%，煤焦油约占 4.0%。粗煤气经初冷、脱氨、脱萘、终冷后，进行粗苯回收。

粗苯由多种芳烃和其他化合物组成，其主要组分是苯、甲苯和二甲苯。用洗油从粗煤气中吸收粗苯后，经蒸馏脱吸得到粗苯，粗苯回收率约为 90%。粗苯经分馏，分为轻苯和重苯。粗苯中大部分 BTX(BTX 表示苯、甲苯、二甲苯)、大部分硫化物及 50%的不饱和烃集中于轻苯中。轻苯经分馏，塔顶馏出低沸物，塔底馏出重馏分为 BTX 混合馏分，混合馏分经硫酸精制或加氢精制后，精馏得到 BTX 产品。

2. 石油生产芳烃

芳烃最初全部来源于煤焦化工业。由于有机合成工业的迅速发展，芳烃需求量上升，煤焦化工业生产的焦化芳烃在数量上和质量上均不能满足需求。因此开始发展以石油为原料生产芳烃的工艺，以弥补不足。石油芳烃发展至今已成为芳烃的主要来源，约占全部芳烃的 80%，其生产方法主要分为烃类裂解生产芳烃(从裂解汽油中分离芳烃)、石脑油催化重整生产芳烃、轻烃芳构化生产芳烃和重芳烃轻质化生产 BTX。

5.2 裂解汽油生产芳烃

5.2.1 裂解汽油的性质及组成

随着乙烯工业的发展，副产的裂解汽油已是石油芳烃的重要来源，其产量是乙烯生产能力的 50%～80%。以石脑油为原料，不同裂解深度时裂解汽油的组成如表 5-1 所示。裂解汽油除含 40%～60%的 C_6～C_9 芳烃外，还含有相当数量的二烯烃和单烯烃、少量的烷烃与微量氧、氮、硫及砷的化合物。裂解汽油中烯烃与各项杂质含量远远超出芳烃生产后续工序所能允许的标准，因此必须经过预处理、加氢精制后，才能作为芳烃抽提的原料。

表 5-1 以石脑油为原料不同裂解深度时裂解汽油组成

组分	裂解深度					
	乙烯收率 24.4%		乙烯收率 28.5%		乙烯收率 33.4%	
	原料	组成	原料	组成	原料	组成
C_5		20.9%		13.8%		4.0%
苯	6.1%	24.5%	7.2%	31.8%	2.5%	46.0%
C_6 非芳烃		10.4%		7.5%		2.0%
甲苯	4.7%	18.9%	4.4%	19.4%	3.2%	19.6%

续表

组分	裂解深度					
	乙烯收率 24.4%		乙烯收率 28.5%		乙烯收率 33.4%	
	原料	组成	原料	组成	原料	组成
C_7非芳烃		7.0%		4.5%		1.0%
二甲苯	0.75%	3.0%	1.4%	6.2%	1.5%	9.2%
乙苯和苯乙烯	0.7%	2.8%	1.2%	5.3%	1.2%	7.4%
C_8非芳烃		3.6%		2.0%		1.0%
C_9+		8.9%		9.5%		9.8%
总计	24.9%	100.0%	22.6%	100.0%	16.3%	100.0%
裂解汽油中芳烃		49.2%		62.7%		82.2%

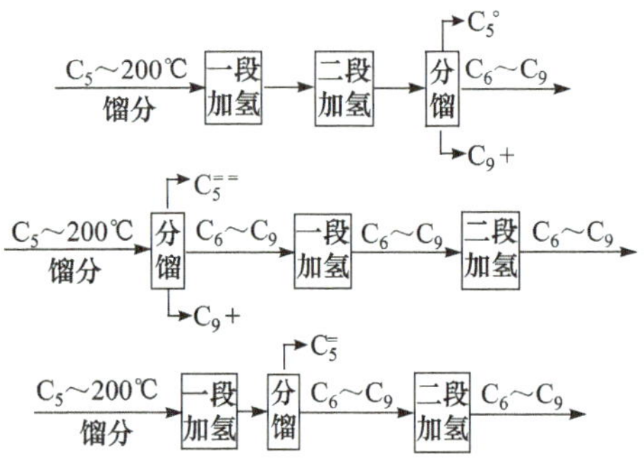

图 5-1 裂解汽油分馏流程

裂解汽油为 C_5～200℃馏分。C_5馏分中含有较多异戊二烯、间戊二烯与环戊二烯，它们是合成橡胶和精细化工的重要原料。以 C_5馏分的不同利用途径，加氢精制原料的分馏方式也有所不同，如图 5-1 所示。但其共同点是必须经蒸馏除去裂解汽油中 C_5馏分、部分 C_9芳烃与 C_9+芳烃。

5.2.2 裂解汽油加氢

裂解汽油加氢的目的是从裂解汽油中除去双烯烃、单烯烃和氧、氮、硫等有机化合物，目前一般采用二段加氢精制工艺。一段加氢是将易生胶的二烯烃和炔烃加氢转化为单烯烃，以及将烯基芳烃转化为芳烃。一段加氢在比较缓和的工艺条件下进行，以避免二烯烃聚合，因此一段加氢多采用 Pd/Al_2O_3 为催化剂，在 45～100℃低温液相下进行选择性加氢。一段加氢也有少数采用非贵金属镍基催化剂，此类催化剂其反应温度一般为 75～150℃，双烯烃在较高的温度下加氢难免在催化剂表面聚合，导致催化剂再生频繁，但镍基催化剂较钯基催化剂具有好的耐毒性能，特别是对于高砷裂解汽油表现出更优异的性能。二段加氢主要是将单烯烃饱和并脱除硫、氮、氧等有机化合物，二段加氢精制普遍采用非贵金属 $Co(Ni)Mo/Al_2O_3$ 催化剂，一般在 250～350℃较高温度的气相条件下进行。裂解汽油经过一段加氢后，双烯的碘值≤2g I/100g 油；二段加氢后，裂解汽油的溴价小于 1g Br_2/100g 油，双烯的碘值≤0.2g I/100g 油，含硫质量分数小于 1μg/g。

裂解汽油二段加氢精制工艺首先由德国拜尔公司开发并工业化，之后许多公司开发了各自的裂解汽油二段加氢技术。这些公司的二段加氢精制工艺基本相同，主要的不同之处在于一段加氢精制催化剂。德国拜尔-鲁奇公司、美国 Englhard 公司、美国 Lummus 公司和日本三菱油化公司采用贵金属催化剂，为低温液相加氢；其他公司则用非贵金属催化剂，在 75～150℃下进行加氢。为避免较多的二烯烃在催化剂表面聚合，各公司采用不同的解决催化剂表面聚合的措施。美国 UOP 公司采用加氢生成油进行循环，以降低一段加氢进料中二烯烃含量，防止二烯烃在催化剂表面聚合；法国石油研究院(IFP)则采用每隔三四个月对催化剂进行一次汽提处理，去除催化剂表面上的胶质，保持催化剂的加氢活性。采用贵金属催化剂的一段加氢精制，因反应在低温下进行，不需要加氢生成油循环，也无需汽提处理催化剂，就能维持较长的运转周期。

5.3　轻烃芳构化生产芳烃

轻烃芳构化技术指采用改性分子筛催化剂将 C_3、C_4 等小分子烃类转化为苯、甲苯及二甲苯等轻质芳烃的过程。轻烃芳构化与催化重整相比，具有以下优点：①使用的分子筛催化剂具有很好的抗硫、抗氮能力，原料无需深度加工；②芳烃收率不受原料油芳烃潜含量的限制，原料无需预分馏；③低压、非临氢操作，其基本建设投资少，操作费用低；④通过改变催化剂配方及芳构化反应工艺条件，可在一定范围内调整产品分布，以适应市场需要；⑤芳构化反应产生的干气富含氢气，可以作为加氢装置的氢源。

目前工业化的轻烃芳构化技术主要包括：英国石油公司(BP)和美国 UOP 公司联合开发的以 LPG 为原料的 Cyclar 工艺，美国 Exxon Mobil 公司和日本 Asahi Chemical 公司分别开发的可加工富含烯烃物料的 M2-Forming 工艺和 Alpha ARO 工艺，大连理工大学和山东齐旺达集团开发的以液化气为原料的 Nano-Forming 技术，以及中国石化集团洛阳石化工程公司开发的 GAP 和 GTA 技术等。

5.3.1　基本原理

1. 化学反应机理

轻烃分子在 HZSM-5 分子筛催化剂上的反应较为复杂，一般认为包括裂化、齐聚、环化和脱氢 4 个主要步骤。烃分子首先裂化成低分子“碎片”，这些“碎片”再经过正碳离子反应机理“连接”成环，通过脱氢或氢转移生成芳烃。由于受分子筛结构和反应历程的限制，不同烃分子在 HZSM-5 分子筛上的芳构化产品分布相近。金属改性的 HZSM-5 分子筛上烷烃芳构化的途径如图 5-2 所示。

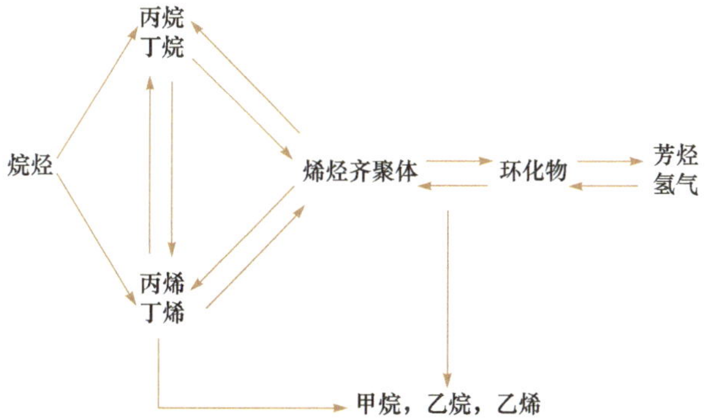

图 5-2　金属改性 HZSM-5 分子筛上烷烃芳构化途径

由反应机理可以看出芳构化反应是一个复杂的过程，不管烯烃还是烷烃都要先活化成正碳离子，烯烃较烷烃来说活跃，在较低的温度下就活化了，烷烃则需要一个相对烯烃较高的温度才能活化，正碳离子经过聚合和异构化环化成为芳烃前驱体，然后分两个途径完成芳构化反应，一个是脱氢，是吸热反应，另一个是氢转移，是放热反应。烯烃聚合是放热反应，低温有利于聚合过程，温度低也有利于烯烃在催化剂上的吸附，还可抑制催化剂上的结焦速率，而且吸附与聚合都是动态平衡。但反应温度升高，转化速率加快，而且由于烯烃环化脱氢是吸热过程，温度高有利于芳构化反应的进行。因此，轻烃芳构化反应温度在 400～520℃为宜。

2. 化学反应热力学

轻烃芳构化烷基化反应既有氢转移过程，又有直接脱氢环化过程，低温下以烷基化反应为主，是一个放热过程，反应放热量较大；高温下主要是发生脱氢环化芳构化反应，是一个脱氢吸热和烷基化放热共存的过程，反应过程的放热量较低。以混合 C_4 芳构化为例。

混合 C_4 芳构化涉及的化学物质较多，原料及其反应产物中的主要组分如下：

反应原料：1-C_4H_8、*i*-C_4H_8、*cis*-2-C_4H_8、*trans*-2-C_4H_8、*n*-C_4H_{10}、*i*-C_4H_{10}；

反应产物：H_2、CH_4、C_2H_4、C_2H_6、C_3H_6、*n*-C_3H_8、*i*-C_3H_8、1-C_4H_8、*i*-C_4H_8、*cis*-2-C_4H_8、*trans*-2-C_4H_8、*n*-C_4H_{10}、*i*-C_4H_{10}、C_6H_6、C_7H_8、C_8H_{10}、C_9H_{12}、$C_{10}H_{14}$。

混合 C_4 芳构化过程涉及裂解、齐聚、环化、加氢、脱氢等多种反应，全面准确地描述所有反应是非常困难的。查阅芳构化反应物及其产物的热力学数据发现，烷烃、烯烃、芳烃各自的同分异构体的物性数据比较接近，因此，为简化反应过程，在描述混合 C_4 芳构化所涉及的反应方程时用丙烷、1-丁烯、正丁烷、1,4-二甲苯、1,3,5-三甲苯、1,4-二乙基苯分别代表 C_3 烷烃、C_4 烯烃、C_4 烷烃、C_8 芳烃、C_9 芳烃、C_{10} 芳烃，用 19 个方程来描述混合 C_4 芳构化过程：

$$C_4H_{10} \longrightarrow C_2H_4+C_2H_6 \tag{5-1}$$

$$C_4H_{10} \longrightarrow C_3H_6+CH_4 \tag{5-2}$$

$$C_4H_{10} \longrightarrow C_4H_8+H_2 \tag{5-3}$$

$$C_4H_8+H_2 \longrightarrow C_4H_{10} \tag{5-4}$$

$$3C_4H_{10} \longrightarrow 2C_6H_6+9H_2 \tag{5-5}$$

$$7C_4H_{10} \longrightarrow 4C_7H_8+19H_2 \tag{5-6}$$

$$2C_4H_{10} \longrightarrow C_8H_{10}+5H_2 \tag{5-7}$$

$$9C_4H_{10} \longrightarrow 4C_9H_{12}+21H_2 \tag{5-8}$$

$$5C_4H_{10} \longrightarrow 2C_{10}H_{14}+11H_2 \tag{5-9}$$

$$3C_4H_8 \longrightarrow 2C_6H_6+6H_2 \tag{5-10}$$

$$7C_4H_8 \longrightarrow 4C_7H_8+12H_2 \tag{5-11}$$

$$2C_4H_8 \longrightarrow C_8H_{10}+3H_2 \tag{5-12}$$

$$9C_4H_8 \longrightarrow 4C_9H_{12}+12H_2 \tag{5-13}$$

$$5C_4H_8 \longrightarrow 2C_{10}H_{14}+6H_2 \quad (5\text{-}14)$$

$$C_4H_{10}+C_4H_8 \longrightarrow C_6H_6+C_2H_6+3H_2 \quad (5\text{-}15)$$

$$C_4H_{10}+C_4H_8 \longrightarrow C_7H_8+CH_4+3H_2 \quad (5\text{-}16)$$

$$C_4H_{10}+C_4H_8 \longrightarrow C_8H_{10}+4H_2 \quad (5\text{-}17)$$

$$C_4H_{10}+2C_4H_8 \longrightarrow C_9H_{12}+C_3H_8+3H_2 \quad (5\text{-}18)$$

$$C_4H_{10}+2C_4H_8 \longrightarrow C_{10}H_{14}+C_2H_6+3H_2 \quad (5\text{-}19)$$

依据热力学计算原理，对混合C4芳构化涉及的各个反应方程的$\Delta_r H_m^\ominus$、$\Delta_r G_m^\ominus$和$K_{eq}^\ominus$进行计算，结果如表5-2～表5-4所示。

表5-2 各反应在不同温度下的$\Delta_r H_m^\ominus$

反应编号	$\Delta_r H_m^\ominus$/(kJ/mol)							
	298.15K	400K	500K	600K	700K	800K	900K	1000K
5-1	93.99	93.51	92.77	91.87	90.89	89.91	89.00	88.26
5-2	71.98	71.85	71.30	70.51	69.62	68.71	67.84	67.06
5-3	125.77	127.19	128.21	128.98	129.59	130.02	130.31	130.57
5-4	−125.77	−127.19	−128.21	−128.98	−129.59	−130.02	−130.31	−130.57
5-5	544.66	557.39	567.87	576.09	582.37	587.14	590.85	593.99
5-6	1083.88	1110.68	1132.48	1149.42	1162.30	1172.11	179.89	1186.74
5-7	270.54	277.53	283.11	287.54	291.04	293.84	296.11	298.05
5-8	1071.14	1100.90	1124.48	1142.19	1155.52	1165.68	1173.99	1181.80
5-9	590.61	607.56	621.27	632.25	641.07	648.26	654.32	659.74
5-10	167.36	175.82	183.25	189.15	193.62	197.08	199.91	202.26
5-11	203.51	220.35	235.04	246.55	255.20	261.96	267.70	272.72
5-12	19.00	23.15	26.70	29.57	31.87	33.80	35.48	36.90
5-13	−60.77	−43.82	−29.48	−18.64	−10.75	−4.50	1.17	6.63
5-14	−38.23	−28.40	−19.76	−12.66	−6.86	−1.84	2.75	6.87
5-15	125.01	128.81	131.92	134.21	135.79	136.91	137.79	138.59
5-16	102.17	106.27	109.49	111.76	113.30	114.37	115.26	116.13
5-17	144.77	150.34	154.91	158.56	161.46	163.82	165.80	167.47
5-18	7.08	10.94	14.14	16.46	18.07	19.29	20.43	21.61
5-19	22.22	26.70	30.42	33.31	35.56	37.45	39.21	40.90

表5-3 各反应在不同温度下的$\Delta_r G_m^\ominus$

反应编号	$\Delta_r G_m^\ominus$/(kJ/mol)							
	298.15K	400K	500K	600K	700K	800K	900K	1000K
5-1	52.50	38.39	24.69	11.16	−2.22	−15.45	−28.56	−41.59
5-2	29.34	14.78	0.57	−13.50	−27.44	−41.24	−54.93	−68.53
5-3	87.38	74.03	60.61	47.02	33.31	19.52	5.69	−8.17
5-4	−87.38	−74.03	−60.61	−47.02	−33.31	−19.52	−5.69	8.17

续表

反应编号	$\Delta_r G_m^\ominus$/(kJ/mol)							
	298.15K	400K	500K	600K	700K	800K	900K	1000K
5-5	310.49	228.50	145.01	59.64	−26.96	−114.35	−202.27	−290.56
5-6	607.56	440.63	270.49	96.42	−80.15	−258.34	−437.63	−617.73
5-7	155.31	114.83	73.49	31.13	−11.90	−55.37	−99.16	−143.19
5-8	624.16	466.74	305.36	139.80	−28.38	−198.23	−369.23	−541.11
5-9	362.75	282.23	199.25	113.77	26.64	−61.65	−150.76	−240.50
5-10	48.37	6.41	−36.83	−81.42	−126.89	−172.92	−219.34	−266.06
5-11	−4.06	−77.57	−153.81	−232.72	−313.31	−395.01	−477.48	−560.55
5-12	−19.44	−33.22	−47.74	−62.91	−78.51	−94.42	−110.55	−126.85
5-13	−162.22	−199.51	−240.16	−283.38	−328.16	−373.94	−420.46	−467.61
5-14	−74.12	−87.91	−103.82	−121.32	−139.91	−159.26	−179.22	−199.67
5-15	43.53	15.10	−13.71	−43.06	−72.74	−102.61	−132.61	−162.69
5-16	18.23	−11.09	−40.83	−71.12	−101.73	−132.52	−163.44	−194.45
5-17	67.93	40.80	12.87	−15.89	−45.21	−74.90	−104.86	−135.02
5-18	−29,34	−42.39	−56.11	−70.39	−85.00	−99.81	−114.76	−129.85
5-19	−17.72	−32.06	−4.20	−63.01	−79.25	−95.78	−112.55	−129.50

表 5-4　各反应在不同温度下的 $K_{eq}^\ominus$

反应编号	$K_{eq}^\ominus$							
	298.15K	400K	500K	600K	700K	800K	900K	1000K
5-1	0	9.69×10^{-6}	2.63×10^{-3}	1.07×10^{-1}	1.46	1.02×10	4.55×10	1.49×10^{2}
5-2	7.22×10^{-6}	1.17×10^{-2}	8.71×10^{-1}	1.50×10	1.12×10^{2}	4.93×10^{2}	1.54×10^{3}	3.80×10^{3}
5-3	0	0	4.65×10^{-7}	8.06×10^{-5}	3.27×10^{-3}	5.31×10^{-2}	4.67×10^{-1}	2.67
5-4	irreversible	4.65×10^{9}	2.15×10^{6}	1.24×10^{4}	3.06×10^{2}	1.88×10	2.14	3.74×10^{-1}
5-5	0	0	0	6.42×10^{-6}	1.03×10^{2}	2.93×10^{7}	irreversible	irreversible
5-6	0	0	0	4.03×10^{-9}	9.58×10^{5}	irreversible	irreversible	irreversible
5-7	0	0	2.10×10^{-8}	1.95×10^{-3}	7.72	4.13×10^{3}	5.70×10^{5}	3.02×10^{7}
5-8	0	0	0	0	1.31×10^{2}	irreversible	irreversible	irreversible
5-9	0	0	0	0	1.03×10^{-2}	1.06×10^{4}	5.63×10^{8}	irreversible
5-10	3.36×10^{-9}	1.45×10^{-1}	7.04×10^{3}	1.23×10^{7}	2.95×10^{9}	irreversible	irreversible	irreversible
5-11	5.15	irreversible	irreversible	irreversible	irreversible	irreversible	irreversible	irreversible
5-12	2.55×10^{3}	2.18×10^{4}	9.73×10^{4}	3.00×10^{5}	7.23×10^{5}	1.46×10^{6}	2.61×10^{6}	4.23×10^{6}
5-13	irreversible	irreversible	irreversible	irreversible	irreversible	irreversible	irreversible	irreversible
5-14	irreversible	irreversible	irreversible	irreversible	irreversible	irreversible	irreversible	irreversible
5-15	2.36×10^{-8}	1.07×10^{-2}	2.71×10	5.61×10^{3}	2.68×10^{6}	5.02×10^{6}	4.98×10^{7}	3.15×10^{8}
5-16	6.40×10^{-4}	2.81×10	1.84×10^{4}	1.56×10^{6}	3.91×10^{7}	4.50×10^{8}	3.07×10^{9}	irreversible
5-17	0	4.69×10^{-6}	4.52×10^{-2}	2.42×10	2.36×10^{3}	7.77×10^{4}	1.22×10^{6}	1.13×10^{7}
5-18	1.38×10^{5}	3.43×10^{5}	7.28×10^{5}	1.34×10^{6}	2.20×10^{6}	3.29×10^{6}	4.58×10^{6}	6.07×10^{6}
5-19	1.27×10^{3}	1.54×10^{4}	8.55×10^{4}	3.06×10^{5}	8.21×10^{5}	1.80×10^{6}	3.41×10^{6}	5.82×10^{6}

注：$K_{eq}^\ominus<1.00\times10^{-9}$的反应标记为 0，$K_{eq}^\ominus>1.00\times10^{10}$的反应几乎完全进行，为不可逆反应，标记为 irreversible

从热力学的影响分析可知，温度是影响混合 C_4 芳构化过程的重要因素。相对于丁烷芳构化，在适宜的温度范围内，丁烯的存在对芳构化反应更有利，具有明显的热力学方面的优势。在混合 C_4 芳构化工艺生产过程中，要想促进丁烷和丁烯最大限度地转化成芳烃，其反应温度应控制在 655K 以上。

5.3.2 催化剂

轻烃芳构化过程的早期工艺采用 HZSM-5 型分子筛催化剂。为了改进催化剂在芳构化活性、产物液相收率和芳烃选择性方面不高的缺点，研究者对 HZSM- 5 分子筛进行了改性。HZSM-5 分子筛单金属改性组分一般用 Zn、Ca 或者硅酸盐。由中国石化集团洛阳石化工程公司工程研究院研发的 LAC 型芳构化催化剂，以及大连理工大学研制的 DLP 型改性纳米 ZSM-5 催化剂在工业运行中都取得了很好的效果。几种芳构化催化剂的物化性质比较如表 5-5 所示。

表 5-5 几种芳构化催化剂物化性质比较

催化剂	堆密度/(kg/m^3)	比表面积/(m^2/g)	孔体积/(mL/g)	平均孔径/nm	再生周期
Ca-ZSM-5	670	200	0.5	5	连续再生
硅酸盐-ZSM-5	650	200	0.5	5	几天
LAC 型 ZSM-5	690	300	0.22	4.88	大于 20d
DLP 型 ZSM-5	680	330	0.25	4.9	大于 30d

从表 5-5 中可以看出，催化剂堆密度及比表面积大，有利于提高轻烃转化率，而且再生周期长。Ca 或 Zn-ZSM-5 催化剂在反应过程中 Ca、Zn 容易流失，造成催化剂活性降低；硅酸盐改性 ZSM-5 催化剂的稳定性好，使用寿命长，可以累计 2000h 左右，但再生周期短。

5.3.3 典型工艺流程

目前国内外投产的轻烃芳构化工艺主要有英国石油公司和美国 UOP 公司开发的 Cyclar 工艺、中国石化集团洛阳石化工程公司工程研究院开发的 GTA 工艺和大连理工大学开发的 Nano-Forming 工艺。

1. Cyclar 工艺

1970 年，Csicsery 首先提出了烷烃经脱氢、聚合、环化生成芳烃的反应过程。采用负载型的 Pt/Al_2O_3、Pd/Al_2O_3 催化剂，在高于 550℃反应温度下，烷烃可转化为芳烃。由于反应温度高，反应过程中裂解生成大量的甲烷和乙烷，因而芳烃的选择性很低，同时 Pd、Pt 为贵金属，造成该过程的经济性较差。由英国石油公司(提供非贵金属催化剂)与美国 UOP 公司(提供催化剂的再生技术)联合开发的 Cyclar 工艺使其经济技术性获得大幅提高。

Cyclar 工艺的原料主要为 LPG 等轻质烷烃，催化剂为 Ga 改性的 ZSM-5 分子筛，主要产物为轻质芳烃(BTX)和氢气。反应条件为 550℃、0.7MPa。采用连续再生的绝热移动床工艺技术，反应器由 3 个竖直的径向绝热反应器组成，芳烃收率高(65%)，但工艺投资费用高，操作复杂，适合大规模生产。反应流程图如图 5-3 所示。

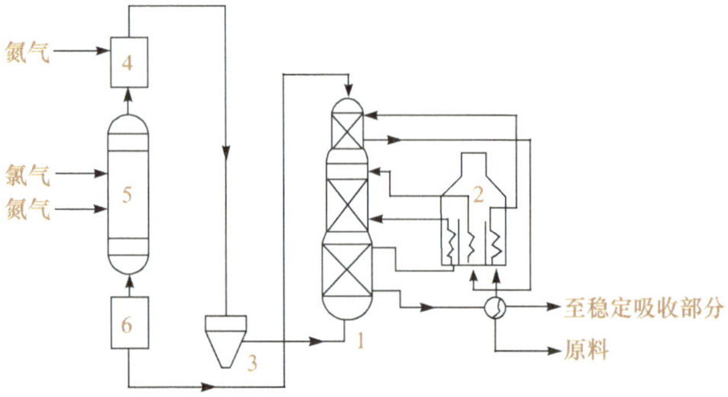

图 5-3 Cyclar 工艺反应流程图

1. 反应器；2. 加热炉；3. 收集料斗；4. 分离料斗；5. 再生器；6. 缓冲器

2. GTA 工艺

中国石化集团洛阳石化工程公司工程研究院的 GTA 工艺，原料主要以丁烯、丁烷为主，要求丁烯含量在 50%以上，C_3组分含量低(丙烷小于 3%)。催化剂为专用 LAC 型芳构化催化剂，采用 4 台串联移动床循环反应再生方式实现连续操作，反应转化率高(60%)。反应温度为 480～520℃，压力为 0.1～0.4MPa，催化剂再生周期长(约 20d)，反应工艺流程图如图 5-4 所示。

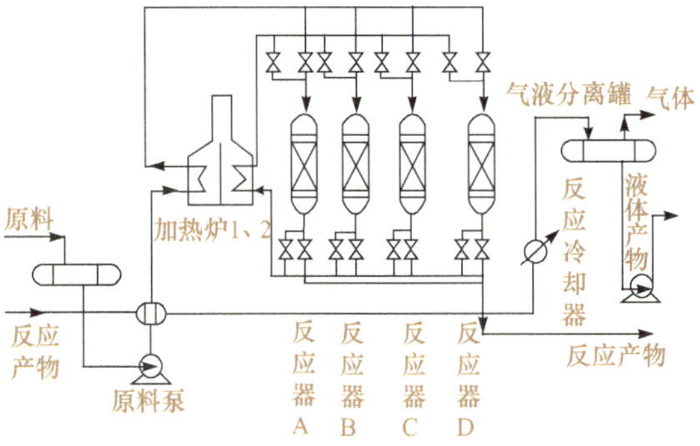

图 5-4 GTA 工艺流程图

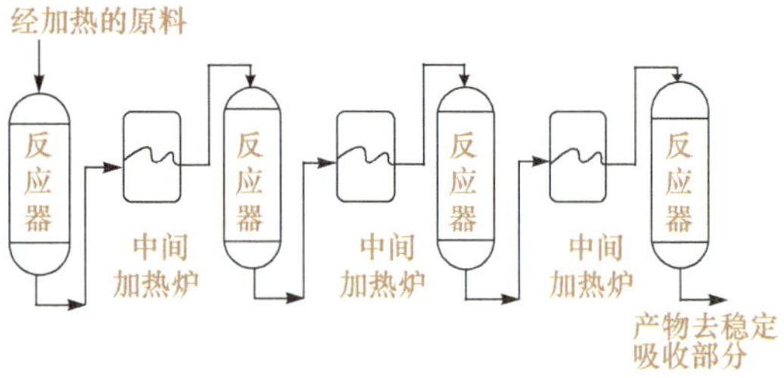

图 5-5 Nano-Forming 工艺反应流程图

3. Nano-Forming 工艺

大连理工大学开发了纳米 ZSM-5 分子筛，研制出具有超强抗积炭能力的低碳烃芳构化催化剂 DLP21，并开发了配套的 Nano-Forming 工艺。原料分别为混合碳四、液化气、油田凝析油、重整拔头油、芳烃抽余油、裂解碳五、轻石脑油(终馏点在 110℃以内)等，原料不用预精制直接进料反应，主产品为苯、甲苯和二甲苯，同时副产 H_2和 C_9+重芳烃。

Nano-Forming 工艺采用 4 台串联固定床反应器，原料经过第一台反应器后，由中间加热炉加热后送到下一台反应器，依次进行直到完成芳构化反应。反应温度为 500～600℃，反应压力为 0.3～0.5MPa。催化剂采用反应器切换方式再生，再生周期长(约 30d)，大大节省了成本。同国内外已有芳构化工艺相比，Nano-Forming 工艺的主要特点是采用了 DLP 型纳米 ZSM-5 分子筛催化剂，显著增强了催化剂的运转周期，减少了反应器的切换再生次数，延长了催化剂使用寿命，降低了操作成本。Nano-Forming 工艺流程如图 5-5 所示。

3 种轻烃芳构化工艺的比较如表 5-6 所示。

表 5-6 芳构化工艺比较

芳构化工艺	反应器类型	催化剂	温度/℃	压力/MPa	催化剂再生方式
Cyclar 工艺	绝热移动床	Ca-ZSM-5	520～550	0.5～0.7	连续
GTA 工艺	绝热移动床	LAC 型 ZSM-5	460～540	0.1～0.4	反应器切换
Nano-Forming 工艺	绝热固定床	DLP 型 ZSM-5	500～600	0.3～0.5	反应器切换

5.3.4 技术进展

为获得新的芳烃来源，近年来国内外对轻烃芳构化的研究异常活跃。通过芳构化技术可将一些不宜作重整原料的 LPG 馏分、轻石脑油馏分、轻烯烃及天然气等轻烷烃原料转化为芳烃，从而提高这些廉价原料的利用价值。

1. 石脑油芳构化

法国石油研究院和法国 Axens 公司开发的使石脑油转化生产芳烃的 ParamaX 工艺，其技术设计适用于从石脑油生产对二甲苯和纯苯；其后法国 Axens 公司和美国 Exxon Mobil 公司组成联盟，并融入德国 Uhde 公司的 Morphylane 工艺技术，共同提供对二甲苯生产技术。该技术包括：石脑油加氢处理；芳构化；Morphylane 工艺(芳烃抽提)；Eluxyl 工艺(对二甲苯提纯)；XyMax 工艺(带有乙苯脱烷基的 C_8 芳烃异构化)以及 TransPlus 工艺(芳烃烷基转移)。

2. C_5、C_6 及 C_6+芳构化

C_5、C_6 芳构化反应的反应机理与丁烯相似，所不同的是 C_5、C_6 在反应初期会发生一定的裂解反应，反应体系存在一定量的低碳烯烃(C_2～C_5)，不同碳数的烯烃发生聚合，再经环化、脱氢、异构等一系列反应，生成不同碳数的芳烃(C_6～C_9)，致使最终产物芳烃多样化，因此控制烃的裂解对芳烃的生成具有特殊作用。

3. 甲烷芳构化

早期研究表明，在 Mo/HZSM-5 催化下甲烷以连续流动模式生成苯，同时提出甲烷的活化按正碳离子机理进行。甲烷直接催化转化制芳烃有两种方法：一种是氧化条件下的催化转化，一种是无氧条件下的催化转化。在氧化条件下，甲烷合成芳烃的反应很难控制，甲烷的转化率很低，芳烃选择性和收率也很低，在经济上不具备开发前景。在甲烷无氧芳构化研究方面，中国科学院大连化学物理研究所发现了甲烷在无氧条件下直接芳构化生成苯的催化反应新过程，并开发出了 Mo/HZSM-5 催化剂。近年来，该研究所继续加强了甲烷无氧芳构化的基础研究，并取得了很大进展。在 SLC-Mo/HZSM-5 催化剂体系上，在 730℃下反应 28h 后，甲烷转化率为 13%，芳烃收率为 8.5%；成功研制了一种新型、高效的 Mo/MCM-22 催化剂，使得在甲烷转化率不变的前提下，苯的选择性提高到 80%。

5.4 石脑油催化重整生产芳烃

催化重整是指在一定的温度、压力、临氢和催化剂作用下，使石脑油转化成富含 BTX 并

副产氢气的过程。催化重整是生产高辛烷值车用汽油和 BTX 的重要石油二次加工过程；发达国家车用汽油中重整汽油约占 30%以上，而世界所需 BTX 有 70%以上来自催化重整。

催化重整工艺技术的发展是与重整催化剂的发展密切联系的。从重整催化剂发展过程来看，大体经历了三个阶段：

(1) 1940 年美国 Mobil 石油公司在美国建成世界第一套以氧化钼/氧化铝为催化剂的重整装置，之后又有使用氧化铬/氧化铝为催化剂的工业装置，可以生产辛烷值达 80 左右的汽油。但是该类催化剂活性不高，产品辛烷值也不高，反应积炭使催化剂活性降低很快，通常在进料几小时后就要停止进料进行催化剂再生，因而运行周期短、处理能力小、操作费用大。

(2) 1949 年美国 UOP 公司开发出铂重整催化剂，并建成和投产第一套铂重整工业装置，开始了催化重整的高速发展时期。铂/氧化铝催化剂的活性高，稳定性、选择性好，液体产物收率高，而且反应运转周期长，一般可连续生产半年以上而不需要再生。铂重整过程采用 3～4 个串联的固定床反应器，经过较长时间(一般为 0.5～2 年)的连续运转后，催化剂的活性因积炭增多而大幅度下降，此时停工进行器内再生。

(3) 1967 年雪佛龙(Chevron)研究公司成功开发了铂-铼/氧化铝双金属重整催化剂，并投入工业应用，称为铂铼重整催化剂。铂铼重整催化剂的突出优点是抗积炭能力强，有较高的稳定性，可以在较高的温度和较低的氢分压操作下而保持良好的活性，从而提高重整汽油的辛烷值，并且汽油、芳烃和氢气的收率也较高。

催化重整工艺早期采用的是固定床反应器及半再生式流程，随着铂铼和铂锡重整催化剂的开发成功，移动床连续再生式的连续重整工艺得到了较快的发展。国外连续催化重整专利商主要有美国 UOP 公司和法国石油研究院两家，两家技术的反应条件及产品收率大致相同，其工艺流程具有各自的特点：①美国 UOP 公司连续催化重整工艺流程是反应器重叠布置和热循环再生回路流程，催化剂提升次数少，流程简单，占地少，但反应器整体高，设备制造和运输都比较困难，同时反应器框架较高，操作维修不方便；②法国石油研究院的连续催化重整工艺流程是反应器并列布置和冷循环再生回路流程，各反应器均设有料斗和提升器，设备和管线材质要求低，容易制造，但流程较复杂，设备数量较多。

我国第一套铂催化重整装置于 1966 年在中国石油天然气集团大庆石化公司炼油厂顺利投产，20 世纪 80 年代开始引进连续催化重整装置，并开始自主研发的历程。2000 年开发成功了低压组合床重整技术并投入生产。此后又成功开发出轴向和径向两种移动床烧炭过程再生器的设计软件，并用其设计出 3 种不同催化剂循环量的轴-轴两段组合烧炭和轴-径两段组合烧炭的新型轴流移动床再生器，这种再生器实现了物料气固活塞型流动，不但使再生器的结构合理、简单，而且在床层温度分布和烧炭效率等方面均有优势。

5.4.1 原料及预处理

重整原料的性质直接影响重整装置的运转周期、目的产物的收率等，因此必须选择适当的重整原料并预先加以精制处理。

1. 原料选择

对重整原料的选择主要有三个方面的要求：馏分组成、族组成和杂质含量。

1) 馏分组成

重整原料的馏分组成根据生产目的确定。当生产芳烃时，应根据生产不同的芳烃产品来确定馏分组成。生产不同芳烃时的适宜馏程见表 5-7。

表 5-7 生产芳烃时的适宜馏程

目的产物	适宜馏程/℃	目的产物	适宜馏程/℃
苯	60～85	二甲苯	110～145
甲苯	85～110	苯-甲苯-二甲苯	60～145

生产芳烃时，一般情况下是同时生产苯、甲苯和二甲苯，因此原料烃应选择 60～145℃的馏分作重整原料，其中 130～145℃馏分属于喷气燃料馏分，而在同时生产喷气燃料的炼厂，也可选用 60～130℃馏分。

对生产高辛烷值汽油来说，$\leqslant C_6$的馏分本身的辛烷值就比较高；如果馏分的干点过高，会使催化剂表面迅速积炭而失活，因此适宜的馏程是 80～180℃。在同时生产芳烃和高辛烷值汽油时，可以采用 60～180℃馏分作重整原料。

2) 族组成

原料油中环烷烃含量高，产品收率和辛烷值都高，同时催化剂上的积炭少、失活较慢、寿命延长，因此含环烷烃多的馏分是催化重整的良好原料。

在实际生产中，常用芳烃潜含量的多少来表示重整原料油的优劣。芳烃潜含量就是把原料中的全部环烷烃都转化为芳烃(一般指 C_6～C_8芳烃)时所能生产的芳烃量，算法如下：

$$\text{芳烃潜含量(质量分数)}=\text{苯潜含量}+\text{甲苯潜含量}+C_8\text{芳烃潜含量} \tag{5-20}$$

$$\text{苯潜含量(质量分数)}=C_6\text{环烷(质量分数)}\times 78/84+\text{苯(质量分数)} \tag{5-21}$$

$$\text{甲苯潜含量(质量分数)}=C_7\text{环烷(质量分数)}\times 92/98+\text{甲苯(质量分数)} \tag{5-22}$$

$$C_8\text{芳烃潜含量(质量分数)}=C_8\text{环烷(质量分数)}\times 106/112+C_8\text{芳烃(质量分数)} \tag{5-23}$$

式中，78、84、92、98、106 和 112 分别为苯、C_6环烷、甲苯、C_7环烷、C_8芳烃和 C_8环烷的相对分子质量。

有时也用芳烃收率指数($N+2A$)表示重整原料油的优劣。其中，N 为环烷含量；A 为芳烃含量。

原料中芳烃潜含量(或芳烃收率指数)越高，重整后得到的芳烃越多。但是，芳烃潜含量只能说明生产芳烃的可能性，实际的芳烃收率取决于环烷烃的分子结构、催化剂性能和操作条件；芳烃潜含量可以提供生产芳烃的潜在能力，并不是最高能力，因为原料油中的烷烃通过重整反应也能生成芳烃，实际生产中有可能获得比潜含量更高的芳烃产量。

以直馏汽油作为重整原料，来源是有限的。而二次加工汽油(如焦化、加氢裂化等)中烯烃和二烯烃的含量较高，在重整反应时会增加催化剂上的积炭，缩短生产周期，可采用预加氢的方法将其脱除。相比之下，加氢裂化汽油含烯烃较少，可直接作为重整原料。

3) 杂质含量

原料中少量的杂质(如砷、铅、铜等)会引起催化剂的永久性中毒，原料中水和氯的含量不适当也会使催化剂活性降低。双金属和多金属重整催化剂对杂质的限制更加严格。

表 5-8 和表 5-9 分别列出了对重整原料中杂质含量的限制值和我国主要原油直馏重整原料的杂质含量。

表 5-8 重整原料中杂质含量的限制值

杂质名称	含量	杂质名称	含量
硫	<0.5ppm	水	<5ppm
氮	<0.5ppm	砷	<1ppb
氯	<1ppm	铅、铜等	<20ppb

表 5-9 我国主要原油直馏重整原料的杂质含量

杂质名称	大庆	大港	胜利	辽河	华北	新疆
砷	195ppb	14ppb	90ppb	1.5ppb	14ppb	133ppb
铅	2ppb	4ppb	14.5ppb	0.2ppb	7.9ppb	<10ppb
铜	3ppb	2.5ppb	3ppb	6.4ppb	3.2ppb	<10ppb
硫	240ppm	17.6ppm	138ppm	67.1ppm	37ppm	37ppm
氮	<1ppm	0.7ppm	<0.5ppm	<1ppm	<1ppm	<0.5ppm

2. 原料预处理

为了满足对重整原料的上述要求，必须对重整原料进行预处理，以得到馏分组成和杂质含量都合格的重整原料。重整原料的预处理包括预分馏、预脱砷、预加氢和脱水及脱硫等几个部分。

1) 预分馏

预分馏的目的是根据对重整目的产物的要求将原料切割成适宜沸程的馏分。例如，生产芳烃时，从预分馏塔顶切除<60℃的馏分；生产高辛烷值汽油时，切除<80℃的馏分。切除的轻馏分可作汽油调和组分或化工原料，也可作燃料。原料的干点一般由上游装置(如原油初馏塔或常压蒸馏塔)控制，少数装置也通过预分馏从塔底切除过重的组分。预分馏过程中同时也脱除原料油中的部分水分。

2) 预脱砷

砷是重整催化剂的严重毒物，要求进入重整反应器的原料油中的砷含量不得高于 1ppb。如果原料含砷量<100ppb，可以不经过预脱砷，经预加氢精制后即可达到允许的砷含量，否则必须先经过预脱砷。如表 5-9 中数据所示，我国大庆和新疆等原油的直馏重整原料中砷含量高，必须经过预脱砷，而对大港和胜利等原油的直馏重整原料，可不经预脱砷。常用的预脱砷方法有三种。

(1) 吸附预脱砷：以 5%～10%硫酸铜溶液浸泡的硅酸铝小球作为吸附剂，常温常压下原料油通过吸附剂床层，其中大部分的砷化合物吸附在硅铝小球上而被脱除。

(2) 化学氧化预脱砷：原料油与氧化剂(如过氧化氢异丙苯和高锰酸钾等)在反应器中进行反应，砷化合物氧化后经分馏或水洗被分离除去。

(3) 加氢预脱砷：加氢预脱砷的原理是将含砷化合物加氢分解出砷，砷吸附在催化剂上被除去。所用催化剂是 Ni/Al_2O_3 或 $NiMo/Al_2O_3$ 加氢脱砷催化剂。该法的预脱砷反应器是与预加氢精制反应器串联在流程中。

以上三种预脱砷方法相比，加氢预脱砷具有工艺流程简单、操作方便等优点，所以目前在工业上应用较多。

3) 预加氢

预加氢的目的主要是除去重整原料油中所含的硫、氮、氧化合物和其他毒物，如砷、铅、铜、汞、钠等，以保护重整催化剂。

预加氢的原理是在催化剂和氢的作用下，使原料油中的含硫、含氮、含氧等化合物进行加氢分解，分别生成 H_2S、NH_3 和 H_2O；烯烃加氢生成饱和烃；铜、铅等金属化合物加氢分解出金属，吸附在催化剂上被除去。预加氢催化剂是 $CoMo/Al_2O_3$ 或 $NiMo/Al_2O_3$ 加氢催化剂等。

4) 脱水及脱硫

由预加氢过程得到的生成油中尚溶解有 H_2S、NH_3 和 H_2O 等，为了保护重整催化剂，必须除去这些杂质。工业上有汽提和蒸馏脱水两种方法。先汽提后分馏流程为二塔流程，将拔头和汽提在同一塔内完成的流程称为二塔合一流程。

二塔工艺流程见图 5-6。该流程的特点是分馏塔设在汽提塔下游。预加氢生成油与汽提塔底油换热后进汽提塔，脱除 H_2O、H_2S、NH_3 等，汽提塔底油进预分馏塔，轻组分从塔顶拔出，可作为异构化进料或直接调汽油，塔底油作为重整进料。

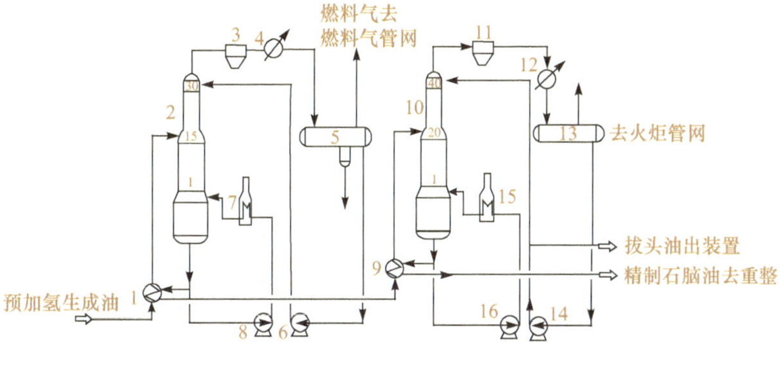

图 5-6　二塔工艺流程

1. 汽提塔进料换热器；2. 汽提塔；3. 汽提塔顶空冷器；4. 汽提塔顶后冷器；5. 汽提塔回流罐；6. 汽提塔回流泵；7. 汽提塔重沸器；8. 汽提塔重沸炉泵；9. 石脑油分馏塔进料换热器；10. 石脑油分馏塔；11. 石脑油分馏塔顶空冷器；12. 石脑油分馏塔顶后冷器；13. 石脑油分馏塔回流罐；14. 石脑油分馏塔回流泵；15. 石脑油分馏塔重沸炉；16. 石脑油分馏塔重沸炉泵

二塔合一工艺流程见图 5-7。这种工艺流程的主要特点是预加氢生成油经过汽提塔拔头、脱水、脱硫、脱氮，汽提塔底油作为重整进料，即在汽提塔同时完成切割轻石脑油和脱除其中的 H_2O、H_2S、NH_3，由于汽提塔顶产品为含有 H_2S、NH_3 的轻石脑油(拔头油)，因此需设置拔头油汽提塔，塔顶脱除杂质，塔底为不含硫的清洁轻石脑油。

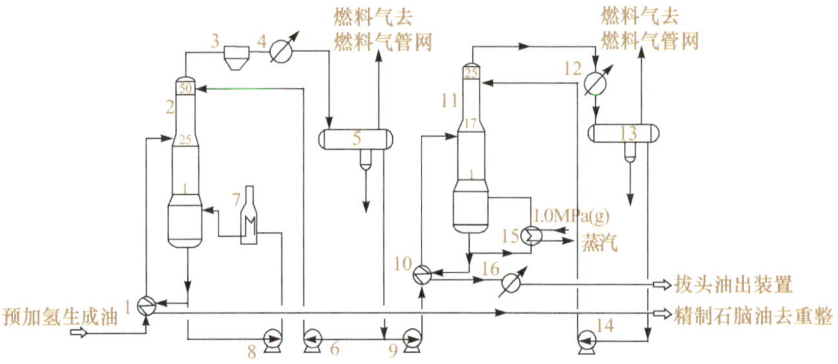

图 5-7 “二塔合一”流程

1. 汽提塔进料换热器；2. 汽提塔；3. 汽提塔顶空冷器；4. 汽提塔顶后冷器；5. 汽提塔回流罐；6. 汽提塔回流泵；7. 汽提塔重沸炉；8. 汽提塔重沸炉泵；9. 拔头油汽提塔进料泵；10. 拔头油汽提塔进料换热器；11. 拔头油汽提塔；12. 拔头油汽提塔顶冷凝器；13. 拔头油汽提塔回流罐；14. 拔头油汽提塔回流泵；15. 拔头油汽提塔重沸器；16. 拔头油汽提塔底后冷器

5.4.2 工艺原理

1. 化学反应

催化重整是以 C_6～C_{11} 石脑油馏分(其沸点范围相当于直馏汽油)为原料，在一定操作条件和催化剂的作用下，烃类分子发生各类化学反应，主要反应有以下几种。

1) 六元环烷烃脱氢反应

例如：

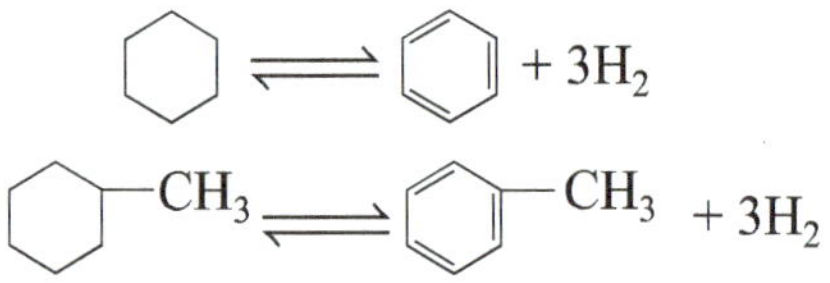

2) 五元环烷烃的异构脱氢反应

例如：

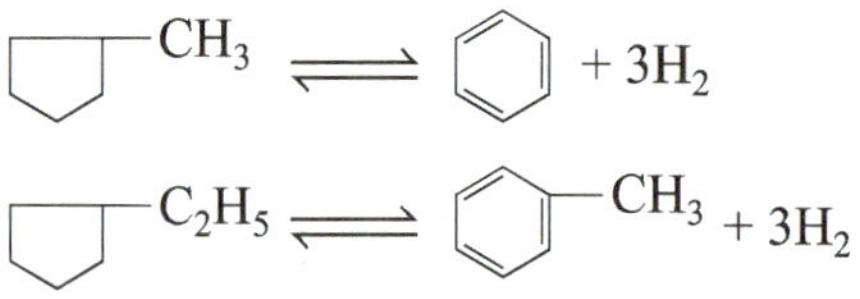

3) 烷烃的环化脱氢反应

例如：

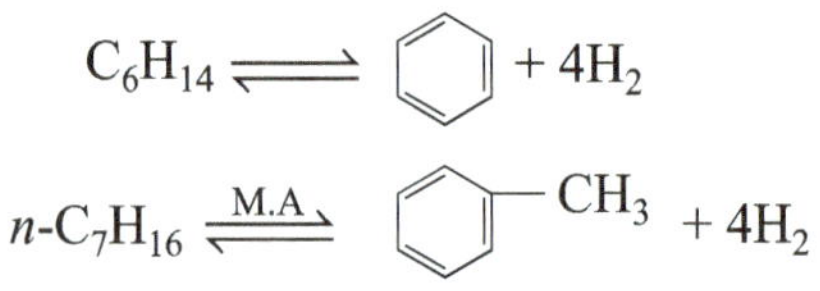

4) 异构化反应

在催化重整反应过程中，除了发生五元环烷烃的异构化反应外，还发生正构烷烃的异构化反应。例如：

$$n\text{-}C_7H_{16} \rightleftharpoons i\text{-}C_7H_{16}$$

5) 加氢裂化反应

在催化重整的条件下，各种烃类都能发生加氢裂化反应，而且可以认为加氢、裂化和异构化反应三者同时发生。例如：

$$n\text{-}C_8H_{18}+H_2 \longrightarrow 2i\text{-}C_4H_{10}$$

除了以上五种主要反应外，还有脱甲基反应(开工初期发生)、芳烃脱烷基反应、烯烃饱和、叠合和缩合生焦反应等。

上述各主要反应中，前三种都是生成芳烃的反应，无论从生产芳烃还是高辛烷值汽油都是所希望的；异构化反应对五元环烷烃异构脱氢生成芳烃有重要意义，对烷烃来说，异构化反应有利于提高汽油的辛烷值；加氢裂化反应生成较小的烃分子，使液体产品收率下降，在加氢裂化的同时伴随着异构化反应，使汽油辛烷值提高，尽管如此，还应适当控制加氢裂化反应的发生。另外，烃类的裂化、缩合反应生成焦炭，沉积在催化剂表面上使催化剂失活，虽然重整催化剂有很强的加氢活性，在临氢条件下操作缩合反应得到抑制，催化剂上的积炭速度比较缓慢，但是它会对催化剂的活性和操作带来很大影响，不能忽视。

2. 化学平衡与反应焓变

催化重整反应中的环烷烃脱氢及烷烃环化脱氢反应都是可逆反应，而且反应的热效应较大。

1) 反应焓变

催化重整反应可以近似地看作在恒压下进行(忽略由于流动产生的压降)。恒压下的反应焓变可用式(5-24)计算

$$\Delta_r H^{\ominus} = \sum \Delta_f H^{\ominus}_{(产物)} - \sum \Delta_f H^{\ominus}_{(反应物)} \tag{5-24}$$

式中，$\Delta_r H^{\ominus}$为反应焓变；$\Delta_f H^{\ominus}_{(产物)}$为反应产物的标准生成焓；$\Delta_f H^{\ominus}_{(反应物)}$为反应物的标准生成焓。

重整反应在高温下进行，反应焓变可以用式(5-25)计算：

$$\Delta_r H_T^{\ominus} = \Delta_r H_0^{\ominus} + \sum (H_T^{\ominus} - H_0^{\ominus})_{产物} - \sum (H_T^{\ominus} - H_0^{\ominus})_{反应物} \tag{5-25}$$

式中，$\Delta_r H_T^{\ominus}$、$\Delta_r H_0^{\ominus}$分别为在 TK、0K 下的标准反应焓变；$H_T^{\ominus}$、$H_0^{\ominus}$分别为反应产物或反应物在 TK、0K 时的焓。

碳、氢和若干单体烃在 0K 或 25℃时的生成焓以及不同温度下的($H_T^{\ominus} - H_0^{\ominus}$)可从有关的资料或手册中查到。

2) 化学平衡常数

化学反应的平衡常数可以用式(5-26)计算：

$$\Delta_r G_T^{\ominus} = -RT\ln K_p \tag{5-26}$$

式中，$\Delta_r G_T^{\ominus}$为 TK 时标准反应吉布斯自由能变；K_p为 TK 时的平衡常数。

$$\Delta_r G_T^{\ominus} = \sum \Delta_f G^{\ominus}_{(产物)} - \sum \Delta_f G^{\ominus}_{(反应物)} \tag{5-27}$$

式中，$\Delta_f G^{\ominus}_{生成}$为产物或反应物的标准生成吉布斯自由能。

用式(5-26)计算化学反应平衡常数是假定反应产物和反应物都是理想气体，而催化重整反应是在 10～30atm 下进行的。严格地说，化学反应平衡常数不能用 K_p 来表示。但在催化重整反应条件下，由于氢的逸度系数接近于 1，环烷烃脱氢等反应的 K_p 值与 K_f 值相差不大，因此，在一般工艺计算中可以近似地用 K_p 来表示平衡常数进行计算。

表 5-10 列出了六元环烷烃的脱氢反应的反应热与化学平衡常数。由表可见，环烷烃脱氢反应的化学反应平衡常数和反应热都是相当大的。

表 5-10 六元环烷烃的脱氢反应热与化学反应平衡常数(700K)

反应	反应热/(kJ/kg 芳烃)	化学反应平衡常数/K_p
环己烷 ⟶ 苯+$3H_2$	2821.9	1.81×10^4
甲基环己烷 ⟶ 甲苯+$3H_2$	2344.6	3.3×10^4
二甲基环己烷 ⟶ 二甲苯+$3H_2$	2001.3	1.77×10^5

3. 反应热力学和动力学

1) 六元环烷烃的脱氢反应

六元环烷烃的脱氢反应是催化重整中最重要的有代表性的反应。根据化学平衡常数就可以计算出反应产物的平衡浓度，图 5-8 为由计算所得的在不同反应温度和压力下甲基环己烷脱氢反应时的甲苯平衡浓度。由图可见，生成甲苯的平衡转化率随着反应温度的升高而增大，在 450℃以上时，甲基环己烷几乎可以达到全部转化。同时也可以看到，甲苯的平衡浓度随着反应压力的升高而下降。

在工业生产中，为了减少催化剂上的积炭以延长催化剂的寿命，在反应器中保持一定的氢分压，即向反应系统中通入氢气并且维持一定的反应压力。图 5-9 表示了氢油比对甲苯平衡浓度的影响。由图可见：随着氢油比的增加，甲苯的平衡浓度下降；但是在 450℃以上时，甲基环己烷几乎可以完全转化，氢油比在 3～10(摩尔比)范围内变化时对甲苯的平衡浓度的影响不大。

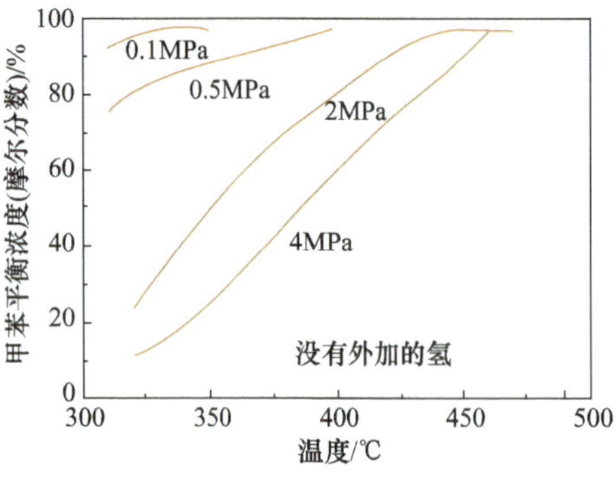

图 5-8 甲基环己烷-甲苯-氢体系的平衡组成

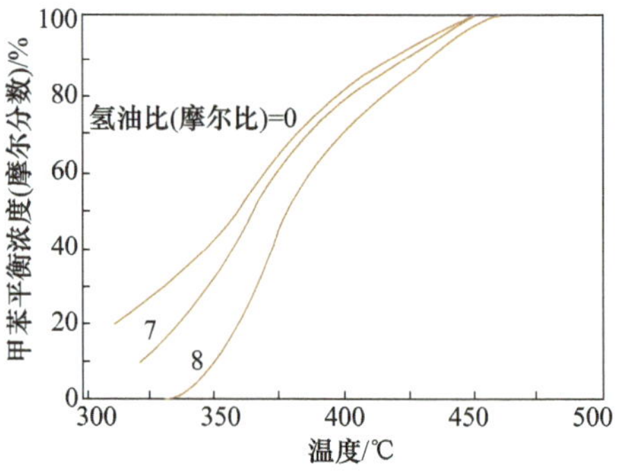

图 5-9 氢油比对甲基环己烷-甲苯-氢气体系平衡组成的影响

芳烃的平衡浓度只是从热力学可能性的角度来说的，至于实际上是否能达到还取决于转化速率。由表 5-11 六元环烷烃脱氢转化速率数据可见，六元环烷烃的脱氢反应速率很快，在实验条件下，反应都能达到化学平衡。

表 5-11 六元环烷烃的脱氢反应

压力/MPa	温度/K	环己烷 ⟶ 苯		甲基环己烷 ⟶ 甲苯	
		产物中的苯含量/%		产物中的甲苯含量/%	
		试验值	计算平衡值	试验值	计算平衡值
2.07	700	70	72	83	85
2.07	756	90	89	92	96
2.07	783	93	95	—	—
4.13	700	33	31	48	45
4.13	783	92	94	—	—

注：反应条件为铂催化剂，空速 $3h^{-1}$(体积比)，氢油比(摩尔比) 4

许多研究工作表明，随着碳原子数的增多，六元环烷烃的脱氢转化速率也越高，对于甲基环己烷的脱氢反应，甚至在空速高达 $100h^{-1}$ 时，转化率仍可达 95%以上。

2) 五元环烷烃的脱氢反应

五元环烷烃的异构脱氢反应在重整反应中是仅次于六元环烷烃脱氢反应的重要反应。

五元环烷烃的异构脱氢反应也是强吸热反应。例如，在 700K 时甲基环戊烷转化为苯和乙基环戊烷转化为甲苯的反应热分别为 2729.84kJ/kg 苯和 2080.8kJ/kg 甲苯，仅稍小于相同碳原子数的六元环烷烃的反应热，这是因为五元环烷烃异构化反应是轻度放热的反应。

五元环烷烃异构脱氢反应可看作由两步反应组成：

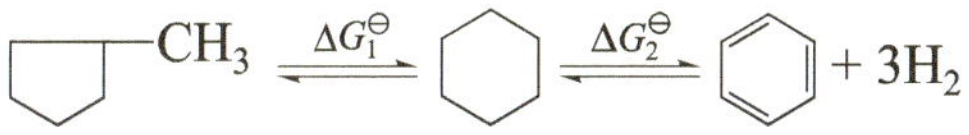

计算 700K 和 800K 下的 $\Delta G^{\ominus}$和 K_p 值如表 5-12 所示。

表 5-12 700K 和 800K 下的 $\Delta G^{\ominus}$和 K_p 值

温度/K	$\Delta G_1^{\ominus}$/(J/mol)	总 $\Delta G^{\ominus}$/(J/mol)	总 K_p
700	12812	−44292	1.98×10^3
800	16873	−79934	1.57×10^5

虽然第一步反应的 $\Delta G_1^{\ominus}>0$，但是由于 $\Delta G_2^{\ominus}$ 是很大的负值，所以总的 $\Delta G^{\ominus}<0$，而且计算得的 K_p 很大。因为第二步反应的平衡转化率很高，所以环己烷的浓度很低，第一步反应得以继续进行。计算结果表明，随着反应温度的升高，苯的平衡浓度迅速增大，在 500℃左右时，苯的平衡浓度可接近 90%。而环己烷的平衡浓度则随着温度的升高而稍有下降。五元环烷烃的异构脱氢反应与六元环烷烃的脱氢反应在热力学规律上是很相似的，即它们都是强吸热反应，在重整反应条件下的化学平衡常数都很大，反应可以充分地进行。但是，从转化速率来看，这两类反应有相当大的差别，五元环烷烃异构脱氢反应的速率较慢。当反应时间较短时，五元环烷烃转化为芳烃的转化率距离平衡转化率较远。与六元环烷烃相比，五元环烷烃还较易发生加氢裂化反应，这也导致转化为芳烃的转化率降低。

3) 烷烃的环化脱氢反应

环烷烃在重整原料中的含量有限。从热力学角度来看，分子中碳原子数≥6 的烷烃都可以转化为芳烃(分子的直链部分的碳原子数不一定要≥6)，而且都可能得到较高的平衡转化率。例如，在 700K 时，正己烷转化为苯的 $\Delta G^{\ominus}=-40900\text{J/mol}$，正庚烷转化为甲苯的 $\Delta G^{\ominus}=-60800\text{J/mol}$。图 5-10 和图 5-11 表示了上述两反应的平衡组成。

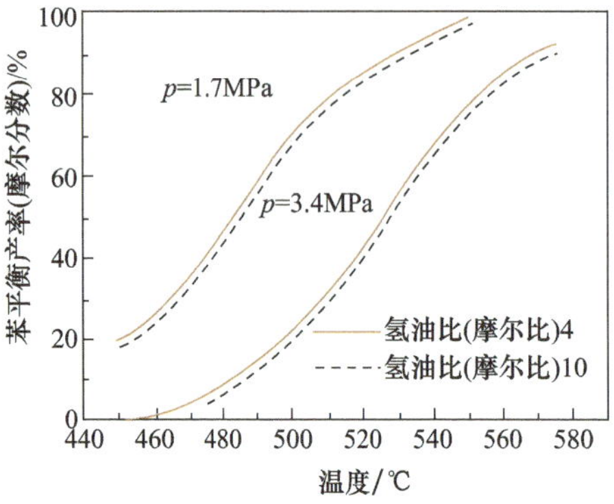

图 5-10 正己烷-苯-氢体系的平衡组成

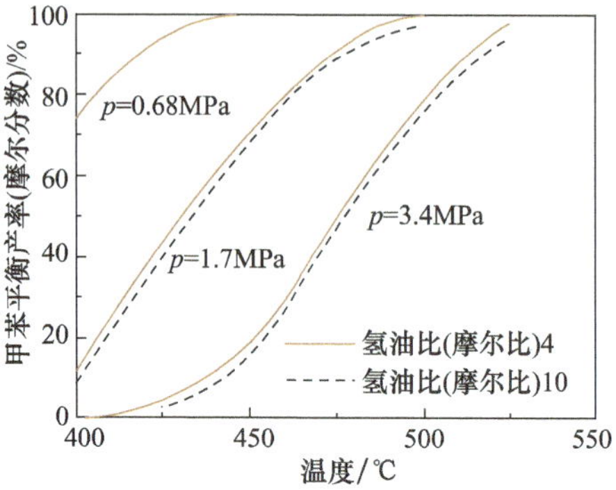

图 5-11 正庚烷-甲苯-氢体系的平衡组成

由图可见：随着反应温度的升高，苯或甲苯的平衡收率迅速增大；提高反应压力对转化为芳烃不利；提高氢油比不利于转化，但是在 4～10 的范围内变化时影响不大。这些规律与环烷烃反应的规律是相似的。在相同的反应条件下，相对分子质量较大的烷烃有较高的平衡转化率。

从热力学上分析，虽然烷烃在重整条件下环化脱氢的平衡转化率还比较高，但是在实际生产中，当使用铂催化剂时，烷烃的转化率却很低，距离平衡转化率很远，即使在使用铂铼催化剂时，实际转化率也还是距离平衡转化率较远。对于这种现象就需要从动力学方面来分析。以正庚烷为例，它在铂催化剂上的反应可描述如下：

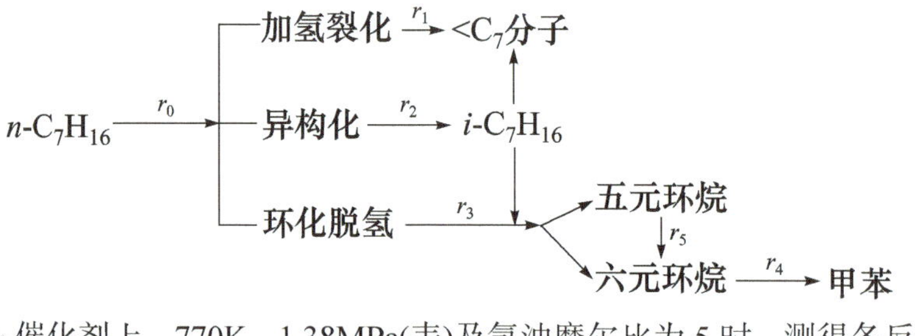

在 Pt/Al_2O_3 催化剂上，770K、1.38MPa(表)及氢油摩尔比为 5 时，测得各反应的起始转化速率(转化率为零时的转化速率)如表 5-13 所示。

表 5-13 起始转化速率[mol/(g 催化剂 · h)]

r_0	r_1	r_2	r_3	r_4	r_5
6.24	0.05	0.13	0.06	0.95	0.13

由以上数据可以看到环化脱氢速率 r_3 比芳构化转化速率 r_4 低得多，因此正庚烷转化成芳烃的速率取决于环化脱氢的速率。在环化脱氢的同时，正庚烷还进行加氢裂化和异构化反应，加氢裂化反应生成较小的分子，而且其转化速率 r_1 与环化脱氢转化速率相近，因此，甲苯的实际收率总是要低于理论上的平衡收率。例如，在 770K、氢油摩尔比为 5、空速为 3h^{-1} 时所得的结果如表 5-14 所示。由表中数据可见，随着反应压力的升高，甲苯的理论平衡收率和实

得甲苯的最大收率都明显下降，而在各反应压力下，实得收率都比理论平衡收率低得多。

表 5-14　不同反应压力下的甲苯收率(摩尔分数/%)

反应压力/MPa	1.34	2.32	3.33
实得甲苯最大收率	约 40	约 25	约 17
甲苯理论平衡收率	>90	约 60	约 30

为了使烷烃更多地转化为芳烃，关键在于提高烷烃的环化脱氢转化速率和提高催化剂的选择性。提高反应温度和降低反应压力有利于烷烃转化为芳烃，但是催化剂上积炭速度加快，生产周期缩短。铂铼等双金属和多金属催化剂比铂催化剂有更好的选择性，当反应温度提高时，环化脱氢转化速率的加快程度高于加氢裂化反应。而且它们有较高的容碳能力和较高的稳定性，在低压和高温下能保持活性稳定，从而大大地提高了芳烃的收率。

烷烃的相对分子质量越大，环化脱氢转化速率也越快。例如，在相同的反应条件下，正壬烷的环化脱氢转化速率是正庚烷的 1.5 倍。

4) 异构化反应

在催化重整条件下，各种烃类都能发生异构化反应，其中最有意义的是五元环烷烃异构化生成六元环烷烃和正构烷烃的异构化反应。正构烷烃异构化可提高汽油的辛烷值。同时，异构烷烃比正构烷烃更易于进行环化脱氢反应，故正构烷烃异构化也间接地有利于生成芳烃。

正构烷烃的异构化反应是轻度放热的可逆反应。例如，在 700K 时，K_p 与 Q 值如表 5-15 所示。

表 5-15　700K 时正构烷烃异构化的 K_p 与 Q 值

反应	K_p	Q/(kJ/kmol)
正己烷 $\longrightarrow$ 2-甲基戊烷	1.38	−6.11
正庚烷 $\longrightarrow$ 2-甲基己烷	3.34	−4.65

由于是可逆反应，因此反应产物的辛烷值最高只能达到平衡异构混合物的辛烷值。烷烃的分子越大，其平衡异构物的辛烷值越低。

烷烃异构化反应是放热反应，提高反应温度将使平衡转化率下降。但实际上常常是提高温度时异构物的收率增加，这是因为升温加快了转化速率而又未达到化学平衡。但反应温度过高时，由于加氢裂化反应加剧，异构物的收率下降。反应压力和氢油比对异构化反应的影响不大。

5) 加氢裂化反应

加氢裂化反应实际上是包括裂化、加氢、异构化的综合反应，它主要是按正碳离子机理进行的反应，因此产物中$<C_3$的小分子很少。加氢裂化反应生成较小的分子和较多的异构物，因而有利于辛烷值的提高，但是同时生成$\leqslant C_4$的小分子烃而使汽油收率下降。

在加氢裂化反应中，各类烃的反应有：烷烃加氢裂化生成小分子烷烃和异构烷烃；环烷烃加氢裂化而断环，生成异构烷烃；芳香烃的苯核较稳定，加氢裂化时主要是侧链断裂，生成苯和较小分子的烷烃；含硫、氮、氧的非烃化合物在加氢裂化时生成氨、硫化氢、水和相应的烃分子。

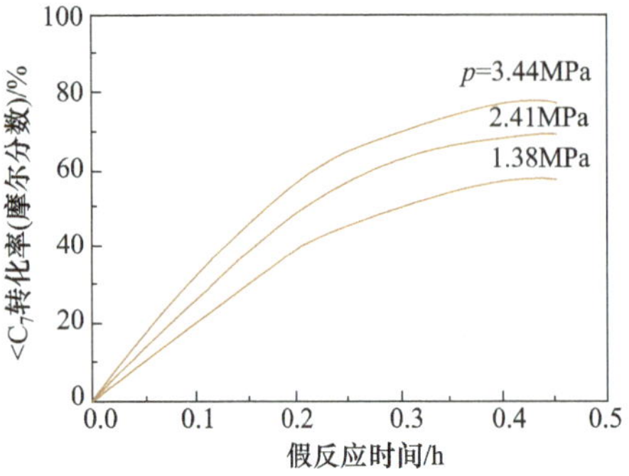

图 5-12 正庚烷的加氢裂化反应

反应条件：温度 770K；氢油摩尔比 5

加氢裂化是中等程度的放热反应。可以认为加氢裂化反应是不可逆反应，因此一般不考虑化学平衡问题而只研究它的动力学问题。图 5-12 是 770K 下正庚烷加氢裂化反应的动力学曲线。由图可以看到，反应压力高有利于加氢裂化反应的进行。加氢裂化转化速率较低，其反应结果一般在最后的一个反应器中才明显地表现出来。

6) 生焦反应

在重整过程中生焦倾向的大小同原料的分子大小及结构有关，馏分越重、含烯烃越多的原料通常也容易生焦。有的研究者认为，在铂催化剂上的生焦反应的第一步是生成单环双烯和双环多烯；有的认为烷基环戊烷脱氢生成的环戊烯和烷基环戊二烯是生焦的中间物料。

关于生焦的位置，多数研究者认为在催化剂的金属表面和酸性表面均有焦炭沉积。Barbier 认为，金属上的积炭量很少，在很长的重整反应时间内，碳与可接近的铂原子之比恒定在 3～6，大量焦炭主要沉积在 Al_2O_3 载体上。Sarkany 则认为重整催化剂的生焦过程首先在金属表面上形成焦炭前驱物，进而缩合成焦炭，最后转移到 Al_2O_3 载体上沉积下来。

7) 重整反应动力学模型

催化重整的原料和产物包括了 C_1～C_{12} 的碳氢化合物及氢气，其化合物总数达 300 个左右，因此按单体化合物来建立动力学模型实际上是难以做到的，而且在生产实际中也没有此必要。在有关催化重整动力学模型研究的报道中，基本上都是采用集总动力学模型的方法。在重整反应体系中，氢气是大量过剩的，烃类的各种反应属一级反应或拟一级反应，这种反应特性也为建立集总动力学模型创立了基础。

Ramage 提出了催化重整 13 集总动力学模型。他把反应体系中的物料分为 13 个集总(不包括氢气)，即先把烃类分为 $\geqslant C_8$、C_7、C_6 和 $\leqslant C_5$ 四组，然后再把前三类进一步分成烷烃 P、五元环烷烃 5N、六元环烷烃 6N 及芳烃 A，总的集总数是 13 个，并由此形成了一个反应网络。在此反应网络中，所有反应都是一级反应，其中有可逆反应，也有不可逆反应。Ramage 提出的反应网络如下：

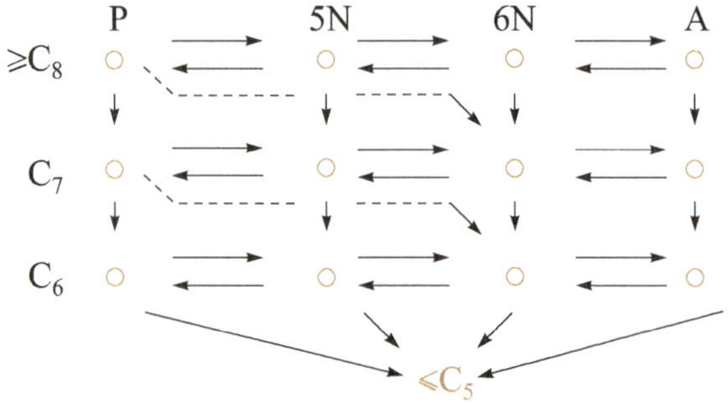

上述网络是比较简化的反应网络，其主要不足之处是没有区分烷烃中的正构烷烃和异构烷烃，而这一点对预测汽油的辛烷值却是十分重要的。同时，重整反应体系中还有相当数量 C_9 以上产物，而在此反应网络中也没有反映。翁惠新等在 Ramage 模型的基础上提出了 16 集

总动力学模型，其主要区别是将 C_6、C_7、C_8 中的烷烃再分别分成正构烷烃和异构烷烃，从而形成了 16 集总动力学模型。据文献报道，国内外研究人员还曾提出过一些集总数目更多的模型。1995～1996 年，解新安等提出了比较详细的包括 28 个集总的反应动力学模型。在此模型中，$\leqslant C_5$ 的集总又细分为 7 种单体化合物，N_8 又分成四类环烷烃，A_8 芳烃细分为乙苯和二甲苯，C_9 从 $\geqslant C_8$ 集总中分出并形成另四个集总，于是形成了包含 28 个集总的反应网络。解新安等在提出的 28 集总反应动力学模型的基础上，还结合反应器的模拟开发了连续重整反应模拟计算软件。

5.4.3　催化剂

1. 催化剂的双功能及组成

早期的重整催化剂曾使用过以钼、铬为主要活性组分的催化剂，由于其活性及稳定性差，在第二次世界大战结束后即已逐渐停止使用。1950 年以后，以贵金属铂为主要活性组分的重整催化剂在工业上被广泛使用，铂催化剂的活性比铬、钼催化剂的活性高出上百倍。1967 年以后，铂-铼重整催化剂应用于工业装置，开始了双金属和多金属重整催化剂的发展时期。目前，工业上广泛使用的是以贵金属铂为基本活性组分的双金属和多金属催化剂。

重整催化剂由基本活性组分(如铂)、助催化剂(如铼、锡等)和酸性载体(如含卤素的 γ-Al_2O_3)所组成。

1) 金属组分

一般来说，催化剂的脱氢活性、稳定性和抗毒能力随铂含量的增加而增强。但铂是贵金属，铂催化剂的制造成本主要取决于它的含铂量。许多研究工作表明，当铂含量接近 1%时，再继续提高铂含量几乎没有裨益。20 世纪 70 年代后期以来，随着载体和催化剂制备技术的改进，活性金属组分能够更均匀地分散在载体上，重整催化剂的含铂量趋向于降低。近年来，工业用重整催化剂的含铂量大多是 0.2%～0.3%。

近二十多年，铂铼双金属重整催化剂已取代了单铂催化剂。铼的主要作用是提高了催化剂的容碳能力和稳定性，延长了运转周期或使反应苛刻度得以提高，特别适用于固定床反应器。工业用铂铼催化剂中的铼与铂的含量比一般为 1～2，也有大于 2 的。较高的铼含量对提高催化剂的稳定性有利。

铂锡重整催化剂在高温低压下具有良好的选择性和再生性能，而且锡比铼价格便宜，新鲜剂和再生剂不必预硫化，生产操作比较简便。虽然铂锡催化剂的稳定性没有铂铼催化剂好，但是其稳定性也足以满足连续重整工艺的要求，因此近年来已广泛应用于连续重整装置。

此外，在重整催化剂中也曾经添加过铱等其他金属，但都未被广泛采用。

2) 卤素

改变卤素含量可以调节催化剂的酸性功能。随着卤素含量的增加，催化剂对异构化和加氢裂化等酸性反应的催化活性也增强。在卤素的使用上通常有氟氯型和全氯型两种。氟在催化剂上比较稳定，在操作时不易被水带走，因此氟氯型催化剂的酸性功能受重整原料含水量的影响较小。一般氟氯型催化剂含氟和氯约 1%。但是氟的加氢裂化性能较强，使催化剂的性能变差，因此近年来多采用全氯型。氯在催化剂上不稳定，容易被水带走，但是可以在工艺操作中根据系统中的水-氯平衡状况注氯，以及在催化剂再生后进行氯化等措施来维持催化剂上的适宜含量。一般新鲜的全氯型催化剂含氯 0.6%～1.5%，实际操作中要求含氯量稳定在

0.4%～1.0%。卤素含量太低时，由于酸性功能不足，芳烃转化率低(尤其是五元环烷烃和烷烃的转化率)或生成油的辛烷值低。虽然提高反应温度可以补偿这个影响，但是提高反应温度会使催化剂的寿命显著降低。卤素含量太高时，加氢裂化反应增强，导致液体产物收率下降。

3) 载体

一般来说，载体本身并没有催化活性，但是具有较大的比表面积和较好的机械强度，它能使活性组分很好地分散在其表面上，从而更有效地发挥其作用、节省活性组分的用量，同时提高催化剂的稳定性和机械强度。目前重整催化剂几乎都是采用γ-Al_2O_3作为载体。

载体应具有适当的孔结构。孔径过小不利于原料和产物的扩散，且易于在微孔口结焦，载体内表面不能充分利用从而使活性迅速下降。近年来用作重整催化剂载体的γ-Al_2O_3的孔分布趋向于集中，其中孔径小于 4nm 的孔显著减少甚至没有，连续重整催化剂外形一般为 1.5mm 左右的小球，固定床半再生式重整催化剂一般采用 1.5～2.5mm 条状或圆柱状，也有为改善传质和降低床层压降而采用异形条或涡轮形。重整催化剂的密度一般在 600～800kg/m^3，连续重整催化剂一般在 700～800kg/m^3。

2. 工业催化剂的种类及其性能

目前工业实际使用的主要是两类催化剂，即主要用于固定床重整装置的铂铼催化剂和主要用于移动床连续重整装置的铂锡催化剂。从使用性能比较，铂铼催化剂有更好的稳定性，而铂锡催化剂则有更好的选择性及再生性。从重整催化剂的分类来看虽然只有两类，但是其具体牌号名目繁多，各种牌号的催化剂的性能也有差别。表 5-16 列出了一些应用比较广泛的有代表性的重整催化剂。

表 5-16 工业常用重整催化剂

商品牌号	金属组元(质量分数)/%		形状	堆积密度/(kg/m^3)	生产公司	工业应用时间
	铂	其他				
CB-11	0.25	Re 0.40	ϕ1.5～2.5 球	760	中国石化	1998 年
3933	0.21	Re 0.45	圆柱体	780	中国石化	1995 年
E-603	0.3	Re 0.3	ϕ1.4×5 条	721	美国 Engelhard	1976 年
E-803	0.22	Re 0.44	ϕ1.4×5 条	780	美国 Engelhard	1985 年
RG-482	0.3	Re 0.3	ϕ1.2 条	712	法国 Procatiyse	1982 年
3861-Ⅱ	0.37	Sn 0.30	小球	580	中国石化	1998 年
3961	0.35	Sn 0.3	小球	560	中国石化	1996 年
R-134	0.29	Sn 0.3	ϕ1.6 球	561	美国 UOP	1993 年
CR-201	0.35	Sn 0.23	小球	—	法国 Procatiyse	1985 年
PRT-A	0.25	Re 0.25	挤条	—	中国石化	2002 年
GCR-100	0.35	Sn 0.35	ϕ1.4～2.0 球	560	中国石化	1998 年

对于催化剂的选择应当重视其综合性能是否良好。一般来说，可以从以下三个方面来考虑。

1) 反应性

对固定床重整装置，重要的是要有优良的稳定性，也要有良好的活性和选择性。催化剂的稳定性可以从容碳能力与生焦速率之比来进行比较。如果使用稳定性好的催化剂，则在必要时还可适当降低反应压力和氢油比，从而带来提高液体产品收率和降低能耗的效果。对连续重整装置，则要求催化剂要有良好的活性、选择性及再生性。至于其稳定性则不是主要矛盾。

2) 再生性

良好的再生性无论是对固定床重整装置还是连续重整装置都是很重要的，而对连续重整装置则尤为重要。连续重整催化剂要经历频繁的再生，通常每 3～7 天系统中的催化剂就得循环再生一遍。催化剂的再生性主要取决于它的热稳定性。

3) 其他理化性质

例如，比表面积对催化剂保持氯的能力有影响；机械强度、外形和颗粒均匀度对反应床层压降有重要影响，对连续重整装置，上述性能尤为重要；催化剂的杂质含量及孔结构在一定程度上会对其稳定性有影响。

3. 重整催化剂的失活

在生产过程中，重整催化剂的活性下降有多方面的原因，如催化剂表面上积炭、卤素流失、长时间处于高温下引起铂晶粒聚集使分散度减小及催化剂中毒等。一般来说，在正常生产中，催化剂活性的下降主要是由积炭引起的。

1) 积炭失活

根据红外光谱和 X 射线衍射分析结果，重整催化剂上的积炭主要是缩合芳烃，具有类石墨结构。积炭的成分主要是碳和氢，其 H/C 原子比一般在 0.5～0.8。在催化剂的金属活性中心和酸性活性中心上都有积炭，但是积炭的大部分是在酸性载体γ-Al_2O_3上。电子探针分析表明，催化剂上积炭的分布不是单分子层而是三维结构。

催化剂上积炭的速度与原料性质和操作条件有关。原料的终馏点高、不饱和烃含量高时积炭速度快；反应条件苛刻，如高温、低压、低氢油比、低空速等也会使积炭速度加快。

催化剂因积炭引起活性降低，并不能满足装置要求时，则需要进行再生，再生性能好的催化剂其活性可以基本上恢复到原有的水平。

2) 水、氯含量的变化

在生产过程中应当使氯含量维持在适宜的范围内。氯含量过低时，催化剂的活性下降。例如，某重整催化剂若以含氯量为 0.6%时的相对活性为 100，则当氯含量降低至 0.3%时，其相对活性降到 70；氯含量过高时，加氢裂化反应加剧，引起液体产物收率下降，而且重整生成油的恩氏蒸馏 50%点过低。

在生产过程中，催化剂上氯含量会发生变化。当原料含氯量过高时，氯会在催化剂上积累而使催化剂含氯量增加。当原料含水量过高或反应时生成水过多(原料油中的含氧化合物在反应条件下会生成水)，则这些水分会冲洗氯而使催化剂含氯量减小。由于水和氯会生成 HCl 而腐蚀设备，并对脱氢环化反应有阻碍作用。为了严格控制系统中的氯和水的量，国内重整装置限制原料油的氯含量和水含量均不得大于 5μg/g，近年美国 UOP 公司修改的标准则规定原料油的氯化物和水的含量分别不得大于 0.5μg/g 和 2μg/g。

现代重整装置通过不同的途径判断催化剂上的氯含量，然后采取注氯、注水等办法来保证最适宜的催化剂含氯量，即所谓水氯平衡的方法。工业装置上的注氯通常是采用二氯乙烷、三氯乙烷和四氯化碳等氯化物。注水通常是用醇类，如异丙醇等，醇的用量按生成的水分子折算。

3) 中毒

催化剂中毒可分为永久性中毒和非永久性中毒两种。永久性中毒的催化剂其活性不能再恢复；非永久性中毒的催化剂在更换无毒原料后，毒物可以被逐渐排除而使活性恢复。对含铂催化剂，砷和其他金属毒物如铅、铜、铁、镍、汞等为永久性毒物，而非金属毒物如硫、氮、氧等则为非永久性毒物。

4. 催化剂的再生

在正常运转过程中，随着时间的增长，重整催化剂表面上的积炭增多、铂晶粒聚集，导致催化剂的活性下降。因此，当催化剂的活性降低至一定程度后就必须进行再生以恢复其活性。半再生式固定床重整装置的催化剂一般是0.5～2年再生一次，移动床连续重整装置的催化剂一般是3～7天再生一次。虽然反应器的形式不同，再生时催化剂上的积炭量也有差别，但是两者在再生的原理和方法上是相同的。

重整催化剂的再生过程包括烧焦、氯化更新和干燥三个工序。一般来说，经再生后，重整催化剂的活性基本上可以完全恢复。

1) 烧焦

在工业装置上催化剂再生时，要通过控制烧焦反应速率来控制好反应温度，过高的温度会使催化剂的金属铂晶粒聚集，还可能破坏载体的结构，而载体结构的破坏是不可恢复的。一般来说，应当控制再生时反应器内的温度不超过500～550℃。因此，烧焦时除了控制温度逐步由低到高外，还应控制循环气中的含氧量，通常在开始烧焦时为0.2%～0.5%，然后逐步提高，最后可达2%～3%。在再生过程中还需注意控制循环气中的水含量和CO_2含量。

2) 氯化更新

在烧炭过程中，催化剂上的氯会大量流失，铂晶粒也会聚集，氯化更新的作用是补充氯和使铂晶粒重新分散，以便恢复催化剂的活性。

氯化时采用含氯的化合物，工业上一般选用二氯乙烷，控制循环气中的浓度为1%(体积分数)。循环气采用空气或含氧量高的惰性气体，实验研究结果表明，单独采用氮气作循环气不利于铂晶粒的分散，主要原因可能是在氯化过程中会生成少量焦炭，而循环气中的氧可以把生成的焦炭烧去。为了使氯不流失，应控制循环气中的水含量不大于1‰。氯化多在510℃、常压下进行，一般进行2h。经氯化后的催化剂还要在540℃、空气流中氧化更新，使铂晶粒的分散度达到要求。氧化更新的时间一般为2h。

3) 干燥

干燥工序多在540℃左右进行。干燥时循环气体中若含有碳氢化合物会影响铂晶粒的分散度。采用空气或高含氧量气体作循环气可以抑制碳氢化合物的影响。研究结果还表明，在氮气流下，铂铼催化剂和铂锡催化剂在480℃时就开始出现铂晶粒聚集的现象，但是当氮气流中含有10%以上的氧气时，能显著地抑制铂晶粒的聚集。因此催化剂干燥时的循环气体以采用空气为宜。

5. 催化剂的还原和硫化

从催化剂厂来的新鲜催化剂及经再生的催化剂中的金属组分都是处于氧化状态，必须先还原成金属状态后才能使用。铂铼催化剂和某些多金属催化剂在刚开始进油时可能会表现出强烈的氢解性能和深度脱氢性能，前者导致催化剂床层产生剧烈的温升，严重时可能损坏催化剂和反应器；后者导致催化剂迅速积炭，使其活性、选择性和稳定性变差。因此在进原料油以前必须进行预硫化以抑制其氢解活性和深度脱氢活性。铂锡催化剂无需预硫化，因为锡能起到与硫相当的抑制作用。

还原过程在 480℃左右及氢气气氛下进行。还原过程中有水生成，应注意控制系统中的含水量。预硫化时采用硫醇或二硫化碳作硫化剂，用预加氢精制油稀释后经加热进入反应系统。硫化剂的用量一般为百万分之几。预硫化的温度为 350～390℃，压力为 0.4～0.8MPa。

5.4.4　工艺流程

按照不同的分类方法，催化重整装置有多种类型：①按原料馏程，可分为窄馏分重整和宽馏分重整；②按催化剂类型，可分为铂重整、双金属重整和多金属重整；③按反应床层状态，可分为固定床重整、移动床重整和流化床重整；④按催化剂的再生形式可分为半再生式重整、循环再生式重整和连续再生式重整。

尽管有多种类型的催化重整工艺，但是重整反应的基本原理是相同的。除了催化剂的再生方式不同外，其工艺流程也是基本相同的。目前，我国现有的小型催化重整装置采用的还是固定床半再生式重整工艺，使用的是双金属或多金属催化剂，30 万吨/年以上的新建装置均采用连续再生式重整工艺。由于生产目的不同，重整的工艺流程也不相同。当生产高辛烷值汽油时，流程包括原料预处理和重整反应两大部分；当生产芳烃时，还包括芳烃抽提和芳烃精馏两部分。

1. 固定床半再生式重整工艺

不同的重整装置的具体流程和设备可能会有些差别，但是在基本方面是相同的。图 5-13 所示为典型固定床半再生式重整工艺流程。

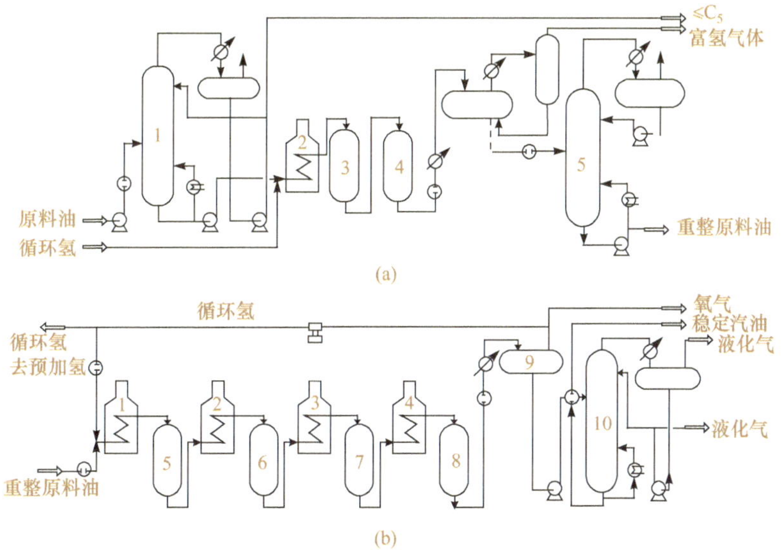

图 5-13　铂铼重整装置工艺流程图

(a) 原料预处理部分：1. 预分馏塔；2. 预加氢加热炉；3. 脱砷反应器；4. 预加氢反应器；5. 脱水塔

(b) 反应及分馏部分：1～4. 加热炉；5～8. 重整反应器；9. 高压分离器；10. 稳定塔

原料油经换热后进入预分馏塔，分馏塔底出来的馏程适宜的原料与从重整部分来的富氢气体混合，经加热至 280～350℃进入预脱砷反应器中，在 Ni/Al_2O_3 或 $NiMo/Al_2O_3$ 催化剂的作用下进行反应，使原料中的含砷量降到 1μg/kg 以下，氯含量降到 0.5μg/g 以下。经预脱砷反应器的物料进入预加氢反应器，在 $CoMo/Al_2O_3$ 或 $NiMo/Al_2O_3$ 催化剂的作用下进行含硫化合物的加氢反应，将原料中的含硫化合物转化为硫化氢。预加氢反应生成物经换热(与原料油)冷却后进入高压分离器，分离出的富氢气体可以用于加氢精制装置，分离出的液体物料中溶有少量的 H_2O、NH_3 和 H_2S 等经汽提塔汽提除去。汽提塔塔底部抽出的石脑油馏分通过装有脱硫剂(氧化铜/氧化铝或氧化锌)的脱硫塔进一步脱去残余的硫，硫含量<0.5μg/g，作为重整反应部分的进料。

我国现有的催化重整装置大部分用于生产芳烃(苯、甲苯和二甲苯)，因此催化重整装置一般包括芳烃抽提和芳烃精馏部分。除此之外，重整反应部分的流程也稍有不同：即稳定塔改成脱戊烷塔；在这之前增加一个后加氢反应器。这是由于裂化反应使重整生成油中含少量烯烃，在芳烃抽提时，烯烃会混入芳烃中而影响芳烃的纯度。因此，由最后一个重整反应器出来的反应产物，需经换热降至适宜的温度后进入后加氢反应器，通过加氢使烯烃饱和。后加氢用 $CoMo/Al_2O_3$ 或 $NiMo/Al_2O_3$ 催化剂，反应温度为 280～370℃，反应压力 2.0～3.0MPa，催化剂体积空速 2.0～4.0h^{-1}。后加氢产物经过气液分离，液体进入脱戊烷塔，塔顶分出≤C_5 的轻组分，塔底为脱戊烷油，进入后面的芳烃抽提部分。

2. 连续重整工艺

连续再生式重整(简称连续重整)工艺流程与固定床半再生式重整工艺的主要区别在于反应和催化剂再生系统。连续重整工艺采用移动床反应器，催化剂连续反应和再生。连续重整反应系统的流程如图 5-14 和图 5-15 所示，分别是美国 UOP 公司和法国石油研究院(IFP)的连续重整工艺反应-再生部分流程图。

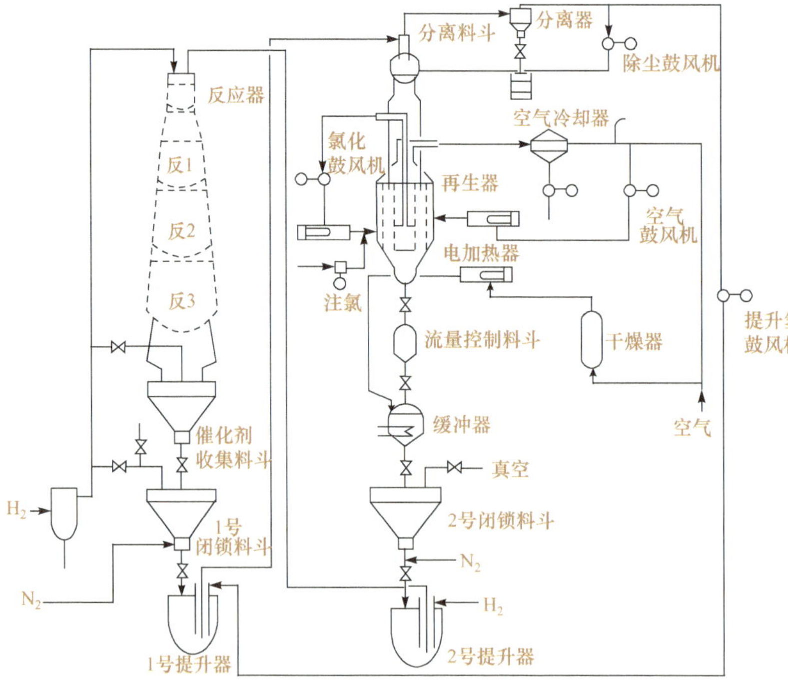

图 5-14 UOP 连续重整反应系统流程

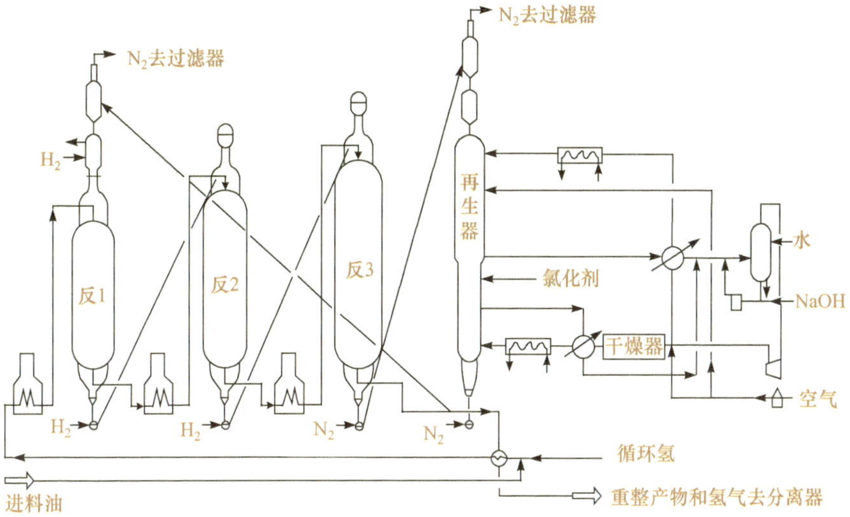

图 5-15　IFP 连续重整反应系统流程

连续重整装置中，催化剂连续地依次流过串联的 3 个(或 4 个)移动床反应器，从末反流出的待生催化剂含碳量为 5%～7%，待生剂由重力或气体提升输送到再生器进行再生。恢复活性后的再生剂返回第一反应器又进行反应。催化剂在系统内形成一个闭路循环。从工艺角度来看，催化剂可以频繁地进行再生，因此有比较苛刻的反应条件，即低反应压力(0.8～0.35MPa)、低氢油分子比(4～1.5)和高反应温度(500～530℃)，其结果是更有利于烷烃的芳构化反应、重整生成油的辛烷值可达 100(研究法)以上、液体收率和氢气收率高。

UOP 连续重整和 IFP 连续重整采用的反应条件基本相似，都用铂锡催化剂。从外观来看，UOP 连续重整的三个反应器是叠置的，催化剂依靠重力自上而下依次流过各个反应器，从末反流出的待生催化剂用氮气提升至再生器顶部。IFP 连续重整的三个反应器则是并行排列，催化剂在每两个反应器之间是用氢气提升至下一个反应器的顶部，从末反流出的待生剂则用氮气提升到再生器的顶部。在具体的技术细节上，这两种技术也还有一些各自的特点。

连续重整技术是重整技术近年来的重要进展之一，它针对重整反应的特点提供了更为适宜的反应条件，因而取得了较高的芳烃收率、较高的液体收率和氢气收率，突出的优点是改善了烷烃芳构化反应的条件。虽然连续重整有上述优点，但是并不说明对于所有的新建装置，它就是唯一的选择，因为判别某个技术的先进性的最终标准是其经济效益的高低。因此，在选择何种技术时应当根据具体情况作全面的综合分析。

5.4.5　工艺条件及主要影响因素

除了原料和催化剂以外，影响重整反应的主要因素有反应温度、反应压力、空速和氢油比等。

工业生产中一般用重整转化率这一指标来衡量重整反应进行的程度和操作水平的高低。重整转化率(或称芳烃转化率)是指重整生成油中芳烃含量(芳烃收率)与原料油中芳烃潜含量之比，即

$$\text{重整转化率}=\text{芳烃收率(质量分数，对原料)}/\text{芳烃潜含量(质量分数，对原料)} \qquad (5\text{-}28)$$

1. 反应温度

催化重整的主要反应是环烷脱氢和烷烃环化脱氢反应，这些都是强吸热反应，所以无论从化学平衡还是转化速率的角度，都希望采用较高的反应温度。另外，重整反应是在绝热反应器内进行的，反应吸热要靠进料本身携带的热量供给，造成反应器床层温度不断下降，除了对化学平衡和转化速率不利外，也不利于催化剂活性的发挥。因此，为了维持较高的反应温度，反应需分段进行，在各反应器之间进行中间加热，以维持足够高的平均反应温度。

但是，提高反应温度受到以下几个因素的限制：①设备材质；②催化剂的热稳定性；③非理想的副反应。在催化重整反应过程中，提高反应温度会加剧加氢裂化和催化剂上的积炭反应，使液体产物收率下降，气体收率增加，催化剂活性降低。因此，目前国内重整装置反应器入口温度大多在490～510℃。

2. 反应压力

在催化重整反应过程中，低压有利于环烷脱氢和烷烃环化脱氢反应，并减少加氢裂化反应。因此，从增加芳烃收率和液体产物收率角度来看，希望采用较低的压力，但是在低压下催化剂上的积炭速度加快，运行周期缩短。为了解决这个矛盾，工业上采取了两种方法：一种是采用较低的反应压力，经常再生催化剂；另一种是采用较高的压力，牺牲部分转化率以延长操作周期。另外，反应压力的选择还要考虑原料性质和催化剂性能；一般高烷烃原料比高环烷烃原料容易生焦，重馏分也容易生焦，对这类原料应采用较高的反应压力；催化剂的容焦能力大，稳定性好，可以采用较低的反应压力。例如，铂铼等双金属和多金属催化剂具有较高的稳定性和容焦能力，可以采用较低的反应压力，既能提高芳烃转化率，又能保持较长的操作周期。

我国半再生式铂重整的反应压力采用2.0～3.0MPa，铂铼重整约为1.8MPa，连续再生式重整装置的反应压力可降至0.8MPa。

对于一个固定装置而言，在操作中压力不作为调节手段，否则会影响氢气压缩机的排量，从而影响系统的氢油比。

3. 空速

空速反映了反应时间的长短。对一定的反应器，空速越大，处理能力也越大。采用多大的空速取决于催化剂的活性水平。

催化重整中各类反应的转化速率不同，因而变更反应时间对各类反应的影响也不同。例如，环烷脱氢反应尤其是六元环烷脱氢反应的速率快，比较容易达到化学平衡，对这类反应，延长反应时间的意义不大。但是对速率较慢的烷烃环化脱氢反应，延长反应时间会有较大的影响。

选择空速时，还要考虑到原料的性质，对环烷基原料，可以采用较高的空速，而对石蜡基原料，则需要采用较低的空速。铂重整装置反应器的空速一般是3h^{-1}左右，铂铼重整的是1.5h^{-1}左右。在其他条件相同的情况下，降低空速所得的效果与提高温度相似。采用太小的空速不经济，因为需要有较大的反应空间才能满足处理能力的要求。

以中原原油石脑油为例，其馏程为65～170℃，总芳烃潜含量为51.7%，反应压力为1.5MPa，空速的影响见表5-17。

表 5-17　空速对重整产物收率和质量的影响

空速/h^{-1}	1.0	2.0
芳烃收率(质量分数)/%	63	58.5
C_5+收率(质量分数)/%	83	88
净辛烷值(MON)	93	86
循环气中氢纯度/%	78	85

4. 氢油比

在催化重整中，使用循环氢的目的是抑制生焦反应，保护催化剂，同时也起载热体的作用，提高反应器的平均温度，此外，还可以稀释原料，使原料在床层内更均匀地分布。

氢油比是指重整反应系统中循环氢量与原料油量之比，有分子比和体积比两种表示方法。在总压不变时，提高氢油比就意味着提高氢分压，有利于抑制催化剂积炭，但提高氢油比使循环氢量增大，压缩机消耗功率增加。氢油比过大时，由于减少了反应时间而降低了转化率。

由此可见，对于稳定性较高的催化剂和生焦倾向小的原料，可以采用较小的氢油比，反之需要较大的氢油比。重装装置采用的氢油比一般为 5～8(摩尔比)或 1100～1700(体积比)，采用双金属或多金属催化剂时，氢油比较低(体积比为 1000～1200)。

综合上述内容，现将重整过程中各类反应的特点以及主要操作因素的影响列于表 5-18。

表 5-18　催化重整中各类反应的特点和操作因素的影响

影响 \ 反应		六元环烷脱氢	五元环烷异构脱氢	烷烃环化脱氢	异构化	加氢裂化
反应特性	热效应	吸热	吸热	吸热	放热	放热
	反应热/(kJ/kg)	2000～2300	2000～2300	约 2500	很小	约 840
	转化速率	最快	很快	慢	快	慢
	控制因素	化学平衡	化学平衡或转化速率	转化速率	转化速率	转化速率
对产品收率的影响	芳烃	增加	增加	增加	影响不大	减少
	液体产品	稍减	稍减	稍减	影响不大	减少
	C_1～C_4气体	—	—	—	—	增加
	氢气	增加	增加	增加	无关	减少
对重整汽油性质的影响	辛烷值	增大	增大	增大	增大	增大
	密度	增大	增大	增大	稍增	减小
	蒸气压	降低	降低	降低	稍增	增大
参数增大时产生的影响	温度	促进	促进	促进	促进	促进
	压力	抑制	抑制	抑制	无关	促进
	空速	影响不大	影响不很大	抑制	抑制	抑制
	氢油比	影响不大	影响不大	影响不大	无关	促进

5.4.6　主要设备

按反应器类型来分，半再生式重整装置采用固定床反应器，连续再生式重整装置采用移动床反应器。

从反应器的结构来看，工业用重整反应器主要有轴向式反应器和径向式反应器两种结构形式。它们之间的主要差别在于气体流动方式不同和床层压降不同。

图 5-16 是轴向式反应器的简图。反应器为圆筒形，高径比一般略大于 3。反应器外壳由 20 号锅炉钢板制成，当设计压力为 4MPa 时，外壳厚度约 40mm。壳体内衬为 100mm 厚的耐热水泥层，里面有一层厚 3mm 的高合金钢衬里。衬里可防止碳钢壳体受高温氢气的腐蚀，水泥层则兼有保温和降低外壳壁温的作用。为了使原料气沿整个床层截面分配均匀，在入口处设有分配头。油气出口处设有钢丝网以防止催化剂粉末被带出。入口处设有事故氮气线。反应器内装有催化剂，其上方及下方均装有惰性瓷球以防止操作波动时催化剂层跳动而引起催化剂破碎，同时也有利于气流的均匀分布。催化剂床层中设有呈螺旋形分布的若干测温点以便检测整个床层的温度分布情况，这对再生尤为重要。

图 5-17 是径向式反应器的简图。反应器壳体也是圆筒形。与轴向式反应器比较，径向式反应器的主要特点是气流以较低的流速径向通过催化剂床层，床层压降较低。径向反应器的中心部位有两层中心管，内层中心管的壁上钻有许多几毫米的小孔，外层中心管的壁上开了许多矩形小槽。沿反应器外壳壁周围排列几十个开有许多小的长形孔的扇形筒，在扇形筒与中心管之间的环形空间是催化剂床层。反应原料油气从反应器顶部进入，经分配器后进入沿壳壁布满的扇形筒内，从扇形筒小孔出来后沿径向方向通过催化剂床层进行反应，反应后进入中心管，然后导出反应器。中心管顶上的罩帽是由几节圆管组成，其长度可以调节，用以调节催化剂的装入高度。

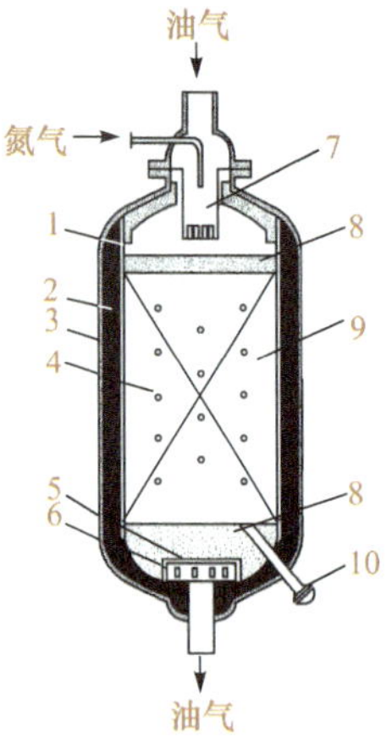

图 5-16 轴向式反应器

1. 合金钢衬里；2. 耐热水泥层；3. 碳钢壳体；4. 测温点；5. 钢丝网；6. 油气出口集合管；7. 分配头；8. 惰性瓷球；9. 催化剂；10. 催化剂卸出口

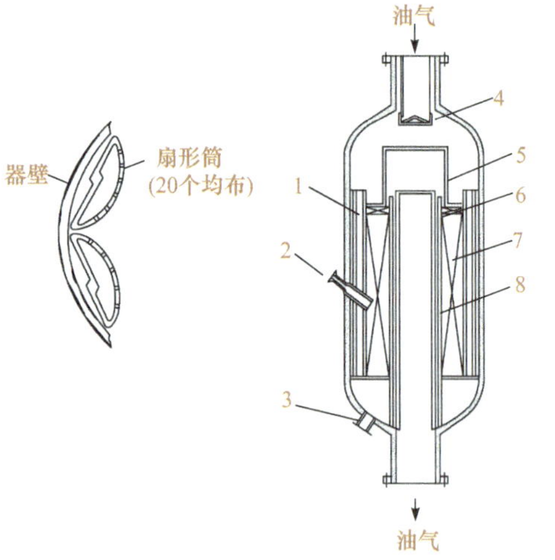

图 5-17 径向式反应器

1. 扇形筒；2. 催化剂取样口；3. 催化剂卸料口；4. 分配器；5. 中心管罩帽；6. 瓷球；7. 催化剂；8. 中心管

径向式反应器的压降比轴向式反应器小得多，这一点对连续重整装置尤为重要，因此，连续重整装置的反应器都采用径向式反应器，而且其再生器也是采用径向式的。图 5-18 是连续重整装置的再生器简图。

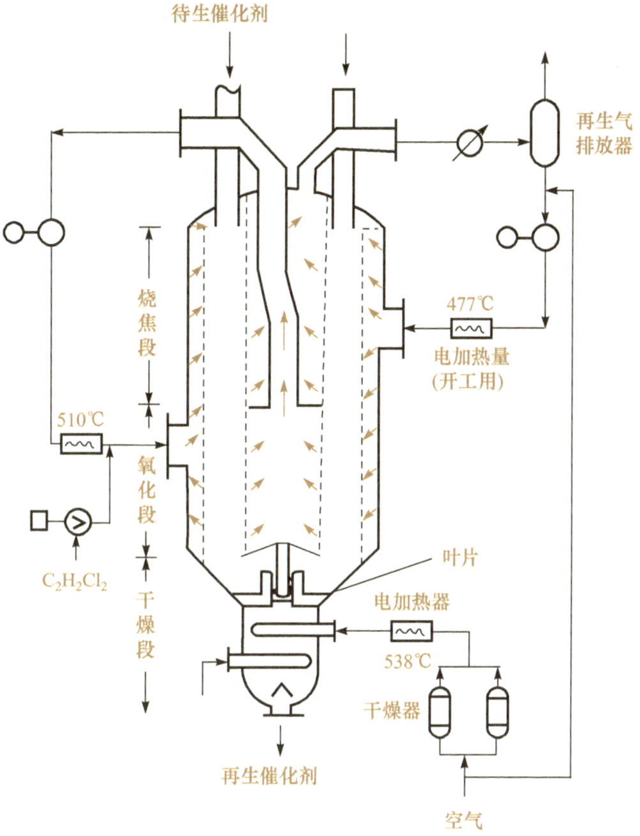

图 5-18 连续重整装置的再生器

5.5 芳烃分离

5.5.1 芳烃和非芳烃的分离

来自催化重整石脑油和烃类热裂解的加氢汽油是由芳烃与非芳烃组成的混合物。由于碳数相同的芳烃和非芳烃的沸点非常接近，有时还会形成共沸物，如苯的沸点是 80.1℃，环己烷的沸点是 80.74℃，2,2-二甲基戊烷的沸点是 79.2℃，2,4-二甲基戊烷的沸点是 80.5℃，用一般的蒸馏方法难以将它们分离。为了满足对芳烃纯度的要求，目前工业上实际应用的主要是溶剂萃取法和萃取蒸馏法。前者适用于从宽馏分中分离苯、甲苯、二甲苯等；后者适用于从芳烃含量高的窄馏分中分离纯度高的单一芳烃。

1. 溶剂萃取

1) 原理与过程

溶剂萃取分离芳烃是利用一种或两种以上的溶剂(萃取剂)对芳烃和非芳烃选择溶解分离出芳烃。溶剂的性能与芳烃收率、芳烃质量、公用工程消耗及装置投资有直接关系。对溶剂性能的基本要求是：对芳烃的溶解选择性好、溶解度高，与萃取原料密度差要大，蒸发潜热与热容小，蒸汽压小，并有良好的化学稳定性与热稳定性，腐蚀性小。

芳烃萃取过程在塔式设备中连续进行，原料从塔的中部加入，溶剂从塔的上部加入，溶剂自上而下流动与原料逆流接触，实现萃取分离目的。萃取塔从原料入口以上的这一段为萃取段，离开萃取段的萃取相中除有芳烃外，还溶解一部分非芳烃。从萃取塔下部加入的反洗液，与萃取段下来的萃取相逆向接触，根据溶剂对烃类的溶解度差异，把非芳烃取代出去，从而提高了芳烃纯度。萃取塔自原料入口以下的这一段为反洗段。

2) 工业生产方法

目前世界上主要 9 种已经工业化的芳烃抽提技术，其操作条件、芳烃回收率及消耗指标(以 1t 芳烃计)见表 5-19。从表 5-19 可以看出，对于溶剂萃取工艺，Sulfolane 及 SUPER-SAE 工艺技术具有芳烃产品纯度高、回收率高、原料适应性好的特点，具有较强的竞争力。

表 5-19 主要抽提工艺的操作条件和芳烃回收率

项目	Udex	Sulfolane	IFP	SAE	SUPER-SAE-Ⅱ	Arosolvan	Morphylane	GT-BTX	SED
工艺类型	液液抽提	液液抽提	液液抽提	液液抽提	液液抽提	抽提蒸馏	抽提蒸馏	抽提蒸馏	抽提蒸馏
溶剂类型	甘醇	环丁砜	二甲基亚砜	环丁砜	环丁砜	*N*-甲基吡咯烷酮	*N*-甲酰基吗啉	Techtiv-100th	环丁砜
溶剂比(对进料)	10～17	2～3.5	7～8	2.5～3.5	2.5～3.0	7.7		3.5～4.5	3～4.5
回流比(对进料)	1.0～1.4	0.4～0.6	0.32	0.3～0.5	0.6	0.8～1.2		0.6～0.9	0.2～0.4
苯	99.9	99.9	99.9	99.9	99.9	99.9	99.9	99.93	99.8
甲苯	98.0	99.0	98.0	99.5	99.5	99.0	99.9	100	99.9
二甲苯	95	96.5	90.0	97～98	99.5	96.0	99.5	100	99.0
公用工程消耗									
冷却水/t	41～100	0.8	2.25	4	0.69	0.8	—	1.82	3
电/(kW · h)	12～36	6.3	9.43	10	5.8	11	11.5	5.0	8
蒸汽/t	1.4～1.9	0.8	2.25	0.53	0.7	0.8		1	0.4
溶剂消耗/t	0.55	0.13	0.14	0.1	0.16	0.18	0.03	0.005	0.05

对抽提蒸馏技术，各类技术差别较小，RIPP 的 SED 技术采用环丁砜为主溶剂，国内可以稳定供应，同时其芳烃产品纯度高、工艺流程较为简单、能耗低。

Sulfolane 工艺由美国 Shell 公司和美国 UOP 公司于 1961 年联合开发成功并工业化，该工艺以环丁砜为溶剂，是目前使用最广泛的一种工艺。Sulfolane 工艺流程图见图 5-19。

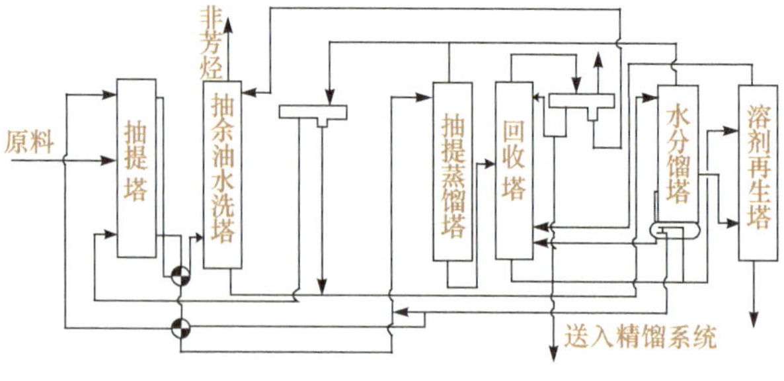

图 5-19 Sulfolane 工艺流程图

Sulfolane 工艺包括 6 个部分，即抽提塔、抽余油水洗塔、抽提蒸馏塔、回收塔、水分馏塔、溶剂再生塔。

(1) 抽提塔：原料进入抽提塔下部，贫溶剂油从塔顶进入，经过逆向接触后，塔顶出抽余油，塔底出富溶剂油(或称第一富溶剂油)。塔底有回流芳烃进入。

(2) 抽余油水洗塔：从抽提塔顶采出的抽余油经换热后进入抽余油水洗塔的下部，同时芳烃罐油水分离后的水相进入塔顶，水洗后的水从塔底排出，塔顶采出非芳烃。

(3) 抽提蒸馏塔：抽提塔底的富溶剂油与贫溶剂换热后进入抽提蒸馏塔顶，进行提馏操作，抽提蒸馏塔底为富含芳烃的第二溶剂油，而轻质烷烃和少量芳烃从塔顶排出，经过冷却后进入回流芳烃罐进行油水分离，油相作为回流芳烃回到抽提塔底，水相与抽余油水洗塔塔底的水一起进入水分馏塔。

(4) 回收塔：蒸馏塔底的第二溶剂油进入回收塔中部，进行减压将芳烃与溶剂分开。回收塔塔底的汽提介质为水分馏塔塔底含溶剂的水以及溶剂再生塔顶出来的溶剂蒸气或溶剂与水的蒸气。贫溶剂从塔底排出。塔顶馏出物经冷却后进入芳烃罐，进行油水分离，油相一部分作为回流回到回收塔顶，其余作为芳烃产品送入精馏系统。水相则为抽余油水洗塔的水洗水。

(5) 水分馏塔：抽余油水洗塔与回流芳烃罐中的水进入水分馏塔，以除去水中的微量非芳烃。塔顶馏出的水蒸气冷凝后进入回流芳烃罐。下部的水蒸气则进入溶剂再生塔。而分馏塔的热源为回收塔底的贫溶剂油。

(6) 溶剂再生塔：回收塔底的贫溶剂油换热后一部分作为回流，另一部分进入溶剂再生塔进行溶剂再生。溶剂再生后从塔顶排出，塔底排渣。

在使用环丁砜过程中，为防止环丁砜发生老化分解，必须定期加入添加剂，一种为调节系统 pH 用的单乙醇胺，另一种为抑制环丁砜发泡用的 5%的硅油-混合芳烃消泡剂。

环丁砜抽提工艺芳烃回收率高，原料范围宽，可抽提 C_6～C_{11} 范围内的芳烃，对碳钢不腐蚀。国内可以生产环丁砜，使得生产成本降低。由于此工艺比较成熟，国内的大多数装置均采用 Sulfolane 工艺。

目前，世界范围内已经有多种溶剂应用于芳烃抽提工业化装置，常见的有三甘醇、四甘醇、环丁砜、二甲基亚砜、*N*-甲基吡咯烷酮、*N*-甲酰基吗啉等，都有自己的独特优点。几种常见溶剂在工业化芳烃抽提装置上的应用情况如表 5-20 所示。

表 5-20 几种常见溶剂工业应用对比

溶剂	四甘醇	环丁砜	二甲基亚砜	*N*-甲基吡咯烷酮	*N*-甲酰基吗啉
工艺技术	Udex 法	SUPER-SAE-Ⅱ法	Distapex 法	Arosolvan 法	Mrophylane 法
抽提塔类型	筛板塔	筛板塔	转盘塔	混合沉降槽	填料塔
压力/MPa	0.8	0.6	常压	常压	0.3
温度/℃	100～150	103	常温	30～60	40～80
溶剂比	6.2～16	2.5～3.5	7.0～8.1	4.5	0.8～1.0
回流比	0.8～1.2	0.25～0.6	0.32	0.8～1.3	—
苯/%	99.5	99.95	99.9	99.9	99.9
甲苯/%	99.5	99.3	98.5	99.0	99.5
二甲苯/%	97.0	99.2	90.0	95.0	97.0
溶剂消耗/kg	0.50	0.15	0.13	0.18	0.09

从表 5-20 可以看到：以环丁砜为溶剂的抽提技术操作条件缓和、溶剂比低、回流比低、芳烃回收率高、能耗低、溶剂损耗量中等，是世界上芳烃抽提装置大多采用环丁砜为溶剂工艺技术的主要原因。在世界已经投产的 250 多套芳烃抽提装置中，以环丁砜为溶剂的就占了 200 多套。但环丁砜遇氧或局部过热容易分解，导致芳烃产品被分解物污染及溶剂 pH 降低对装置设备带来腐蚀和堵塞的问题，影响长周期运行。因此，选择更优的溶剂或选取合适添加剂与现行溶剂组成复合溶剂，以保持溶剂性质稳定、减少设备投资，将成为芳烃抽提技术研究的重要方向。

2. 萃取蒸馏

1) 原理与过程

萃取蒸馏是利用极性溶剂与烃类混合时能降低烃类蒸气压，使混合物初沸点提高的原理而设计的工艺过程，由于此种效应对芳烃的影响最大，对环烷烃的影响次之，对烷烃影响最小，这样就有助于芳烃和非芳烃的分离。在萃取蒸馏塔中把溶剂萃取和蒸馏两种过程结合起来。待分离的物料预热后进入萃取蒸馏塔中部，溶剂进入塔的顶部，进行逆流传质。含微量芳烃的非芳烃呈气态从塔顶蒸出，冷凝后，部分回流，其余出装置。溶剂和芳烃从塔底排出，进入汽提塔，汽提出芳烃后，溶剂循环使用。萃取蒸馏法是从富含芳烃馏分中直接提取某种高纯芳烃的一种工艺过程。原料需首先进行预分馏，切除轻、重馏分，留下中心馏分送去萃取蒸馏。萃取蒸馏可用于从重整油或裂解汽油(加氢后)提取苯、甲苯或二甲苯，也可用于从未加氢的裂解汽油中直接提取苯乙烯。

2) 工业生产方法

萃取蒸馏工艺主要有德国 Lugi 公司的 Distapex 法、德国 Krupp Koppers 公司的 Morphylane 法、Octener 法以及美国 Glitsch Technology 公司的 GT-BTX 法，这些工艺可从焦炉轻油、重整生成油、裂解汽油生产苯、甲苯和二甲苯，而且具有能耗低、投资少的特点。与溶剂萃取相比，萃取蒸馏特别适合于芳烃含量高的原料，如裂解汽油或焦炉粗苯，而溶剂萃取适合从重整生成油回收芳烃。图 5-20 为 Morphylane 法的工艺流程图。

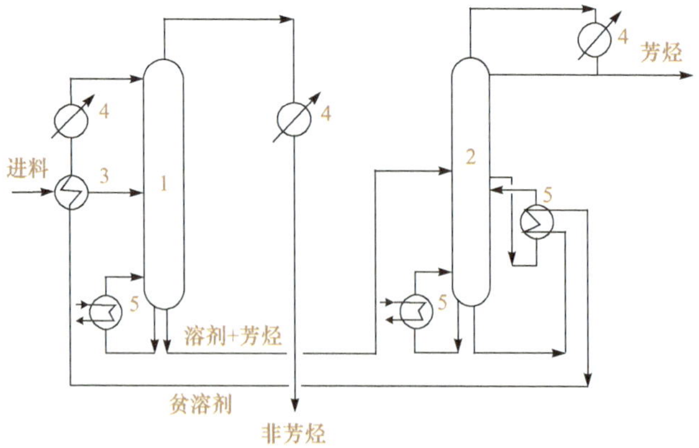

图 5-20 Morphylane 法工艺流程图

1. 萃取蒸馏塔；2. 汽提塔；3. 换热器；4. 冷却器；5. 再沸器

Morphylane 法用 *N*-甲酰基吗啉为溶剂分离芳烃。能从相应的馏分中一次取得两种芳烃，如苯/甲苯或甲苯/二甲苯。同时制取两种芳烃时的流程与图 5-21 相似，仅在汽提塔后增设一个分馏塔，使两种芳烃相互分离。

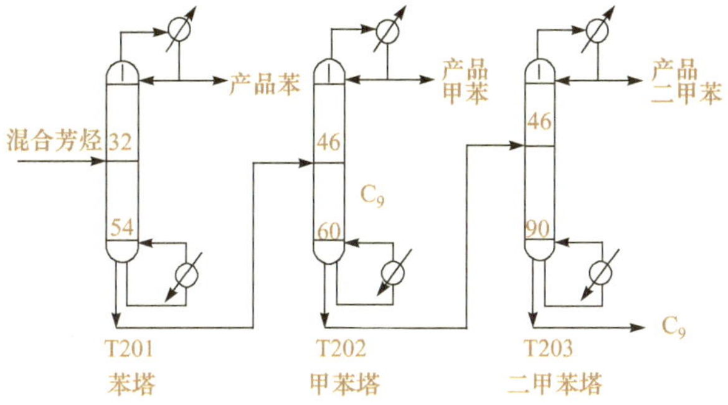

图 5-21　芳烃精馏三塔流程示意图

5.5.2　芳烃馏分的分离

经溶剂萃取或萃取精馏得到的芳烃是苯、甲苯、二甲苯和重芳烃的混合物，只有将它们分离成单体芳烃才具有工业价值，各种芳烃的沸点如表 5-21 所示。

表 5-21　不同芳烃沸点

组分	沸点/℃	组分	沸点/℃
苯	80.1	邻二甲苯	144.411
甲苯	110.63	间二甲苯	139.104
乙苯	136.186	对二甲苯	138.351

由表 5-21 可知，由于 C 原子数差异，苯、甲苯和 C_8 芳烃沸点差异较大，因此可用精馏的方法分离苯、甲苯和 C_8 芳烃。目前芳烃精馏的工艺流程有两种类型：一种是三塔流程，用来生产苯、甲苯、混合二甲苯和重芳烃；另一种是五塔流程，用来生产苯、甲苯、邻二甲苯、间/对二甲苯、乙基苯和重芳烃。

图 5-21 是芳烃精馏的三塔流程，混合芳烃加热至 98℃，常压进入苯塔(T201)，塔顶蒸出的苯蒸气冷凝后，一部分循环回流，另一部分进入苯中间罐，塔釜液送往甲苯塔(T202)。T202 塔顶蒸气冷凝后，一部分循环回流，另一部分进入甲苯中间罐。T202 塔釜液送至二甲苯塔(T203)，T203 塔顶蒸气冷凝后，一部分循环回流，另一部分进入二甲苯中间罐，T203 塔底液送至 C_9 芳烃中间罐。

5.5.3　C_8 芳烃的分离

各种来源的 C_8 芳烃都是三种二甲苯异构体与乙苯的混合物，它们的组成性质如表 5-22 所示，由表可知，邻二甲苯与间二甲苯的沸点差为 5.3℃，工业上可采用精馏法分离。乙苯与对二甲苯的沸点差为 2.2℃，在工业上也可用 300～400 块板的精馏塔进行分离，但绝大多数的加工流程都不采用耗能大的精馏法回收乙苯，而是在异构化装置中将其转化。间二甲苯与对二甲苯沸点接近，借助普通的精馏法进行分离是非常困难的。在吸附分离法开发成功之前，工业上主要利用凝固点差异采用深冷结晶分离法和利用配位化合物的稳定性采用络合分离，目前工业上主要采用吸附分离。

表 5-22　C_8芳烃各异构体的某些性质

组分	性质			
	沸点/℃	熔点/℃	相对碱度	与 BF_3-HF 生成配位化合物相对稳定性
邻二甲苯	144.411	−25.173	2	2
间二甲苯	139.104	−47.872	3～100	20
对二甲苯	138.351	13.263	1	1
乙苯	136.186	−94.971	0.1	—

1. 邻二甲苯和乙苯的分离

1) 邻二甲苯的分离

C_8芳烃中邻二甲苯的沸点最高，与关键组分间二甲苯的沸点相差 5.3℃，可以用精馏法分离，精馏塔需 150～200 块塔板，两塔串联，回流比 7～10，产品纯度为 98%～99.6%。

2) 乙苯的分离

C_8芳烃中乙苯沸点与关键组分对二甲苯沸点相近，仅差 2.2℃，虽可以用精馏法分离，但较困难。与关键组分对二甲苯的沸点仅差 2.2℃，可以用精馏法分离，但较困难。工业上分离乙苯的精馏塔实际塔板数达 300～400(相当于理论塔板数 200～250)，三塔串联，塔釜压力 0.35～0.4MPa，回流比 50～100，可得纯度在 99.6%以上的乙苯。其他方法有络合萃取法如日本三菱瓦斯公司的 Pomex 法，以及吸附法如美国 UOP 公司的 Ebex 法。

2. 对二甲苯、间二甲苯的分离

由于对二甲苯和间二甲苯的沸点差只有 0.75℃，难以采用精馏方法进行分离。目前工业上分离对二甲苯的方法主要有深冷结晶分离法、络合萃取分离法和模拟移动床吸附分离法三种。

1) 深冷结晶分离法

C_8芳烃深度冷却至−75～−60℃时，熔点最高的对二甲苯首先被结晶出来。在对二甲苯结晶过程中，晶体内不可避免地包含一部分 C_8芳烃混合物，影响了对二甲苯的纯度，为提高对二甲苯纯度，工业上多采用二段结晶工艺。第一段结晶，对二甲苯纯度为 85%～90%；第二段结晶，对二甲苯纯度可达 99.2%～99.5%。另外由于受共熔温度的限制，如再降低温度，邻二甲苯、间二甲苯将同时被结晶出来，而此时未结晶的 C_8 芳烃液体中仍含有对二甲苯含量为 6.2%～6.9%。因此结晶分离的单程收率较低，仅为 60%左右。

结晶分离工业方法较多，有美国 Chevron 公司的 Chevron 法、德国 Krupp Koppers 公司的 Krupp 法、美国 Amoco 公司的 Amoco 法、日本丸善法和美国 ARCO 公司的 ARCO 法等。它们之间的主要差别是制冷方式与分离设备的不同。第一段结晶一般冷冻温度达到对二甲苯和间二甲苯的共熔点(约−68℃)，对二甲苯晶体析出，经离心机分离，所得滤饼再经熔化后，进入第二结晶槽，第二段结晶制冷温度达−10～21℃时进行重结晶，再经离心分离，得到纯度达 99.5%的对二甲苯。主要的深冷结晶工艺如表 5-23 所示。典型的工艺流程如图 5-22 所示。

表 5-23 深冷结晶主要工艺方法的特点

工艺方法	结晶段数	一段熔化方式	结晶器冷却方式		液固分离	
			一段	二段	一段	二段
Amoco 法	2	全熔化	夹套	夹套	离心机	离心机
ARCO 法	1	—	夹套	—	离心机	—
丸善法	2	全熔化	直接冷却	套管	离心机	离心机
Krupp 法	2	不熔化	套管	套管	过滤机	离心机

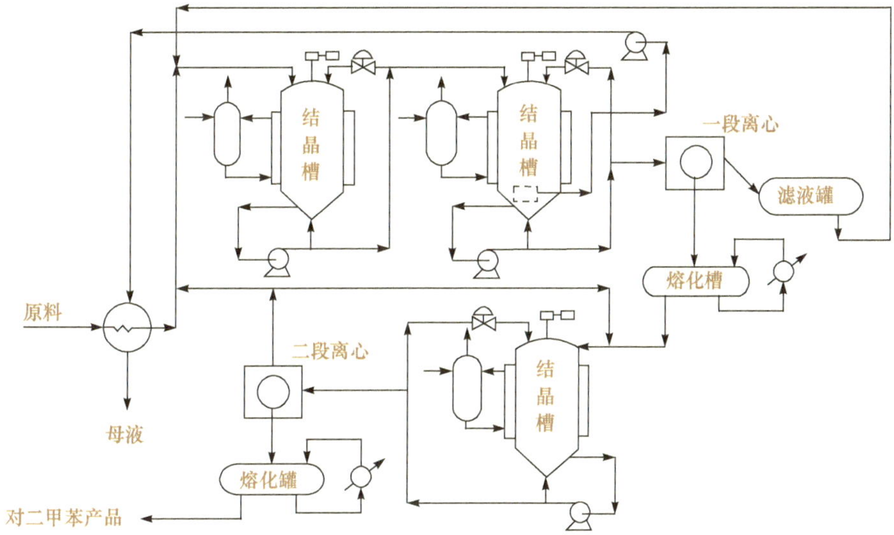

图 5-22 Amoco 对二甲苯结晶分离流程

2) 络合萃取分离法

利用一些化合物与二甲苯异构体形成配位化合物的特性可以达到分离各异构体的目的。络合分离法中最成功的工业实例是日本三菱瓦斯化学公司发展的 MGCC 法。该方法是有效分离间二甲苯的唯一工业方法。C_8 芳烃四个异构体与 HF 共存于一个系统时，形成两个相互分离的液层：上层为烃层，下层为 HF 层；当加入 BF_3 后，发生下列反应而生成在 HF 中溶解度大的配位化合物

$$X+HF+BF_3 \longrightarrow XHBF_4$$

式中，X 代表二甲苯(xylene)。由于间二甲苯碱度最大，所形成的 $MXHBF_4$ 配位化合物的稳定性最大，故在系统中能发生如下置换反应

$$MX+PXHBF_4 \longrightarrow PX+MXHBF_4$$

$$MX+OXHBF_4 \longrightarrow OX+MXHBF_4$$

式中，MX、PX、OX 分别代表间二甲苯(meta-xylene)、对二甲苯(para-xylene)和邻二甲苯(ortho-xylene)。配位化合物置换的结果，HF-BF_3 层中的间二甲苯浓度越来越高，烃层中的间二甲苯浓度越来越低，从而达到选择分离的目的。

工业上萃取间二甲苯是在 0℃和 0.4MPa 的条件下进行。萃取液(酸层)与烃层分离后，在 40～170℃配位化合物分解获得纯度为 98%以上的间二甲苯。由于 $HF-BF_3$ 也是二甲苯异构化催化剂，故此分离法可与间二甲苯液相异构化过程联合，以获得更多的对二甲苯和邻二甲苯。采用该工艺可以将二甲苯中含量 40%～50%的间二甲苯脱除，使乙苯浓度提高，这不仅可以降低乙苯分离塔的塔径、回流比和操作费用，还可提高单程收率，其主要缺点是 HF 有毒，且有强腐蚀性。

3) 吸附分离法

吸附分离法是利用固体吸附剂吸附二甲苯各异构体的能力不同进行分离的一种方法。吸附分离首先由美国 UOP 公司解决了三个关键问题而实现了工业化：一是研制成功一种对各种二甲苯异构体有较高选择性吸附的固体吸附剂；二是研制成功以 24 通道旋转阀进行切换操作的模拟移动床技术；三是选到一种与对二甲苯有相同吸附亲和力的脱附剂。

吸附分离相比于结晶分离有较多优点：工艺过程简单，单程回收率达 98%，生产成本低。吸附分离法已取代深冷结晶，成为一种广泛采用的二甲苯分离技术。

(1) 吸附剂。吸附分离是根据吸附剂对 C_8 芳烃各异构体吸附能力的差别来实现分离的。一般以选择吸附系数β来表示吸附剂的选择性

$$\beta=(x/y)_A/(x/y)_R \tag{5-29}$$

式中，x 为组分 1 的摩尔分数；y 为组分 2 的摩尔分数；A 代表吸附相；R 代表未被吸附相。

对一定的吸附剂来说，β=1 时无法实现吸附分离，β(或β–1)越大则越有利于吸附分离。β的数值取决于吸附温度和组分含量。采用 Y 型分子筛于 180℃气相吸附 C_8 芳烃的β值如表 5-24 所示。其中以 KBaY 型分子筛分离性能较好。

表 5-24 不同吸附剂β值

Y 型分子筛	选择系数β		
	对二甲苯/乙苯	对二甲苯/间二甲苯	对二甲苯/邻二甲苯
NaY	1.32	0.75	0.33
KY	1.16	1.83	2.38
CaY	1.17	0.35	0.21
BaY	1.85	1.27	2.33
KBaY	2.2	3.1	3.0

(2) 脱附剂。在吸附分离中，脱附和吸附同样重要。吸附分离法所用脱附剂物质必须满足如下条件：与 C_8 芳烃任一组分均能互溶；与对二甲苯有尽可能相同的吸附亲和力，即β=脱附剂/对二甲苯≈1 或略小于 1，以便与对二甲苯进行反复的吸附交换；与 C_8 芳烃的沸点有较大差别(至少差 15℃)；脱附剂存在下，不影响吸附剂的选择性；价廉易得，性质稳定。

一般用于对二甲苯脱附的脱附剂是芳香烃，如甲苯、混合二甲苯和对二乙苯+正构烷烃等，它们的脱附性能见表 5-25。在脱附剂中不能含有苯，否则会降低吸附选择性。

表 5-25 几种脱附剂的比较

脱附剂	对二甲苯纯度/%	对二甲苯收率/%	相对脱附剂装量	相对分流热负荷
甲苯	99.3	99.7	少	中
混合二甲苯	99.1	85.2	多	中
对二乙苯+正构烷烃	99.3	94.5	中	低

原料和脱附剂中也不能含有化学结合力很强的极性化合物——水、醇等，因为它们将被牢固地吸附在吸附剂表面上，会严重影响分子筛的吸附容量和相对吸附率。因此在进行吸附分离之前，必须进行脱水，要求水质量分数降至 1×10^{-5} 以下。

(3) 模拟移动床分离 C_8 芳烃的基本原理。

(i) 移动床作用原理。图 5-23 所示为移动床连续吸附分离示意图。A 和 B 代表被分离的物质，D 代表脱附剂。在移动床中固体吸附剂和液体做相对移动，并反复进行吸附和脱附的传质过程。A 比 B 有更强的吸附力，吸附剂自上而下移动，脱附剂逆流而上，将被吸附的 A 与 B 可逆地置换出来。被脱附下来的 D 与 A、D 与 B 分别从吸附塔引出，经过蒸馏可将 D 与 A 和 D 与 B 分开。脱附剂再送回吸附塔循环使用。

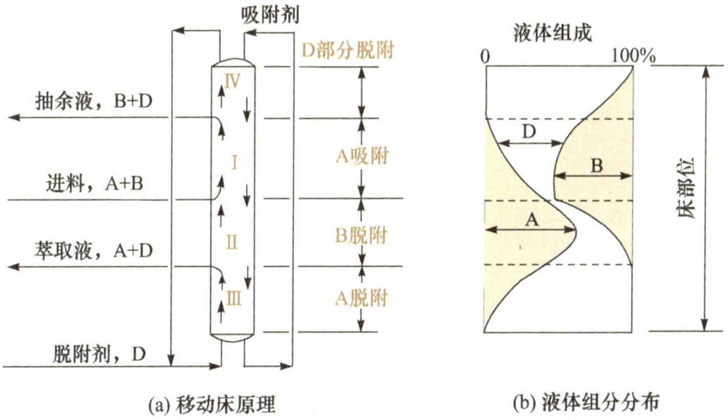

图 5-23 移动床示意图

根据吸附塔中不同位置所起的不同作用，可将吸附塔分成四个区。Ⅰ区是 A 吸附区，它的作用是吸附有 B、D 的吸附剂从塔顶进入，在不断下降的过程中与上升的需要分离的含有 D 的 A、B 液相物流逆流接触，液相中的 A 被完全吸附，同时在吸附剂上的部分 B 和 D 被置换出来，液相达到Ⅰ区顶部已完全不含 A。不含 A 的萃余油(B+D)一部分从Ⅰ区顶部排出，其余进入Ⅳ区。吸附塔各区液相组分的浓度分布如图 5-23(b)所示。在实际操作中各区的距离不是等长的。从图 5-23 看出，可以连续地从吸附塔中取出一定组分的分离精制液(A 组分)及分离残液(B 组分)。但由于吸附剂磨损问题不易解决，大直径吸附器中固相吸附剂的均匀移动也难以保证，所以移动床连续吸附分离无法实现工业化。

(ii) 模拟移动床的作用原理。从移动床的作用原理和液相中各组分的浓度分布图(图 5-23)可见，如果使吸附剂在床内固定不动，而将物料进出口点连续向上移，其作用与保持进出口点不动而连续自上而下移动固体吸附剂是一样的。由此原理设计的分离装置称模拟移动床。

(4) 模拟移动床吸附分离流程。工业上用于分离 C_8 芳烃的模拟移动床吸附分离装置有美国 UOP 公司的 Parex 法(立式吸附塔)和日本 Toray 公司的 Aromax 法(卧式吸附器)两种。

(i) Parex 法。由美国 UOP 公司开发。吸附分离的原料可以是 C_8 芳烃、重整油的 C_8 馏分或异构化生成油。吸附剂采用 K-Ba-X 和 K-Ba-Y 型分子筛。脱附剂有轻质与重质之分。吸附分离原料为 C_8 芳烃时，脱附剂为轻质脱附剂——甲苯；原料为重整油的 C_8 芳烃时，脱附剂则采用重质脱附剂——对二乙苯。吸附分离的连续操作是借模拟移动床实现的，如图 5-24 所示。模拟移动床以吸附剂分子筛为固定床，仅依次改变床层进出料口位置，形成相对移动。实际工业生产中，吸附塔上开有 24 个进出口，在特定时间内，只有其中 4 个料口作进出料，即萃余液出口、原料进口、萃取液出口及脱附剂进口，其余的料口均关闭。4 个物料进出口间隔一定距离，每隔一定时间，4 个料口同时向前移动一个口。吸附塔上进出料口越多，越接近于连续。料口的切换由 24 个通道旋转阀实现。其操作条件为温度 177℃，压力 0.87MPa。

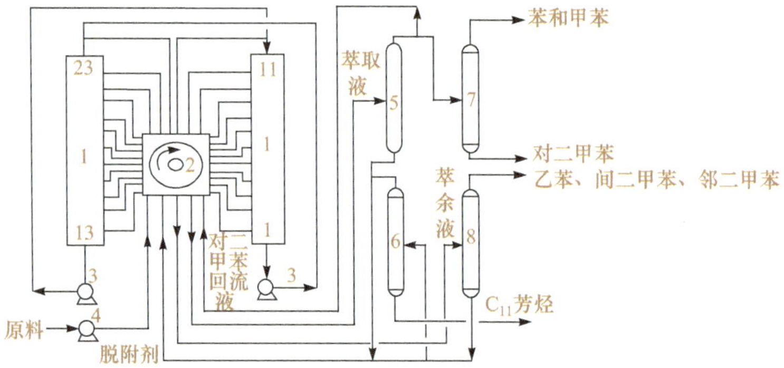

图 5-24 Parex 法立式模拟移动床吸附分离流程图

1. 吸附塔；2. 旋转阀；3. 循环泵；4. 原料泵；5. 萃取液塔；6. 二乙苯精馏塔；7. 精制塔；8. 萃余液塔

整个吸附分离过程在两个吸附塔中完成，两个吸附塔借循环泵首尾相连如同一个。每台吸附塔内有 12 层吸附剂，层和层之间设有栅板以分布进入或送出的液体。两个塔用 24 条管线与一台旋转阀相连。借旋转阀改变物料进入或送出点的位置，使床层按指定程序进行吸附或脱附操作。旋转阀每隔 1.25min 步进一次，旋转一圈共约 30min。液体按一定程序进入或送出，相当于吸附剂按逆流方式在移动。立式吸附分离的关键设备是循环泵和旋转阀。

塔内各组分浓度分布如图 5-25 所示。它是以混合二甲苯连续进入模拟移动床后，随着旋转阀的移动，每前进一个位置就从固定点取样分析得出其相应的含量(百分数)而作出的。萃取液由仅含对二甲苯和脱附剂的区域引出，经精馏分离回收几乎全部的对二甲苯。若要提高对二甲苯的纯度，可在原料进入和萃取液引出之间加入来自萃取液塔的对二甲苯做回流。同样，萃余液由不含对二甲苯的区域取出，经精馏分离得间二甲苯和邻二甲苯去进行异构化。

(ii) Aromax 法。Aromax 法由日本 Toray 公司开发。操作原理和立式吸附塔基本相同，只是吸附器为卧式，采用自动切换阀门，改变进出物料的位置，实现模拟移动床连续操作。其操作条件温度 140℃，压力 1～2MPa，流速 5～13L/h，脱附剂为二乙苯。

吸附分离法分离对二甲苯工业化以来，由于具有单程收率高、工艺条件缓和、无腐蚀、无毒性、全部液相操作、无需特殊材质制作设备、投资小和能耗低等优点，因而发展迅速。

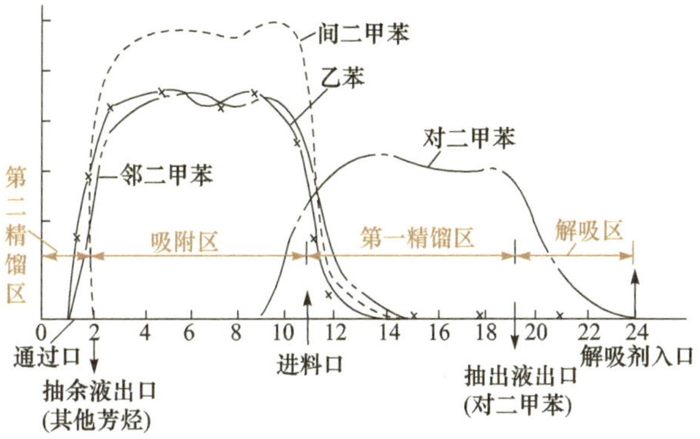

图 5-25 浓度分布剖面图

(iii) MX-Sorbex 工艺。美国 UOP 公司在原有的选择吸附对二甲苯的模拟移动床工艺基础上发展了 UOP MX-Sorbex 工艺。原料为吸附分离对二甲苯后的吸余液，其组成约为间二甲苯 65.5%、邻二甲苯 20.5%、乙苯 13.0%、对二甲苯 1.0%，吸附分离在一装有固体吸附剂的等温模拟移动床上进行，连续进料和出料。吸附剂选择吸附间二甲苯，被吸附的间二甲苯用脱附剂脱附出来。用此法生产的间二甲苯的纯度为 99.5%(以物质的量计)。

5.6 烷基芳烃脱烷基

5.6.1 脱烷基方法

烷基芳烃分子中与苯环直接相连的烷基，在一定的条件下可以被脱去，此类反应称为芳烃的脱烷基化。工业上主要应用于甲苯脱甲基制苯、甲基萘脱甲基制萘。脱烷基化方法主要有以下几种。

1. 烷基芳烃的催化脱烷基

烷基苯在催化裂化的条件下可以发生脱烷基反应生成苯和烯烃。此反应为苯烷基化的逆反应，是强吸热反应。例如，异丙苯在硅酸铝催化剂作用下于 350～550℃催化脱烷基成苯和丙烯。

$$C_6H_5CH(CH_3)_2 \longrightarrow C_6H_6 + CH_3CHCH_2$$

反应的难易程度与烷基的结构有关。不同烷基苯脱烷基次序为：叔丁基>异丙基>乙基>甲基。烷基越大越容易脱去。甲苯最难脱甲基，所以这种方法不适用于甲苯脱甲基制苯。

2. 烷基芳烃的催化氧化脱烷基

烷基芳烃在某些氧化催化剂作用下用空气氧化脱烷基生成芳烃母体及二氧化碳和水。其反应通式可表示如下：

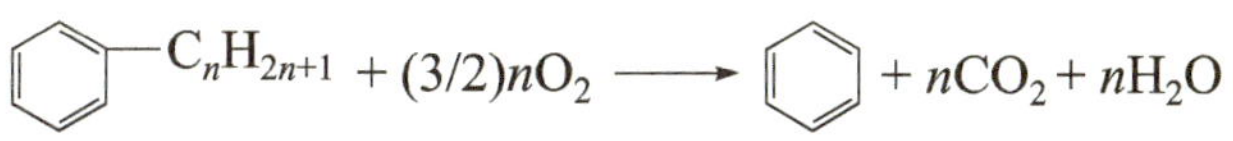

例如，甲苯在 400～500℃，在铀酸铋催化剂存在下，用空气氧化则脱去甲基而生成苯，

选择性可达 70%。此法尚未工业化，其主要问题是氧化深度难控制，反应选择性较低。

3. 烷基芳烃的加氢脱烷基

在大量氢气存在及加压下，使烷基芳烃发生氢解反应脱去烷基生成母体芳烃和烷烃。

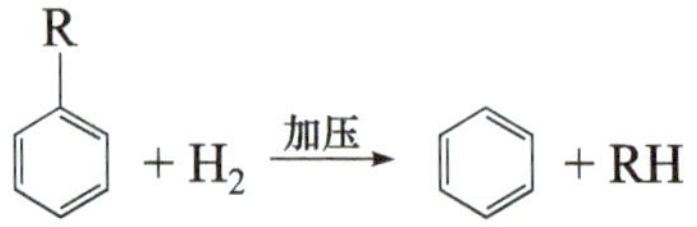

这一反应在工业上广泛用于从甲苯脱甲基制苯，是近年来扩大苯来源的重要途径之一，也用于从甲基萘脱甲基制萘。在氢气存在下有利于抑制焦炭的生成，但在临氢脱烷基条件下也会发生下面的深度加氢裂解副反应。

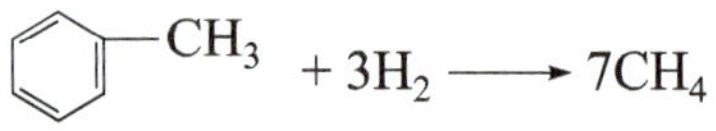

烷基芳烃的加氢脱烷基过程又分成催化法和热法两种。以甲苯加氢脱甲基制苯为例对这两种方法的比较如表 5-26 所示。从表 5-26 可知，两法各有优缺点。由于热法无需催化剂、苯收率高和原料适应性较强等优点，采用加氢热脱烷基的装置日渐增多。

表 5-26　催化法和热法脱烷基的比较

项目	催化法	热法
反应温度/℃	530～650	600～700
反应压力/MPa	2.94～7.85	96～4.90
苯收率/%	96～98	97～99
催化剂	需要	不需要
反应器运转周期	半年	一年
空速大小	较小(反应器较大)	较大(反应器较小)
原料要求	原料适应性差，非芳烃和 C_9 含量不能太高	原料适应性较好，允许含非芳烃达 30%，C_9 芳烃达 15%
氢的要求	对 CO、CO_2、H_2S、NH_3 等杂质含量有一定要求	杂质含量不限制
气态烃生成量	少	稍多
氢耗量	低	稍高
反应器材质要求	低	高
苯(产品)纯度/%	99.9～99.95	99.99

4. 烷基苯的水蒸气脱烷基法

在加氢脱烷基同样的反应条件下，用水蒸气代替氢气进行的脱烷基反应。通常认为这两种脱烷基方法具有相同的反应历程。

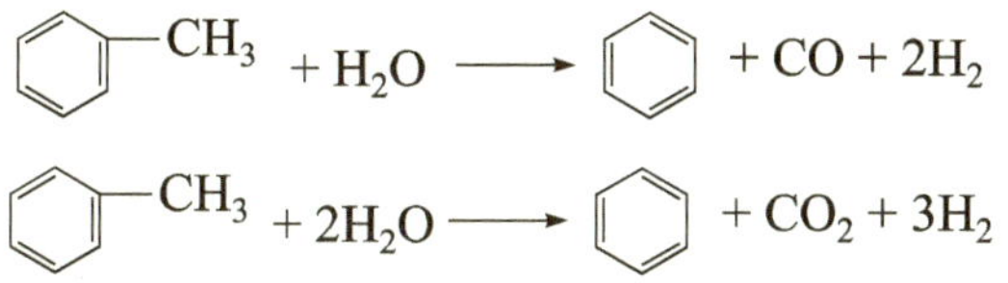

甲苯还可以与反应中生成的氢作用进行脱烷基化反应，同样在脱烷基的同时也伴随发生苯环的如下开环裂解反应。

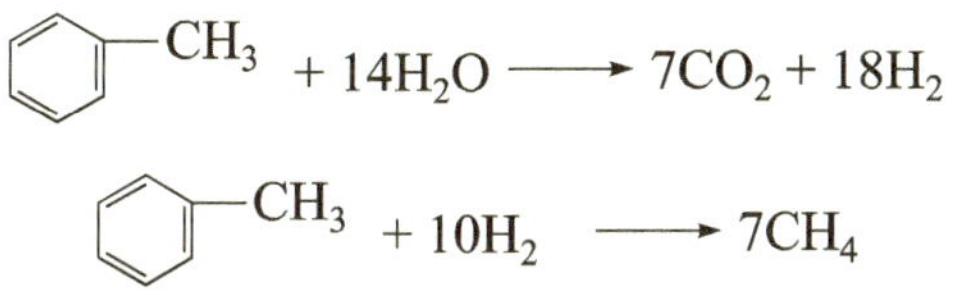

水蒸气法突出的优点是以廉价的水蒸气代替氢气作为反应剂，反应过程不但不消耗氢气，还副产大量含氢气体。但此法与加氢法相比，苯收率较低，一般在 90%～97%；需用贵金属铑作催化剂，成本较高。

5.6.2　甲苯脱烷基制苯

1. 反应原理

以甲苯加氢脱烷基制苯为例：20 世纪 60 年代以后，对苯的需要量增长很快，甲苯加氢脱烷基制苯就是为了调整苯的供需平衡而发展起来的增产苯的途径之一。

主反应式如式(5-30)所示。

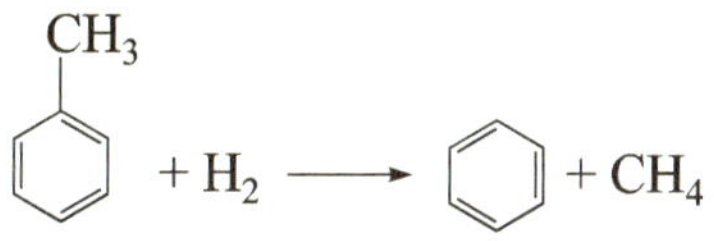
$\Delta H^{\ominus}(800K)=-49.02kJ/mol$　(5-30)

副反应如式(5-31)～式(5-33)所示。

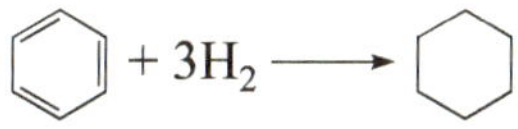
$\Delta H^{\ominus}(800K)=-220.6kJ/mol$　(5-31)

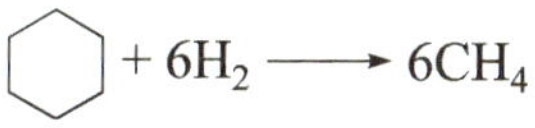
$\Delta H^{\ominus}(800K)=-367.32kJ/mol$　(5-32)

$$CH_4 \longrightarrow C + 2H_2 \qquad \Delta H^{\ominus}(800K)=87.15kJ/mol \qquad (5\text{-}33)$$

2. 反应热力学

四个反应的平衡常数和温度的关系如表 5-27 所示。

表 5-27　平衡常数与温度的关系

反应	$\lg K_p$				ΔH/(kJ/mol)
	700K	800K	900K	1000K	800K
主反应	3.17	2.72	2.36	2.07	−49.02
生成环己烷	−4.26	−6.32	−7.92	−9.19	−220.6
环己烷加氢裂解	25.02	21.65	18.96	16.70	−367.32
甲烷分解生炭	−0.95	−0.15	0.49	1.01	87.15

从表 5-27 中数据可以看出，主反应在热力学上是有利的。当温度不太高、氢分压较高时可以进行得比较完全。然而副反应中除芳烃加氢反应式(5-31)平衡常数很小外，环烷烃的加氢裂解反应式(5-32)在热力学上却十分有利，为不可逆反应，只要芳烃一经加氢成环烷烃，如有足够长的反应时间，就会深度加氢裂解成甲烷；虽然采用较高的反应温度、较低的氢分压，深度加氢裂解反应可以被抑制，但温度过高、氢分压过低将不利于主反应，而有利于甲烷分解生成碳的副反应式(5-33)和如下的芳烃脱氢缩合反应：

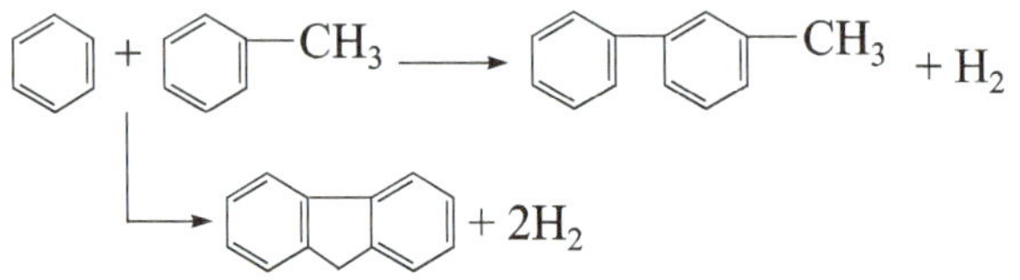

(5-34)

这些副反应都较难从热力学上加以抑制，因此只有从动力学上控制它们的转化速率，使它们尽量少发生。从以上分析可知加氢脱烷基的温度不宜太低也不宜太高，氢分压和氢气对甲苯的摩尔比较大时，对防止结焦和对加氢脱烷基反应都比较有利，但对抑制一些加氢副反应的发生是不利的，而且也会增加氢气的消耗。

3. 催化剂

催化剂主要是由周期表中第Ⅳ、Ⅷ族中的 Cr、Mo、Fe、Co 和 Ni 等元素的氧化物负载于 Al_2O_3、SiO_2 等载体上所组成，其质量分数为 4%～20%。最常用的是氧化铬-氧化铝、氧化钼-氧化铝和氧化铬-氧化钼-氧化铝催化剂。为了抑制芳烃裂解生成甲烷等副反应的进行，常加入少量碱和碱土金属作为助催化剂。为防止缩合产物和焦的生成，提高催化剂的选择性，也可在反应区内加入反应物料量的 10%～15%(以质量计)的水蒸气。

4. 工艺条件及工艺流程

脱烷基制苯工艺分为催化脱烷基与热脱烷基两种。催化脱烷基生产方法有美国 UOP 公司的 Hydeal 法、Airproducts and Chemicals 公司的 Pyrotol 法、Shell 公司的 Beztol 法及 Union Oil 公司的 Unidak 法；热脱烷基生产方法有 Atlantic Richfield 公司(ARCO)和美国碳氢化合物研究公司(Hydrocarbon Research Inc.，缩写为 HRI)联合开发的 HAD 法、日本三菱油化公司的 MHC 法、海湾公司的 THD 法及美国 UOP 公司的 New Hydeal 法。热脱烷基与催化脱烷基两种工艺各有特点：催化脱烷基，气态烃产量较少，氢耗较低；热脱烷基，工艺过程简单，对原料适应性强，允许原料中非芳烃含量可达 30%，C_9 芳烃可达 15%，补充氢气中杂质不受限制，运转期长，无需停车进行催化剂再生，但其反应温度较高(600～700℃)，对反应器材质要求高。一般认为热脱烷基工艺优点较多。主要生产方法工艺条件见表 5-28。

表 5-28 脱烷基制苯主要工艺方法

工艺方法	原料	催化剂	工艺条件			理论收率/%	苯纯度/%	催化剂寿命/a
			温度/℃	压力/MPa	空速/h^{-1}			
Hydeal(美国 UOP 公司)	芳烃萃取物	Cr_2O_3/Al_2O_3	600～650	3.4～3.9	0.5	>98	99.98	1.5
Pyrotol(Airproducts and Chemicals 公司)	裂解汽油	Cr_2O_3/Al_2O_3	600～650	5.9～6.9	—	98.5	99	4～5

续表

工艺方法	原料	催化剂	工艺条件			理论收率/%	苯纯度/%	催化剂寿命/a
			温度/℃	压力/MPa	空速/h^{-1}			
HAD(ARCO/HRI 公司)	甲苯、混合芳烃	—	600～760	3.43～6.87	—	96～100	99.92	—
MHC(日本三菱油化公司)	裂解汽油	—	入口 600～630，出口 <700	2.45	—	98～99	99.99	—

1) Hydeal 法催化脱烷基制苯

该法是目前工业上采用较多的一种催化脱烷基制苯过程。其原料为催化重整油、裂解汽油、甲苯及煤焦油等，其工艺流程如图 5-26 所示。新鲜原料、循环物料、新鲜氢气与循环氢气经加热炉加热到所需温度后进入反应器，如果原料中含非芳烃较多时，需两台反应器，并控制不同的反应条件，在第一台反应器中进行烯烃和烷烃的加氢裂解反应，在第二台热反应器中进行加氢脱烷基反应。从反应器出来的气体产物经冷却器冷却、冷凝，气液混合物一起进入闪蒸分离器，分出的氢气一部分直接返回反应器，另一部分中除一小部分排出作燃料外，其余送到纯化装置除去轻质烃，提高浓度后再返回到反应器使用。液体芳烃经稳定塔去除轻质烃和白土塔脱去烯烃后至苯精馏塔，塔顶得产品苯。塔釜中馏分送再循环塔，塔顶蒸出未转化的甲苯再返回反应器使用，塔底的重质芳烃排出系统。

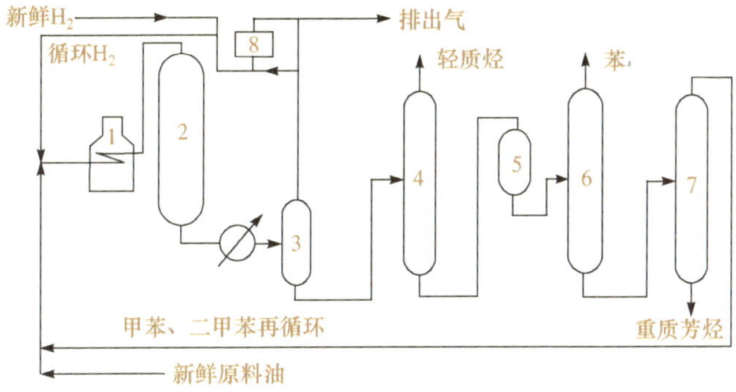

图 5-26 Hydeal 法催化加氢脱烷基制苯工艺流程

1. 加热炉；2. 反应器；3. 闪蒸分离器；4. 稳定塔；5. 白土塔；6. 苯塔；7. 再循环塔；8. H_2提浓装置

2) HAD 法甲苯热脱烷基制苯

该法由 ARCO 和 HRI 公司联合开发，可以甲苯、混合芳烃及裂解汽油为原料，反应温度为 600～760℃，反应压力为 3.43～6.87MPa，氢/烃比(摩尔比)为 1～5，停留时间为 5～30s。HAD 过程的最大特点是在柱塞流式反应器的 6 个不同部位加入由分离塔闪蒸出来的氢从而控制反应温度稳定，因此副反应较少，重芳烃的收率较低。以甲苯为原料加氢热脱甲基制苯的工艺流程基本上与催化加氢脱甲基的流程相似，只是反应温度较高，热量需要合理利用，其流程如图 5-27 所示。

原料中甲苯、循环芳烃和氢气混合，经换热后进入加热炉，加热到接近热脱烷基所需温度进入反应器，由于加氢及氢解副反应的发生，反应热很大，为了控制所需反应温度，可向反应区喷入冷氢和甲苯。反应产物经废热锅炉、热交换器进行能量回收后，再经冷却、分离、

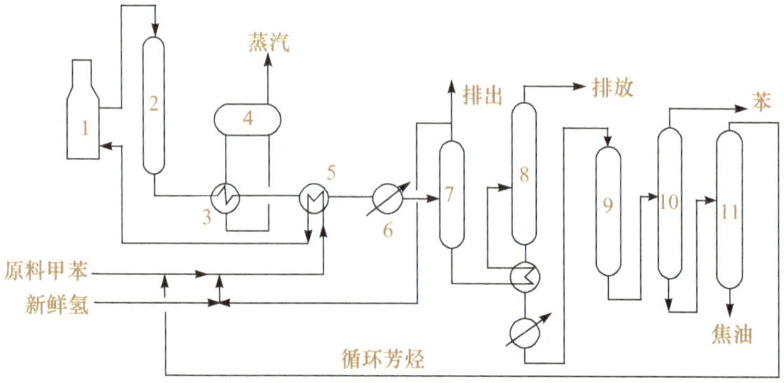

图 5-27 HAD 法甲苯加氢热脱甲基制苯工艺流程

1. 加热炉；2. 反应器；3. 废热锅炉；4. 汽包；5. 换热器；6. 冷却器；7. 分离器；8. 稳定塔；9. 白土塔；10. 苯塔；11. 再循环塔

稳定和白土处理，最后分馏得到产品苯，纯度大于 99.9%(质量分数)，苯收率为理论值的 96%～100%。未转化的甲苯和其他芳烃经再循环塔分出后，循环回反应器。典型的物料平衡如表 5-29 所示。该法具有副反应少、重芳烃(蒽等)收率低等特点。

表 5-29 典型的甲苯脱甲基物料平衡

原料量/kg	甲苯			氢			合计
	100			2.5			102.5
产品量/kg	甲烷	乙烷	丙烷	丁烷以上	苯	聚合物	合计
	18.6	0.4	0.6	0.6	82.0	0.3	102.5

5. 技术进展

1) 工艺技术进展

(1) Detol 工艺。Detol 工艺由美国 Lummus 公司开发，采用催化加氢脱烷基技术路线，催化剂是 Cr_2O_3/Al_2O_3，原料以重芳烃为主，还有少量甲苯，产物为 C_8 芳烃和苯。该工艺反应进口温度 620℃，出口温度高达 700～720℃，压力为 4.5MPa，采用固定床反应器。

(2) TAC_9 工艺。TAC_9 工艺由美国 UOP 公司开发，其工艺流程和工艺操作条件与 Tatoray 工艺相似，采用固定床反应器，流程简单，可在传统的工艺装置基础上保留半再生转化装置、加氢处理装置和热脱烷基装置，Tatoray 单元即可改造成 TAC-9 单元。

(3) ZEOLYST/SK 工艺。该技术由 ZEILYST 公司与韩国 SK 公司合作开发。该技术适用于 C_9+芳烃加氢脱烷基反应，使用 ATA-11 催化剂，产物中 C_8 芳烃中乙苯的质量分数很低，有利于降低异构化单元 PX 生产成本。

(4) Trans Plus 工艺。Trans Plus 工艺由美国 Exxon Mobil 公司开发，1997 年首次在我国台湾应用。该工艺采用气相固定床，以甲苯和 C_9 芳烃为原料生产二甲苯。反应温度 385～500℃，反应压力 2.1～2.8MPa。

(5) GTC-TransAlk 工艺。美国 GTC 公司技术采用重芳烃脱烷基及烷基转移技术处理 C_9 芳烃和 C_{10} 芳烃，原料不含甲苯，并与甲苯甲基化及结晶分离技术组成一个成套的芳烃技术。

(6) 中国石化北京石油化工研究院于 20 世纪 90 年代成功开发 HAL 工艺，催化剂为氢型

ZSM-5 负载 Re、Sn、Pt 或 Pd 各金属的混合物。该技术采用绝热反应器，反应进料以 C_9+芳烃为主，其苯、甲苯、二甲苯的总收率超过 50%。

(7) 中国石化上海石油化工研究院开发了重芳烃加氢脱烷基与烷基转移工艺。该技术采用固定床反应器，反应进料以 C_{10}～C_{11} 芳烃为主，C_{10} 芳烃和 C_{11} 芳烃转化率比较高。该项技术可为甲苯歧化工艺提供原料，然后进一步轻质化为较高收率的苯、甲苯、二甲苯。

2) 加氢脱烷基催化剂

催化加氢脱烷基催化剂主要围绕过渡金属氧化物和分子筛进行开发，其他金属催化剂也进行过研究，有 Pt 或 Pd 与 Ni 制成的合金催化剂，Pd 和 Mo 制成的合金催化剂，也有单金属或双金属组分负载在活性氧化铝载体上的催化剂，虽然金属催化剂低温活性好，但是其稳定性和选择性差，因此一直没有实现工业化。

加氢脱烷基催化剂上的正碳离子反应机理与催化剂上的酸性密切相关，直接影响加氢催化脱烷基反应性能。酸性调节是提高催化剂活性、选择性及抗积炭性能的有效手段。

一般情况下，采用金属氧化物作为重质芳烃轻质化催化剂，反应温度较高，反应压力大，副反应多，所以近年来研究的方向转向分子筛。分子筛酸性强，可使加氢脱烷基反应在较低温度下进行，提高催化剂的抗积炭能力，减缓催化剂的失活速度。通过对沸石酸中心的改变，可以提高脱烷基性能。目前，对于分子筛研究主要有：β 分子筛、ZSM-5 分子筛以及 MCM、PALO 等。

5.7 芳烃歧化和烷基转移

芳烃的歧化是指两个相同芳烃分子在酸性催化剂作用下，一个芳烃分子上的侧链烷基转移到另一个芳烃分子上的反应。烷基转移反应是指两个不同芳烃分子之间发生烷基转移的过程，歧化和烷基转移反应互为逆反应。工业上应用最广的是甲苯的歧化反应，通过甲苯歧化反应可使用途较少并有过剩的甲苯转化为苯和二甲苯两种重要的芳烃原料，若同时进行 C_9 芳烃的烷基转移反应，还可增产二甲苯。

5.7.1 工艺原理

1. 甲苯歧化的主、副反应

甲苯歧化的主反应如下所示，是可逆吸热反应，但反应热效应很小：

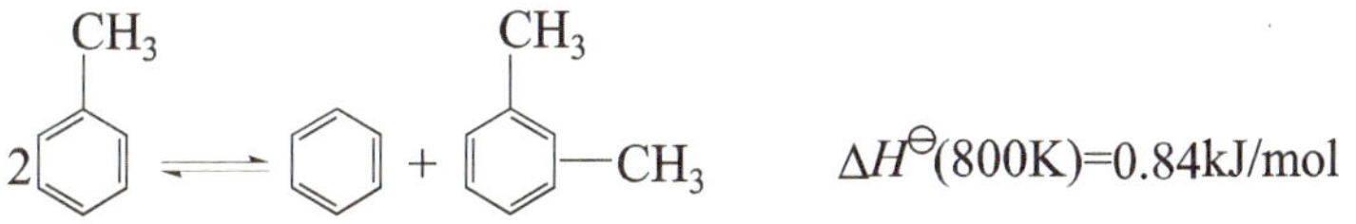

甲苯歧化反应的副反应有如下几种。

1) 产物二甲苯的二次歧化

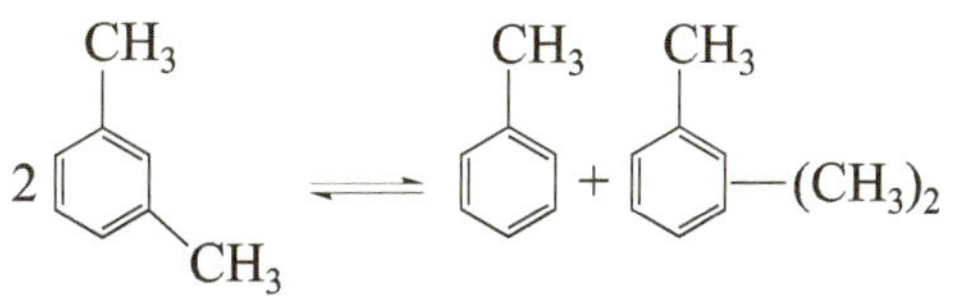

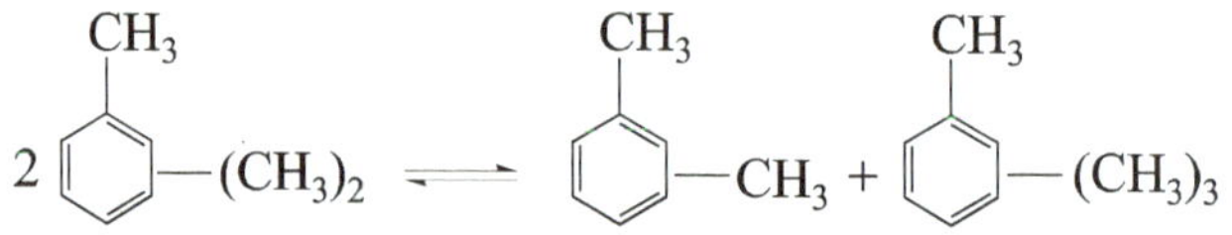

上述歧化产物还会发生异构化和歧化反应。

2) 产物二甲苯与原料甲苯或副产物多甲苯之间的烷基转移反应

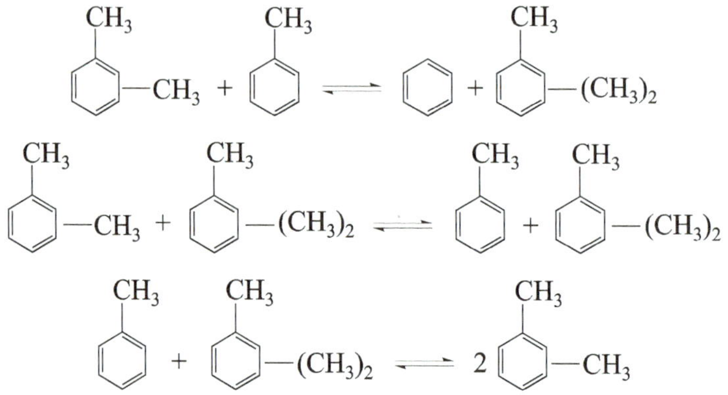

工业生产上常利用此类烷基转移反应，在原料甲苯中加入三甲苯以增产二甲苯。

3) 甲苯的脱烷基反应

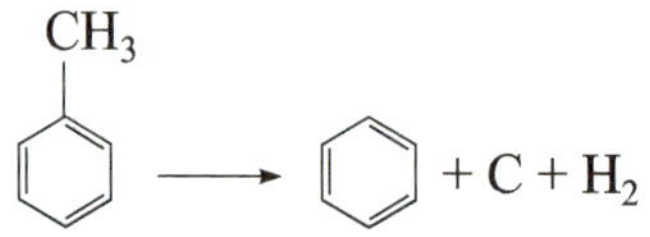

(5-35)

4) 芳烃的脱氢缩合生成稠环芳烃和焦

此副反应的发生会使催化剂表面迅速结焦而活性下降，为了抑制焦的生成和延长催化剂的寿命，工业生产上是采用临氢歧化法。在氢存在下进行甲苯歧化反应，不仅可抑制焦的生成，也能抑制式(5-35)副反应的进行，避免炭的沉积。但在临氢条件下也增加了甲苯加氢脱甲基转化为苯和甲烷以及苯环氢解为烷烃的副反应，后者会使芳烃的收率降低，应尽量减少发生。

2. 甲苯歧化产物的平衡组成

甲苯歧化是可逆反应，反应热效应小，温度对平衡常数的影响不大，如表 5-30 所示。

表 5-30 甲苯歧化反应的平衡常数

反应温度/℃	K_p		
	甲苯 ⟶ 苯+邻二甲苯	甲苯 ⟶ 苯+间二甲苯	甲苯 ⟶ 苯+对二甲苯
127	7.08×10^{-2}	2.09×10^{-1}	8.91×10^{-2}
327	9.77×10^{-2}	2.19×10^{-1}	9.77×10^{-2}
527	1.15×10^{-1}	2.29×10^{-1}	1.01×10^{-2}

甲苯歧化反应过程比较复杂，除所生成的二甲苯会发生异构化反应外，还会发生一系列歧化和烷基转移反应，故所得歧化产物是多种芳烃的平衡混合物。表 5-31 所示是甲苯歧化产物的平衡组成。如所用原料为甲苯和三甲苯的混合物时，则因苯环与甲基比例的不同，产物

的平衡组成也不同。由表 5-31 所示数据可知，甲苯在 800K 左右歧化时，歧化产物中三种二甲苯异构体的平衡浓度只能达到约 23%(摩尔分数)。

表 5-31　甲苯歧化反应的平衡组成

组分	摩尔分数/%			
	500K	700K	800K	1000K
苯	31.2	31.9	32.0	32.4
甲苯	42.2	41.1	40.6	40.3
1,2-二甲苯	4.6	5.3	5.8	6.1
1,3-二甲苯	12.5	12.0	11.9	11.5
1,4-二甲苯	5.5	5.4	5.4	5.2
1,2,3-三甲苯	0.2	0.4	0.4	0.5
1,2,4-三甲苯	2.5	2.6	2.7	2.7
1,3,5-三甲苯	1.0	0.9	0.8	0.8
四甲苯总量	0.3	0.4	0.4	0.5

5.7.2　催化剂

目前工业上使用的烷基苯的歧化和烷基转移催化剂有 Y 型、M 型(丝光沸石)及 ZSM 系分子筛催化剂等。当前工业上广泛采用的是丝光沸石催化剂。不同甲苯歧化工艺所采用的催化剂性能如表 5-32 所示。

表 5-32　甲苯歧化工艺技术及催化剂性能比较

项目	Xylene-Plus 法	Tatoray 法	LTD 法	MTDP 法
催化剂	D-8,D-9,EM-100	TA-2,TA-3,TA-4	AP	—
催化剂活性组分	Y 型沸石	丝光沸石	ZSM-4 沸石	ZSM-5 沸石
转化率/%	28.0～30.0	35.0～47.0	45.0	47.0
选择性/%	92.5	93.0～96.0	94.9	90.0～95.0
催化剂寿命	每天磨耗 0.15%	3 年以上	1.5 年以上	数年
再生周期	连续再生	3～36 个月	间歇生产	大于 9 个月

在丝光沸石催化剂上和临氢条件下得到的甲苯歧化初始反应速率 r_0 方程式为

$$r_0 = \frac{k_0 K_T^2 p_T^2}{(1 + K_T p_T)^2} \tag{5-36}$$

式中，k_0 为表面转化速率常数，mol/(g 催化剂 · s)；K_T 为甲苯在催化剂上的吸附系数，MPa^{-1}；p_T 为甲苯分压，MPa。

由式(5-36)可知，在一定压力范围内，歧化速率是随甲苯分压增加而加快。但其加快的程度随甲苯分压的增加而渐趋缓慢，当甲苯分压大于 0.304MPa 时，对歧化速率的影响很小。

在临氢条件下，如总压过高会促进苯核加氢分解等副反应的进行。而适宜压力的选择与氢纯度和催化剂的活性有关，目前生产上选用总压为 2.55～3.40MPa，循环氢气纯度为 80%(摩尔分数)以上。不临氢时，因甲苯压力增加会加速芳烃的脱氢缩合成焦反应，故宜在常压下进行。

5.7.3 工艺条件及主要影响因素

1. 原料中杂质含量

原料中若水分存在会使分子筛催化剂的活性下降，应加以脱除。有机氮化合物会严重影响催化剂的酸性，使活性下降，它在原料中的质量分数应小于 2×10^{-7}。此外，重金属如砷、铅、铜等能促进芳烃脱氢，加速缩合反应，因此其质量分数应小于 1×10^{-8}。

2. C_9 芳烃的含量和组成

为了增加二甲苯的产量，常在甲苯原料中加入 C_9 芳烃，以调节产物中二甲苯与苯的比例，图 5-28 为原料中三甲苯浓度对产物分布的影响。由图 5-28 可见，产物中 C_8 芳烃与苯的摩尔比可借原料中三甲苯摩尔分数来调节。当原料中三甲苯摩尔分数为 50%左右时，反应生成液中 C_8 芳烃的摩尔分数最高。

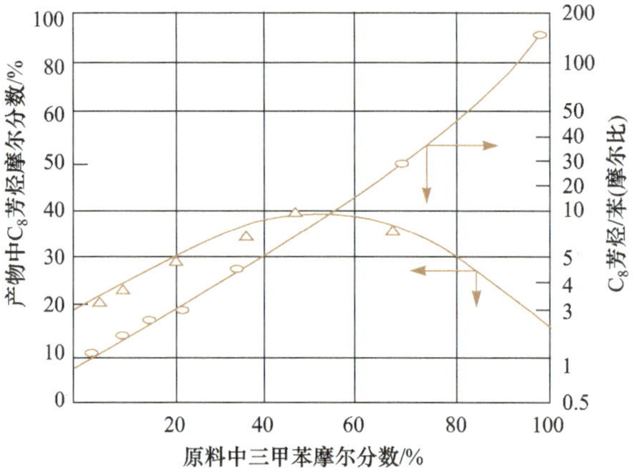

图 5-28 原料中三甲苯摩尔分数对产物分布的影响

但是 C_9 芳烃组成中除了三个三甲苯异构体外尚有三个甲乙苯异构体和丙苯。后者除了发生甲基转移反应外，主要发生氢解反应。其反应见以下四式。

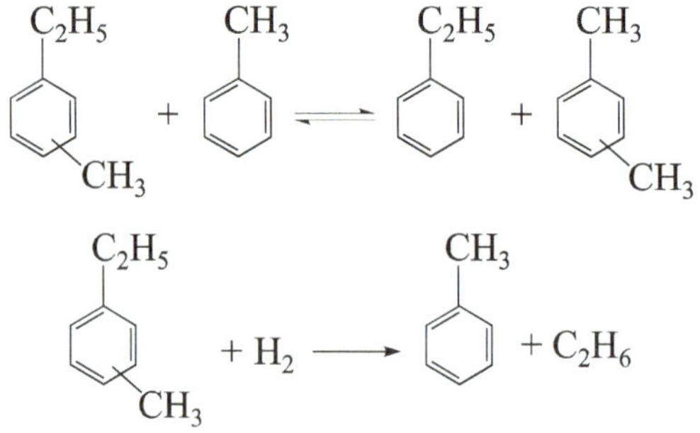

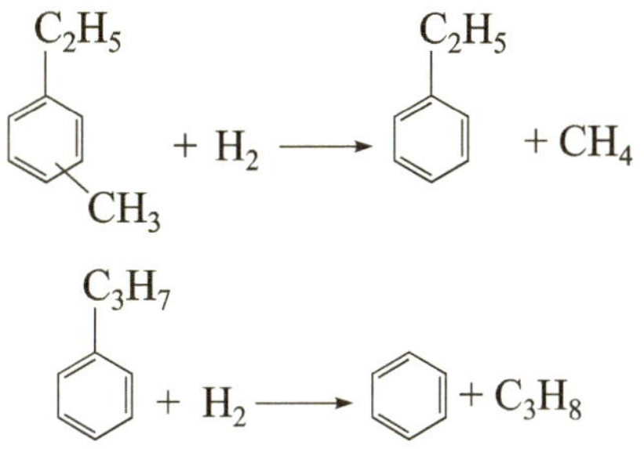

C_9芳烃中有这些组分存在，不仅使乙苯含量增加，而且使氢气消耗量增加。若在歧化过程中未转化的C_9芳烃全部循环使用，必然会使甲乙苯的浓度积累，并使反应液中乙苯含量越来越高，直至达到平衡值。因此，甲乙苯和丙苯在C_9芳烃中的含量应有一定的限量。

3. 氢烃比

虽然主反应不需要氢，但是氢气的存在可抑制生焦生炭等反应的进行，对改善催化剂表面的积炭程度有显著的效果，故反应常在临氢条件下进行。但氢气量过大，不仅增加动力消耗，而且降低转化速率。工业生产上，一般选用氢与甲苯的摩尔比为10左右。另外，氢烃比也与进料组成有关，当进料中C_9芳烃较多时，由于C_9芳烃比甲苯易发生氢解反应，要消耗氢，故需适当提高氢烃比，当C_9芳烃中甲乙苯和丙苯含量高时，所需氢烃比更高。

4. 液体空速

如图5-29所示，转化率随空速的减小而增大，随温度的升高而增大。但当转化率增大到40%以后，其增加速率趋于平缓。实际生产中可从相应的反应温度来选择适宜的液体空速以满足转化率的要求。

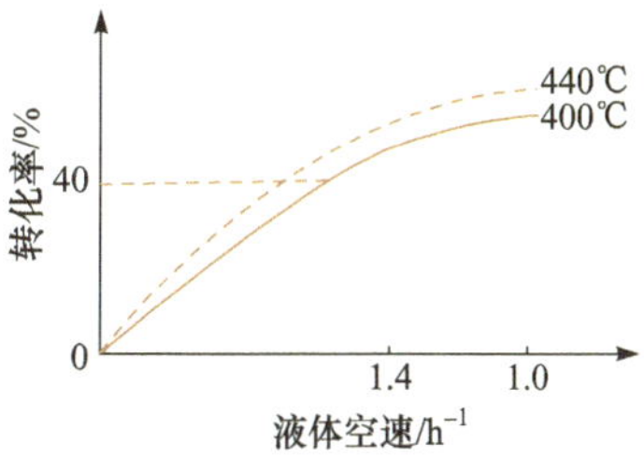

图5-29 转化率和液体空速的关系

5.7.4 工艺流程

甲苯歧化技术主要由美国Atlantic Richlield公司开发的二甲苯增产法(Xylene-Plus法)、日本Toray公司和美国UOP公司共同开发的Tatoray法、美国Mobil公司的低温歧化法(LTD法)。前两种方法既可用于歧化，又可用于烷基转移，后一种方法专用于歧化。三种工艺的主要特点见表5-33。LTD法和Xylene-Plus法的工艺流程分别见图5-30和图5-31。

表5-33 甲苯歧化的工艺方法

工艺名称	Xylene-Plus法	Tatoray	LTD法
催化剂和工艺特点	稀土型沸石小球催化剂，气相反应，移动床反应器，不临氢	氢型丝光沸石催化剂，气相反应，固定床反应器，临氢	ZSM-4沸石催化剂，液相反应，固定床反应器，不临氢
操作条件			
温度/℃	540	400～450	初期260，末期316
压力/MPa	常压	3.0	4.6
氢/烃(摩尔比)	无	(6～10):1	无
空速/h^{-1}	0.9	1.0	1.5

续表

工艺名称	Xylene-Plus 法	Tatoray	LTD 法
产品收率(质量分数)/%			
气体	3.4	1.9	0.20
苯	46.8	41.4	43.93
二甲苯	41.3	56.1	51.15
C_9芳烃	3.9	1.0	4.72
焦	4.6%	—	—
氢耗(对新鲜原料)(质量分数)	无	0.4%	无
催化剂再生周期	连续再生	6～10 月	—
催化剂寿命	—	>3 年	>1.5 年

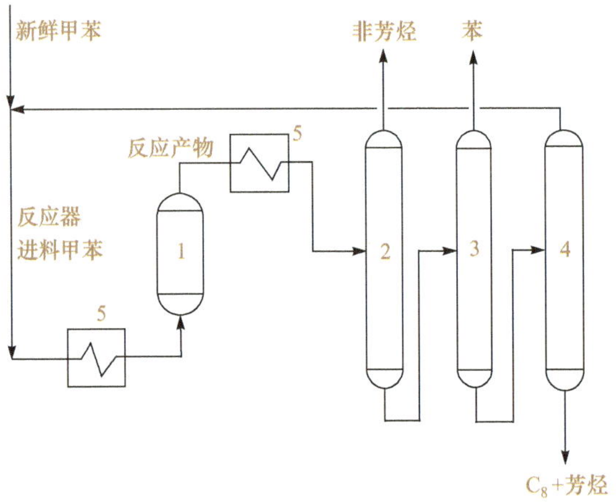

图 5-30 LTD 法工艺流程

1. 反应器；2. 稳定塔；3. 苯塔；4. 甲苯塔；5. 换热器

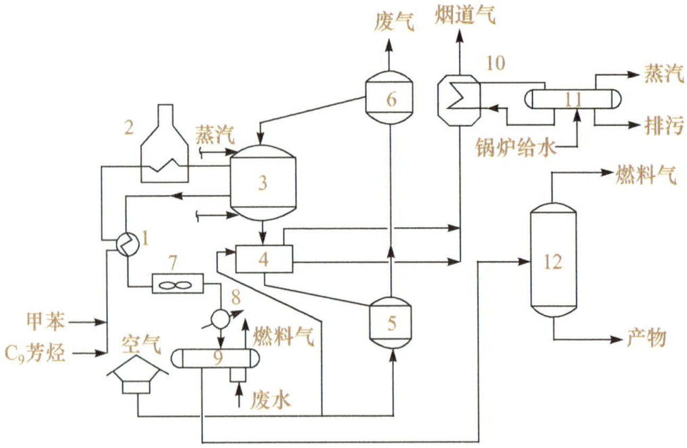

图 5-31 Xylene-Plus 法甲苯常压歧化法工艺流程

1. 换热器；2. 加热炉；3. 反应器；4. 再生器；5. 提升器；6. 分离器；7. 空冷器；8. 冷却器；9. 分离器；10. 废热锅炉；11. 汽包；12. 稳定塔

图 5-32 为典型的甲苯歧化与 C_9 芳烃烷基转移工艺原则流程。

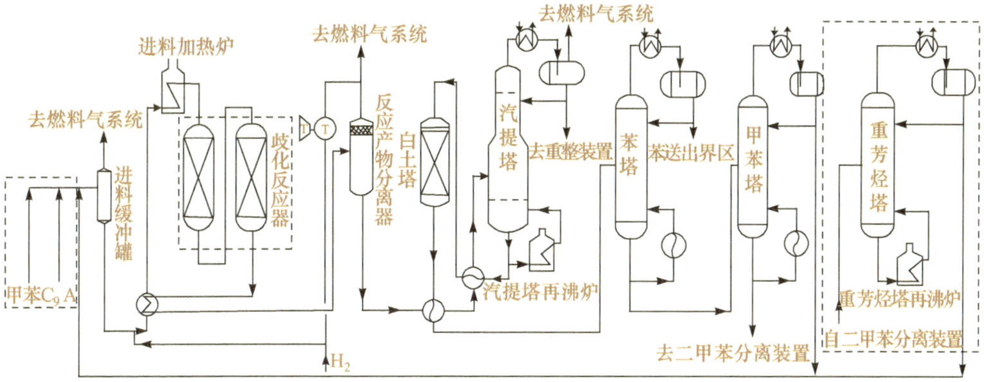

图 5-32 典型的甲苯歧化与 C_9 芳烃烷基转移工艺原则流程

由图 5-32 可知，来自分馏单元的甲苯和 C_9 芳烃混合后经进料泵在流量调节下与循环氢混合，混合物料与反应产物换热后进入歧化反应进料炉加热到所需反应温度，从反应器顶部进入歧化反应器，反应物料与加热炉进料换热，经冷凝进分液罐进行气液分离。分液罐分离出的气体大部分经循环氢压缩机压缩后与部分补充新氢混合作为反应进料，少量经压力控制作为释放气排放到异构化单元或作为燃料气；分液罐的液体在液位控制下经汽提塔进料和釜液换热器后进入汽提塔，汽提塔塔顶采出物与异构化单元脱庚烷塔塔顶馏出物一起去稳定塔，在稳定塔中塔顶得到燃料气，塔釜液返回抽提系统；汽提塔塔釜液进芳烃分馏系统。

5.7.5 技术进展

经典的甲苯歧化工艺的产品是苯和二甲苯，为了降低苯的收率，最近开发的选择性甲苯歧化工艺，使产品中对二甲苯质量分数高达 80%～90%。经典的甲苯歧化和二甲苯异构化工艺只能产生平衡组成的二甲苯。在 700K 时二甲苯的平衡组成是：对二甲苯摩尔分数 23.5%，间二甲苯摩尔分数 52.0%，邻二甲苯摩尔分数 24.5%。而市场上对二甲苯需求量最大，经典的二甲苯异构化工艺流程中，达到平衡组成后再经过吸附、萃取和分馏等分离手段，分出需要的对二甲苯或邻二甲苯，余下物料再去异构化，重新达到平衡组成。这样就造成大量间二甲苯(占装置物料的一半以上)在装置内反复循环，使流程复杂，设备庞大，基建投资和操作费用增加。美国 Mobil 公司开发的 MSTDP(mobil selective toluenen disproportionation process)甲苯选择性歧化工艺于 1988 年在意大利 Enichem 公司工业化，纯甲苯原料的转化率为 30%，对二甲苯占混合二甲苯中的比例达 82%～85%，由于该工艺不能加工 C_9 芳烃，其应用范围受到一定限制。日本三菱化学公司在日本首次采用了该工艺，建成了年产 7 万吨对二甲苯装置，并于 1996 年运转。在首套甲苯选择性歧化工艺工业化至今，通过对 ZSM-5 沸石催化剂的不断改进，不断取得新的突破，可以获得高纯度苯或对二甲苯，对二甲苯在异构体中的含量最高达 99%。

5.8 C_8 芳烃异构化

工业上 C_8 芳烃的异构化是以不含或少含对二甲苯的 C_8 芳烃为原料，在催化剂的作用转化成浓度接近平衡浓度的 C_8 芳烃，从而达到增产对二甲苯的目的。

根据乙苯是否转化及催化剂类型，C_8 芳烃异构化工业方法可分为四种类型，见表 5-34。

表 5-34 C_8 芳烃异构化工业方法

类型	专利商及工艺	催化剂	反应温度/℃	反应压力/MPa	反应时共存物	乙苯转化
Ⅰ	日本丸善公司、英国 ICI 公司	SiO_2-Al_2O_3	400～500	常压	H_2O	无
Ⅱ	美国 Engelhard 公司，Octafining 工艺	第一代：Pt-SiO_2-Al_2O_3	350～550	0.98～3.43	H_2	有
	美国 UOP 公司，Isomar 工艺	第一代：Pt-Al_2O_3-卤素 第二代：Pt-Al_2O_3-丝光沸石	350～550	0.98～3.43	H_2	有
	日本 Toray 公司，Isolene-Ⅱ工艺	第二代：Pt-Al_2O_3-丝光沸石	350～550	0.98～3.43	H_2	有
Ⅲ	ESSO，Isoforming 工艺	MoO_3-菱钾沸石	300～550	0.98～3.43	H_2	无
	日本 Toray 公司，Isolene-Ⅰ工艺	Cu(Cr、Ag)丝光沸石	300～550	0.98～3.43	H_2	无
	美国 Mobil 公司，MLTI，MLPI	HZSM-5	200～260	2.45	—	无
	美国 Mobil 公司，MVPI，MHTI	HZSM-5	260～450	0.98～3.92	H_2	有
	日本三菱油化公司，C_8芳烃异构化工艺	Zr、Br-丝光沸石	250	常压	—	无
Ⅳ	日本三菱瓦斯化学公司，C_8芳烃异构化工艺	HF-BF_3	100	—	—	无

根据是否临氢，二甲苯异构化工艺有临氢和非临氢两种。临氢异构化根据采用的催化剂可分贵金属与非贵金属两类，目前工业上广泛采用的是贵金属催化剂，贵金属催化剂虽然成本高，但能使乙苯转化为二甲苯，对原料适应性强，异构化原料无需进行乙苯分离。C_8 芳烃临氢异构化方法、催化剂组成及主要操作条件见表 5-35。

表 5-35 C_8 芳烃临氢异构化工业方法

专利商及工艺	催化剂组成	反应温度/℃	反应压力/MPa	乙苯转化形式	反应是否临氢	工业化时间
美国 Engelhard 公司 Octafining 工艺	Pt-Al_2O_3-无定形硅铝	400～510	1.0～2.5	二甲苯	临氢	1960 年
美国 Engelhard 公司 Octafining-Ⅱ工艺	Pt-Al_2O_3-HM	380～450	1.3～2.0	二甲苯	临氢	20 世纪 80 年代初
美国 UOP 公司 Isomar 工艺	Pt-Al_2O_3-HF	390～450	1.3～2.0	二甲苯	临氢	1968 年
美国 UOP 公司 Newest Isomar 工艺	Pt-Al_2O_3-HM	380～450	1.3～2.0	二甲苯	临氢	20 世纪 80 年代初
日本 Toray 公司 Isolene-Ⅱ工艺	Pt-Al_2O_3-HM	380～430	1.3～2.0	二甲苯	临氢	1971 年
美国 Mobil 公司 MHTI 工艺	Re-Al_2O_3-HZSM-5	410～450	1.4～1.6	脱烷基	临氢	20 世纪 80 年代
美国 Mobil 公司 MHAI 工艺	两种不同分子式的 HZSM-5	400～480	1.4～1.6	脱烷基	临氢	20 世纪 90 年代
中国石化北京石油化工科学研究院 SKI-300(400/500)工艺	Pt-Al_2O_3-HM	360～420	0.45～1.50	二甲苯	临氢	2003 年
中国石化北京石油化工科学研究院 SKI-100(200)工艺	Pt-Al_2O_3-HM	360～410	0.50～1.20	脱烷基	临氢	2005 年
法国 IFP 公司	Pt-Al_2O_3-HEU-1	340～430	0.7～1.2	二甲苯	临氢	20 世纪 90 年代末

非临氢异构采用的催化剂一般为无定形 SiO_2-Al_2O_3，具有较高的活性，但选择性差，反应在高温下进行，催化剂积炭快，再生频繁，非临氢异构不能使乙苯转化为甲苯。已工业化的有英国帝国化学公司的 ICI 法与日本丸善公司的 XIS 法。近年来美国 Mobil 公司开发的 MLTI 法，催化剂为 ZSM 系列沸石，反应在低温液相下进行，此法具有良好的活性与选择性。此外还有日本三菱瓦斯化学公司的 JGCC 法，催化剂为 HF-BF_3。

5.8.1　工艺原理

对于二甲苯异构化的反应机理有两种看法：一种是三种异构体之间的相互转化

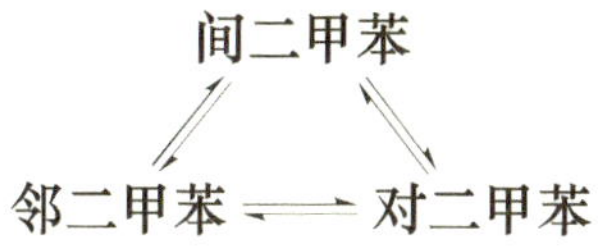

另一种是连串式异构化反应

邻二甲苯 ⇌ 间二甲苯 ⇌ 对二甲苯

在 SiO_2-Al_2O_3 催化剂上对异构化过程的动力学规律研究得到的实验结果是：邻二甲苯异构化的主要产物是间二甲苯；对二甲苯异构化的主要产物也是间二甲苯；而间二甲苯异构化产物中邻二甲苯和对二甲苯的含量却非常接近，因此认为二甲苯在该催化剂上异构化的反应历程应是第二种。

乙苯的异构化反应则如下所示。

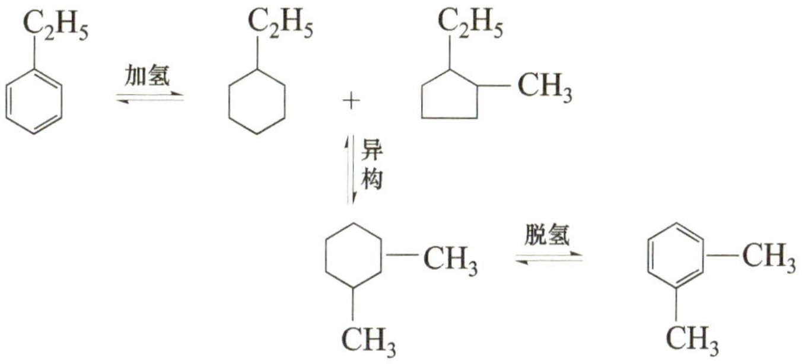

5.8.2　催化剂

异构化催化剂主要有无定形 SiO_2-Al_2O_3 催化剂、铂/酸性载体催化剂、ZSM 分子筛催化剂和 HF-BF_3 催化剂等。

1. 无定形 SiO_2-Al_2O_3 催化剂

无定形 SiO_2-Al_2O_3 催化剂无加氢、脱氢功能，不能使乙苯异构化，故乙苯应先分离除去，否则会发生歧化和裂解等反应而造成乙苯损失。为提高其酸性，可加入有机氯化物、氯化氢和水蒸气等。反应一般在 350～500℃、常压下进行，为抑制歧化和生焦等副反应发生，常在原料中加入水蒸气。此类催化剂价廉、操作方便，但选择性较差、结焦快，故需频繁再生。

2. 铂/酸性载体催化剂

铂/酸性载体催化剂主要有 Pt/SiO_2-Al_2O_3、Pt/Al_2O_3 和铂/沸石等催化剂。此类催化剂既有加氢、脱氢功能，又有异构化功能，故不仅能使二甲苯之间异构化，也可使乙苯异构化为二甲苯，并具有较好的活性和选择性，产物二甲苯异构体的组成接近热力学平衡值。选择适宜的氢压和温度能促使乙苯的异构化并提高转化率。通常于 400～500℃和 0.98～2.45MPa 氢压下进行异构化反应。

3. ZSM 分子筛催化剂

ZSM 分子筛催化剂主要有 ZSM-4 和经 Ni 交换的 NiHZSM-5。以 ZSM-4 为催化剂时在低温液相进行异构化，产物二甲苯组成接近热力学平衡值，副产物仅 0.5%(质量分数)左右，但其不能使乙苯异构化。用 Ni 改性后的 NiHZSM-5 催化剂，在临氢条件下对乙苯异构化具有较好的活性，乙苯转化率达 34.9%，二甲苯组成接近平衡值，二甲苯收率达 99.6%(质量分数)。

4. HF-BF_3 催化剂

HF-BF_3 催化剂用于间二甲苯为原料的异构化过程具有较高的活性和选择性，转化率为 40%左右，产物二甲苯异构体组成接近热力学平衡值，C_8 芳烃的单程收率达 99.6%(质量分数)，副产物单程收率仅 0.37%(质量分数)。此类催化剂还具有异构化温度低、不用氢气等优点；但 HF-BF_3 在水分存在下具有强腐蚀性，故原料必须经过分子筛干燥并除氧。

从催化重整油、裂解汽油、甲苯歧化及其他来源得到的 C_8 芳烃，都是二甲苯(邻、间、对)异构体和乙苯的混合物，组成如表 5-36 所示。C_8 芳烃经分离萃取其中对二甲苯、邻二甲苯，萃余 C_8 芳烃通过异构化，又将转化为对二甲苯、邻二甲苯、间二甲苯的平衡混合物料。

表 5-36 不同来源的 C_8 芳烃组成

组分	组成(质量分数)/%			
	重整汽油	裂解汽油	甲苯歧化	煤焦油
乙苯	14～18	30(含苯乙烯)	1.1	10
对二甲苯	15～19	15	23.7	20
间二甲苯	41～45	40	53.5	50
邻二甲苯	21～25	15	21.7	20

5.8.3 反应动力学和热力学

1. 反应动力学

对于间二甲苯非均相催化异构化的研究表明，反应速率是由表面反应所控制，其动力学规律与单吸附位反应机理相符合，反应速率方程式为

$$r_{异构} = \frac{k'}{1 + K_A p_A}\left(p_A - \frac{p_B}{K_p}\right) \tag{5-37}$$

式中，p_A 为间二甲苯分压，MPa；p_B 为对二甲苯或邻二甲苯分压，MPa；K_A 为间二甲苯表面吸附系数，MPa^{-1}；K_p 为气相异构化平衡常数；k' 为间二甲苯异构化反应速率常数，mol/(h · MPa)。

在 SiO_2-Al_2O_3 催化剂上间二甲苯异构化的 k' 值见表 5-37。

表 5-37 间二甲苯异构化的 k' 值

温度/℃	间→对，$k'\times10^3$	间→邻，$k'\times10^3$
371	0.0263	0.0189
427	0.118	0.089
482	0.4973	0.334

对于乙苯异构化，研究者曾在 Pt/Al_2O_3 催化剂上研究了乙苯的气相临氢异构化。得知其异构化速度比二甲苯慢，而且温度的影响较显著，如表 5-38 所示。由表 5-38 看出，温度越高，乙苯转化率越小，二甲苯收率也越小。

表 5-38 反应温度对乙苯异构化的影响

反应温度/℃	乙苯转化率/%	二甲苯收率/%	反应温度/℃	乙苯转化率/%	二甲苯收率/%
427	40.9	32.0	483	24.0	19.2
453	28.6	24.2	509	21.1	11.8

注：压力=1.1MPa，氢/乙苯=10，乙苯液空速=$1h^{-1}$

整个异构化过程包括了加氢、异构和脱氢等反应。低温有利于加氢，高温有利于异构和脱氢，故只有协调好各种条件才能使乙苯异构化得到较好的结果。

2. 热力学分析

C_8 芳烃异构化时，可能进行的主反应是三种二甲苯异构体之间的相互转化和乙苯与二甲苯之间的转化，副反应是歧化和芳烃的加氢反应等。表 5-39 是 C_8 芳烃异构化反应的热效应及平衡常数值。可以看出 C_8 芳烃异构化反应的热效应很小，因此温度对平衡常数的影响不明显。表 5-40 为温度与混合二甲苯平衡组成的关系，可以看出，在平衡混合物中，对二甲苯的平衡浓度最高只能达到 23.7%，并随着温度升高逐渐降低；间二甲苯的含量总是最高，低温时尤为显著；邻二甲苯的浓度随温度升高而增高。因此，C_8 芳烃异构化为对二甲苯的效率是受到热力学平衡所限制的，即对二甲苯在异构化产物中的浓度最高在 23%左右。这也是为何不同来源 C_8 芳烃具有相似组成的原因。

表 5-39 C_8 芳烃异构化反应的热效应及平衡常数

反应	$\Delta H^{\ominus}(298K)/(J/mol)$	$\Delta G^{\ominus}(298K)/(J/mol)$	$K_p(298K)$
间二甲苯(气) ⟶ 对二甲苯(气)	711.9	2260	0.402
间二甲苯(气) ⟶ 邻二甲苯(气)	1785	3213	0.272
乙苯(气) ⟶ 对二甲苯(气)	−11846	−9460	45.42

表 5-40 温度对二甲苯异构化反应平衡常数的影响

温度/℃	二甲苯异构体的平衡组成(摩尔分数)		
	间二甲苯	对二甲苯	邻二甲苯
371	0.527	0.237	0.236
427	0.521	0.235	0.244
482	0.517	0.233	0.250

5.8.4 工艺条件及主要影响因素

有研究工作者在某种新型乙苯转化型双功能 C_8 芳烃异构化催化剂上考察了工艺条件对催化剂性能的影响。选择基础工艺条件为：反应温度 380℃，反应压力 0.75MPa，重时空速 $5.0h^{-1}$，氢油摩尔比 3.8。

1. 反应压力的影响

随反应压力的升高，乙苯转化率增加。这是因为乙苯转化为二甲苯的反应是通过加氢-异构-脱氢原理进行的，受反应压力的影响较大。而二甲苯之间的异构化反应是按类似正碳离子机理进行，受反应压力的影响较小，因此升高反应压力，PX 平衡浓度变化不大。反应压力过高，随乙苯转化率的增加，乙苯在转化过程中的裂解等副反应加剧，导致 C_8 烃收率降低。

2. 反应温度的影响

随反应温度的升高，催化剂异构化反应活性提高，PX 平衡浓度增加；同时由于升高反应温度不利于氢在金属上的吸附，相当于降低了催化剂表面的氢浓度，使乙苯转化率降低。升高反应温度，在提高异构化反应活性的同时，也提高了歧化副反应的活性，从而使 C_8 烃收率下降。

3. 重时空速和氢油摩尔比的影响

随重时空速的增加，PX 平衡浓度有所下降，同时乙苯转化率和 C_8 烃收率变化不大。而随氢油摩尔比的增大，乙苯转化率明显增加，PX 平衡浓度略有降低，C_8 烃收率变化不大。这是由于氢油摩尔比增大时，氢与原料的接触时间延长，乙苯转化率明显增加。但同时造成产物中 C_8 非芳烃含量明显增加，PX 含量降低。

工业生产中，由于催化剂在运转中存在积炭失活的过程，因此工业上催化剂的操作条件可选择的范围是：反应压力 0.60～1.20MPa，反应温度 360～400℃，重时空速 4.0～$5.0h^{-1}$，氢油摩尔比 3.8～5.0。

5.8.5 工艺流程

由于使用的催化剂不同，C_8 芳烃的异构化方法有多种，但其工艺过程大同小异。图 5-33 为 Pt/Al_2O_3 催化剂 C_8 芳烃异构化工艺流程图。该过程为临氢气相异构化，主要由三部分组成。

1. 原料预处理

由于催化剂对水分不稳定，原料必须先经脱水处理。由于二甲苯与水会形成共沸混合物，故一般采用共沸蒸馏脱水，使其含水质量分数在 1×10^{-5} 以下。

2. 反应部分

干燥的 C_8 芳烃与新鲜的和循环的氢气混合后，经换热器、加热炉加热到所需温度后进入异构化反应器。所用反应器为绝热式径向反应器。适宜反应条件为：反应温度为 390～440℃，反应压力为 1.26～2.06MPa，氢气摩尔分数为 70%～80%，循环氢与原料液的摩尔比一般为 6，原料液空速一般为 1.5～$2.0h^{-1}$。芳烃收率>96%，异构化产物中对二甲苯的含量为 18%～20%(质量分数)。

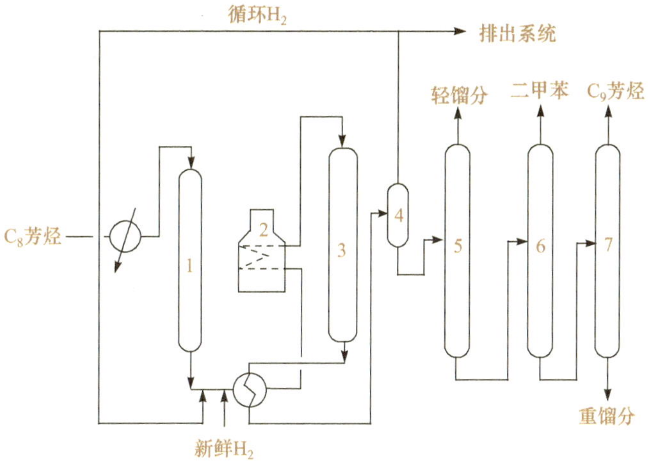

图 5-33 C_8芳烃异构化工艺流程

1. 脱水塔；2. 加热炉；3. 反应器；4. 分离器；5. 稳定塔；6. 脱二甲苯塔；7. 脱C_9塔

3. 产品分离部分

反应产物经换热后进入气液分离器。为了维持系统内氢气浓度有一定值(70%以上)，气相小部分排出系统而大部分循环回反应器，液相产物进入稳定塔脱去低沸物(主要是乙基环己烷、庚烷和少量苯、甲苯等)。塔釜液经活性白土处理后，进入脱二甲苯塔。塔顶得到接近热力学平衡浓度的C_8芳烃，送至分离工段分离对二甲苯。塔釜液进入脱C_9塔，塔顶蒸出的C_9芳烃送甲苯歧化和C_9芳烃烷基转移装置。

5.8.6 技术进展

MHAI(mobil high activity isomation)高活性异构工艺是美国Mobil公司开发的新型异构化技术，该工艺由MVPI气相异构工艺、MLPI低压异构工艺和MHTI高温异构工艺等一系列的类似工艺发展而来。其特点是产物中对二甲苯浓度超过热力学平衡值，减少了二甲苯回路的循环量。此工艺的反应器采用双固定床催化剂系统(the fixed-dual bed catalyst system)，即用两种分子式不同的ZSM-5沸石分别与黏结剂制成两种催化剂，分别装填于反应器上部和下部。上部主要使乙苯脱烷基和非芳烃裂解，下部主要实现二甲苯异构化。两种催化剂均需流化。反应条件为：温度400～480℃，压力1.4～1.6MPa，空速5～10h^{-1}，氢烃摩尔比1～3。产物中对二甲苯浓度超过热力学平衡值。

5.9 芳烃烷基化

芳烃的烷基化是芳烃分子中苯环上的一个或几个氢被烷基所取代而生成烷基芳烃的反应。在芳烃的烷基化反应中乙苯的烷基化最为重要。这类反应在工业中主要用于生产乙苯、异丙苯和十二烷基苯等。能为烃的烷基化提供烷基的物质称为烷基化剂，可采用的烷基化剂有多种，工业上常用的有烯烃和卤代烷烃。烯烃如乙烯、丙烯、十二烯，烯烃不仅具有较好的反应活性，而且比较容易得到。由于系统在烷基化过程中形成的正烃离子会发生骨架重排取得最稳定的结构存在，所以乙烯以上烯烃与苯进行烷基化反应时，只能得到异构烷基苯而不能得到正构烷基苯。烯烃的活泼顺序为异丁烯>正丁烯>乙烯；卤代烷烃主要是氯代烷烃，如氯乙烷、氯代十二烷等。此外，醇类、酯类、醚类等也可作为烷基化剂。

5.9.1 工艺原理

苯烷基化反应的化学过程如下。

1. 主反应

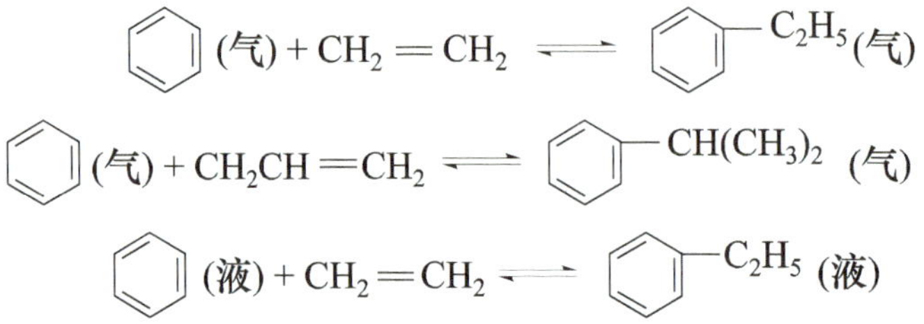

$\Delta H^{\ominus}(298K)=-106.6kJ/mol$ (5-38)

$\Delta H^{\ominus}(298K)=-97.8kJ/mol$ (5-39)

$\Delta H^{\ominus}(298K)=-114.6kJ/mol$ (5-40)

如式(5-38)～式(5-40)所示，苯的烷基化反应是反应热效应很大的放热反应，上述三式中平衡常数和温度的关系如下：

$$\lg K_{p(1)}=5460/T-6.56$$

$$\lg K_{p(2)}=5109.6/T-7.434$$

$$\lg K_{p(3)}=5944/T-7.3$$

可见在较宽温度范围内，苯的烷基化反应在热力学上都是很有利的。只有当温度高时，才有较明显的逆反应发生。

2. 副反应

主要包括多烷基苯的生成、二烷基苯的异构化反应、烷基转移(反烃化)反应(多烷基苯循环与过量的苯发生烷基转移反应而转化为单烷基苯)、芳烃缩合和烯烃的聚合反应(生成焦油和焦炭)。

所以苯的烷基化过程的产物是单烷基苯和各种二烷基苯、多烷基苯异构体组成的复杂混合物。在适宜的乙烯和苯配比时反应达到热力学平衡。图 5-34 为乙苯和多乙苯的热力学平衡曲线。工业上最佳操作点是使乙苯收率尽可能大，苯的循环量和多乙苯的生成量尽可能少，即图 5-34 中的阴影区。

5.9.2 催化剂

工业上已用于苯烷基化工艺的酸性催化剂主要有下面几类。

1. 酸性卤化物的配位化合物

如 $AlCl_3$、$AlBr_3$、BF_3、$ZnCl_2$、$FeCl_3$ 等配位化合物，它们的活性次序为 $AlBr_3$> $AlCl_3$> $FeCl_3$>

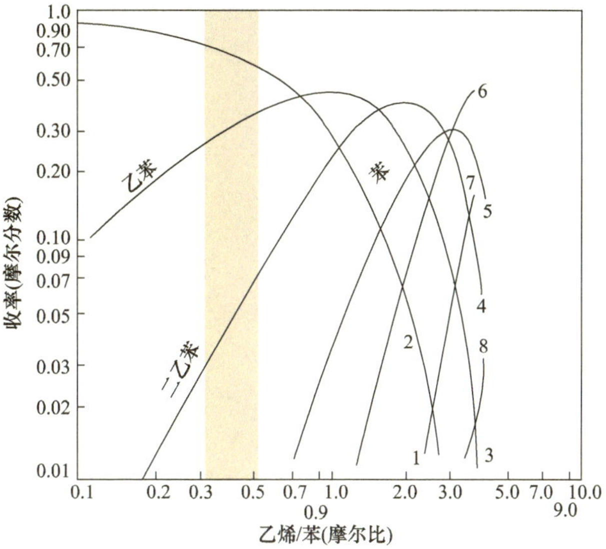

图 5-34　乙苯和多乙苯反应产物平衡曲线

1、7. 五乙苯；2. 苯；3. 乙苯；4. 二乙苯；5. 三乙苯；6. 四乙苯；8. 六乙苯

BF_3>$ZnCl_2$。工业上常用的是 $AlCl_3$ 配位化合物。纯的无水 $AlCl_3$ 无催化活性，必须有助催化剂(如 HCl)同时存在。$AlCl_3$ 配位化合物催化剂活性甚高，可使反应在 100℃左右进行，还具有使多烷基苯与苯发生烷基转移的作用，但其对设备、管道具有强腐蚀性。

2. 磷酸/硅藻土

该催化剂活性较低，需要采用较高的温度和压力；又因不能使多烷基苯发生烷基转移反应，故原料中苯需大大过量，以保证单烷基苯的收率。另外该催化剂对烯烃的聚合反应也有催化作用，会使催化剂表面结焦而活性下降。此催化剂工业上主要应用于苯和丙烯气相烷基化生产异丙苯。

3. BF_3/γ-Al_2O_3

这类催化剂活性较好，并对多烷基苯的烷基转移也具有催化活性。用于乙苯生产时还可用稀乙烯为原料，乙烯的转化率接近 100%，但有强腐蚀性和毒性。

4. ZSM-5 分子筛催化剂

这类催化剂的活性和选择性均较好。用于乙苯生产时，可用 15%～20%低浓度的乙烯作为烷基化剂，乙烯的转化率可达 100%，乙苯的选择性大于 99.5%。

5.9.3　工艺流程

1. 乙苯生产工艺

以苯和乙烯烷基化的酸性催化剂分类，烷基化工艺分为三氯化铝法、BF_3-Al_2O_3 法和固体酸法。若以反应状态分，可分为液相法和气相法两种。液相三氯化铝法又可分为传统的两相工艺和单相高温工艺，前者的典型代表是 Dow 法、旧 Monsanto 法等，后者典型代表是新

Monsanto 法；气相烷基化法的典型代表工艺是 Mobil-Hadger 法。

1) 液相烷基化法

(1) 传统的无水三氯化铝法。此法是最悠久和应用最广泛的生产烷基苯的方法。美国 Dow 公司、法国 BASF 公司、美国 Shell 公司、美国 Monsanto 公司和美国 Union Carbide-Badger 联合公司各自有自行开发的工艺技术。采用最多的是 Union Carbide-Badger 流程，如图 5-35 所示。在低温(95℃)、低压(101.3～152.0kPa)下，在搪玻璃的反应器中加入 $AlCl_3$ 催化剂配位化合物、苯和循环的多乙苯混合物，搅拌使催化剂配位化合物分散，向反应混合物通入乙烯，乙烯基本上完全转化。由反应器出来的物流由约 55%未转化的苯、35%～38%乙苯、15%～20%多乙苯混合有机相和 $AlCl_3$ 配位化合物组成。冷却分层，$AlCl_3$ 循环返回反应器，少部分被水解成 $Al(OH)_3$ 废液。有机相经水洗和碱洗除去微量 $AlCl_3$ 得到粗乙苯，最后经三个精馏塔分离得到纯乙苯。对不同生产厂家，上述工艺流程可能在乙烯与苯的配比、多乙苯返回量、催化剂用量、反应操作条件等参数有所差异，精馏分离部分各生产厂家在降低能耗上有不同程度的设计改进。

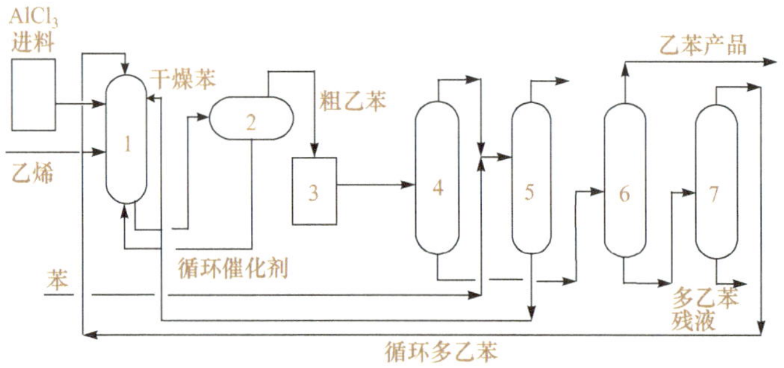

图 5-35 Union Carbide-Badger 乙苯生产工艺流程

1. 反应器；2. 澄清器；3. 前处理装置；4. 苯回收塔；5. 苯脱水塔；6. 乙苯回收塔；7. 多乙苯塔

(2) 高温均相无水三氯化铝法。1974 年，美国 Monsanto 公司根据多年的生产经验，对乙苯收率低、能量回收不合理、三废多及设备腐蚀严重的液相烷基化传统工艺进行了改进。从反应机理入手，与富有工程设计经验的美国 Lummus 公司合作，联合开发了高温液相烷基化生产新工艺。该流程与传统工艺基本无差别，不同的是美国 Monsanto 公司与美国 Lummus 公司联合设计成功一种有内外圆筒的烷基化反应器。乙烯、干燥的苯、三氯化铝配位化合物先在内筒反应，在此内筒里乙烯几乎全部反应，然后物料折入外筒使多乙苯发生烷基转移反应。改进后的工艺称高温均相无水三氯化铝法，其示意流程图如图 5-36 所示。

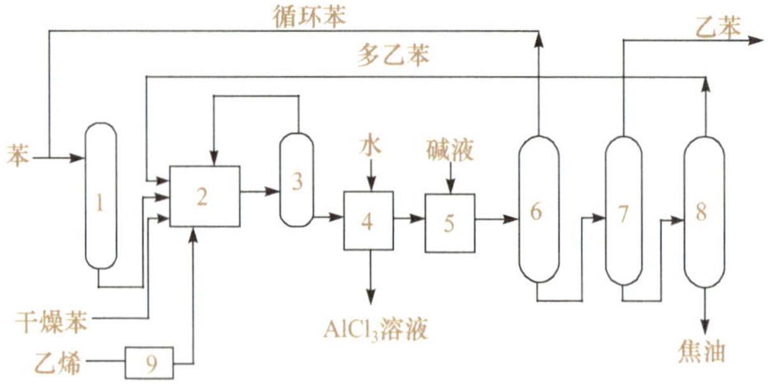

图 5-36 Monsanto-Lummus 高温均相烃化生产乙苯示意流程

1. 苯干燥塔；2. 烷基化反应器；3. 闪蒸塔；4. 水洗涤器；5. 碱洗涤器；6. 苯塔；7. 乙苯塔；8. 多乙苯塔；9. 催化剂制备槽

新鲜的乙烯、干燥的苯以及配制的三氯化铝配位化合物连续加入烷基化反应器，在乙烯与苯的摩尔比为 0.8、反应温度 140～200℃、反应压力 0.588～0.784MPa、三氯化铝用量为传统法的 25%的条件下进行反应。反应产物经绝热闪蒸，蒸出的气态烃轻组分和氯化氢返回反应器；液相产物经水洗、碱洗和三塔蒸馏系统，分离出苯、乙苯和多乙苯等。苯循环使用，多乙苯返回烷基化反应器。三氯化铝配位化合物不重复使用，经萃取、活性炭和活性氧化铝处理后，制得一种多三氯化铝溶液，可用作废水处理絮凝剂。

高温均相新工艺与传统三氯化铝工艺相比有下述优点：可采用较高的乙烯/苯(摩尔比)，并可使多乙苯的生成量控制在最低限度，乙苯收率达 99.3%(传统法为 97.5%)；副产焦油少 0.6～0.9kg/t(乙苯)，传统法为 2.2；三氯化铝用量仅为传统法的 25%，并且配位化合物无需循环使用，从而减少了对设备和管道的腐蚀及防腐要求；反应温度高有利于废热回收；废水排放量少。但高温均相烃化法的反应器材质必须在高温下耐腐蚀。

2) 气相烷基化法

气相烷基化法最早采用的是以磷酸/硅藻土为催化剂的固体磷酸法，但只适用于异丙苯的生产。后来开发了以 $BF_3/\gamma\text{-}Al_2O_3$ 为催化剂的 Alkar 法，可用于生产乙苯。20 世纪 70 年代美国 Mobil 公司又开发成功了以 ZSM-5 分子筛为催化剂的 Mobil-Badger 法。该方法采用 ZSM-5 分子筛催化剂，多层固定床绝热反应器，其示意工艺流程如图 5-37 所示。

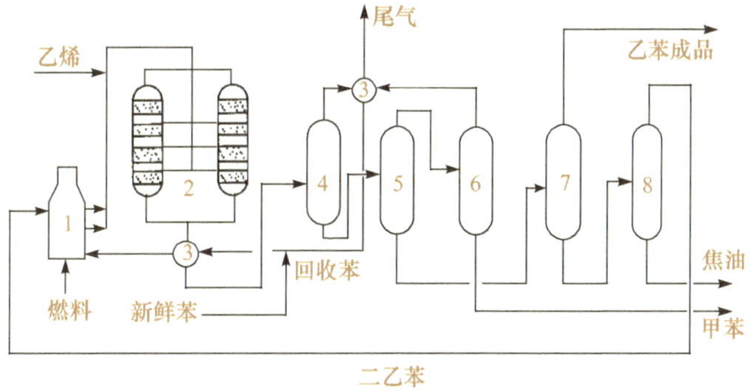

图 5-37　Mobil-Badger 法气相烷基化生产乙苯的工艺流程

1. 加热炉；2. 反应器；3. 换热器；4. 初馏塔；5. 苯回收塔；6. 苯、甲苯塔；7. 乙苯塔；8. 多乙苯塔

新鲜苯和回收苯与反应产物换热后进入加热炉，气化并预热至 400～420℃。先与已加热气化的循环二乙苯混合，再与原料乙烯混合后进入烷基化反应器各床层。各床层的温升控制在 70℃以下。由上一床层进入下一床层的反应物流经补加苯和乙烯骤冷至进料温度，使每床层的反应温度接近。典型的操作条件为：温度 370～425℃，压力 1.37～2.74MPa，质量空速 3～5kg 乙烯/(kg 催化剂 · h)。烷基化产物由反应器底部引出，经换热后进入初馏塔，蒸出的轻组分及少量苯，经换热后至尾气排出系统作燃料，塔釜物料进入苯回收塔，在该塔内将物料分割成两部分，塔顶蒸出苯和甲苯进入苯、甲苯塔，塔釜物料进入乙苯塔。在苯、甲苯塔分离得到回收的苯循环使用，甲苯作为副产品引出。在乙苯塔塔顶蒸出乙苯成品送储罐区，塔底馏分送入多乙苯塔。多乙苯塔在减压下操作，塔顶蒸出二乙苯，返回烷基化反应器，塔釜引出多乙苯残液送入储罐。该法的主要优点有：无腐蚀无污染，反应器可用低铬合金钢制造，尾气及蒸馏残渣可作燃料；乙苯收率高，以 ZSM-5 为催化剂时乙苯收率达 98%，以 HZSM-5 为催化剂时乙苯收率达 99.3%；烷基化反应温度高有利于热量的回收，装置的能耗

低；催化剂寿命二年以上，每千克乙苯耗用的催化剂费用是传统三氯化铝法的 1/10～1/20；因此装置投资较低、生产成本低。但该法由于催化剂表面结焦，活性下降较快，需频繁进行烧焦再生。

2. 异丙苯生产工艺

工业上主要的异丙苯生产工艺有固体磷酸法(UOP 法)、非均相三氯化铝法(SD 法)、均相三氯化铝法(Monsanto 法)和催化精馏工艺(CD 法)。前三种异丙苯生产工艺的技术特点见表 5-41。

表 5-41　异丙苯生产工艺特点

项目		UOP 法	Monsanto 法	SD 法
反应条件	反应温度/℃	200～240	120～140	80
	反应压力/MPa	3.5	约 0.2	常压
	苯中水含量/(mg/kg)	200～250	<10	<50
	苯/丙烯	(5～8)∶1	1∶(0.3～0.4)	1∶(0.3～0.4)
	催化剂	一次加入，寿命一年以上	连续加入，一次使用	连续加入，部分循环
质量	总收率(以苯计)/%	94.5	>99	97.9
	异丙苯纯度/%	约 99.9	约 99.9	约 99.9
原料消耗	苯/(kg/t)	662	655	681
	丙烯/(kg/t)	366	355	395
	三氯化铝/(kg/t)		2.0	2.3
	氯化氢/(kg/t)		1.22	1.54
	SPA-1/(kg/t)	1.022		
	丙烷/(kg/t)	1.25		
三废	废水/(kg/t)	很少	700	1130
	重组分/(kg/t)	30～45	约 6	约 11
	废渣	失活催化剂一年 1 次		
设备材质		碳钢(基本无腐蚀)	腐蚀性大，需用哈氏合金或防腐蚀衬里	

由表 5-41 可见，三氯化铝法总收率(以苯计)比固体磷酸法要高一些。这是由于三氯化铝法中二异丙苯可以反烃化生产异丙苯而循环使用，而磷酸催化剂对二异丙苯不具有反烃化性能，一般不设反烃化装置，因此收率低一些。

美国 Chemical Research & Licensing(CR&L)公司的催化精馏异丙苯生产技术(CD 法)，由于苯和丙烯烷基化反应为放热反应，又是连续反应过程，其反应温度与产物精馏温度接近，可以利用反应热直接进行精馏，在苯/丙烯摩尔比为 3 的时候反应放出的热量足够使苯气化。由于异丙苯及时地与苯分离，减少了串联副反应的发生，多异丙苯的生成量大为降低。该技术采用分子筛催化剂，其工艺流程见图 5-38。

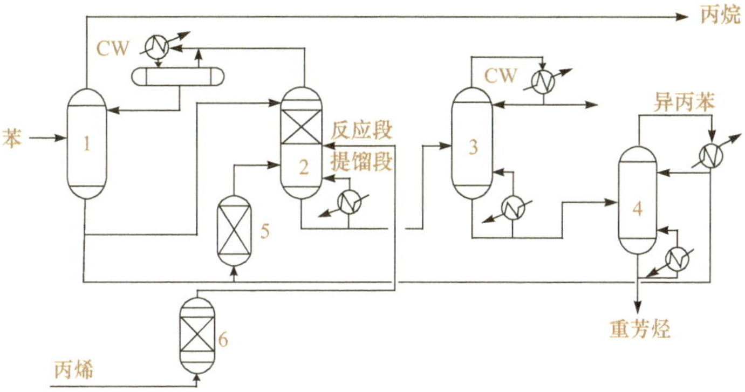

图 5-38 催化精馏法合成异丙苯工艺流程

1. 苯塔；2. 反应精馏塔；3. 异丙苯精馏塔；4. 多异丙苯塔；5. 烷基转移反应器(反烃化器)；6. 干燥器

该工艺关键设备是反应精馏塔，塔上段为装填沸石分子筛催化剂的反应段，下段为提馏段。由反应精馏塔的反应段顶部出来的苯蒸气经塔顶冷凝器冷凝分出不凝气体后进入苯塔，与新鲜苯混合，返回反应精馏塔的反应段上部作为回流，在下降过程中通过床层时与从反应段下部进入的干燥丙烯接触进行反应生成异丙苯。部分未反应的苯由于吸收反应热而气化。反应段流下的液体在反应精馏塔的提馏段使含有的未反应的苯被汽提出来进入反应段。反应精馏塔釜流出物中只含有异丙苯、多异丙苯等的液体产物，经蒸馏塔，从塔顶回收异丙苯产品，塔釜液送入多异丙苯塔，在多异丙苯塔釜分离出烃化焦油，从塔顶分出的多异丙苯循环回至烷基转移反应器(反烃化反应器)，与苯塔来的部分苯反应转化为异丙苯后进入反应精馏塔的提馏段。在反应精馏塔中，反应段的苯浓度可以维持在很高的水平，减少了丙烯自身聚合和异丙苯进一步烷基化反应，减少了重组分对床层的污染，有利于连续稳定操作。该工艺流程简单，可根据反应温度要求调解压力，压力控制在 0.28～1.05MPa。原料可以使用纯丙烯或稀的丙烯。

5.9.4 技术进展

Christensen 等采用碳模板制备了具有晶内介孔的 ZSM-5 沸石，并将其用于苯与乙烯的气相烷基化反应。结果表明，尽管普通微孔 ZSM-5 沸石的酸量是介孔 ZSM-5 沸石的近两倍，但与普通微孔 ZSM-5 沸石相比，介孔 ZSM-5 沸石上烷基化反应的催化活性明显提高，单烷基化产物乙苯的选择性也显著提高。

Guo 等采用 3 种不同的有机硅烷添加剂成功合成了椭球形的多级孔 ZSM-5 分子筛，其由 25 nm 左右的纳米分子筛颗粒聚集而成，具有三级孔结构。将该多级孔 ZSM-5 沸石应用于苯与乙烯的烷基化反应，结果乙烯的转化率较普通 ZSM-5 沸石提高 2%，而乙苯的选择性提高了 3%。

近年来，经过碱处理或酸处理方法制备的介孔丝光沸石，在烷基化反应中也表现出良好的催化性能。Groen 等选取苯与乙烯的液相烷基化反应，将脱硅制得的介孔丝光沸石与普通丝光沸石进行比较，介孔丝光沸石在反应中较普通沸石具有较高的催化活性、低失活速率和较高的乙苯选择性。

Adri N. C. van Laak 等将硅铝比为 5.7 的丝光沸石通过碱处理后用于苯与丙烯的液相反应，处理后的丝光沸石初始反应速率较未处理的原沸石样品提高了近一个数量级，由

2.9×10^{-5}mol/(g 催化剂·s)增到 5.5×10^{-4}mol/(g 催化剂·s)，且异丙苯的选择性提高了 3%。

思 考 题

1. 简述芳烃的主要来源及主要生产过程。
2. 芳烃的主要产品有哪些？分别有什么用途？
3. 催化重整的主要原料和产品是什么？
4. 催化重整有哪几种工艺类型？为什么采用多级反应器中间加热的工艺流程？
5. 芳烃与非芳烃分离有哪些工艺方法？
6. 怎样选择液-液萃取溶剂？
7. 给出 BTX 之间分离的工艺流程。对二甲苯与甲苯分离的方法，各有什么特点？
8. 芳烃脱烷基的目的是什么？目前有哪些工艺方法？
9. 芳烃脱烷基化的原理、催化剂和工艺条件是什么？
10. 芳烃歧化与烷基转移的目的是什么？目前有哪些工艺方法？
11. 芳烃歧化与烷基转移的原理、催化剂和工艺条件是什么？
12. 芳烃异构化的工艺方法、催化剂和工艺条件是什么？
13. 芳烃烷基化的目的是什么？目前有哪些工艺方法？
14. 芳烃烷基化的原理、催化剂和工艺条件是什么？
15. 试论述芳烃转化的意义、主要的芳烃转化反应。

参 考 文 献

陈利维, 张天嵌. 2017. 芳烃抽提技术研究进展和应用现状. 石油化工应用, 36(1): 7-10
程亮亮, 马应海, 程琳. 2014. 混合 C_4 芳构化反应的热力学研究. 当代化工, 43(4): 594-597
程正载, 王洋, 姚娜, 等. 2013. 混合碳四芳烃工艺技术分析. 化工技术与开发, 42(4): 14-17
丛敬. 2009. 几种芳烃抽提工艺的比较. 当代化工, 38(5): 467-471
戴厚良. 2013. 芳烃生产技术展望. 石油炼制与化工, 44(1): 1-10
段然, 巩雁军, 孔德嘉, 等. 2013. 轻烃芳构化催化剂的研究进展. 石油学报(石油加工), 29(4): 726-737
范景新, 臧甲忠, 于海斌, 等. 2015. 重芳烃轻质化研究进展. 工业催化, 23(9): 666-673
桂鹏, 张成涛, 付兴国, 等. 2009. 新型 C_8 芳烃异构化催化剂Ⅱ. 工艺条件的研究. 石油化工，38(5): 493-496
霍月洋. 2015. 芳烃抽提技术应用进展. 山东化工, 44(4): 41-46
季静, 柴忠义. 2013. 重质芳烃轻质化技术研究进展. 化学工业, 31(4): 25-27
刘艳杰, 丁国荣, 冯利, 等. 2004. 芳烃装置精馏系统的优化节能研究. 吉林化工学院学报, 21(4): 9-12
娄阳, 崔晔. 2014. 芳烃抽提技术发展与应用. 化学工业, 32(5): 22-26, 30
路守彦. 2013. 我国催化重整迅速发展. 广东化工, 40(261): 82-83
米镇涛. 2006. 化学工艺学. 2 版. 北京: 化学工业出版社
寿德涛, 山红红. 2004. 石油加工概论. 东营: 石油大学出版社
王婷. 2012. 重整装置预处理工艺方案比较. 石油化工设计, 29(4): 18-21
王新星, 李大鹏, 崔楼伟, 等. 2012. C_8 芳烃临氢异构化催化剂研究进展. 工业催化, 20(5): 1-8
吴巍. 2015. 芳烃联合装置生产技术进展及成套技术开发. 石油学报(石油加工), 31(2): 275-281
夏广娜. 2013. 轻烃芳构化工艺技术进展. 高新技术产业发展, (3): 59-60
徐春明, 杨朝合. 2009. 石油炼制工程. 4 版. 北京: 石油工业出版社
徐兆瑜. 2014. 增产对二甲苯的新途径与催化剂研究进展. 宁波化工, (2): 14-18
袁本旺, 丁晓伟, 李吉春, 等. 2008. C_4 烃芳构化烷基化反应工艺过程热力学分析. 石油炼制与化工, 39(1): 34-38

张春兰, 陈淑芬, 张远欣. 2013. 催化重整催化剂的研究现状及进展. 广州化工, 41(10): 23-24, 85
张居超, 陈慧勇, 郑虎俊, 等. 2009. 液化气生产芳烃技术工业化应用研究. 山东化工, 38(8): 40-41, 50
张元春, 苗海霞, 王鹏, 等. 2013. 多级孔沸石分子筛在芳烃烷基化反应中的研究进展. 化工进展, 32(5): 1065-1069, 1096
赵建国, 金光旭, 吴飞, 等. 2015. 轻烃芳构化工艺技术介绍及其应用规划. 乙烯工业, 27(2): 5-10

第 6 章　典型芳烃衍生物的生产

芳烃是石油化工工业中的重要原料，在总数约 800 万种已知有机化合物中，芳烃及其衍生物约占 30%。基于苯(B)、甲苯(T)、二甲苯(X)生产的衍生物广泛用于合成树脂、合成纤维、合成橡胶、合成洗涤剂、增塑剂、染料、医药、农药、炸药、香料、专用化学品等，在化学工业中占有重要地位。本章将重点介绍苯乙烯、对苯二甲酸、邻苯二甲酸酐、过氧化异丙苯(生产苯酚/丙酮)等几种典型芳烃的衍生物的性质和生产过程的原料、工艺原理、工艺流程、主要设备、影响因素及技术进展等。

6.1　苯　乙　烯

6.1.1　性质及用途

苯乙烯(styrene)化学式为 C_8H_8，无色液体，沸点为 145℃，难溶于水，易溶于乙醇、甲醇、乙醚等有机溶剂。苯乙烯为苯的最大种类衍生物，主要用于生产聚苯乙烯(PS)树脂、丙烯腈-丁二烯-苯乙烯(ABS)树脂、苯乙烯丙烯腈共聚物(SAN)树脂、丁苯橡胶(SBR)和丁苯胶乳(SBR)、离子交换树脂、不饱和聚酯及苯乙烯系热塑性弹性体等。此外，还可用于制药、染料、农药及选矿等行业，用途十分广泛。

6.1.2　主要生产方法

目前世界上苯乙烯的传统生产方法主要有乙苯脱氢法、环氧丙烷-苯乙烯联产法、裂解汽油抽提法及其他合成方法等。

1. 乙苯脱氢法

乙苯脱氢法包括乙苯催化脱氢和氧化脱氢。乙苯催化脱氢是工业上生产苯乙烯的主要方法，其生产能力约占世界苯乙烯总生产能力的 90%，由美国 Dow 公司首先开发成功。其主要过程包括苯和乙烯反应生成乙苯以及乙苯脱氢生成苯乙烯两步。

$$C_6H_6 + C_2H_4 \longrightarrow C_6H_5{-}C_2H_5$$

$$C_6H_5{-}C_2H_5 \longrightarrow C_6H_5{-}C_2H_3 + H_2$$

乙苯氧化脱氢技术是利用氢气和氧气的放热反应给乙苯脱氢反应提供热量，从而大大降低了能耗，提高了反应效率，典型的生产工艺是 SMART 工艺。该工艺是在原乙苯脱氢工艺的基础上，向脱氢产物中加入适量氧气，使氢气在选择性氧化催化剂作用下氧化为水，不但降低了反应产物中的氢气分压，使平衡反应向有利于生成苯乙烯的方向进行，而且还可为乙苯脱氢反应提供热量。

$$C_6H_5—C_2H_5+0.5O_2 \longrightarrow C_6H_5—C_2H_3+H_2O$$

2. 环氧丙烷-苯乙烯联产法

环氧丙烷-苯乙烯联产法的特点是不需要高温，可以同时联产苯乙烯和环氧丙烷两种重要的有机化工产品；将乙苯脱氢的吸热和丙烯氧化的放热两个反应结合起来，节省了能量，解决了环氧丙烷生产中的三废处理问题；由于联产装置的投资费用要比单独的环氧丙烷和苯乙烯装置降低 25%，操作费用降低 50%以上，因此采用该技术建设大型生产装置时更具竞争优势。不足之处是工艺流程长，装置总投资费用较高且反应复杂，副产物多，操作条件严格，乙苯单耗和装置能耗等都要高于乙苯脱氢工艺，不适宜建中小型装置。该方法主要包括以下三步：

过氧化　$C_6H_5—C_2H_5+O_2 \longrightarrow C_6H_5—CH(CH_3)OOH$

环氧化　$C_6H_5—CH(CH_3)OOH+C_3H_6 \longrightarrow C_3H_6O+C_6H_5—CH(CH_3)OH$

脱氢　$C_6H_5—CH(CH_3)OH \longrightarrow C_6H_5—C_2H_3+H_2O$

3. 裂解汽油抽提法

石脑油、柴油、液化石油气为原料的蒸汽裂解制乙烯装置生产的裂解汽油中含 4%～6%的苯乙烯，采用抽提方式可将其中的苯乙烯分离出来，不仅可得廉价苯乙烯，而且可大幅度减轻装置的加氢负荷，同时不含乙苯的 C_8 芳烃作为异构化原料的价值也相应提高。

4. 其他合成方法

其他合成方法有：乙苯二氧化碳氧化脱氢；苯和乙烯直接合成苯乙烯；以丁二烯为原料合成苯乙烯；甲苯为原料脱氢缩合生成苯乙烯基苯，随后与乙烯反应生成苯乙烯；甲苯与甲醇直接合成苯乙烯等。它们均处于研究阶段，具有一定的工业应用前景。

6.1.3　乙苯脱氢生产苯乙烯

1. 工艺原理

主反应为乙苯脱氢生产苯乙烯：

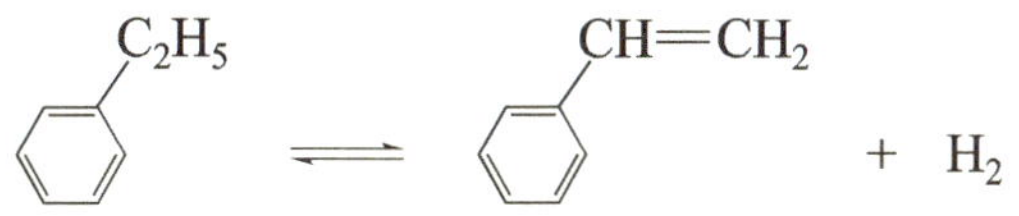

副反应包括乙苯裂解、加氢裂解、水蒸气裂解、聚合和缩合生焦等。

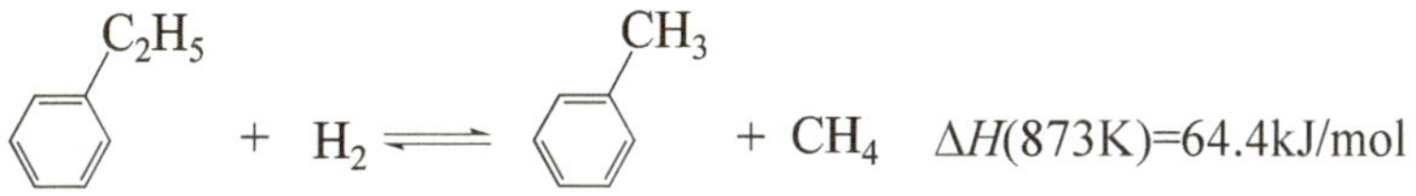

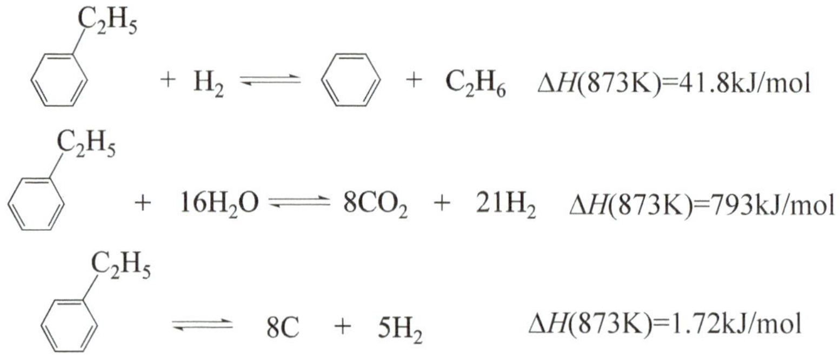

乙苯催化脱氢有直接脱氢和氧转移脱氢两种途径，一般情况下，脱氢总过程是以直接脱氢为主，氧转移脱氢为辅。反应初始阶段，催化剂的表面晶格氧参与反应，它能与乙基上的 H 发生强烈作用生成水，使反应在初始阶段更多地按照氧转移机理进行，随着催化剂的被还原和表面晶格氧的被消耗，直接脱氢逐渐为主。

2. 催化剂

目前工业上乙苯脱氢催化剂主要为含 K 助剂的 Fe 系催化剂，其中的活性组分为α-Fe_2O_3。K_2O 的添加可使脱氢活性增加一个数量级以上，其作用是使催化剂表面积炭与水蒸气迅速进行水煤气反应，从而使催化剂表面能及时得到更新，保持稳定的活性，减少副反应，延长使用寿命。此外，催化剂中还含有少量的比氧化铁更难还原的金属氧化物，如作为结构稳定剂的镁、铬、钼等的氧化物。关于氧化铁系催化剂的活性相有三种理论：①以 Fe_3O_4 为中心的 Fe-K-O 化合物；②氧化铁表面载有的熔融态液相 KOH/K_2CO_3，脱氢反应发生在固液两相的界面上；③钾助剂和氧化铁相互作用而生成的单铁酸钾($K_2Fe_2O_4$)。

在乙苯脱氢反应中，Fe^{3+}发挥着重要作用。Muhler 等认为活性相 $KFeO_2$ 的形成是一系列缓慢的固相化学转移反应，是由不稳定的 Fe^{3+}结构转变为稳定的磁铁矿结构的过程。催化剂是否表现出高的活性与选择性取决于 Fe^{3+}和 K^+的表面浓度。

近年来，对铁系催化剂的研究也在不断进行。例如，在 Fe-K 催化体系中引入 MgO、ZnO 或稀土元素来调变载体的结构和表面特性，提高催化剂的机械强度、耐水性和加快 Fe^{3+}与 Fe^{2+} 的电子传递速度，从而提高催化剂的活性。

3. 化学反应动力学和热力学

乙苯脱氢是可逆的吸热反应，在低温时反应平衡常数很小，平衡转化率很低。从热力学分析可知，平衡常数和平衡转化率随反应温度升高而逐渐增大。由于乙苯脱氢是强吸热反应，提高反应温度对热力学平衡和反应速率都有利。但是，温度不能过高，因为主反应活化能低于副反应活化能，升高温度导致主反应速率增加相对较慢，使反应选择性下降；温度过高也导致催化剂表面积炭，活性快速下降，再生周期缩短。

乙苯脱氢是分子数增加的可逆反应，故降低反应压力有利于提高平衡转化率。实验结果表明，当压力从 10^5Pa 下降至 10^4Pa 时，达到相同转化率所需要的反应温度可以降低约 100℃。提高温度、降低体系压力对平衡有利，因为在工业生产中采用负压不够安全，故大多加入水蒸气。加入水蒸气不仅可降低乙苯的反应分压，促使平衡向右移动，以提高苯乙烯收率；而且水蒸气经冷凝后变为水，易与苯乙烯分离，来源易得，价格相对便宜，热容量大，并且可以通过水煤气反应不断排出催化剂上的积炭，使催化剂再生。

4. 工艺条件及主要影响因素

1) 反应温度

由热力学分析可知，反应存在最佳反应温度，主要由选用的催化剂决定。当反应温度超过 600℃时，选择性明显下降，因此，工业上一般控制在 580～600℃。反应初期，催化剂活性好，反应温度可以低些，反应后期，催化剂活性下降，反应温度则要高些。

2) 乙苯液空速

乙苯液空速小，在催化剂床层停留时间长，转化率高，但是由于串联副反应的竞争，选择性下降，催化剂表面结焦量增加，催化剂再生周期缩短。乙苯液空速过大，转化率低，未转化的原料回收循环量大，若是采用绝热式反应器，水蒸气的消耗也将明显增加。工业上一般采用的液空速为 0.4～0.6h^{-1}。

3) 反应压力

乙苯脱氢是分子数增加的可逆反应，故降低反应压力有利于提高平衡转化率。因为副产物浓度很小且不受反应平衡限制，故降低压力可以提高选择性。但是，压力过低会使反应物浓度下降，对反应速率不利。工业生产上，乙苯脱氢反应除采用低压或负压外，还采用惰性气体作稀释剂来降低烃的分压，以提高平衡转化率。常用的稀释剂是水蒸气。

4) 水蒸气

高温水蒸气在乙苯脱氢反应中主要起到三个作用：惰性载体，降低反应产物平衡分压，从而提高平衡转化率及反应选择性；反应的热载体，为反应提供热量；消碳剂，在高温下与催化剂表面的积炭发生水煤气反应，避免催化剂结焦，保持催化剂活性。因此，增加水蒸气用量有利于乙苯脱氢反应。但是，水蒸气用量过大，将增加能耗和操作费用。根据工业生产实践，绝热反应器的 n(水蒸气)∶n(乙苯)=14∶1，等温列管反应器所需水蒸气量比绝热反应器少一半左右，这是因为前者靠管外烟道气供热。

5. 工艺流程和主要设备

脱氢反应需在高温下进行，由于供热方式不同，采用的反应器形式也不同。工业上采用的反应器形式主要有两种：列管等温反应器和绝热反应器。采用这两种不同形式反应器的工艺流程的差别，主要是脱氢反应部分的水蒸气用量不同，热量的供给和回收利用不同。

1) 列管等温反应器工艺流程

列管反应器由许多耐高温的镍铬不锈钢管或内衬以铜锰合金的耐热钢管组成，管径为 100～185mm，管长 3m，管内装催化剂，管外用烟道气加热，其示意图见图 6-1。

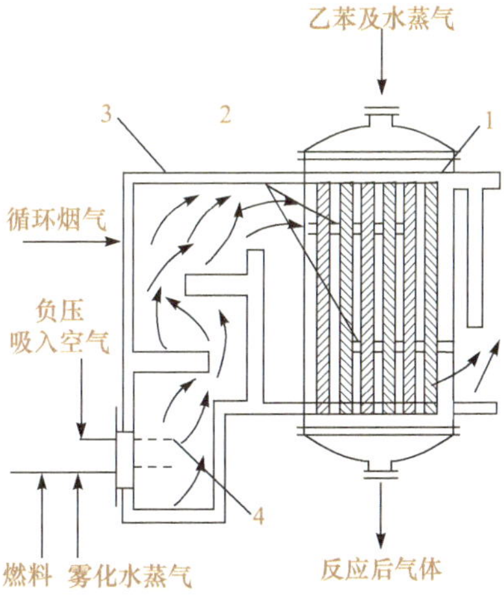

图 6-1 乙苯脱氢等温反应器

1. 列管反应器；2. 圆缺挡板；3. 耐火砖砌成的加热炉；4. 燃烧喷嘴

采用列管等温反应器的乙苯脱氢反应部分的工艺流程见图 6-2。

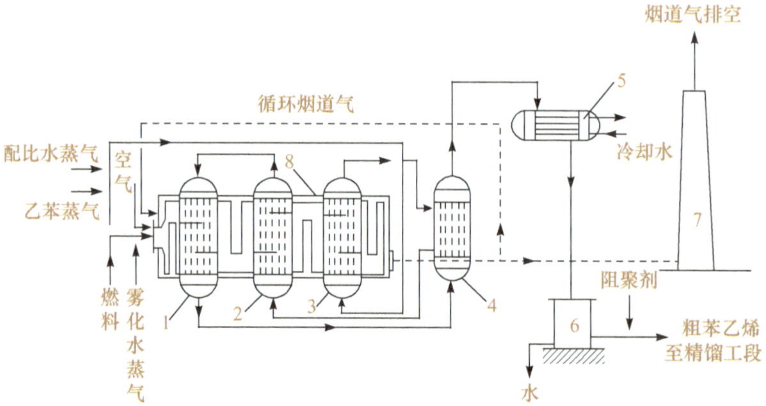

图 6-2 列管等温反应器乙苯脱氢工艺流程

1. 脱氢反应器；2. 第二预热器；3. 第一预热器；4. 热交换器；5. 冷凝器；6. 粗苯乙烯储槽；7. 烟囱；8. 加热炉

原料乙苯蒸气和一定量水蒸气混合后，经第一预热器、热交换器和第二预热器预热至 540℃左右，进入反应器进行催化脱氢反应，离开反应器的脱氢产物温度为 580～600℃，经与原料气热交换回收热量后，进入冷凝器进行冷却冷凝，冷凝液送至粗苯乙烯储槽，不凝气体中含有氢气$\varphi(H_2)$=90%，其余为 CO_2 和少量 C_1 及 C_2，一般用作燃料气，也可作工业氢源。在等温反应器中进行脱氢反应，水蒸气仅作为稀释剂用，其用量为φ(水蒸气)：φ(乙苯)=(6～9)：1。脱氢温度的控制与催化剂的活性有关，通常情况下，控制温度随活性的下降而逐渐升高。新鲜催化剂一般控制在 580℃左右，已老化的催化剂最高可升高至 620℃左右。要使反应器达到等温，沿反应管传热速率的改变必须与反应所需吸收热量的递减速率的改变同步。但在一般情况下，往往是传给催化剂床层的热量大于反应所需吸收的热量，故反应器的温度分布是沿催化床层逐渐增高，出口温度可能比进口温度高出数十摄氏度。

乙苯脱氢是吸热可逆反应，温度在动力学和热力学上的影响是一致的，高温对两者均产生有利的影响。若仅从获得最大反应速率考虑，催化剂床层的最佳温度分布应随着转化深度而升高，故采用等温反应器可获得较高的转化率。对反应选择性而言，在反应初期乙苯浓度高，平行副反应竞争剧烈，反应器入口温度低有利于抑制活化能较高的平行副反应的进行。接近反应器出口处，连串副反应竞争剧烈，若反应温度过高，将会使苯乙烯聚合结焦的副反应加速。所以，要控制适宜的出口温度，抑制连串副反应。通常采用等温反应器，乙苯脱氢反应的转化率可达 40%～45%，苯乙烯的选择性达 92%～95%。

虽然采用列管等温反应器脱氢水蒸气的消耗量约为绝热反应器的 1/2，但因等温反应器结构复杂，且需大量的特殊合金钢材，反应器制造费用高，故大规模的生产装置都采用绝热反应器。

2) 绝热反应器工艺流程

这类反应器中的催化剂床层与外界没有热交换，反应所需热量是由过热水蒸气直接带入反应系统。图 6-3 示出了单段绝热反应器脱氢工艺流程。循环乙苯和新鲜乙苯与占蒸气总量 10%的水蒸气混合后，与高温脱氢产物进行热交换被加热到 520～550℃，再与过热到 720℃的其余 90%的过热水蒸气混合，然后进入脱氢反应器，脱氢产物离开反应器时的温度为 585℃左右，经热交换利用其热量后，再进一步冷却冷凝，冷凝液分离水后，进粗苯乙烯储槽，尾气中约 90%是 H_2，可用作燃料气或工业氢源。冷凝液中水量较大，但因含有少量芳烃和焦油，需经处理后重新用作水蒸气循环使用，因此该工艺能耗也相当大。

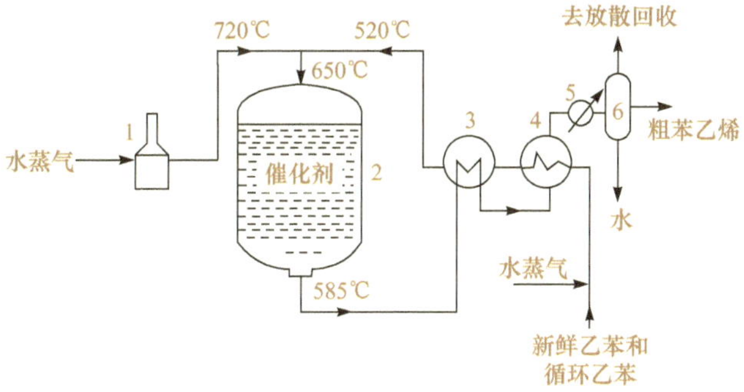

图 6-3　绝热反应器乙苯脱氢工艺流程

1. 水蒸气过热炉；2. 脱氢反应器；3、4. 热交换器；5. 冷凝器；6. 分离器

在绝热反应器进行脱氢反应，反应所需热量是由过热水蒸气带入，故水蒸气用量要比等温反应器多一倍左右。由于脱氢反应需吸收大量热量，故反应器的进口温度必然比出口温度高，单段绝热反应器的进出口温差可达 65℃。这样的温度分布对脱氢反应速率和反应选择性都会产生不利的影响。反应器进口处乙苯浓度最高，温度高就有较多平行副反应发生，而使选择性下降。出口温度低，对平衡不利，使反应速率减慢，限制了转化率的提高，故单段绝热反应器脱氢，不仅转化率较低(35%～40%)，选择性也只有 90%左右。为进一步改进性能，往往采用以下措施。

(1) 采用几个单段绝热反应器串联使用，反应器间设加热炉，进行中间加热以补充热量和提升反应气体进入下一段时的温度。图 6-4 是二段(中间加热)绝热式负压脱氢工艺流程。采用国产 GS-05 型乙苯脱氢催化剂和轴径向脱氢反应器。

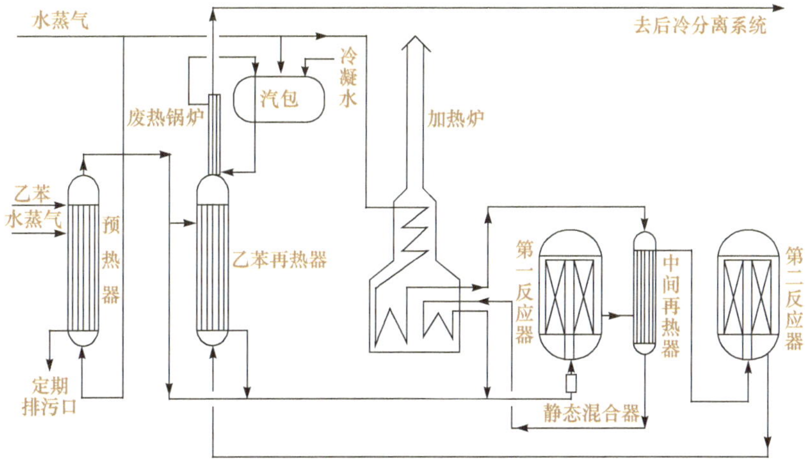

图 6-4　绝热式负压脱氢工艺流程图

乙苯经预热器预热至 80～90℃后与水蒸气混合，温度达 140～150℃，进乙苯再热器和脱氢气热交换升温至 400～450℃，再进入静态混合器与来自加热炉的过热水蒸气(700℃)混合，温度达到 590～630℃后进入第一反应器，脱氢产物气进入中间再热器和来自加热炉的 800～850℃的过热水蒸气进行热交换，温度升至 600～630℃后进入第二反应器。第二反应器的脱氢气经乙苯再热器和废热锅炉后，送后冷系统和物料回收系统。主要技术指标为：乙苯单程转

化率为 62%，苯乙烯选择性为 95%，物耗 n(乙苯)：n(苯乙烯)=1.15：1。

(2) 采用分别装入高选择性和高活性(高转化率)的两段绝热反应器。第一段装入高选择性催化剂，以减少副反应，提高选择性。第二段装入高活性催化剂，以克服温度下降带来的反应速率下降的不利影响，这样可使乙苯单程转化率提高到 64.2%，选择性达到 91.6%，水蒸气消耗量由单段的 1t 苯乙烯耗 6.6t 水蒸气，降至 1t 苯乙烯耗 4.5t 水蒸气，生产成本降低 16%。

(3) 采用多段径向绝热反应器。使用小颗粒催化剂可以提高反应速率和选择性，但是床层阻力增加，操作压力要相应提高。操作压力高，又会使转化率下降。为了解决此矛盾，开发了径向绝热反应器脱氢技术，典型三段绝热式径向反应器每一段都由混合室、中心室、催化剂室和收集室组成。乙苯蒸气与一定量过热水蒸气先进入混合室，充分混合后由中心室通过钻有细孔的钢板制圆筒壁，喷入催化剂层，脱氢产物经钻有细孔的钢板制成的外圆筒进入由反应器的环形空隙形成的收集室，然后再进入第二混合室与过热水蒸气混合，经同样过程后直至反应器出口。这种反应器阻力降很小，制造费用虽比轴向催化床高，但仍比等温反应器低，水蒸气用量低于一段绝热反应器，温差小，乙苯转化率可达 60%以上，选择性也高。

(4) 有些工艺同时选用绝热反应器和等温反应器技术，发挥等温和绝热的优点；有些工艺采用三段绝热反应器，使用不同催化剂。操作条件为：反应温度 630～650℃，压力(绝)50.6～131.7kPa，n(水蒸气)：n(乙苯)=(6～12)：1，最终单程转化率达 77%～93%，选择性 92%～96%。

通过以上种种改进措施，提高了乙苯的转化率和苯乙烯的选择性，水蒸气用量也大为减少。

6.1.4 技术进展

近年来，为了解决乙苯水蒸气脱氢的能耗问题，并且为了打破热力学平衡的限制，人们致力于寻找新的脱氢工艺。主要脱氢工艺如下。

1. 氧气气氛下乙苯脱氢制苯乙烯

该工艺的优点是：采用空气(氧气)作为氧化剂，与乙苯直接发生反应氧化脱氢，为强放热反应，打破了热力学平衡的限制，使反应能够在较低温度下取得较高的转化率；此外，由于避免了过热水蒸气的使用，能耗降低。但氧化剂的存在也会导致深度氧化的发生，生成苯甲醛等副产物，降低反应的选择性，且由于反应放出大量热量，反应温度不容易控制，该技术仍处于研究阶段。

2. 二氧化碳气氛下乙苯脱氢制苯乙烯

二氧化碳是一种温室气体，是地球温室效应的主要元凶之一。二氧化碳不仅可以作为碳源而被应用以达到消耗温室气体的目的，同时可以作为一种氧源或温和性氧化剂应用于如烷烃、烯烃、醇类和芳烃的氧化反应中，特别是乙苯的氧化脱氢。以 CO_2 为碳源或氧源生产高附加值化学品，不仅可以保护石油等日益枯竭的化石燃料资源，还可以减少和控制主要温室气体 CO_2 的排放总量。近年来，用 CO_2 作为温和氧化剂取代过热水蒸气氧化乙苯制苯乙烯的绿色反应体系引起了国内外研究者的重视。

在其他工艺条件完全相同的条件下，以 CO_2 取代过热水蒸气，不仅可以降低反应温度至 500℃左右，更重要的是将生产每吨苯乙烯所需的能耗从 1.5×10^9J 降低到 1.9×10^8J。与传统工艺相比，CO_2气氛下的乙苯脱氢是一个节能工艺。另外，CO_2还可以有力推动乙苯脱氢反应平衡右移。相对氧气气氛下的乙苯氧化脱氢，由于CO_2是一种弱氧化剂，CO_2气氛下的乙苯脱氢不存在深度氧化，导致生成大量碳氧化物，从而保持了苯乙烯的高选择性。反应中消耗温室效应气体CO_2，符合环保利用的要求。

3. 甲苯-甲醇侧链烷基化制苯乙烯

甲醇作为生物质原料廉价易得，因此以甲苯、甲醇替代苯、乙烯为原料一步法合成苯乙烯的生产方式具有潜在的市场价值。甲苯与甲醇在酸性催化剂催化下发生苯环烷基化反应生成二甲苯，而在碱性催化剂催化下则发生侧链烷基化反应生成苯乙烯和乙苯。X型沸石由于其独特的结构特征，在甲苯与甲醇一步法合成苯乙烯反应中表现出独特的优势。然而目前催化剂活性普遍不高，侧链选择性(尤其是苯乙烯选择性)很低。

6.2 对苯二甲酸

6.2.1 性质及用途

对苯二甲酸(TA)又称*p*-苯二甲酸，是产量最大的二元羧酸，常温下为固体。加热不熔化，300℃以上升华。若在密闭容器中加热，可于425℃熔化。常温下难溶于水。密度为1.51×10^3kg/m^3，摩尔质量为166.1g/mol。其结构式为

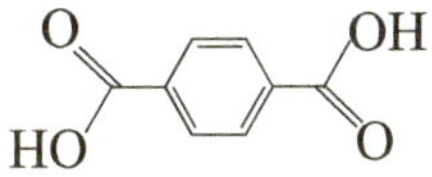

世界上90%的精对苯二甲酸(PTA)主要用于生产聚酯——聚对苯二甲酸乙二酯(PET)，该聚酯广泛应用于制衣和装饰物，也用于制造轮胎、运输带等，聚酯在加工后可作为X射线底片、电绝缘体、薄板包装材料。另一个重要应用是生产增塑剂，其中包括两类：第一类是对苯二甲酸二辛酯(DOTP)，它是由对苯二甲酸与工业辛醇(2-乙基己醇)发生酯化反应的产物，是一种高闪点、高比电阻率的高品质增塑剂，特别适用于耐热和绝缘要求高的电缆料的生产；第二是聚酯型增塑剂，是对苯二甲酸与多元醇发生酯化缩聚反应的产物。

6.2.2 主要生产方法

根据对苯二甲酸的质量指标及生产工艺的差异，对苯二甲酸主要分为粗对苯二甲酸(CTA)、中纯度对苯二甲酸和精对苯二甲酸。

1. 粗对苯二甲酸生产

最初发明的对苯二甲酸生产方法是以硝酸为氧化剂氧化对二甲苯。选择质量分数为30%～40%的稀硝酸溶液，在反应温度为160～200℃、反应压力为0.85～1.35MPa的条件下，对二甲苯在稀硝酸溶液中进行液相氧化，对苯二甲酸从反应混合物中结晶析出，并在后续操作中得到分离和提纯。该过程存在产品纯度低、硝酸消耗高、易爆炸的缺点，现已被逐步淘汰。对苯二甲酸的生产除采用液相氧化法外，人们还开发了其他不同的工艺路线。例如，1952年开发的Henkel法，该法把邻苯二甲酸(或酐)、苯甲酸等羧酸钾盐加热至高温，使羧基

转位而获得对苯二甲酸的钾盐，日本帝人株式会社、川崎化成工业株式会社于1958年首先将其实现工业化。进入20世纪60年代，液相氧化法和Henkel法都有所改进，高温空气氧化法改为低温氧化，Henkel法采用苯甲酸为原料制成对苯二甲酸，称为第二Henkel法。尽管由对二甲苯氧化制对苯二甲酸的方法进行了诸多研究与改进，但是由于对苯二甲酸精制困难，最后都需要将对苯二甲酸先甲酯化，制得对苯二甲酸二甲酯，经过蒸馏精制后作为聚合原料使用。

2. 中纯度对苯二甲酸生产

中纯度对苯二甲酸生产以日本三菱化成工业公司和美国Eastman公司的精密氧化法为代表，其主要杂质对羧基苯甲醛(4-CBA)的质量分数为2.0×10^{-4}～3.0×10^{-4}。精密氧化法工艺是一种无需化学精制，仅通过氧化反应工序而生产出用于聚合的PTA的工艺技术。为了省去精制工序，降低生产投资成本，日本开发了只通过氧化工序生产中纯度对苯二甲酸的技术。此法的缺点是溶剂乙酸的氧化损失大，生产成本较高。所用的催化剂体系为乙酸钴、乙酸锰和溴化氢，在溶剂乙酸中进行PX的液相空气氧化得PTA。

随着PET应用领域不断地拓宽，生产企业越来越多地要求PTA具有色相好、无杂质、控制粒度和质量变动幅度小等特点，而加氢精制法在保证产品的粒度和质量变动幅度、色相方面具有优势。所以，目前世界生产的PTA装置中约80%采用加氢精制法，而20%采用精密氧化法。

3. 精对苯二甲酸生产

目前工业上采用的精对苯二甲酸生产工艺为以美国Amoco公司、日本三井化学株式会社和英国帝国化学工业集团为代表的加氢精制法，其主要杂质4-CBA的质量分数小于2.5×10^{-5}。PTA加氢精制法主要包括对二甲苯氧化为对苯二甲酸粗品及后续加氢精制步骤。该法利用高纯度的对二甲苯作为生产原料，以乙酸作为合成的溶剂，催化剂体系为乙酸钴、乙酸锰，使用高纯度氧气作为氧化剂，促进剂使用四溴乙烷或者溴化氢。其反应式如下：

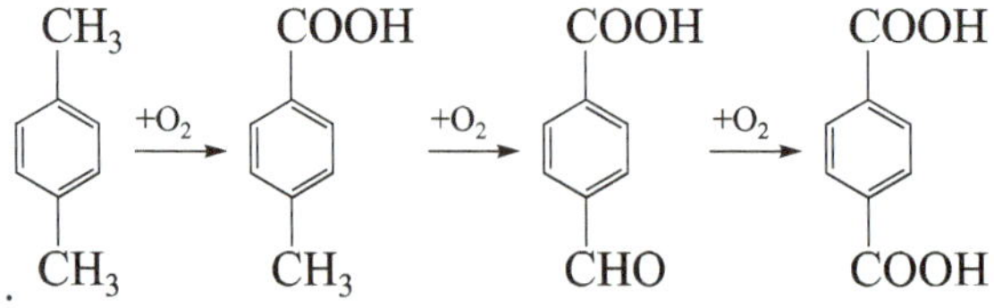

从上述历程可以看出，在PX生成对苯二甲酸的同时，还产生了一部分副产品，如对羧基苯甲醛、对甲苯甲酸、苯甲酸、间苯二甲酸等，所有这些杂质，除4-CBA以外，经过结晶、过滤后处理是可以除掉的，而4-CBA与对苯二甲酸在溶剂中溶解及结晶温度上十分接近，且它又对今后聚酯生产有不良的影响，故需要进一步精制。精制段是以水为溶剂，将CTA制成浆料，然后在高温高压条件下使CTA溶于水中，采用钯碳催化剂进行加氢脱氧反应，将杂质4-CBA转化成水中溶解度较大的对甲苯甲酸，经冷却使PTA析出，分离洗涤浆料，经干燥即获得产品PTA，其反应式如下：

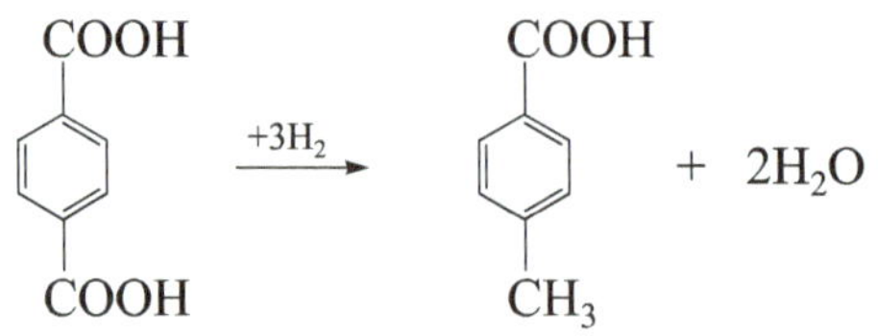

6.2.3　对二甲苯氧化生产对苯二甲酸

1. 工艺原理

PX 液相氧化是一个复杂的气、液、固三相反应，涉及反应结晶、传热、传质与混合等多个过程，机理极为复杂。主要生产工艺是以 PX 为原料，以乙酸为溶剂，乙酸钴、乙酸锰为催化剂，溴化物为促进剂，空气为氧化剂，最终反应产物为对苯二甲酸：

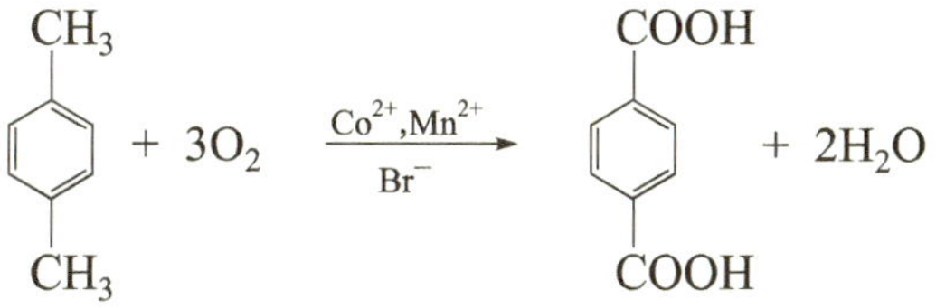

反应遵循自由基氧化机理，按典型的连串反应进行。反应过程中存在一系列中间产物：对甲基苯甲醇(TALC)、对甲基苯甲醛(TALD)、对甲基苯甲酸(PT-a)、对羧基苯甲醇、对羧基苯甲醛等。在氧化过程中，PX 上的甲基依次被氧化为醇、醛、酸，整个反应不可逆。虽然该反应在热力学上有利，但是由于芳香烃活化能较高，在无催化剂时仍难以发生反应(300℃，27atm)。

一般认为，三价钴离子 Co(Ⅲ)和锰离子 Mn(Ⅲ)对此反应有很好的催化作用，反应中首先是三价钴离子 Co(Ⅲ)或 Mn(Ⅲ)与 PX 反应生成自由基，从而引发反应，随后是一系列经典的自由基的链传递过程，生成中间产物和最终产物。

1) 甲基的氧化

Co^{3+}、Mn^{3+}、Br · 和苯环上的甲基作用生成甲基自由基 $RCH_2\cdot$，$RCH_2\cdot$ 活性很高，迅速与氧结合形成甲基过氧化自由基 $RCH_2O_2\cdot$。

$$RCH_3+M^{3+} \longrightarrow M^{2+}+H^++RCH_2\cdot \tag{6-1}$$

$$RCH_3+Br\cdot \longrightarrow HBr+RCH_2\cdot \tag{6-2}$$

$$RCH_2\cdot+O_2 \longrightarrow RCH_2O_2\cdot \tag{6-3}$$

M 表示金属元素(Co 和 Mn)，反应式(6-2)的速率远大于反应式(6-1)的速率，即芳烃自由基的生成主要是溴自由基的作用。过氧化自由基的消耗反应比较复杂，主要包括四个平行反应步骤。

$$RCH_2O_2\cdot + M^{2+} \longrightarrow M^{3+} + OH^- + RCHO \tag{6-4}$$

$$RCH_2O_2\cdot + M^{2+} + H \longrightarrow M^{3+} + RCH_2OOH \tag{6-5}$$

$$RH + RCH_2O_2\cdot \longrightarrow R\cdot + RCH_2OOH \tag{6-6}$$

$$H(OAC)+RCH_2O_2\cdot \longrightarrow (OAC)\cdot +RCH_2OOH \tag{6-7}$$

通常认为反应式(6-4)的速率比其他的三个反应大很多，故甲基大部分被直接氧化为醛，而生成的醇较少。反应式(6-6)表示过氧化自由基与芳烃的作用，由于反应过程中存在多种类型的芳烃和过氧化自由基，因此反应式(6-6)是一系列反应的总和。生成的过氧化物很不稳定，反应式(6-8)表示生成的过氧化物的自身分解，但是在二价钴和锰存在的条件下，RCH_2OOH 分解主要是按照反应式(6-9)进行的：

$$RCH_2OOH \longrightarrow RCH_2O\cdot + \cdot OH \tag{6-8}$$

$$RCH_2OOH + M^{2+} \longrightarrow M^{3+} + OH^- + RCH_2O\cdot \tag{6-9}$$

反应式(6-8)、反应式(6-9)反映了自由基反应与催化剂金属离子循环反应的偶合作用：溴和芳烃自由基产生源于三价金属离子的氧化作用，形成的产物过氧化自由基又将二价金属离子氧化成三价金属离子[反应式(6-4)～反应式(6-9)]，两者形成一个循环，由此可以看出，三价金属离子可以看成是一种特殊的自由基参与反应的链传递过程。

2) 醛基的氧化

醛和醇的催化机理和烃的氧化机理是十分类似的。苯环上的醛基氧化也是通过反应式 (6-1)～反应式(6-3)得到过氧化物自由基 $RCO_3\cdot$，$RCO_3\cdot$通过类似反应式(6-5)～反应式(6-9)的反应氧化二价金属离子，生成过氧化氢(过酸)RCO_3H。但是在苯环上的醛基的氧化与甲基氧化稍有不同：一是醛基上没有 C—H 键，其过氧化物自由基不能直接被金属离子还原为羧酸，因此没有反应式(6-4)；二是醛本身具有较强的还原性，易与过氧化氢发生自催化反应。

$$H_2O_2 + RCHO \longrightarrow H_2O + RCOOH \tag{6-10}$$

3) 链的终止

在反应体系中包括以下的链终止反应，两个自由基相结合终止。

$$R_iO_2\cdot + R_jO_2\cdot \longrightarrow R_iO_4R_j \tag{6-11}$$

在体系中溴自由基在链的传递中有十分重要的作用，它与芳烃自由基是加速反应的重要原因。

2. 催化剂

PX 氧化反应中使用的 Co/Mn/Br 三元复合催化剂，有固态乙酸钴、乙酸锰及氢溴酸，溶液态乙酸钴、溶液态乙酸锰、氢溴酸及其复配催化剂，溶液态钴锰溴化物复合催化剂三种组合形态。固态催化剂使用时，将晶体乙酸钴、晶体乙酸锰在催化剂混合罐中与稀乙酸(质量分数约 1%)混合充分形成乙酸钴锰溶液，然后与氢溴酸分别进入进料混合罐，或者将晶体乙酸钴和晶体乙酸锰分别配成乙酸钴溶液和乙酸锰溶液，与氢溴酸分别从 PTA 母液循环线进入氧化反应器。固态催化剂使用过程复杂，对设备腐蚀严重，且操作不方便。

溶液态钴锰溴化物复合催化剂有三种复配形式，乙酸钴、乙酸锰、氢溴酸复配型是由催化剂供应商按使用企业的要求将乙酸钴、乙酸锰、氢溴酸按照一定的比例配制成混合溶液钴锰溴催化剂。由于氢溴酸是强酸，调配后溶液中活性组分为溴化钴、溴化锰、乙酸钴及乙酸锰，游离乙酸增加，使溶液的酸性降低，减少了对设备的腐蚀程度。溶液钴锰溴化物催化剂是根据生产需要将溶液乙酸钴锰与溴化钴或溴化锰配成一定浓度和配比的复合催化剂，其中的溴是由配料中溴化钴或溴化锰提供的。

在 Co-Mn-Br 双金属催化体系中，添加第三种金属，如 Zr、Hf、Mo、V、Zn、Ni 等作为活性助剂，在保证 TA 收率的同时，能大大降低催化剂中 Co 的用量，并减少 CTA 中 4-CBA 的含量。在 Co-Mn-Br 催化剂中加入碱金属或碱土金属，同时在氧气中加入一定量的 CO_2，可以减弱 PX 的深度氧化程度，降低单耗，提高催化剂活性。近年来 Co/Mn/Br 催化剂中添加少量的第四种金属盐类或非金属化合物，发现添加少量某些金属盐或非金属化合物后，PX 氧化反应活性有显著提高。

为了克服 Co-Mn-Br 体系催化剂的腐蚀问题，近年来人们对非溴体系催化剂进行了研究，主要是寻找合适的化合物代替原催化剂体系中的溴，目前受到较多关注的是氮氧自由基催化剂，该类催化剂反应条件温和，腐蚀性低，但催化剂用量大，反应活性和 TA 收率较低，仍处于开发阶段。

3. 化学反应动力学和热力学

三井公司提出了连串反应类型的模型，并认为对二甲苯的氧化主反应的过程按照以下的步骤进行：

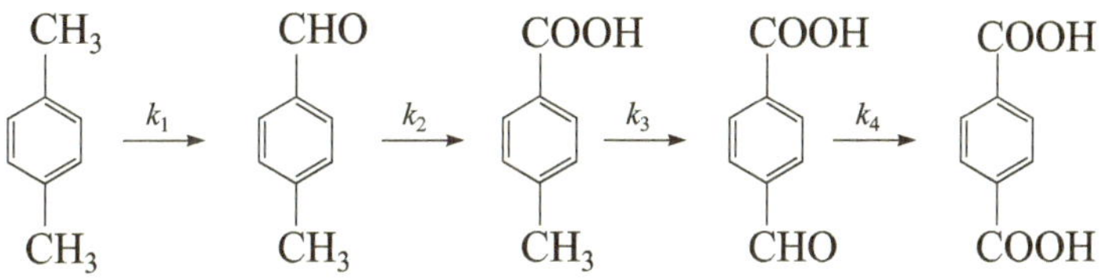

(6-12)

式(6-12)中，在各种化合物浓度相同的情况下，比较各步的反应速率常数，发现对甲基苯甲醛氧化成 PTA 的速率最快，远大于对羧基苯甲醛氧化成 TA 的速率；其次是对二甲苯氧化成对甲基苯甲醛；对甲基苯甲酸氧化成对羧基苯甲醛的反应速率最慢，是反应的控制步骤，同时此步反应的活化能也最大，对温度最敏感。通常认为，在常压低温(80～130℃)下 PX 氧化反应对于液相组分为一级，对于气相的氧气为零级。

对二甲苯氧化为强放热反应，在主反应进行的同时，伴随副反应的发生。对二甲苯氧化生成 TA 的反应热为 $\Delta H = 1.603\times10^6$ J/mol。升高温度将使反应速率常数呈指数增加，使反应加快，但是副反应及溶剂的燃烧反应大大增加，同时产品中的有色杂质也会上升，因此各种 PX 氧化工艺一直以来都在不断通过增加催化剂浓度等手段使反应温度降低，使原料消耗也随着降低，同时反应温度降低，氧化深度降低会导致产品中的 4-CBA 浓度有所上升，增加了后续加氢精制工序的操作负荷。

4. 工艺条件及主要影响因素

1) 溶剂

PX 氧化反应系统中使用的溶剂是乙酸，许多研究表明：在烃类氧化过程中，有机酸作为溶剂优于烃类和酮类，同时发现脂肪族一元羧酸有利于提高催化剂的催化活性，加速过氧化物的生成和分解，使反应速率加快。因此乙酸是 PX 氧化反应的优良溶剂。在 PX 自催化氧化过程中，乙酸是一种相对惰性的溶剂，而且乙酸容易获得，适合应用于大规模的工业生产。乙酸的熔点和沸点分别是 16℃和 116℃，在室温下是液体；产物对苯二甲酸在乙酸中的溶解度很低，有利于溶剂和催化剂的回收。乙酸用量增加有利于传热，反应器操作更稳定，并使对羧基苯甲醛在反应产物中浓度降低，也减少了对苯二甲酸与对羧基苯甲醛共晶包结的现象。但乙酸溶剂比增大，用量大，使生产能力降低，增加了催化剂和溶剂消耗量。在确定溶剂比时，必须综合考虑影响因素，找出最佳溶剂比。

2) 温度

升高温度将使反应速率常数呈指数增加，使反应加快，但同时副反应的速率也大大加速，使反应的选择性降低。此外，温度升高导致过多的偏苯三酸的产生，其易与催化剂中的锰结合，形成沉淀，使催化剂的损失增加。随着温度的升高，Co(Ⅲ)的脱羧作用及溶剂的燃烧反应加剧，反应的消耗增加。除了溶剂和原料的损失外，在产品中的有色杂质也会随着温度的提高而上升。因此在反应允许的范围内应尽量降低温度。研究表明在保持反应速率不变的条件下，催化剂浓度增加可以达到降低反应温度的目的。

3) 压力

反应压力的确定主要从两个方面考虑：要维持较高的压力以保证气相有足够高的氧分压和液相溶氧浓度，使反应不受供氧或氧传递限制；同时反应器的压力的变化影响溶剂的蒸发速率进而影响反应热的移出，对于反应器的温度控制有重要的作用。因此压力的确定必须兼顾反应与传热两方面的需要。Amoco 工艺确定的反应压力在 13atm 左右，这一压力可以保证有 80%以上的溶剂保留在液相中。工业装置中，可以通过改变进气量来调节氧分压，很明显氧气分压的增加对提高氧化反应速率是有利的，但氧浓度的提高受到尾氧爆炸极限的限制。

4) 停留时间

在一定的反应条件下，物料在反应器中的停留时间是反应器控制的重要因素，停留时间过短，反应的氧化深度不够，氧化的中间产物过多；停留时间过长，副反应和燃烧反应增加，影响生产能力。

5) 空气流量

空气通入量的提高，提高了反应过程中的氧分压，对反应生成对苯二甲酸是有利的，但是也增加了溶剂及原料的燃烧反应，增加了二氧化碳和一氧化碳的生成量，同时尾气中的含氧量也有所增加，产生了爆炸的隐患。在工业生产中适宜的空气通气量是由尾气含氧量来控制的。

6) 其他因素

水是影响 PX 氧化的另一因素，在反应中每 1mol PX 氧化后会生成 2mol 水。一方面，体系中的水会通过氢键与过氧化自由基结合，抑制过氧化自由基的进一步反应；另一方面，H_2O 取代乙酸与金属离子配位，降低金属离子的反应活性，大大抑制溶剂的脱羧燃烧反应。严格控制原料的纯度，防止原料对二甲苯及溶剂乙酸等带入的少量金属杂质使系统内催化剂失活，尤其铜、铁等金属离子会抑制 PX 氧化反应的进行。溶剂的 pH 主要影响到金属离子氧化还原电极电势，pH 太高还会引起金属离子的沉淀。

5. 工艺流程和主要设备

1) Mid-Century 工艺

Mid-Century 工艺选择钴、锰乙酸盐或钼酸铵作催化剂，以乙酸作反应溶剂，以溴化钠作催化促进剂来减少诱导时间。典型的操作条件是温度 195～205℃，压力 2.8MPa。对苯二甲酸结晶析出，留下的溶液中则含反应副产物。在进一步提纯中，产品纯度达到 97%～99%，对二甲苯转化率超过 95%，TA 的选择性达 90%。简化的工艺流程图见图 6-5。该工艺的主要优势在于它的多功能性，操作条件稍作改变即可用于甲苯生产苯甲酸，1,2,4-三甲基苯生产偏苯三酸以及用均三甲苯生产均苯三甲酸。

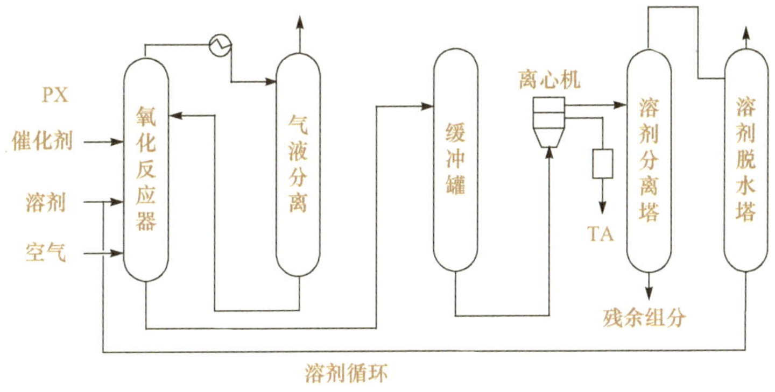

图 6-5　Mid-Century TA 工艺流程

2) Amoco 工艺

美国 Mid-Century 公司专利于 1958 年被美国 Amoco 公司购买，并将其开发的高温氧化法工艺实现工业化。在此基础上，Amoco 公司于 1965 年成功地开发出对苯二甲酸加氢精制生产精对苯二甲酸的新工艺，有效去除了高温氧化过程中形成的杂质，同时将原来的间歇法的工艺过程改成连续式生产，目前世界上大部分 PTA 产量采用 Amoco 工艺。Amoco 工艺主要由 PX 氧化和 TA 加氢精制两部分组成。对二甲苯在 Co-Mn-Br 三元复合催化剂体系下进行高温液相氧化，反应温度 191～205℃，压力 1.26～1.45MPa。对二甲苯氧化后生成含杂质较多的 TA，TA 浆料在结晶系统进一步氧化、结晶、降温降压，然后进入过滤机分离、干燥机干燥，得到 TA 产品。TA 经加氢精制，再进行结晶、分离、干燥，最后制成 PTA 成品。Amoco 氧化工艺流程如图 6-6 所示。

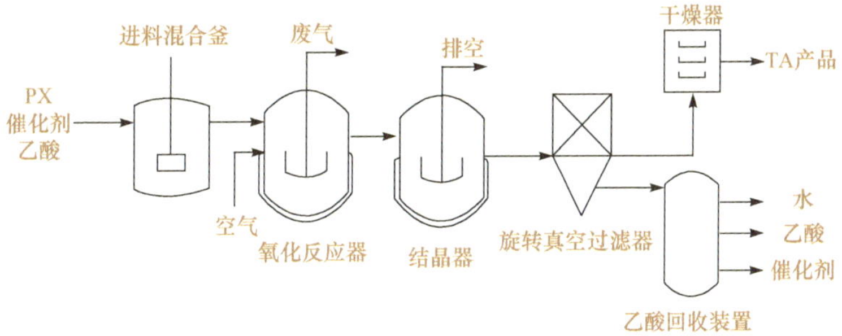

图 6-6　Amoco TA 工艺流程

3) Eastman-Kodak 工艺

Eastman-Kodak 工艺采用原料为对二甲苯，催化剂选择乙酸钴和乙酸锰，助催化剂使用溴化物(也可使用乙醛活化催化剂)。工艺过程将空气通入乙酸溶剂中，在较温和的条件(120～175℃，0.75～1.5MPa)进行液相催化氧化反应，使其生成 TA，再通过二次氧化反应和结晶过滤过程去除 TA 中的杂质，最后经分离和干燥处理制得 PTA 产品。该过程中大量乙酸会被消耗，可进行回收利用，被乙酸携带出的催化剂也需回收利用。简化的工艺流程如图 6-7 所示。

4) Teijin 工艺

Teijin 工艺在 100～130℃、1MPa 下进行氧化，使用乙酸作为溶剂，不含促进剂的钴盐作催化剂，结合再循环系统中间产物的氧化，TA 收率大于 95%。该工艺主要特点是粗产品不含

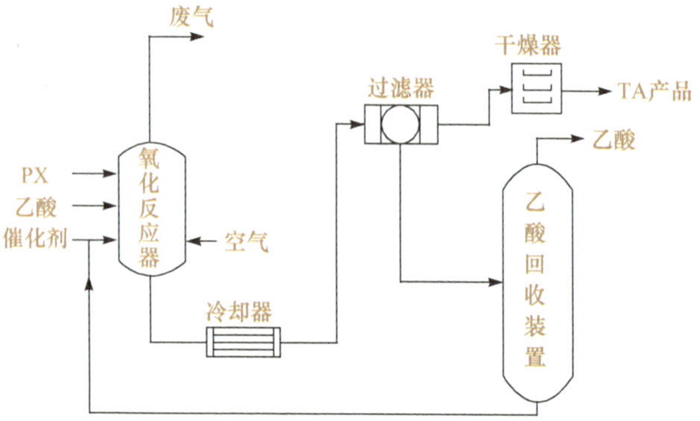

图 6-7 Eastman-Kodak TA 工艺流程

如芴酮、联苯二酮这样的有色杂质。与此同时，由于不存在杂质对反应的阻碍，大多数母液在简单的提纯操作后可回收，但是需要消耗较多的催化剂。

6.2.4 技术进展

传统的对苯二甲酸工艺能耗高、原料消耗大或产品纯度低，易造成环境污染。近年来全球对对苯二甲酸的需求推动其生产技术的发展，人们在原工艺的基础上不断改进与优化，开发出一些新方法。

1. 生物酶催化法

与化学法相比，生物催化法反应条件更温和、产生的废弃物少、对环境友好、操作更简便、分离提纯过程简单、产品纯度高。将生物催化应用于对苯二甲酸生产具有一定的前景。以黄嘌呤和氯过氧化物酶为催化剂，可以催化苯二甲醇转化为 PTA，其收率最高达到 65%。利用菌种也可将对二甲苯转化为对苯二甲酸，菌体拥有所有催化步骤所需的酶。目前对于生物酶催化法的反应路径和主要的中间产物，已经有了大体一致的看法，但是对于其动力学规律及其反应过程中产生的固相物对反应速率产生的影响等，还缺乏系统而深入的研究。

2. 煤酸异构化法制对苯二甲酸

煤在碱性溶液中控制氧化，可以直接得到以水溶芳香羧酸为主的混合物，称为煤酸。其中大部分是各种苯多羧酸同系物异构体。由于混合物复杂，成分的物化性质相近，实际很难完全分离。煤酸混合物虽然找到一些实际用途，但受到一定限制。通过选择性脱羧、歧化、异构化等反应可以使煤酸转化成工业上寻求的高价值化学品，如均苯四甲酸、对苯二甲酸等。近期研究结果表明，苯甲酸锌、苯甲酸钾可以作为煤酸异构化反应的催化剂。在联苯分散剂体系中，加苯甲酸钾催化剂后反应收率为 60%。

3. 其他合成方法

间接电氧化法可以在铬离子电解液存在的情况下，使用铬酸氧化对二甲苯，制备 CTA。在优选出的最佳反应条件下，TA 收率为 78.5%。对甲基苯甲醛可由 PX 与 CO 经过催化羰化合成，且其选择性高，再将合成的对甲基苯甲醛进行氧化可以转化成 TA。日本三菱瓦斯公司进行千吨级规模中试，选择 $HF\text{-}BF_3$ 作催化剂，其工艺简单，生产成本比高温氧化法低 20%，具有发展潜力。在存在大量三氟甲烷磺酸的条件下，用 CO 使甲苯羰基化得到较高收率的甲基苯甲醛，然后可用与 PX 氧化相同的方法将对甲基苯甲醛氧化成 TA。该工艺路线存在的强酸安全储运和酸与产物分离的问题还需进一步研究解决。

6.3　邻苯二甲酸酐

6.3.1　性质及用途

邻苯二甲酸酐俗称苯酐、1,3-异苯并呋喃二酮，简称 PA。PA 为白色粉末或鳞片状结晶固体，相对密度 1.527(4℃)，纯苯酐的闪点为 152℃，熔点为 130.8℃，沸点为 284.5℃，易升华，稍溶于冷水，在热水中可水解为邻苯二甲酸，易溶于乙醇、苯和吡啶，微溶于乙醚。其结构式如下：

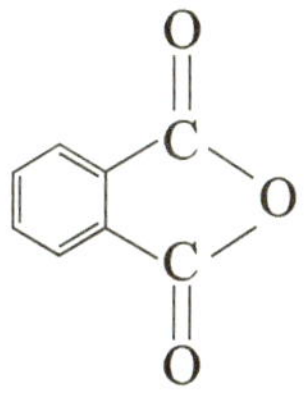

苯酐属芳香族羧酸，可代替邻苯二甲酸使用，是一种重要的基本有机化工原料，用途十分广泛，主要用于制造邻苯二甲酸二辛酯(DOP)、邻苯二甲酸二丁酯(DBP)等增塑剂、聚酯树脂和醇酸树脂。此外，它还被大量应用于涂料、医药、农药、糖精等工业中。我国苯酐最主要的用途是生产邻苯二甲酸酯类增塑剂，如 DOP、DBP、异辛酯、环己酯和混合酯等，该类增塑剂大量用于聚氯乙烯(PVC)塑料制品的加工；其次是用于生产醇酸树脂和氨基树脂涂料；苯酐还可以用于不饱和聚酯的生产，在染料工业中用以合成蒽醌；在颜料生产中合成酞菁蓝等颜料；在医药工业中用于制备酚酞；在农药生产中用于亚胺磷等中间体的生产。

6.3.2　主要生产方法

苯酐的生产有萘氧化法、邻二甲苯氧化法和邻苯二甲酸法等。国内 20 世纪 80 年代以前，萘氧化法占主导地位，但由于萘原料的来源受到限制，从而影响到苯酐的正常发展。随着我国石油化学工业的发展，新建生产装置大多采用邻二甲苯氧化法。

1. 萘氧化法

以萘为原料，经空气催化氧化而得。萘氧化反应发生在α位，在缓和条件下，氧化生成醌；在强烈条件下，氧化生成苯酐。以 SWB 工艺为例，其反应式如下：

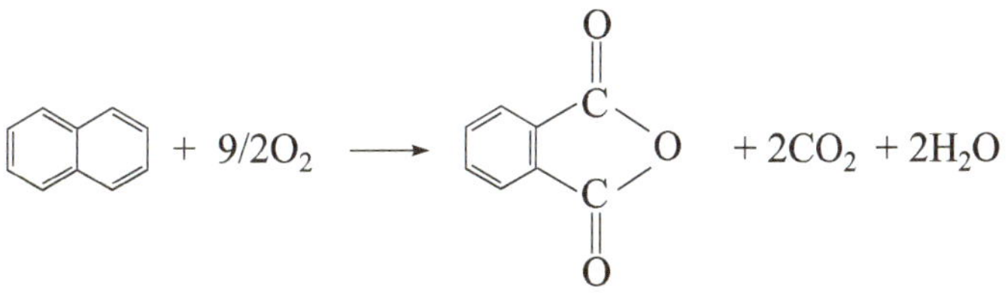

萘催化氧化制苯酐采用以 V_2O_5 为基础组分的催化剂，该类催化剂选择性好、活性高。其中得到广泛应用的是 V_2O_5-K_2SO_4-SiO_2 催化剂，既可以用于固定床反应器，又可以用于流化床反应器，在该类催化剂中加入某些金属硫酸盐可以改善催化剂的选择性，其中以 $Cr_2(SO_3)_3$ 效果最好。

2. 邻二甲苯氧化法

以邻二甲苯为原料，在催化剂作用下，用空气氧化制备苯酐，副反应生成苯甲酸、顺丁烯二酸酐等。其反应式如下：

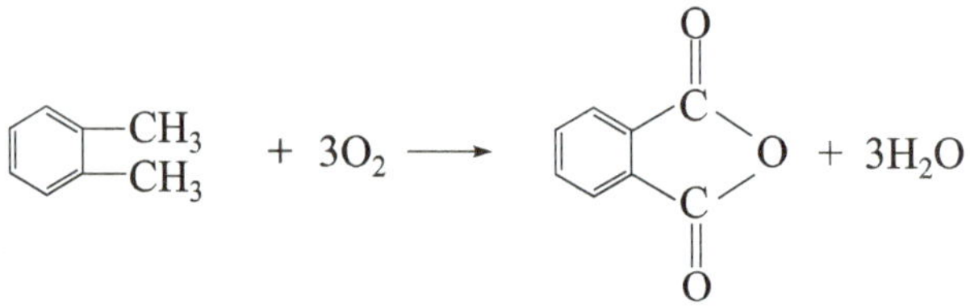

该反应为强放热反应，因此选择适宜的催化剂(高活性和高选择性)和移出反应热以抑制深度氧化反应是工业过程的关键。该方法一般采用 V-Ti-O 体系催化剂，可添加 P、碱金属、Mo、Nb 等元素作为助剂。1974 年开发成功了高负荷表面涂层的钒系催化剂，催化剂载体是惰性的无孔瓷球、刚玉球和碳化硅球等。近年来又选用环状载体制备催化剂，这种新型催化剂可以减少内扩散引起的深度氧化反应，从而提高了苯酐的收率、选择性和催化剂的负荷。比较典型的 V 催化剂有德国 BASF 公司的 V-Ti-O 系表面涂层催化剂，它是以滑石球块为载体，采用喷涂法制备的高负荷环型催化剂，活性组分 V_2O_5 含量为 1%～15%，TiO_2 含量为 85%～99%，添加少量的 P、Sb、Rb、Mo、Al、Zr 的氧化物为促进剂，催化剂寿命高达 4 年。法国罗纳普朗克(Rhone-poulenc)公司使用熔融氧化铝为载体的 V-Ti-O 催化剂，日本触媒株式会社开发的催化剂为 V-Ti-Sn-Zr-O 催化剂，载体为 SiC。反应器多采用列管式固定床。工业上由邻二甲苯制苯酐主要有 3 条工艺路线，即固定床气相氧化法、流化床气相氧化法和固定床液相氧化法。其中固定床气相氧化法根据采用的催化剂和反应条件的不同，又分低温低空速法、高温高空速法和低温高空速法。目前苯酐的生产工艺中，主要采用低温高空速法，以 BASF 法、Von-Heyden 法的应用最为广泛，其次是流化床气相氧化法。新建工厂大多采用固定床低温高空速法节能新工艺。国内引进的邻二甲苯法装置也都是采用德国 BASF 公司的低温高空速法。

6.3.3 邻二甲苯氧化法生产邻苯二甲酸酐

1. 工艺原理

以邻二甲苯为原料气相催化氧化法制取苯酐的反应历程包括一系列平行反应和连串反应。主反应为邻二甲苯与空气混合物在 V-Ti 催化剂作用下，在其表面发生选择性氧化反应生成苯酐，同时发生副反应生成顺酐、苯甲酸、甲基苯甲酸、柠糠酐和苯酞等副产物，部分发生过氧化反应生成 CO_2 或 CO。该反应是强放热反应，通过盐浴移走反应产生的热量，副产过热蒸汽。

主反应：

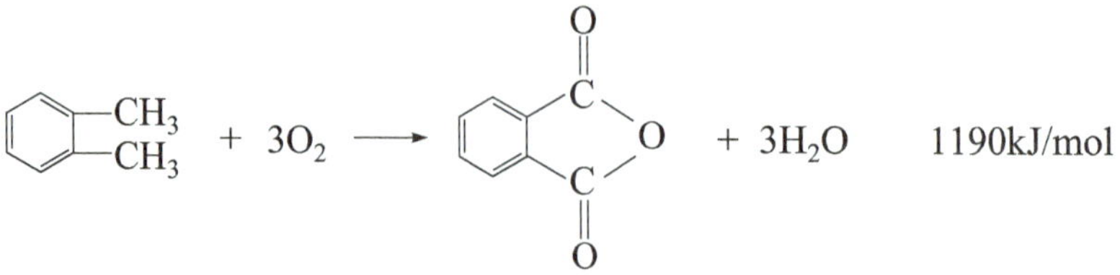

副反应：

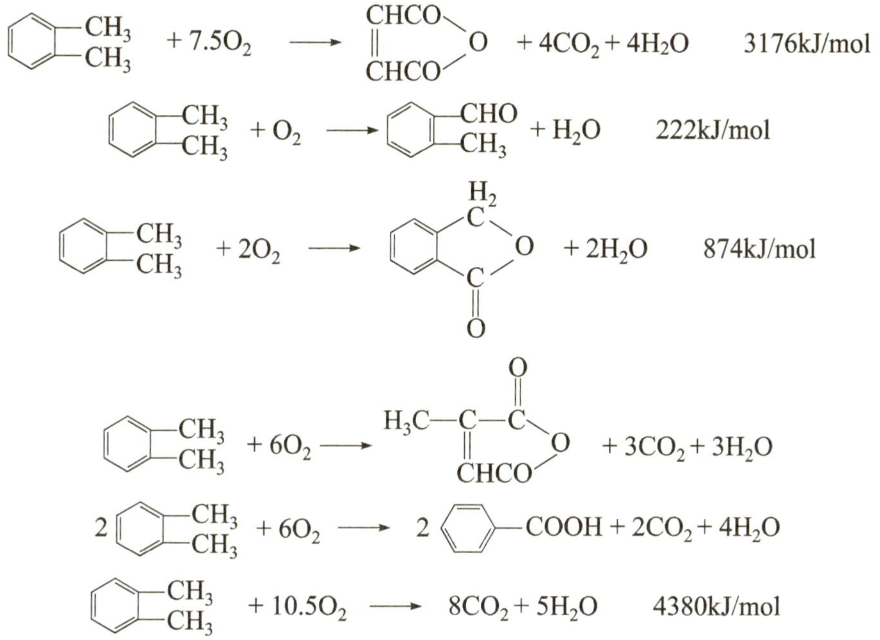

邻二甲苯氧化一般认为是由化学吸附氧、芳烃化合物与催化剂表面形成π络合物的过程。邻二甲苯到苯酐的氧化过程如图 6-8 所示。

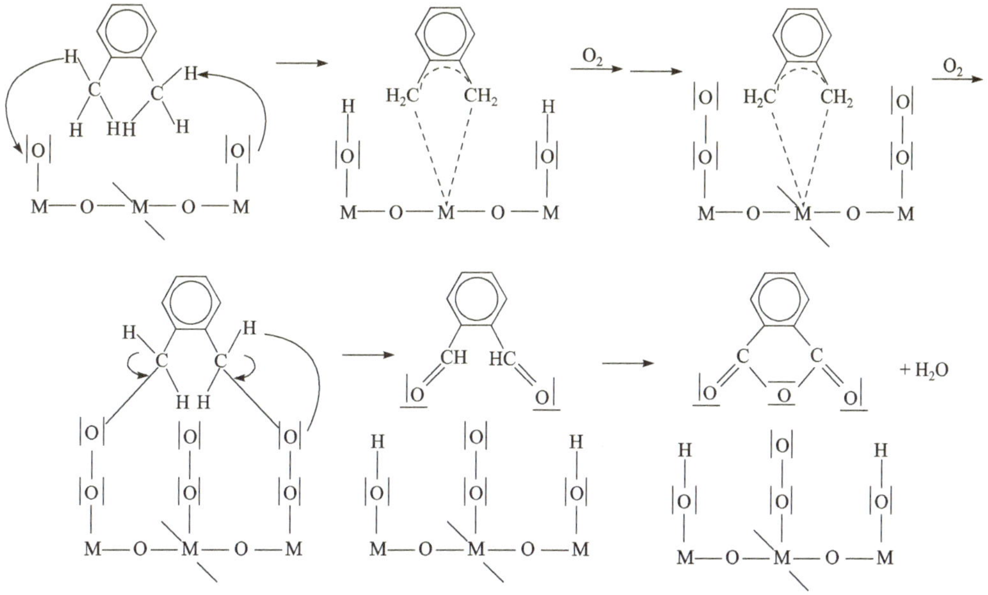

图 6-8　邻二甲苯氧化合成苯酐反应机理图

2. 催化剂

1968 年德国 BASF 公司首先应用载有 V_2O_5-TiO_2 表面涂层的球形颗粒催化剂，该催化剂性能优良，从此 V_2O_5 和 TiO_2 成为邻法苯酐催化剂的基本组分，其中最有效的活性组分为钒的氧化物。对于该催化剂的作用机理，部分研究者认为氧主要是从 V_2O_5-TiO_2 相互作用区的晶格脱离的，且取决于 V_2O_5 的浓度和反应压力。氧从晶格脱离时氧空位作为促进剂起着非常重要的作用，V_2O_5-TiO_2 之间的相互作用扰乱了 V_2O_5 有缺陷的表面状态，结果增加了 V_2O_5 表面和本体间电子交换的概率。

以 V_2O_5-TiO_2-K_2SO_4 为催化剂，氧化反应主要通过邻二甲苯-邻甲基苯甲醛-苯酞-邻苯二甲酸酐这条路线进行。

1) 助催化剂

助催化剂的加入可以改变催化剂的酸碱性，降低过氧化物(CO_2、CO、顺酐、柠糠酸等)或苯酞、邻甲基苯甲醛的产量。助催化剂一般为 Nb、Sb、P、K、Na、Cs、Rb、Mo 等的氧化物或盐。研究表明，氧化铌可降低钒的含量至 3%，因为 Nb 的 d 电子数比 V 多，Nb 的吸附量比 V 高，形成表面活化络合物的概率比 V 大，因此降低了反应活化能，降低了钒的含量，故能在 310～330℃下进行氧化反应，氧化铌起到了提高选择性的作用。Sb_2O_3 可减小比表面，改善孔径，减少内扩散，降低马来酸酐的选择性，同时可以影响催化剂的还原作用，调节邻二甲苯的氧化速度。微量 P_2O_5 延长了催化剂使用寿命，提高了表面酸度，有利于顺酐的解吸。引入稀土元素 Pr 较引入 Tb、混合稀土的总收率高约 10%，选择性高约 7%。

2) 催化剂载体

载体可缩小催化剂各个部分的温度梯度，最初的惰性无孔载体是烧结的熔融硅酸盐、滑石、陶瓷、铝矾土和碳化硅。20 世纪 80 年代后，除少量以 SiC 为载体外，绝大多数以 TiO_2 为载体。几种载体对萘催化氧化制苯酐的收率几乎无差别，因此可认为载体对催化性能影响不大，但在邻二甲苯氧化时，不同载体表现出不同的催化活性，而且邻苯二甲酸酐的选择性与催化剂单位表面氧的吸附量成正比，因此认为活性差别与载体对氧的亲和力有关。钒钛型表面涂层催化剂是将催化活性物质煅烧在载体表面上，可用于高空速、高质量浓度邻二甲苯的氧化。

载体的形状一般有球形、圆柱形、环形和半环形等，较为合适的形状是环形。环形载体可提供给催化剂较理想的几何表面积，降低固定床床层的阻力。

3) 催化剂失活

催化剂的失活分为可逆的暂时失活和不可逆的永久失活。锐钛型 TiO_2 到金红石型的转变是邻二甲苯部分氧化到苯酐的催化剂永久失活的主要原因，即催化剂制备和使用过程中急剧的温度变化会使催化剂结构不可逆变化，从而导致催化剂活性和选择性降低。可逆失活是由碳化合物沉积在催化剂表面引起的，对这种失活可以根据催化剂特点及使用的不同时期对其加以控制，以达到提高产品收率、延长使用周期的目的。

3. 化学反应动力学和热力学

邻二甲苯选择性催化氧化反应为强放热反应。在正常氧化反应时，反应热为 4166kJ/kg 邻二甲苯。氧化生成苯酐与过氧化生成二氧化碳的反应为平行竞争反应，而发生不完全氧化生成苯酞、苯甲酸等中间产物，进一步生成苯酐的反应为连串反应。在 V_2O_5 催化剂上的气相氧化反应对邻二甲苯浓度是一级反应，过高的邻二甲苯浓度会造成催化剂的不可逆失活，反应速率迅速下降。对反应管内可能出现的主要反应机理：①370℃以下，反应对于氧气浓度为一级反应，速率常数较低，转化为苯酐的选择性很高，但原料利用不充分，而且容易发生进一步的氧化反应；②370～440℃时，反应对于邻二甲苯浓度而言为一级反应，速率常数高，反应选择性也较高，邻二甲苯基本完全转化；③440～550℃时，反应对于烃浓度仍然为一级反应，活化能更低，速率常数更高，并且由于活化能较低而导致反应速率几乎与温度无关。随着温度升高，选择性开始降低，这主要是因为更易发生副反应和完全氧化反应。

4. 工艺条件及主要影响因素

1) 反应温度

反应温度对目标产品的收率和质量有着决定性的影响。正常操作时，反应温度在 360～380℃，合理的反应温度既可以使过氧化反应降低到最小，又能保证产品质量。反应温度升高意味着过氧化程度增加，反应气体中 CO_2 含量增加；反之如果反应温度太低，则苯酞、柠糠酐等副产物会增加，造成产品质量下降。正常操作时副产物应控制在一定含量以下，一个主要的控制指标是粗苯酐中苯酞的含量应在 0.15%以下。

2) 空速

降低空速增加停留时间，会加深过氧化反应的程度，但反应器的热效应会下降，这是由于空速下降后传热系数较低和停留时间较长。增加反应产物的纯度，收率会下降。增大空速，反应管内的热点位置会向下移动，到达催化剂床层的中间，剩余的催化剂床层高度将不足以将中间产物进一步氧化生成苯酐，导致产品纯度下降，要获得更多的目标产品就必须适当提高反应温度。通过反应管的空气流量一定前提下，随着催化剂装填高度的增加，即停留时间增加，相应的空速降低，苯酐、二氧化碳、一氧化碳的含量逐步增加，而苯酞、甲基苯甲酸等中间产物的含量是先增加、后降低。说明控制合理的空速能使中间产物的含量降到最低，通常空速为 1900～2600h^{-1}。

3) 邻二甲苯负荷

正常情况下，邻二甲苯负荷对氧化反应的选择性和收率没有太大的影响，只需在邻二甲苯负荷变化的过程中适当调整反应温度。在恒定空速下，增加邻二甲苯的负荷，导致催化剂寿命下降。

5. 工艺流程和主要设备

典型的 BASF 法邻二甲苯氧化生产苯酐流程图如图 6-9 所示。

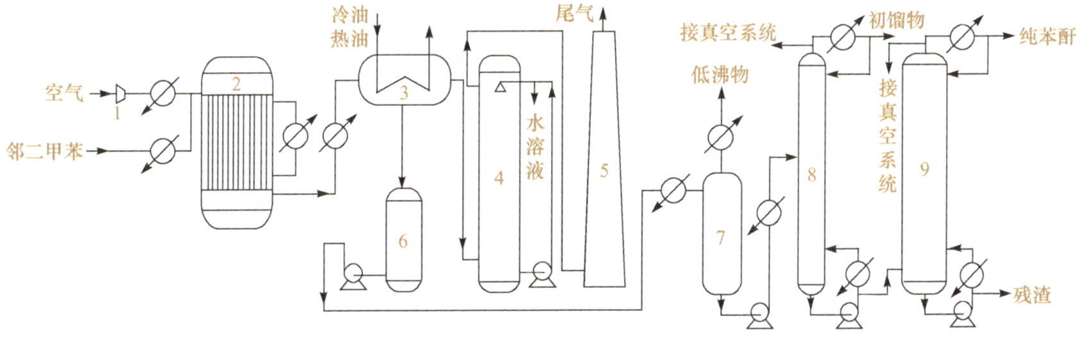

图 6-9　BASF 法邻二甲苯生产苯酐流程示意图

1. 空气压缩机；2. 反应器；3. 转换冷凝器；4. 水洗塔；5. 烟囱；6. 粗苯酐储罐；7. 预分离器；8. 第一精馏塔；9. 第二精馏塔

1) 氧化反应

空气经过过滤器除去其中的灰尘等后被鼓风机压缩至 0.055MPa，进入空气预热器被加热至约 185℃。从原料罐泵出的邻二甲苯经过过滤器过滤后进入邻二甲苯加热器，在加热器中与 0.6MPa 饱和蒸汽换热至 145℃。将加热后邻二甲苯和工艺空气引入邻二甲苯气化器。

在邻二甲苯气化器中，邻二甲苯通过喷嘴注入并与工艺空气完全混合。邻二甲苯和氧化空气的混合物直接进入苯酐反应器中，反应混合物从上到下流经反应器。在气相中，邻二甲苯在 Vi-Ti 催化剂的表面被选择性氧化反应生成苯酐。该反应是强放热反应。部分反应热将反应气体温度加热到 360℃，大部分反应热经循环的熔盐移出，并且通过熔盐冷却器副产 2.5MPa 饱和蒸汽，并在蒸汽过热器生成过热蒸汽。

苯酐反应器为列管式反应器，反应器壳侧的传热介质为熔盐。熔盐流经反应器同时吸收反应放出的热量，熔盐通过熔盐泵进行循环，部分循环的熔盐从盐浴流经外部的熔盐冷却器，在此副产 2.5MPa 饱和蒸汽。熔盐通过熔盐冷却器有序流动以维持盐浴温度的恒定。电加热器在开车时给盐浴提供热量并在停车期间保持足够的盐浴温度，反应器盐浴的温度是由一台熔盐控制阀调节熔盐冷却器的循环流量来控制的。离开反应器的热气体在气体冷却器中被冷却到 175℃，然后进入苯酐切换冷凝器凝固成反应产物。

2) 冷凝回收

离开气体冷却器的反应气体(温度 175℃)进入转换冷凝器。四台切换冷凝器中的三台通入反应气体进行冷凝，一台处于热熔或再冷却，切换冷凝器根据固定的周期切换操作。在切换冷凝器冷凝阶段，通过冷油冷却器冷却的导热油被通入切换冷凝器的翅片管，苯酐冷凝在翅片管的外表面。循环的导热油的供给温度保证出切换冷凝器的气体温度大约为 60℃。当苯酐冷凝结束后，通过热油加热器加热的热油被通入切换冷凝器的翅片管，粗苯酐被热熔，收集在切换冷凝器底部然后流入粗苯酐储罐中，通过粗苯酐送料泵进入苯酐精制单元。导热油流经两个循环回路，这两个循环回路的油储存罐分别是冷油罐和热油罐，且两储罐相互连通。冷油通过冷油泵、冷油冷却器流经切换冷凝器后回到冷油罐，通过冷油冷却器的冷油温度约为 54℃。热油通过热油泵、热油加热器流经切换冷凝器后回到热油罐，通过热油加热器的热油温度约为 180℃。热熔后，切换冷凝器被冷油冷却然后准备下一次苯酐冷凝捕集。在开始下一次冷凝捕集之前，切换冷凝器需要大约 40min 冷却。

3) 尾气洗涤

根据环境保护和产品质量的要求，从切换冷凝器排出的尾气和精馏蒸汽喷射器过来的废气一起进入尾气洗涤塔，在洗涤塔中尾气中的有机物通过洗涤水循环泵，经过三级洗涤后被除去，经洗涤后的尾气直接向高空排入大气。废气中被除去的主要有机物是顺酐。三级洗涤回路中顺酐的质量浓度分别为 2%、6%和 17%(最大 25%)。洗涤塔的补充水通过液位控制系统补充到洗涤塔内。酸水被临时储存在酸水储罐中，然后通过酸水输送泵送至废液焚烧炉。

4) 预处理

在第一处理段，粗苯酐加热器通过 300℃的导热油将粗苯酐从 160℃加热到 250℃。粗苯酐从苯酐缓冲罐通过重力流入第一处理槽，最终溢流到第二处理槽。此时，碳酸钠溶液通过计量泵从碳酸钠溶解槽注入第一处理槽。醛类和其他重组分转化为树脂以便于精馏分离，同时水蒸气、顺酐和其他低沸点物质也从粗苯酐中抽取。被加热的气相产品在苯酐冷凝器中部分冷凝，回到第一处理槽，不凝气被喷射泵吸收，然后送到尾气洗涤塔前的工艺气体进口管线。

5) 精馏

反应过程中产生部分顺酐、苯甲酸、柠糠酸酐等轻组分以及苯酞、聚合物等重组分，必须通过蒸馏的方法除去。粗苯酐通过轻组分塔进料泵输送到轻组分塔，塔顶的压力为 0.02MPa。轻组分塔塔底的苯酐(低沸点化合物)通过产品塔进料泵送到产品塔，用于进一步分离高沸物。塔内的高沸物集中在塔釜间歇排放。从轻组分塔回流采出的轻组分与产品塔采出的重组分一起排放到残渣排放罐内，然后从残渣排放罐中送到界外。来自产品塔塔顶的纯苯酐通过苯酐提取泵输送到纯苯酐罐内。

6) 废液焚烧

废液焚烧装置主要是处理来自尾气洗涤塔产生的废水。由于废水中的有机组分含量相对比较少，废水的热值很低，本身不能进行燃烧，需补入天然气作为主要燃料进行燃烧，将废水喷入焚烧炉中，由过热蒸汽进行雾化。在焚烧炉中，废液所含的有机组分在高温下全部分解成 CO_2 和 H_2O。

7) 导热油炉

导热油用于精馏单元再沸器和部分换热器的加热介质，同时也是蒸汽喷射器的保温热源。导热油炉系统中包含主循环和次循环两个循环回路。在主循环回路中，导热油用于粗苯酐预热器第一处理槽的加热和蒸汽喷射器的保温以及向次循环回路补充热油。次循环回路是为精馏塔再沸器提供热介质，次循环泵位于精馏塔再沸器入口，在入口管线上有流量控制阀。两个温度调节阀分别位于次循环回路补充油和油返回管线上。当温度控制阀打开时，新鲜的热油进入次循环回路汇合和再循环，循环后的热油返回到主循环回路中。

6.3.4 技术进展

1. 正戊烷催化氧化制苯酐

利用廉价的正戊烷代替邻二甲苯、正丁烷作原料，生产顺酐和苯酐。以溶于醇中还原并加入磷酸研制成催化剂，其前身主要为$(VOHPO_4)\cdot 5H_2O$ 晶相，活化后的催化剂为$(VO_2)P_2O_7$晶相。该催化剂可催化正戊烷氧化生成苯酐和顺酐，在反应温度为 380～440℃、原料气中含正戊烷的摩尔分数为 3.5%的条件下，反应温度越高，正戊烷转化率越大，顺酐收率越高。苯酐收率基本保持不变，生成顺酐和苯酐的总选择性稍有下降，而苯酐相对顺酐的选择性下降较快。

2. 催化剂改进

在催化剂开发方面，改进的重点包括：①加入助催化剂，采用不同堆积比的催化剂等；②邻二甲苯和萘混合原料，开发能同时处理两种原料的催化剂；③针对邻二甲苯来源于芳烃抽提的情况，在进料中加入 SO_2 以处理邻二甲苯中的有氮杂质，延长催化剂寿命。

3. 反应器设计和工艺开发

为了提高苯酐产品的收率和质量，降低主反应器的温度，延长主反应器催化剂的寿命，德国 BASF 等公司相继开发出了后置反应器技术。主要技术是在主反应器后再增设一台后置反应器，可以进一步降低主反应器的温度。与普通反应器情况相比，该技术可使盐温降低 5～10℃，即意味着反应管内的反应温度会降低 40～50℃，从主反应器出来的反应气体可进入后置反应器进一步参加反应，从而提高苯酐产品的质量和收率。

在生产工艺开发方面，意大利 Sisas 公司开发了邻二甲苯两步氧化法制苯酐的工艺，苯酐的选择性达到 85%～88%(一般方法为 80%)，且提高了产品纯度，未反应的邻二甲苯容易循环再氧化，由于气相氧化的放热减少 50%，反应可在更低的温度下进行，降低了操作风险。

6.4 苯酚/丙酮

6.4.1 苯酚的性质、用途及生产方法

异丙苯法生产苯酚、丙酮是以石油化工初级产品苯和丙烯为原料，先生成异丙苯，进而氧化为过氧化异丙苯，过氧化异丙苯分解为苯酚和丙酮这两种重要的有机产品。

1. 性质及用途

苯酚又名石炭酸，是最简单的酚类有机物，分子式 C_6H_6O，相对分子质量 94.11，常温下是无色晶体，25℃时，溶点及沸点分别是 40.6℃和 181.9℃，常温常压下为白色结晶或结晶熔块，具有特殊气味。暴露在大气中或阳光下逐渐变成粉红色进而变成红色，在潮湿性的空气中，吸收水分后由结晶块变成液体。有特臭味，有毒，有强烈腐蚀性。室温下稍稍溶于水，能溶于苯、芳香族物质及其碱性溶液中，易溶于乙醇、乙醚、氯仿、甘油等众多有机溶剂，几乎不溶于石油醚类。

苯酚是重要的化工有机原料，主要用于生产苯胺、酚醛树脂(又称电木，苯酚与甲醛缩聚而得)、水杨酸、己内酰胺(简称 CPL，分子式 $C_6H_{11}NO$)、五氯酚、双酚 A(也称 BPA)、己二酸、烷基酚、苦味酸、2, 4-二氯苯氧乙酸(2, 4-D)等化工产品及医药中间体。在农药、炼油、合成纤维、化工原料、合成橡胶、医药、香料、烷基酚、染料及塑料、涂料等方面具有广泛的应用。

2. 生产方法

苯酚的主要生产方法有异丙苯法、磺化法、氯化法、甲苯-苯甲酸法、环己酮-环己醇法，其中异丙苯法是主要的生产方法，是目前较成熟的工艺。截止到 2010 年，世界上将近 97%的苯酚是由异丙苯法生产的。

1) 异丙苯法

20 世纪 50 年代，异丙苯法苯酚生产技术得到迅速的发展，逐渐代替异丙醇脱氢法，成为世界上主要的生产苯酚的方法，占世界生产能力的 90%以上。该工艺是以苯和丙烯为原料，在催化剂的作用下生成异丙苯，经空气氧化生成过氧化氢异丙苯，再经酸催化分解得到苯酚和丙酮。

2) 磺化法

磺化反应是在芳香烃化合物里引入磺酸基的反应，于 1923 年由美国 Monsanto 公司实现工业化。该法是用苯和硫酸发生磺化反应得到苯磺酸，再和亚硫酸钠反应得到苯磺酸钠，接着用氢氧化钠进行碱熔生成苯酚钠，最后经过酸化得到苯酚，副产物是亚硫酸钠和二氧化硫。这种方法的优点是设备简单、工艺成熟、生产规模可大可小，缺点是物耗和能耗高，排出大量的亚硫酸钠，副产物多。

3) 氯化法

氯化法是用苯和氯反应生成氯苯和氯化氢，用氢氧化钠将氯苯在 400℃、30MPa 条件下水解成酚钠盐，再和氯化氢反应得到苯酚，苯的氯化反应有多氯苯生成，由于该法反应条件比较苛刻，要求生产设备耐酸和耐碱，要有电解生产氯气装置，成本也非常高。

4) 甲苯-苯甲酸法

甲苯氧化法是由美国 Dow 公司于 1955 年开发，于 1962 年得以工业化。该工艺开创了一

种不以苯为原料生产苯酚的方法，生产过程分成两步，首先甲苯在一定的温度和压力条件下，以钴盐为催化剂发生液相氧化反应，得到苯甲酸同时生成副产物苯甲醛、二氧化碳等，第二步是苯甲酸在 Cu^{2+}和一些助催化剂作用下，与水蒸气、空气接触发生氧化反应得到苯酚和二氧化碳副产苯醚和苯等。反应产物经提纯得到精制的苯酚。该方法的优点是原料甲苯的价格相比苯大约便宜 20%，但是这种方法在第二步氧化中产生大量焦油状的物质，污染严重，影响了其发展。

5) 环己酮-环己醇法

该方法采用苯为原料，在催化剂、200℃及一定压力条件下，发生加氢反应得到环己烷，接着环己烷被氧化成环己醇和环己酮，该混合物催化脱氢得到最终的产物苯酚。该方法具有不消耗酸碱且不联产丙酮的优点，整个体系的氢可循环利用，节省原料，缺点是第一步的转化率很低，第二步的选择性不高。

6.4.2　丙酮的性质、用途及生产方法

1. 性质及用途

丙酮又称二甲基甲酮，分子式 C_3H_6O，相对分子质量 58.08，在 25℃时相对密度 0.78，熔点 94.7℃，沸点 56.48℃，闪点 17.78℃，是目前为止最简单的饱和酮类。丙酮是一种透明无色的液体，有特殊的辛辣性气味。常温下易溶于水和乙醚、氯仿、甲醇、吡啶、乙醇及大多数有机类溶剂等。易燃、沸点低，极易挥发，有刺激性气味，化学性质比较活泼。

丙酮是重要的有机合成原材料，工业上主要作为有机溶剂用于有机玻璃、炸药、农药、塑料、制革、橡胶、纤维、油脂、喷漆、医药等行业中，也可作为合成聚异戊二烯橡胶、烯酮、环氧树脂、乙酸酐、有机玻璃、聚碳酸酯、碘仿、甲基丙烯酸甲酯、氯仿等物质的重要化工原料。在醋酸纤维、无烟火药、喷漆、赛璐珞等工业中用作溶剂；在油脂类等工业中用作提取剂。

2. 主要生产方法

生产丙酮的方法主要有合成法和发酵法两大类，前者是以石油为原料，后者以植物为原料。发酵法是在特定菌类的作用下将含淀粉的农作物转化为丁醇、丙酮和乙醇的混合物，是以消耗大量的含淀粉植物为基础而得到少量的丙酮产品实现的，受到一定限制。目前，合成方法主要有异丙醇法、液化石油气氧化法、丙烯氧化法和异丙苯法，其中异丙苯法是使用最为广泛的合成方法。

1) 异丙醇法

将异丙醇和水作为原料，经加热达到共沸后进行脱氢反应，其中脱氢方法主要有两种，其反应式如下：

$$CH_3CHOHCH_3 \longrightarrow CH_3COCH_3+H_2$$

$$CH_3CHOHCH_3+1/2O_2 \longrightarrow CH_3COCH_3+H_2O$$

为了使反应快速发生，脱氢过程要借助催化剂的催化作用，采用的是性能优越且材料易得的铜、锌系催化剂，反应在 350～400℃的高温下发生，异丙醇转化率可达 98%左右。但收率低的缺点限制了其在工业上的大规模推广及应用。

2) 液化石油气氧化法

在液化石油气(丙烷-丁烷)中按合适的比例在其中通入氧气或空气，在反应器温度 430～450℃和压力 7～30atm 下，反应得到丙酮及醛酮的混合物。由于产品是复杂混合物，分离困难，导致流程复杂，现已停止大规模的工业应用。

3) 丙烯氧化法

丙烯氧化生产丙酮工艺采用特殊催化剂，在空气的氧化作用下经一步反应得到丙酮，在该工艺过程中气体温度以及系统内水分对丙酮产率有重要的影响，通过适当调节这两个因素可以提高丙酮产率。

$$CH_2{=}CH{-}CH_3 + 1/2O_2 \longrightarrow CH_3COCH_3$$

该方法对设备的抗腐蚀性能要求很高，因此未能实现大规模的工业应用。

4) 异丙苯法

异丙苯法联产苯酚、丙酮工艺在 20 世纪中期得到广泛应用，并在生产丙酮的工艺中逐渐居于主导地位。其优势是可以在一个装置中同时得到两种重要的有机产品，现已成为世界上生产丙酮最主要的方法。

6.4.3 异丙苯氧化工艺原理

异丙苯法生产苯酚、丙酮最早于 1949 年由苏联实现工业化，每生产 1t 苯酚联产 0.6t 丙酮。该工艺具有产品纯度高、原料和能源消耗低等优点。该工艺以苯和丙烯为原料，经过三个化学反应得到苯酚、丙酮：①丙烯和苯经过烷基化，产物是异丙苯；②用空气或氧气将异丙苯(IPB)氧化生成过氧化氢异丙苯(CHP)；③将过氧化氢异丙苯分解，生成苯酚和丙酮。

1. 烷基化反应

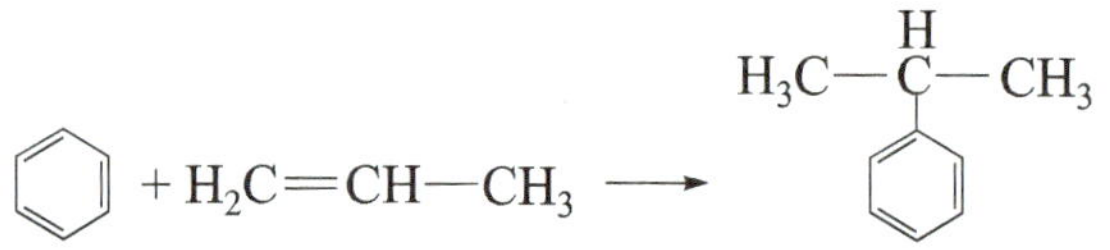

2. 氧化反应

主反应：在空气或氧气的氧化作用下，异丙苯通过均相催化自氧化反应生成 CHP。

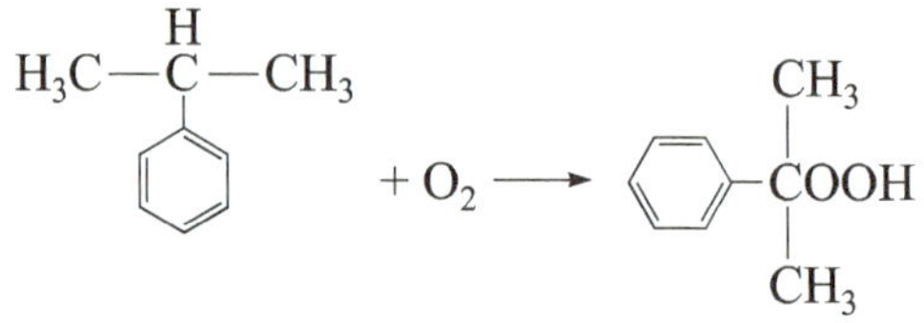

异丙苯生成 CHP 的氧化过程是自由基链式反应路径，主要有以下几步。

(1) 链引发：

$$ROOH \longrightarrow RO\cdot + HO\cdot$$

$$RO\cdot + RH \longrightarrow ROH + R\cdot$$

$$HO\cdot + RH \longrightarrow H_2O + R\cdot$$

其中，R · 代表异丙苯自由基 $C_6H_5C(CH_3)_2$。

(2) 链增长：

$$2RO\cdot + O_2 \longrightarrow 2ROO\cdot$$

$$ROO\cdot + RH \longrightarrow ROOH + R\cdot$$

(3) 链终止：

$$R\cdot + R\cdot \longrightarrow R—R$$

$$R\cdot + ROO\cdot \longrightarrow ROOR$$

$$ROO\cdot + ROO\cdot \longrightarrow ROOR + O_2$$

主要副反应是氧气将异丙苯氧化得到二甲基苄醇(DMPC)或者苯乙酮和甲醇，甲醇再进一步氧化生成甲醛和甲酸，其反应式如下：

$$2C_6H_5CH(CH_3)_2 + O_2 \longrightarrow 2C_6H_5C(CH_3)_2OH$$

$$C_6H_5CH(CH_3)_2 + O_2 \longrightarrow C_6H_5COCH_3 + CH_3OH$$

$$CH_3OH + O_2 \longrightarrow HCHO \longrightarrow HCOOH$$

3. 分解反应

主反应：过氧化氢异丙苯分解，生成苯酚和丙酮。

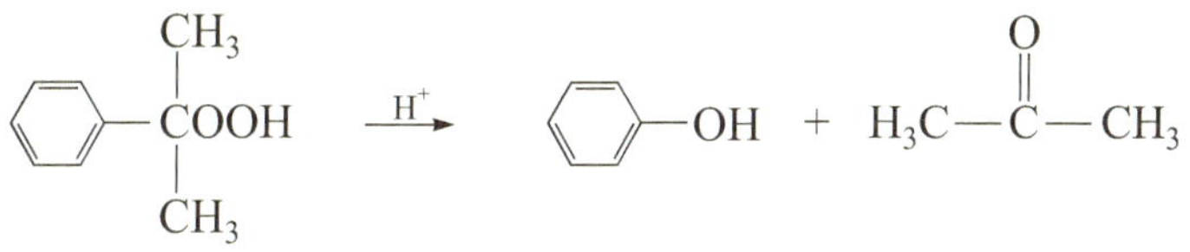

其反应机理主要是 CHP 加氢、脱水、电子转移和分解步骤。

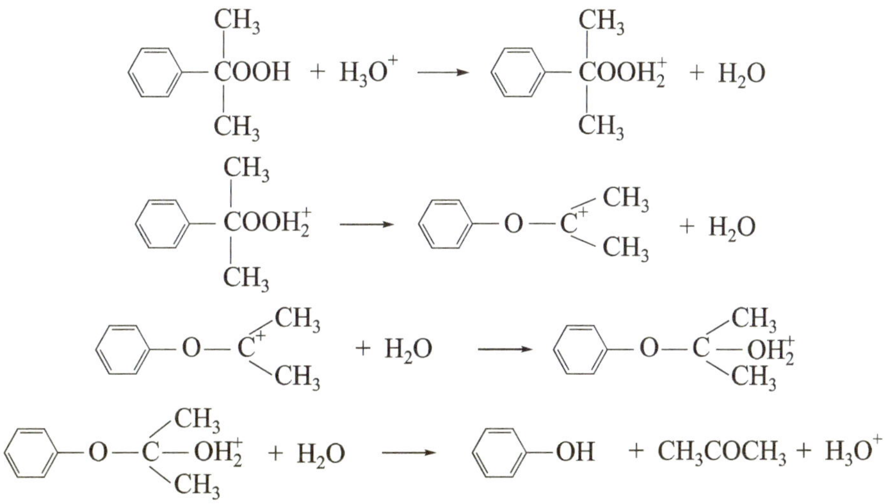

分解过程主要副反应是二甲基苄醇分解为α-甲基苯乙烯(AMS)和水：

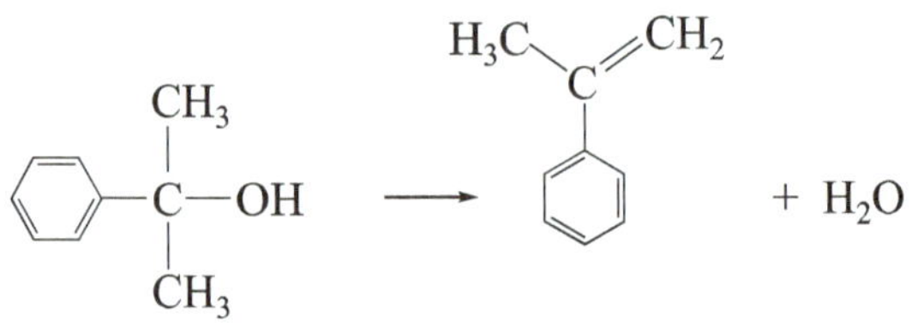

二甲基苄醇和过氧化氢异丙苯反应生成过氧化二异丙苯(DCP)和水：

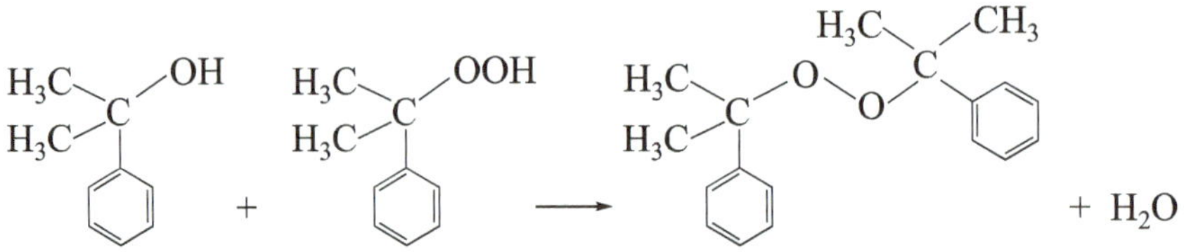

过氧化二异丙苯受热分解成苯酚、丙酮和α-甲基苯乙烯：

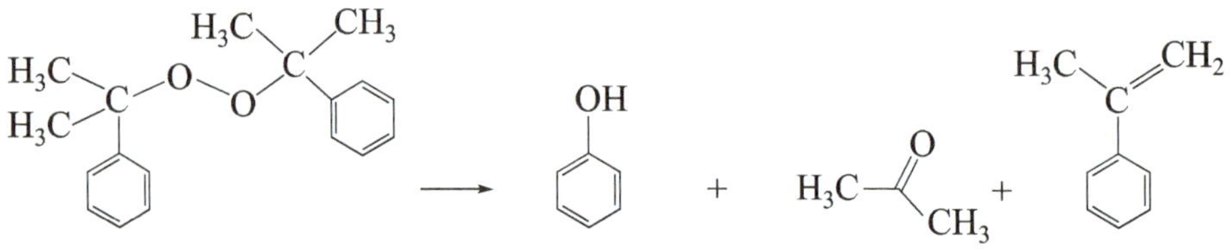

α-甲基苯乙烯和苯酚反应生成枯基苯酚(CP)：

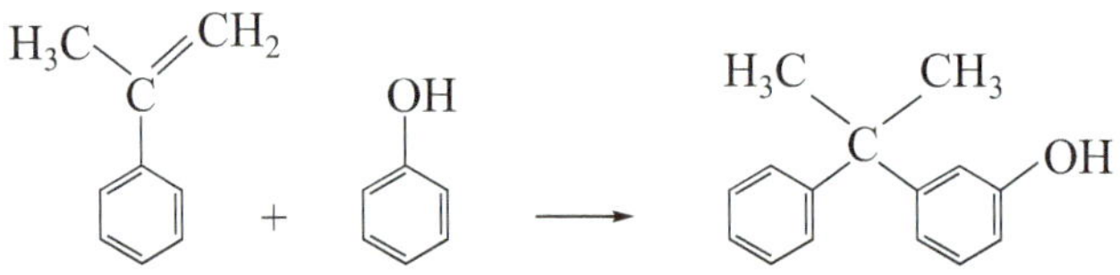

6.4.4 催化剂

在异丙苯氧化反应中通入空气，使异丙苯连续自氧化生成 CHP，后步工序浓缩 CHP，过剩的异丙苯可以循环回氧化工序。因此，氧化过程应尽量改善 CHP 选择性，减少异丙苯循环量。催化剂的引入通常可以降低基元反应步骤的活化能，明显加快反应速率，缩短或消除反应诱导期，改善反应产物的选择性。此外，由于氧气分子在非催化条件下较难活化，需采用较高的反应温度，易导致副反应发生和过氧化氢异丙苯的激烈分解，操作不慎可能引起爆炸。因此，自 20 世纪 70 年代，研究者对异丙苯催化氧化催化剂进行了广泛研究。

1. 金属催化剂

Ag、Cu、Au 和 Pt 等金属催化剂可应用于异丙苯氧化反应，金属的催化效应可归于反应物在金属表面产生的自由基的引发作用。在 90℃条件下，活性顺序为：Cu> Ag> Ni> Pt> Au。实际上，在金属类催化剂中，只有 Ag 和 Ag-Au 合金的催化效果较为有效，由于价格昂贵，宜采用负载型催化剂。

2. 金属氧化物催化剂

1) 过渡金属氧化物

过渡金属氧化物催化氧化活性为：$MnO_2>Co_2O_3>NiO>Cu_2O$。产物分布取决于催化剂种类及用量，当催化剂用量增大到某一临界值后，醇和酮含量增大，过氧化氢异丙苯选择性降低。第四周期过渡金属氧化物同时具有链引发和加速反应的作用，对异丙苯氧化反应的催化活性顺序为：MnO_2>CuO>Co_3O_4>Cr_2O_3≈NiO>ZnO>Fe_2O_3，对过氧化氢异丙苯的选择性顺序为：ZnO>CuO>Cr_2O_3>Fe_2O_3≈NiO>Co_3O_4>MnO_2。过渡金属氧化物催化剂易分离，并可循环使用，活性较高。

2) 碱土金属氧化物

MgO 的催化氧化活性要优于 CuO 和 BaO，以空气为氧化剂，90℃反应 8h，异丙苯转化率为 55.2%，过氧化氢异丙苯选择性为 91.4%。碱土金属氧化物催化剂能够适当缩短异丙苯氧化反应的诱导期，加快反应速率，但除用 NiO 改性的 MgO 催化剂具有较好的催化性能外，其他碱土金属氧化物催化剂对过氧化氢异丙苯选择性仍难以满足工业生产要求。

3) 负载型催化剂

负载型催化剂常用的载体包括高分子聚合物、氧化物、活性炭、中孔分子筛 HMS。以离子交换树脂 Chelex 100(CHX)为载体的 Cu 催化剂，异丙苯转化率 5.36%，过氧化氢异丙苯选择性 99.4%。将 Cu 负载于苯乙烯-二乙烯苯共聚物上得到的催化剂在相同条件下异丙苯转化率 6.8%，过氧化氢异丙苯选择性 99%，催化剂在 110℃能保持稳定，氧化速率可通过增大催化剂用量和催化剂的金属负载量及升高反应温度等加以提高。

6.4.5　工艺条件及主要影响因素

1. 反应温度

提高反应温度增加了自由基反应链引发及链增长的速率，明显提高反应速率。随反应温度提高，氧气平衡转化率逐渐提高，达到氧气平衡转化率的时间缩短，因此通过适当控制反应温度，可以控制氧气转化率，调控尾氧含量。

随着反应温度的提高，CHP 的选择性呈现下降的趋势，同时苯乙酮选择性呈现增加的趋势，尤其是当反应温度超过 100℃时，生成苯乙酮的选择性增加显著。从提高 CHP 选择性、降低物耗的角度考虑，氧化反应温度应该控制在 100℃以下。

2. 反应压力

在反应压力小于 0.2MPa 时，压力的影响才比较明显，超过 0.2MPa 后，压力提高并不明显改变氧气的转化率。因此，空气压力的变化不会显著影响液相中氧的溶解能力。随着压力的提高，氧气的转化率提高，但是压力对异丙苯氧化反应影响并不显著，最佳的压力为 0.2～0.3MPa。

3. 引发剂用量

随着反应原料中引发剂 CHP 含量的逐渐增加，氧化反应速率也逐渐提高，达到平衡转化率的时间也越短。在反应液中加入 6%的 CHP 作为引发剂，诱导期完全消失，但加速期仍较长。进一步增加反应原料中引发剂 CHP 含量分别为 10%、20%，加速期也显著缩短，当初始 CHP 浓度达到 20%时，加速期缩短到 1h 左右。这可能与两个方面的作用有关：一方面 CHP 浓度提高，增加了自由基物种的浓度，因此强化了自催化作用；另一方面，由于极性相近，较高浓度的 CHP 可能增加了溶液的氧气溶解能力。对于异丙苯过氧化反应，要消除诱导期，引发剂 CHP 浓度应该大于 5%，要获得高的反应速率和高的氧气转化率，原料中引发剂 CHP 浓度应该大于 10%。

4. 空速

空速越高，转化率越低。同时达到氧气最大平衡转化率的时间也越长。在 5%引发剂 CHP 存在下，在所有空速条件下，反应诱导期都消失。然而随着反应时间的延长，也都经过了加速期和最大平衡转化期。在较高空速条件下，异丙苯氧化反应的速率主要取决于自由基的生成速率。

6.4.6 工艺流程及主要设备

苯酚、丙酮的生产工艺过程是由异丙苯氧化、过氧化氢异丙苯分解两部分组成。

1. 异丙苯氧化

异丙苯氧化过程的工艺流程如图 6-10 所示。空气加压至 0.45MPa 并被过热后由氧化塔底部送入塔内。用碱配制成 pH 为 8.5～10.5 的精异丙苯从储槽送出，与氧化塔底产物换热后由氧化塔顶进入塔内与空气逆流接触进行反应，氧化塔为板式塔，氧化温度为 110～120℃。氧化塔顶部排出含有少量氧的气体混合物，经冷凝器冷凝后送入气液分离器进行气液分离，液相为异丙苯，回收使用，不凝气放空。由氧化塔底部排出的反应物料与原料异丙苯换热后送入降膜蒸发器，增浓后进入第一提浓塔，将大部分未转化的异丙苯蒸出。塔釜得到浓度为 70%～80%的过氧化氢异丙苯，经冷凝后进入第二提浓塔，塔釜得到浓度为 88%的过氧化氢异丙苯，塔顶的凝液与第一蒸发塔的凝液混合后加入 8%～12%的 NaOH 中和沉降，分出的碱液循环使用，异丙苯循环回氧化系统。

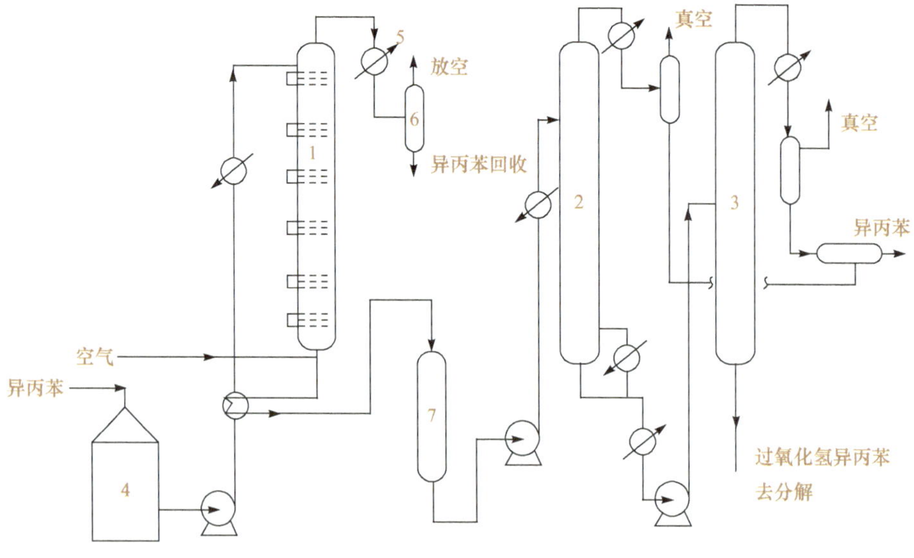

图 6-10 异丙苯氧化过程工艺流程图

1. 氧化塔；2、3. 第一、第二提浓塔；4. 储槽；5. 冷凝器；6. 气液分离器；7. 降膜蒸发器

2. 过氧化氢异丙苯分解及分解液的分离

分解精制过程工艺流程图如图 6-11 所示。

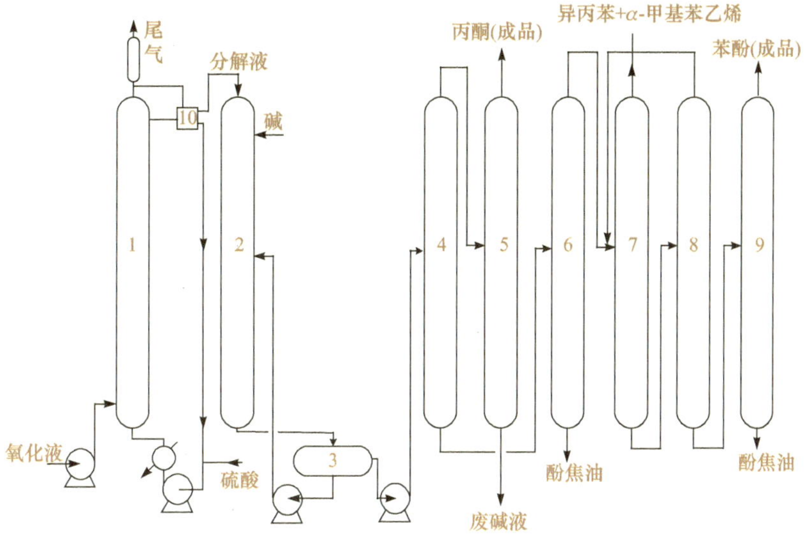

图 6-11　分解精制过程工艺流程图

1. 分解塔；2. 中和水洗塔；3. 沉降槽；4. 粗丙酮塔；5. 精丙酮塔；6. 割焦塔；7. 第一脱烃塔；8. 第二脱烃塔；9. 精酚塔；10. 缓冲罐

来自氧化系统的氧化液进入分解塔的底部与酸性物混合，并在分解塔中发生分解反应。分解液由分解塔的顶部溢流进入缓冲罐，大部分分解液循环回分解塔，少量的分解液进入中和水洗塔洗去其中的酸。在中和水洗塔的上部，分解液、碱液及循环碱液并流操作，塔釜液送沉降槽，分出碱液和分解液，碱液循环使用。槽上部的中性分解液送入分离系统，经粗丙酮塔、精丙酮塔、割焦塔、第一脱烃塔、第二脱烃塔和精酚塔后得到成品苯酚和丙酮。

6.4.7　技术进展

由于苯酚、丙酮在化工原料中的重要作用，近年来在催化剂开发、合成方法改进及工业废水处理等方面取得了部分进展，展现了巨大潜力。主要进展包括以下几个方面。

1. 过氧化氢异丙苯分解反应催化剂开发

分解反应主要采用浓硫酸作为催化剂，该催化剂具有酸耗少、反应速率快、产品收率高等优点，但是反应剧烈、容易爆炸、副产物多、选择性仅为 80%左右而且设备腐蚀严重。因此，开发固体酸催化剂，改进现有硫酸催化工艺流程对提高反应选择性和安全性具有重要价值。

第一类固体酸催化剂包括无机酸处理的蒙脱黏土、杂多酸或 Lewis 酸改性的蒙脱黏土、用杂多酸浸渍的第Ⅳ族氧化物和经氟磷酸和氢氟酸处理的氧化物。

第二类对 CHP 分解反应有效的沸石催化剂是酸性分子筛。其合适的酸度用α值表示为 5～1000。在 CHP 分解反应试验中，中孔分子筛对苯酚、丙酮的转化率和选择性比大孔的 X、Y 型分子筛都要高。

第三类为酸性树脂。催化 CHP 分解反应时，可以简化工艺流程并且不产生含酚污水，但该催化剂的溶胀性、不稳定性和酸性中心性质不均匀等缺陷常导致生产困难。因此，以酸性树脂为催化剂的生产工艺未被普遍采用。

2. 苯酚合成方法进展

异丙苯法具有收率高、工艺简单、低污染等很多优点，但是它的发展受到副产物丙酮的制约；采用该工艺生成苯酚需要精制且耗能大。因此，近些年国内外用苯直接氧化生产苯酚已有研究报道，这种方法是选择适宜的催化剂，在苯环上的 C—H 键上直接引入羰基生成苯酚，采用的氧化剂类型主要是过氧化氢、分子氧、氧化二氮等，如以金属改性的沸石分子筛为催化剂，用氧化二氮氧化苯，得到苯酚的一步法工艺。

仲丁基苯法以乙烯装置和炼厂气的 C_4 副产物中的正丁烯为原料，与苯发生烷基化反应生成仲丁基苯，仲丁基苯氧化生成过氧化氢仲丁基苯，过氧化氢仲丁基苯再进行分解反应得到产物苯酚和甲乙酮。但苯与正丁烯的反应不可避免地生成异丁基苯、叔丁基苯和正丁基苯等副产物。由于这些副产物沸点接近，不仅给产物的分离带来困难，还降低了目的产物的收率，更为严重的是能抑制后续氧化反应的进行，所以仲丁基苯法至今未能实现大规模工业化生产。

3. 苯酚丙酮生产废水处理技术

苯酚丙酮废水经萃取回收苯酚后，仍含有较高浓度的有机物，且以可生物降解有机物为主，宜采用生物法进行处理。Fenton 法具有反应速率快、难降解有机物去除效率高等特点。该技术通过 H_2O_2 在 Fe^{2+} 的催化下生成具有强氧化能力的羟基自由基(·OH)，因此可以氧化废水中的大部分有机物，同时还可对废水中的悬浮物和胶体物质进行混凝。

思 考 题

1. 简要分析乙苯脱氢制苯乙烯生产过程中空速对选择性的影响。
2. 简述乙苯脱氢工艺的副反应。
3. 粗对苯二甲酸、精对苯二甲酸和中纯度对苯二甲酸的生产有什么区别？
4. 试从动力学和热力学角度分析反应条件对对二甲苯氧化反应的影响。
5. 邻二甲苯氧化生产邻苯二甲酸酐过程催化剂失活的原因是什么？
6. 邻苯二甲酸酐的主要生产方法有哪几种？各有哪些特点？
7. 简述异丙苯氧化生产过氧化异丙苯的工艺原理。
8. 简述异丙苯氧化生产过氧化异丙苯工艺中温度和压力对反应性能的影响。
9. 乙苯脱氢制苯乙烯过程中，温度过高会对催化性能和催化剂产生什么影响？
10. 乙苯脱氢制苯乙烯过程为什么要加入水蒸气？
11. 乙苯脱氢制苯乙烯过程的反应器主要是什么形式？采用这些不同形式反应器的工艺流程的差别是什么？
12. 对苯二甲酸生产过程中，氧气通入量对性能有什么影响？原因是什么？
13. 简述异丙苯生成过氧化氢异丙苯的自由基链式反应路径。

参 考 文 献

董英. 2013. 苯乙烯的生产技术及市场分析. 炼油与化工, 24: 44-46
管弦，刘瑾，唐琪. 2014. 对苯二甲酸生产工艺进展. 化学工程与装备, 10: 150-153
胡波. 2006. 新型工业苯酐催化剂稳定性的研究. 北京: 北京化工大学
胡玉龙. 2016. 苯酚丙酮生产废水处理技术研究进展. 广东化工, 9(43): 171-191
李汉. 2006. 邻二甲苯氧化制苯酐工艺装置的优化设计. 西安: 西北大学
李皓巍, 金月昶, 金熙俊. 2012. 苯乙烯现状及工艺技术. 当代化工, 41(9): 986-989
李静. 2006. 对二甲苯液相空气氧化反应动力学的研究. 天津: 天津大学
李军. 2014. 异丙苯催化氧化催化剂研究进展. 工业催化, 22(3): 173-180

李英, 赵地顺, 张亚通. 2002. 苯酐合成催化剂的研究进展. 河北工业科技, 19(3): 35-39
李玉芳, 伍小明. 2016. 苯酐合成技术研究进展. 乙醛醋酸化工, 9: 14-16
刘和秀. 2004. 异丙苯氧化系统的动态模拟以及氧化反应器的稳态模拟. 北京: 北京化工大学
刘建新, 白鹏. 2000. 对苯二甲酸工艺技术及生产. 化工科技, 8(3): 64-47
刘志鹏. 2016. 精对苯二甲酸工艺新发展. 化工设计通讯, 42(6): 97-98
毛文杰. 2013. 异丙苯法生产苯酚丙酮精馏单元的粗苯酚塔重组分含量过高研究. 大连: 大连理工大学
区灿棋, 吕德伟. 1990. 石油化工氧化反应工程与工艺. 北京: 中国石化出版社
孙京礼. 2016. 苯乙烯生产工艺研究及优化. 上海: 上海师范大学
谭捷. 2015. 乙苯脱氢法苯乙烯生产技术进展. 精细与专用化学品, 23(12): 23-26
王德强. 2011. 催化剂运行末期改善苯酐产品质量和收率的途径. 齐鲁石油化工, 39(1): 18-21
王德堂, 李敢, 刘鹏升, 等. 2014. 苯乙烯的生产趋势及应用研究. 广东化工, 41(14): 151-152
王丽军, 李希, 谢刚, 等. 2003. 对二甲苯液相催化氧化动力学(I)反应机理和动力学模型. 化工学报, 54(7): 946-952
王丽军. 2001. PX 氧化动力学研究及氧化反应器模拟. 杭州: 浙江大学
王毅. 2010. 论邻二甲苯法制苯酐工艺氧化反应系统. 化工设计, 20(3): 17-19
王玉前, 高琦. 2008. 国内外苯酐生产技术进展. 石油化工, 37: 288-290
吴鑫干, 何斌鸿, 王艳辉, 等. 2005. 精对苯二甲酸生产技术的进展. 石油化工, 34(1): 89-93
熊丽萍, 李国范, 谭忠隽, 等. 2010. 乙苯脱氢制苯乙烯催化剂的研究进展. 石油化工, 44(4): 517-522
徐春明, 杨朝合. 2010. 石油炼制工程. 4 版. 北京: 石油工业出版社
尹云华, 李建平, 刁磊, 等. 2011. 对二甲苯氧化催化剂的研究进展及应用. 聚酯工业, 24(6): 1-3
尤景红. 2010. 苯乙烯生产技术对比. 沈阳工程学院学报, 6(2): 185-188
张丽君, 高焕新, 胥明. 2016. 异丙苯氧化制过氧化异丙苯反应工艺优化. 化学反应工程与工艺, 32(3): 282-288
张全英, 丁敏, 吴方宁, 等. 2005. 邻苯二甲酸酐的生产及工业现状. 化工中间体, 10: 5-8
张微. 2013. 异丙苯法生产苯酚丙酮粗苯酚塔重组分异常变化研究. 大连: 大连理工大学
朱丽娜, 李洪涛, 姜道华, 等. 2014. 我国苯酚丙酮生产技术及市场. 化工技术与开发, 43(1): 35-37
朱长龙. 2009. 邻二甲苯氧化法制苯酐的安全分析. 化工生产与技术, 16(6): 52-55
邹彬, 胡羧, 黄鑫江, 等. 2009. 苯酚生产工艺的研究进展. 石油化工, 38(5): 575-580

第 7 章　炼厂气化工利用

炼厂气是石油加工过程中各种加工工艺所产生的气体的总称，主要由 C_1～C_4 低碳数的烷烃、烯烃和少量非烃组分及无机组分(H_2、CO_x、H_2S、NH_3 等)组成。因加工条件及原料不同，炼厂气组成差别很大。表 7-1 给出了石油炼制主要热加工及催化加工过程的典型气体组成。由表 7-1 中数据可以看出，在石油的高温热解反应中，所得气体除了含有烷烃，还含有烯烃，其中乙烯的含量最高；在催化裂化气态烃中有较高含量的异丁烷；在催化裂解的气体中含有大量的丙烯和丁烯；而在催化重整反应的气体中其主要成分是氢气；延迟焦化中甲烷和乙烷的含量较高。从对气体烃资源的高附加值利用出发，根据炼厂气来源和组成的差异，人们对其开发出了各种不同的利用工艺。本章重点阐述催化干气生产乙苯、干气制氢、C_4 烷基化生产高辛烷值汽油、混合 C_4 醚化生产甲基叔丁基醚和正丁烯水合脱氢生产甲乙酮等炼厂气的化工利用过程。

表 7-1　石油炼厂气的典型组成

项目	高温热解	催化裂化	催化裂解	催化重整	延迟焦化
原料	石脑油	减压馏分油	重质原料油	石脑油	减压渣油
反应温度/℃	750～900	480～530	约 550	约 500	约 500
气体组成(摩尔分数)/%					
氢气	0.8	0.16	0.5	83.62(体积分数)	0.66
甲烷	15.3	4.21	7.0	8.55(体积分数)	26.61
乙烷	3.75	1.03	4.3	3.76(体积分数)	21.23
乙烯	29.8	7.86	8.8	—	3.97
丙烷	0.25	11.04	6.6	2.37(体积分数)	18.09
丙烯	14.1	27.64	37.6	—	10.55
正丁烷	—	4.37	1.8	0.48(体积分数)	—
异丁烷	9.3	18.43	4.5	0.68(体积分数)	—
丁烯	(C_4 馏分)	23.75	29.0	—	7.53
$>C_4$ 及其他	26.65	1.51	0	0	0.58

7.1　催化干气生产乙苯

乙苯(ethylbenzene，EBZ，C_8H_{10})又名乙基苯，是无色透明的可燃液体，有芳香气味，沸点(101.3kPa)为 409.35K，熔点(空气中，101.3kPa)为 178.20K。不溶于水(298K 时单体在水中的溶解度为 0.0152%)，能与乙醇、四氯化碳和苯等多种有机溶剂混溶。乙苯易燃，其蒸气与空气可形成爆炸性混合物；遇明火、高热或与氧化剂接触，有引起燃烧爆炸的危险；流速过快，容易产生和积聚静电。其蒸气比空气密度大，能在较低处扩散到相当远的地方，遇明火会引着回燃。其主要用途是脱氢生产苯乙烯，此外在医药上用作合霉素中间体，也用作硝基漆的稀释剂、有机合成溶剂，可与乙醇和乙酸乙酯混合后成为纤维素醚的良好溶剂。

工业上乙苯由苯与乙烯在催化剂存在下进行烷基化反应得到，也可从石脑油重整产物的 C_8 馏分中分离得到。工业上约有 90%的乙苯是通过苯烷基化生产，其生产工艺分为纯乙烯法工艺和稀乙烯法工艺。稀乙烯法是利用催化(裂解)干气中的乙烯与苯反应制备乙苯，该法是充分利用炼油厂干气中的乙烯资源，提高石油资源利用率，增加企业经济效益的一条有效途径。

7.1.1　催化干气来源与组成

催化裂化(FCC)是重要的石油加工过程，其加工过程产生的 C_1～C_2 气体统称催化干气。催化裂化装置干气的产率及组成因其采用的原料和工艺条件的不同而异。通常干气产率在 3%～5%，主要成分是氢气、甲烷、乙烷、乙烯、乙炔，此外还有少量的 C_3、C_4、硫化氢、二氧化碳、空气等。不同工艺得到的干气组成见表 7-2。

表 7-2　催化裂化干气典型体积组成(%)

项目	FCC 干气	DCC 干气	ARGG 干气	乙苯尾气
H_2O	饱和	饱和	饱和	饱和
H_2	21.10	50.19	33.94	41.65
C_1	27.65	19.26	22.54	27.29
C_2	16.18	4.34	11.64	14.22
$C_2^=$	12.00	12.46	15.85	0.75
$C_3^=$	3.52	2.74	2.46	
i-C_4		0.01	0.46	0.71
n-C_4	2.16		0.11	
$C_4^=$		0.04	0.11	
C_5	0.03	0.01	0.03	
C_6H_6				0.30
CO_2+CO	1.26	1.25	1.15	1.40
O_2	0.62	0.49	0.44	
N_2	14.98	9.09	10.68	12.98

干气制乙苯技术开发前，这部分宝贵的资源主要作为燃料烧掉了，造成资源浪费的同时还排放大量 CO_2。另外，由于纯乙烯资源短缺，我国乙苯/苯乙烯一直供不应求，催化干气制乙苯技术合理利用了催化干气中的乙烯，减少了资源浪费并填补了我国乙苯缺口。

7.1.2　反应机理

催化干气生成乙苯分为烷基化和烷基转移两部分。

烷基化反应：

$$C_2H_4 + C_6H_6(g) \underset{分子筛}{\overset{AlCl_3}{\rightleftharpoons}} C_6H_5C_2H_5(g) \qquad \Delta H(298K)=-106.6kJ/mol$$

在一定温度、压力下，乙烯与苯在酸性催化剂上进行烷基化反应生成乙苯，生成的乙苯可以进一步与乙烯反应生成多乙苯。反应器中的反应物通过催化剂上的微孔扩散至分子筛催化剂上的活性中心并进行反应，然后反应产物再通过微孔扩散至物流中。此为烷基化主反应，这是一个典型的亲核取代反应。乙烯与酸性催化剂作用下形成正碳离子 $C_2H_5^+$，正碳离子 $C_2H_5^+$ 进攻苯时，由于苯环π键具有给电性，能以π键与亲电试剂形成π络合物，这种作用是可逆的，π络合物很容易再失去亲电试剂。但苯环也可能发生共价键的变化：苯提供一对电子与亲电试剂以σ键结合形成σ络合物。这是亲电反应的第一步。

由于σ络合物的苯环上有一个碳已不是 sp^2 杂化，破坏了闭合共轭体系，所以不再具有芳香性，它是不稳定的中间体，很容易失去一个正离子，重新形成苯环。在大多数情况下，σ络合物失去质子比失去正碳离子容易得多。这失去质子的一步就是苯环亲核取代的第二步。上述机理可表述为

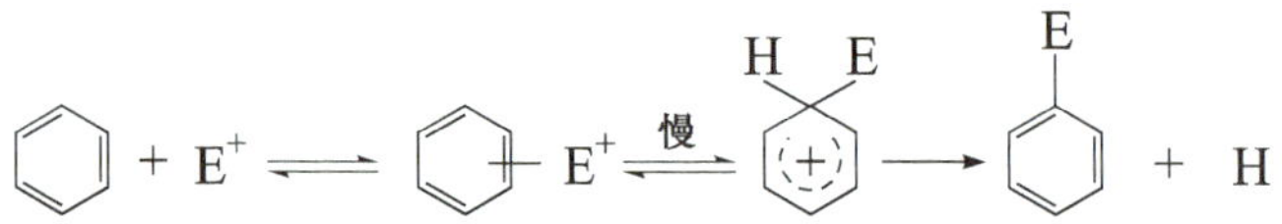

π络合物　　σ络合物

除了主产物乙苯外，还可能生成二乙苯、三乙苯、乙丙苯、异丙苯、甲苯、二甲苯、苯基乙苯齐聚物等副产物。发生的副反应主要有

$$C_2H_4 + C_6H_5C_2H_5 \longrightarrow C_6H_4(C_2H_5)_2$$

$$C_6H_4(C_2H_5)_2 + C_6H_6 \rightleftharpoons 2C_6H_5C_2H_5$$

$$C_6H_5C_2H_5 + C_6H_4(C_2H_5)_2 \longrightarrow C_6H_3(C_2H_5)_3$$

$$C_6H_5C_2H_5 \rightleftharpoons C_6H_4(CH_3)_2$$

$$C_6H_5C_2H_5 + C_6H_6 \longrightarrow C_6H_5C_2H_4C_6H_5 + H_2$$

具体生成哪几种副产物及生成量多少取决于催化剂和反应条件。其中二乙苯、三乙苯在苯过量的情况下可以发生烷基转移反应，在实际生产中常采用过量的苯来减少二乙苯及三乙苯的生成。

烷基化反应为强放热反应，因此要控制反应器床层温升，使反应在最佳条件下运行，保持完全液相反应，防止乙烯聚合加速催化剂的积炭失活。

7.1.3 反应动力学和热力学

由反应原理的主副反应可知，乙苯生成反应为可逆放热反应，因此低温有利于反应正向进行，逆反应只有在高温下才能发生。从热力学方面分析可知，理论上降低反应温度，反应平衡常数增大，乙烯和苯的平衡转化率提高，乙苯平衡收率提高；从动力学方面分析可知，反应温度升高，反应速率加快，乙烯和苯转化率提高。适宜反应温度选择应综合考虑热力学与动力学因素，并考虑催化剂反应的适宜温度。刘文杰等在苯烯比 5.0、反应压力 0.8MPa、苯

流速 0.22mL/min、乙烯质量空速 $0.4h^{-1}$、干气流量 75mL/min(25℃)且乙烯含量为干气体积 15% 的条件下，考察反应温度对烷基化反应液组成的影响，结果见表 7-3。从表 7-3 可以看出，随着反应温度升高，乙苯收率增加，但二甲苯含量也会明显增加。

表 7-3　反应温度对烷基化反应液组成的影响

反应温度/℃	w(苯)/%	w(乙苯)/%	w(间二乙苯)/%	w(对二乙苯)/%	w(邻二乙苯)/%	w(二甲苯)/%
320	72.80	16.74	3.34	1.97	0.023	0.195
330	70.09	18.80	3.27	1.91	0.042	0.173
340	68.93	20.66	3.08	1.75	0.063	0.168
350	69.28	21.22	2.66	1.51	0.076	0.156
360	69.74	21.72	2.20	1.27	0.088	0.150
370	69.64	22.45	1.91	1.12	0.100	0.187
380	72.21	21.19	1.46	0.87	0.085	0.196
390	70.55	22.34	1.46	0.90	0.094	0.237
400	70.44	22.61	1.36	0.86	0.102	0.270

同时，生成乙苯的反应为气体分子数减少的可逆反应，因此从热力学角度分析，反应压力越高越有利于平衡向生成乙苯的方向进行；从动力学角度分析，增大压力有利于提高反应速率。因此，理论上讲压力越大，越有利于反应进行。实际中，庄益平等发现在烷基化反应中乙烯反应消耗的速率与苯分压无关，苯生成乙苯的选择性随苯分压增加而增加，与原料中的乙烯分压没有关系。

7.1.4　催化剂

工业上用于苯烷基化工艺的催化剂主要有以下几类。

1. 酸性卤化物的配位化合物

该类催化剂如 $AlCl_3$、$AlBr_3$、BF_3、$ZnCl_2$、$FeCl_3$ 等配位化合物，它们的活性次序是 $AlBr_3>AlCl_3>FeCl_3>BF_3>ZnCl_2$。工业上最常用的是 $AlCl_3$ 配位化合物，但纯的无水 $AlCl_3$ 无催化活性，必须有助催化剂如 HCl 的存在。$AlCl_3$ 配位化合物催化剂活性很高，可使反应在 100℃左右进行，还具有使多烷基苯与苯发生烷基转移的作用，但由于必须有 HCl 的存在，对设备、管道具有强腐蚀性。传统的液相法以 $AlCl_3$ 为催化剂，$AlCl_3$ 溶解于苯、乙苯和多乙苯的混合物中生成络合物，催化剂、苯及多乙苯循环使用，此方法的反应介质腐蚀性强，设备要求高，原料的杂质含量要求严格，$AlCl_3$ 用量大，污染严重，物耗能耗很高，副产焦油量大，该工艺不再有新建装置，老装置逐步淘汰。

2. 磷酸/硅藻土

该类催化剂活性较低，需要采用较高的温度和压力；又因不能使多烷基苯发生烷基转移反应，原料中苯需大大过量，以保证单烷基苯的收率。另外，该类催化剂对烯烃的聚合反应也有催化作用，会使催化剂表面结焦而活性下降。此类催化剂在工业上主要应用于苯和丙烯气体烷基化生产异丙苯，很少用于苯和乙烯烷基化生产乙苯。

3. BF_3/ γ-Al_2O_3 催化剂

这类催化剂活性较好，并对多烷基苯的烷基转移也具有催化活性。Alkar 工艺采用的催化

剂为 BF_3 及 BF_3 改性的γ-Al_2O_3 强酸性催化剂，其活性很高，选择性强，气体的乙烯浓度在5%～100%均可作为原料。因此，该工艺既可用于裂解装置分离后的高浓度乙烯，也可用于稀乙烯气体。国外气相法工艺常采用的催化剂有 BF_3 改性的γ-Al_2O_3 强酸性催化剂，采用稀乙烯生产乙苯时，乙烯转化率可达 100%。但该催化剂的制备条件苛刻、成本高，具有强腐蚀性和毒性，并且催化剂对硫化氢很敏感，易中毒失活而逐渐被淘汰。

4. ZSM-5 分子筛催化剂

分子筛气相催化法生产乙苯最初采用的催化剂便是 ZSM-5 分子筛催化剂。这类催化剂的活性和选择性均较好，用于乙苯生产时，可用 15%～20%低浓度的乙烯作为烷基化剂，乙烯的转化率可达 100%，乙苯的选择性大于 99.5%。除此之外，近些年还开发了一些新型催化剂，如 ZSM-5/ZSM-11 共结晶分子筛、MCM-35、MCM-41 等分子筛催化剂。中国科学院大连化学物理研究所与中国石油天然气股份有限公司联合开发了的催化干气制乙苯第一代技术的催化剂就是 ZSM-5/ZSM-11 共结晶分子筛，该催化剂比 ZSM-5 分子筛催化剂具有更高的活性和选择性，抗硫抗水特性好，可使催化裂化干气中的乙烯直接与苯进行烷基化反应。

7.1.5 工艺条件及主要影响因素

1. 反应温度

苯与乙烯生成乙苯是热效应很大的放热反应，所以在较宽的温度范围内，反应在热力学上都是有利的。只有在温度很高时，才有较明显的逆反应发生。

传统的无水三氯化铝法烷基化反应温度是 95℃，高温均相无水三氯化铝法反应温度为140～200℃；Mobil-Badger 法生产乙苯反应温度为 370～420℃；国内催化干气制乙苯第三代技术采用气相烃化和液相反烃化工艺，烃化温度为 320～360℃，反烃化温度为 220～260℃。

2. 反应压力

气相烷基化法反应压力高，其典型操作压力为 1.37～2.74MPa。液相法反应压力要求低，传统无水三氯化铝法操作压力为 101.3～152.0kPa，高温均相无水三氯化铝法反应压力为0.588～0.784MPa。

3. 苯烯比

苯烯比是烷基化反应进料中苯与乙烯分子的摩尔比。烷基化反应为放热反应，苯烯比的变化会影响催化剂床层的温升，同时苯烯比升高会促进乙烯分子的转化，影响烃化反应产物的分布，乙苯的单程选择性会随着苯烯比的增大而升高，相应地多乙苯选择性降低；但是，苯烯比高，需要大量苯循环，装置能耗增加，生产成本增加。实际生产中，应综合考虑乙苯收率及装置能耗等问题。传统无水三氯化铝法的苯烯比较高，经改进后的高温均相无水三氯化铝法可采用较低的苯烯比，约为 1.2；对于催化干气制乙苯第三代技术，比较适宜的苯烯比为5～8。

7.1.6 工艺流程及主要设备

乙苯生产方法按反应状态分为液相法、气相法和催化蒸馏法。

液相法制乙苯的方法主要有 $AlCl_3$ 催化剂液相反应法和以 Y 型沸石为催化剂的液相法。$AlCl_3$ 催化剂液相反应法对原料稀乙烯中的杂质含量也有严格的要求，且存在设备腐蚀和环境污染问题；以 Y 型沸石为催化剂的液相法不产生污染环境的废料且催化剂运转周期可长达一年，但只能用于浓乙烯的烷基化反应，不适合作为催化干气制乙苯的处理工艺。因而现阶段液相法技术工业化进展不大，应用较少，而气相法技术已经取得了很好的工业应用效果，国外气相法工艺主要有 Mobil/Badger 公司开发的以高硅 ZSM-5 沸石为催化剂制乙苯的气相法和美国 UOP 公司开发的 Alkar 工艺。国内干气制乙苯多采用以中国科学院大连化学物理研究所为主开发的气相法技术。

1. Alkar 工艺

Alkar 工艺是美国 UOP 公司在 20 世纪开发的气相法生产乙苯的技术，该工艺采用了 BF_3 经过改性的 Al_2O_3 催化剂，可用浓度低达 8%～10%(质量分数)的乙烯为原料进行烷基化反应，因此可以用处理后的 FCC 干气或焦炉尾气为原料。该反应在 100～150℃和 2.5～3.5MPa 下进行，乙烯和苯的摩尔比控制在 0.15～0.2，烷基转移在另外的反应器中进行，温度为 180～230℃。从两个反应器出来的物料合并后进入提纯系统。乙烯的转化率可达 100%，成品的乙苯纯度可以达到 99.9%。图 7-1 为 Alkar 工艺流程示意图。

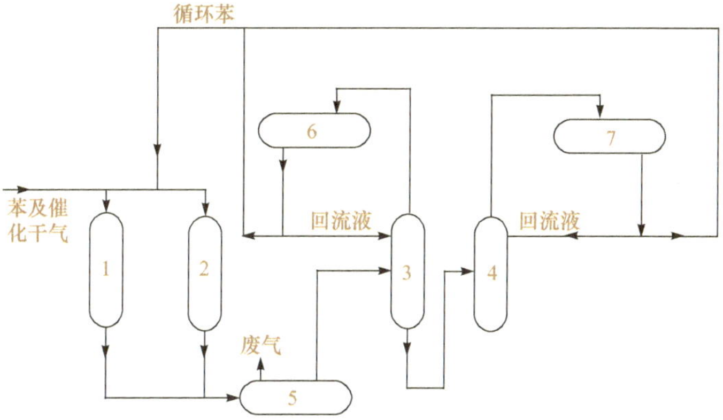

图 7-1　Alkar 工艺流程示意图

1、2. 反应器；3. 苯塔；4. 乙苯塔；5. 闪蒸罐；6. 苯塔冷凝器；7. 乙苯塔冷凝器

该方法主要优点是催化剂活性高、寿命长、乙苯选择性好、无腐蚀无污染、流程简短、能耗小，可用于低浓度乙烯的综合利用。缺点是催化剂制备条件苛刻，价格也较贵，且容易中毒失活。原料在反应前必须净化，要求 H_2S、O_2、CO_2 和 H_2O 等杂质的质量分数小于 1×10^{-6}。

2. DICP 技术

中国科学院大连化学物理研究所(DICP)、中国石油天然气集团公司抚顺石化分公司、中国石油化工集团公司洛阳石化工程公司等单位联合研发了催化干气制乙苯技术，目前该技术已开发至第五代。第一代技术(气相烷基化与气相烷基转移反应在同一个反应器内完成)于 1993 年 7 月在抚顺石化分公司石油二厂 3 万吨/年催化裂化干气制乙苯工业装置投用；第二代技术(气相烷基化和气相烷基转移反应在两个反应器中进行)分别于 1996 年应用于林源炼油厂 3 万吨/年和大连石化公司 10 万吨/年乙苯装置；第三代低温气相烷基化与液相烷基转移组合技术，于 2003 年在抚顺石化分公司完成工业化试验，相继工业化应用；第四代液相烷基化与液相烷基转移组合技术，在液相烷基化部分，将催化(液相烷基化)、精馏(苯精馏)、吸收(尾气中苯回收)三个单元工艺组合在一个塔内进行，第五代技术是在第三代技术的基础上，结合第四代催化蒸馏技术的特点而开发的，反应条件比较温和。图 7-2 为第三代催化干气制乙苯工艺的原则流程图。第三代技术原料无需特殊精制，操作条件温和，产品成本低，具有很强的原料成本优势，在国内石化行业获得了广泛应用。该工艺共分为 6 个部分，即原料预处理部分、反应部分、吸收部分、产品分离部分、再生部分、热载体部分。

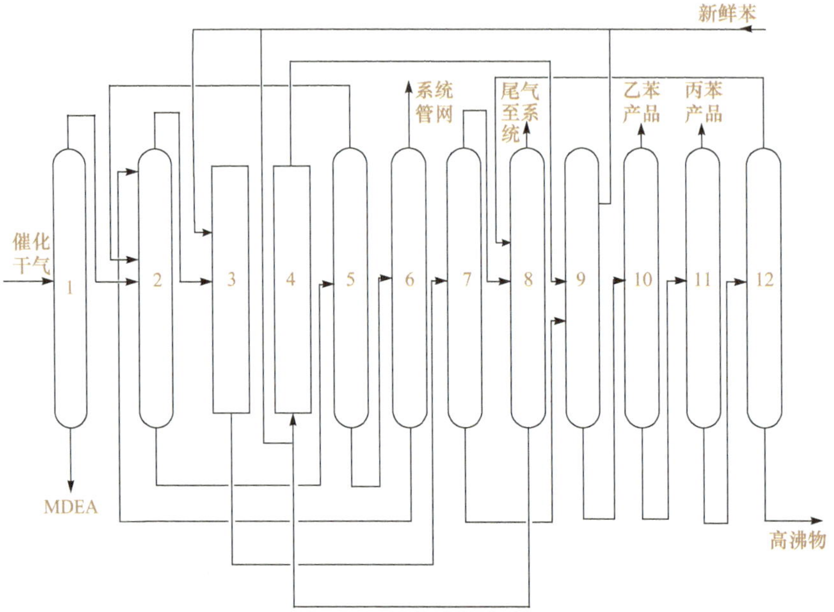

图 7-2 第三代催化干气制乙苯流程示意图

1. 水洗塔；2. 干气吸收塔；3. 烃化反应器；4. 反烃化反应器；5. 脱乙烯塔；6. 脱丙烯塔；7. 粗分塔；8. 吸收塔；9. 苯塔；10. 乙苯塔；11. 丙苯塔；12. 二乙苯塔

(1) 原料预处理部分。催化干气经过水洗脱除甲基二乙醇胺(MDEA)后，进入脱丙烯部分(三塔流程)，利用冷却的苯作吸收剂，净化干气进入反应器部分，解吸出的富乙烯气循环使用，脱出富丙烯气回到 FCC 装置回收 C_3 以上的组分。

(2) 反应、吸收与产品分离部分。经过脱丙烯后的净化催化干气与被加热炉加热到 320～360℃的循环苯发生烷基化反应，烷基化产物经过一系列的换热后进入分离部分，液相部分依次分离出苯、乙苯、丙苯、二乙苯及高沸物；尾气中携带的芳烃用经过冷却的二乙苯吸收，吸收后的尾气进入燃料管网；富吸收剂进入烷基转移反应反应器，与过量苯在 220～260℃下通过烷基转移生成乙苯。该过程中，反应部分低温、高活性、高选择性的催化剂保证了反应的稳定进行，同时降低了装置能耗和苯耗；分离部分取消了稳定塔和脱甲苯塔，增加一个丙苯塔回收丙苯，这样既增加了效益，又减少了烷基化反应过程中副产物甲苯和二甲苯的产生；尾气吸收部分以二乙苯为吸收剂，采用低温吸收工艺，使尾气携带苯的回收率达 99.5%以上，降低苯耗，而且富吸收剂可以直接进入烷基转移反应器进行反应，不在系统内循环，有效减小了塔尺寸，降低了过程能耗。

(3) 热载体部分。热载体为苯塔底油，经过苯塔底加热炉加热后为脱丙烯部分及分离部分的各塔提供热源；冷冻水部分用装置循环水制取冷冻水，供乙苯装置、苯乙烯装置及罐区各个深冷器使用。苯塔、乙苯塔及丙苯塔塔顶均产生蒸汽供给下游的苯乙烯装置利用。该装置与传统的独立热载体系统相比，苯塔底热媒系统减少了热载体罐、苯塔底再沸器和热载体开停工冷却器及相关设备，既节约了投资，又方便检测维修与操作；而且，热载体随时更新不会产生分解、结焦现象，即使有系统波动也不会对产品质量有影响。反应过程中的能量采用热交换和产生蒸汽的形式回收，实现了能量的综合利用，有效降低了乙苯生产过程能耗。

(4) 再生部分。再生部分由压缩机、分液器、换热器及脱硫器组成，主要用来进行催化剂的活化和催化剂的原位再生。

开发的第四代技术则在能耗和产品质量方面做出了改进。将烷基化反应、苯精馏、尾气吸收三个过程在一个塔中完成。改进的塔结构示意图如图 7-3 所示。

催化蒸馏工艺是将液相分子筛技术与催化精馏技术相结合，同时进行催化反应和精馏操作。常采用的催化剂为 Y 型分子筛、β分子筛、MCM-22 沸石分子筛。催化精馏工艺主要特点在于可将反应热直接用于分离，降低了分离的热负荷，能耗低；反应在液相中进行，可及时将生焦前驱体移出，有利于延长催化剂的寿命；可使乙苯及时离开反应区，提高乙苯的选择性，减少再烷基化反应及异构化生成二甲苯等副反应的机会。

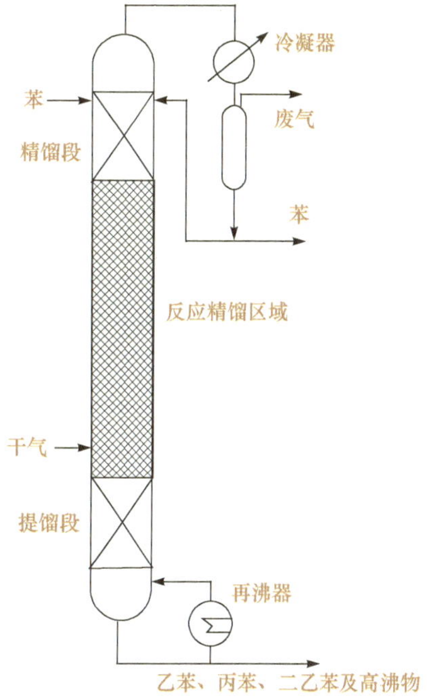

图 7-3　催化精馏塔结构示意图

7.1.7　技术进展

目前，人们对催化干气制乙苯的研究更多集中在催化剂研究，尤其是分子筛催化剂。包括 ZSM 系列、丝光沸石、Y 型分子筛、β分子筛、Ω 分子筛、MCM 系列和 SSZ-25 分子筛等。美国 Dow 公司考察过改性丝光沸石和双金属超稳 Y 型沸石上苯与乙烯烷基化反应制乙苯的工艺条件；Robert 等对改性 U 型沸石上苯与乙烯的烷基化反应进行了研究；美国 Mobil 公司报道了用 MCM-22、MCM-49 和 MCM-56 为催化剂的液相烷基化反应；G. Bellussi 等研究了 U 型沸石上苯与乙烯液相烷基化反应的催化性能。

到目前为止，采用沸石催化剂进行苯与乙烯烷基化反应的工艺类型有三种，即高温低压的气相法(Mobil-Badger 气相法)、中温高压的液相法(Unocal/Lummus/UOP 液相法)和催化蒸馏法。

国内催化干气制乙苯技术主要是由中国科学院大连化学物理研究所和中国石油天然气集团公司抚顺石化分公司共同开发的五代工艺，以及中国石油化工集团公司燕山石化分公司和北京服装学院开发的液相法工艺。

1988 年，开发出抗硫化氢等杂质能力强、水热稳定性好的 ZSM-5/ZSM-11 共结晶分子筛催化剂，以此开发了催化干气制乙苯技术(后来被称为第一代技术)，乙烯转化率>95%，产品纯度>99.6%。第一代技术主要有以下特点：

(1) 原料干气无需特殊精制，可直接分段进反应器，既是原料又是取热介质。

(2) 反应器采用多段冷激式固定床绝热反应器，结构简单。

(3) 副产的二乙苯、丙苯等混合物可与苯进行烷基转移反应，该过程和干气中乙烯与苯烷基化过程在同一个反应器进行。

(4) 采用过程中的物料吸收尾气中的苯，回收效果显著，工艺简单。

(5) 无需特殊的三废处理，环境污染小。

催化干气制乙苯第一代技术中烷基化和烷基转移过程在同一个反应器中进行，由于烷基化反应大量放热，而烷基转移反应的热效应不明显，烷基化和烷基转移过程有可能不在各自最佳的反应条件下进行，导致催化剂结焦积炭和缩短催化剂单程寿命。催化干气制乙苯第二代技术中的烷基化和烷基转移分别在两个反应器中进行。

在催化干气制乙苯前两代工艺中，原料为未脱硫干气，对设备和管道腐蚀严重，使反应系统压降过大，影响反应的正常进行。为进一步提高催化干气制乙苯技术水平和竞争力，降低乙苯生产能耗和成本，延长催化剂寿命，提高产品质量，中国科学院大连化学物理研究所开发出催化干气制乙苯气相烷基化与液相烷基转移组合第三代技术。第三代技术工艺较之前两代工艺做了如下改进：

(1) 脱硫后的催化干气经过水洗以除去甲基二乙醇胺，保护设备和管道不受腐蚀，同时延长催化剂的寿命。

(2) 利用乙苯装置中间物料，通过选择性吸收/解吸工艺，将催化干气中丙烯含量由>7000μL/L 降低至 400μL/L 以下，从源头上减少了丙苯的生成，有效降低了苯的消耗，并减少了二甲苯的生成量。

(3) 取消稳定塔和脱甲苯塔，增加一个丙苯塔回收丙苯，这样既增加了效益，又减少了烷基化反应过程中副产物甲苯和二甲苯的产生。

(4) 以二乙苯或乙苯塔底物料为吸收剂，采用低温吸收工艺，使尾气携带苯的回收率达99.5%以上，降低苯耗。以二乙苯为吸收剂时，富吸收剂可以直接进入烷基转移反应器进行反应，不在系统内循环，有效降低了塔尺寸及过程能耗。

(5) 反应过程中的能量采用热交换和产生蒸汽的形式回收，实现能量的综合利用。

催化干气制乙苯技术经过前三代的技术开发，乙苯生产能耗大幅降低，催化剂寿命延长，乙苯产品质量大大提高，乙苯中二甲苯杂质含量由第一代技术的 3000μg/g 降到第三代技术的<1000μg/g。为进一步提高产品品质，参与国际市场竞争，又开发出液相烷基化与液相烷基转移组合的第四代技术，在液相烷基化部分，将催化(液相烷基化)、精馏(苯精馏)、吸收(尾气中苯回收)三个单元工艺组合在一个塔内进行。催化干气与苯变相催化制乙苯第五代技术是在第三代技术的基础上，结合第四代催化蒸馏技术的特点而开发的一条更具有实用性和新颖性的技术线路。催化干气经水洗脱除甲基二乙醇胺后和原料苯分别从反应塔下部和上部进入反应器，在反应段中利用液态苯的气化过程吸收烷基化过程放出的部分热量，同时在反应段分段注入冷物料降低反应温升，反应段上部和下部的流出物分别用来加热原料苯和原料气，同时，分离塔分离出的多乙苯从反应塔中下部进入反应塔，与烷基化液中的苯发生烷基转移反应生成乙苯，从而避免了多乙基苯的积累，省去了独立的烷基转移反应器。

北京服装学院的稀乙烯液相烃化制乙苯技术，采用改性的β沸石催化剂，该催化剂稳定性良好，再生周期在 1 年以上。该工艺技术主要特点是烷基化反应和烷基转移反应均为液相，进一步降低反应温度，降低吨产品的能耗，提高产品质量。产品乙苯中二甲苯含量可降低至 50mg/kg 以下，乙苯质量好。炼厂干气制乙苯技术今后的发展主要集中在：①优化工艺流程，降低生产过程的单位能耗和物耗水平；②发展稀乙烯工艺与相关工艺的联合装置，充分发挥放、吸热反应中能量的互供优势，降低能耗。

7.2　炼厂干气制氢

随着含硫和高硫原油加工数量的增加、环保法规的日趋严格，炼油厂中油品加氢精制(处理)技术得到迅速发展。发达国家炼油厂加氢能力占到原油一次加工能力的 80%以上，国内也已占到 60%以上，全加氢型炼油厂是今后炼油厂满足清洁油品生产发展的必由之路。在加氢装置成本中，氢气的成本约占 50%，特别是加氢裂化装置的氢气成本为 55%左右。因此降低氢气生产成本，提供廉价氢气，已成为当今提高炼油效益的关键。

目前炼油厂加氢装置的氢气来源主要有烃类水蒸气转化制氢、甲醇转化制氢、重整副产氢气等。在众多制氢工艺中，烃类蒸气转化制氢工艺得到极大的关注和应用。可采用的原料有天然气、油田气、石脑油、液化石油气和炼厂气等。

各种制氢方法中原料消耗占氢气成本的比例为 40%～80%，其中化学净化法制氢为 40%～60%，变压吸附(PSA)净化法制氢为 50%～80%。因此无论采用何种工艺，原料价格对氢气生产成本影响极大，从而影响加氢装置的经济效益。且近年来，轻烃在化工领域需求急增，价格不断上涨，使以石脑油等轻烃为原料的制氢成本增高。由于炼厂气具有价格低廉且氢气产率高等优点，在制氢装置上的用量日益增加，以炼厂气为原料制备氢气逐步成为国内外化工行业关注的重点。

7.2.1　炼厂干气来源与组成

炼厂干气是石油加工过程中各种加工工艺所产生低碳气体的总称。在炼油厂生产过程中，凡是发生分解反应的装置通常会伴生一定数量的气体产生，其组成因加工条件及原料的不同，可以有很大差别。作为制氢原料的炼厂气主要有催化裂化干气、焦化干气、加氢裂化干气、重整干气等。表 7-4 列出这些加工过程的干气组成。

表 7-4　不同操作装置副产干气组成

组成	加氢裂化干气	加氢精制干气	重整干气	焦化干气	催化裂化干气
氢气/%	32	55	87	13	35
甲烷/%	20	17	4	59	24
乙烷/%	10	14	4	18	10
乙烯/%	0	0	0	5	11
丙烷/%	14	8	3	1	0
丙烯/%	0	0	0	1	0
丁烷/%	17	3	1	0	0
戊烷/%	6	2	1	0	0
一氧化碳/%	0	0	0	0	1
二氧化碳/%	0	0	0	0	1

续表

组成	加氢裂化干气	加氢精制干气	重整干气	焦化干气	催化裂化干气
氮气/%	0	1	0	2	15
硫化氢/(μg/g)	5～30	5～30	5～30	5～30	5～30
有机硫/(μg/g)	0	0	0	100～200	100～200
原料	大庆、卡宾达减压蜡油	FCC 柴油	大庆石脑油连续重整	大庆、卡宾达减压渣油	管输减压蜡油掺减压渣油

由表 7-4 中数据可以看出，不同炼厂气的组成差别很大。其中，重整干气的氢含量最高，催化裂化的烯烃含量最高，而焦化干气的甲烷含量最高；从烃类组成看，不同来源的干气都含有较多的甲烷和乙烷，而加氢裂化干气同时含有较高的丁烷和戊烷。各炼厂气组成的差异是由各二次加工过程反应机理的差异决定的。因其氢碳比高、产氢率高、杂质含量低，作为制氢的原料气在生产过程中易于精制，重整干气和加氢裂化干气已在我国得到广泛利用。从不同加工过程的干气占比来看，焦化干气和催化裂化干气占炼厂干气的 80%以上，其中催化裂化干气则占到 60%以上。焦化干气与催化裂化干气虽然较为廉价，但是其中含有较多的烯烃和有机硫化物，需要进行脱硫、脱烯烃。

7.2.2 工艺原理

炼厂干气制氢过程分为原料净化反应、烃类水蒸气转化反应、CO 变换反应和变压吸附四部分。前三部分都是在催化剂的作用下，经过复杂的催化转化过程完成的。

1. 原料净化反应

因干气中通常含有能导致后续转化催化剂中毒的硫化物和氯化物，而干气中的烯烃在高温下易裂解造成催化剂积炭失活，因此炼厂干气首先要经过加氢精制脱除硫化物、氯化物和烯烃的过程，称为原料净化。经加氢精制后，原料中的硫含量降至 0.2μg/g，氯含量降至 0.1μg/g，烯烃含量降至 0.5%，将不会对后面的转化催化剂造成不良影响。干气中的硫化物主要有 H_2S 和小分子的硫醇和硫醚等。其中的有机硫化物首先在钴钼型加氢转化催化剂上转化为 H_2S，然后原有和精制产生的 H_2S 再用氧化锌将其脱除。原料净化过程硫化物的脱除主要通过以下反应完成。

硫醇加氢：$$R{-}SH+H_2=\!=\!=RH+H_2S$$

硫醚加氢：$$R{-}S{-}R'+2H_2=\!=\!=RH+R'H+H_2S$$

噻吩加氢：$$C_4H_4S+4H_2=\!=\!=C_4H_{10}+H_2S$$

二硫化碳加氢：$$CS_2+4H_2=\!=\!=CH_4+2H_2S$$

羰基硫加氢：$$COS+H_2=\!=\!=CO+H_2S$$

氧化锌脱硫：$$H_2S+ZnO=\!=\!=ZnS+H_2O$$

干气中若含有机氯，在钴钼加氢催化剂的作用下，同样可将有机氯转变为 HCl，HCl 和脱氯剂中的活性金属氧化物反应，生成稳定的金属氯化物被固定下来，达到脱出氯化物的目的。具体反应如下(R 代表烷基)：

$$RCl_n+nH_2=\!=\!=RH_n+nHCl$$

$$CCl_4+4H_2=\!=\!=CH_4+4HCl$$

$$M^{n+}+nHCl=\!=\!=MCl_n+nH^+(n=1, 2, 3\cdots)$$

$$MO+2HCl=\!=\!=MCl_2+H_2O$$

2. 烃类水蒸气转化反应

烃类水蒸气转化是制氢工艺的核心，是一种包括多种平行反应和串联反应的复杂反应体系；精制后的原料气在一定温度、压力、空速和催化剂作用下，烃和水蒸气进行反应，转化成气体 H_2 和 CO(C_nH_m 表示烃类任一组分的通用分子式，其中主要为甲烷)。

$$C_nH_m+nH_2O=\!=\!=nCO+(n+m/2)H_2$$

3. CO 变换反应

为了尽可能多地产氢气以节约原料消耗和减少 PSA 系统进料的杂质，需要将 CO 与水反应生成更多的氢气，因此在干气制氢过程中通常都设有 CO 变换部分。

$$CO+H_2O=\!=\!=H_2+CO_2$$

转化反应过程中还存在烃裂解、碳的气化、歧化反应等副反应。

烃类的热裂解反应：

$$C_nH_{2n+2}=\!=\!=nC+(n+1)H_2$$

$$C_nH_{2n}=\!=\!=nC+nH_2$$

歧化反应：

$$CO_2=\!=\!=C+O_2$$

$$2CO=\!=\!=CO_2+C$$

碳的气化反应：

$$C+H_2O=\!=\!=H_2+CO$$

$$C+H_2O=\!=\!=2CO$$

在上述反应中，烃类的转化反应、一氧化碳的变换反应、碳气化反应是人们所希望的；而烃类的热分解反应、歧化反应是人们不希望的，它有损于催化剂的抗碳性能、转化活性和机械程度。

7.2.3 反应动力学和热力学

烃类水蒸气转化反应是强吸热反应，CO 变换反应为放热反应，转化过程总的反应表现为强吸热过程。又因烃类转换反应是分子数增大的反应，而 CO 变换反应是分子数不变的反应，由此决定了提高反应温度、降低反应压力、增加水碳比有利于向生成氢气的方向移动。

考虑到干气组成的复杂性，研究人员通常选取甲烷作为模型化合物对制氢反应进行研究。甲烷水汽转化反应受到如催化剂的活性位、反应物、产物的吸附和扩散能力等多种因素的影响，因而尽管自 20 世纪 50 年代研究人员对甲烷水汽转化反应动力学开展了详细研究，但截至目前仍未达成共识。

为了得到较为准确的动力学数据，需要确保动力学测试处于催化剂的稳定期，且排除催化剂失活和扩散产生的影响。通常可以选取不同的反应温度进行循环实验，如图 7-4 所示，在 823K 时，催化剂的催化活性下降明显，在 280min 时，几乎完全失活。在动力学测试过程中，应当选取具有催化剂活性较为平稳的阶段(如 798K)。

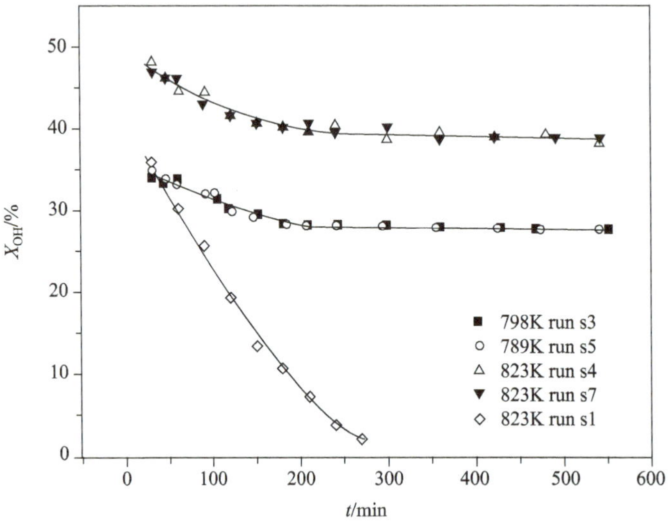

图 7-4 催化剂活性随反应时间的变化规律

干气水汽转化过程属于强吸热反应，然而 CO 变换反应属于放热反应，为了提高能量利用率，对其过程的热力学分析就显得尤为重要，20 世纪 90 年代研究人员以甲烷为代表分析了工艺装置的热力学参数变化(如能量变化与烟变化)。建立模型如图 7-5 所示，所建模型中环境温度、压力定为 25℃和 1atm，并定义了烟利用率(Ex)与能量利用率：

$$Ex=产物输出烟速率/反应物输入烟速率$$

$$E=产物输出能量速率/反应物输入能量速率$$

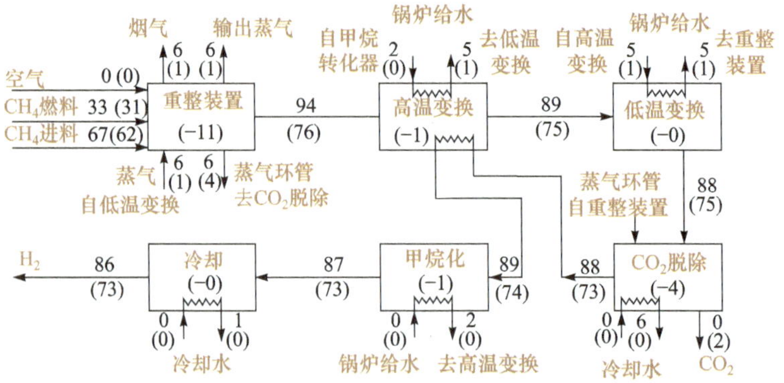

图 7-5 不同操作单元能量(烟)交换值

如图 7-5 所示，在水汽重整单元的 E 为

$$E=(94+6)/(33+67+6)\times100\%=86.6\%$$

在水汽重整单元的 Ex 为

$$Ex=(78+4)/(31+62+1)\times100\%=86.6\%$$

依次计算各操作单元的相关热力学数据，并列于表 7-5 中。

表 7-5 不同操作单元能量、㶲利用效率值

操作单元	能量利用效率/%	㶲利用效率/%
甲烷水蒸气转化	94.2	86.6
高温变换	100	99.4
低温变换	100	99.9
去除 CO_2	93.1	92.9
冷却单元	98.6	99.7
总装置	86	78.5

为了更直观地分析能量与㶲的利用情况，按照二者在反应物与产物中的分布绘制了图 7-6 的饼状图。这样不仅可以清晰地判断装置能量平衡情况，也有利于与其他装置进行比较，优化生产。

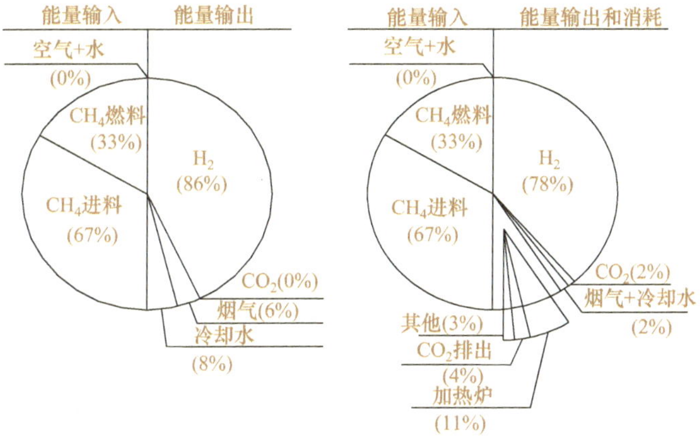

图 7-6 不同操作单元能量(㶲)平衡饼状图

7.2.4 烃类水蒸气转化催化剂

干气制氢工艺是一个在催化剂作用下实现的化学转化过程，无论是在原料的净化阶段还是 CO 的变换反应都需要催化剂，但因烃类的水蒸气转化过程是制氢工艺的核心，因此本节重点介绍该过程所用催化剂。

1. 催化剂组成

干气水蒸气转化过程广泛采用的催化剂为 Ni/Al_2O_3，其优势在于催化剂活性高，对甲烷的转化率可达 90%～92%，能够较好地满足转化工艺的要求，而且该催化剂制备成本较低。但镍基催化剂在对高碳烃的转化过程中，易造成催化剂积炭失活。为了抑制积炭，向催化剂中加入碱性助剂(如钾)，可明显改善催化剂的抗积炭性能。Ni/Al_2O_3 催化剂在使用之前镍通常

以其氧化物(NiO)的形式存在，因此在转化反应前首先要在氢气气氛下将催化剂还原，还原成其金属单质 Ni 的形式。在还原过程中应注意控制还原速度，以保持催化剂具有良好的反应活性。

因烃类水蒸气转化反应的反应条件苛刻，对催化剂除要求具有较高的烃类转化活性外，还要求其具有良好的机械强度、热稳定性和抗积炭性能。

2. 催化剂的失活和中毒

转化催化剂的稳定性尤为重要。引起催化剂失活的主要因素有积炭、硫化物和氯化物中毒和活性组分 Ni 的烧结。

积炭是造成催化剂失活的最重要的原因，主要由烃类的裂解和缩合反应引起。尽管水蒸气存在可以在一定程度上抑制积炭，但当积炭反应速率大于消碳反应时，在催化剂表面必然沉积焦炭而造成活性组分 Ni 的覆盖，使得催化剂活性下降。因此，为降低催化剂因积炭造成的失活速度，在烃类水蒸气转化反应中应始终保持一定的水碳比。当催化剂积炭量较低时，可采用还原气氛下蒸气烧炭法消除积炭；但当积炭量较高时，则必须切除原料油，用水蒸气除碳。

硫化物是 Ni 催化剂最重要的毒物，它使催化剂发生暂时性中毒。催化剂活性的降低是由于硫化物吸附在活性中心 Ni 的表面，降低了反应物中与活性中心接触的机会。因此应严格控制原料气中硫化物的浓度，一般应小于 0.2μg/g。暂时性的硫中毒可以通过改换干净的原料并在高水碳比下使催化剂活性恢复，也可以转换成还原条件，使活性中心复原。少量的氯化物和硫化物一样也会造成催化剂暂时性中毒，但过多的氯化物则会与金属组分形成低熔点或易挥发的化合物而造成催化剂永久性失活，因而原料中的氯化物也应严格控制。氯化物中毒后的再生比硫化物要困难得多，通常严重的氯化物中毒更换催化剂再生要比长时间的再生更经济。

制氢反应在高温下进行，高温会使金属 Ni 颗粒聚集长大，导致催化剂表面金属 Ni 中心减少，使得催化剂活性下降。严重的金属烧结将造成催化剂永久失活。

7.2.5 工艺条件及主要影响因素

干气组成的复杂性与氢气产物的高纯度要求决定了干气制氢工艺流程必须设有原料预处理和产物提纯工序。反应部分包括水蒸气转化和中低温变换过程。其中烃类水蒸气转化系统是制氢工艺中最重要的部分，工艺条件苛刻，投资大。选择高效的工艺条件、确定工艺影响因素是提高装置效益的关键。

如图 7-7 所示，原料气在转化炉床层不同高度的反应类型，其中原料类型(如碳链长度)、反应压力、温度、催化剂床层、反应空速等因素均会影响到转化炉出口的产物组成，接下来就针对上述工艺条件进行更为细致的阐述。

1. 原料

水蒸气转化催化剂的活性组分为金属镍，易于吸附干气中的硫化物而导致催化剂的可逆性失活，所以在工艺条件的控制上要求转化炉进料硫含量小于 0.2μg/g。鉴于转化催化剂对进料硫的严格要求和脱硫过程对氢气成本及操作的影响，在选择原料时，在条件相同的情况下应优先选择低硫原料。与此同时，转化炉进口干气原料中的烯烃含量也需要进行严格控制以

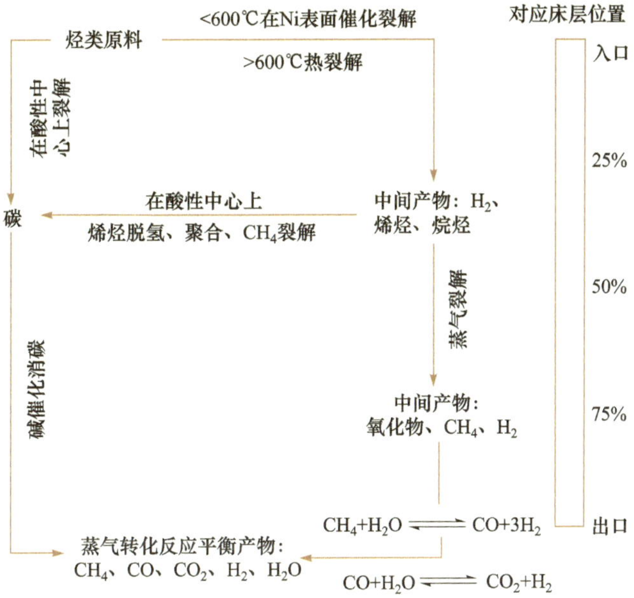

图 7-7　烃类蒸气转化示意图

防其造成转化催化剂结焦。烃类蒸气转化的化学反应与产品氢与原料氢的摩尔数有关，在碳原子相同的情况下，氢碳比越大，理论产氢量就越高，表 7-6 中列出了氢碳比与理论产氢量的关系。

表 7-6　氢碳比与理论产氢量的关系

氢碳比	2.0	2.2	2.4	2.4	2.8	3.0	3.2	3.4	3.6	3.8	4.0
理论产氢量 /(Nm^3/kg)	4.80	4.89	4.98	5.06	5.15	5.23	5.31	5.38	5.46	5.53	5.60

由表 7-6 中数据可知，在同族烃类中，相对分子质量与产氢量呈负相关关系。相对分子质量越低，氢碳比越高，理论产氢量越大。甲烷分子的氢碳比为 4.0，其理论产氢量可以达到 5.60Nm^3/kg。此外，小分子烃类裂解能力较低，在高温下不易发生裂解反应，抑制积炭的生成。因此，为提高单位原料的产氢量，应尽量选择平均相对分子质量小的烃类作为原料，原料越轻，饱和烃越多，产氢率越高，即应优先选择加氢裂化干气、焦化干气等气体资源作制氢原料。

2. 转化温度

烃类水蒸气转化是一个强吸热反应，其反应平衡常数随温度的升高而增大，转化率上升。同时，提高反应温度，大大增加了反应速率，因此提高反应温度对转化反应是有利的。所以温度是影响转化率的主要因素，在操作中转化温度的控制和调节是非常重要的，直接影响氢气产率。

提高工艺气体温度，有利于提高转化催化剂的利用率，减少燃料消耗，降低装置的能耗，提高能量利用率。提高转化炉出口温度是提高原料转化率最有效的措施，在相同的压力和水碳比条件下，提高转化出口温度，降低出口残留甲烷含量，原料的单耗减少，氢气成本降低。

据统计，转化炉出口温度由 820℃提高到 860℃，能耗约降低 3%，氢气成本降低 4.3%。

由图 7-8 中转化炉出口温度与原料单耗的关系可知，增加转化炉出口温度，原料单耗降低，提高转化温度对反应有利。然而，提高转化炉温度受到诸多因素的限制，如转化炉炉管材质和加热炉加热速度等。转化炉管出口温度每升高 10℃，转化管管壁温度升高 14℃，转化管钢材的许用应力就减少 10%左右，高温下炉管的抗变强度随温度升高而急剧下降，大大降低炉管的使用寿命。此外，反应体系内一氧化碳的浓度对炉体出口温度的影响也不可忽视。一氧化碳变换反应是同步进行的，变换反应为放热反应，受热力学平衡的影响，温度越高，反应越难进行，对变换反应不利，使得转化炉出口处一氧化碳含量增加，后续变换系统的负荷增大，影响工艺生产过程。在实际生产中，转化反应温度要严格控制在 650～800℃的范围内。

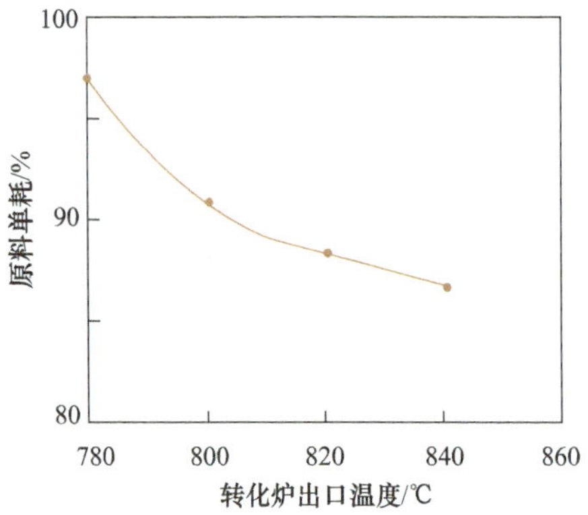

图 7-8 转化炉出口温度与原料单耗关系

3. 反应压力

转化过程是气体体积增加的反应过程，低压对反应有利，但在工业生产中依旧采取高压环境，主要是从动力学平衡和技术经济方面考虑的。可节省压缩动力和消耗，大大降低加氢装置的压缩功可以提高过量蒸气余热回收利用率。转化压力越高，水蒸气分压越高，气体的露点浓度越高，蒸气所含的潜热就越大，可回收热量越多，可以提高设备生产能力，缩小设备、管道尺寸，提高空速、降低投资费用，提高催化剂利用率。综合考虑，在 1.3～2.1MPa 供氢压力范围内，工业氢压力对装置的主要指标影响较小。目前工业上选择的反应压力一般为 2.5～3.5MPa。

4. 水碳比

水蒸气作为主要的反应原料对转化活性有显著影响，水碳比是烃类转化制氢过程的一个重要操作参数。水碳比增加，原料转化充分，同时抑制催化剂的积炭反应；原料性质与催化剂抗积炭活性也会影响水碳比的大小。当原料相对分子质量较大时，需要水量也较大。转化催化剂的抗积炭能力如果较强，可在维持转化活性的前提下适当地降低水碳比，减小系统阻力和燃料消耗量。因而为了维持较高的转化率和较长的催化剂寿命，生产中所采用的水碳比远高于化学平衡计算的理论值，工业上针对原料相对分子质量大小的差异所采用的水碳比范围一般为 3.3～6.0。

5. 空速

适宜的空速是维持转化反应高活性的必要工艺条件，通常以碳空速表示。空速越大，气体在催化剂床层中停留的时间越短，转化程度越低。若继续增加空速，可能会引发重烃穿透床层，引起催化剂积炭。空速过小，进料气在各炉管中分配不匀导致炉管温度不匀。一般情况下，在满足产品要求的条件下，催化剂转化性能越好，允许空速越大，生产能力越大。实际工业生产中，转化装置上合适空速的设置是受多方面因素共同影响的，包括转化过程的温度、压力、原料气的组成、催化剂活性及所要求的最终转化率等。目前工业上选择的碳空速一般为800左右。

7.2.6　工艺流程及主要设备

炼厂干气制氢装置一般由四部分组成，即原料净化、烃蒸气转化、CO变化和变压吸附。

1. 工艺流程

不同炼厂干气制氢的差异主要在于原料净化部分，后续其他三部分的流程基本相同。而净化部分的差异也仅在于原料组成差异造成净化难度和净化成本的不同。例如，催化干气与焦化干气相比烯烃含量高，催化干气制氢的净化部分比焦化干气增加了一个变温(等温)加氢反应器，使得预处理成本较高；而焦化干气氢碳比高，预处理相对简单，仅有一个绝热加氢反应器，焦化干气更适合作制氢原料。鉴于不同炼厂干气制氢工艺流程的相似性，下面以催化裂化干气制氢为例介绍干气制氢工艺的流程，其典型的工艺流程如图7-9所示。

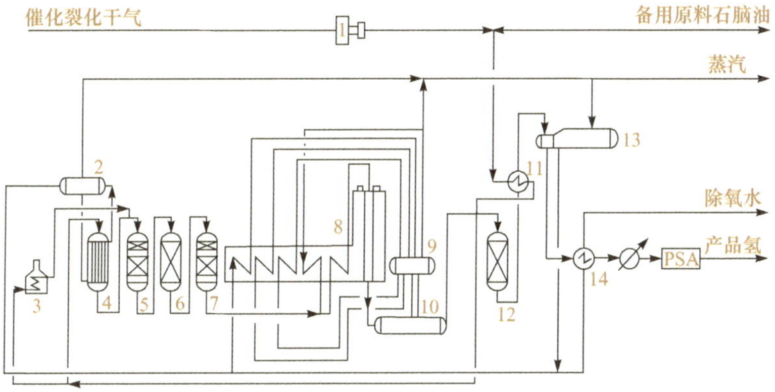

图7-9　催化裂化干气制氢工艺流程图

1. 原料压缩机；2. 等温气泡；3. 开工炉；4. 等温反应器；5. 绝热反应器；6. 脱氯塔；7. 脱硫槽；8. 转化炉；9. 余热锅炉气包；10. 余热锅炉；11. 原料换热器；12. 中变反应器；13. 余热回收器；14. 除氧水换热器

原料净化部分：从单元外来的催化干气进入压缩机升压，经升压后的原料气送至加热器，通过中变气加热；加热后的原料进入等温加氢反应器将部分烯烃加氢饱和；然后由等温加氢反应器出来的催化干气再进入绝热加氢反应器，尚未反应的烯烃继续进行加氢反应，并使有机硫化物转化成H_2S，烯烃全部饱和的温度约在360℃。该原料气先后进入脱氯罐和氧化锌脱硫罐，脱除氯和硫化氢。氧化锌脱硫罐既可以串联操作，又可以并联操作。

烃类蒸气转化部分工艺：饱和水蒸气经转化炉对流Ⅱ段加热升温至过热蒸气(约450℃)后，与脱硫后的原料气混合，并控制水碳比在适宜的值，进入转化炉对流Ⅰ段加热至500℃左右进入转化炉的转化管，原料在镍催化剂的作用下，进行烃类蒸气转化反应。

CO变换部分：温度为800℃的转化气进入废热锅炉回收热量，经废热锅炉降温至330～360℃后转化气进入中温变换反应器进行CO变换反应。变换反应后的气体依次经过不同的换热器降温至安全温度。

变压吸附部分：降温至安全温度的变换气送至变压吸附单元，变换气由下而上进入吸附器，在吸附剂的作用下除去氢组分以外的所有杂质，从而制得浓度大于99.9%(体积分数)的H_2。

2. 主要设备

(1) 充分利用中变气的高温位，采用高效换热器将原料一次换热到反应温度，直接进等温加氢反应器进行反应。

(2) 将等温加氢反应器和绝热反应器串联起来使用，利用反应器的压降和绝热反应器的操作温度，灵活调节原料气的分配比，在保证原料中烯烃充分饱和及有机硫完全转化的前提下，将多余的烯烃在等温反应器中反应并产生 2.5MPa 蒸气，以适应干气烯烃含量波动大的特点。

(3) PSA 提纯设计中考虑双进料。当以催化裂化干气为原料时，既可以对催化裂化干气直接进行 PSA 氢气提纯，也可以对中变气进行净化，均可以实现提纯浓度为 99.9%。与此同时，PSA 尾气使用比较灵活，在单开催化裂化提纯，不开氢气制造部分时，其尾气可经罗茨鼓风机升压后送至其他装置的加热炉作燃料；若制氢部分也开工，尾气也可作为转化炉燃料。

(4) 制氢装置若以干气为主要原料时，需考虑到干气产生装置的波动或者突发事件，装置在设计时需要设置备用原料加工方案，如石脑油。同时需要增设备用原料储罐、机泵和控制系统。

(5) 考虑到中变催化剂在开工还原时，预加氢催化剂在一定温度和还原气氛下易造成反硫化，可实施如下方案：利用加氢开工加热炉与柴油加氢装置新氢压缩机可实现等温反应器与绝热反应器中催化剂单独循环升温，缩短开工时间。

7.2.7 技术进展

1. 提高氢气收率并减少二氧化碳排放

目前炼油厂普遍采用干气(或天然气、轻烃)蒸气转化+变压吸附工艺生产氢气，该工艺生产的氢气纯度高，可以达到 99.9%以上，但也存在氢气回收率低、能耗高、制氢成本高的缺点，氢气成本一般在 15000 元/t 以上，远高于加氢精制后的车用汽、柴油的价格。提高制氢装置氢气回收率，降低氢气质量升级成本对炼油厂十分必要。同时，干气制氢副产的大量二氧化碳直接排放，既不利于环境保护，也没有得到充分利用。为解决干气制氢装置氢气回收率低的问题，同时为充分利用二氧化碳、减少碳排放，中国石油化工股份有限公司济南分公司提出了在干气制氢装置中增设变气二氧化碳脱除设施的方案，并取得了良好的效果。

2. 富含氢气的炼厂气的回收利用

炼油厂各装置所排放出来的炼厂副产气中有些均含有不同浓度的氢气，这些副产气以往都作为燃料烧掉。随着炼油厂加工工艺的深化，特别是加氢工艺的发展，以及催化重整装置苛刻度的降低，回收利用这些含氢气体对降低全厂加工成本、降低新建制氢装置的规模及投资均有重要意义。低浓度氢气主要来源为催化重整装置、加氢装置、催化裂化及延迟焦化装置副产的气体，而低浓度氢气回收工艺主要有变压吸附、膜分离和深冷分离三种。由于这些工艺的投资远比新建制氢装置低(可低至 1/10)且操作简单，因此对炼厂具有越来越大的吸引力，以一个 1200 万吨/年的炼油厂为例，全厂由催化重整装置所得氢气占总产氢量的 20%，由加氢排放气提浓所得氢占总产氢量的 7%，其余 73%由新建制氢装置提供氢源。

3. 制氢装置不断改进的转化炉

当前，转化炉的方式主要有顶烧炉和侧烧炉，由于制氢装置的大型化，因此转化炉尺寸的大小变得比较重要。顶烧炉因结构紧凑、火嘴少，更适于大型转化炉使用。在转化炉不断发展的过程中，转化炉管也有了长足的进展，使转化炉出口温度可以达到 920℃。同时转化炉管的形式也逐渐将猪尾管淘汰，变为集气管。转化炉的参数优化也得到了较好的发展，目前国外设计的大型转化炉的操作参数与国内技术相比表现为“三高一低”。

(1) 大型制氢装置为了更合理地利用能源，采用了预转化反应，使转化炉的入口温度提高，这不但优化了转化催化剂的效率，而且还提高了高温烟气余热的利用率，降低了装置能耗。

(2) 高空速。与国内制氢转化技术相比，空速大大提高，转化炉空速最高可达 $1400h^{-1}$ 左右，这样使得催化剂装填量减少，炉管根数减少，降低了装置的投资。

(3) 高热流通量。热流通量的提高，使得转化炉管热强度升高，为转化炉管高碳空速提供了保证。

(4) 低水碳比。根据经验转化炉出口温度每升高 10℃，转化气出口残余甲烷含量降低约 0.8%，因此高的炉出口温度能为降低装置水碳比提供可能。由于转化反应总体表现为强吸热反应，温度高有利于烃类原料的转化，因此提高转化炉出口温度可以降低水碳比，稳定转化炉出口处甲烷含量，减少转化炉的热负荷，进而降低转化炉的燃料消耗。

4. 装置余热的利用

制氢专利供应商在流程的设计上更注重能源的利用、流程的优化、产品的要求等。尤其是在余热利用上有长足的发展。

5. 环境保护

烃类蒸气转化制氢装置中三废排放最多的就是废气的排放，每年装置将产生大量的烟气，烟气中 CO_2、NO_x 和 NH_3 含量较高。为了降低其中的氮氧化物和氨气的量，在转化炉设计中采用了降低 NO_x 的燃烧器。Topsoe 在转化炉的对流段增设了一个单元，采用一种以 TiO_2 作载体的立方形纤维物催化剂，使氮氧化物含量降至 mL/m^3 水平。此外，转化反应生成的 CO_2 可以制备成高附加值干冰，从而避免了温室气体的排放量。

7.3　C_4 烷基化生产高辛烷值汽油

随着人们环保意识的增强及相关环保法规的日益严格，汽车尾气造成的空气污染成为人们关注的焦点，因此对汽油的质量提出了更高要求。烷基化汽油的研究法辛烷值(RON)可达 93～95，马达法辛烷值可达 91～93，二者差距小；汽油组分中的烯烃、芳烃及硫含量很低，此外，烷基化汽油组分的蒸气压低、敏感度好。作为清洁汽油调和组分，烷基化汽油具有多种优势。

C_4 烷基化是指在酸性催化剂的作用下，以异丁烷为烷基化剂，对各种烯烃(主要是丙烯和丁烯)进行烷基化反应，该反应以生产高辛烷值汽油调和组分为目的。烷基化反应遵循正碳离子链式反应机理。由于异构烷烃中叔碳原子上的氢原子比正构烷烃中伯碳原子上的氢活泼，在反应过程中容易失去一个氢负离子而生成叔丁基正碳离子，该正碳离子起到链传递的功能，使烷基化反应顺利进行，因而参与烷基化反应的烷烃必须为异构烷烃。

最初的烷基化工艺在高温高压(温度 400～500℃，压力 17～30MPa)条件下进行，称为“热烷基化”。该工艺过程裂化反应剧烈、产品质量较差，逐渐被酸催化的“催化烷基化”过程所取代。早在 1932 年，人们就发现异构烷烃在酸性条件下($AlCl_3$+HCl)能与烯烃发生烷基化反应。1938 年，美国亨伯石油炼制公司(Humble Oil and Refining Co.)建成世界上第一套烷基化工业装置，采用硫酸作为催化剂。1942 年，由菲利普石油公司(Phillips Petroleum Co.)建成世界上第一套氢氟酸法烷基化装置。

我国烷基化的工业化生产起步于 20 世纪 60 年代中期到 70 年代初期，由抚顺石油设计院(现中国抚顺石油化工设计院)和北京石油设计院(现北京石油化工工程有限公司)承担设计，在兰州炼油厂(现中国石油兰州石化公司)、抚顺石油二厂(现中国石油抚顺石化分公司)、胜利炼油厂(现中国石油化工股份有限公司齐鲁分公司)先后建立了年加工 15～60kt/a 的硫酸法烷基化工业装置，对提高汽油辛烷值和生产航空汽油曾起到重要作用。随着汽油向低铅和无铅方向发展，以及对高辛烷值汽油的需求量的迅速上升，20 世纪 80 年代以来国内烷基化技术发展较快，生产技术水平有了新的提高。1987 年 9 月，国内第一套氢氟酸烷基化装置(60kt/a)在天津石化开车成功。近年来，世界烷基化技术又得到了快速发展，除硫酸和氢氟酸烷基化外，固体酸烷基化等新技术也相继成熟，并相继实现工业化生产。

7.3.1 原料

烷基化原料以炼厂气中的异构烷烃和烯烃为主。由于烷基化反应要求具有叔碳原子的烷烃以传递正碳离子，从而保证该链式反应的顺利进行，所以异构烷烃主要为 C_4 馏分中的异丁烷。同时，烷基化原料所用的烯烃主要为丁烯，包括异丁烯、1-丁烯、2-丁烯等异构体，也有相关工艺使用不同比例的低分子烯烃混合物作为原料。

7.3.2 烷基化反应

当以异丁烯、1-丁烯、2-丁烯与异丁烷为原料时，其反应及产物如下所述。

异丁烯与异丁烷的烷基化反应产物主要是辛烷值为 100 的 2,2,4-三甲基戊烷，即俗称的异辛烷，反应如式(7-1)所示。

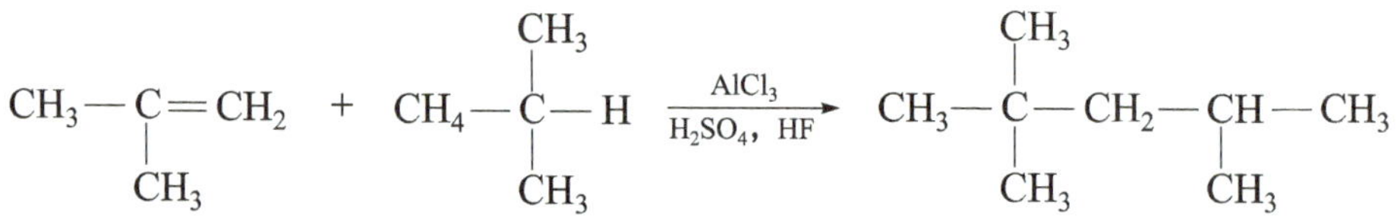
(7-1)

2-丁烯与异丁烷发生烷基化反应，当以无水氯化铝、浓硫酸或氢氟酸为催化剂时，烷基化产物主要为辛烷值在 100～106 的 2,2,4-三甲基戊烷、2,3,4-三甲基戊烷及 2,3,3-三甲基戊烷，反应如式(7-2)所示。

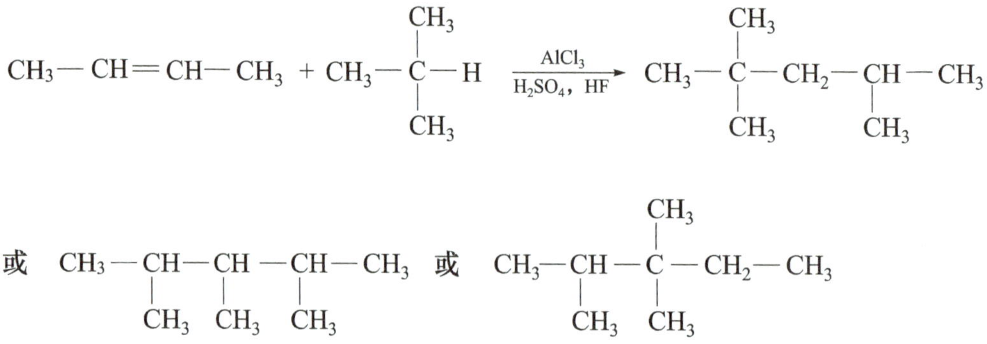
(7-2)

1-丁烯与异丁烷发生烷基化反应，若使用无水氯化铝催化剂或低温下使用氢氟酸催化剂，则主要生成辛烷值较低的 2,3-二甲基己烷[式(7-3)]，其辛烷值为 71。

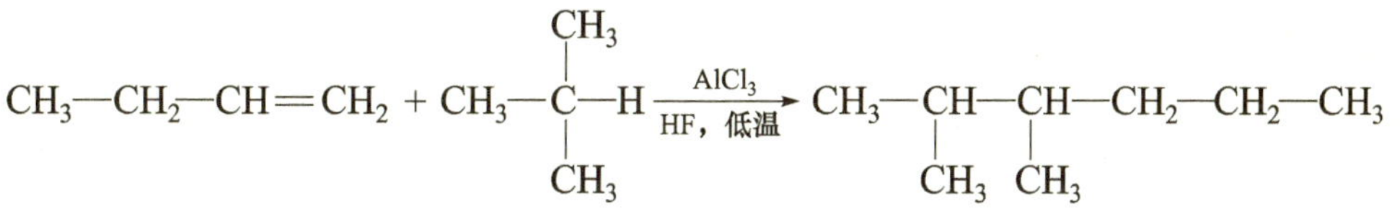
(7-3)

因此，当原料中1-丁烯的含量较高时，一般在低温氢氟酸烷基化装置前增设1-丁烯临氢异构装置，将1-丁烯异构为2-丁烯，2-丁烯再与异丁烷发生烷基化反应，从而生成高辛烷值的2,2,4-三甲基戊烷、2,3,4-三甲基戊烷及2,3,3-三甲基戊烷。

烷基化反应除得到上述高辛烷值组分外，也存在一系列副产物，其产物组成如表7-7所示。可以看出，异丁烷与C_4烯烃的烷基化反应不仅生成C_8组分，还生成C_6、C_7等轻组分及C_9以上的重组分，由此表明烷基化过程存在多种反应，其反应机理比较复杂。采用氢氟酸或者硫酸为催化剂时，烷基化反应产物分布相似，均以C_8组分为主，且在C_8组分中2,2,4-三甲基戊烷所占比例最大，其次为2,3,4-三甲基戊烷和2,3,3-三甲基戊烷；此外，采用硫酸为催化剂时，其产物种类多于氢氟酸烷基化，说明硫酸法烷基化的反应历程更加复杂。

表7-7 烷基化产物组成

原料烯烃	异丁烯		1-丁烯		2-丁烯	
催化剂	硫酸	氢氟酸	硫酸	氢氟酸	硫酸	氢氟酸
烷烯比	3	5.2	3	4.8	3	5.6
产物组成/%						
2,3-二甲基丁烷	5.6	1.5	4.9	0.6	4.5	2.5
2-甲基戊烷	1.8	0.9	1.6	—	1.5	0.5
3-甲基戊烷	0.8	0	0.5	—	0.5	—
C_6合计	8.2	2.4	7	0.6	6.5	3
2,2,3-三甲基丁烷	0.3	—	0.4	—	0.3	—
2,3-二甲基戊烷	2	2.7	1.7	1.7	1.6	1.4
2,4-二甲基戊烷	4.1	2.3	3.2	1.3	3.3	2.4
2-甲基己烷	0.2	—	0.2	—	0.2	—
3-甲基己烷	0.1	—	0.2	—	0.3	—
C_7合计	6.7	5	5.7	3	5.7	3.8
2,2,4-三甲基戊烷	24.7	49	28.8	29.5	32.6	37.9
2,2,3-三甲基戊烷	1.7	1.5	2.3	0.9	2.4	2.4
2,3,4-三甲基戊烷	6.3	9.4	11.8	14.1	11.8	19.4
2,3,3-三甲基戊烷	9.5	6.8	15.2	8.2	17	10.1
2,4-二甲基己烷	2.5	3.3	3.5	4.9	2.6	2.6
2,5-二甲基己烷	3.5	2.9	3.4	1.9	3.1	2.8
2,3-二甲基己烷	1.6	2.4	3.3	25.2	2.2	3.4
3,4-二甲基己烷	—	—	0.2	—	0.4	—
C_8合计	49.8	75.3	68.5	84.7	72.1	78.6
C_9+	35.5	17.3	18.8	11.5	15.7	14.7

7.3.3　反应机理

烷基化反应可以用正碳离子链式反应机理加以解释。正碳离子是指带电荷的碳原子，该碳原子只有 6 个外层电子，通式可表示为$-\overset{|}{\underset{+}{C}}-$。根据围绕正碳离子的基团的类型，正碳离子可以分为四种形式，分别为

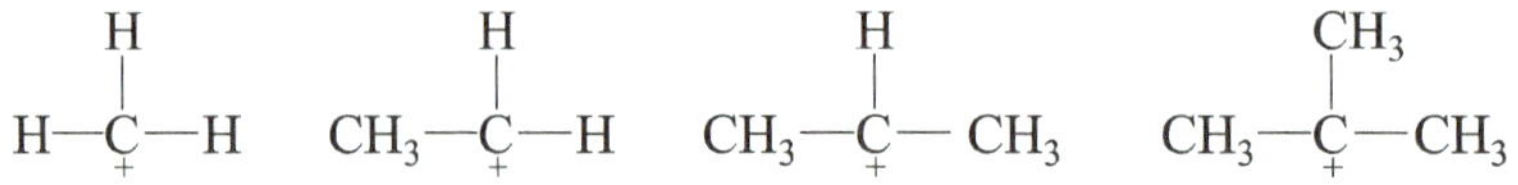

上述正碳离子的稳定性由左至右依次增强，即叔丁基正碳离子最为稳定。

1. 液体酸催化烷基化反应机理

在异丁烷与烯烃的烷基化反应过程中，烯烃从液体酸催化剂得到氢质子形成正碳离子，反应如式(7-4)所示。反应所生成的叔丁基正碳离子(t-$C_4H_9^+$)对烷基化反应起着至关重要的作用。由于仲正碳离子与叔正碳离子的稳定性均高于伯正碳离子，因此在烷基化反应过程中如果烯烃质子化生成伯正碳离子，那么该正碳离子则有可能重排或者异构为稳定性相对较高的正碳离子，反应可表示为式(7-5)和式(7-6)。

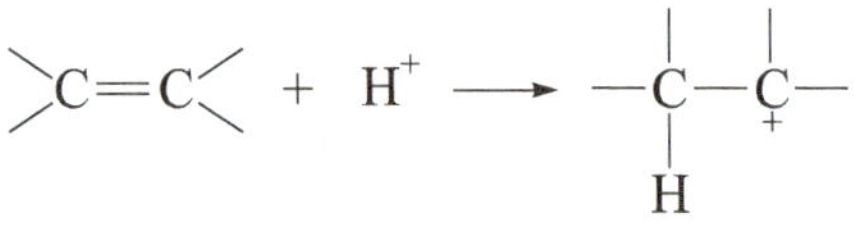

(7-4)

$$CH_3CH_2CH_2\overset{+}{C}H_2 \longrightarrow CH_3CH_2\overset{+}{C}HCH_3 \qquad (7\text{-}5)$$

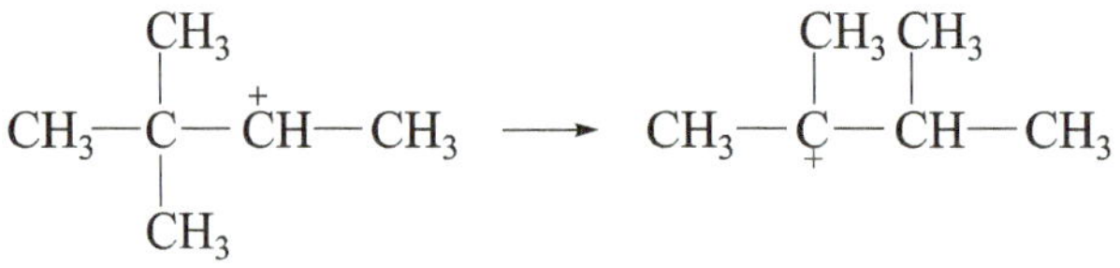

(7-6)

生成的正碳离子可以进一步与烯烃发生加成反应，生成碳数较多的正碳离子，这是烷基化反应链增长的主要步骤：

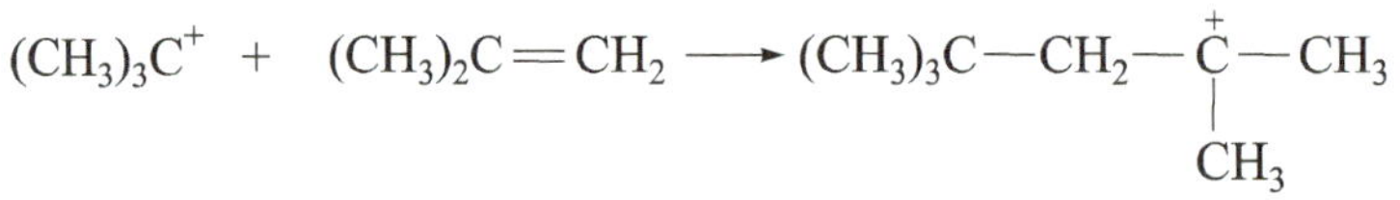

(7-7)

同时，正碳离子还可失去质子再生成原来的烯烃或者稳定性更好的烯烃。

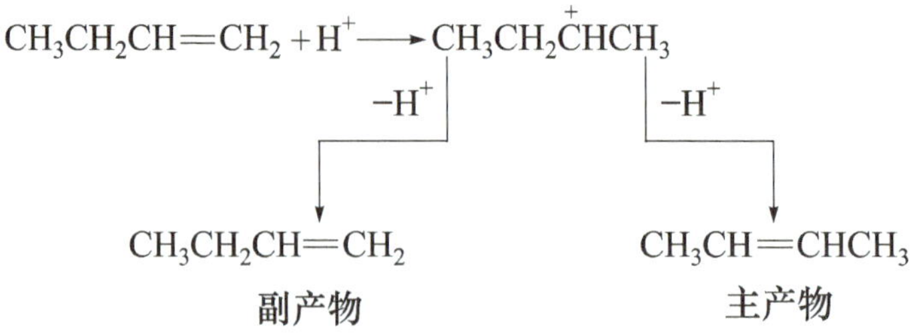

(7-8)

要防止生成的C_8^+继续反应，则需要外界提供氢负离子。由于异丁烷中的叔碳原子与三个甲基相连，使得该碳原子上的氢十分活泼，该 C—H 键易断裂，生成氢负离子与叔丁基正碳离子，而C_8^+则接受氢负离子生成烷基化的主要产物异辛烷。

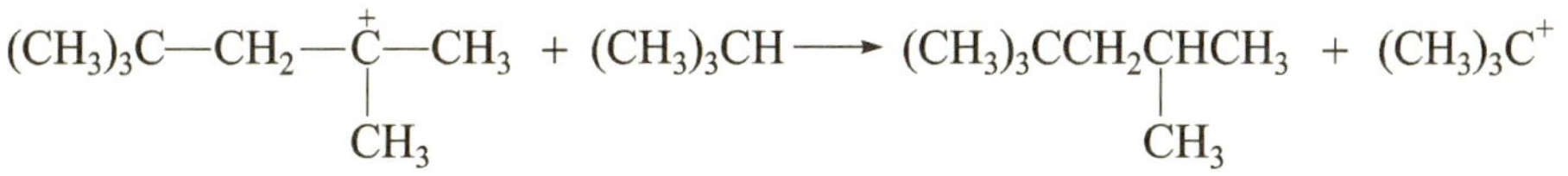

(7-9)

C_4 烷基化的正碳离子链式反应一般包括三个步骤，即链引发、链传递及链终止。在烷基化反应过程中，烯烃得到氢质子生成正碳离子为链引发过程，反应如式(7-10)所示，生成的叔丁基正碳离子在烷基化过程中至关重要。叔丁基正碳离子主要来源于异丁烯的质子化，而正丁烯也可通过质子化以及与异丁烷之间的氢转移生成叔丁基正碳离子，反应如式(7-11)与式(7-12)所示。

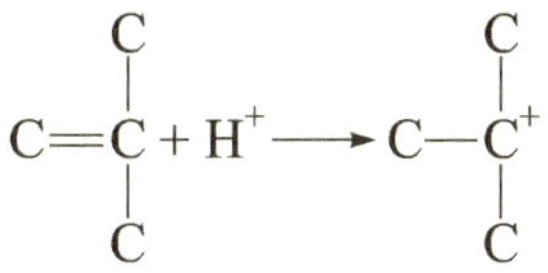

(7-10)

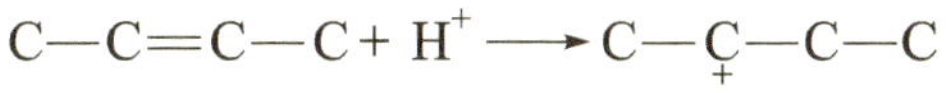

(7-11)

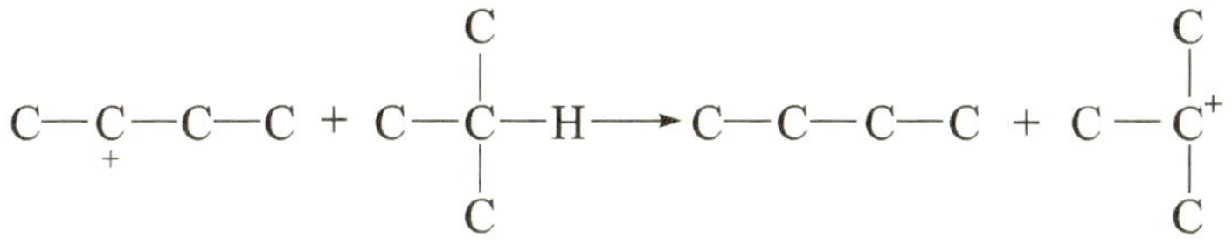

(7-12)

式(7-13)～式(7-15)表示烷基化反应链增长过程。

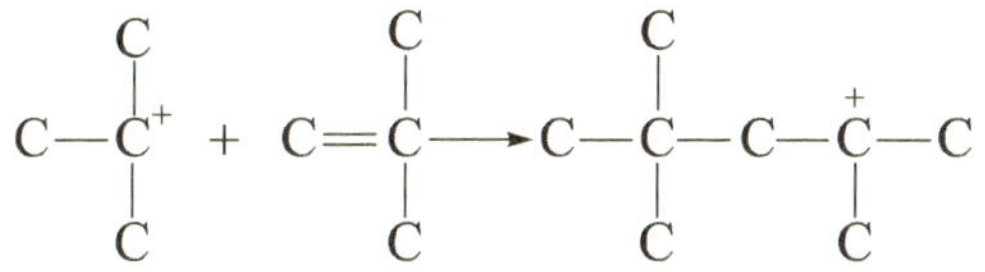

(7-13)

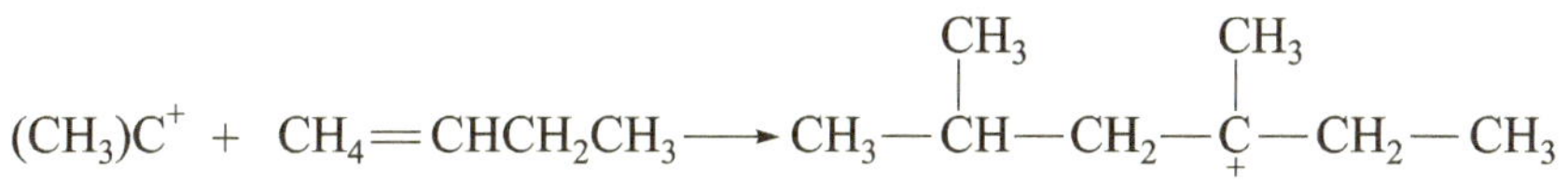

(7-14)

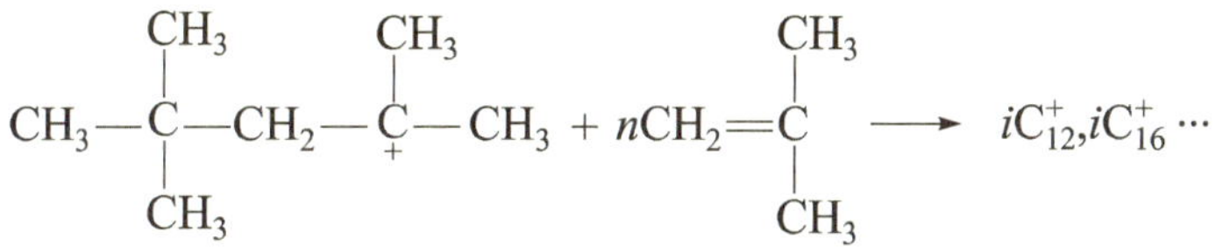

(7-15)

生成的 C_8^+ 通过夺取异丁烷的氢负离子而生成主产物异辛烷，而异丁烷则转化为叔丁基正碳离子，参与到下一个反应循环。两分子间的氢转移反应也是大多数烷基化反应链终止的主要原因，反应如式(7-16)与式(7-17)所示。正碳离子失去 H^+ 也会造成链终止，但从产物分布分析，该过程很少发生。

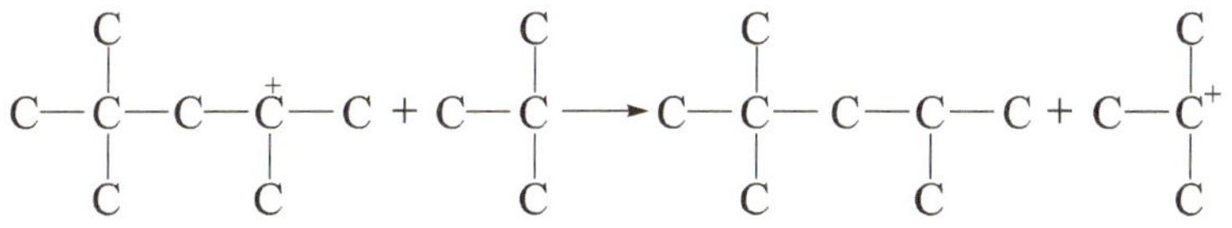

(7-16)

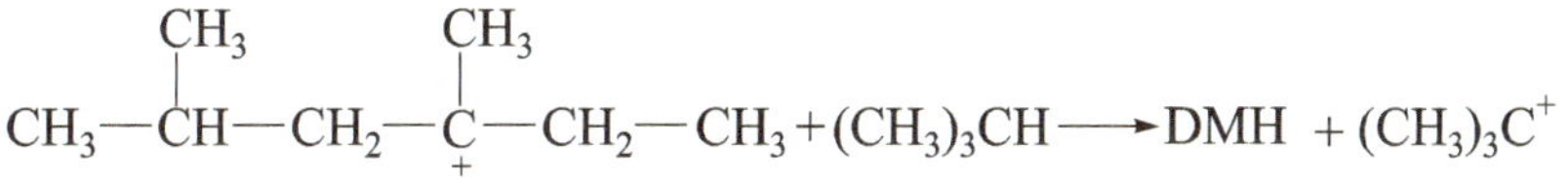

(7-17)

由表 7-7 的烷基化产物分布可以看出，烷基化过程除上述反应外，至少还存在以下副反应。

(1) 烯烃的二聚与多聚。烷基化产物分布中，二甲基己烷的生成一方面来自叔丁基正碳离子与正丁烯的加成及后续氢转移过程；另一方面还可由烯烃的二聚反应生成，包括 1-丁烯与异丁烯的共二聚反应、1-丁烯的二聚、异丁烯的二聚等。而产物中 C_8 的多种异构体可能是在二聚反应生成的正碳离子发生了异构化反应，最后再经氢转移而生成。然而，烯烃在发生二聚反应的同时必然存在三聚与多聚，尤其异丁烯更易发生多聚反应。聚合反应使得烷基化反应产物包含一定量的高沸点烃类。所以在烷基化过程中需要较高的异丁烷浓度，由此降低异丁烯碰撞、聚合的机会，减少高沸点物质的产生，这也是工业生产中控制烷烯比在15～20的原因。

(2) 断裂反应。由多聚反应生成的烯烃可在酸性催化剂上发生质子化形成大分子正碳离子。而这些正碳离子在与异丁烷发生氢转移反应生成烷烃前自身也会发生断裂反应，生成的小分子正碳离子夺取氢负离子生成烷烃，这也是烷基化产物存在 C_5、C_7 等烷烃的主要原因。

(3) 正碳离子异构化反应。烷基化产物中三甲基戊烷与二甲基己烷含量的差异可以通过正碳离子的异构化进行解释。其反应如式(7-18)和式(7-19)所示。

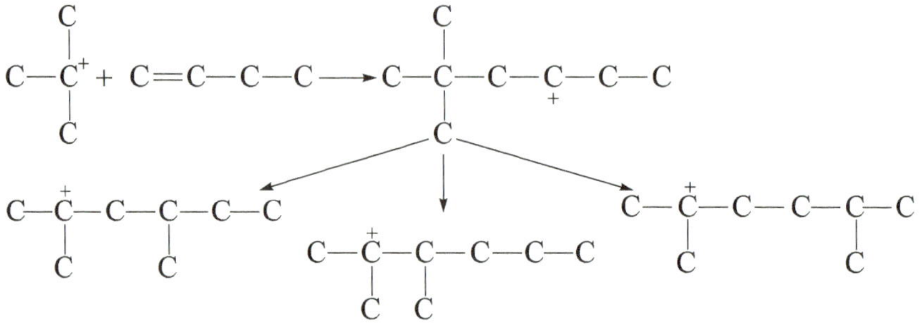

(7-18)

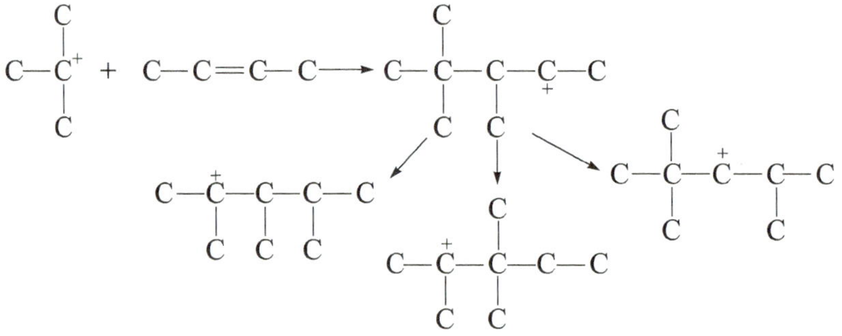

(7-19)

(4) 硫酸烷基化酸溶烃的生成。与氢氟酸烷基化不同，在以硫酸为催化剂时，异丁烷可与硫酸反应生成叔丁基正碳离子和酸溶烃，这也是硫酸烷基化产物种类多于氢氟酸烷基化的原因之一。

$$R^+(\text{烃正碳离子}) + i\text{-}C_4H_{10} \longrightarrow RH(\text{酸溶性聚合物，酸溶烃}) + t\text{-}C_4H_9^+ \quad (7\text{-}20)$$

2. 固体酸催化烷基化反应机理

当以固体酸为催化剂时，由于固体酸表面酸性位的性质与空间位阻效应，烷基化反应需要在较高的温度下进行。而在高温条件下，烯烃容易吸附在固体酸表面形成正碳离子。由于烯烃在固体酸表面的吸附比异构烷烃容易得多，当反应过程中的烷烯比较低时，烯烃本身更易发生聚合，生成长链烯烃，这也就造成正碳离子与异构烃的反应不能成为主要的反应方向。

对比固体酸烷基化过程与液体酸烷基化反应机理，两者存在一定差别，这主要表现在异构的正碳离子的生成上。液体酸为催化剂时，反应过程中异构的正碳离子容易形成，该正碳离子与烯烃发生反应生成烷基化产物。而以固体酸为催化剂时，由于固体酸表面酸性质与空间位阻效应，异构的正碳离子不容易形成，而生成的正构的正碳离子与烯烃发生齐聚反应，容易导致催化剂的结焦失活。

7.3.4　反应动力学和热力学

在烷基化反应过程中，异丁烷与丁烯在强酸催化剂的作用下主要生成三甲基戊烷与二甲基己烷，同时存在丁烯的叠合反应和裂化反应。整个反应为放热反应，升高反应温度则不利于反应向高辛烷值产物方向进行。因此，对于烷基化反应，从热力学角度要尽可能使其在低温下进行，以获得较高的平衡转化率。烷基化反应同样受压力的影响，提高反应压力有利于提高烷基化反应的平衡转化率。此外，原料中烷烯比对烷基化反应平衡转化率也有重要影响。较高的烷烯比有利于提高丁烯的平衡转化率，但不利于高辛烷值产物选择性的提高。因此，从烷基化产物的高辛烷值组分选择性考虑，不宜选择过大的烷烯比。相对于反应温度、压力及烷烯比，原料中的惰性组分(如正丁烷)则对烷基化反应的平衡转化率影响较小。

对于液体酸烷基化反应动力学，可结合质量传递和化学反应得到简化模型进行研究，并与实验数据结合得到反应速率常数。研究发现，硫酸催化烷基化反应在 25℃条件下进行时，异丁烷与 1-丁烯发生聚合反应的速率约为其与 1-丁烯发生烷基化反应的 4 倍。降低温度更有利于提高烷基化主产物三甲基戊烷的生成速率，而对副产物二甲基己烷影响较小，但高碳组分的生成速率降低，辛烷值得到了提高，因此降低反应温度对提升烷基化油质量有积极意义。由于固体酸烷基化催化剂存在快速失活和选择性差的问题，因此更多的研究集中于对固体酸烷基化反应动力学的分析。研究烷基化反应动力学，既可通过拟合反应速率与反应条件(温度、压力和组分浓度等)之间的关系，从宏观角度建立关联模型；也可对本征动力学性质进行描述，从微观角度建立分子水平动力学模型。明确烷基化过程各反应的速率，可对反应器设计、工艺流程优化、新型催化材料的开发提供理论支持。

7.3.5　催化剂

1. 液体酸催化剂

自 1939 年第一套硫酸法烷基化装置建成，以及 1942 年第一套氢氟酸法烷基化装置建设投产，硫酸和氢氟酸一直是工业上主要采用的烷基化催化剂。这主要是因为液体酸催化剂具有选择性好、价格低、可回收且连续保持活性等特点。但同时存在环境污染、设备腐蚀、不易与产物分离及回收工序导致的投资成本增加等问题。并且，氢氟酸是一种高毒性、低沸点的腐蚀性液体，极易挥发进入大气，对人体造成伤害。因此采用氢氟酸烷基化工艺需要配备昂贵的安全措施，以防止氢氟酸的泄漏。同时，氢氟酸法要求反应设备具有极强的耐腐蚀性，相应的投资非常高。而浓硫酸也是一种腐蚀性液体，但不易挥发，同氢氟酸相比，处理相对容易，然而该催化剂失活较快，采用硫酸作为催化剂的工艺，其操作费用的三分之一来自硫酸的消耗。因此从化学工业可持续发展的角度，开发新一代无污染的固体酸烷基化催化剂变得日益重要。

2. 固体酸催化剂

固体酸催化剂避免了催化剂与原料和产物难以分离的问题，并且不存在传统液体酸催化剂的强腐蚀性和毒性，对设备无害，同时也减少了废弃物的排放，是环境友好型催化剂。固体酸催化剂主要有分子筛催化剂、杂多酸、固体超强酸催化剂；此外，离子液体由于具有较高的酸密度，且不易挥发，从而兼顾液体酸和固体酸的优势。

1) 分子筛催化剂

Mobil 公司最先采用稀土交换的 X 型沸石作为异丁烷与烯烃烷基化反应的催化剂，反应在 100℃左右进行，取得了一定效果。截至目前，用于异丁烷和烯烃烷基化反应的分子筛主要有 Y 型分子筛、β分子筛、丝光沸石分子筛、LTL 分子筛、ZSM-12 分子筛等。其中对 Y 型和β分子筛的研究较多。对于 Y 型分子筛，B 酸中心的强度分布、氢转移反应程度和反应物在分子筛中的浓度均对 Y 型分子筛的活性和选择性具有较大的影响。β分子筛由于具有较高的酸密度和合适的孔道结构而被作为另一种极具前景的烷基化催化剂，所以有大量的研究集中于β分子筛的预处理与合成。然而，分子筛催化剂也存在一定的弊端，如失活较快，随反应时间延长，不但活性迅速减弱，目的产物的选择性也随之降低，这也是大多数固体酸烷基化催化剂共有的局限性。但分子筛的优势在于容易进行再生，因此分子筛催化剂有望成为生产烷基化汽油的固体酸催化剂。

2) 杂多酸(盐)催化剂

杂多酸是指由杂原子(如 P、Si、Fe、Co 等)和多原子(如 Mo、W、V、Nb、Ta 等)按一定结构通过氧原子配位桥联组成的一类含氧多酸。目前用作催化剂的主要是分子式为 $H_nAB_{12}O_{40}\cdot xH_2O$ 的杂多酸以及具有 Keggin 结构的杂多酸，如十二磷钨酸($H_3PW_{12}O_{40}\cdot xH_2O$)、十二硅钨酸($H_3SiW_{12}O_{40}\cdot xH_2O$)等，该结构的杂多酸不溶于极性较弱的大分子和非极性溶液，因此杂多酸参与非极性溶液或气相反应时可作为固体酸催化剂。同时杂多酸盐可作为固体酸催化剂，杂多酸盐可由杂多酸与可溶性金属碳酸盐反应而制得。杂多酸本身的比表面积较小(一般小于 $10m^2/g$)，价格较高，因此多将杂多酸负载于载体上制备催化剂，载体的种类、负载方法及负载催化剂的预处理与活化均对杂多酸催化剂的酸性及其催化性能具有较大影响。

3) 固体超强酸催化剂

超强酸是一种酸强度高于或等于 100%硫酸的化合物，其酸强度函数 H_0 值小于−11.9。以 ZrO_2、TiO_2、SnO_2、Fe_2O_3 和其他一些氧化物为载体，通过浸渍 SO_4^{2-}、WO_4^{2-}等阴离子已制备出多种固体超强酸，并将该超强酸用作烷基化催化剂，其中对 ZrO_2/SO_4^{2-}体系的研究较多。同时，也可将制备的固体超强酸负载于载体(如γ-Al_2O_3 等)上，以提高其催化活性。固体超强酸催化剂的活性受载体种类、酸浓度、焙烧温度、氧化物来源等影响。以固体超强酸体系为催化剂的异丁烷-丁烯烷基化反应结果表明，SO_4^{2-}/ZrO_2 及其负载型催化剂 SO_4^{2-}-ZrO_2/载体具有较高的初始活性，但失活速度较快，且由于该类催化剂的酸强度较高，裂化反应较为剧烈，因此烷基化产物中 C_5～C_7 组分较多。

3. 离子液体催化剂

离子液体是一种完全由阴阳离子(通常为无机或有机阴离子和有机阳离子)组成的盐，由于在室温或接近室温条件下呈现液态，因此也被称为低温熔融盐。由于烷基化反应需要催化剂具有较强的酸强度，现单独作为催化剂应用于烷基化反应中的离子液体只有氯铝酸类离子液体。早在 1994 年，氯铝酸类离子液体[BMim]Cl-$AlCl_3$ 就应用于 C_4 烷基化反应，并且得到了与硫酸法质量相当的烷基化油，而且离子液体容易与产物分离，催化剂能实现多次循环利用。中国石油大学(北京)氯铝酸类离子液体技术在 C_4 烷基化中的工业应用取得了一定成果。但氯铝酸类离子液体对水和空气比较敏感，容易造成氯铝酸离子液体的失活。

7.3.6 工艺条件及主要影响因素

影响烷基化工艺过程的主要因素有反应温度、烷烯比、催化剂、酸烃比和反应时间等。

1. 反应温度

硫酸烷基化反应需要较低的反应温度，一般控制在 2～18℃；而氢氟酸法的略高，一般控制在 15～50℃。降低反应温度有利于抑制聚合反应及其他副反应的发生，烷基化油的质量较高。但反应温度过低，如硫酸法低于 2℃时，硫酸的黏度较大，不利于酸烃的乳化混合，从而增加了搅拌器的能量消耗，并使得乳化液难以分离；而对于氢氟酸法如低于 15℃则利于有机氟化物的产生。因此，对硫酸法最佳的操作温度为 4～10℃，而氢氟酸法一般控制在 30℃左右。

2. 烷烯比

烷烯比是指反应器内异丁烷对烯烃的比例，也可以是指反应器进料的烷烯比。反应器中较高的异丁烷浓度有利于提高烷基化油的辛烷值，并降低其干点；但异丁烷的消耗及能耗也相应增加。目前，对硫酸法烷烯比一般控制在(8～12)∶1，而氢氟酸法在(12～15)∶1。

3. 催化剂

酸的浓度对烷基化油的辛烷值和收率有着重要影响。较高的酸浓度有利于提高烷基化产物的辛烷值。但当硫酸的浓度高于 99%时，SO_3 能够与异丁烷反应，从而破坏了烷基化反应的进行；当氢氟酸纯度下降时，烷基化产物中的有机氟化物含量明显上升。在工业生产中，合适的硫酸浓度一般为 90%～99%，氢氟酸浓度一般控制在 82.0%～88.0%。

影响酸质量的另一重要因素是水的含量。水的存在虽然有利于正碳离子的形成，从而引发烷基化反应，但当其含量较高时会加重酸对设备的腐蚀。因此一般控制硫酸中的水分含量为 0.5%～1.0%，氢氟酸中的水分含量为 1.5%～2.0%。

4. 酸烃比

一般认为异丁烷与烯烃的烷基化反应发生在酸烃界面上，因此较高的酸烃比则有利于烃在酸中充分分散从而产生足够的酸烃界面。一般酸作为连续相，烃类作为分散相。在烃类充分雾化的情况下，为了使酸烃充分接触并维持酸为连续相，对酸烃比有一最低要求，例如，氢氟酸的酸烃比不得低于 4∶1。然而，不可一味地增加酸烃比，否则减少了烃类的进料量，降低了装置处理能力，并且酸烃比增加，酸烃乳液黏度增大，烷基化反应的功率消耗增大。硫酸烷基化酸烃比一般控制在(1～1.5)∶1。

5. 反应时间

反应时间应至少大于酸烃达到完全乳化所需要的时间，否则反应无法完成，对产品的收率和质量都将产生不利影响。但反应时间过长会降低装置处理能力，同时停留时间过长，会发生降解等副反应，导致反应产物质量下降。工业装置一般控制烯烃的进料空速为 $0.3h^{-1}$ 左右。

7.3.7 工艺流程及主要设备

1. 硫酸法

硫酸法烷基化是目前国内外广泛采用的烷基化工艺。该法技术成熟，对原料的适应性较强；同时，硫酸的腐蚀性及对环境的影响均较氢氟酸小。目前，硫酸法烷基化主要以 STRATCO 烷基化工艺和 CDTECH 公司(现归属于 CB&I Lummus)开发的 CDALKY 工艺为代表。

1) STRATCO 烷基化工艺

STRATCO 烷基化工艺采用流出物制冷技术，反应-沉降系统是全液相操作。该工艺所用反应器为 STRATCO 接触式反应器。反应器中设有冷却管束，反应热通过流出物在反应器管束内节流汽化带走。STRATCO 反应器与高位酸沉降器构成的乳化液循环系统是 STRATCO 技术的关键部分，进入反应器的烃类和酸在叶轮搅拌作用下形成乳化液并在反应器内循环，反应后的乳化液通过上升管进入酸沉降器进行酸烃分离，分离得到的酸经沉降管进入反应器循环使用。该工艺具有酸烃比可灵活调节、硫酸分布均匀的特点，其适宜的反应温度为 4～8℃，单台反应器处理能力为 80kt/a。该工艺的工艺流程见图 7-10。整个工艺由反应、制冷压缩、流出物精制和产品分馏及排放四部分组成。

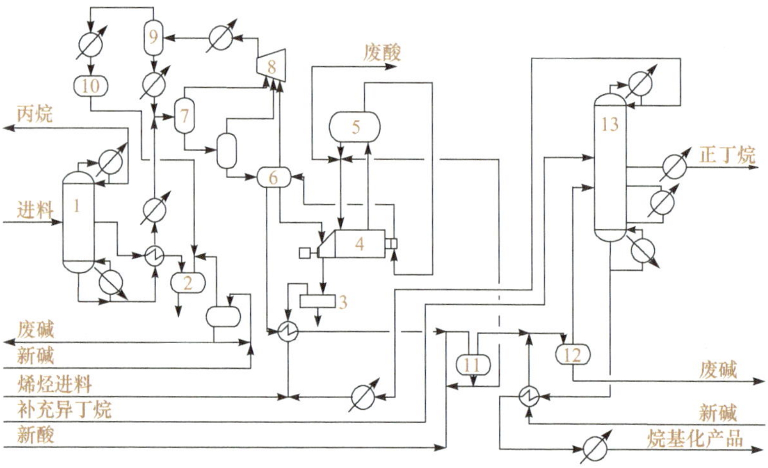

图 7-10　STRATCO 反应流出物制冷式工艺流程示意图

1. 脱丙烷塔；2. 酸洗池；3. 聚结器；4. 接触器；5. 酸沉降池；6. 吸捕闪蒸槽；7. 节热器；8. 压缩机；9. 分离器；10. 储液槽；11. 酸洗池；12. 碱洗池；13. 脱异丁烷塔

(1) 反应部分。原料经缓冲罐后和循环异丁烷混合，与反应器净流换热，进料物流被冷却至 15℃左右。温度降低后，进料中的水以第二液相形式析出，由此可将水排出以降低其对硫酸的稀释作用。进料物流继续与来自制冷部分的制冷循环物流混合。制冷循环物流可提供额外的异丁烷，最后混合物流进入 STRATCO 接触式反应器。

反应器结构如图 7-11 所示。该反应器外壳为水平压力容器，内部装有大功率搅拌器、内循环套管及取热管束。烃类原料由上下两个进料口进入反应器，在搅拌叶轮前混合后向着叶轮喷入反应器，高速旋转的叶轮处于反应器缩径处，使得反应器内部物流由于叶轮吸力、管束阻力、线速度差等形成一定的流液空穴，从而使得硫酸和烃类获得较好的分散和混合。酸烃乳液在反应器顶部再折返进入套管内部，重新流向搅拌叶轮，形成高速循环的物流。由于反应器的分散混合效果较好，反应器内任何两点的物料温差不大于 0.6℃。如此便降低了形成局部热点的概率，从而提高烷基化产品品质及减少腐蚀。反应器内酸与烃类的均匀混合还可以减少烷烯分布不均现象的发生，从而抑制烯烃聚合反应。

(2) 制冷部分。烷基化为放热反应，为保证反应在低温下进行，烷基化工艺设有制冷部分。安装制冷系统后，为使烷基化装置的丙烷与异丁烷进出料平衡，防止丙烷在系统中的积累，还需从制冷部分引出一股丙烷物流返回气体分离单元或者送出装置。

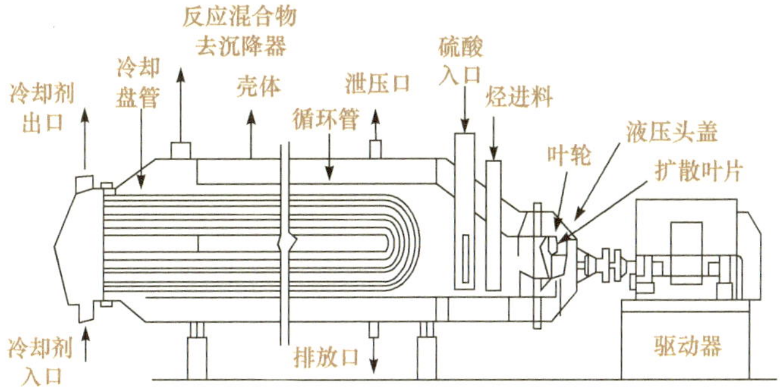

图 7-11　STRATCO 反应器

图 7-12 为制冷部分流程示意图。部分汽化的反应器出口物流进入闪蒸罐实现气液相分离。闪蒸罐出口气体经压缩后进入冷凝器进行冷凝。部分制冷剂的冷凝物经净化后进入脱丙烷塔，剩余制冷剂闪蒸至一定程度后进入节热器，脱丙烷塔塔底物流同样进入节热器。节热器的运行压力处于冷凝器压力与压缩机吸入压力之间。节热器出口液相物流再次进入闪蒸罐进行分离。

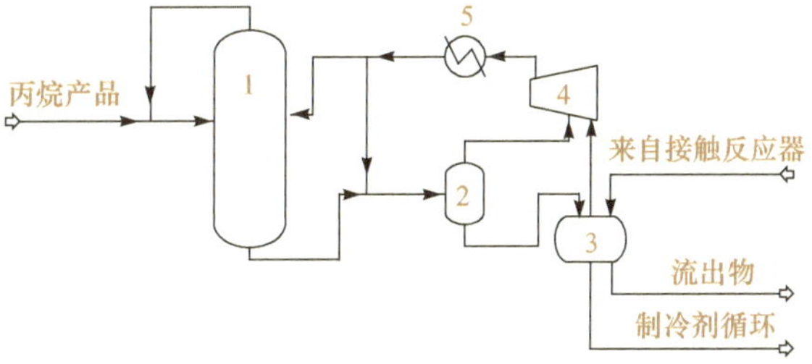

图 7-12　带有节热器的制冷系统

1. 脱丙烷塔；2. 节热器；3. 吸捕闪蒸槽；4. 压缩机；5. 全凝器

(3) 流出物精制及产品分馏部分。反应器流出物可能夹带少量的酸、烯烃与硫酸反应生成的硫酸酯。这些酯类在高温条件下分解放出 SO_2，遇水会造成塔顶系统的严重腐蚀及脱丁烷塔再沸器结垢，因此必须予以脱除。STRACTO 精制系统包括酸洗、碱洗过程。目前的 STRATCO 烷基化工艺的流出物精制部分经酸洗和碱洗后，再进入聚合器进行水洗，或者经酸洗后的流出物再由钒土处理，其流程如图 7-13 所示。

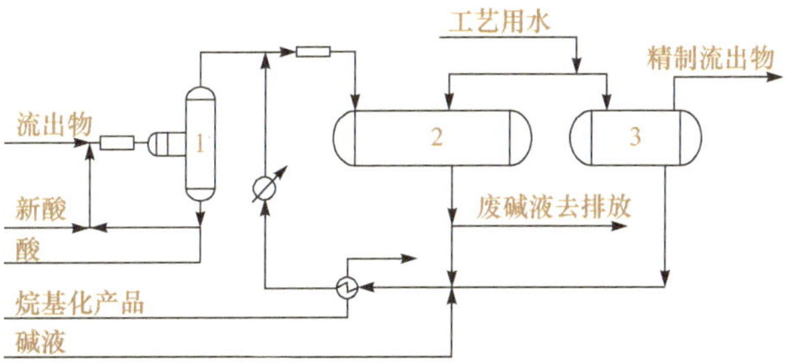

图 7-13　STRACTO 流出物精制系统

1. 酸洗液聚结器；2. 碱洗池；3. 煤过滤器

烷基化分馏系统并不是简单的产物分馏装置，其还为反应提供循环异丁烷物料。经酸碱洗涤后的烃类物流与脱异丁烷塔塔底产品烷基化油换热后，进入脱异丁烷塔。塔顶馏出物经冷凝后进入回流罐，然后经回流泵升压后，一部分返回塔顶作为回流，另一部分冷却后作为循环异丁烷返回反应器，以保证反应器总进料的烷烯比。侧线抽出的正丁烷经冷凝后送出装置。从塔底得到的烷基化油与脱异丁烷塔的进料、碱洗罐的进料换热后送出装置。当需要降低烷基化产品蒸气压时，则需要移除产品中的正丁烷和异戊烷。正丁烷产品中较低的戊烷及 C_5+含量导致其不能满足脱异丁烷塔侧线抽出的要求，此时需要安装脱丁烷塔，其流程如图 7-14 所示。

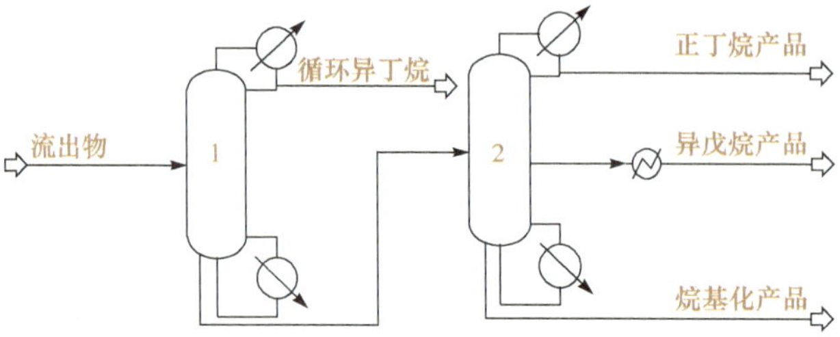

图 7-14 STRATCO 工艺产品分馏部分

1. 脱异丁烷塔；2. 脱丁烷塔

(4) 排放部分。由该工艺排放的酸性蒸气被送入酸液排放罐以分离出夹带的液体硫酸。此外，来自最后一个接触式反应器分配系统的废酸也进入酸液排放罐。排放罐不仅可以为烃类在酸液中的挥发提供场所，还可作为废酸储存容器。酸液排放罐的酸性蒸气流出物则进入尾气洗涤器，酸性蒸气与含有 12%(质量分数)碱溶液的循环洗涤剂在洗涤器中逆向接触并反应，除去残留的酸液。

2) CDALKY 工艺

CDALKY 工艺的核心是反应系统的设计，其传质效率高于传统工艺。该工艺采用立式可放大的反应系统，用专有的静态内构件代替搅拌，实现了烃和酸的直接接触。烷基化反应能在更低的温度下进行(CDALKY 反应器的操作温度在−3℃以下，而传统工艺的反应温度为 7～8℃)。低的反应温度使得烷基化反应朝着更有利于生成高辛烷值的三甲基戊烷的方向进行，减少了酸耗(30%～50%)。此外，为降低酸耗及对下游设备的腐蚀，取消了酸洗和水洗部分。与其他工业化的硫酸烷基化工艺相比，CDALKY 工艺提高了装置的可放大性和可靠性，降低了装置操作费用和设备投资费用。CDALKY 的工艺流程如图 7-15 所示。

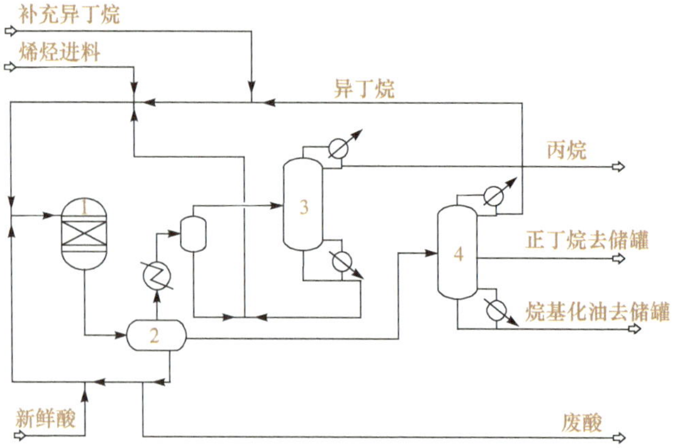

图 7-15 CDALKY 工艺流程示意图

1. 反应器；2. 分离器；3. 脱丙烷塔；4. 精馏塔

2. 氢氟酸法

氢氟酸(HF)烷基化工艺主要以美国 Phillips 公司的 ReVAP 技术和美国 UOP 公司开发的 Alkad 技术为代表。这两种工艺的主要区别在于 UOP 氢氟酸法烷基化装置的酸冷却器是立式的，而 Phillips 氢氟酸法烷基化的酸冷却器是卧式的。我国引进的氢氟酸烷基化装置大多采用美国 Phillips 公司技术。装置主要由原料干燥脱水、氢氟酸烷基化反应、分馏、产品精制、氢氟酸再生和三废处理系统等几部分组成。氢氟酸烷基化的反应温度为 15～50℃，一般控制在 30℃左右，高于硫酸烷基化的反应温度。烷烯比为(12～15)：1，酸烃比为 4：1，氢氟酸质量分数控制在 82%～88%，酸中含水 1.5%～2%。2007 年美国 UOP 公司收购了 Phillips 公司的氢氟酸烷基化股权，成为目前唯一具有氢氟酸法烷基化技术许可的公司。氢氟酸烷基化工艺与硫酸烷基化工艺相比，占用空间小、设计简单、催化剂的消耗少，但分离异丁烷、丙烷、氢氟酸和含氟化合物的成本高于硫酸烷基化技术。图 7-16 为 Phillips HF 烷基化工艺流程图。

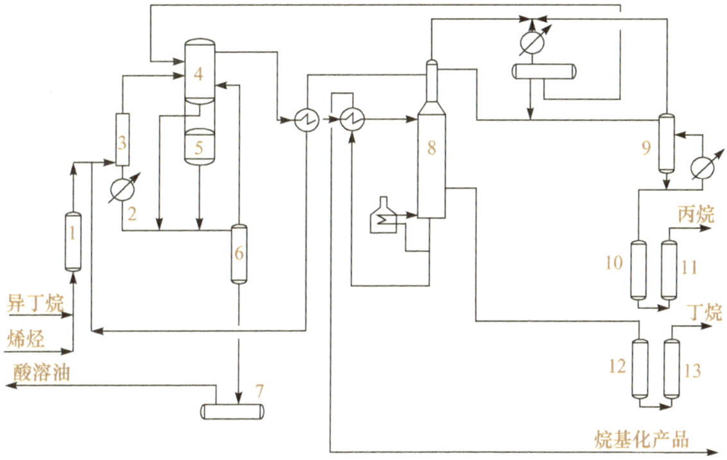

图 7-16 Phillips HF 烷基化工艺流程图

1. 进料干燥器；2. 酸冷凝器；3. 上升式反应器；4、5. 酸沉降器；6. 酸回收塔；7. 碱洗罐；8. 主分馏塔；9. HF 汽提塔；10. 丙烷脱 HF 塔；11. 丙烷 KOH 处理塔；12. 丁烷脱 HF 塔；13. 丁烷 KON 处理塔

烯烃和异丁烷混合后进行干燥处理，然后再与循环异丁烷进行混合进入反应器。反应物、产物及催化剂沿反应管自下而上流动，边移动边反应，然后进入酸沉降罐。在沉降罐内，酸与烃类由于相对密度的不同而分离，烃相位于沉降罐上部，HF 在沉降罐下部。HF 依靠位差向下经过酸循环管进入酸冷却器，通过冷却水取走部分热量，然后返回反应管循环使用。自沉降罐流出的烃类包含丙烷、过量的异丁烷、正丁烷、烷基化油及少量的 HF，该物流进入分馏装置。循环异丁烷经与产物分离后以液相或气相形式返回反应器，这对反应向着目的产物的方向进行十分有利，而当循环异丁烷以气相返回反应器时，其热量需通过附近的换热器回收。该反应/沉降装置如图 7-17 所示。

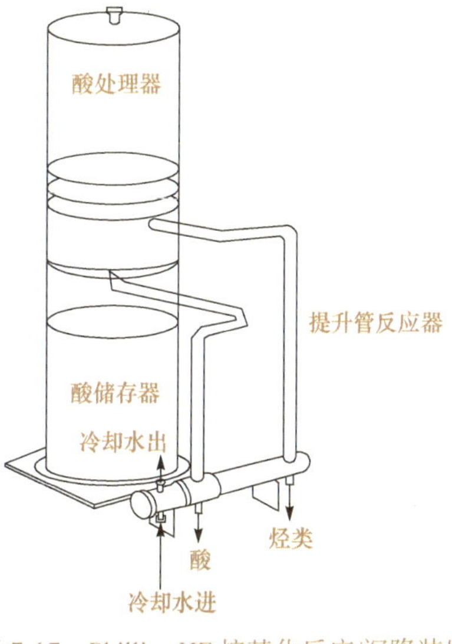

图 7-17 Phillips HF 烷基化反应/沉降装置

Phillips 工艺的分馏系统主要包括主分馏塔、塔顶冷凝器、中间加热器和塔底重沸器。主分馏塔含有侧线抽出，丙烷和 HF 从塔顶流出，正丁烷和异丁烷由侧线抽出，烷基化油从塔底流出。塔顶流出的丙烷与 HF 进入塔顶储液罐实现分离，分离得到的 HF 重新返回酸液沉降罐。仍残存于丙烷中的 HF 进入 HF 汽提塔，分离出的 HF 同样进入酸液沉降罐。经 HF 汽提塔分离得到的丙烷仍含有微量的有机氟化物，必须进行脱氟处理。将产品加热至过气化温度，经装有活性氧化铝脱氟剂的设备脱除有机氟化物；然后将该产物进行冷却，再经 KOH 溶液处理进一步去除 HF，送出装置。分馏塔塔底温度较高，塔底馏出物中基本不含 HF，无需精制处理，可直接作为汽油馏分。

3. 固体酸法

近年来，发展环境友好的固体酸烷基化工艺成为人们研究的热点。截至目前，具有代表性的固体酸烷基化工艺主要有 CB&I 公司的 Alky Clean 工艺、美国 UOP 公司的 Alkylene 工艺和丹麦托普索(Haldor Topsoe)公司的 FBA 工艺等。与液体酸烷基化工艺相比，固体酸烷基化工艺更加绿色环保，工艺操作更加安全，因此固体酸烷基化工艺将成为烷基化工业的发展方向。

1) Alky Clean 工艺

Alky Clean 固体酸烷基化工艺采用简单的固定床工艺，该工艺采用的催化剂为分子筛材料，不含氟、无毒，是一种真正意义上的绿色固体酸催化剂。Alky Clean 工艺流程如图 7-18 所示。

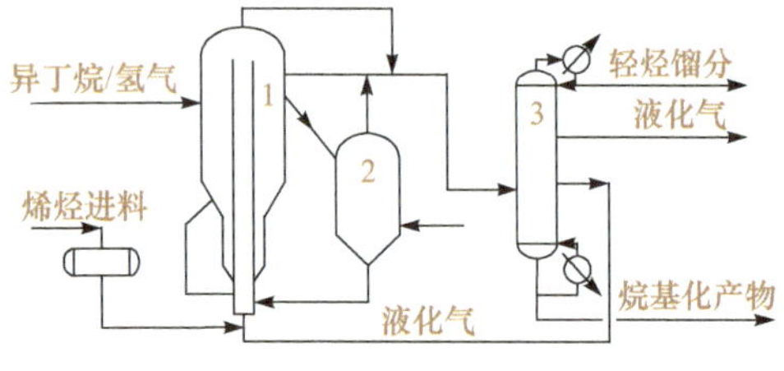

图 7-18　Alky Clean 工艺流程图

1. 提升管反应器；2. 再生器；3. 分馏塔

Alky Clean 工艺主要由四部分组成：原料预处理、反应系统、催化剂再生系统和产品分离系统。该工艺采用固定床循环反应器流程设计，使反应器外部的烷烯比达到 8～12，内部则通过异丁烷的循环达到 250～1000，从而很好地保证了烷基化油的辛烷值。该工艺反应温度为 50～90℃，因而没有类似硫酸或氢氟酸工艺的制冷装置。此外，反应器设置了串联反应段烯烃注入分配孔，强化了反应器内部反应物的混合，并保证产品质量。由于固体酸催化剂容易失活，为了保持较高的生产效率和催化活性，Alky Clean 工艺设置三台并联反应器。在任一时间内，2 台反应器投入生产使用，1 台采用氢气进行缓和再生，每次循环时间为 1～3h。循环过程中，定期将 1 台反应器切出生产线，在 250℃高温下进行再生，以脱除其中的反应沉积物或其他导致催化剂失活的杂质。

Alky Clean 工艺的优点主要有：在反应区内实现了烷烯比的最大化；原料适应性强，连续再生能力强；酸溶性油和其他液体废物产量小，安全环保；装置费用比相应的硫酸法低 10%～12%，与氢氟酸装置相似，生产费用比硫酸法低 3%，可与氢氟酸相竞争。山东汇丰石化集团 20kt/a 烷基化装置即采用世界先进的 Alky Clean 固体酸烷基化工艺技术。该技术以铂金作为活性载体，在催化剂载体上形成酸性中心，催化 C_4 烷基化反应，烷基化油辛烷值可达 95.3。

2) UOP Alkylene 工艺

美国 UOP 公司开发的 Alkylene 工艺采用固体酸催化剂 HAL100TM，催化剂为球形颗粒，易于在反应器中循环，并表现出了良好的稳定性和机械强度。

Alkylene 工艺流程与液体酸烷基化工艺十分相似，但反应系统有所不同。原料首先经过预处理以去除二烯烃及含氧化合物等杂质，然后与循环异丁烷混合后进入反应器。反应器中反应物与催化剂的接触时间较短以减少缩合反应的发生。从反应器流出的物料进入分离器，分离出催化剂后送入下游的分馏单元以分离出丙烷、丁烷及烷基化油等产品。富含异丁烷的馏分循环返回反应系统，以增加反应器中烷烯比。

该工艺的关键技术为反应-再生系统，由提升管反应器与移动床再生器组成，工作原理与 FCC 工艺十分相似。进入分离器的催化剂在沉降过程中与氢气饱和的异丁烷接触进行低温轻度再生，然后从分离器底部管线返回提升管反应器的入口。另一部分催化剂则进入再生器，在较高的温度条件下与氢气饱和的异丁烷接触进行重度再生，再生后的催化剂同样返回提升管反应器的入口。同时该工艺使反应物料与氢气隔离，以避免反应原料中的烯烃饱和。但该工艺比固定床复杂得多，催化剂的两步再生都需临氢操作。Alkylene 工艺流程如图 7-19 所示。与传统烷基化工艺相比，该工艺根除了液体酸操作、运输及泄漏带来的危害，反应在液相条件下进行，操作条件温和，设备制造无需特殊材质，投资节省且装置操作费用低；Alkylene 工艺采用多相固体催化剂体系；反应器设计简洁，装置操作平稳；催化剂连续再生装置在线操作效率高；产品收率及辛烷值高。

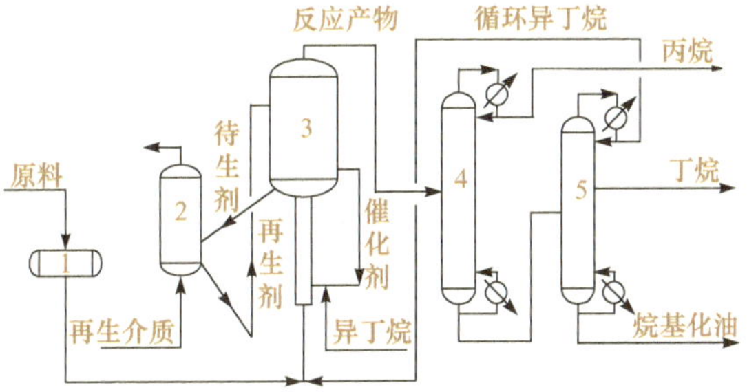

图 7-19　Alkylene 工艺流程示意图

1. 原料处理单元；2. 再生器；3. 分离器；4. 脱丙烷塔；5. 脱丁烷塔

3) FBA 工艺

FBA 工艺是一种特殊的固定床烷基化工艺。该工艺主要包括原料预处理、烷基化反应、脱酸、酸再生、分馏及制冷六个部分。图 7-20 为 FBA 工艺流程简图。

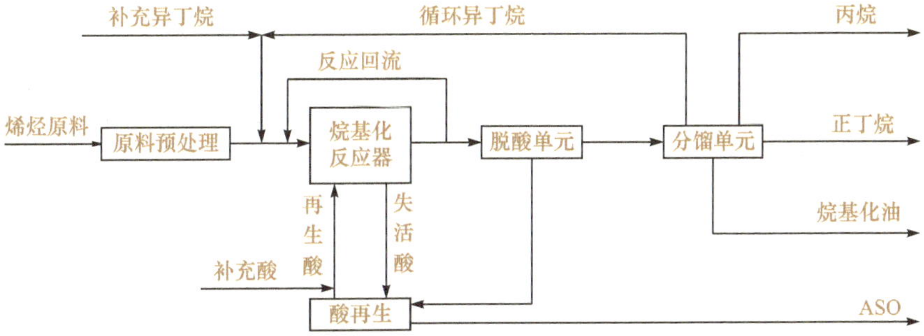

图 7-20　FBA 工艺流程简图

烯烃原料进入烷基化反应器前进行预处理，包括分子筛干燥剂吸附脱除其中的氧化物和水分，选择加氢脱除二烯烃和碱洗脱除 H_2S。预处理后的烯烃与补充的异丁烷以及循环异丁烷混合后进入反应器，反应物料的烷烯比为（8～12）:1，反应产物部分回流，部分进入脱酸单元脱除产物携带出的酸后进入分馏单元，在分馏单元中分离出丙烷、正丁烷、异丁烷后得到烷基化油，分离后异丁烷循环回反应器。该工艺可选择性地将“失活”的酸引出反应系统，送到酸再生装置，再生后送回反应系统，在再生装置中反应过程中生成少量缩合物溶酸油（ASO）与酸分离，再生后的酸送回反应系统。脱酸单元的目的是脱除反应产物中溶解的酸，以保证下游蒸馏单元的正常操作。产品蒸馏单元与传统烷基化工艺相同。

4) K-SAAT 技术

美国 KBR 公司的 K-SAAT 工艺是一种高度灵活的工艺技术，与传统液体酸烷基化工艺或其他固体酸工艺相比，K-SAAT 工艺可生产低成本、高质量的烷基化油。K-SAAT 工艺采用 ExSact 沸石催化剂。这种固体催化剂在酸中心选择和颗粒内部结构上均经过精心设计，从而使异丁烷与丁烯反应时高选择性地生成辛烷值较高的 2, 3, 3-三甲基戊烷和 2, 3, 4-三甲基戊烷。该设计还加强了催化剂颗粒内部传质，抑制催化剂的快速失活。K-SAAT 工艺同时采用两个并联的固定床反应器，每个反应器装填多段催化剂床层，催化剂 12～24h 进行两个反应器的切换反应和再生。反应温度为 50～100℃，压力为 2MPa，烷烯比为(10～15)∶1。催化剂采用氢气与烃混合物气氛在 250℃下进行再生。K-SAAT 工艺投资费用仅为液体酸烷基化的 50%，也低于其他固体酸烷基化的投资。动力费用降低 50%以上，与硫酸法相比，催化剂再生费用降低 80%，因此具有良好的应用前景。K-SAAT 工艺流程如图 7-21 所示。

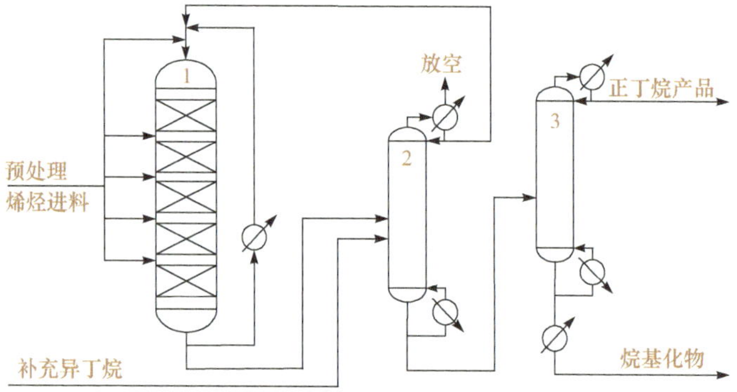

图 7-21 K-SAAT 工艺流程图

1. 烷基化反应器；2. 脱异丁烷塔；3. 脱丁烷塔

7.3.8 技术进展

截至目前，绝大部分烷基化油的生产仍然采用传统的硫酸和氢氟酸工艺。液体酸工艺普遍存在设备腐蚀、环境污染严重等问题。氢氟酸是剧毒性物质，且容易挥发，一旦泄漏将给生产环境和周围的生态环境造成严重危害。同时，液体酸催化反应在均相条件下进行，工艺上难以实现连续生产且催化剂与原料和产物分离较为困难。反应原料高的摩尔比需要增加回收工序，设备投资及运行成本较高。随着环境保护的要求越来越高，开发对环境友好的固体酸烷基化工艺以代替硫酸和氢氟酸已成为烷基化工艺亟待解决的问题。发展固体酸烷基化工艺的关键在于性能优良的固体酸催化剂的开发。在大量科学研究的基础上，固体酸催化剂及其烷基化工艺均取得了较大进展。但目前固体酸催化剂所面临的主要问题是催化剂的寿命较短，选择性低或再生困难。要解决这些问题，则需要研发性能优良的新型催化材料，并在设计催化剂时与工程技术开发相结合，开发一种安全、清洁、产品质量优良的固体酸烷基化技术。

7.4　混合 C_4 醚化生产甲基叔丁基醚

混合 C_4 烃是含碳数为 4 的一系列烷烃、烯烃的总称，包括烷烃(正丁烷和异丁烷)、烯烃(正丁烯、异丁烯)及二烯烃(丁二烯)，是重要的石油化工原料。近年来，我国碳四资源总量随着炼油行业飞速发展及蒸气裂解制乙烯产能的提升而不断增加，为开发 C_4 资源的深加工利用技术、提升产品附加值提供了广阔的空间。

甲基叔丁基醚(methyl terbutyl ether, MTBE)是一种优良的高辛烷值汽油添加剂和抗爆剂。沸点为 55.2℃，水在 MTBE 中溶解度为 1.3%，20℃时在水中溶解度为 4.3%。MTBE 的需求近来日益增加，其逐渐成为新兴的大吨位石化产品。MTBE 的快速发展主要是由于：①具有较高的净辛烷值及调和辛烷值，是生产无铅、高辛烷值、含氧汽油的理想调和组分，MTBE 的马达法辛烷值为 101，研究法辛烷值为 117；②可实现混合 C_4 烃类的高效合理利用；③MTBE 还是生产多种精细化工产品的重要原料，如可通过裂解生产出高纯度的异丁烯，从而用来进一步生产丁基橡胶或聚异丁烯；④MTBE 生产工艺简单、操作条件温和，工程投资少、建设周期短且对设备材质无特殊要求，生产过程对环境污染小。因 MTBE 具有良好的调和性能及含氧量，故其最大用途还是用作汽油添加剂。从 MTBE 的生产原理来看，其主要是通过甲醇与异丁烯经醚化反应制备得到，因而混合 C_4 烃类可应用于生产 MTBE 的原料。

7.4.1　混合 C_4 来源及组成

炼厂混合 C_4 烃主要来源于催化裂化、减黏裂化、焦化及热裂化等装置，其中催化裂化装置是混合 C_4 烃的主要来源，占炼厂 C_4 烃的 60%以上。催化裂化装置副产 C_4 的量一般为装置进料量的 6%～8%(摩尔分数)，其产量因催化裂化工艺的裂化深度、催化剂性质而异。表 7-8 列出了典型催化裂化 C_4 烃的相对组成。

表 7-8　典型催化裂化 C_4 烃的相对组成

名称	正丁烷	异丁烷	1-丁烯	2-丁烯	异丁烯	丁二烯
催化裂化 C_4(质量分数)/%	10	34	13	28	15	<0.1

催化裂化 C_4 馏分与裂解 C_4 馏分的丁烯含量相近，但丁烷含量较高，且几乎不含丁二烯，故可不经分离丁二烯而直接使用。焦化 C_4 烃组成与催化裂化差别较大，其中烷烃的含量高达 65%～75%(摩尔分数)，烯烃含量在 30%～36%(摩尔分数)。在丁烯中，1-丁烯、2-丁烯、异丁烯分别约占 C_4 烃的 17%、8%和 8%(质量分数)。

7.4.2　MTBE 的合成反应

MTBE 的合成是一个典型的醚化反应，是以甲醇和异丁烯为原料在酸性催化剂的催化下制备得到，反应方程式如下：

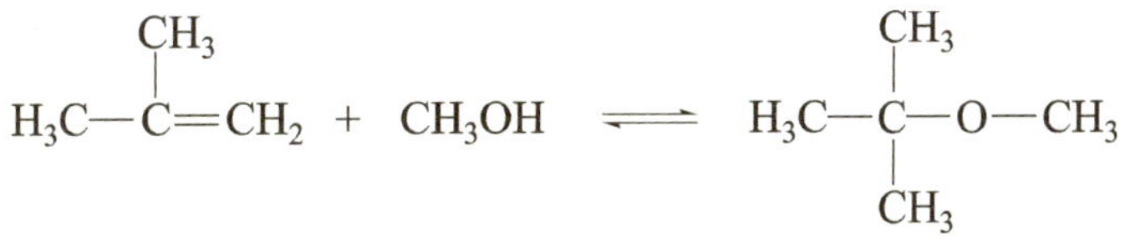

异丁烯与甲醇的醚化过程是以亲电加成机理进行的，异丁烯首先会作为质子受体与催化

剂提供的 H^+反应生成正碳离子，之后该正碳离子作为中间产物与亲核试剂甲醇反应生成甲基叔丁基醚，正碳离子的生成是该反应的控制步骤。因而，MTBE 合成反应的速率主要与异丁烯浓度有关，而与甲醇浓度关系不大。

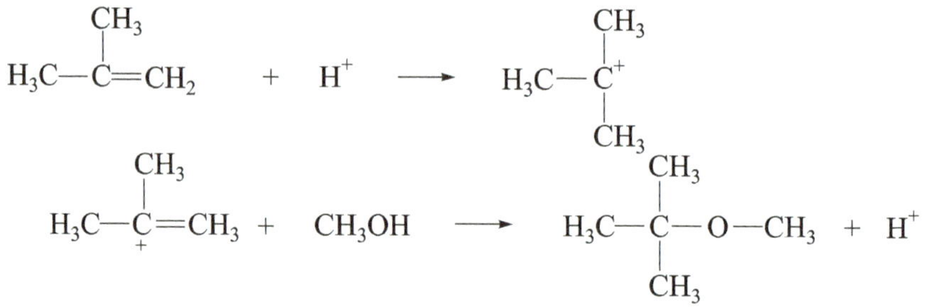

在合成 MTBE 的反应过程中，同时也可能有其他副反应发生：异丁烯与原料中的水分反应生成叔丁醇、甲醇脱水缩合生成二甲醚、异丁烯聚合生成二聚物或多聚物等。

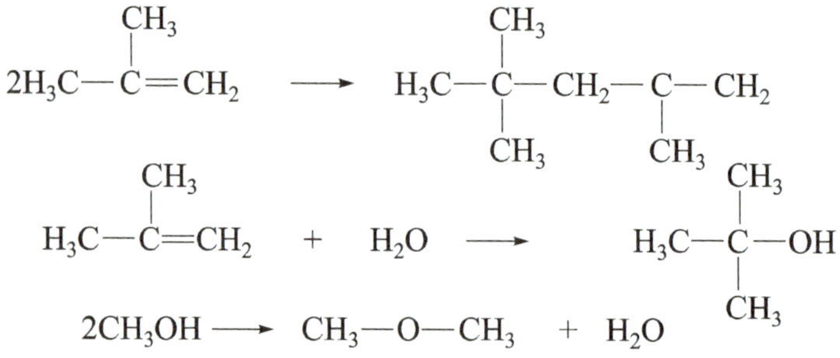

生成的这些副产物会影响产品 MTBE 的纯度和质量，因而要选择适宜的反应条件以减少副反应的发生及副产物的生成。

7.4.3 反应动力学和热力学

MTBE 的合成反应是一个可逆的放热反应，反应热为 37kJ/mol。反应温度越高，反应速率越快；反应温度越低，则平衡常数越大，转化率也越高，MTBE 合成反应的平衡常数见表 7-9。

表 7-9 MTBE 合成反应平衡常数与反应温度对应关系

反应温度/℃	25	40	50	60	70	80	90
平衡常数(K_c)	739	326	200	126	83	55	38

在对 MTBE 合成反应进行动力学研究时，首先假设以下几点：①在实验条件范围内，该醚化反应属于平推流，不存在返混，内外扩散影响已消除，同时忽略副反应；②由于甲醇是强极性物质，液相反应体系是一个非理想体系；③反应发生在吸附分子间，表面化学反应是控制步骤。

在动力学研究过程中发现，不同的催化剂种类对醚化反应的动力学特征影响较大。在利用大孔磺酸性树脂 Amberlyst-15 作催化剂合成 MTBE 时，若甲醇浓度大于 4.0mol/L，则起始反应速率对甲醇浓度呈零级关系；而当甲醇浓度较低时，则呈现负级数关系。起始反应速率对异丁烯呈一级反应的线性关系，与催化剂的酸浓度呈三级指数关系。而使用国产大孔 S 型磺酸树脂催化剂在管式积分反应器中合成 MTBE 时，其动力学研究结果表明，异丁烯的消耗速率与异丁烯浓度呈线性关系，甲醇反应级数也可按照零级处理，但与醇烯比和操作条件有关。

7.4.4 催化剂

1. 催化剂类型

MTBE 的合成反应属于亲电加成反应。在反应过程中，需要催化剂提供 H^+与异丁烯反应生成正碳离子。因此，近年来用于醚化反应的催化剂主要有：液体酸催化剂、固体无机酸催化剂、固体超强酸催化剂、分子筛催化剂和离子交换树脂。

目前，工业上普遍采用的催化剂是经磺化处理的大孔径强酸性阳离子交换树脂，该类催化剂是一种具有大孔网状结构的磺化苯乙烯与二乙烯苯的共聚物，一般为粒径在 0.3～1.2mm 的小球。这种树脂催化剂分为三个组成部分($R—SO_3H^+$)，其中 R 代表聚合物母体，且母体一般都是交联网状结构；$—SO_3^-$ 为连接在聚合物链节上的极性官能团；而 H^+代表可以进行交换的离子，与$—SO_3^-$ 结合在一起时形成具有催化作用的酸性中心。阳离子交换树脂催化剂的优点是活性较高，但反应温度较高时(超过 90℃)易引起磺酸基团脱落，导致催化剂活性下降，催化剂寿命缩短。此外，该类催化剂装填困难且易破碎。

分子筛催化剂凭借其热稳定性好、反应选择性高、催化剂强度高及对环境无污染等优点，正逐渐成为 MTBE 合成反应催化剂的研究热点。用以合成 MTBE 的分子筛催化剂主要有 ZSM 系列、β型、Y 型和丝光沸石分子筛。但目前对分子筛催化的醚化反应研究还处于初级阶段，催化剂的活性还不够高，达到理想的烯烃转化率尚需较长的时间，因此分子筛催化剂的工业化还有待时日。

值得说明的是，在树脂催化剂用于合成 MTBE 的过程中，C_4烃中少量的二烯烃易在催化剂表面发生聚合生成胶质，从而影响催化剂的寿命。为此，通过在单功能树脂催化剂上负载一定量的如钯、铀及ⅧB 族等金属组分而制得了三功能催化剂。三功能催化剂具有支链烯烃的醚化功能和二烯烃的选择性加氢功能，使产品中的胶质含量大大降低，从而延长催化剂寿命，提高了产品质量。此外，该类催化剂还具有异构化功能，通过双键转移完成临氢异构化，使非活性烯烃转化为活性烯烃，提高了 MTBE 的产率。

2. 催化剂失活

(1) 催化剂活性中心上的氢离子被碱性阳离子取代而失去活性。碱性阳离子分为以下两种情形：一是 Na^+、K^+、Fe^{3+}、Mg^{2+}等强碱性金属离子，此类金属离子具有很强的碱性，当它们与催化剂接触后，会立即取代 H^+而使催化剂失活；二是乙腈、有机胺等碱性有机氮化物，这些氮化物使催化剂中毒缓慢，当它们向床层下游流动时，会一直通过整个床层而使与之接触的催化剂中毒，该现象称为扩散性失活。在工业生产中可通过对混合 C_4 原料进行水洗处理，以去除原料中的金属阳离子和有机胺类物质。此外，还可在反应器前添加保护床，以进一步脱除相关有害物质。

(2) 催化剂上的磺酸根脱落造成失活。在工业生产过程中，60～70℃为大孔径强酸性阳离子交换树脂催化剂的正常使用温度。在放热反应中，一旦温度过高，则易使磺酸根基团脱落，导致活性下降。因此在开工和生产过程中要严格控制反应温度。合成体系中若含有较多的水，也会导致催化剂上的磺酸根脱落。合成体系中的水有可能来自原料，也可能来自 MTBE 合成过程中部分副反应。因而除了控制原料 C_4 和甲醇的含水量外，也需控制合适的醇烯比，以减少副反应生成的水。

(3) 催化剂因孔道被堵塞而失活。当醇烯比太低时，甲醇进料量不足，异丁烯聚合生成大分子多聚物，该物质分子结构复杂，易堵塞催化剂孔道而引起失活。当混合 C_4 原料中 C_5 组分较多时，会与甲醇反应生成甲基叔戊基醚(TAME)的大分子产物，同样容易导致催化剂孔道被堵塞。因而在实际生产中，需合理控制醇烯比，并严格控制原料中 C_5 的量。

7.4.5 工艺条件及主要影响因素

影响醚化反应的主要因素有：甲醇与异丁烯的摩尔比、异丁烯浓度、反应温度、空速和反应压力。

1. 甲醇和异丁烯的摩尔比

醇烯比不仅影响转化率，而且对生成 MTBE 的选择性也有影响。通常采用甲醇稍过量，以保证异丁烯的高转化率，但也不宜太大，当醇烯比大于 2 时，对 MTBE 收率的影响已很小。工业上采用的醇烯摩尔比为(1.05～1.2)：1。

2. 异丁烯浓度

异丁烯浓度不同的 C_4 馏分，在醚化过程中，反应速率不同，浓度高则反应速率快，但对异丁烯转化率影响却不大。然而，当异丁烯浓度低于 10%时转化率会急剧下降。

3. 反应温度

在一定的醇烯比下，反应温度不仅影响反应速率，而且影响转化率、选择性和催化剂寿命。反应温度太低，虽对醚化反应和化学平衡有利，但反应速率慢，反应时间长。反应温度过高，副反应激烈，平衡转化率也降低，影响反应选择性和催化剂使用寿命。通过对催化剂的性能研究发现，短时间超温至 120℃时对催化剂结构影响不大，但当超过 140℃时催化剂将被彻底烧坏。生产实践证明，反应温度的适宜范围为 40～80℃，较优的反应温度范围为 60～70℃。

4. 空速

无论原料中异丁烯含量变化如何，空速在 3～5h^{-1} 范围内，催化剂活性均较好，且异丁烯可达到平衡转化率。在异丁烯浓度为 30%～50%(质量分数)时，将空速提高至 15h^{-1}，转化率没有明显降低。工业上选取的空速范围为 3～15h^{-1}。

5. 反应压力

只要反应区的压力能把反应物维持在液相状态，增加压力对反应转化率和选择性影响不大。但在工业生产装置上选择压力时，还需考虑系统的阻力降及分离系统所需的操作压力，一般可在 1.0～2.0MPa 范围内选择。混相床反应器的压力，必须使反应物料处在反应温度下的泡点状态，使部分反应物料得以气化，因此压力较低，约为 0.7MPa。

7.4.6 工艺流程及主要设备

世界第一套 MTBE 装置于 1973 年建于意大利，我国第一套装置是 1983 年在齐鲁石化公司(现中国石化齐鲁石油化工公司)橡胶厂建成的。MTBE 的生产工艺发展历程大体上可分为四代：第一代是管式反应器，采用壳程走冷却水；第二代为筒式反应器，采用外循环取热；第三代为将反应器与产品分馏合并的催化蒸馏工艺；丁烷异构化脱氢，再与甲醇醚化合成 MTBE 的联合工艺，称为第四代工艺。MTBE 生产工艺的演变都是围绕如何合理迅速地转移反应热，使反应温度处在可控范围。

工业装置上，反应物料是液相，醚化反应是在固定床或膨胀床内进行的。因反应后的物流中除产物 MTBE 外，还有未反应的甲醇和除异丁烯以外的其他 C_4 组分，因此 MTBE 的合成必须设置分离系统。由于甲醇与 C_4 或 MTBE 都会形成共沸物，在产物分离时可以有多种方案。从整个 MTBE 的合成工艺来看，由于混合 C_4 来源、反应器类型和数量、分离方法差异及对异丁烯转化率、MTBE 纯度的要求不同，在世界各国的 MTBE 生产装置中都有多种不同的生产工艺。下面重点介绍意大利 Snam progetti-Anic(Snam)工艺、UOP 联合工艺和我国的混相反应合成工艺。

1. Snam 工艺

Snam 工艺分为一段工艺和两段工艺。一段工艺是含异丁烯的 C_4 馏分和甲醇经过混合预热后进入反应器，甲醇略过量，液相空速为 5.0～50h^{-1}，异丁烯转化率可达 97%～98%。经醚化反应之后的物料进入脱碳四塔，塔底为纯度>99%的 MTBE 产品，而塔顶为剩余 C_4 和甲醇。该塔顶物料进入水洗塔水洗，在水洗塔顶物料中得到不含甲醇的碳四，塔底则为甲醇水溶液，之后进入甲醇回收塔。从回收塔塔顶得到纯度为 99%以上的甲醇，并返回反应器循环使用，塔底为含少量甲醇的水，将其中大部分继续作为甲醇水洗塔用水，少部分排放。图 7-22 是合成 MTBE 的 Snam 工艺流程。

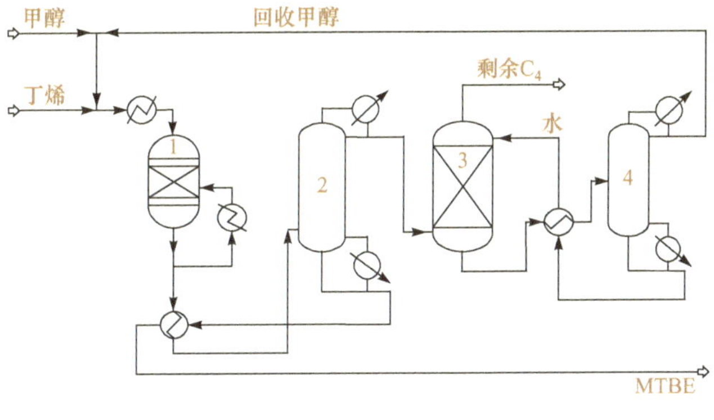

图 7-22 合成 MTBE 的 Snam 工艺流程

1. 反应器；2. MTBE 提纯塔；3. 水洗塔；4. 甲醇回收塔

Snam 工艺对混合 C_4 原料的适应性强，可适用于不同异丁烯含量(10%～55%)的 C_4 原料。还可针对不同的异丁烯转化率要求选择标准型、高效型和超高效型工艺，而由标准型改为高效型或超高效型只需增加设备，并不需要改造装置。

2. UOP 联合工艺

该工艺以丁烷为原料，先经异构化反应转化为异丁烷，进而脱氢生成异丁烯，异丁烯再与甲醇醚化反应生成 MTBE。美国 UOP 公司的联合工艺具有更为广泛的原料来源，且可降低成本，单程转化率高，设备投资低，可靠性好。其工艺流程如图 7-23 所示。

3 混相反应合成工艺

混相反应合成工艺通过控制反应压力使得反应在泡点温度下进行，反应热可使得部分液相物料气化形成部分液相而加以吸收，使反应在气相与液相混相状态下进行。反应热可以被气化的物料所吸收，无需再采取取热措施，且反应热可全部加以利用。反应温度可由反应压力确定，压力越高，泡点温度也越高，因而平衡反应温度越高。反应入口温度可以低于该压力下的平衡温度，随着反应的进行，反应热不断放出，温度逐步升高直至达到平衡温度。

混相反应工艺流程与固定床相同，只是用混相反应器代替一般的固定床外循环反应器或列管反应器，混合 C_4 与甲醇混合净化预热到预定温度后由反应器沿催化剂床层向下流动。反应温度随反应热的放出逐步提高，直至达到平衡温度，之后经由反应器底部出来进入共沸蒸馏塔，而塔底产物即为产品 MTBE，塔顶出来的未反应的 C_4 一部分作为回流返回共沸塔，一部分进入甲醇回收系统回收甲醇后出装置，回收的甲醇返回反应器。异丁烯转化率除取决于反应压力及反应温度外，还取决于反应空速及催化剂用量。该技术可使反应热全部利用，装置结构简单，其工艺流程如图 7-24 所示。

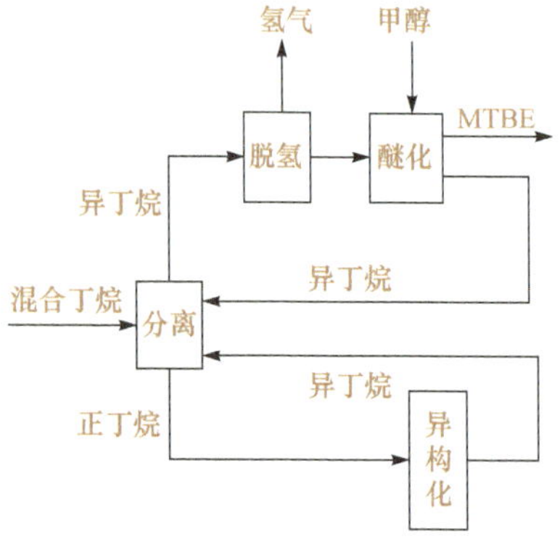

图 7-23　UOP 联合工艺合成 MTBE 工艺流程

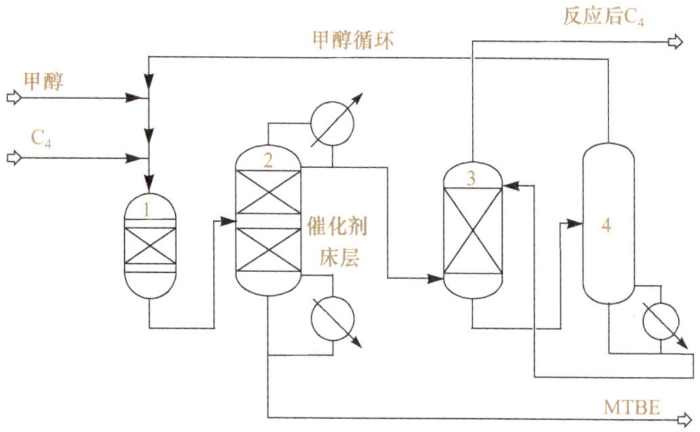

7-24　混相反应合成 MTBE 工艺流程

1. 混相反应器；2. 共沸蒸馏塔；3. 水萃取塔；4. 甲醇回收塔

4. 混相反应催化蒸馏工艺

混相反应催化蒸馏工艺是在混相反应技术基础上实现的，它吸收了混相反应技术和催化蒸馏技术的优点，将这种技术巧妙地结合起来，首先在反应器内完成异丁烯 90%～95%的转化，然后在催化蒸馏塔中完成超过平衡转化率的部分，完成了异丁烯的深度转化。精馏塔的上、下两段分别为精馏段和提馏段，中间为反应段。异丁烯和甲醇在催化剂床层和精馏塔板上经过多次反应，一方面将反应生成 MTBE 及时分离出来，破坏可逆反应的平衡状态，使反应不断向生成 MTBE 的方向进行。另一方面，反应放出的热量使部分物料汽化而使反应温度恒定，形成汽-液混相状态，避免出现热点超温现象。我国国内大部分炼厂采用该工艺。混相反应催化蒸馏工艺的流程如图 7-25 所示。

混相反应催化蒸馏工艺使混相反应与产品分离相结合，利用 MTBE 合成反应放出的热量来汽化催化蒸馏的进料，将反应物料在催化蒸馏塔内再次反应，从而得到 99%以上的异丁烯转化率。该技术呈现出装置能耗低、异丁烯转化率高、工艺流程合理、设备投资低的优势。

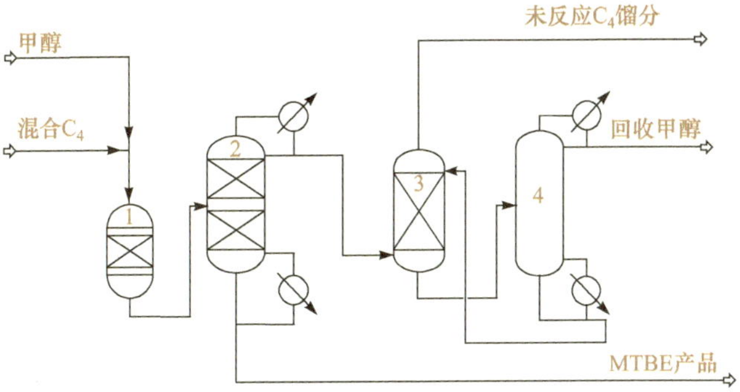

图 7-25 混相反应催化蒸馏合成 MTBE 工艺流程
1. 混相反应器；2. 催化蒸馏塔；3. 甲醇萃取塔；4. 甲醇回收塔

7.4.7 技术进展

我国有丰富的 C_4 烃资源，而 MTBE 用途广泛，生产工艺简单，且投资少、见效快，因此以 C_4 烃生产 MTBE 的技术还将长足发展。尽管该工艺过程简单，但为降低能耗、提高异丁烯的转化率和减少投资，围绕该工艺过程的技术进步层出不穷。近年来，先后涌现出了生产 MTBE 的组合工艺、混相反应催化蒸馏技术、MTBE 转产异辛烷技术等。

尽管我国经济的发展促进了汽油需求量的持续增加，使得 MTBE 作为汽油添加剂的用量加大，但 MTBE 毕竟是对环境及人类健康带来威胁的物质，例如，可与 NO_x 在阳光下形成臭氧而产生光化学烟雾，对人体呼吸黏膜及呼吸道有刺激作用等。鉴于此，MTBE 作为汽油添加剂受到质疑，美国部分城市已禁止添加 MTBE。虽然我国目前不会受到国外 MTBE 禁用的冲击，但在新建或改建 MTBE 生产装置时，应尽量采用 MTBE 联合装置或改造装置的方案，一方面解决能源利用问题，另一方面为 MTBE 在汽油中的禁用提前做好应对措施。未来应大力开发 MTBE 的其他用途，如裂解制取高纯度的异丁烯以用作丁基橡胶的原料，以 MTBE 作为溶剂进行异戊烯、甲酯、苯酚的烷基化。同时应考虑将 MTBE 生产装置改造生产异辛烷或乙基叔丁基醚，制备叔丁醇、叔丁胺、叔丁氧基乙酸等为其他精细化工提供原料。

7.5 正丁烯水合脱氢生产甲乙酮

炼厂(主要是催化裂化装置)副产的 C_4 是十分宝贵的资源，经过甲基叔丁基醚(MTBE)装置将异丁烯与甲醇反应合成 MTBE 后，剩余 C_4 中主要含有丁烷和丁烯(包括 1-丁烯、顺-2-丁烯和反-2-丁烯)。经过丁烯提浓装置分离出正丁烯，以正丁烯为原料生产甲乙酮，是对炼厂中副产的 C_4 资源的有效利用。

甲乙酮是一种重要的有机溶剂和化工原料，在涂料、油漆、黏合剂等产品中得到广泛应用。甲乙酮的生产和消费主要集中在美国、日本、欧洲等工业发达国家和地区，自 20 世纪 60 年代甲乙酮实现工业化以来，近几年年产量以 5%～10%的速度增加。随着我国建筑建材、家居装饰、汽车电子、印刷、医药等行业的飞速发展，甲乙酮在我国的需求量也与日俱增，需求量年均增长接近 10%。从消费结构上看，我国的甲乙酮主要用于油漆、涂料及胶黏剂，其中，48%用于涂料，30%用于胶黏剂，8%用于合成革，6.4%用于溶剂脱蜡，5%用于油墨。

7.5.1 甲乙酮性质、用途及主要生产方法

1. 性质及用途

甲乙酮(C_4H_8O)又称 2-丁酮，为无色易燃有毒液体，有丙酮的气味，沸点 79.6℃，相对密度为 0.81(水密度为 1)。能溶于水、乙醇和乙醚，可与油混溶。

甲乙酮沸点适中，溶解性能好，挥发性比丙酮低，在酮类溶剂中的重要性仅次于丙酮，是一种性能优良的溶剂，在石油炼制过程中主要应用是与甲苯形成二元混合物，用于润滑油脱蜡，植物油萃取过程及精制过程的共沸精馏，还可用作涂料及多种树脂的溶剂。

在电子工业中，甲乙酮还可用作集成电路光刻后的显影剂。甲乙酮由于具有羰基，既可以被氧化也可以被还原，因此可作为多种有机合成的原料，如合成抗脱皮剂甲基乙基酮肟、聚合催化剂甲基乙基酮过氧化物、阻蚀剂甲基戊炔醇等。除此之外，甲乙酮还应用于医药、燃料、洗涤剂和香料等多个领域，用途十分广泛。

2. 主要生产方法

目前，生产甲乙酮的方法有正丁烯水合脱氢法、仲丁醇脱氢法、乙烯气相氧化法等，其中，正丁烯水合脱氢法为主要的甲乙酮生产方法，分为间接水合和直接水合两种方法。

(1) 硫酸间接水合法。日本丸善石油化工开发的硫酸间接水合制甲乙酮是将含丁醇的混合 C_4 馏分与硫酸接触生成酸式硫酸酯和中式硫酸酯，然后用水稀释，水解生成仲丁醇水溶液，再经脱水、提浓得仲丁醇。仲丁醇经镍或氧化锌催化脱氢后得到甲乙酮。该方法虽技术较为成熟，但存在能耗大、设备腐蚀、污染严重等问题，使其进一步发展受到限制，目前该工艺已被直接水合工艺所取代。

(2) 正丁烯直接水合法。直接水合法是 20 世纪 80 年代实现工业化的技术，相较于间接水合法，直接水合法不腐蚀设备、污染小，技术经济指标及社会效益方面都明显优于硫酸间接水合法。日本出光兴产石油化学公司开发了以正丁烯为原料在杂多酸催化剂下，使正丁烯与水直接水合生成仲丁醇，然后在催化剂作用下仲丁醇脱氢生成甲乙酮的直接水合技术。美国 Texaco 公司则开发了以强酸性阳离子交换树脂为催化剂，采用固定床直接水合法连续生产仲丁醇的工艺，相较于采用杂多酸催化剂的工艺，该工艺反应温度较低，压力较小，原料正丁烯消耗也相对较低。表 7-10 为三种水合工艺的比较。

表 7-10 三种水合工艺技术参数对照表

项目名称	德国 Deutsche Texaco 树脂法	日本出光 杂多酸直接水合法	传统硫酸间接水合法
对原料纯度要求	必须提纯	必须提纯	无需提纯
反应温度/℃	140～180	180～250	15～40
反应压力/MPa	6.0～8.0	18.0～20.0	0.7
丁烯单程转化率/%	5～10	25～30	93
总转化率/%	>90	90	93
SBA 选择性/%	99	>97	85
催化剂	阳离子交换树脂	杂多酸水合液	80%硫酸
催化剂寿命	约一年	无限期	—
工艺流程	简单	简单	复杂

续表

项目名称	德国 Deutsche Texaco 树脂法	日本出光 杂多酸直接水合法	传统硫酸间接水合法
设备腐蚀	普通 316L 钢防腐	需高级防腐材质	较严重
投资费用	低	中	较高
三废情况	无	无	大量含酸废水
能耗	低	中	高

(3) 仲丁醇脱氢法。直接用仲丁醇作为原料，在脱氢催化剂下反应生成甲乙酮，有气相法和液相法，其中，气相脱氢法由于工艺简单、投资少，并且气相脱氢仲丁醇单程转化率高于液相脱氢法，所以工业上制甲乙酮普遍采用气相脱氢法，两种方法的比较见表 7-11。

表 7-11　气相脱氢工艺和液相脱氢工艺比较

项目名称	气相脱氢工艺	液相脱氢工艺
催化剂	氧化锌等	悬浮于聚异丁烯溶液中的骨架镍
反应温度/℃	220～270	150～200
反应压力/MPa	0.2	常压
反应器	列管式，较小	釜式，较大
加热介质	导热油	蒸气
工艺流程	简单	较复杂
氢携带 MKE 回收	冷冻法	吸收法
单程转化率/%	约 85	25～30
选择性	很高	较高

除上述方法外，制甲乙酮还有正丁烯直接氧化法及以苯和正丁烯为原料的异丁苯法等。

7.5.2　反应机理

在正丁烯水合脱氢制甲乙酮的过程中，主要包括正丁烯水合生成仲丁醇和仲丁醇脱氢生成甲乙酮两种反应。

正丁烯水合反应见式(7-21)，用强酸性阳离子交换树脂作催化剂时，正丁烯水合生成仲丁醇的机理符合正碳离子反应机理[式(7-22)及式(7-23)]，在 H^+的作用下，正丁烯生成正碳离子，正碳离子与水反应，生成所希望的产物仲丁醇。该反应为可逆反应，正碳离子也可能重新转变为正丁烯或其他 C_4 直链丁烯，除此之外，该步反应的副反应还有仲丁醇缩合生成二仲丁基醚，见式(7-24)，因此在工业生产中应对得到的仲丁醇进行分离，并尽量降低副反应的发生。

$$CH_2{=}CHCH_2CH_3 + H_2O \xrightarrow{\text{催化剂}} CH_3\underset{}{\overset{OH}{\overset{|}{C}}}HCH_2CH_3 \tag{7-21}$$

$$CH_2{=}CHCH_2CH_3 + H^+ \longrightarrow CH_3{-}\overset{+}{C}HCH_2CH_3 \tag{7-22}$$

$$CH_3{-}\overset{+}{C}HCH_2CH_3 + H_2O \longrightarrow CH_3\overset{OH}{\overset{|}{C}}HCH_2CH_3 + H^+ \tag{7-23}$$

$$2CH_3CH(OH)CH_2CH_3 \longrightarrow CH_3CH(CH_2CH_3)—O—CH(CH_2CH_3)CH_3 \tag{7-24}$$

制甲乙酮的第二步主要反应为仲丁醇在脱氢催化剂的作用下脱去一个氢分子，形成羰基的反应[式(7-25)]，脱氢反应是吸热的可逆反应，在高温低压下反应有利于向正方向进行。在反应的同时，仲丁醇也会发生脱水反应生成正丁烯，正丁烯还会发生聚合反应，生成 C_8 和其他大分子烃类，见式(7-26)和式(7-27)，同时仲丁醇也可以和甲乙酮发生加成反应，生成半缩酮。仲丁醇和正丁烯先聚合再脱氢，会生成更复杂的酮类，如乙基戊基酮、3-甲基-庚烯-5-酮等，这些化合物是装置上副产物重质物的主要组分。

$$CH_3CH(OH)CH_2CH_3 \xrightarrow{\text{催化剂}} CH_3C(=O)CH_2CH_3 + H_2 \tag{7-25}$$

$$CH_3CH(OH)CH_2CH_3 \longrightarrow CH_2=CHCH_2CH_3 + H_2O \tag{7-26}$$

$$CH_2=CHCH_2CH_3 \longrightarrow \left[CH_2—CH(CH_2CH_3) \right]_n \tag{7-27}$$

7.5.3 催化剂

正丁烯水合制仲丁醇的反应需要用到强酸性阳离子交换树脂作为催化剂，要求其具有很好的耐温性，同时具有较高的活性、使用寿命长、时空产率高等特点。

中国石油化工股份有限公司抚顺石油化工研究院研制的 DNW 型树脂催化剂，在苯乙烯-二乙烯苯共聚物中先引入吸电子基团，再磺化合成耐温树脂催化剂(图 7-26)，其理化性质见表 7-12。

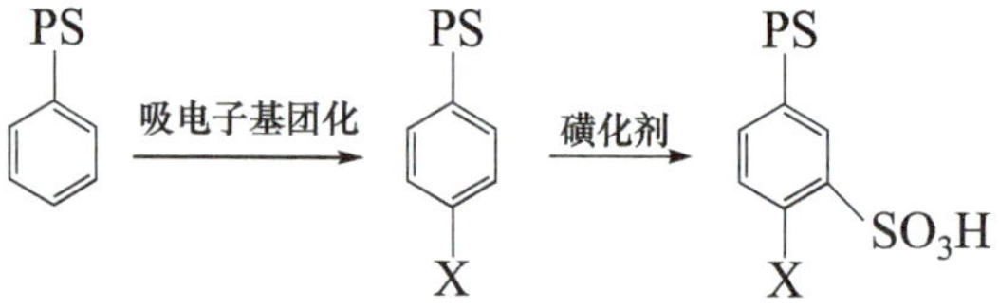

图 7-26 DNW 型催化剂制备过程

表 7-12 DNW 型催化剂理化性质

项目	指标	项目	指标
比表面积/(m^2/g)	10～20	粒径/mm	0.3～1.2
孔体积/(mL/g)	0.02～0.10	湿密度/(g/mL)	0.8～0.9
平均孔径/nm	8～12	交换容量/(mol/L)	1.05～1.30
含水量/%	44～50	催化剂寿命/h	8000

共聚物树脂作为酸性催化剂的功能高分子材料，其耐温性表现在这种骨架材料本身的耐温性以及这种骨架材料键链的磺酸基团的耐温性。普通的树脂催化剂由于会发生水解等反应，磺酸基团保持率随时间变化会降低，使催化剂活性大大降低，DNW 型催化剂由于其吸电子基团对同一芳环上的磺酸基团产生共轭效应，从而增强了芳环与磺酸基团之间的化学键作用力，

提高了催化剂的耐温性。表 7-13 所示是 DNW 型催化剂与国内外几种催化剂的对比，可以看出，DNW 型催化剂由于引入吸电子基，磺酸基团的保持率大大增强，热稳定性有极大的提高，延长了催化剂的使用寿命。

表 7-13 国内外正丁烯水合催化剂长期静态评价结果

催化剂	初始交换容量/(mol/L)	1000h		2000h	
		交换容量/(mol/L)	磺酸基团流失率/%	交换容量/(mol/L)	磺酸基团流失率/%
DNW	2.91	2.75	6.20	2.64	9.20
SPC118-德士古	4.10	1.13	72.40	0.73	79.90
TS-102-化物所	2.60	2.35	9.70	2.20	15.00
US4269943	3.46	3.06	11.40	2.87	13.00
D72-南开	4.20	1.00	76.20	0.61	85.50

气相仲丁醇脱氢过去采用氧化锌或黄铜合金为催化剂，反应温度高，催化剂再生频繁，寿命短，现在趋向于采用以氧化铜为主、以氧化镁或氧化锌作为助剂的复合催化剂，可以降低反应温度，延长催化剂寿命，提高反应转化率和产品的收率。液相仲丁醇脱氢法采用溶剂悬浮的粉状骨架金属催化剂，在低温下反应，产品选择性高，催化剂寿命长，但过程较为复杂。因此在工业上气相脱氢法应用较为广泛。

为了避免催化剂上的酸性中心引起的醇脱水生成烯烃和酮缩合生成高碳酮的反应，气相脱氢法采用了无载体或无黏结剂的铜及助剂氧化物为催化剂，但该催化剂比表面积小、机械强度低，在长期运转后易产生粉化，影响催化剂使用寿命。中国石油化工股份有限公司抚顺石油化工研究院研制了 FDH 型改性催化剂(其理化性质见表 7-14)，以氧化铝黏结成型，以改性剂改性，FDH 型催化剂具有高抗压强度和大比表面积。从表 7-15 可以看出，经过工业化应用，相较于传统的 D01 催化剂，FDH 催化剂不仅机械强度提高，反应转化率也高，生成的甲乙酮选择性基本保持不变。

表 7-14 FDH 型催化剂理化性质

项目	组分	项目	组分
形状	圆柱体	平均孔径/nm	10.0～12.0
组分	CuO-ZnO-Al_2O_3-改性剂	轴向压碎强度/MPa	≥19.0
孔体积/(mL/g)	0.15～0.20	径向压碎强度/MPa	≥14.0
比表面积/(m^2/g)	58～65	催化剂寿命/h	12000
堆积密度/(g/mL)	1.36		

表 7-15 新旧催化剂对比

催化剂	主要活性成分	侧压强度/(N/cm)	比表面 BET/(m^2/g)	仲丁醇转化率/%	甲乙酮选择性/%
FDH	Cu-ZnO-Al_2O_3	150	65	84.86	97.25
D01	Cu-ZnO	98	34	76.80	96.80

7.5.4 工艺流程及主要设备

1. 典型工艺流程

正丁烯水合脱氢制甲乙酮的主要原料为正丁烯和水，工艺过程主要分为正丁烯水合制仲丁醇以及仲丁醇脱氢制甲乙酮两个部分，其工艺流程见图 7-27。

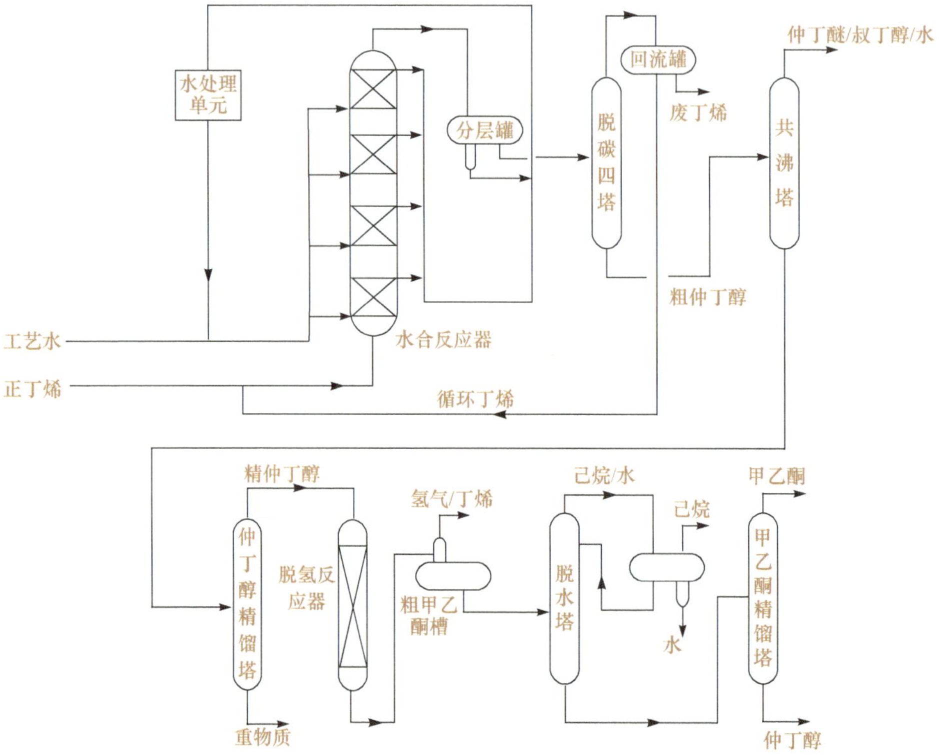

图 7-27 正丁烯水合脱氢制甲乙酮典型工艺流程

新鲜的正丁烯与循环正丁烯由水合反应器底部进入，新鲜水和循环水分 4 股从反应器 4 段催化剂床层进入，这样不仅可以为反应提供原料，还可以由此控制反应器温度。经水合反应器反应后的产物由反应器顶部排出，进入分液罐，分离出水和有机相，水相经水处理系统处理后作为反应器进料，分液罐中的有机相进入脱 C_4 塔，塔顶为未反应的正丁烯，作为循环进料，塔底为反应得到的仲丁醇以及二仲丁基醚、叔丁醇、水等副产物，这部分产物进入共沸塔以及仲丁醇精馏塔精制，仲丁醇精馏塔塔底产物为重组分，塔顶的精仲丁醇作为脱氢工段的原料。

来自正丁烯水合工段的精仲丁醇进入脱氢工段，首先进行汽化，经汽化后的仲丁醇进入脱氢反应器与脱氢催化剂接触，反应生成甲乙酮和氢气，产生少量副产物进入气液分离器，分离出氢气及液体产物，液相产物送至甲乙酮脱水塔，以正己烷作为共沸剂，分离出甲乙酮中的水，塔底产物进入甲乙酮精馏塔，塔底分离出重组分，塔顶得到合格的甲乙酮产品。

为避免原料的浪费及环境的污染，抚顺石油化工研究院在此基础上进行工艺优化，见图 7-28，考虑到水相中含有部分反应产物仲丁醇，故设置共沸塔，水相进入循环水共沸塔，将仲丁醇进行回收，进入脱醚塔，脱醚塔塔顶脱除的副产物中依然含有少量仲丁醇，设置分液罐对其进行处理，上层为含有二仲丁基醚的有机相，可进入萃取塔分离出醚作为副产品，下层为含有仲丁醇的水相，进入脱水塔回收仲丁醇，脱水塔顶部馏出的叔丁醇及仲丁醇混合物进入脱叔丁醇塔，塔顶的叔丁醇可作为副产品，脱去叔丁醇的仲丁醇从塔底馏出，作为循环进入脱醚塔。该方法在反应条件上与典型的工艺基本相同，其优点在于能有效回收反应后水中残余的仲丁醇，避免了反应产物的浪费，且将多种副产物进行提纯，作为产品送入罐区，减少了环境污染及不必要的浪费。

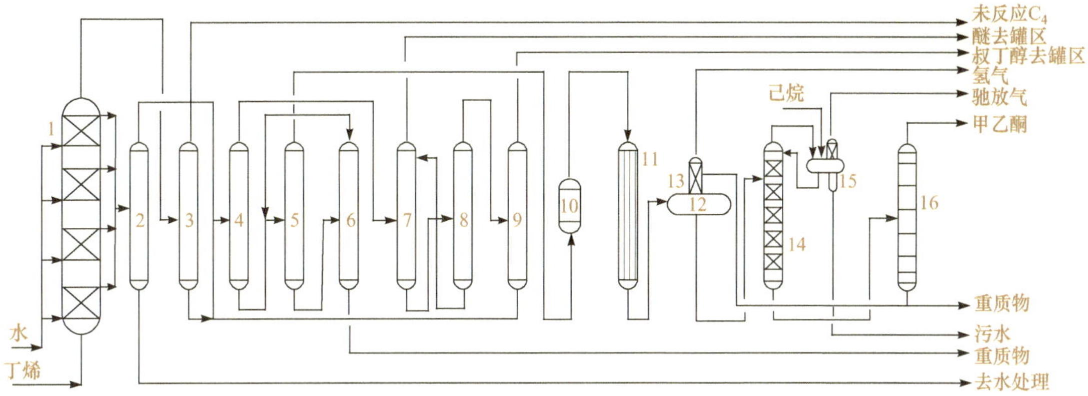

图7-28　抚顺石油化工研究院开发的丁烯直接水合脱氢制甲乙酮技术

1. 水合反应器；2. 共沸塔；3. 脱C_4塔；4. 脱醚塔；5. 仲丁醇精馏塔；6. 脱重塔；7. 萃取塔；8. 脱水塔；9. 脱叔丁醇塔；10. 脱氢进料罐；11. 脱氢反应器；12. 气液分离器；13. 仲丁醇吸收塔；14. 脱水塔；15. 己烷回收塔；16. 甲乙酮精馏塔

正丁烯直接水合脱氢制甲乙酮工艺流程具有以下特点：水合反应采用低空速、高烯水比的操作条件，循环烯烃少，能耗低；改进后的工艺加入循环水共沸塔等回收装置，尽可能多的回收反应后的仲丁醇，提高仲丁醇的收率，这样做也降低了循环水中的仲丁醇浓度，有助于提高水合反应的转化率，降低了水中有机物的含量，避免了环境的污染。

2. 工艺条件

表7-16和表7-17分别为正丁烯水合以及仲丁醇脱氢反应的操作条件。

表7-16　丁烯水合制仲丁醇典型操作条件及反应结果

项目	指标	项目	指标
反应温度/℃	130～165	正丁烯总转化率/%	90
反应压力/MPa	6.0～8.0	仲丁醇选择性/%	≥93
正丁烯进料液态空速/h^{-1}	1.0～1.5	二仲丁基醚选择性/%	6.4
水烯比	2.0～2.5	轻、重组分选择性/%	0.6
正丁烯单程转化率/%	6～8		

表7-17　仲丁醇脱氢制甲乙酮典型操作条件及反应结果

项目	指标	项目	指标
反应器入口压力/MPa	≤0.2	甲乙酮选择性/%	≥96
反应温度/℃	220～270	甲基庚酮选择性/%	<3.0
仲丁醇进料液态空速/h^{-1}	3.0～5.0	C_4烃选择性/%	<1.0
仲丁醇单程转化率/%	≥70		

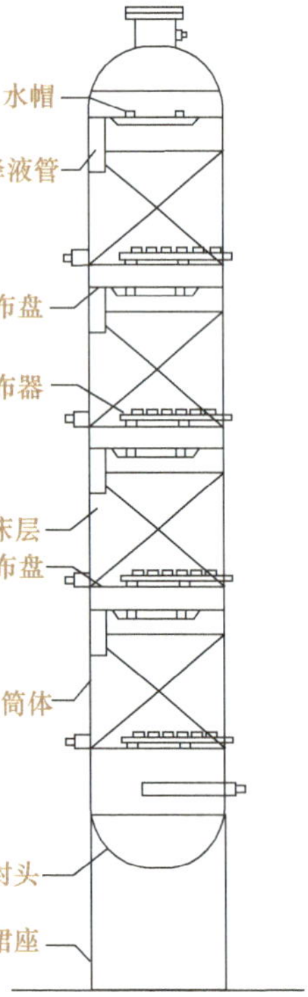

图 7-29 正丁烯水合反应器简图

1) 反应温度

正丁烯水合反应的温度需控制在 150℃左右，若温度过高，会造成副产物增加，影响产品质量。对于仲丁醇脱氢反应，由于其为吸热反应，提高反应温度对反应有利，但反应温度过高对催化剂及设备有着不利影响，综合考虑，需将反应温度控制在220～270℃。

2) 反应压力

正丁烯水合反应的压力在 6～8MPa。仲丁醇脱氢是分子数增加的可逆反应，低压对其有利，对于工业上应用最广泛的仲丁醇气相脱氢法，反应器入口压力应小于 0.2MPa。

3. 关键设备

图 7-29 为水合反应器结构简图，反应器为圆筒形反应器，是甲乙酮生产装置的心脏设备，反应器分为四段，每段装填强酸性阳离子交换树脂催化剂，正丁烯原料从下而上穿越四段床层，工艺水从每段催化剂的床层下部分四段进入，在催化剂的作用下反应生成仲丁醇。每段催化剂床层设有上下两个分布盘。下分布盘位于催化剂床层底部，上分布盘位于催化剂床层上部。分布盘上均装有多个水帽，水帽的作用主要是防止催化剂穿滤和使流体分布均匀，反应生成的仲丁醇从反应器顶部流出，反应后的工艺水从各床层上部溢流堰底部流出，经水处理后，循环使用。水帽是圆柱形过滤喷嘴，其均匀分布的 0.2mm 缝隙可以阻止催化剂透过，而使水相及有机相均匀通过，从而减少催化剂损失和保证生成仲丁醇反应的转化率。

在水合反应过程中随着运转时间的延长，由于催化剂粉碎和原料中二烯烃聚合产生的聚合物会堵塞水帽，水合反应器床层压降会不断升高，对产能造成极大的影响，其中，催化剂粉碎是导致床层压降升高的主要原因。针对这个问题，抚顺石油化工研究院开发了有关催化剂装填方法的专利，在催化剂床层底部装填部分密度比催化剂大的耐磨惰性填料，以避免高速物料直接与催化剂接触，大大减少催化剂的磨损，可有效控制反应器压力升高，同时也可降低催化剂粉末对后续工艺过程的影响，延长了催化剂寿命，降低生产成本，提高产能。

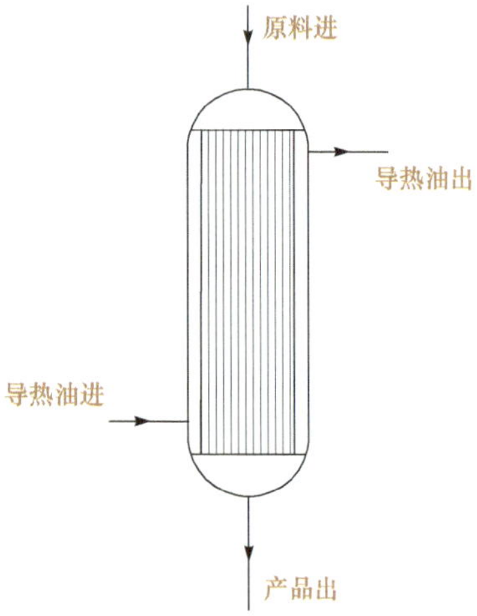

图 7-30 仲丁醇脱氢反应器简图

由于仲丁醇脱氢生成甲乙酮的反应是强吸热反应，故将仲丁醇脱氢反应器设计为列管式结构，见图 7-30，管程进料为气相仲丁醇，出料为气相甲乙酮，壳程中为给反应提供热量的导热油。

根据仲丁醇脱氢催化剂的特性，其催化活性自 230℃开始，随温度上升而逐步上升，但由于催化剂结构方面的原因，当温度达到 290℃后，催化剂中的活性成分会发生烧结，催化剂本体结构会遭到破坏，且由于进料流量以及导热油温度有一定的波动，反应器出口温度也处于波动之中，这种波动一来不利于生产装置的稳定运行，二来对催化剂本体结构也会产生不利的影响，在日常的生产控制中，将反应器的温度控制在合适的范围是保证正常生产、提高产品质量以及延长催化剂寿命的关键所在，在实际生产中，可通过测量反应器出口的温度判断反应温度，通过调节导热油的流量来控制反应温度，将反应温度保持在合适的温度范围。

7.5.5 技术进展

正丁烯经过间接水合或直接水合制仲丁醇，再利用催化剂使仲丁醇脱氢制甲乙酮的工艺虽然已经较为成熟，但其依然存在腐蚀设备、污染环境、工艺复杂等问题。对此，为了简化工艺过程，提出了将正丁烯一步直接氧化成甲乙酮的正丁烯直接氧化法，其反应式见式(7-28)。

$$CH_2{=}CHCH_2CH_3 \xrightarrow[\text{催化剂}]{O_2} CH_3CH_2\overset{\overset{\displaystyle O}{\|}}{C}CH_3 \tag{7-28}$$

正丁烯直接氧化法的研究始于 20 世纪 60 年代，当时又称 Wacker 法，是乙烯氧化制乙醛的方法，但将 Wacker 法用于正丁烯氧化制甲乙酮在工业化上有一定的困难：该方法采用氧化还原均相催化体系，以氯化钯/氯化铜作为催化剂，虽然工艺简单，但由于催化剂中含有氯离子，对设备腐蚀性很强，需要特殊的钛基材料的反应器，成本高昂，且催化剂不仅限于在反应器内循环，物流带出的催化剂还会造成其他的设备和管路腐蚀；制得的产品中副产物较多，分离较为复杂，其中的 3-氯-2-丁酮在分离后还要进行废水处理；正丁烯在催化剂水溶液中的溶解度较低，影响了反应速率，且氧化速率本身较慢，需要采用大容量的反应器及大量催化剂溶液，造成成本增加。针对这些问题，现已开发出使用复合催化剂的均相工艺和多相固定床工艺。例如，美国 Catalytic Associates 公司开发的杂多酸均相催化氧化新工艺就采用了一种新的不含氯的催化剂体系，其中含 Pd^{2+}、Cu^{2+}及杂多酸阴离子，并添加腈化物配位以提高选择性和转化率，甲乙酮的选择性达到 90.3%，且成本低于传统的仲丁醇脱氢法，该方法被称为 OK(Olefin to Ketone)法。上海石油化工研究院、吉林大学等单位都进行过使用气固相非钯催化剂将烯烃直接氧化成酮的研究。国外采用分子技术，用纯氧一步法直接将丁烯氧化成甲乙酮，工艺过程包括原料净化、反应及产品回收几个部分。相较于传统的正丁烯水合脱氢法，正丁烯直接氧化法没有中间产物，大大简化了工艺流程，腐蚀性小，成本低，且随着研究的不断深入，技术的不断提高，直接氧化法存在的问题逐步被克服，逐渐成熟，是十分有前景的正丁烯制甲乙酮的技术。

思 考 题

1. 催化干气液相法和气相法制乙苯各有什么优缺点？
2. 干气制乙苯的反应机理及影响苯烷基化生产乙苯的主要因素有哪些？
3. 试分析国内外催化干气制乙苯技术各有何特点。
4. 简述中国科学院大连化学物理研究所开发的第三代催化干气制乙苯的工艺流程。
5. 催化干气制乙苯过程所涉及的化学反应有哪几种类型？它们的规律是什么？
6. 工业制氢方法有哪些？相比于其他制氢工艺，炼厂气制氢工艺的优势是什么？
7. 制氢原料为什么要脱硫？简述制氢原料的净化工艺流程。

8. 制氢催化剂失活的主要原因是什么？哪些是暂时性失活？哪些是永久性失活？
9. 水碳比变化对转化反应有什么影响？
10. 烃类水蒸气转化反应为体积增加的反应，为什么工业生产中采取高压操作？
11. 简述烷基化油的特点。烷基化工艺所用原料及产物分别是什么？
12. 烷基化反应的主反应过程包括哪些步骤？试以异丁烷与异丁烯为原料并结合方程式加以说明。
13. 烷基化工艺采用的催化剂种类有哪些？各自有什么优缺点？
14. 烷基化过程的影响因素有哪些？
15. 目前烷基化工艺主要有哪些？未来发展方向如何？
16. 工业上合成 MTBE 的主要工艺有哪些？分别简述其工艺流程。
17. 合成甲基叔丁基醚常用的催化剂有哪些？
18. 甲乙酮的主要用途有哪些？
19. 生产甲乙酮的方法有哪些？其中工业应用最广泛的是哪种方法？它有什么优势？
20. 简述正丁烯水合脱氢制甲乙酮的典型工艺流程。
21. 影响正丁烯制甲乙酮反应过程的主要因素有哪些？
22. 正丁烯水合反应中，工业上常遇到反应器压降升高的问题，分析该问题产生的原因，并简述解决该问题的方法。

参考文献

毕建国. 2007. 烷基化油生产技术的进展. 化工进展, 26(7): 933-938

曹志涛, 邱志文, 赵楠楠, 等. 2016. 烷基化工艺技术进展. 精细石油化工进展，17(4): 34-37

陈福存, 朱向学, 谢素娟, 等. 2009. 催化干气制乙苯技术工艺进展. 催化学报, 30(8): 817-824

陈胜彬. 2015. 干气制乙苯全流程动态模拟. 北京: 北京化工大学

程正载, 王洋, 陈攀. 2012. 混合碳四资源深加工综合利用. 精细石油化工进展, 13(8): 39-44

程志林, 赵训志, 邢淑建. 2007. 乙苯生产技术及催化剂研究进展. 工业催化, 15(7): 4-9

房德仁, 姜雪梅, 王知园, 等. 2011. $Cu/ZnO/Al_2O_3$ 催化剂上仲丁醇脱氢反应动力学研究. 石油化工, 40(1): 49-54

高步良. 2006. 高辛烷值汽油组分生产技术. 北京: 中国石化出版社

高玉生, 刘立群. 2016. 甲基叔丁基醚市场分析. 化学工业, 28(7): 23-25

龚建友, 魏家禄. 2004. 催化裂化干气制氢新工艺的工业应用. 石油炼制与化工, 35(6): 30-34

郭利昌. 2005. 干气制氢工艺的优化. 天津: 天津大学

郭良平, 霍稳周. 2009. 丁烯水合反应器床层压降分析及解决方案. 当代化工, 38(4): 405-408

何奕工, 李奋, 王蓬, 等. 1997. 异构烷烃与烯烃烷基化催化剂的新进展. 石油学报(石油加工), 13(2): 111-117

何奕工，满征. 2006. 异丁烷与丁烯烷基化反应的热力学分析. 燃料化学学报, 34(5)：591-594

黄望旗. 2005. 乙苯生产技术进展. 精细石油化工进展, 6(7): 43-46

霍稳周. 2012. 丁烯直接水合脱氢制甲乙酮技术. 南昌: 中国化工学会 2012 年石油化工学术年会

纪志愿, 陈健康. 1998. 轻烃蒸汽转化制氢工艺参数的选择及净化方法探讨. 大氮肥, 21(2): 96-101

贾领军. 2016. 烷基化生产技术. 化学工业，34(3): 23-30

李大东. 2004. 加氢处理工艺与工程. 北京: 中国石化出版社

李迪, 孙伟振, 奚桢浩, 等. 2015. 混合丁烯硫酸烷基化反应动力学. 化工学报, 66(2): 585-591

李建伟, 王嘉, 刘学玲, 等. 2010. 催化干气制乙苯第三代技术的工业应用. 化工进展, 29(9): 1790-1795

李淑红. 2010. 稀乙烯制乙苯工艺技术综述. 炼油技术与工程, 40(5): 1-5

李松, 李昕. 2014. 仲丁醇脱氢催化剂的再生优化. 甘肃科技, 30(17): 33-34

李涛, 柏基业, 姚小利. 2009. 碳四烃的综合利用研究. 石油化工, 38(11): 1245-1252

李伟, 范超. 2013. 催化干气制乙苯技术的工业应用. 当代化工, 42(11): 1554-1557

林世雄. 2000. 石油炼制工程. 北京: 石油工业出版社

刘斌. 2006. 甲乙酮催化剂的制备及工艺研究. 哈尔滨: 哈尔滨工程大学
刘晓宇, 周祥, 郭锦标, 等. 2016. 异丁烷-丁烯固体酸烷基化反应动力学研究进展. 化工进展, 35(4): 1007-1011
陆帅君. 2016. MTBE 市场分析及工艺进展. 山东化工, 45(19): 47-49
马会霞, 周峰, 乔凯. 2014. 液体酸烷基化技术进展. 化工进展, 33(1): 32-40
马玲玲, 许海光, 郜闯. 2013. 烷基化技术应用综述. 化工技术与开发, 42(12): 24-27
齐维龙. 2014. 催化干气制乙苯装置工业操作条件优化. 当代化工, 43(9): 1728-1730
田进军, 王绪远, 张保申. 2016. 干气制氢装置提高氢气回收率减少二氧化碳排放的研究, 炼油技术与工程, 46(1): 25-28
王邓军, 汪彩彩, 温博, 等. 2013. 国内干气制乙苯技术开发进展. 广州化工, 41(15): 24-26
王广建, 柳荣展, 常俊石. 2001. 新型催化剂——碳化钼和碳化钨的现状和展望. 青岛大学学报, 16(3): 51-58
王金丹. 2016. MTBE 催化剂失活原因及解决方案. 当代化工, 45(1): 96-98
王丽红, 李瑞, 刘鹰, 等. 2016. 离子液体中异丁烷/2-丁烯烷基化反应机理研究. 燃料化学学报, 44(6): 738-744
王文兰, 刘百军, 徐玉棠. 2008. 异丁烷/丁烯烷基化固体催化剂的研究进展. 石油与天然气化工, 37(2): 110-115
吴育爱. 2006. 正丁烯水合法制甲乙酮装置运行分析. 石化技术与应用, 24(4): 293-296
邢爱华, 张新锋, 索娅, 等. 2015. 碳四烃类资源综合利用现状及展望. 洁净煤技术, 21(5): 66-70
徐沛, 米杰, 程可可, 等. 2012. 甲乙酮生产工艺进展及国内外生产状况分析. 山西化工, 32(3): 21-26
徐铁钢, 吴显军, 温广明, 等. 2016. 碳四烷基化工艺技术研究与应用进展. 炼油与化工, 27(4): 1-3
许珊, 王晓来, 赵睿. 2003. 甲烷催化制氢气的研究进展. 化学进展, 15(2): 141-149
杨洪涛. 2009. 改性阳离子交换树脂的研究及在丁烯水合反应中的应用. 烟台: 烟台大学
于志国. 2005. 苯和乙烯液相法生产乙苯技术. 石化技术, 12(1): 54-58
余启炎, 郝雪松, 杨晓红, 等. 2005. 仲丁醇脱氢制甲乙酮催化剂的研究. 石油化工, 34(9): 818-821
袁兴东, 李国辉, 周敬来. 2001. 分子筛合成 MTBE 反应本征动力学. 化学反应工程与工艺, 17(3): 204-211
张玉. 2011. 相转移催化剂作用下的正丁烯水合制仲丁醇的工艺及动力学研究. 烟台: 烟台大学
赵虹. 1994. 正丁烯直接氧化制甲乙酮生产技术进展. 扬子石油化工, 9(2): 62-65
赵明军, 吕艳, 李忠玲, 等. 2015. 干气制乙苯装置运行及新工艺技术开发. 当代化工, 44(3): 586-589
郑伯英, 杨贻祥, 赖素君, 等. 1995. 直链丁烯水合制仲丁醇动力学研究. 成都科技大学学报, 82(1): 19-25
周峰, 张淑梅, 马会霞, 等. 2016. MTBE 裂解制异丁烯反应热力学分析. 石油学报(石油化工), 32(2): 382-387
朱玉琴, 陆春龙. 2012. 甲基叔丁基醚(MTBE)的研究现状及展望. 辽宁化工, 41(11): 1183-1185
Akers W W, Camp D P. 1955. Kinetics of the methane-steam reaction . AIChE Journal, 1(4): 471-475
Albright L F. 2009. Present and future alkylation processes in refineries. Industrial & Engineering Chemistry Research, 48(3): 1409-1413
Allen D W, Gerhard E R, Likins Jr M R. 1975. Kinetics of the methane-steam reaction. Industrial & Engineering Chemistry Process Design and Development, 14(3): 256-259
Al-Ubaid A S, Elnashaie S S E H, Abashar M. 1988. Methane Conversion. New York: Elsevier
Aparicio L. 1997. Transient isotopic studies and microkinetic modeling of methane reforming over nickel catalysts. Journal of Catalysis, 165: 262-274
Bang Y, Park S, Han S J, et al. 2016. Hydrogen production by steam reforming of liquefied natural gas (LNG) over mesoporous Ni/Al_2O_3 catalyst prepared by an EDTA-assisted impregnation method. Applied Catalysis B: Environmental, 180:179-188
Bodrov N M, Apelbaum L O, Temkin M I. 1964. Kinetics of the reactions of methane with steam on the surface of nickel. Kinetics and Catalysis, 5: 696-705
Bodrov N M, Apelbaum L O, Temkin M I. 1967. Kinetics of the reaction of methane with water vapor, catalyzed by nickel on a porous carrier. Kinetics and Catalysis, 8: 821-828
Bodrov N M, Apelbaum L O, Temkin M I. 1968. Kinetics of the reactions of methane with steam on the surface of nickel at 400～600℃. Kinetics and Catalysis, 9:1065-1071

Carapellucci R, Milazzo A. 2005. Thermodynamic optimization of a reheat chemically recuperated gas turbine. Energy Conversion and Management , 46: 2936-2945

Díaz R, Hernández A, Quintana R, et al. 2001. Development of kinetic models for gas phase MTBE production. Catalysis Today, 65(2-4): 373-380

Feller A, Zuazo I, Guzman A, et al. 2003. Common mechanistic aspects of liquid and solid acid catalyzed alkylation of isobutane with *n*-butene. Journal of Catalysis, 216: 313-323

Gaggioli R A, Petit P J. 1977. Use the second law first. ChemTech., 7: 496-506

Hamid H, Ali M A. 2004. Handbook of MTBE and Other Gasoline Oxygenates. New York: Marcel Dekker

Liu S, Chen C, Yu F, et al. 2015. Alkylation of isobutane/isobutene using Brønsted-Lewis acidic ionic liquids as catalysts. Fuel, 159: 803-809

Maluf S S, Assaf E M. 2009. Ni catalysts with Mo promoter for methane steam reforming. Fuel, 88(9): 1547-1553

Martinis J M, Froment G F. 2006a.Alkylation on solid acids. Part 1. Experimental investigation of catalyst deactivation. Industrial & Engineering Chemistry Research, 45: 940-953

Martinis J M, Froment G F. 2006b. Alkylation on solid acids. Part 2. Single-event kinetic modeling. Industrial & Engineering Chemistry Research, 45: 954-967

Nafis D A, Detrick K A, Mehlberg R L. 2015. Handbook of Petroleum Processing. Berlin: Springer

Nayak S V, Ramachandran P A, Dudukovic M P. 2010. Modeling of key reaction pathways: zeolite catalyzed alkylation processes. Chemical Engineering Science, 65: 335-342

Ren J, Zhao Y L , Yuan H K, et al. 2011. Thermodynamic research on alkylation of isobutane/butene. International Conference on Fuzzy Systems and Neural Computing, 555-558

Rodriguez L S J. 1980. Calculation of available-energy quantities//Gaggioli R A. Thermodynamics: Second Law Analysis. Washington D. C.: American Chemical Society

Rosen M A. 1991. Thermodynamic investigation of hydrogen production by steam-methane reforming. International Journal of Hydrogen Energy, 16(3): 207-217

Sam Y, Roh H S, Jun K W, et al. 2003. A highly active catalyst , Ni/Ce-ZrO_2/ θ-Al_2O_3, for on-site H_2 generation by steam methane reforming: pretreatment effect. International Journal of Hydrogen Energy, 28(12): 1387-1397

Soliman M A, Adris M A, Al-Ubaid A S, et al. 1992. Intrinsic kinetics of nickel/calcium aluminate catalyst for methane steam reforming. Journal of Chemical Technology & Biotechnology, 55(2): 131-138

Xu J, Froment G F. 1989. Methane-steam reforming, methanation and water gas shift-I. AIChE Journal, 35(1): 88-96

Zhao X, Lu G. 2016. Modulating and controlling active species dispersion over Ni-Co bimetallic catalysts for enhancement of hydrogen production of ethanol steam reforming. International Journal of Hydrogen Energy, 41(5): 3349-3362